普通高等教育"十一五"国家级规划教材

数 学 建 模

杨启帆　谈之奕　何　勇　编著

浙江大學出版社

图书在版编目(CIP)数据

数学建模/杨启帆等编著．—杭州：浙江大学出版社．1999.8(2025.1 重印)

ISBN 978-7-308-02139-5

Ⅰ．数…　Ⅱ．杨…　Ⅲ．数学模型-高等学校-教材　Ⅳ．O22

中国版本图书馆 CIP 数据核字(1999)第 27338 号

内容简介

本书是普通高等教育“十五”国家级规划教材。“数学建模”是近二十多年来在国内高等院校中发展起来的一门新课程，历史虽然较短，但发展速度很快。本书通过数学、物理、生态、环境、医学、经济等领域的一些典型实例，阐述了建立数学模型解决实际问题的基本方法和基本技能。全书共分十章，涉及到连续模型、离散模型、逻辑模型、随机模型等。书后的附录是浙江大学近三年大学生数学建模竞赛的竞赛题，供读者参考。阅读本书有助于开拓思想，增长应用数学推理方法解决实际问题的能力。

本书可用作高等院校应用数学专业、工程类各专业本科生、研究生数学建模课程的教材，同时也可供高等院校师生及各类科技、工程技术人员参考。

数学建模

杨启帆　谈之奕　何　勇　编著

责任编辑　徐素君

出版发行　浙江大学出版社

(杭州市天目山路 148 号　邮政编码 310007)

(网址：http://www.zjupress.com)

排　　版　杭州青翊图文设计有限公司

印　　刷　杭州高腾印务有限公司

开　　本　787mm×1092mm　1/16

印　　张　24

字　　数　570 千

版 印 次　2010 年 11 月第 3 版　2025 年 1 月第 19 次印刷

书　　号　ISBN 978-7-308-02139-5

定　　价　59.00 元

前　言

要解决各种实际问题，建立相应的数学模型是十分关键的第一步，同时也是较为困难的一步。建立数学模型的过程，是将错综复杂的实际问题简化、抽象成合理的数学结构的过程。做到这一点，既需要有丰富的想象力，又需要找到较合适的数学工具。可以这样讲，建模是能力与知识的综合运用过程，需要建模者具有较扎实的数学基础、对实际问题有足够的了解，并具有尽可能灵活的技巧去驾驭问题的研究能力。某些应用数学工作者、科技人员和在校的大学生、研究生，他们虽然具有良好的数学功底，掌握了必要的专业知识，但面对要解决的实际问题依然会感到束手无策，无法构造出描述该实际问题的较为合适的数学模型，因而也就无法对此实际问题开展进一步的研究。由此看来，掌握数学知识并不等于能应用数学知识来解决实际问题，运用知识不仅需要掌握一定的技巧和方法，还需要具有驾驭知识的能力。在校学生往往比较重视书本知识的学习，在他们看来，到学校来学习就是来学书本知识的。可他们没有再想一想，你为什么要学习这些书本知识。只要稍稍想一想这个问题，你就会明白，你学习这些知识的目的是为了将来能应用它。这样看来，学习运用知识的技巧、增强运用知识的能力是和学习书本知识本身同样重要的。学生到学校来学习，不光要学习书本知识，还应当时时注意不断提高自己的综合素质与综合能力。传统教学内容和教学模式的主要弊端就是忽略了对学生能力的培养，老师满堂灌，学生记笔记，学了一大堆，却不知有何实际用处。文革以后，人们越来越认识到这一问题的严重性。必须改变教学与科研相脱离、教学与生产实际相脱离，学了知识不会用，毕业生无法适应社会的需求等各种现象。针对这些问题，各级领导和许多教育工作者已经作了大量的努力和尝试，数学建模课程的开设和大学生数学建模竞赛的举办就是其中之一。

浙江大学开设数学建模课程已有二十多年的历史。1982 年，作为数学系教学改革的一个尝试，我们对应用数学专业的学生开设了数学建模选修课。开课取得较大成功，学生踊跃选课，参与建模的积极性很高，实践应用能力的提高也比较快，教学效果明显。此后，根据本科生和研究生的强烈要求，我们又先后开设了竺可桢学院混合班、工程高级班、理科基地班必修课各一门，研究生学位课一门，全校性工科学生选修课一门。数学建模课程在浙江大学越开越火红，已成为我校本科教学的一道风景线。目前，数学建模教学在浙江大学已形成了一定的规模：每年有上千名学生选课，因教师力量的限制，网上选课亦常常受到名额的限制。学生在学习建模的同时，积极参加课外科学研究和课题研究，撰写了数百篇研究论文或研究报告。听课学生自动组织兴趣小组，组织研讨班讨论研究课题，踊跃参加每年一度的全校竞赛、华东高校联赛、全国竞赛和美国大学生数学建模竞赛，并在竞赛中取得了令人鼓舞的成绩。1999 年和 2003 年，我校学生两度夺得美国大学生数学建模竞赛的特等奖兼最高奖——美国运筹与管理学会奖（INFORMS 奖）。1999 年以来，我校学生共夺得美国竞赛一、二等奖近50项和大量全国竞赛一、二等奖，其中2000年和2001年两年中全部参赛队均获得了国际一等奖的好成绩(每年6个队)。数学建模教学激发了学生运用书本知识、开展科学研究的积极性，激发了他们的创新欲望和竞争意识，而开展科学研究和建模实践又反过来激发了学生学习书本知识(包括数学知识)的兴趣。总之，在浙江大学，数学建模教学已经逐渐步入了良性循环的局面。

20多年来，数学建模教学过程也同时是我们开展教学改革和教材建设的过程。开课初期，国内还没有这方面的教材。由于教学的需要，本书作者之一和天津大学边馥萍教授一起，在整理教学讲义的基础上合作编著了第一本数学建模教材《数学模型》，于1990年5月在浙江大学出版社出版。此后几年，国内许多高等院校相继开设了数学建模课程。特别是从1992年起，国内每年举办一届全国大学生数学建模竞赛，数学建模教学改革的步伐大大加快，原书已不太适合教学需要。在浙江省教育厅的资助下，我们又着手编著了一本浙江省高等教育重点建设教材《数学建模》，于1999年9月在浙江大学出版社出版。2000年我们的教改项目"数学建模教学与实践"通过国家级鉴定，2001年该教改项目获国家级教学成果二等奖。此后，我们申报的国家理科基地创建精品课程和创建优秀课程项目相继立项，同年，我们申报的教材建设项目——编著"十五"国家级规划教材《数学建模》获准立项，在教育部高教司的资助下，我们对原教材进行了大幅修订，基本摒弃了原书的前半部分，对原书后半部分也作了较大改动，重新编写了一本讲义，在浙江大学试用一年后修订出版了这本"十五"国家级规划教材《数学建模》。

本书内容大体上可以分为三部分，第一部分是前三章，主要包括建模基本知识、初等模型与连续模型(微分方程建模)。第二部分为第四章至第八章，介绍了一些不同类型的离散模型，涉及的数学知识有线性代数、差分方程、计算复杂性理论基础、离散优化、对策决策等。这一部分虽然涉及面较广，但为了教学上的方便，我们已尽量注意了知识点的"自给自足"。第三部分包括最后两章，即变分法建模和随机模型。应用变分法建立泛函极值模型是现代控制论中经常采用的一类方法，而随机模型则是另一类常见的模型，在一些课时数较充足的数学建模课上，我们曾讲授过这类模型。但在课时数较少时，考虑到前两部分已经够用且这两章又有一定的难度，该内容可以不上，让有兴趣的学生自己学习。本书最后的附录是我校最近三年全校大学生数学建模竞赛的赛题(共6题)。参加全国竞赛和美国竞赛的名额是有限制的，远远满足不了同学们的参赛要求，我们在每年5月设置一次校内竞赛，每届在网上公布两道竞赛题，每一参赛队可任选一题研究，队数不受限制。比赛期间学生照常上课，不影响正常学习，学生们利用课余时间开展研究，7－10天后统一递交研究论文。最近几年，网上报名并参加竞赛的学生一般都在1000人以上，是我校学生学科竞赛中规模最大的一项活动。由于大多数学生都没有机会参加国内外竞赛，所以我们组织这一竞赛的目的是保护这些同学的积极性，欢迎他们积极参与建模实践，给予他们一个展示自己的机会。学校教务部门十分支持这一活动，既出面帮助组织和提供活动经费，又制定了相应的奖励政策(给予获奖者一定的奖金)。

在编著本书时，我们尽量将建模技巧和方法融合在教学内容之中，以便加强对学生建模能力的培养。例如，在第二章中，我们强调了发散性思维(想象力的发挥)、经验公式的建立方法、比例关系的利用、量纲分析法、参数的选取等基本技巧。在第三章中，我们强调并演示了集中参数法与分布参数法建模、房室系统方法建模、工程师原则、统计筹算率(竞争项的乘积原理)等。我们认为,为了增强教学效果,讲课时不应只讲解模型,更应当讲解模型的建立方法,不能让学生感到模型似乎是天上掉下来的,而应让学生体会到这样建模其实是十分自然的,以后遇到类似情况他们也可以参照,从而学到建模方法。

要知道梨子的滋味必须亲口去品尝一下,老师只能告诉你梨子是酸酸甜甜的,可你听了以后其实并没有真正知道梨子的味道,你仍会把橘子、苹果当成梨子,因为它们也是酸酸甜甜的。要知道梨子的滋味究竟是怎样的,最好的办法是去吃一只梨子。学习数学建模也是这样,老师只能引导学生入门,讲解一些建模的基本技能与技巧,演示一些建模范例,但老师无法让你真正学会建模,要真正学会建模只有靠你自己去实践。我们的教学实践也证明了这一点,在经过一段时间的建模启蒙教学以后,我们放手让学生自己去做课题,做完以后让他们对比范文找差距,回过头来再修改自己的研究工作。经过几个反复,他们就基本掌握了建模技巧,研究工作也就做得越来越好了。实践证明,青年学生有很强的可塑性,我们的学生从完全不懂得怎样建模开始,仅经过半年到一年的学习和训练,就在国内外竞赛中夺得优异成绩甚至夺得最高奖项,这就是明证。为了让学生能有一定的实践机会,我们在每章的后面列出了一些习题,这些习题中有的是为了巩固课堂上学到的知识与技能而设置的,这样的习题一般不难做。另外一些则是为学生开展课外科学研究练习而设置的小课题,这些习题常常不能讲解答得对不对,只能说解答得是否合理。

20多年来,我们在数学建模教学改革和教材建设方面取得了一些成绩,也收到了较明显的人才培养效果。2003年,我校数学建模被浙江省教育厅授予浙江省首批精品课程,同年又被教育部授予首批国家级精品课程。近两年,我们开始了国家级精品课程建设,其中包括国家级精品课程的教材建设、浙江大学数学建模基地建设、基地网站建设,等等。2005年,我们又先后编著了适用于非重点高校教学使用的教育科学"十五"国家规划研究成果《数学建模》(于2005年5月在高等教育出版社出版)和《数学建模案例》(将于2006年在高等教育出版社出版)。另外,总结了我校学生参加国内外数学建模竞赛的经验,挑选了11篇获得全国竞赛一等奖和13篇获得美国大学生竞赛一等奖及特等奖的论文(每一竞赛题最多挑选一篇),汇编成册并加以点评——《数学建模竞赛——浙江大学学生获奖论文点评(1999－2004)》(2005年7月浙江大学出版社)。

作者之一的青年数学家何勇教授不幸因病逝世。何勇教授从1997年起参加我校数学建模教学和学生数学建模竞赛的组织指导工作,曾多次为我校数学建模竞赛命题,在我校数学建模教学改革与精品课程建设中作出过重要贡献,对他的病逝我们表示极大的悲痛,并以此书的出版表示对他的深切怀念。

数学建模和其他课程不同,它不应有固定的教学内容和教学方法,怎样教学效果较好也应视学生的实际情况而定。数学建模的教学内容涉及面广,所用的数学方法也不应限定,编著教材的难度较大;加之作者水平有限,书中必定有不少错误和不足之处,恳请同行和广大读者批评指正。

作　者

2010年11月

浙江大学求是园

目　　录

第一章　数学建模概论

随着科学技术的不断进步,数学模型和数学建模这些名词已经越来越多地出现在我们的日常工作和日常生活中。城市人口不断增加、道路显得越来越拥挤,你想改善城市的交通状况吗?那你首先必须建立一个交通流模型,研究一番城市交通的现状及可能有的发展趋势,从中找出改善交通拥挤现象的有效措施。我国人口过多,你想研究一下怎样才能有效控制住我国人口的迅猛增长而又不会在其他方面造成过大的负面影响吗?那你要建立一个能较好反映真实情况的我国人口模型,对人口增长作出预测,并分析各种政策的实施究竟会对我国人口的增长以及对国民经济各领域的发展产生怎样的影响,等等,等等。总之,社会、经济、生物、医学……各学科、各行业时时刻刻都在提出各种各样的实际课题,要求我们运用数学知识去开展研究、找出解决问题的办法来。过去,由于计算技术的落后,一些学科中的实际问题很难用数学方法对它们进行定量化的研究,只能依据经验作一些宏观分析。然而,这种状况现在已经有了根本性的改变,计算机的出现和计算技术的发展为开展更深入的定量分析奠定了基础,于是,经济数学、生物(生态)数学、管理科学等新兴学科分支不断涌现,大大拓展了数学的应用范畴。

然而,科学研究与技术革新所面临的各种问题(即研究课题)一开始大都并非纯粹的数学问题。例如,我们想知道我国的国宝熊猫最后究竟是否会绝种,是否有办法保护它们免遭灭顶之灾?近年城市里的私家车发展得如此之快,如何改善路况,才能最大限度地避免交通阻塞?近几年来大中城市的房价增长过快,有什么办法能做到既有效改善群众的住房条件,又抑制炒房风越刮越烈?我国的城市化进程非常的快,如何解决好面临的各种新问题,使各行业的发展呈现良性平衡?等等,等等。这些问题本身并非纯数学方面的问题,但对它们的研究又离不开数学。如何应用数学知识去研究和解决这些实际问题呢,我们遇到的第一个问题就是如何建立恰当的数学模型来描述它们。建立数学模型其实就是架设连接实际课题与描述它们的相应数学问题之间的桥梁,只有建立好相应的数学模型,才有可能运用数学方法来研究实际问题。从这一意义上讲,数学建模可以说是一切学科研究的基础。没有一个较好的数学模型就不可能得到较好的研究结果,所以,建立一个较好的数学模型乃是解决实际问题的关键之一。

1.1　数学模型与数学建模

客观实体是我们研究的对象,是科学研究的目标和原型。我们生活在千变万化的大自然中,时时刻刻会遇到各种各样的新情况、新问题。自然界中的一切事物都在按自身的规律在变化着，要适应自然、战胜自然，人们必须不断地去探索奥秘、努力去了解客观实体的本质属性。世界是变化的，万物之间存在千丝万缕的联系，其间必然存在着大量的数量关系。数学，特别是高等数学，正是研究这种数量关系的学科，从而十分自然地成了各门学科研究和发展的重要工具。

数学学科，从其诞生的第一天起，就一直和人们的生产、生活密切相关。数学的特点不仅在于其概念的抽象性和逻辑的严密性，也在于其应用的广泛性。牛顿为了研究引力现象及受迫运动创建了微积分，而微积分的创建又极大地强化了人们的研究手段，推动了科学技术的迅猛发展。所以，数学离不开科研、生产实际，科研、生产实际也同样离不开数学。

然而，数学并非简单地等同于科研、生产实际。这就产生了一个问题，如何运用数学工具去研究和解决实际问题呢？实际问题一般都是极其复杂的，人们不可能一丝不差地用数学将其复制出来。为了用数学来描述实际问题，研究者必须从实际问题中抽象出它的本质属性，抓住主要因素，去除次要因素，经过必要的精炼简化，建立起相应的“数学模型”。此后的进一步研究将建立在此数学模型之上，这样一来，一个实际问题就转变成了一个数学问题。假如这一数学问题的求解在数学上并无困难，我们就成功地(至少是在一定程度上)解决了实际问题；假如现有的数学知识尚无法解决这一数学问题，则对该实际问题的研究必然也会推动数学学科本身的发展(像牛顿创建微积分那样)，自然科学的进步就是在这样一种滚动式的进程中实现的。

如前所说，模型不是客观实体的复制或翻版，而是客观实体有关属性的(经必要简化的)模拟。研究结果好不好在很大程度上取决于模型建立得好不好，因为你的研究结果其实是从对数学模型的研究中得出来的。那么，根据什么来评价模型的好坏呢？稍稍想一下你就会发现，评价的标准和你研究的目的有关。例如，陈列在橱窗中的飞机模型好不好应当看其外形究竟像不像真正的飞机，至于它是否真的会飞却无关紧要，我们把它陈列在那里的目的是让别人看的而不是去飞的；然而，要拿去参加航模比赛的飞机模型就全然不同了，如果飞行性能不佳，外形再像飞机，也不能算是一个好的模型。模型不一定是对实体的一种仿照，也可以是对实体的某些基本属性的抽象。例如，一张地质图并不需要用实物来模拟，它可以用抽象的符号、文字和数字来反映出该地区的地质结构。数学模型(Mathematical Model)也是一种模拟，它是用数学符号、数学式子、程序、图形等对实际课题本质属性的抽象而又简洁的刻画，对它研究的结果或能解释某些客观现象，或能预测客观实体未来的发展规律，或能为控制某一现象的发展提供某种意义下的最优策略或较好策略。数学模型的建立常常既需要人们对现实问题作深入细微的观察和分析，又需要人们灵活巧妙地利用各种数学知识。这种从实际课题中抽象、提炼出数学模型的过程被称为数学建模(Mathematical Modeling)。

建立一个较好的数学模型并非易事，为了能更清楚地说明什么是数学建模，让我们来看一个具体实例。

例 1.1 (万有引力定律的发现)

有一个流传甚广的传说，讲的是一个苹果从树上掉下，打在了坐在树下的牛顿(1642－1727)头上，于是万有引力定律就被牛顿发现了。这一说法的真伪我们暂且不说，树上掉下的苹果也许真的给过牛顿某种启示,但万有引力定律的诞生却决非如此简单,事实上,它是几代人努力的结果。

15 世纪中叶,哥白尼(1473－1543)冲破宗教势力的束缚,向长期统治人们头脑的地心说发起挑战,提出了震惊世界的日心说。按照哥白尼的理论,地球是在一个以太阳为圆心的圆形轨道上作匀速圆周运动的,地球绕太阳一周的时间为一年。哥白尼的理论是科学史上的一次重大革命。尽管由于受历史和科学水平的限制,其学说免不了也包含一些不尽如人意的缺陷,然而,其进步意义是毋庸置疑的。此后,丹麦著名的实验天文学家第谷(1546－1601)花了二十多年时间观察,记录下了当时已发现的五大行星的运动情况,留下了十分丰富而又精确的第一手资料。第谷的学生和助手开普勒(1571－1630)对这些资料进行了九年时间的分析计算后,发现第谷的观察结果与哥白尼的理论并不完全一致,例如,火星的运行周期就相差了 1/8 度。开普勒深信第谷的观察结果是相当精确的不至于产生 1/8 度的误差,这就使他对哥白尼的圆形轨道的假说产生了怀疑。他以观察数据为依据,归纳出了开普勒第一定律:行星沿椭圆形轨道绕太阳运行,太阳位于此椭圆的一个焦点上。开普勒在计算出当时已知的五大行星的运行周期 T 和轨道的长半轴 a 后,又发现了其他一些行星运行的规律(见表 1.1)。

表 1.1　五大行星运行周期及轨道长半轴

行星	周期 T	长半轴 a	T^2	a^3
水星	0.241	0.387	0.0581	0.0580
金星	0.615	0.723	0.378	0.378
火星	1.881	1.524	3.54	3.54
木星	11.86	5.203	140.7	140.9
土星	29.46	9.539	867.9	868.0

注:以地球为参照单位

当时,对数表已经出现了,把上述数据的对数查出来,得到一张新表(表 1.2)。

表 1.2

	水星	金星	火星	木星	土星
$\lg a$	－0.41	－0.14	0.18	0.72	0.98
$\lg T$	－0.62	－0.21	0.27	1.07	1.47

由表 1.2 可以看出,$\lg a:\lg T=2:3$,故 $a^3=T^2$。据此,开普勒提出了至今仍十分著名的三大假设(即天文学中的 Kepler 三定律),这就是:

(1)行星轨道是一个椭圆,太阳位于此椭圆的一个焦点上。

(2)行星在单位时间内扫过的面积不变。

(3)行星运行周期的平方正比于椭圆长半轴的三次方,比例系数不随行星而改变(即比例系数是绝对常数)。

牛顿认为,行星运动具有上述特征必定是某一力学规律的反映,他决心找出这一规律。根据开普勒定律(1)(2),行星运行的速度显然是变化的,但这种变化的速度在当时还无法计算。为了研究这种变化的速度,牛顿引入了全新的计算方法,从而创立了微积分。下面我们来看看,如何根据开普勒三定律及牛顿第二定律,利用微积分方法推导出牛顿第三定律——万有引力定律。

取直角坐标系及变动的直角坐标系如图 1.1 所示,其中 $\boldsymbol{u}_r$ 指向行星所在位置,$\boldsymbol{u}_\theta$ 垂直于 $\boldsymbol{u}_r$,$\boldsymbol{u}_r$ 和 $\boldsymbol{u}_\theta$ 均为单位矢量,用 $\boldsymbol{r}$ 表示由太阳指向行星的矢径,其长度记为 r。设矢径 $\boldsymbol{r}$ 与 x 轴的夹角为 θ,则两坐标系间的坐标变换公式为

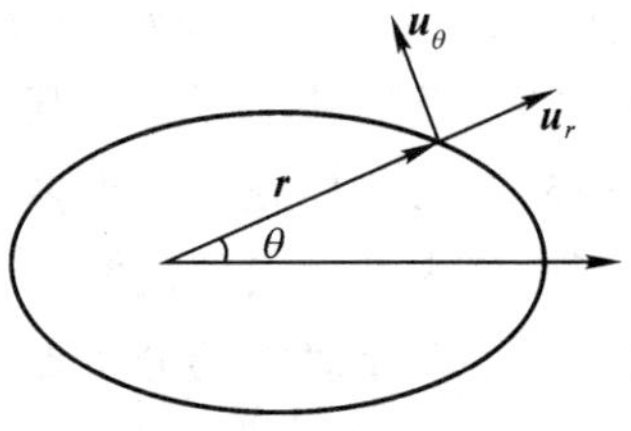

图 1.1

$$\begin{cases} \boldsymbol{u}_r = \cos\theta\boldsymbol{i} + \sin\theta\boldsymbol{j} \\ \boldsymbol{u}_\theta = -\sin\theta\boldsymbol{i} + \cos\theta\boldsymbol{j} \end{cases} \tag{1.1}$$

其中 $\boldsymbol{i}$ 和 $\boldsymbol{j}$ 分别为 x 轴和 y 轴上的单位矢量。

对(1.1)式求导,得

$$\begin{cases} \dot{\boldsymbol{u}}_r = \dot{\theta}\boldsymbol{u}_\theta \\ \dot{\boldsymbol{u}}_{\boldsymbol{\theta}} = -\dot{\theta}\boldsymbol{u}_r \end{cases} \tag{1.2}$$

对 $\boldsymbol{r} = r\boldsymbol{u}_r = r\cos\theta\boldsymbol{j} + r\sin\theta\boldsymbol{j}$ 求导,并利用(1.2)式可得

$$\begin{aligned} \dot{\boldsymbol{r}} &= \dot{r}\boldsymbol{u}_r + r\dot{\theta}\boldsymbol{u}_\theta \\ \ddot{\boldsymbol{r}} &= (\ddot{r} - r\dot{\theta}^2)\boldsymbol{u}_r \end{aligned} \tag{1.3}$$

(1.3)式中 $\boldsymbol{u}_\theta$ 方向的分量为零,故 $\ddot{\boldsymbol{r}} /\!/ \boldsymbol{r}$。

为了较简便地求出 $\ddot{r} - r\dot{\theta}^2$,引入椭圆的参数方程

$$\begin{aligned} r &= \frac{p}{1 + e\cos\theta} \\ p &= a(1 - e^2),\ b^2 = a^2(1 - e^2) \end{aligned} \tag{1.4}$$

其中 a,b 为椭圆的两个半轴,e 为椭圆的离心率。

对(1.4)式求导两次:

$$\dot{r} = \frac{pe\sin\theta}{(1 + e\cos\theta)^2}\dot{\theta} = \left(\frac{p}{1 + e\cos\theta}\right)^2 \dot{\theta}\ \frac{e}{p}\sin\theta \tag{1.5}$$

由开普勒假设(2),行星单位时间扫过的面 A 为

$$A = \frac{1}{2}r^2\dot{\theta}$$

故 $\dot{\theta} = 2A/r^2$,代入(1.5)式,并利用(1.4),得

$$\dot{r} = \frac{2Ae}{p}\sin\theta$$

从而

$$\begin{aligned} \ddot{r} &= \frac{2Ae}{p}\dot{\theta}\cos\theta = 2A\dot{\theta}\left(\frac{1 + e\cos\theta}{p}\right) - \frac{2A\dot{\theta}}{p} \\ &= \frac{2A\dot{\theta}}{pr}(p - r) \\ &= 4A^2(p - r)/pr^3 \end{aligned}$$

代入(1.3)式可得

$$\ddot{r} - r\dot{\theta}^2 = \frac{4A^2(p-r)}{pr^3} - \frac{4A^2}{r^3} = -\frac{4A^2}{pr^2} \tag{1.6}$$

将(1.6)代入(1.3),根据牛顿第二定律 $\boldsymbol{F} = m\ddot{\boldsymbol{r}}$ 可得出万有引力与 r^2 成反比,进而可证明,比例系数 $4A^2/p$ 是绝对常数,即与哪一颗行星无关。事实上,记行星运行的周期为 T,则 $TA = \pi ab$,由开普勒的假设(3)又有 $T^2 = Ka^3$,K 为绝对常数,故

$$\frac{A^2}{p} = \frac{(\pi ab)^2}{T^2 p} = \frac{(\pi ab)^2}{Ka^3 p} = \frac{\pi^3}{K}$$

从而有

$$\boldsymbol{F} = -\frac{\pi^2 m}{Kr^2}\boldsymbol{u}_r$$

此即万有引力定律,它说明,万有引力与距离的平方成反比,指向太阳,且比例系数为绝对常数。

1.2　数学建模的一般步骤

从上节的例子可以看出,万有引力的导出并不像有些人想象的那么简单,即使不把哥白尼的工作计算在内,也包含了几代人的辛勤努力。没有第谷的观察数据就不会有开普勒的三大定律,而没有开普勒的三大定律,牛顿也无从着手,不可能得出万有引力定律。从万有引力定律的导出可以看出建立数学模型的过程大致可以分为以下步骤。

(1)了解问题的实际背景,明确建模目的,收集掌握必要的数据资料。这一步骤可以看成是建模准备,没有对实际问题的较为深入的了解,建模就无从下手。为了对实际问题有所了解,有时还要求建模者对实际问题作一番深入细致的调查研究,就像第谷观察行星的运动情况那样,去搜集掌握第一手资料。

(2)在明确建模目的,掌握必要资料的基础上,通过对资料的分析计算,找出起主要作用的因素,经必要的精炼、简化,提出若干符合客观实际的假设。这一步骤实为建模的关键所在,因为其后的工作都是建立在这些假设的基础之上的。也就是说,科学研究揭示的并非绝对真理,它揭示的只是:假如这些提出的假设是正确的,推导过程又正确无误,那么,得到的结果也应当是正确的。

(3)在所作假设的基础上,利用适当的数学工具去刻画各变量之间的关系,建立相应的数学结构,即建立数学模型。采用什么数学结构、数学工具要看实际问题的特征,并无固定的模式,可以说,数学的任何分支在建模中都有可能被用到,而同一实际问题也可以用不同的数学方法建立起不同的数学模型。一般地讲,在能够达到预期目的的前提下,所用的数学工具越简单越好。

(4)模型求解。为了得到结果,不言而喻,建模者还应当对模型进行求解,在难以得出解析解时,应当借助计算机求出数值解。

(5)模型的分析与检验。正如前面所讲,建立数学模型研究实际课题,得到的只是假如假设正确,就会有什么结果。那么,假设是否正确或者是否基本可靠呢,建模者还应当对结果进行检验。建立数学模型的目的是为了认识世界、改造世界,建模的结果应当能解

释已知现象,预测未来的结果,只有经得起实践检验的结论才能被人们广泛地接受。牛顿的万有引力定律不仅成功地解释了大量自然现象,并精确地预报了哈雷彗星的回归,预言了海王星等其他行星的存在,这才奠定了其作为力学基本定理之一的稳固地位。由此可见,模型求解并非建模的终结,模型的检验也应当是建模的重要步骤之一,只有在证明了建模结果是经得起实践检验以后,建模者才能认为大功告成,完成了预定的研究任务。

如果检验结果与事实不符,只要不是在求解中存在推导或计算上的错误,那就应当分析检查假设中是否含有不合理的地方或错误的地方,修改假设重新建模,直至结果满意。综上所述,数学建模的过程可以概括为图 1.2 所示的流程。

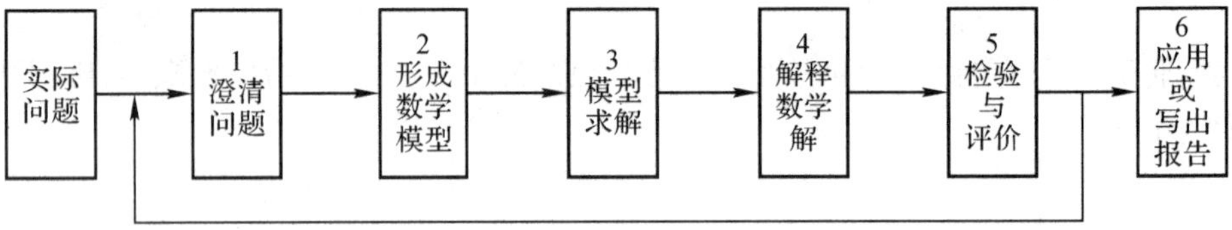

图 1.2

1.3 数学模型的分类

应当首先指出的是,模型的分类在数学建模中并无实质性的意义,只是出于教学上的方便,我们才单独列出了这一节。

基于不同角度或不同目的,数学模型可以有多种不同的分类方法。根据人们对某实际问题了解的深入程度不同,其数学模型可以归结为白箱模型、灰箱模型或黑箱模型。我们不妨把建立数学模型研究实际问题比喻成一只箱子,输入数据、信息,通过建模获取我们原先并不清楚的结果。假如问题的机理比较清楚,内在关系较为简单,这样的模型就被称为白箱模型。如果问题的机理极为繁杂,人们对它的了解极为肤浅,几乎无法加以精确的定量分析,这样的模型就被称为黑箱模型。介于两者之间的模型,则被称为灰箱模型。当然,这种分类方法是较为模糊的,是相对而言的。况且,随着科学技术的不断进步,今天的黑箱模型明天也许会变成灰箱模型,而今天的灰箱模型不久也可能会变成白箱模型,因此,对这样的分类我们不必过于认真。

根据模型中变量的特征分类,模型又可分为连续型模型、离散型模型,确定性模型、随机型模型等。根据建模中所用到的数学方法分类,又可分为初等模型、微分方程模型、差分方程模型、线性代数模型、优化模型、逻辑模型等。本书希望通过实例剖析来反映各种数学方法在建模中的应用,故本书各章主要采用的是这种分类方法,以便较好地体现各种数学方法的应用技巧。

此外,对一些人们较为重视或对人类活动影响较大的实际问题的数学模型,常常也可以按照研究课题的实际范畴来加以分类,例如人口模型、生命系统模型、交通流模型、经济模型、基因模型、肿瘤模型、传染病模型等。

1.4　数学建模与能力的培养

在高等院校开设数学建模课的主要目的并非为了传授知识而是为了提高学生的综合素质，增强他们应用数学知识去解决实际问题的能力。因此，学生在学习数学建模技巧时应当特别注意自身能力的培养与锻炼。要想知道如何建模，除了学习基本技能与基本技巧以外，更重要的是应当参与进来，在建模实践中获得真知。数学建模实践的每一步中都蕴含着能力上的锻炼，在调查研究阶段，需要观察能力、分析能力和数据处理能力等。在提出假设时，又需要想象力和归纳简化能力。实际问题经常是十分复杂的，既存在着必然的因果关系也存在着某些偶然的因果关系，这就需要我们从错综复杂的现象中找出主要因素，略去次要因素，确定变量的取舍，并找出变量间的内在联系。假设条件通常是围绕着两类目的提出的，一类假设的提出是为了简化问题，突出主要因素；而另一类则是为了应用某些数学知识或其他学科的知识。但不管哪一类假设，都必须尽可能符合实际，既要做到不失真或少失真又要便于使用数学方法处理，两者应尽量兼顾。此外，我们的研究是前人工作的继续，在真正开始自己的研究之前，还应当尽可能地先了解一下前人或别人的工作，使自己的工作真正成为别人研究工作的继续而不是别人工作的重复，这就需要你具有很强的查阅文献资料的能力。你可以把某些已知的研究结果用作你的假设，即"站在前人的肩膀上"，去探索新的奥秘。牛顿导出万有引力定律所用的假设主要有 4 条，即开普勒的三大定律和牛顿自己的第二定律，他所做的工作表明，如果这些假设是对的，如果推导过程也是正确的，那么万有引力定律也是对的。事实上，我们也可以由万有引力定律反过来推导出开普勒的三大定律。因而，万有引力定理被验证是正确的，也同样引证了开普勒三大定律和牛顿第二定律是正确的。总之，在提出假设时，你应当尽量引用已有的知识，以避免做重复性工作。建模求解阶段是考验你的数学功底和应变能力的阶段，你的数学基础越好，应用就越自如。但学无止境，任何人都不是全才，想学好了再做，其结果必然是什么也不做，因此，我们还应当学会在尽可能短的时间内查到并学会我想应用知识的本领。在我们指导学生参加国内外大学生数学建模时，常常遇到这样的情况，参赛的理工科大学二、三年级学生感到模拟实际问题的特征似乎需要建立一个偏微分方程或控制论模型，他们尚未学过这些课程，竞赛时间又仅有三天（允许查资料和使用一切工具），为了获得较好的结果，他们只用了二三个小时就搞懂了他们所要使用的相关内容并将其应用于他们的研究工作，最终夺得了国际竞赛的一等奖甚至特等奖。这些同学在建模实验中学会了快速吸取想用的数学知识的本领，这种能力在实际工作中也是不可缺少的。建模没有一成不变的格式可以套用，这就需要建模者具有较强的应变能力。应变能力包括灵活性和创造性，牛顿在推导万有引力定律时发现原有的数学工具根本无法用来研究变化的运动，为了研究工作的需要，他花了九年的时间创建了微积分。当然，人的能力各有大小，不可能要求人人都去做如此重大的创举。但既然你在从事研究，多多少少总会遇到一些别人没有做过的事，碰到一些别人没有碰到过的困难，因而，也需要你多多少少有点创新的能力。这种能力不是生来就有的，建模实践就为你提供了一个培养创新能力的机会。

俗话说得好:初生牛犊不怕虎。青年学生最敢闯,只要善于学习、勇于实践,创新能力会得到很快的提高。1999年以来,我校学生在只参加了半年左右的学习和实践的情况下参加国内外大学生数学建模竞赛,在国际性的竞赛(美国大学生数学建模竞赛)中他们交出了非常出色的研究论文,夺得了特等奖兼INFORMS奖2项(1999年、2003年各一项)、一等奖20余项、二等奖20余项就是一个明证(注:在全国竞赛中获奖数更多)。当然,要出色地完成建模任务还需要用到许多其他的能力,如设计算法、编写程序的能力,熟练使用计算机的能力,撰写研究报告或研究论文的能力,熟练应用外语的能力等等,所以,学习数学建模和参加建模实践,实际上是一个综合能力、综合素质的培养和提高过程。参赛获奖并不是我们的目的,提高自己的素质和能力才是我们的宗旨,从这一意义上讲,只要你真正努力了,你就必定是一个成功的参与者。

1.5 一些简单实例

在上一节中,我们讲了在学习数学建模的过程中要十分注意能力的培养和提高。本节中,我们举几个简单的实例来进一步说明这一问题。读者在阅读每一实例的解答以前,应当先自行给出解答。如果你没有回答出来或者回答得不够好不必气馁,找一下你没有解答出来的原因,你会慢慢习惯起来并解答得越来越好的。

例1.2 某人平时下班总是预定时间到达某处,然后由他的妻子开车接他回家。有一天,他没有通知家里却比平时提早了30分钟到达了接他回家的会合地点,于是此人就沿着他妻子来接他的方向步行回去并在途中与他的妻子相遇,这一天,他比平时提前了10分钟到家,问此人总共步行了多长时间?

解 这是一个测试想象能力的简单题目,根本不必作太多的计算。

粗粗一看,似乎会感到条件不够而无法回答,但你只要换一种想法,问题就迎刃而解了。假如他的妻子遇到他以后仍然载着他开往会合地点,那么这一天他就不会提前回家了。提前到家的10分钟时间从何而来呢?显然是由于节省了从相遇点到会合点又从会合点返回相遇点这一段路程的缘故,故由相遇点驶往会合点(单程)需要5分钟。而此人提前了30分钟到达会合点,故相遇时他已步行了25分钟。当然,以上推断正确还需要一些假设,例如,他的妻子来接他的时间未变,开车过程中速度是均匀的,相遇时停车、上车等时间很短可以忽略不计等,否则结论可能就不一定对。

例1.3 某人第一天由A地去B地,第二天由B地沿原路返回A地。问:在什么条件下,可以保证途中至少存在一地,此人在两天中的同一时间到达该地。

分析 本题多少有点像数学中解的存在性条件及证明,当然,这里的情况要简单得多。

假如我们换一种想法,把第二天的返回改变成另一人在同一天由B去A,问题就化为在什么样的条件下两人在途中至少会相遇一次,这样,结论就很容易得出了:只要任何一方的到达时间晚于另一方的出发时间,两人必定会在途中相遇(请读者据此用数学方法给出严格的证明)。

例 1.4　交通灯在绿灯转换成红灯时，有一个过渡状态，亮一段时间的黄灯。请分析黄灯究竟应当亮多久。

分析　设想一下，黄灯的作用是什么，不难看出，黄灯的作用是警告，意思是告诉路人马上就要转换成红灯了，假如你能停住，请立即停车。停车是需要时间的，在这段时间内，车辆仍将向前行驶一段距离 L。这就是说，在离街口距离为 L 处存在着一条停车线(尽管它没被画在地面上)，见图 1.3。对于那些黄灯亮时已过了此线的车辆是停不住车的，应当保证它们仍能穿过马路。

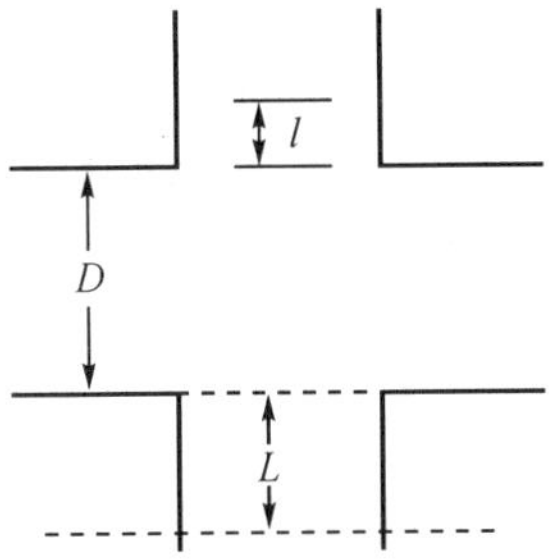

图 1.3

马路的宽度 D 是容易测得的，问题的关键在于 L 的确定。为了确定 L，还应当将 L 划分为两段：L_1 和 L_2，其中 L_1 是司机发现黄灯亮以及判断是否应当刹车这段反应时间内驶过的路程，L_2 为刹车制动后车辆又驶过的路程。L_1 较容易计算，交通部门对司机的平均反应时间 t_1 早有测算(反应时间过长将考不出驾照)，而此街道的行驶速度 v 也是交管部门早已定好的，目的是使交通流量最大，可另建模型研究，从而 $L_1 = vt_1$。刹车距离 L_2 既可用曲线拟合的方法得出，也可以利用牛顿第二定律计算(留作习题)。

黄灯究竟应当亮多久现在已经变得清楚多了。第一步，先计算出 L 应多大才能使该停车的司机都能停得住车。第二步，黄灯亮的时间应当让已过线的车顺利地穿过马路，即 T 至少应当达到$\dfrac{L+D+l}{v}$值，其中 l 为汽车车身的平均长度。

例 1.5　餐馆每天都要洗大量的盘子，为了方便，某餐馆是这样清洗盘子的：先用冷水洗一下，再放进热水池里洗涤，水温不能太高，否则会烫手，但也不能太低，否则洗不干净。由于想节省开支，餐馆老板想了解一下一池热水到底可以洗多少只盘子，请你帮助他建模分析一下这一问题。

分析　看完问题你已经完全了解情况了吗？我们认为可能还应当再调查了解一些情况。例如，盘子有大小吗，是什么样的盘子，盘子是怎样洗的，等等。因为不同大小、不同材料的盘子吸热量是不同的，不同的洗涤方法盘子吸收的热量也不相同。假设我们了解到：盘子的大小相等，均为瓷质菜盘，洗涤时先将一叠盘子在热水中浸泡一段时间，然后一一清洗。

你还应当再分析一下，是什么因素决定洗盘子的数量？不难看出，是水的温度。盘子是先用冷水洗过的，其后可能还会再用清水冲洗甚至消毒，更换热水并非因为水太脏了，而是因为水不够热了。那么，热水为什么会变冷呢？也许你能找出许多原因：盘子吸热带走了热量，水池吸热，空气吸热并传播散发热量，等等。此时，你的心中可能已经在盘算该建一个怎样的模型了。假如你想建一个较精细的模型，当然应当把水池、空气等吸热因素都考虑进去，这样，你毫无疑问要用到偏微分方程了，无论是建模还是求解，都有一定的难度。但餐馆老板的原意只是想了解一下一池热水平均大约可以洗多少盘子，你这样做不是有点自找苦吃，有“杀鸡用牛刀”之嫌吗？如此看来，你不如建一个稍粗略点的模型。由于吸热的诸因素中盘子吸热是最主要的，又由于盘子在热水中浸泡过，于是你不妨提出以下简化假设：

(1)水池、空气吸热不计，只考虑盘子吸热，盘子的大小、材料相同；

(2)盘子初始温度与气温相同，洗完后的温度与水温相同；

(3)水池中的水量为常数，开始温度为 T_1，最终换水时的温度为 T_2；

(4)每个盘子的洗涤时间 ΔT 是一个常数(这一假设甚至可以不要)。

根据上述简化假设，利用热量守恒定律，餐馆老板的问题就很容易回答了，当然，你还应当调查一下一池水究竟有多少，查一下瓷盘的吸热系数，称一下盘子的质量等。

从以上分析可以看出，假设条件的提出不仅和你研究的宗旨有关，还和你准备利用哪些知识、准备建立什么样的模型以及希望研究的深入程度有关，即在你提出假设后，你建模的框架其实已经基本搭好了。

例 1.6 将形状质量相同的砖块一一向右叠放，欲尽可能地延伸到远方，问最远可以延伸到多大的距离。

解 设砖块是均质的，长度与重量均为 1，其重心在中点 1/2 块砖长处，现用归纳法推导可得最大距离的计算公式。

若只用两块砖，则最远的叠砖方法显然是将上面砖块的重心置于下面砖块的右边缘上，即可向右推出 1/2 块砖长。

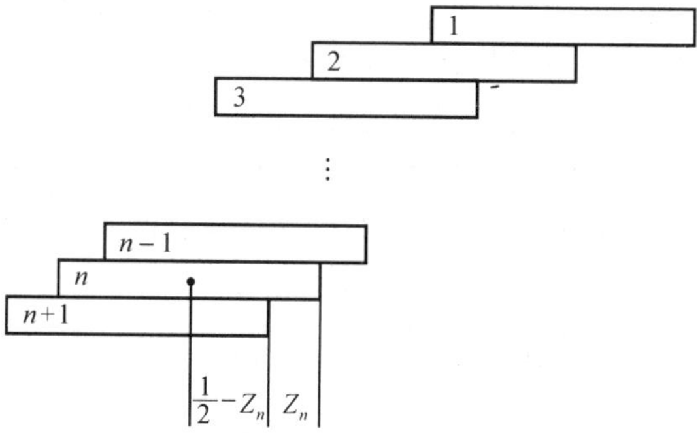

图 1.4

现假设已用 $n+1$ 块砖叠成了可能达到的最远平衡状态，并考察自上而下的第 n 块砖，压在其上的 $n-1$ 块砖的重心显然应在它的右边缘处，而上面 n 块砖的重心则应位于第 $n+1$ 块砖的右边缘处，设两者的水平距离为 Z_n，由力学知识可知，第 n 块砖受到的两个力的力矩应当相等，即有

$$\frac{1}{2}-Z_n=(n-1)Z_n$$

故

$$Z_n=\frac{1}{2n}$$

从而上面 n 块砖向右推出的总距离为 $\sum_{k=1}^{n}\frac{1}{2k}$，令 n 趋于无穷可知，理论上向右推出的距离可趋于 $\sum_{n=1}^{\infty}\frac{1}{2n}$。调和级数是发散的($\sum_{n=1}^{\infty}\frac{1}{n}=+\infty$)，故砖块向右可叠至任意远，这一结果多少有点出人意料。

例 1.7 某人住在一公交线附近，该公交线路为在 A、B 两地之间相向运行，每隔 10 分钟 A、B 两地各发出一班车。此人常在离家最近的 C 点处等车，他发现了一个令他感到奇怪的现象：在绝大多数情况下，先到站的总是由 B 去 A 的车，难道由 B 去 A 的车次多些吗？请你帮助他找一下原因(见图 1.5)。

分析 A 和 B 发出的车次显然是一样多的，否则一处的车辆将会越积越多。那么，问题出在何处呢？让我们来看一个简单实例。由于距离不同，设 A 到 C 要行驶 31 分钟，B 到 C 要行驶 30 分钟，考察一个时间长度为 10 分钟的区间，例如，可以从 A 方向来的车驶离 C 站时开始，在其后的 9 分钟内到达的乘客见到先来的均为 B 开往 A 的车，仅有最后 1 分钟到达的乘客才见到由 A 来的车先到。由此可见，如果此人到 C 站等车的时间是随机的，则他遇上 B 方向来的车先到站的概率为 90%。根据以上实例研究，读者已不难对一般情况作出分析。

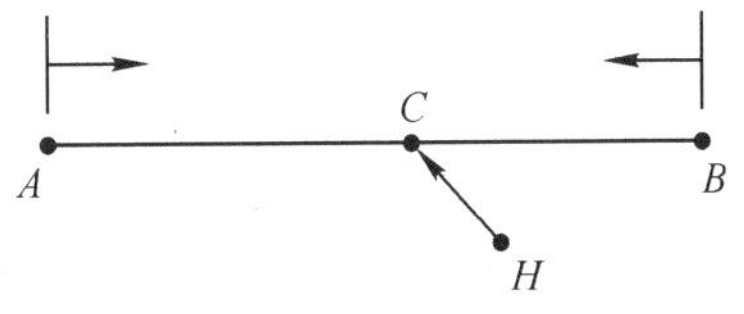

图 1.5

例 1.8　飞机失事时，黑匣子会自动打开，发射出某种射线。为了搞清楚失事原因，人们必须尽快找回黑匣子。要确定黑匣子的位置，必须确定其所在的方向和距离，试设计些寻找黑匣子的方法。

读者不难想到，由于要确定两个参数，至少要用仪器检测两次，除非你事先知道黑匣子发射出的射线强度。

方法一　点光源发出的射线在各点处的照度与其到点光源的距离的平方成反比，即 $I=\dfrac{K}{d^2}$。黑匣子所在方向很容易确定，关键在于确定距离。设在不同位置检测了两次，测得的照度分别为 I_1 和 I_2，两测量点间的距离为 a，则有

$$\frac{I_1}{I_2}=\frac{Kd^{-2}}{K(d+a)^{-2}}=\left(\frac{d+a}{d}\right)^2$$

故

$$d=a\left(\sqrt{\frac{I_1}{I_2}}-1\right)^{-1}$$

方法二　在方法一中，两检测点与黑匣子位于一直线上，这一点比较容易做到，主要缺点是：其结果对照度测量的精度要求较高，很少的误差会造成结果的很大变化，即敏感性很强，现提出另一方法。

在 A 点测得黑匣子的方向后，到 B 点再测方向（见图 1.6），AB 距离为 a，$\angle BAC=\alpha$，$\angle ABC=\beta$，利用正弦定理得

$$d=\frac{a\sin\alpha}{\sin(\alpha+\beta)}$$

需要指出的是，当黑匣子位于较远处而 α 又较小时，$\alpha+\beta$ 可能非常接近于 π（$\angle ACB$ 接近于 0），而 $\sin(\alpha+\beta)$ 又恰好位于分母上，因而对结果的精确性影响也会很大，为了使结果较好，应使 a 也相对较大。

图 1.6

习　题

1. 桌上有一杯咖啡和一杯牛奶，先从咖啡中取出一勺倒入牛奶杯中，再从牛奶杯中取出一勺倒回咖啡中，问是牛奶中的咖啡多还是咖啡中的牛奶多？

2. 我们现在希望从一群人中调查一个敏感性问题，例如，我们希望通过调研了解大学二、三年级的学生中大约有多少人已经在谈恋爱了。正面提问显然是不明智的，这样做不仅会因涉及个人隐私而引起学生的反感，而且也会因为学生在回答问题时不予配合而得不到可信的结果。请设计一些方法来解决这一问题，要求说明你的方法及可以这样做的理由，并给出相应的计算公式。记住，你其实只想了解谈恋爱学生的百分比，对学生个人的隐私你并无兴趣。

3. 在解答黄灯应当亮多久的问题时，较难计算的是司机在刹车以后车辆还会行驶多长距离。理论分析方法可如下进行：(1) 刹车时制动力一般是常数，从而刹车后车辆一般做匀减速运动；(2) 制动力一般与车重成正比。请按此思路完成推导过程。除了这一方法以外，你还有别的方法解决这一问题吗？

4. 以下是一个数学游戏：

(1) 甲先说一个不超过 6 的正整数，乙往上加一个不超过 6 的正整数，甲再往上加一个正整数，…，如此继续下去。规定谁先加到 50 谁就获胜，问甲、乙各应怎样做？

(2) 如将 6 改为 n，将 50 改为 N，问题又当如何回答？

5. 甲乙两人中午 12:00 至 1:00 之间都要去市中心某地约会，但两人讲好到达后只等待对方 10 分钟，求这两人能够相遇的概率有多大。

6. 某人由 A 处到位于某河流同侧的 B 处去，途中需要去河边取些水，问此人应如何走才能使走的总路程最少？

7. 水是人类赖以生存的重要资源之一，为了节水，洗衣机设计者打算设计一个节约用水的洗衣程序。使用过洗衣机的人都知道，洗衣机进水一般分高、中、低三档，一般都有洗衣、甩干功能。请考虑一下，为了建模分析这一问题，应当提出哪些假设。

8. 某学院共有 3 个系，人数分别为 100 名、60 名和 40 名。现学院准备成立学生会，正在研究学生会代表的名额分配问题，希望做到尽可能地公平合理。请考虑以下问题：

(1) 学生会代表的名额为 20 人，应当如何分配。

(2) 考虑到 20 名代表讨论问题时会出现 10∶10 的局面，拟将名额数改为 21 名，此时又应如何分配名额。

(3) 比较以上两种情况，对如何才能公平地分配名额进行较一般性的讨论。

9. 自核武器诞生以来，世界各国间的核竞争可以说从来没有停止过。现考虑如下实际问题：设有甲、乙两个超级核大国，t 时刻甲拥有的核弹数为 $x(t)$、乙拥有的核弹数为 $y(t)$。由于竞争，两国的核弹数有可能会不断增加，世界会因为核弹数的不断增加并趋于无穷而逐渐变成一个核弹库吗？由于双方都会对自己的核弹头加以保护，你可以假设任何一方都不可能通过一次核打击摧毁对方的所有核弹头，即任何一方在对方进行核攻击情况下的核弹头幸存率均大于零，在此假设下你能推导出什么结果？

10. 哥哥和妹妹同时从家里出发沿同一方向出去散步，哥哥的步行速度是3千米／小时，妹妹的步行速度是2千米／小时，他们家的小狗以每小时5千米的速度在两人间来回奔跑。一小时后，哥哥离家3千米、妹妹离家2千米，问此时小狗离家多远？

11. 兔子出生后一个月就能长大并开始交配，怀孕一个月就能生下一对小兔。假设你买回家一对刚生下的小兔，又假设此后每对小兔生下的均为雌雄一对小兔，你的小兔在此后一年中一只也没有死。请你计算一下，一年后你共有多少对兔子(注:从这一例子可以导出著名的 Fibonacci 数)。

12. 某人走出宿舍去教室上课，刚走到门口，天下起了小雨，因为回去拿伞的话上课可能会迟到，此人决定冒雨去上课。请你提出一些你认为较恰当的假设，建立数学模型分析这一问题，并对此人提出一些可以使他少淋雨的建议。

13. 1999年美国大学生数学建模竞赛的A题是这样的：假如一颗直径大约为1千米的小行星撞击在南极的极心，这一撞击究竟会给人类带来多大的灾难？假如你在参加这一竞赛，你会怎样回答这一问题？你认为怎样研究才是有意义的？

14. 2004年的美国大学生数学建模竞赛A题要求学生分析指纹鉴定的可信度究竟有多大。几乎所有参赛学生从未学过指纹鉴定技术也未比较过指纹。显然，为了开展有意义的研究工作，首先必须学习一些指纹鉴定技术并比较一些指纹。你认为，从哪里可以查到你所需要的资料。

第二章　初等模型

对于一些较简单的问题，只需要应用初等数学或简单的微积分知识即可建模加以研究。而对于一些过于复杂的黑箱模型，如果目前还没有可能作出深入细致的研究，那么应用初等方法对其先作一番粗略的分析研究也是十分有意义的。本章将结合实例，介绍一些对问题作粗略研究的方法与技巧。

2.1　舰艇的会合

某航空母舰派护卫舰去搜寻其跳伞的飞行员，护卫舰找到飞行员后，航母通知它尽快返回与其会合并通报了自己的位置及当前的航速与方向，问护卫舰应当怎样航行，才能与航母会合。

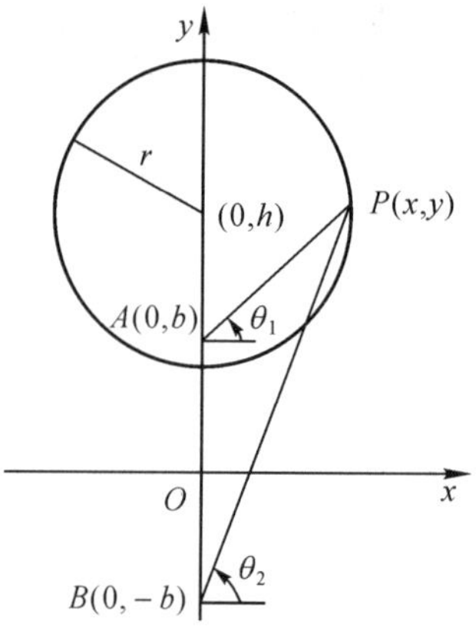

图 2.1

取直角坐标系，设航母在 $A(0,b)$ 处，护卫舰在 $B(0,-b)$ 处，两者间的距离为 $2b$。设航母沿着与 x 轴夹角为 θ_1 的方向以速度 v_1 行驶，并设会合地点为 $P(x,y)$，见图 2.1。

假设护卫舰将沿着与 x 轴夹角为 θ_2 的方向以速度 v_2 行驶，记 $v_2/v_1 = a$，通常 $a > 1$。但从下面的讨论中可以看出，当 $a \leqslant 1$ 时可类似加以讨论。

讨论　根据题意，应有

$$|BP|^2 = a^2|AP|^2$$

即

$$x^2 + (y+b)^2 = a^2[x^2 + (y-b)^2]$$

故

$$(a^2-1)x^2 + (a^2-1)y^2 = 2(a^2+1)by + (a^2-1)b^2 = 0 \tag{2.1}$$

在 $a>1$ 时，(2.1)式可化为

$$x^2 + \left[y - \left(\frac{a^2+1}{a^2-1}\right)b\right]^2 = \frac{4a^2b^2}{(a^2-1)^2}$$

令 $h = \dfrac{a^2+1}{a^2-1}b$，$r = \dfrac{2ab}{a^2-1}$，则上式可以简记成

$$x^2 + (y-h)^2 = r^2 \tag{2.2}$$

(2.2)是圆心在 $(0,h)$，半径为 r 的圆的方程，故在 a 不变时，会合点 P 必位于圆周(2.2)上。易见 $h>b$ 且 $h>r$，故圆(2.2)整个位于 x 轴上方。

由于 $$\frac{dr}{da}=\frac{-2b(1+a^2)}{(a^2-1)^2}<0,\frac{dh}{da}=\frac{-4ab}{(a^2-1)^2}<0$$
不难看出 a 越大则 $|AP|$ 越小，故为了与航母尽早会合，护卫舰必以其可能最大速度行驶。

现讨论护卫舰应取的航行方向。先求出航母航行方向与圆(2.2)的交点，即解方程组

$$\begin{cases} x^2+(y-h)^2=r^2 \\ y=(\tan\theta_1)x+b \end{cases} \tag{2.3}$$

求得交点 $P(x,y)$ 后，再从 $y=(\tan\theta_2)x-b$ 中求出 θ_2，即 $\theta_2=\arctan\frac{y+b}{x}$，护卫舰航行方向就确定了。

本模型虽很简单，但分析得非常清晰且易于实际应用。护卫舰可事先编好程序，一旦航母告知了其航行的方向与速度，护卫舰上的计算机可立即求出 a，进而求出 h、r 以及会合地点 $P(x,y)$，最后求得自己的航行方向 θ_2。

我们曾将本节讨论的内容布置为最初几节课的习题让学生自己解答，只有少数同学能将问题分析得这样清楚且便于实际使用。

2.2　双层玻璃的功效

在寒冷的北方，许多住房的玻璃窗都是双层的，现在我们来建立一个简单的数学模型，研究一下双层玻璃到底有多大的功效。

比较两个其他条件完全相同的房间，它们的差异仅仅在窗户不同，一个窗户是单层玻璃的，而另一个窗户是双层玻璃的。

假设条件：

(1) 设室内热量的流失是热传导引起的，不存在室内外的空气对流；

(2) 室内温度 T_1 与室外温度 T_2 均为常数；

(3) 玻璃是均匀的，热传导系数为常数。

假设1表明房间是密闭的，倘若门窗大开或漏风严重，双层玻璃的功效自然无法体现出来。假设2表明室内具有取暖设备，且已达到平衡状态。我们的目的是比较在达到平衡条件的情况下，流失热量的大小，即比较为了保持这一平衡，取暖设备需提供的热量的大小究竟有多大的差异。假设3表明，我们打算利用热传导的物理定律来建立模型。

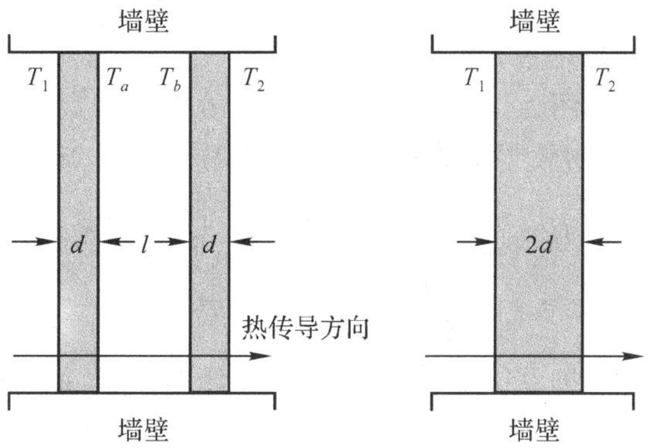

图 2.2

先考察双层玻璃的窗户。设每层玻璃的厚度均为 d，两层玻璃间的距离为 l，其间充满了空气，贴近内层玻璃

处的空气温度为 T_a，贴近外层玻璃处的空气温度为 T_b，见图 2.2。

由热传导知识，对厚度为 d 的介质，当两侧温差为 ΔT 时，单位时间通过单位面积由温度高的一侧流向温度低的一侧的热量 Q 正比于 ΔT 而反比于 d，比例系数 k 为热传导系数，即

$$Q = k\frac{\Delta T}{d} \tag{2.4}$$

设玻璃的热传导系数为 k_1，空气的热传导系数为 k_2，则对双层玻璃的窗户有

$$Q = k_1\frac{T_1 - T_a}{d} = k_2\frac{T_a - T_b}{l} = k_1\frac{T_b - T_2}{d} \tag{2.5}$$

故有
$$\begin{cases} T_a + T_b = T_1 + T_2 \\ T_a - T_b = \dfrac{k_1 l}{k_2 d}(T_1 - T_a) \end{cases}$$

解得
$$T_a = \frac{\left(1 + \dfrac{k_1 l}{k_2 d}\right)T_1 + T_2}{2 + \dfrac{k_1 l}{k_2 d}},\ T_b = T_1 + T_2 - \frac{\left(1 + \dfrac{k_1 l}{k_2 d}\right)T_1 + T_2}{2 + \dfrac{k_1 l}{k_2 d}}$$

故
$$Q = \frac{k_1}{d}\left[T_1 - \frac{\left(1 + \dfrac{k_1 l}{k_2 d}\right)T_1 + T_2}{2 + \dfrac{k_1 l}{k_2 d}}\right] = k_1\frac{T_1 - T_2}{d\left(2 + \dfrac{k_1 l}{k_2 d}\right)}$$

现考察厚度为 $2d$ 的单层玻璃窗户（即将两层玻璃合二为一），类似有

$$Q_1 = k_1\frac{T_1 - T_2}{2d}$$

故
$$\frac{Q}{Q_1} = \frac{2}{2 + \dfrac{k_1 l}{k_2 d}}$$

一般，$\dfrac{k_1}{k_2} = 16 \sim 32$（可由查表得知）。

故
$$\frac{Q}{Q_1} \leqslant \frac{1}{1 + 8l/d}$$

记 $h = \dfrac{l}{d}$，并令 $f(h) = \dfrac{1}{8h + 1}$，$y = f(h)$ 的图形见图 2.3。

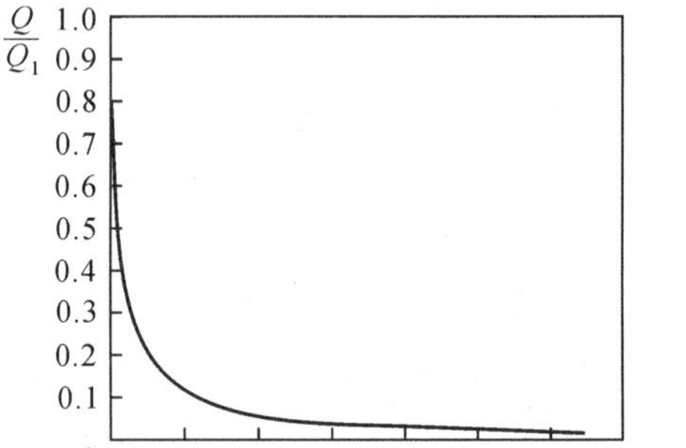

图 2.3

由图 2.3 可以看出，当 h 从 0 开始增大时，起初效果非常明显（$h = 0$ 时即单层玻璃），当 $h = 1$ 即 $l = d$ 时，$\dfrac{Q}{Q_1} \leqslant \dfrac{1}{9} \approx 11\%$；当 $h = 2$ 即 $l = 2d$ 时，$\dfrac{Q}{Q_1} \leqslant 5.9\%$；当 $h = 3$ 即 $l = 3d$ 时，$\dfrac{Q}{Q_1} \leqslant 4\%$，…，随着 h 的增大，这种改进将变得越来越迟钝，考虑到美观和使用上的方便，h 不必取得过大，例如，可取 $h = 4$，即 $l = 4d$，此时房屋热量的损失不超过单层玻璃窗时的 3%，效果极为明显。建立一个如此简单的模型就能大致看出双层玻璃的功效，并能了解到双层玻璃大约可节省97%左右的热传导损耗，这也许是我们事先未曾

想到的。类似地,我们也可以同样讨论墙壁、屋顶或地板的保暖性能,用以指导改善房间的保温性能。

2.3　崖高的估算

假如你站在崖顶且身上带着一只具有跑表功能的计算器,你也许会出于好奇心想用扔下一块石头听回声的方法来估计山崖的大致高度。假定你能准确地测定时间,你又应当怎样来推算山崖的高度呢?请你分析这一问题。

方法一　假定空气阻力不计,可以直接利用自由落体运动的公式

$$h = \frac{1}{2}gt^2$$

来计算。例如,设 $t = 4$ 秒,$g = 9.81$ 米/秒^2,则可求得 $h \approx 78.5$ 米。

方法二　假定你已学过微积分,你就可以做得更好些。除去地球吸引力外,对石块下落影响最大的当属空气阻力。根据流体力学知识,此时可设空气阻力正比于石块下落的速度,阻力系数 K 为常数,因而,由牛顿第二定律可得:

$$F = ma = m\frac{\mathrm{d}v}{\mathrm{d}t} = mg - Kv$$

在等式两边同除以石块质量 m,并令 $k = K/m$,则有

$$\frac{\mathrm{d}v}{\mathrm{d}t} = g - kv$$

这是一个一阶常系数线性微分方程,其解为

$$v = c\mathrm{e}^{-kt} + \frac{g}{k}$$

代入初始条件 $v(0) = 0$,得 $c = -\frac{g}{k}$,故有

$$v = \frac{g}{k} - \frac{g}{k}\mathrm{e}^{-kt}$$

由于我们需要求的是下落高度,故再积分一次,得

$$h = \frac{g}{k}t + \frac{g}{k^2}\mathrm{e}^{-kt} + c$$

代入初始条件 $h(0) = 0$,得到计算山崖高度的公式:

$$h = \frac{g}{k}t + \frac{g}{k^2}\mathrm{e}^{-kt} - \frac{g}{k^2} = \frac{g}{k}\left(t + \frac{1}{k}\mathrm{e}^{-kt}\right) - \frac{g}{k^2} \tag{2.6}$$

空气的阻力系数可以通过查资料得到,例如,若设 $k = 0.05$ 并仍设 $t = 4$ 秒,则可求得 $h \approx 73.6$ 米。由于考察了空气阻力,这一结果应当比方法一得到的结果更接近实际高度。

细心的读者一定会发现,还有一些问题需要考虑。

问题 1　方法一既然是不考虑空气阻力时得出的公式,那么在(2.6)中令 $k = 0$ 应当还原成自由落体运动公式。但(2.6)中 k 在分母上,不能直接令 $k = 0$,这一困难如何解决呢?办法不难找到,只要将 e^{-kt} 用泰勒公式展开并令 $t \to 0^+$ 求极限,问题就解决了。

问题 2　听到回声再按跑表,计算得到的时间中包含了反应时间,反应时间虽然不

长,但石块落地时的速度已较大,对计算结果的影响仍然较大。如何解决这一问题呢?我们根本无法知道某次具体测量时的反应时间究竟有多长,只好用平均反应时间来代替它。例如,不妨设平均反应时间为 0.1 秒,假如你还不放心,可多测几次,用测得时间的平均值作为测量结果即可。假如仍设 $t = 4$ 秒,扣除反应时间后应为 3.9 秒,代入公式(2.6)计算,可求得 $h \approx 69.9$ 米。

问题 3 其实,石块下落的时间还不是 3.9 秒,因为这 3.9 秒中还包括了回声传回来所需要的时间。为此,记石块下落的真正时间为 t_1,声音传回来的时间为 t_2,还得解一个联立方程组:

$$\begin{cases} h = \dfrac{g}{k}\left(t_1 + \dfrac{1}{k}e^{-kt_1}\right) - \dfrac{g}{k^2} \\ h = 340t_2 \\ t_1 + t_2 = 3.9 \end{cases}$$

在这里,我们已假定声音速度为340 米 / 秒。

麻烦的事情在于这一方程组是非线性的,求解不太容易。为了估算山崖大致有多高竟要去解一个非线性方程组,似乎不太符合情理。我们的一些学生想了一个简便而实用的方法,他们认为,相对于石块速度,声音的速度要快得多,可用方法二先求一次 h,将它看成是山高的近似值,再令 $t_2 = \dfrac{h}{340}$;校正 t,即令石块下落时间 $t_1 \approx t - t_2$,将 t_1 代入(2.6)再算一次,得出崖高的近似值。例如,若 $h = 69.9$ 米,则 $t_2 \approx 0.21$ 秒,故 $t_1 \approx 3.69$ 秒,求得 $h \approx 62.3$ 米。读者容易看出,现在的计算结果与山的实际高度已经相差不大了,进一步努力已经没有什么实际意义,因为计算时间也有误差,其影响可能已超过了我们的模型误差。如真的想再精确一些,你首先必须设法把下落的时间测得更准确一些才行。

2.4 经验模型

当问题的机理非常不清楚难以直接利用其他知识来建模时,一个较为自然的方法是利用数据进行曲线拟合,找出变量之间的近似依赖关系即函数关系,这就是所谓经验公式或经验模型。

经验公式可以用多种方法来建立,其中较常用的方法有最小二乘法和插值方法。经验模型区别于其他类型模型的特点为它的建立不需要去根据机理提出假设,即经验公式是建模者在数据分析基础上所作出的判断。建模者认为根据数据特点,该函数关系可以用某类函数中的一个来近似表示,两者的偏差不会太大。其后的工作只不过是利用数学方法在此类函数中寻找在某种意义之下与实际数据具有最小偏差的一个而已。

在建立经验模型时,一般先要将数据画在坐标图上,观察并判断用怎样的函数来近似表达变量之间的函数关系较为合适。接下来的工作是决定公式的参数,使公式与数据的相符性在某种意义下最好。最后,还要对公式作试用检验,看看其造成的误差是否可以接受,如不能接受尚需修正公式。

一、最小二乘法

设经实际测量已得到 n 组数据(x_i, y_i)，$i = 1, \cdots, n$，将其画在平面直角坐标系中。如果建模者判断这 n 个点很像是分布在某条直线附近，令该直线方程为 $y = ax + b$，进而利用数据来求参数 a 和 b。由于该直线只是数据近似满足的关系式，故 $y_i - (ax_i + b) = 0$ 一般不成立，但我们希望

$$\sum_{i=1}^{n} [y_i - (ax_i + b)]^2 \tag{2.7}$$

尽可能小(注：采用平方和是为了避免正负相消现象的产生。令绝对值之和尽量小也可以，但接下来求参数时会遇到困难)。为此，求解极值问题：

$$\min \quad \sum_{i=1}^{n} [y_i - (ax_i + b)]^2$$

令(2.7) 对 a 和 b 的偏导数同时为 0，解相应的方程组，得

$$\begin{cases} a = \dfrac{\sum\limits_{i=1}^{n}(x_i - \bar{x})(y_i - \bar{y})}{\sum\limits_{i=1}^{n}(x_i - \bar{x})^2} \\ b = \bar{y} - a\bar{x} \end{cases} \tag{2.8}$$

其中 $\bar{x}$ 和 $\bar{y}$ 分别为 x_i 和 y_i 的平均值，即

$$\bar{x} = \frac{1}{n}\sum_{i=1}^{n} x_i, \bar{y} = \frac{1}{n}\sum_{i=1}^{n} y_i$$

如果建模者判断变量间的关系并非线性关系而是其他类型的函数，则可将数据与变量作某种形式的变量替换使之转化为线性关系。当然，你也可以采用类似方法，直接进行拟合。

例 2.1(举重成绩的比较)

举重是一种一般人都能看懂的运动，它共分九个重量级，有两种主要的比赛方法：抓举和挺举。表 2.1 给出截至 1977 年底九个重量级的世界纪录。

表 2.1

重量级(上限体重)／千克	成绩	
	抓举／千克	挺举／千克
52	109	141
56	120.5	151
60	130	161.5
67.5	141.5	180
75	157.5	195
82.5	170	207.5
90	180	221
110	185	237.5
110 以上	200	255

显然，运动员体重越大，他能举起的重量也越大，但举重成绩和运动员体重到底是怎样关联的，不同量级运动员的成绩又如何比较优劣呢？运动成绩是包括生理条件、心理因素等等众多相关因素共同作用的结果，要建立精确的模型至少现在还无法办到，但我们拥有大量的比赛成绩纪录，根据这些数据不妨建立一些经验模型。作为一个实例，我们以表2.2中的数据为依据，来建立一些经验公式。

模型1（线性模型） 将数据画在直角坐标系中可以发现，运动成绩与体重近似满足线性关系，只有110千克级似乎有点例外，两项成绩都显得比较低。应用前面叙述的方法可求出近似关系式 $L = KB + C$，其中 B 为体重，L 为举重成绩。你在作图时 L 轴可以放在50千克或52千克处，因为没有更轻级别的比赛，具体计算留给读者自己去完成（见习题3）。

模型2（幂函数模型） 线性模型并未得到举重界的认可，举重成绩是体重的线性函数的假设未必恰当。要改进结果，下一步首先想到的自然应当是幂函数模型，即令 $L = KB^a$，对此式取对数，得到 $\ln L = \ln K + a\ln B$。将原始数据取对数，问题即转化成了线性模型，可用最小二乘法求出参数。几十年前英国和爱尔兰采用的比较举重成绩优劣的 Austin 公式：$K = L/B^{\frac{3}{4}}$ 就是用这一方法求得的。事实上，他们求得 $L = KB^{\frac{3}{4}}$，即 $K = L/B^{\frac{3}{4}}$。显然，K 越大成绩越好，故可通过比较 K 来评判举重成绩的优劣。

模型3（经典模型） 经典模型是根据生理学中的已知结果和比例关系推导出来的公式，应当说，它并不属于经验公式。为建立数学模型，先提出如下一些假设：

(1) 举重成绩正比于选手肌肉的平均横截面积 A，即 $L = K_1A$；

(2) A 正比于身高 l 的平方，即 $A = K_2l^2$；

(3) 体重正比于身高的三次方，即 $B = K_3l^3$。根据上述假设，可得

$$L = K_1K_2\left(\frac{B}{K_3}\right)^{\frac{2}{3}} = KB^{\frac{2}{3}}$$

其中 $K = K_1K_2K_3^{-\frac{2}{3}}$。显然，$K$ 越大则成绩越好，故可用 $K = LB^{-\frac{2}{3}}$ 来比较选手比赛成绩的优劣。

模型4（O' Carroll 公式） 经典公式的主要依据是比例关系，其假设条件非常粗糙，可信度不大，因而大多数人认为它不能令人信服。1967年，O' Carroll 基于动物学、解剖学和统计分析得出了一个现在被广泛使用的公式。O' Carroll 模型的假设条件是：

(1) $L = K_1A^a, a < 1$；

(2) $A = K_2l^b, b < 2$；

(3) $B - B_0 = K_3l^3$。

假设(1)、(2)是解剖学中的统计规律，在假设(3)中 O' Carroll 将体重划分成两部分：$B = B_0 + B_1$，其中 B_0 为非肌肉重量。根据三条假设可得 $L = K(B - B_0)^\beta$，K 和 β 为两个常数，$\beta = \frac{ab}{3} < \frac{2}{3}$。此外，根据统计结果，他得出 $B_0 \approx 35$ 千克，$\beta \approx \frac{1}{3}$。故有 $L = K(B - 35)^{\frac{1}{3}}$，$K$ 越大成绩越好。因而，他建议根据 $K = L(B - 35)^{-\frac{1}{3}}$ 的大小来比较选手成绩的优劣。在这一模型中，O' Carroll 应用了一些相关学科的知识，也应用了统计方法，

是两者相结合的结果。

模型 5(Vorobyev 公式)　这是一个前苏联使用的公式。建模者认为举重选手举起的不光是重物，也提高了自己的重心，故其举起的总重量为 $L+B$，可以看出，他们更重视的是腿部肌肉的爆发力。应用与模型 4 类似的方法，提出了按 $K=\dfrac{L+B}{B[0.45-(B-60)/900]}$ 的大小来比较成绩优劣的建议。

上述公式具有各不相同的基准，无法进行相互比较。为了使公式具有可比性，需要对公式稍作处理。例如，我们可以要求各公式均满足在 $B=75$ 千克时有 $K=L$，则上述各公式化为：

(1)Austin 公式：$K=L\left(\dfrac{75}{B}\right)^{3/4}$；

(2) 经典公式：$K=L\left(\dfrac{75}{B}\right)^{2/3}$；

(3)O' Carroll 公式：$K=L\left(\dfrac{40}{B-35}\right)^{1/3}$；

(4)Vorobyev 公式：$K=\dfrac{29250(L+B)}{B(465-B)}-75$。

将公式(1)—(4)用来比较 1976 年奥运会的抓举成绩，各公式对九个级别冠军成绩的优劣排序如表 2.2 所示，比较结果较为一致。例如，对前三名的取法是完全一致的，其他排序的差异也较为微小。

表 2.2

体重/千克	抓举成绩/千克	Austin 公式	经典公式	O' Carroll 公式	Vorobyev 公式
52	105	138.2(7)	134.0(8)	139.7(8)	138.8(7)
56	117.5	146.3(4)	142.8(6)	145.7(4)	146.6(4)
60	125	147.8(3)	145.0(3)	146.2(3)	147.7(3)
67.5	135	146.1(5)	144.8(5)	144.7(6)	145.8(5)
75	145	145.0(6)	145.0(3)	145.0(5)	145.0(6)
82.5	162.5	151.3(1)	152.2(1)	153.5(1)	152.1(1)
90	170	148.3(2)	150.5(2)	152.9(2)	150.3(2)
110	175	131.8(8)	135.6(7)	141.9(7)	138.5(8)

例 2.2(体重与身高的关系)

我们希望建立一个体重与身高之间的关系式，不难看出两者之间的关系很难通过机理分析得出，不妨采取统计方法，用数据来拟合出与实际情况较相符的经验公式。为此，我们先作一番抽样调查，测量出 15 个不同高度的人的体重，列成了表 2.3。在抽样时，各高度的人都应经过适当挑选，既不要太胖也不要太瘦，要具有一定的代表性。

表 2.3

身高 h/米	0.75	0.86	0.96	1.08	1.12
体重 W/千克	10	12	15	17	20
身高 h/米	1.26	1.35	1.51	1.55	1.60
体重 W/千克	27	35	41	48	50
身高 h/米	1.63	1.67	1.71	1.78	1.85
体重 W/千克	51	54	59	66	75

将表 2.3 中的数据画到 $h \sim W$ 平面上，你会发现这些数据的分布很接近某一指数曲线。为此，对 h 和 W 均取对数，令 $x = \ln h$，$y = \ln W$，将(x_i, y_i)再画到 $x \sim y$ 平面中去$(i = 1, \cdots, 15)$，这次你会发现这些点几乎就分布在一条直线附近。令此直线的方程为 $y = ax + b$，用最小二乘法求得 $a \approx 2.32$，$b \approx 2.84$，故可取 $y = 2.32x + 2.84$，即 $\ln W = 2.32\ln h + 2.84$，故有 $W = 17.1h^{2.32}$。

这就是我们希望得到的公式。

二、插值法

在使用最小二乘法时，我们并未要求得到的拟合曲线一定要经过所有的样本点，而只是要求了总偏差最小。当实际问题要求拟合曲线必须经过样本点时，我们可以应用数值逼近中的插值法。

根据实际问题的不同要求，存在多种不同的插值方法，有只要求过样本点的拉格朗日插值法、牛顿插值法等，有既要求过插值点(即样本点)又对插值点处的导数有所要求的样条(Spline)插值法，甚至还有对插值曲线的凹凸也有要求的 B 样条插值法。本书不准备详细介绍这些细致的插值方法，只是提请读者注意，在建立经验模型时，插值法也是可以使用的数学工具之一。对插值法感兴趣的读者可以查阅相关书籍，例如由李岳生编著、上海科学技术出版社出版的《样条与插值》(1983 年出版)等。

经验模型的建立并没有什么理论上的依据，用什么样的函数来近似表达变量间的关系是由建模者根据测试数据的特征决定的，因而，用这类方法建立的公式被称为经验公式。

2.5 参数识别

在建立数学模型时常常需要确定一些参数，选什么量为参数，怎样选取参数，其中也有不少技巧，参数选得不好，会使问题变得复杂难解，给自己增添许多不必要的麻烦。确定参数以后，一般需要利用数据来获得这些参数的具体取值，例如在使用经验方法建模时，假如你准备用线性函数 $y = ax + b$ 来表达变量间的关系，你还要用最小二乘法求出参数 a、b 的值，这一过程被称为“参数识别”。总之，参数的选取应使其后的识别尽可能简便，让我们来考察一个实例。

例 2.3(录像带还能录多长时间)

录像机上有一个四位计数器,一盘180分钟的录像带在开始计数时为0000,到结束时计数为1849,实际走时为185分20秒。我们从0084观察到0147共用时间3分21秒。若录像机目前的计数为1428,问是否还能录完一个60分钟的节目?

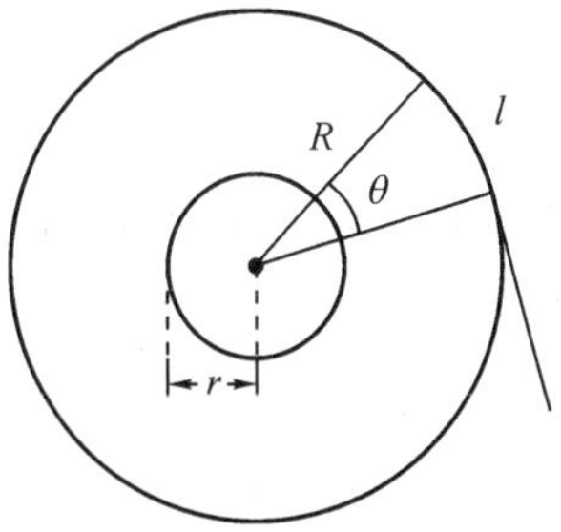

图 2.4

解　根据题意,我们希望建立一个录像带已录像时间 t 与计数器计数 n 之间的一个函数关系。为建立一个正确的模型,首先必须搞清哪些量是常量,哪些量是变量。显然,录像带的厚度 w 是常量,它被绕在一个半径为 r 的圆盘上,见图 2.4。磁带转动中线速度 v 显然也是常数,否则图像声音必然会失真。此外,计数器的读数 n 与转过的圈数有关,从而与转过的角度 θ 成正比。

由　$\pi(R^2 - r^2) = wvt$　得　$R = \left(\dfrac{wvt}{\pi} + r^2\right)^{1/2}$

又因　$\Delta l = R\Delta\theta$ 和 $\Delta l = v\Delta t$,得

$$\Delta\theta = \frac{v}{R}\Delta t$$

积分得

$$\int_0^\theta \mathrm{d}\theta = \int_0^t v\left(\frac{wvt}{\pi} + r^2\right)^{-1/2}\mathrm{d}t$$

即

$$\theta = \frac{2\pi}{w}\left(\frac{wvt}{\pi} + r^2\right)^{1/2}\Bigg|_0^t = \frac{2\pi}{w}\left[\left(\frac{wvt}{\pi} + r^2\right)^{1/2} - r\right]$$

从而有

$$n = \frac{\theta}{2\pi} = \frac{1}{w}\left[\left(\frac{wvt}{\pi} + r^2\right)^{1/2} - r\right] \tag{2.9}$$

此式中有三个参数 w、v 和 r,它们均不易被精确测得,虽然我们可以从上式解出 t 与 n 的函数关系,但效果不佳,其测量误差会使求得的公式变得毫无用处,故令

$$\alpha = \sqrt{v/\pi w},\beta = \pi r^2/wv$$

将(2.9)式简化为

$$n = \alpha(\sqrt{t+\beta} - \sqrt{\beta})$$

故

$$t = \left(\frac{n}{\alpha} + \sqrt{\beta}\right)^2 - \beta = \frac{1}{\alpha^2}n^2 + \frac{2\sqrt{\beta}}{\alpha}n$$

再令

$$a = 1/\alpha^2, b = 2\sqrt{\beta}/\alpha$$

上面的公式又可以化简成

$$t = an^2 + bn \tag{2.10}$$

(2.10)式以 a、b 为参数显然是一个十分明智的做法,它为公式的最终确立即参数求解提供了方便。将已知条件代入,得方程组:

$$\begin{cases}(1849)^2a + 1849b = 185.33\\ 84^2a + 84b = t_1\\ 147^2a + 147b = t_1 + 3.35\end{cases}$$

从后两式中消去 t_1，解得 $a = 0.0000291$，$b = 0.04646$，故 $t = 0.0000291n^2 + 0.04646n$，令 $n = 1428$，得到 $t = 125.69$(分)。由于一盒录像带实际可录像时间为185.33分，故尚可用于录像的时间为59.64分，已不能再录完一个60分钟的节目了。

2.6 量纲分析法建模

实际问题中变量之间的关系往往极其复杂，要建立一个较为精确的模型一般不是一件容易的事。有时，你主观上想把模型建得精确些，但稍有疏忽或对问题的理解稍有偏差，结果会适得其反，把事情搞得面目全非。因此，当我们对实际问题了解甚少或问题较为模糊时，我们不如先建一个较为简化的模型，抓住主要因素，舍去次要因素，做一些力所能及的工作，等研究有了进展以后再考虑如何深入的问题。本节要介绍的量纲分析法就是建立简化模型的方法之一。

我们知道，物理量大都带有量纲，其中基本量纲通常是质量(用 M 表示)、长度(用 L 表示)、时间(用 T 表示)，有时还有温度(用 Θ 表示)。其他物理量的量纲可以用这些基本量纲来表示，如速度的量纲为 LT^{-1}，加速度的量纲为 LT^{-2}，力的量纲为 MLT^{-2}，功的量纲为 ML^2T^{-2} 等。

量纲分析的原理是：当度量量纲的基本单位改变时，公式本身并不改变，例如，无论长度取什么单位，矩形的面积总等于长乘宽，即公式 $S = ab$ 并不改变。此外，在公式中只有量纲相同的量才能进行加减运算，例如面积与长度是不允许作加减运算的，这些限制在一定程度上限定了公式的可取范围，即一切公式都要求其所有的项具有相同的量纲，具有这种性质的公式被称为是“量纲齐次”的。

例 2.4 在万有引力公式 $F = \dfrac{Gm_1m_2}{r^2}$ 中，引力常数 G 是有量纲的，根据量纲齐次性，G 的量纲为 $M^{-1}L^3T^{-2}$，其实，在一个量纲齐次的公式中，将公式除以其任意一项，即可使其任何一项都化为无量纲量(称为无量纲乘积)，因此任一公式均可改写成其相关量的无量纲常数或无量纲变量的函数。例如，与万有引力公式相关的物理量有：G、m_1、m_2、r 和 F。现考察这些量的无量纲乘积

$$\pi = G^a m_1^b m_2^c r^d F^e，\pi \text{ 的量纲为：}(M^{-1}L^3T^{-2})^a M^b M^c L^d (MLT^{-2})^e$$

即
$$M^{b+c+e-a}L^{3a+d+e}T^{-2(a+e)}$$

由于 π 是无量纲的量，故应有

$$\begin{cases} b + c + e - a = 0 \\ 3a + d + e = 0 \\ a + e = 0 \end{cases}$$

此方程组中存在两个自由变量，其解构成一个二维线性空间。取 $(a, b) = (1,0)$ 和 $(a, b) = (0,1)$，得到方程组解空间的一组基 $(1,0,2,-2,-1)$ 和 $(0,1,-1,0,0)$，所有由这些量组成的无量纲乘积均可用这两个解的线性组合表示。两个基向量对应的无量纲乘积分别为

$$\pi_1 = \frac{Gm_2^2}{r^2F}, \qquad \pi_2 = \frac{m_1}{m_2}$$

而万有引力定律则可写成 $f(\pi_1, \pi_2) = 0$，其对应的显函数为：$\pi_1 = g(\pi_2)$，即

$$F = \frac{Gm_2^2}{r^2}h\left(\frac{m_1}{m_2}\right)$$

此即万有引力定律，它指出，引力与距离的平方成反比。

定理 2.1(Backingham π 定理)　方程当且仅当可以表示为 $f(\pi_1, \pi_2, \cdots) = 0$ 时才是量纲齐次的，其中 f 是某一函数，$\pi_1, \pi_2, \cdots$ 为问题所包含的变量与常数的无量纲乘积。

证明　设 $x_1, \cdots, x_k$ 为方程中出现的变量与常数，对这些变量与常数的任一乘积 $x_1^{a_1}\cdots x_k^{a_k}$，令 $g(x_1^{a_1}\cdots x_k^{a_k}) = (a_1, \cdots, a_k)$，函数 g 建立了 $x_i (i = 1, \cdots, k)$ 的乘积所组成的空间与 k 维欧氏空间之间的一个一一对应。现设涉及到的基本量纲有 n 个，它们为 $y_1, \cdots, y_n$。用这些基本量纲来表达该 x_i 的乘幂，设此乘幂的量纲为 $y_1^{b_1}\cdots y_n^{b_n}$。令 $d(x_1^{a_1}\cdots x_k^{a_k}) = (b_1, \cdots, b_n)$，易见 dg^{-1} 是 k 维欧氏空间到 n 维欧氏空间的一个变换，这里的 g^{-1} 为 g 的逆变换。设此变换的零空间为 m 维的，取此零空间的一组基 $e_1, \cdots, e_m$，并将其扩充为 k 维欧氏空间的一组基 $e_1, \cdots, e_m, e_{m+1}, \cdots, e_k$，令 $\pi_i = g^{-1}(e_i)$，$i = 1, \cdots, k$，显然，$\pi_1, \cdots, \pi_m$ 是无量纲的量，而 $\pi_{m+1}, \cdots, \pi_k$ 是有量纲的量(若 $k > m$)。由于公式量纲齐次当且仅当它可用无量纲的量表示，故方程当且仅当可写成 $f(\pi_1, \cdots, \pi_m) = 0$ 时才是量纲齐次的，定理证毕。

现在，我们再来看一个利用量纲分析法对问题作初步探讨的实例。

例 2.5(理想单摆的周期公式)

考察质量集中于距支点为 l 的质点上的无阻尼单摆(见图 2.5)，其运动为某周期 t 的左右摆动，现希望得到周期 t 与其他量之间的关系。

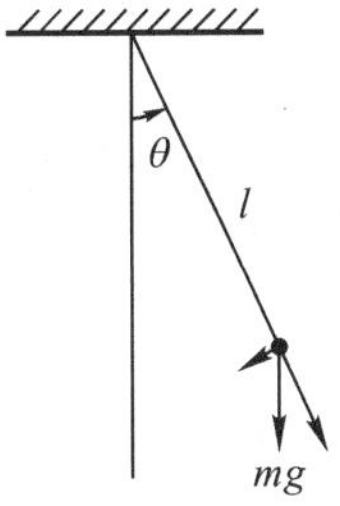

图 2.5

此问题中包含的物理量有周期 t、单摆质量 m、重力加速度 g、摆长 l 及摆角 θ，其中 θ 是无量纲变量。

考察 $\pi = m^a g^b t^c l^d \theta^e$，$\pi$ 的量纲为 $M^a L^{b+d} T^{c-2b}$。若 π 无量纲，则有

$$\begin{cases} a = 0 \\ b + d = 0 \\ c - 2b = 0 \end{cases}$$

此方程组中不含 e，故 $(0, 0, 0, 0, 1)$ 为一解，对应的 $\pi_1 = \theta$ 即为无量纲量。为求另一个无量纲可令 $b = 1$，求得 $(0, 1, 2, -1, 0)$，对应有 $\pi_2 = \dfrac{gt^2}{l}$，故单摆公式可用

$$f(\pi_1, \pi_2) = 0 \qquad \text{即} \qquad f\left(\theta, \frac{gt^2}{l}\right) = 0$$

表示。从中解出显函数 $\dfrac{gt^2}{l} = h(\theta)$，则可得

$$t = \sqrt{h(\theta)}\sqrt{\frac{l}{g}} = k(\theta)\sqrt{\frac{l}{g}}\text{（其中 } k(\theta) = \sqrt{h(\theta)}\text{）}$$

此即理想单摆的周期公式。当然 $k(\theta)$ 是无法求得的，事实上，需要用椭圆积分才能表达。

量纲分析法虽然简单，但使用时在技巧方面的要求较高，稍一疏忽就会导出荒谬的结果或根本得不出任何有用的结果。首先，它要求建模者对研究的问题有正确而充分的了解，能正确找出与该问题相关的量及相关的基本量纲，容易看出，其后的分析正是通过对这些量的量纲研究而得出的，列多或列少均不可能得出有用的结果。其次，在为寻找无量纲量而求解齐次线性方程组时，基向量组有无穷多种取法，如何选取也很重要，此时需依靠经验，并非任取一组基都能得出有用的结果。此外，建模者在使用量纲分析法时对结果也不应抱有不切实际的过高要求，量纲分析法的基础是公式的量纲齐次性，仅凭这一点又怎么可能得出十分深刻的结果呢？例如，公式可能包含某些无量纲常数或无量纲变量，对它们之间的关系，量纲分析法根本无法加以研究。

2.7 方桌问题

问题 将一张四条腿的方桌放在不平的地面上，不允许将桌子移到别处，但允许其绕中心旋转，是否总能设法使其四条腿同时落地？

分析 不附加任何条件，答案显然是否定的。例如，若地面是完全平的，而方桌的四条腿不一样长，自然你无论如何都无法将它放平。可见，要想答案是肯定的，必须附加一定的条件。基于对一些无法放妥情况的分析，我们提出以下条件（假设），并在这些条件成立的前提下，证明通过旋转适当的角度必可使方桌的四条腿同时着地。

假设 1 地面为连续曲面；

假设 2 方桌的四条腿长度相同；

假设 3 相对于地面的弯曲程度而言，方桌的腿是足够长的；

假设 4 方桌的腿只要有一点接触地面就算着地。

假设 3 较为模糊，有人可能会问，何为“足够长”。我们的意思是，总可以使三条腿同时着地。现在，我们来证明：如果上述假设条件成立，那么答案是肯定的。

以方桌的中心为坐标原点，作直角坐标系如图 2.6 所示，方桌的四条腿分别在 A、B、C、D 处，A、C 的初始位置在 x 轴上，而 B、D 则在 y 轴上，当方桌绕中心 O 旋转时，对角线 AC 与 x 轴的夹角记为 θ。

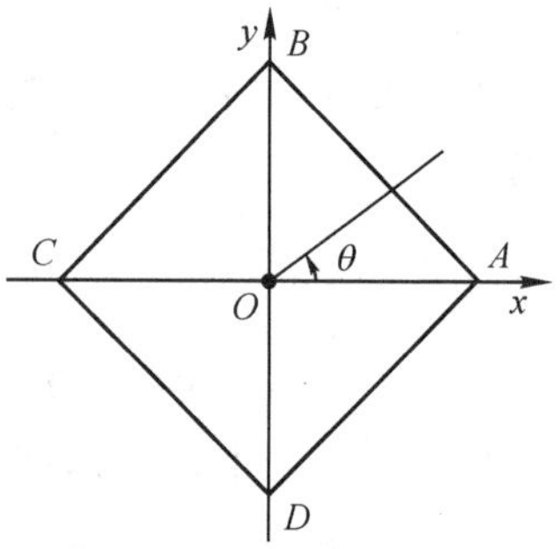

图 2.6

容易看出，当四条腿尚未全部着地时，腿到地面的距离是不确定的。例如，若 A 未着地，按下 A，在 A 到地面距离缩小的同时，C 离地的距离则在增大。为消除这一不确定性，令 $f(\theta)$ 为 A、C 离地距离之和，$g(\theta)$ 为 B、D 离地距离之和，它们的值由 θ 唯一确定。由假设 1，$f(\theta)$、$g(\theta)$ 均为 θ 的连续函数。又由假设 3，三条腿总能同时着地，故 $f(\theta)g(\theta) = 0$ 必成立（$\forall \theta$）。不妨设 $f(0) = 0$，$g(0) > 0$（若 $g(0)$ 也为 0，则初始时刻已四条腿着地，不必再旋转），于是问题归结为：已知 $f(\theta)$、$g(\theta)$ 均为 θ 的连续函数，$f(0) =$

$0, g(0) > 0$，且对符合题意的 θ 有 $f(\theta)g(\theta) = 0$，求证存在某一 θ_0，使 $f(\theta_0) = g(\theta_0) = 0$。

证法一　当 $\theta = \frac{\pi}{2}$ 时，AC 与 BD 互换位置，故 $f(\pi/2) > 0, g(\pi/2) = 0$。作 $h(\theta) = f(\theta) - g(\theta)$，显然，$h(\theta)$ 也是 θ 的连续函数，$h(0) = f(0) - g(0) < 0$，而 $h(\pi/2) = f(\pi/2) - g(\pi/2) > 0$，由连续函数的取零值定理，存在 $\theta_0, 0 < \theta_0 < \frac{\pi}{2}, h(\theta_0) = 0$，即 $f(\theta_0) - g(\theta_0) = 0$。又由于 $f(\theta_0)g(\theta_0) = 0$，故必有 $f(\theta_0) = g(\theta_0) = 0$，证毕。

证法二　同证法一可得　$f(\pi/2) > 0, g(\pi/2) = 0$

令
$$\theta_0 = \sup\{\theta \mid f(\xi) = 0, 0 \leqslant \xi < \theta\}$$

显然 $\theta_0 < \frac{\pi}{2}$。因为 f 连续，由上确界定义必有 $f(\theta_0) = 0$，且对任意小的 $\varepsilon > 0$，总有 $\delta > 0$ 且 $\delta < \varepsilon$，使 $f(\theta_0 + \delta) > 0$。因为 $f(\theta_0 + \delta)g(\theta_0 + \delta) = 0$，故必有 $g(\theta_0 + \delta) = 0$，由 δ 可任意小且 g 连续，可知必有 $g(\theta_0) = 0$，证毕。

证法二除用到 f、g 的连续性外，还用到了上确界的性质。

2.8　最短路径与最速方案问题

在解决实际问题时，注意观察和善于想象是十分重要的，观察与想象不仅能发现问题隐含的某些属性，有时还能顺理成章地找到解决实际问题的钥匙。本节的几个例子说明，猜测也是一种想象力。没有合理而又大胆的猜测，很难做出具有创新性的结果。开普勒的三大定律（尤其是后两条）并非一眼就能看出，它们隐含在行星运动的轨迹之中，隐含在第谷记录下来的一大堆数据之中。历史上这样的例子实在太多了。在获得了一定数量的资料数据后，人们常常会先去猜测某些结果，然后试图去证明它。猜测一经证明就成了定理，而定理一旦插上想象的翅膀，又常常能推导出许多更为广泛的结果。即使猜测被证明是错误的，结果也绝不是一无所获的失败而常常是对问题的更为深入的了解。

一、最短路径问题

例 **2.6**　设有一个半径为 r 的圆形湖，圆心为 O，A、B 位于湖的两侧，AB 连线过 O。现拟从 A 点步行到 B 点，在不得进入湖中的限制下，问怎样的路径最近。

猜测　将湖想象成凸出地面的木桩，在 AB 间连接一根软线，当线被拉紧时将得到最短路径。根据这样的想象，得出猜测如下：最短路径为过 A 作圆的切线切圆于 E，过 B 作圆的切线切圆于 F，最短路径是由线段 AE、弧 EF 和线段 FB 连接而成的连续曲线（根据对称性，AE'，弧 $E'F'$，$F'B$ 连接而成的连续曲线也是，其中，E'、F' 分别是 A、B 到圆的另外两条切线的切点）。

以上只是一种猜测，现在来证明这一猜测是正确的。为此，先介绍一下凸集与凸集的性质。

定义 2.1（凸集）称集合 R 为凸集，若 $\forall\, x_1$、$x_2 \in R$ 及 $\lambda \in [0,1]$，总有
$$\lambda x_1 + (1 - \lambda)x_2 \in R$$

即若 x_1、$x_2 \in R$，则 x_1、x_2 的连线必整个地落在 R 中。

凸集具有许多独特的性质，其中之一为下面的分离定理：

定理 2.2(分离定理) 对平面中的凸集 R 与 R 外的一点 K，存在直线 l，l 分离 R 与 K，即 R 与 K 分别位于 l 的两侧(注：对一般的凸集 R 与 R 外的一点 K，则存在超平面分离 R 与 K)，见图 2.7。

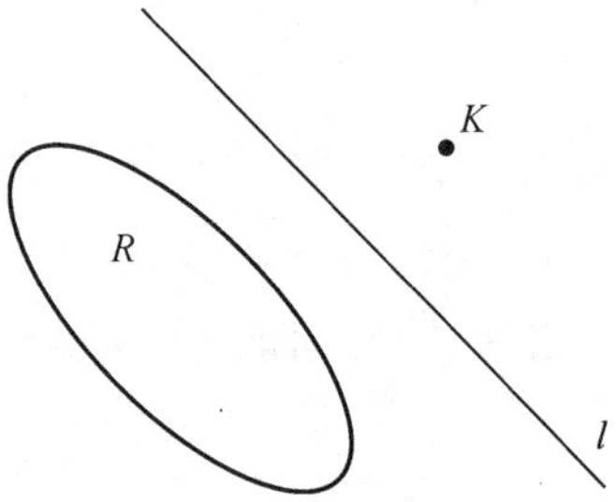

图 2.7

猜测证明如下：

证明 显然，由 AE、EF、FB 及 AE'，$E'F'$，$F'B$ 围成的区域 R 是一凸集。利用分离定理易证最短路径不可能经过 R 外的点，若不然，设 Γ 为最短路径，Γ 过 R 外的一点 M，则必存在直线 l 分离 M 与 R，由于路径 Γ 是连续曲线，由 A 沿 Γ 到 M，必交 l 于 M_1，由 M 沿 Γ 到 B 又必交 l 于 M_2。这样，直线段 M_1M_2 的长度必小于路径 M_1MM_2 的长度，与 Γ 是 A 到 B 的最短路径矛盾，至此，我们已证明最短路径必在凸集 R 内。不妨设路径经湖的上方到达 B 点，则弧 EF 必在路径上，又直线段 AE 是由 A 至 E 的最短路径，直线 FB 是由 F 到 B 的最短路径，猜测得证。

本猜测还有多种不同的证明方法，例如，可用微积分方法求弧长，根据计算证明满足限制条件的其他连续曲线必具有更大的长度；此外，本猜测也可用平面几何知识加以证明。

根据猜测不难看出，例 2.6 中的条件可以大大放松，不必设 AB 过圆心，甚至不必设湖是圆形的。例如对图 2.8，我们可断定由 A 至 B 的最短路径必为 l_1 与 l_2 之一，其证明也不难类似给出。

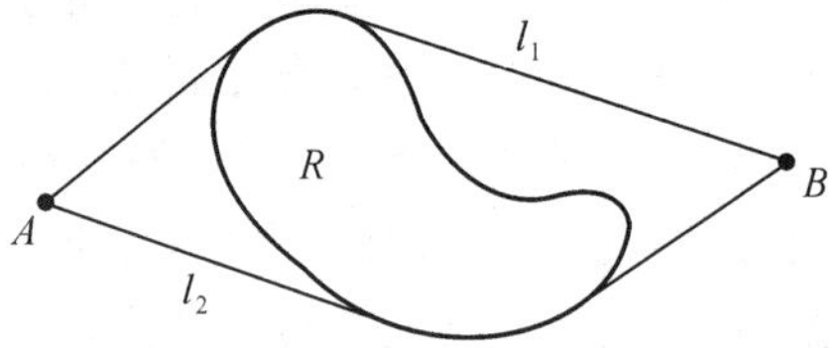

图 2.8

到此为止，我们的研讨还局限于平面之中，其实上述猜测可十分自然地推广到一般空间中去。1973 年，J. W. Craggs 证明了以下结果：

若可行区域的边界是光滑曲面，则最短路径必由下列弧组成，它们或者是空间中的自然最短曲线，或者是可行区域的边界弧，而且，组成最短路径的各段弧在连接点处必定相切。

应用 Craggs 定理可以较快地找出最短路径。

例 2.7 一辆汽车停于 A 处并垂直于 AB 方向，此汽车可转的最小圆半径为 R，求不倒车而由 A 到 B 的最短路径。

解 **情况 1** 若 $|AB| > 2R$，最短路径由弧 AC 与切线 BC 组成(见图 2.9)。

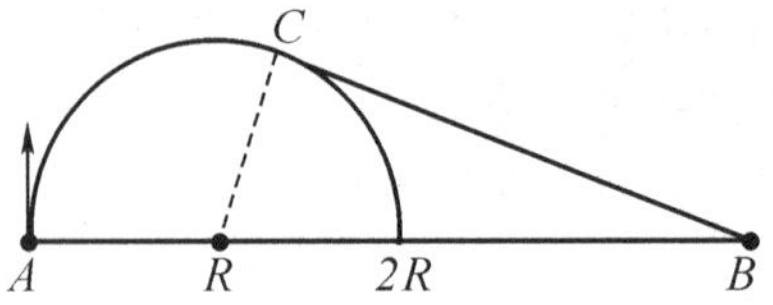

图 2.9

情况 2 若 $|AB| < 2R$，则最短路径必居于图 2.10(a)、(b) 两曲线之中。可以证明，(b) 中的曲线 ACB 更短。

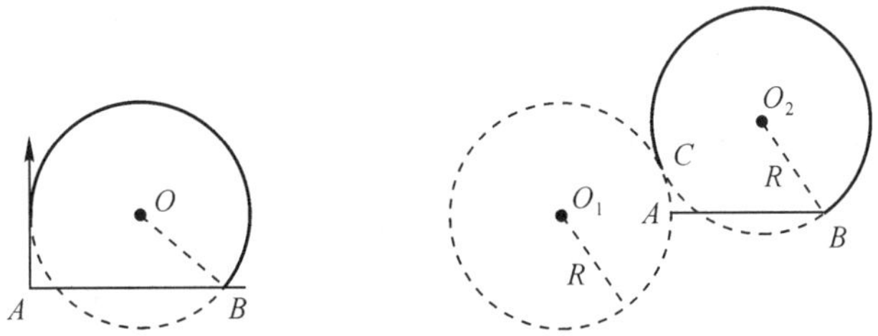

(a)　(b)

图 2.10

例 2.8　驾驶一辆停于 A 处与 AB 成 θ_1 角度的汽车到 B 处去，已知 B 处要求的停车方向必须与 AB 成 θ_2 角，试找出最短路径(除可转的最小圆半径为 R 外，不受其他限制)。

解　根据 Craggs 定理并稍加分析可知，最短路径应在 l_1 与 l_2 中，见图 2.11，比较 l_1 与 l_2 的长度，即可得到最短路径。

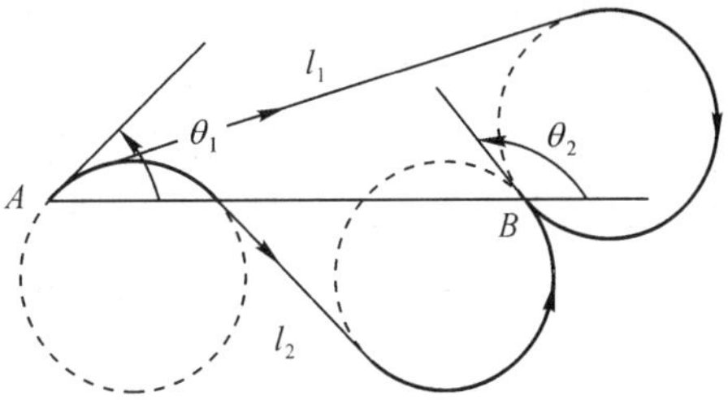

图 2.11

以上两例并没有多大实际意义，真正具有实际意义的应用可以在星际航行中找到。如由地球上某处以 θ_1 角度发射一登月火箭，拟在月球上某指定地点以 θ_2 角度登陆(由着陆点地形决定)，要求找出最短路径等。有时还要求找出最省燃料的路径，此时问题将成为复杂得多的变分问题。

二、最速方案问题

许多由一点到一点的转移问题要求找到一个最速方案。这些问题常常不易直接控制位移或速度，但可以控制加速度。

例 2.9　将一辆急需修理的汽车由静止开始沿一直线方向推至相隔 S 米的修车处，设阻力不计，推车人能使车得到的推力 f 满足 $-B \leqslant f \leqslant A$。

$f > 0$ 为推力，$f < 0$ 为拉力。问怎样推车可使车最快停于修车处。

分析　设该车的运动速度为 $v = v(t)$，根据题意，$v(0) = v(T) = 0$，其中 T 为推车所花的全部时间。

由于 $-B \leqslant f \leqslant A$，且 $f = m\dfrac{dv}{dt}$，可知 $-b \leqslant \dfrac{dv}{dt} \leqslant a$(其中 m 为汽车质量，$a = A/m, b = B/m$)。据此不难将本例归纳为如下的数学模型：

$$\min \quad T$$

$$\text{S.t} \quad \int_0^T v(t)\,dt = S$$

$$-b \leqslant \frac{dv}{dt} \leqslant a$$

$$v(0) = v(T) = 0$$

此问题是一个泛函极值问题，求解十分困难，为得出一个最速方案，我们作如下猜测：

猜测 最速方案为以最大推力将车推到某处，然后以最大拉力拉之，使之恰好停于修车处，其中转换点应精确计算求出。

证明 设 $v = v(t)$ 为最速推车方案下汽车的速度，则有 $\int_0^T v(t)\mathrm{d}t = S$。设此方案不同于我们的猜测，现从 O 点出发，作射线 $y = at$；从 (T, O) 出发，作直线 $y = -b(t-T)$ 交 $y = at$ 于 A。由于 $-b \leqslant \frac{\mathrm{d}v}{\mathrm{d}t} \leqslant a$，曲线 $v = v(T)$ 必位于三角形区域 OAT 的内部，从而有 $\triangle OAT$ 的面积大于 S。在 O 到 T 之间任取一点 T'，过 T' 作 AT 的平行线交 OA 于 A'。显然 $\triangle OA'T'$ 的面积 $S(T')$ 是 T' 的连续函数，当 $T' = 0$ 时，$S(0) = 0$，当 $T' = T$ 时，$S(T) > S$，故由连续函数的性质，存在某 $\bar{T} < T$，$S(\bar{T}) = S$。但这一结果与 $v = v(t)$ 是最优方案下的车速的假设矛盾，因为用我们猜测的推车方法推车，只需 $\bar{T}$ 时间即可将车推到修车处，而 $\bar{T} < T$。

本例可推广到更一般的情况，对一些较为简单的情况，如摩擦力正比于车速、车速有上限等，仍可采用先猜测再加以证明的方法来求一最速推车方案。但对一大类更为广泛、有趣且具有各种实际背景的最速方案问题、最少燃料（或能量）消耗问题等，由于情况复杂，已无法仅靠猜测而得出最优解，这些问题推动了变分问题、最优控制问题的研究。人们对客观世界的认识，就是这样逐步由浅入深，由简单到复杂，永无止境地发展的。

2.9 π的计算

在教学过程中我们发现，不少学生不知道学习数学究竟有什么用，这影响了他们学习数学知识的积极性。在本节中，我们将以 π 的计算为例，简要说明数学是人类认识自然、改造自然的重要工具。掌握的数学知识越多，解决实际问题时的本领也就越大，数学绝不是可有可无、可学可不学的东西。

圆周率是人类获得的最古老的数学概念之一，早在大约 3700 年前（即公元前 1700 年左右），古埃及人就已经在用 256/81（约 3.1605）作为 π 的近似值了。几千年来，人们一直没有停止过求 π 的努力。

一、古典方法

用什么方法来计算 π 的近似值呢？显然，不可能仅根据圆周率的定义，即用圆的周长去除以直径来计算圆周率。起先，人们都是用圆内接正多边形和圆外切正多边形来逼近的古典方法（即采用割圆术）。

阿基米德曾用圆内接正 96 边形和圆外切正 96 边形夹逼的方法证明了 $223/71 < \pi < 22/7$（此不等式可由 $\sin\theta < \theta < \tan\theta$ 及 $\theta = \frac{\pi}{96}$ 导出）。三国时期魏晋朝的大数学家刘徽（公元 3 世纪）就已经知道 $\pi \approx 3.1416$。到了宋朝（公元 5 世纪），我们的祖先祖冲之就给出了：

（1）约率 22/7；

（2）密率 355/113；

(3)$3.1415926 < \pi < 3.1415927$。
要得到这些结果需要研究圆内接 2.4 万边形,至少需要仔细计算 15 年,比西方得到同样结果几乎早了 1000 年。直到 15 世纪中叶,阿拉伯人阿尔·卡西给出 π 的 16 位小数,这才打破了祖冲之的纪录,为了得到这一结果,要计算圆内接 39321 边形。例如,从圆内接正六边形和外切正六边形出发,需连续等分 16 次,作圆内接正 6×2^{16} 边形和圆外切正 6×2^{16} 边形,并重复使用公式

$$\sin\frac{\theta}{2} = \sqrt{\frac{1-\cos\theta}{2}}$$

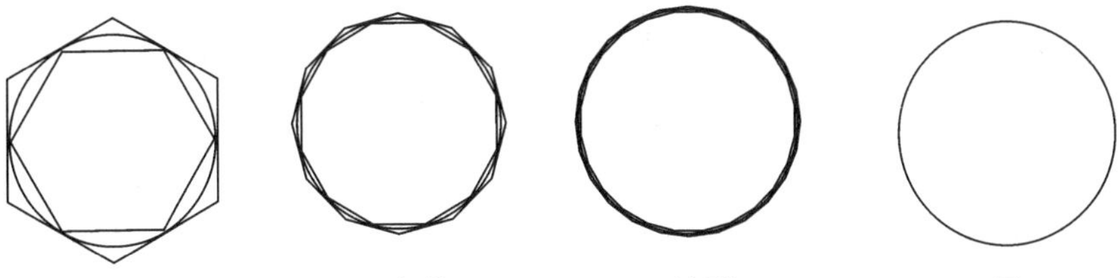

图 2.12

1585 年,西方人安托尼兹才再次提出 $\pi = 355/113$,比祖冲之晚了 1000 年。韦达于 1579 年证明 $3.1415926535 < \pi < 3.1415926537$。其后,又有很多人致力于 π 的计算,有的人甚至付出了大半生的心血,但由于古典方法费时费劲,计算十分繁琐,改进速度很慢,直到 1630 年格林伯格为止(他可以算是最后一位用古典方法求 π 的人),也只求到了 π 的第 39 位小数。

二、分析方法

牛顿可能是用分析法求 π 的第一人,他用自己刚刚创建的微积分方法求出了 π 的 15 位小数,由于使用的公式还不够好,其值尚不及当时用割圆术求得的结果,但他开创了用现代分析方法求 π 的先河。

从 17 世纪中叶起,人们开始用先进的分析方法求 π 的近似值,其中应用的主要工具是收敛的无穷乘积和无穷级数,下面我们介绍一些用此类方法求 π 近似值的实例。

(1) 1656 年,瓦里斯(Wallis) 证明:

$$\frac{\pi}{2} = \frac{1}{2}\cdot\frac{2}{3}\cdot\frac{4}{3}\cdot\frac{4}{5}\cdot\frac{6}{5}\cdot\frac{6}{7}\cdots = \prod_{n=1}^{\infty}\frac{(2n)^2}{(2n-1)(2n+1)}$$

(2) 在微积分中我们学过泰勒级数,其中有

$$\arctan x = x - \frac{x^3}{3} + \frac{x^5}{5} - \cdots = \sum_{n=1}^{\infty}(-1)^{n-1}\frac{x^{2n-1}}{2n-1}$$

令 $x = 1$,得

$$\frac{\pi}{4} = 1 - \frac{1}{3} + \frac{1}{5} - \cdots = \sum_{n=1}^{\infty}(-1)^{n-1}\frac{1}{2n-1}$$

(1) 和(2) 虽给出了 π 的近似计算方法,但由于收敛速度仍太慢,并无实际应用价值。

(3) 在中学数学中我们证明过下面的等式:

$$\arctan 1 = \arctan\frac{1}{2} + \arctan\frac{1}{3}$$

此等式很容易证明，但并非每个人都会想到它可被用来求 π 的近似值。事实上，利用 $\frac{\pi}{4} = \arctan\frac{1}{2} + \arctan\frac{1}{3}$ 显然要比直接用 $\frac{\pi}{4} = \arctan 1$ 的展开式计算好得多，因为 $\arctan\frac{1}{2}$ 和 $\arctan\frac{1}{3}$ 的展开式的收敛速度都比 arctan1 展开式的收敛速度快得多，前者比公比为 $\frac{1}{4}$ 的几何级数收敛得还要快，而后者则比公比为 $\frac{1}{9}$ 的几何级数收敛得更快。

(4) 要使 $\arctan x$ 的展开式收剑得更快，应当使 $|x|$ 尽可能地小，例如 $\arctan\frac{1}{5}$ 的展开式就比 $\arctan\frac{1}{2}$ 和 $\arctan\frac{1}{3}$ 的展开式收敛得快。

记 $\alpha = \arctan\frac{1}{5}$，则 $\tan\alpha = \frac{1}{5}$，$\tan 2\alpha = \frac{5}{12}$，$\tan 4\alpha = \frac{120}{119}$(略大于 1)。

令 $\beta = 4\alpha - \frac{\pi}{4}$，则 $\tan\beta = \tan\left(4\alpha - \frac{\pi}{4}\right) = 1/239$

故 $$\beta = \arctan\frac{1}{239}$$

由于 $$\frac{\pi}{4} = 4\alpha - \beta$$

得 $$\frac{\pi}{4} = 4\arctan\frac{1}{5} - \arctan\frac{1}{239} \tag{2.11}$$

(2.11) 式是由麦琴(Machin) 给出的，他利用此式求出了 π 的前 100 位小数且全部正确，故(2.11) 式被称为 Machin 公式。

求 π 的步伐并未到此终止。例如：到 18 世纪末，有人已求到 π 的前 154 位小数，其中 152 位是正确的。1844 年求到了 π 的前 205 位小数，其中 200 位是正确的。1847 年求到了第 250 位小数，其中 248 位是正确的。1853 年求到第 440 位，全部数据都是正确的；不久又被推进到了 530 位，其中 527 位正确。显然，这种推进还可无限制地进行下去，但它在理论上已无多大意义。进一步改进的主要困难在于：(1) 为了使计算速度尽可能快，需要去发现效果更好的新计算公式；(2) 要取得足够的位数，就必须使中间数据保持足够多的位数，从而使计算变得越来越繁琐。

为了求 π 的近似值，人们推导出了许许多多的公式。例如，由著名大数学家导出的公式就有

莱布尼兹在 1673 年证明了：$\frac{\pi}{4} = \arctan 1$

欧拉在 1739 年证明了：$\frac{\pi}{4} = \arctan\frac{1}{2} + \arctan\frac{1}{3}$

后来他又证明：

$$\frac{\pi}{4} = \arctan\frac{1}{4} + \arctan\frac{3}{5},$$

$$\pi = 20\arctan\frac{1}{7} + 8\arctan\frac{3}{77} = 12\arctan\frac{1}{4} + 4\arctan\frac{5}{99}$$

勒让德证明：$\pi = 16\arctan\frac{1}{5} - 4\arctan\frac{1}{70} + 4\arctan\frac{1}{99}$

高斯在 1853 年证明：$\pi = 48\arctan\frac{1}{18} + 32\arctan\frac{1}{57} - 20\arctan\frac{1}{139}$

高斯后来又证明：$\pi = 48\arctan\frac{1}{38} + 80\arctan\frac{1}{57} + 28\arctan\frac{1}{239} + 96\arctan\frac{1}{268}$

除了上面这些著名公式以外，可用于计算 π 的公式还有许多。例如：

$$\pi = 4\arctan\frac{1}{2} + 4\arctan\frac{1}{5} + 4\arctan\frac{1}{8}\text{（许尔兹，1844）}$$

$$\begin{aligned}\pi &= 8\arctan\frac{1}{5} + 4\arctan\frac{1}{7} + 8\arctan\frac{1}{8}\\ &= 4\arctan\frac{1}{2} + 4\arctan\frac{1}{4} + 4\arctan\frac{1}{13}\\ &= 8\arctan\frac{1}{2} - 4\arctan\frac{1}{5} + 4\arctan\frac{1}{18}\\ &= 8\arctan\frac{1}{3} + 4\arctan\frac{1}{5} - 4\arctan\frac{1}{18}\end{aligned}$$

$$\begin{aligned}\pi &= 8\arctan\frac{1}{2} - 4\arctan\frac{1}{9} - 4\arctan\frac{1}{32}\\ &= 8\arctan\frac{1}{3} + 4\arctan\frac{1}{9} + 4\arctan\frac{1}{32}\end{aligned}$$

………………

$$\begin{aligned}\pi &= 16\arctan\frac{1}{7} + 16\arctan\frac{1}{18} - 4\arctan\frac{1}{239}\\ &= 24\arctan\frac{1}{8} + 8\arctan\frac{1}{57} + 4\arctan\frac{1}{239}\\ &= 32\arctan\frac{1}{10} - 4\arctan\frac{1}{239} - 16\arctan\frac{1}{515}\text{（布塞卡，1730）}\end{aligned}$$

$$\frac{\pi}{4} = \arctan\frac{1}{4} + \arctan\frac{1}{5} + \arctan\frac{1}{7} + \arctan\frac{1}{8} + \arctan\frac{1}{13}\text{（李文军，1997）}$$

$$\frac{\pi}{4} = 2\arctan\frac{1}{3} + \arctan\frac{1}{7}$$

$$\frac{\pi}{4} = 22\arctan\frac{1}{28} + 2\arctan\frac{1}{443} - 5\arctan\frac{1}{1393} - 10\arctan\frac{1}{11018}$$

……

这些公式都在很大程度上改进了求 π 的方法，也在很大程度上节省了计算量，用中国人的一句成语来说，这真可谓是“磨刀不误砍柴工”。

三、其他方法

除了用古典方法与分析方法以外，也有人试图应用概率方法来求 π 的近似值，其方法可用计算机模拟如下：

取一个二维数组(x, y)，取一个充分大的正整数 n，重复 n 次，每次独立地从$(0,1)$中随机地取一对数 x 和 y，分别检验 $x^2 + y^2 \leqslant 1$ 是否成立。设 n 次试验中不等式成立的共有 m 次，令 $\pi \approx \frac{4m}{n}$。

上述概率方法的几何意义是十分明显的,但概率方法一般只能保证求得的结果以概率为1无限地趋向于π(何况计算机产生的随机数从严格的意义上讲只是伪随机数),故通过这种方法很难得到π的较精确的近似值。

此外,也可以用数值积分的方法来求π的近似值。例如,可令

$$\frac{\pi}{4} = \int_0^1 \sqrt{1 - x^2}\,\mathrm{d}x \qquad 或 \qquad \frac{\pi}{4} = \int_0^1 \frac{1}{1 + x^2}\mathrm{d}x$$

但不难看出,其效果也很难做得比用幂级数展开更好。

习 题

1. 地面是球面的一部分(直径约为 12.72 × 10 千米),显然,如果高层建筑的墙是完全垂直于地面的则它们之间必不平行。设一建筑物高为 400 米,地面面积为 2500 平方米,问顶面面积比地面面积大多少?

2. 某人第一天上午 8 点从 A 地去B 地,到达时间为中午 12 点;第二天,此人又沿着相同路径从 B 地返回A 地,出发时间和到达时间与前一天完全一样,也是 8 点和 12 点。

(1) 证明途中至少存在一点,此人在两天中的同一时间出现在该点。

(2) 其实,题目给出的条件过强了。请考虑一下:为了完成(1) 中的证明,我们所需要的充分必要条件是什么?

3. 根据表 2.2 中记录的举重成绩,利用最小二乘法求出相应的线性回归公式。

4. 消防队员救火时不应离失火的房屋太近,以免发生危险。请建模分析并求出消防队员既安全又能发挥效应的最佳位置。

5. 个人住房贷款的还款方式主要有两种,一种是等本不等息还款,即每月偿还本金相同,利息随本金数递减;另一种为等本等息还款,即每月以相等的额度平均偿还本金和利息。设某人向银行贷款 20 万元,计划在 20 年内还清,银行中长期贷款的年利率为 6% 。请计算在这两种还款方式下,此人将要怎样还款。

6. 用数学模型描述:突然下了一场雨,雨量开始慢慢增大,10 分钟时雨量最大,后慢慢减小,20 分钟时停止,总降雨量为 5 毫米。

7. 在同一地区,气温往往以 24 小时为小周期变化,与此同时日平均气温又随季节而变,以一年为周期改变,你能否建立一个数学模型来刻画时间与气温之间的关系。

8. 设有 n 个车间位于n 个地点 $p(x_i, y_i)(i = 1,2,\cdots,n)$。现拟建造一个仓库 $p(x, y)$,该仓库将长期向各车间运送原材料,问 p 应建在何处?试写出此问题的数学模型。

9. 在很多情况下,空气阻力正比于 sv^2,其中:s 为表面积,v 为物体的运动速度。试证明物体的末速度 v 正比与$m^{1/3}$。

10. 以下是奥运会女子铅球成绩的部分纪录:

年份	1948	1952	1956	1960	1964	1968	1972	1976	1980	1984
米	13.75	15.28	16.59	17.32	18.14	19.61	21.03	21.16	22.41	23.57

你是否能依据这些数据预测 2000 年奥运会女子铅球的最高成绩(可将预测成绩与实际成绩作一比较)。

11．已知在气体中音速 v 与气压 p、气体的密度 ρ 有关，试求它们之间的关系。

12．风车的功率 P 与风速 v、叶面的顶风面积 S 及空气的密度 ρ 有关，试求它们之间的关系。

13．下表是鸟类的体重与心跳的实验数据，试用一个公式来表示两者之间的联系。

鸟名	体重／克	心搏率／每分钟心跳数
金丝雀	20	1000
鸽子	300	185
乌鸦	341	378
秃鹰	658	300
鸭子	1100	190
母鸡	2000	312
鹅	2300	240
火鸡	8750	193
鸵鸟	71000	60－70

14．原子弹爆炸时巨大的能量以冲击波形式向四周传播。据分析，在 t 时刻冲击波到达的半径 r 与释放的能量 e、大气密度 ρ、大气压强 p 有关（设 t 等于0时 r 为0）。试用量纲分析法证明 $r=\left(\frac{et^2}{\rho}\right)^{1/5}\phi\left(\frac{p^5t^6}{e^3\rho^3}\right)$，$\phi$ 为某一函数。

15．我们希望了解一辆在高速公路上行驶的箱式货车所受的风力情况，作了以下分析：

（1）假如你设风力与车速及受力面积有关，你会发现你只能导出矛盾的结果；

（2）请你作出这一问题的正确分析。

16．17世纪末，法国的 Chevalies Demere 注意到假如在赌博中投25次，如果把赌注押在“至少出现一次双六”上要比押在“完全不出现双六”上更为有利，他本人无法解释这一现象。后来法国数学家 Pascal 作出了解释，你能解释这一现象吗？

17．已知某项提案有48％的选民支持。假定职工代表大会由435名代表组成，提案必须至少有半数赞成才能通过，求该提案被通过的概率。

18．在物体运动速度不太大时（如行进的汽车、自由落体运动等），空气阻力大致与 sv^2 成正比，这里 s 为物体的表面积，v 为物体的运动速度。如物体下落最终落在一动物身上，试讨论对该动物有多大影响（注：动物越大，骨骼越粗）。

19．在小说《格列佛游记》中，小人国的人准备给格列佛相当于小人食量1728倍的食物。他们是这样计算的：格列佛的身高是小人的12倍，他的体重应当是小人的 12^3 即1728倍。请分析一下这一问题，指出他们推理的错处，正确的答案应当是什么？

第三章　微分方程建模

3.1　用微分方程研究实际问题的几个简单实例

在许多实际问题的研究中，要直接导出变量之间的函数关系较为困难，但要导出包含未知函数的导数或微分的关系式却较为容易，此时即可用建立微分方程模型的方法来研究实际问题。例如，根据自由落体运动的重力加速度 g 为常数及初始条件就可得出自由落体运动的公式等。本节将通过一些最简单的实例来说明微分方程建模的一般方法。事实上，在连续变量问题的研究中，微分方程是十分常用的数学工具之一。

例 3.1(理想单摆运动)

本例的目的是建立理想单摆运动满足的微分方程，并得出理想单摆运动的周期公式。

从图 3.1 中不难看出，小球所受的合力为 $mg\sin\theta$，根据牛顿第二定律可得

$$ml\ddot{\theta} = -mg\sin\theta$$

从而得出两阶微分方程：

$$\begin{cases} \ddot{\theta} + \dfrac{g}{l}\sin\theta = 0 \\ \dot{\theta}(0) = 0, \theta(0) = \theta_0 \end{cases} \tag{3.1}$$

这就是理想单摆运动满足的微分方程。

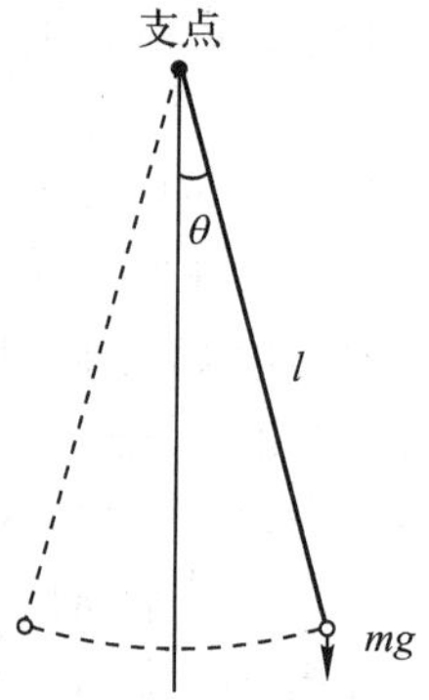

图 3.1

(3.1) 式是一个两阶非线性方程，不易求解。当 θ 很小时，$\sin\theta \approx \theta$，此时，为简单起见，我们可考察(3.1) 的近似线性方程：

$$\begin{cases} \ddot{\theta} + \dfrac{g}{l}\theta = 0 \\ \dot{\theta}(0) = 0, \theta(0) = \theta_0 \end{cases} \tag{3.2}$$

(3.2) 的解为

$$\theta(t) = \theta_0\cos\omega t$$

其中
$$\omega = \sqrt{\frac{g}{l}}$$

当 $t = \dfrac{T}{4}$ 时，$\theta(t) = 0$，故有

$$\sqrt{\frac{g}{l}}\,\frac{T}{4} = \frac{\pi}{2}$$

由此即可得出，$T = 2\pi\sqrt{\frac{g}{l}}$。这就是中学物理中理想单摆运动周期的近似公式。

例 3.2　我方巡逻艇发现敌方潜水艇。与此同时，敌方潜水艇也发现了我方巡逻艇，并迅速下潜逃逸。设两艇之间的距离为 60 哩，潜水艇最大航速为 30 节而巡逻艇最大航速为 60 节，问巡逻艇应如何追赶潜水艇。

讨论　这一问题较为复杂，最终的结果不仅与我方巡逻艇采取的追赶方式有关，还与敌方潜水艇的逃逸方式有关，故其属于对策问题（参见本书第七章）。例如，如果我方以为敌方潜水艇会沿着某一方向（方向未知）逃逸，而敌方潜水艇猜到了这一点，潜到水下不动，则我方显然无法追上它，甚至会相距越来越远。由此可见，讨论只能如下进行：假设敌方潜水艇按某一方式逃逸，研究我方应如何追赶。现仅讨论以下简单情形：敌方潜水艇发现自己目标已暴露后，立即下潜，并沿着直线方向全速逃逸（逃逸方向因下潜后观察不到而无法判定）。

设巡逻艇在 A 处发现位于 B 处的潜水艇，取极坐标，以 B 为极点，BA 为极轴，见图 3.2。

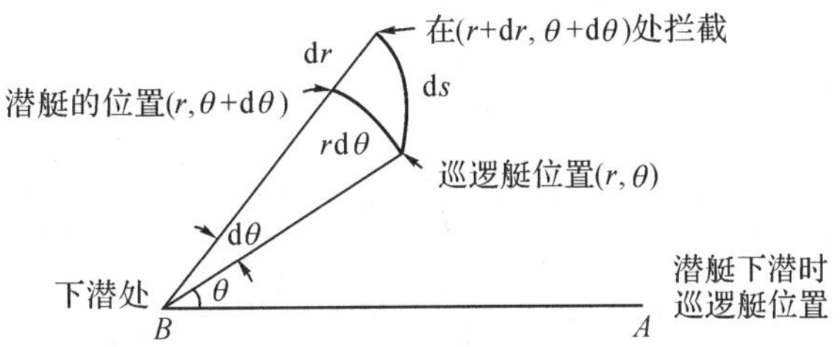

图 3.2

考察巡逻艇轨迹上的一段微元，设某时刻巡逻艇在 (r,θ) 处，并以最大速度追赶。由题意

$$\frac{ds}{dt} = 2\frac{dr}{dt}，故\ ds = 2dr$$

从图 3.2 可看出，$(ds)^2 = (dr)^2 + (rd\theta)^2$，故有 $3(dr)^2 = r^2(d\theta)^2$，即

$$dr = \frac{r}{\sqrt{3}}d\theta \tag{3.3}$$

(3.3) 式为可分离变量的一阶微分方程，其解为

$$r = Ae^{\theta/\sqrt{3}} \tag{3.4}$$

(3.4) 表示的曲线为一对数螺线。对数螺线 $r = Ae^{a\theta}$ 的性质之一为极径与曲线上任意一点处的切线的夹角 α 始终是一常数，$\tan\alpha = \frac{1}{a}$，故曲线(3.4) 上任一点处的切线与极径的夹角均为 $\frac{\pi}{3}$。此外，由于 $ds = 2dr$ 且巡逻艇与潜水艇的速度之比恰为 2，故巡逻艇与潜艇到极点 B 的距离之差为一常数。据此得出追赶方法如下：先使自己到极点的距离等于潜艇到极点的距离（例如向极点方向航行 4 哩，到达 C 点，此时，潜水艇与巡逻艇到极点的距离均为 2 哩），然后按一对数螺线航行（如从 C 点开始按 $r = 2e^{\theta/\sqrt{3}}$ 航行），即可追上潜艇。

更复杂的情况需要用到更精确的分析，对潜艇在其他逃逸方式下的追赶方法有兴趣的读者可自行讨论研究。

例 3.3　一个半径为 R(cm) 的半球形容器内开始时盛满了水，但由于其底部一个面积为 $S(cm^2)$ 的小孔在 $t = 0$ 时刻被打开，水被不断放出。问：容器中的水被放完总共需要多少时间？

解　以容器的底部 O 点为原点，取坐标系，如图 3.3 所示。令 $h(t)$ 为 t 时刻容器中水的高度，现欲建立 $h(t)$ 满足的微分方程。

设水从小孔流出的速度为 $v(t)$，由力学定律，在不计水的内部摩擦力和表面张力的假定下，有

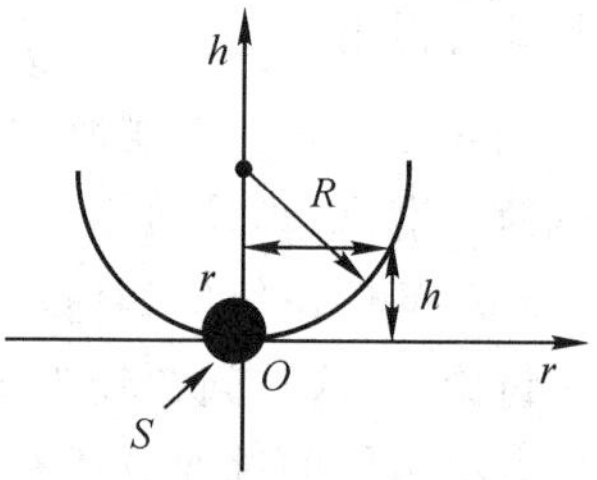

图 3.3

$$v(t) = 0.6\sqrt{2gh}$$

因体积守衡，又可得

$$dv = -\pi r^2 dh = Sv dt$$

易见 $$r = \sqrt{R^2 - (R-h)^2}$$

故有

$$-\pi[R^2 - (R-h)^2]dh = 0.6S\sqrt{2gh}\,dt$$

即 $$\frac{dh}{dt} = -\frac{0.6S\sqrt{2gh}}{\pi[R^2 - (R-h)^2]}$$

这是可分离变量的一阶微分方程。分离变量，两边积分，得

$$T = \int_R^0 \frac{-\pi[R^2-(R-h)^2]}{0.6S\sqrt{2gh}}dh$$
$$= \frac{-\pi}{0.6S\sqrt{2g}}\int_R^0 (2R\sqrt{h} - h^{\frac{3}{2}})dh$$
$$= \frac{-\pi}{0.6S\sqrt{2g}}\left(\frac{4}{3}Rh^{\frac{3}{2}} - \frac{2}{5}h^{\frac{5}{2}}\right)\Bigg|_R^0 = \frac{14\pi R^{\frac{5}{2}}}{9S\sqrt{2g}}$$

微分方程的建立并不是一项随心所欲的工作，它必须能反映出事物的客观规律，即建立微分方程时所导出的各项关系式必须尽可能符合客观实际。否则，得出的微分方程就不是对实际问题的近似描述，因而毫无用处。要导出符合客观实际的关系式，要求建模者对实际问题的机理有比较透彻的了解，并掌握相关专业知识，必要时还需做一些实验。

例 3.4(金属杆的温度)

一根长度为 l 的金属杆被水平地夹在两端垂直的支架上，一端的温度恒为 T_1，另一端的温度恒为 T_2(T_1、T_2 为常数，$T_1 > T_2$)。金属杆横截面积为 A，截面的边界长度为 B，它完全暴露在空气中，空气温度为 T_3($T_3 < T_2$，T_3 为常数)，导热系数为 α，试求金属杆上的温度分布 $T(x)$。(设金属杆的导热率为 λ)

分析 一般情况下，同一截面上的各点处温度也不尽相同，如果这样来考虑问题，本题要建的数学模型当为一偏微分方程。但由题意可以看出，因金属杆较细且导热系数较大，为简便起见，我们不准备考虑这方面的差异，希望建模求单变量函数 $T(x)$。

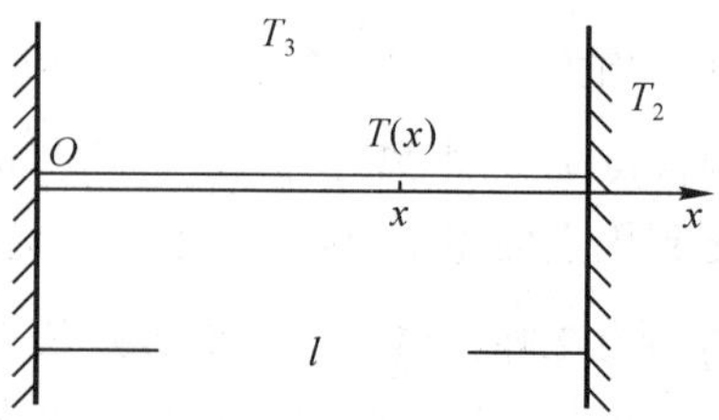

图 3.4

建模 热传导现象的机理牛顿已做过实验研究，当温差在一定范围内时，单位时间里由温度高的一侧向温度低的一侧通过单位面积的热量与两侧的温差成正比，比例系数与介质有关。据此可知，在此时间内通过距离 O 点 x 处截面的热量为：$-\lambda AT'(x)dt$。

在 dt 时间内通过距离 O 点 $x + dx$ 处截面的热量为

$$-\lambda AT'(x+dx)dt$$

由泰勒公式，当 dx 很小时，

$$-\lambda AT'(x+dx)dt \approx -\lambda A[T'(x)+T''(x)dx]dt$$

故在 dt 时间内，金属杆的微元$[x,x+dx]$通过传导获取的热量为两者之差，即约为

$$\lambda AT''(x)dxdt$$

在同一时间段内，微元向空气散发出的热量为

$$\alpha Bdx[T(x)-T_3]dt$$

由题意，系统处于热平衡状态，故有

$$\lambda AT''(x)dxdt = \alpha Bdx[T(x)-T_3]dt$$

从而得到金属杆各处温度 $T(x)$ 满足的微分方程：

$$T''(x) = \frac{\alpha B}{\lambda A}(T-T_3)$$

这是一个两阶常系数线性方程，很容易求解。

3.2 Malthus 模型与 Logistic 模型

为了保持对自然资源的合理开发与利用，人类必须保持并控制生态平衡，甚至必须控制人类自身的增长。本节将建立几个简单的单种群增长模型，以简略分析一下这方面的问题。一般生态系统的分析可以通过一些简单模型的复合来研究，有兴趣的读者可以根据生态系统的特征自行建立相应的模型。

种群的数量本应取离散值，但由于种群数量一般较大，为建立微分方程模型，可将种群数量看作连续变量，甚至允许它为可微变量，由此引起的误差将是十分微小的。

一、Malthus 模型

种群增长规律是一个极其复杂的问题，其机理我们尚不清楚(何况还有很多随机因素在起作用)。用微分方程来研究种群增长规律，基本上采用的是模拟近似的方法。即用某一微分方程来模拟种群的数量，分析该方程的解，将解与实际情况作对比，看其是否在一定程度上刻画了种群的实际增长情况，如刻画得较好(或在一段时期内吻合较好)就加以利用，否则就设法加以改进，直至在一定程度上满足我们的要求为止。

最早的种群增长模型是由马尔萨斯给出的。马尔萨斯是一位英国神父，他在分析人口出生与死亡情况的资料后发现，人口净增长率 r 基本上是一常数($r=b-d$，b 为出生率，d 为死亡率)，即

$$\frac{1}{N}\frac{dN}{dt} = r$$

或

$$\frac{dN}{dt} = rN \tag{3.5}$$

(3.5) 的解为

$$N(t) = N_0 e^{r(t-t_0)} \tag{3.6}$$

其中 $N_0 = N(t_0)$ 为初始时刻 t_0 时的种群数。

马尔萨斯模型有一个显著的特点：种群数量翻一番所需的时间是固定的。若令种群数量翻一番所需的时间为 T，则有

$$2N_0 = N_0 e^{rT}$$

故

$$T = \frac{\ln 2}{r}$$

比较历年的人口统计资料，可发现人口增长的实际情况与马尔萨斯模型的预报结果基本相符。例如，1961 年世界人口数为 30.6 亿（即 3.06×10^9），人口增长率约为 2%，人口数大约每 35 年增加一倍。检查 1700 年至 1961 年的 260 年间人口实际数量，发现两者几乎完全一致，且按马氏模型计算，人口数量每 34.6 年增加一倍，两者也几乎相同。

检验过去，模型效果很好；但预测将来，却不能不使我们疑虑重重，因为它包含了明显的不合理因素。假如人口数真能保持每 34.6 年增加一倍，那么人口数将以几何级数的方式增长。例如，到 2510 年，人口达 2×10^{14} 个，即使海洋全部变成陆地，每人也只有 9.3 平方英尺的活动范围；而到 2670 年，人口达 36×10^{15} 个，只好一个人站在另一人的肩上排成两层了。因此，马尔萨斯的这个模型是不完善的，从根本上说是不合理的，必须加以修改。分析上述模型，可知模型假设了 r 为常数，从而人口方程(3.5)是线性常微分方程。这个模型实际上只有在群体总数不太大时才合理，而没有考虑到在总数增大时，生物群体的各成员之间由于有限的生存空间，有限的自然资源及食物等原因，可能发生生存竞争等现象。这就是说，人口净增长率不可能始终保持常数，它应当与人口数量有关，是人口数 N 的函数，即应为 $r = r(N)$，从而有

$$\frac{dN}{dt} = r(N)N \tag{3.7}$$

(3.7) 式中 $r(N)$ 是未知函数，根据实际背景，它无法用拟合方法来求。

二、Logistic 模型

为了得出一个有实际意义的模型，我们不妨采用一下工程师原则。工程师们在建立实际问题的数学模型时，总是采用尽可能简单的方法。$r(N)$ 最简单的形式是常数，此时得到的就是马尔萨斯模型。对马尔萨斯模型的最简单的改进就是引进一次项（竞争项），令 $r(N) = r - aN$，此时得到微分方程：

$$\frac{dN}{dt} = (r - aN)N$$

或

$$\frac{dN}{dt} = r\left(1 - \frac{N}{K}\right)N \tag{3.8}$$

(3.8) 式被称为 Logistic 模型或生物总数增长的统计筹算律（竞争项的乘积原理），是由荷兰数学生物学家弗赫斯特（Verhulst）首先提出的。这里，一次项系数是负的，因为当种群数量很大时，会对自身增长产生抑制性，故一次项又被称为竞争项。一般说来，a 的值非常小，当 N 的值不太大时，抑制效应根本看不出来，仅当 N 的值逐渐接近 K 时，竞争效应才会显得越来越明显。

(3.8) 式也可改写成：

$$\frac{dN}{dt} = k(K - N)N \tag{3.9}$$

其中 $k = r/K$, k 通常非常小(因为 K 通常非常大)。

(3.9) 式还有另一解释,由于空间和资源都是有限的,不可能供养无限增长的种群个体,当种群数量过多时,由于人均资源占有率的下降及环境恶化、疾病增多等原因,出生率将降低而死亡率却会提高。设环境能供养的种群数量的上界为 K(近似地将 K 看成常数)。当 $N < K$ 时,环境尚可承受种群的增长,随着种群数不断增大并接近 K,抑制作用将越来越明显。此外,N 表示当前的种群数量,$K - N$ 恰为环境还能供养的种群数量,(3.9) 指出,种群增长率与两者的乘积成正比,这一点又正好符合统计规律,得到了实验结果的支持,这就是(3.9) 也被称为统计筹算律的原因。

(3.9) 是可分离变量的一阶微分方程,很容易求解。将(3.9) 改写成

$$\left(\frac{1}{N} + \frac{1}{K - N}\right)dN = kK\,dt$$

两边积分并整理得

$$N = \frac{K}{1 + Ce^{-kKt}}$$

令 $N(0) = N_0$,求得 $C = \dfrac{K - N_0}{N_0}$

故(3.9) 满足初始条件 $N(0) = N_0$ 的解为

$$N(t) = \frac{N_0 K}{N_0 + (K - N_0)e^{-kKt}} \tag{3.10}$$

易见

$$N(0) = N_0$$

$$\lim_{t \to +\infty} N(t) = K$$

$N(t)$ 的图形见图 3.5,图中的曲线被称为 Logistic 曲线。

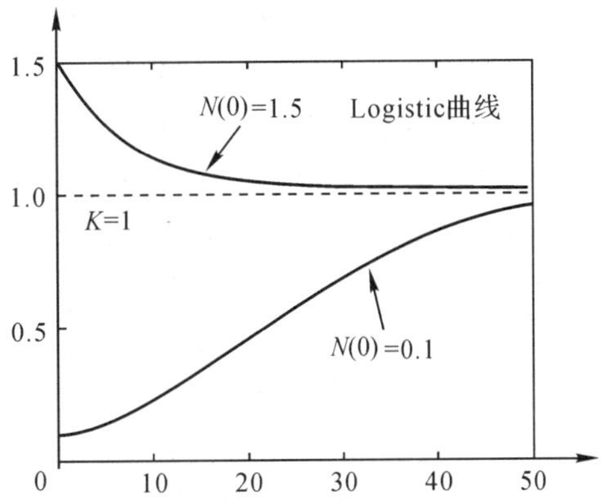

图 3.5

用 Logistic 模型来描述种群增长的规律效果如何呢?1945 年,克朗皮克(Crombic) 做了一个人工饲养小谷虫的实验,数学生物学家高斯(E.F.Gauss) 也做了一个原生物草履虫实验,实验结果都和 Logistic 曲线十分吻合。大量实验资料表明用 Logistic 模型来描述种群的增长,效果还是相当不错的。例如,高斯把 5 只草履虫放进一个盛有 0.5cm^3 营养液的小试管,他发现,开始时草履虫以每天 230.9% 的速率增长,此后增长速度不断减慢,到第 5 天达到最大量 375 个,实验数据与 $r = 2.309$, $a = 0.006157$, $N(0) = 5$ 的 Logistic 曲线

$$N(t) = \frac{375}{1 + 74e^{-2.309t}}$$

几乎完全吻合，见图 3.6。

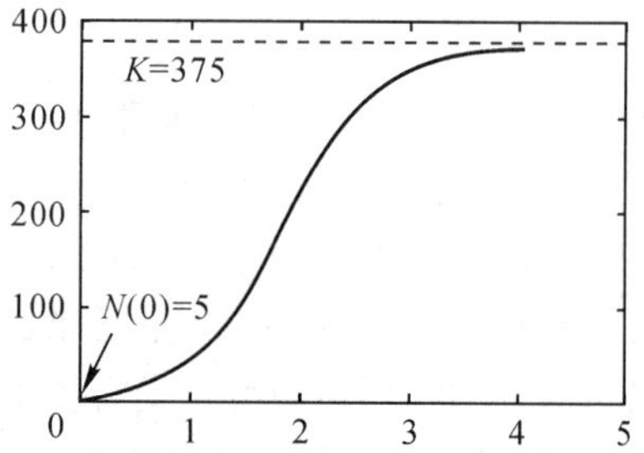

图 3.6

Malthus 模型和 Logistic 模型均为对微分方程(3.7)所作的模拟近似方程。前一模型假设了种群增长率 r 为一常数(r 被称为该种群的内禀增长率)；后一模型则假设环境只能供养一定数量的种群，从而引入了一个竞争项。用模拟近似法建立微分方程来研究实际问题时必须对求得的解进行检验，看其是否与实际情况相符或基本相符。相符性越好则模拟得越好，否则就得找出不相符的主要原因，对模型进行修改。

Malthus 模型与 Logistic 模型虽然都是为了研究种群数量的增长情况而建立的，但它们也可用来研究其他实际问题，只要这些实际问题的数学模型有相同的微分方程即可，下面我们来看两个较为有趣的实例。

例 3.5(赝品的鉴定)

历史背景

在第二次世界大战比利时解放以后，荷兰野战军保安机关开始搜捕纳粹同谋犯。他们从一家曾向纳粹德国出卖过艺术品的公司中发现线索，于 1945 年 5 月 29 日以通敌罪逮捕了三流画家范·梅格伦(H.A.Vanmeegren)，此人曾将 17 世纪荷兰名画家扬·弗米尔(Jan Veermeer)的油画《捉奸》等卖给纳粹德国戈林的中间人。可是，范·梅格伦于同年 7 月 12 日在牢里宣称：他从未把《捉奸》卖给戈林，而且他还说，这一幅画和众所周知的油画《在埃牟斯的门徒》以及其他四幅冒充弗米尔的油画和两幅德胡斯(17 世纪荷兰画家)的油画，都是他自己的作品。这件事在当时震惊了全世界，为了证明自己是一个伪造者，他在监狱里开始伪造弗米尔的油画《耶稣在门徒们中间》。当这项工作接近完成时，范·梅格伦获悉自己的通敌罪已被改为伪造罪，因此他拒绝将这幅画变陈，以免留下罪证。

为了审理这一案件，法庭组织了一个由著名化学家、物理学家和艺术史学家组成的国际专门小组查究这一事件。他们用 X 射线检验画布上是否曾经有过别的画，此外，他们分析了油彩中的拌料(色粉)，检验油画中有没有历经岁月的迹象。科学家们终于在其中的几幅画中发现了现代颜料钴兰的痕迹，还在几幅画中检验出了 20 世纪初才发明的酚醛类人工树脂。根据这些证据，范·梅格伦于 1947 年 10 月 12 日被宣告犯有伪造罪，被判刑一年。可是他在监狱中只待了两个多月就因心脏病发作，于 1947 年 12 月 30 日死去。

然而，事情到此并未结束，许多人还是不肯相信著名的《在埃牟斯的门徒》是范·梅格伦伪造的。事实上，在此之前这幅画已经被文物鉴定家认定为真迹，并以 17 万美元的高价被伦布兰特学会买下。专家小组对于怀疑者的回答是：由于范·梅格伦曾因他在艺术界中没有地位而十分懊恼，他下决心绘制《在埃牟斯的门徒》，来证明他高于三流画家。当创造出这样的杰作后，他的志气消退了。而且，当他看到这幅《在埃牟斯的门徒》那么容易卖掉以后，他在炮制后来的伪制品时就不太用心了。这种解释不能使怀疑者感到满意，他们要求完全科学地、确定地证明《在埃牟斯的门徒》的确是一个伪造品。这一问题一直拖了 20 年，直到 1967 年，才被卡内基·梅伦(Carnegie-Mellon)大学的科学家们基本上解决。

原理与模型

测定油画和其他岩石类材料的年龄的关键是 20 世纪初发现的放射性现象。

著名物理学家卢瑟夫在 20 世纪初发现：某些“放射性”元素的原子是不稳定的，并且在已知的一段时间内，有一定比例的原子自然蜕变而形成新元素的原子，且放射性物质的衰减率与尚存物质的原子数成正比。因此，如果用 $N(t)$ 表示时间 t 时存在的原子数，则 $\frac{dN}{dt}$ 为单位时间内蜕变成其他物质的原子数，它与 N 成正比，即

$$\frac{dN}{dt} = -\lambda N$$

常数 λ 是正的，被称为该物质的衰变常数。λ 越大，物质蜕变得越快，其量纲是时间的倒数。衡量物质蜕变率的一个尺度是它的半衰期，即给定数量的放射性原子蜕变一半所需要的时间。为了通过 λ 来计算半衰期 T，假设 $N(t_0) = N_0$，于是，初值问题为

$$\begin{cases} \frac{dN}{dt} = -\lambda N \\ N(t_0) = N_0 \end{cases}$$

（注：与负增长的 Malthus 模型完全一样）

其解为

$$N(t) = N_0 e^{-\lambda(t-t_0)}$$

如果令 $\frac{N}{N_0} = \frac{1}{2}$，则有

$$T = t - t_0 = \frac{\ln 2}{\lambda}$$

许多物质的半衰期已被测定，如碳 -14，其 $T = 5568$ 年；铀 238，其 $T = 45$ 亿年，等等。

与本问题相关的其他知识还有：

(1) 艺术家们应用白铅作为颜料之一，已有两千年以上的历史。白铅中含有微量的放射性铅-210，白铅是从铅矿中提炼出来的，而铅又属于铀系，其演变简图如图 3.7 所示（删去了许多中间环节）。

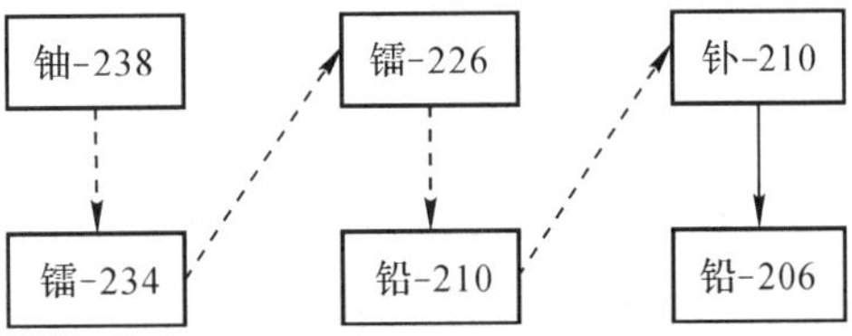

图 3.7

(2) 地壳里几乎所有的岩石中均含有微量的铀。一方面，铀系中的各种放射性物质均在不断衰减；另一方面，铀也在不断地衰减，补充着其后继元素。从而，各种放射性物质（除铀以外）在岩石中处于放射性平衡中。根据世界各地抽样测量的资料，地壳中的铀在铀系中所占平均重量比约为百万分之二点七（一般含量极微）。各地采集的岩石中铀的含量差异很大，但从未发现含量高于 2%—3% 的。

(3) 从铅矿中提炼铅时，铅-210 与铅-206 一起被作为铅留下，而其余物质则有 90%—95% 被留在矿渣里，因而打破了原有的放射性平衡（注：这些有关物理、地质方面的知识在建模时可向相应的专家请教）。

简化假设

本问题建模是为了鉴定几幅不超过300年的古画，为了使模型尽可能简单，可作如下假设：

(1) 由于镭的半衰期为1600年,时经300年左右,应用微分方程方法不难计算出白铅中的镭至少还有原量的90%,故可以假定,每克白铅中的镭在每分钟里的分解数是一个常数。

(2) 铅-216的衰变为

$$\text{铅-}210 \xrightarrow{T\,=\,22\text{年}} \text{钋-}210 \xrightarrow{T\,=\,138\text{天}} \text{铅-}206$$

若画为真品,颜料应有300年左右或300年以上的历史,容易证明:每克白铅中钋-210的分解数等于铅-210的分解数(相差极微,已无法区别)。可用前者代替后者,因钋的半衰期较短,易于测量。

建模

(1) 记提炼白铅的时刻为 $t = 0$,当时每克白铅中铅-210的分子数为 y_0,由于提炼前岩石中的铀系是处于放射性平衡的,故铀与铅的单位时间分解数相同。由此容易推算出,每克白铅中铅-210每分钟分解数不能大于30000个,否则铀的含量将超过4%,而这是不可能的。事实上,若 $\lambda_u U_0 = \lambda y_0 \geqslant 30000$,则

$$U_0 \geqslant \frac{30000 \times 60 \times 24 \times 365}{\lambda_u} \approx 1.02 \times 10^{20}(\text{个})$$

这些铀约重$\dfrac{1.02 \times 10^{20}}{6.02 \times 10^{23}} \times 238 \approx 0.04$(克),即每克白铅约含0.04克铀,含量为4%($\lambda$ 为铅-210的分解率)。

(2) 设 t 时刻1克白铅中铅-210含量为 $y(t)$,而镭的单位时间分解数为 r(常数),则 $y(t)$ 满足微分方程:

$$\frac{\mathrm{d}y}{\mathrm{d}t} = -\lambda y + r$$

由此解得

$$y(t) = \frac{r}{\lambda}[1 - \mathrm{e}^{\lambda(t-t_0)}] + y_0\mathrm{e}^{-\lambda(t-t_0)}$$

故

$$\lambda y_0 = \lambda y(t)\mathrm{e}^{\lambda(t-t_0)} - r[\mathrm{e}^{\lambda(t-t_0)} - 1]$$

若此画是真品,$t - t_0 \approx 300$(年)。画中每克白铅所含铅-210目前的分解数 $\lambda y(t)$ 及目前镭的分解数 r 均可用仪器测出,从而可求出 λy_0 的近似值,并利用(1)判断这样的分解数是否合理。若判断结果为不合理,则可以确定此画必是赝品,但反之不一定说明画是真品(因为估计仍是十分保守的且只能证明画的"年龄")。

Carnegie-Mellon大学的科学家们利用上述模型对部分有疑问的油画作了鉴定,测得数据如表3.1所示。

表 3.1

油画名称	铅-210分解数(个/分)	镭-226分解数(个/分)
(1)《在埃牟斯的门徒》	8.5	0.8
(2)《濯足》	12.6	0.26
(3)《看乐谱的女人》	10.3	0.3
(4)《演奏曼陀林的女人》	8.2	0.17
(5)《花边织工》	1.5	1.4
(6)《笑女》	5.2	6.0

对《在埃牟斯的门徒》,可以算出 $\lambda y_0 \approx 98050$(个/克·分),显然这是不可能的,它必定是一幅伪造品。类似可以判定(2),(3),(4)也是赝品。而(5)和(6)都不会是现代(指几十年内)伪制品,因为放射性物质已处于接近平衡的状态,这样的平衡不可能发生在19世纪和20世纪的任何作品中。

利用放射原理,还可以对其他文物的年代进行测定。例如对有机物(动、植物)遗体测定年代,考古学上目前流行的测定方法是放射性碳-14测定法。这种方法具有较高的精确度,其基本原理是:由于大气层受到宇宙线的连续照射,空气中含有微量的中微子,它们和空气中的氮结合,形成放射性碳-14(C^{14})。有机物存活时,它们通过新陈代谢与外界进行物质交换,使体内的 C^{14} 处于放射性平衡中;一旦有机物死亡,新陈代谢终止,放射性平衡即被破坏。因而,通过对比测定,可以估计出它们生存的年代。例如,1950年在巴比伦发现了一根刻有"Hammurabi"王朝字样的木炭,经测定,其 C^{14} 衰减数为4.09个/克·分,而新砍伐烧成的木炭中 C^{14} 衰减数为6.68个/克·分,C^{14} 的半衰期为5568年,由此可以推算出该王朝约存在于3900—4000年前。

例3.6 (新产品的推广)

经济学家和社会学家一直很关心新产品的推销速度问题。怎样建立一个数学模型来描述它,并由此分析出一些有用的结果以指导生产呢?让我们来看一下第二次世界大战后日本家电业界建立的电饭煲销售模型。

设需求量有一个上界,并记此上界为 K,记 t 时刻已销售出的电饭煲数量为 $x(t)$,则尚未使用的人数大致为 $K-x(t)$,于是由统计筹算律 $\frac{\mathrm{d}x}{\mathrm{d}t} \propto x(K-x)$(记比例系数为 k)可知

$$\frac{\mathrm{d}x}{\mathrm{d}t} = kx(K-x)$$

此方程即 Logistic 模型,解为

$$x(t) = \frac{K}{1+C\mathrm{e}^{-Kkt}}$$

(此外还有两个奇解 $x=0$ 和 $x=K$)

对 $x(t)$ 求一阶、二阶导数,得

$$x'(t) = \frac{CK^2k\mathrm{e}^{-Kkt}}{(1+C\mathrm{e}^{-Kkt})^2}$$

$$x''(t) = \frac{CK^3k^2\mathrm{e}^{-Kkt}(C\mathrm{e}^{-Kkt}-1)}{(1+C\mathrm{e}^{-Kkt})^3}$$

容易看出,$x'(t)>0$,即 $x(t)$ 单调增加,这当然是十分自然的。进而,由 $x''(t_0)=0$,可以得出 $C\mathrm{e}^{-RKt_0}=1$,此时,$x(t_0)=\frac{K}{2}$。当 $t<t_0$ 时,$x''(t)>0$,即 $x'(t)$ 单调增加;而当 $t>t_0$ 时,$x''(t)<0$,即 $x'(t)$ 单调减小。这说明,在销售量小于最大需求量的一半时,销售速度是不断增大的;销售量达到最大需求量的一半时,该产品最为畅销,其后销售速度将开始下降。实际调查表明,销售曲线与 Logistic 曲线十分接近,尤其是在销售后期,两者几乎完全吻合。

美国和其他一些国家的经济学家也作了大量的社会调查,并建立了完全相同的模型。

例如,美国Carnegie-Mellon大学的Edwin Mansfield调查了四大主要工业12项新工艺的推广情况;Iowa州调查了1934—1955年这12年中一种新型24-D除草喷雾器的推广情况;Iowa Hybrid的新谷类的推广情况,等等。所有调查结果均较好地符合Logistic曲线的特征,推广速率的增长过程一般均在达到最大需求量的一半时结束,只有一例例外,其增长过程一直持续至达到最大需求量的60%时才结束。

基于对Logistic曲线(见图3.5)形状的分析,国外普遍认为:某一新产品从20%用户采用到80%用户采用的这段时期,应为该产品正式大批量生产的较合适的时期,初期应采取小批量生产并加以广告宣传,后期则应适时转产,这样做可以取得较高的经济效益。据此不难计算出新产品的旺销期从何时开始,到何时结束,需要多长时间。易见,掌握这些关键数据无论对厂家的生产还是商家的营销都是至关重要的。

3.3 为什么要用三级火箭来发射人造卫星

我们希望构造一个数学模型,以说明为什么不能用一级火箭而必须用多级火箭来发射人造卫星?为什么一般都采用三级火箭系统?

火箭是一个复杂的系统,为了使问题简单明了,我们只从动力系统及整体结构上分析,并假设引擎是足够强大的。

一、为什么不能用一级火箭发射人造卫星

1. 卫星能在轨道上运动的最低速度

假设

(1) 卫星轨道为过地球中心的某一平面上的圆,卫星在此轨道上作匀速圆周运动;

(2) 地球是固定于空间中的均匀球体,其他星球对卫星的引力忽略不计(以上两条假设均为简化假设)。

分析 我们尽量应用物理中已有的定理来分析问题。

根据牛顿第三定律,地球对卫星的引力为 $F = \frac{km}{r^2}$,其中 m 为卫星质量,r 为卫星到地心的距离,这里已应用了地球是均匀球体的假设。k 可以根据卫星在地面的重量算出,即

$$\frac{km}{R^2} = mg, k = gR^2(R\text{ 为地球半径,约为 6400 千米或 } 6.4\times10^6\text{ 米})$$

故
$$F = mg\left(\frac{R}{r}\right)^2$$

由假设(1),卫星所受到的引力也就是它作匀速圆周运动的向心力,故又有 $F = \frac{mv^2}{r}$,从而 $v = R\sqrt{\frac{g}{r}}$。

现设 $g = 9.81$ 米/秒^2,可以计算出当卫星离地面高度分别为100,200,400,600,800和1000千米时,其速度应分别为:7.86千米/秒,7.80千米/秒,7.69千米/秒,7.58千

米／秒,7.47千米／秒及7.37千米／秒。

2.火箭推进力及速度的分析

假设　火箭重力及空气阻力均不计。

分析　记火箭在 t 时刻的质量和速度分别为 $m(t)$ 和 $v(t)$,它们分别是 t 的连续可微函数,因此有

$$m(t+\Delta t)-m(t)=\frac{\mathrm{d}m}{\mathrm{d}t}\Delta t+o(\Delta t^2)$$

记火箭喷出的气体相对于火箭的速度为 u(常数),由动量守恒定理:

$$m(t)v(t)=m(t+\Delta t)v(t+\Delta t)-\left(\frac{\mathrm{d}m}{\mathrm{d}t}\Delta t+o(\Delta t^2)\right)\cdot(v(t)-u)$$

故

$$m\frac{\mathrm{d}v}{\mathrm{d}t}=-u\frac{\mathrm{d}m}{\mathrm{d}t}$$

由此解得

$$v(t)=v_0+u\ln\left(\frac{m_0}{m(t)}\right) \tag{3.11}$$

即在 v_0 和 m_0 一定的情况下,火箭速度 $v(t)$ 由喷发速度 u 及质量比 $\frac{m_0}{m(t)}$ 决定。

3.目前技术条件下一级火箭末速度的上限

现将火箭——卫星系统的质量分成三部分:(1) m_P(有效负载,如卫星),(2) m_F(燃料质量),(3) m_S(结构质量——如外壳、燃料容器及推进器)。

在发射一级火箭运载卫星时,最终质量为 m_P+m_S,而末速度应为

$$v=u\ln\frac{m_0}{m_P+m_S}\qquad(\text{初始速度 } v_0=0)$$

记结构质量 m_S 在 m_S+m_F 中占的比例为 λ,根据目前技术水平 $\lambda\geqslant\frac{1}{9}$,$u$ 只能达到3千米／秒,即 $m_s=\lambda(m_s+m_p)=\lambda(m_0-m_p)$,于是可以得出如下结论:不计空气阻力及火箭本身的重量,即使发射的只是一个不带有效负载的空火箭,其末速度也不可能超过6.6千米／秒。因此,用一级火箭发射人造卫星至少在目前条件下是不可能做到的。

原因分析　容易看出,火箭推进力在加速着整个火箭,其实际效益越来越低,最后几乎是在加速着最终毫无用处的结构质量(包括空油箱)。

二、理想火箭模型

假设　我们的火箭是理想的,它能随时抛弃无用的结构,即结构质量与燃料质量以 λ 与 $(1-\lambda)$ 的比例同时减少(当然,这实际上是不可能的)。

建模　由动量守恒定理

$$m(t)v(t)=m(t+\Delta t)v(t+\Delta t)-\lambda\frac{\mathrm{d}m}{\mathrm{d}t}v(t)\Delta t-(1-\lambda)\frac{\mathrm{d}m}{\mathrm{d}t}(v(t)-u)\Delta t+o(\Delta t^2)$$

得

$$m\frac{\mathrm{d}v}{\mathrm{d}t}=-u(1-\lambda)\frac{\mathrm{d}m}{\mathrm{d}t}$$

解得

$$v(t)=u(1-\lambda)\ln\frac{m_0}{m(t)}$$

理想火箭与一级火箭最大的区别在于,当火箭燃料耗尽时,其结构质量已逐渐地抛尽,所以它的最终质量为 m_P,从而最终速度为

$$v=u(1-\lambda)\ln\frac{m_0}{m_P}$$

由上式可以看出,只要 m_0 足够大,我们可以使卫星达到我们希望它具有的任意速度。例如,考虑到空气阻力和重力等因素,估计(按比例粗略估计)要使 $v=10.5$ 千米/秒才行,则可推算出 $\frac{m_0}{m_P}\approx 51$,即发射一吨重的卫星大约需要 50 吨重的理想火箭。

三、理想过程的实际逼近 —— 多级火箭卫星系统

现用建造多级火箭的方法,来近似实现理想过程,记火箭级数为 n,当第 i 级火箭的燃料烧尽时,第 $i+1$ 级火箭立即自动点火,并抛弃已经无用的第 i 级火箭。用 m_i 表示第 i 级火箭的质量,m_P 表示有效负载。

为简单起见,先作如下假设:

(1) 设各级火箭具有相同的 λ,即 i 级火箭中 λm_i 为结构质量,$(1-\lambda)m_i$ 为燃料质量(注:一般讲,m 越小则 λ 越大,例如无法用 50 克火箭发射 1 克重的卫星)。

(2) 设燃烧级初始质量与其负载质量之比保持不变,并记比值为 k。

下面考虑二级火箭:

由(3.11)式,当第一级火箭燃烧完时,其末速度应为

$$v_1=u\ln\frac{m_1+m_2+m_P}{\lambda m_1+m_2+m_P}$$

当第二级火箭燃尽时,末速度为

$$\begin{aligned}v_2&=v_1+u\ln\frac{m_2+m_P}{\lambda m_2+m_P}\\&=u\ln\left(\frac{m_1+m_2+m_P}{\lambda m_1+m_2+m_P}\cdot\frac{m_2+m_P}{\lambda m_2+m_P}\right)\end{aligned}$$

又由假设(2),$m_2=km_P$,$m_1=k(m_2+m_P)$,代入上式,并仍设 $u=3$ 千米/秒,为了计算方便,近似取 $\lambda=0.1$,则可得

$$\begin{aligned}v_2&=3\ln\left[\frac{\left(\frac{m_1}{m_2+m_P}+1\right)}{\left(\frac{0.1m_1}{m_2+m_P}+1\right)}\cdot\frac{\left(\frac{m_2}{m_P}+1\right)}{\left(\frac{0.1m_2}{m_P}+1\right)}\right]\\&=3\ln\left(\frac{k+1}{0.1k+1}\right)^2=6\ln\left(\frac{k+1}{0.1k+1}\right)\end{aligned}$$

例如,要使 $v_2=10.5$ 千米/秒,则应使 $\frac{k+1}{0.1k+1}=\mathrm{e}^{\frac{10.5}{6}}\approx 5.75$,即 $k\approx 11.2$。

类似地，可以推算出三级火箭：

$$v_3 = u\ln\left(\frac{m_1 + m_2 + m_3 + m_P}{\lambda m_1 + m_2 + m_3 + m_P} \cdot \frac{m_2 + m_3 + m_P}{\lambda m_2 + m_3 + m_P} \cdot \frac{m_3 + m_P}{\lambda m_3 + m_P}\right)$$

在同样假设下，可得

$$v_3 = 3\ln\left(\frac{k + 1}{0.1k + 1}\right)^3 = 9\ln\left(\frac{k + 1}{0.1k + 1}\right)$$

要使 $v_3 = 10.5$ 千米/秒，则 $(k + 1)/(0.1k + 1) \approx 3.21$，$k \approx 3.25$，而 $(m_1 + m_2 + m_3 + m_P)/m_P \approx 77$。

与二级火箭相比，在达到相同效果的情况下，三级火箭系统几乎节省了一半质量。

现记 n 级火箭的总质量（包含有效负载 m_P）为 m_0，在相同假设下（$u = 3$ 千米/秒，$v_{末} = 10.5$ 千米/秒，$\lambda = 0.1$），可以计算出相应的 $\frac{m_0}{m_P}$ 值，现将计算结果列表 3.2。

表 3.2

n（级数）	1	2	3	4	5	…	∞（理想）
火箭质量/吨	/	149	77	65	60	…	50

实际上，由于工艺的复杂性及每节火箭都需配备一个推进器，所以使用四级或四级以上火箭是不合算的，三级火箭提供了一个最好的方案。

四、火箭结构的优化设计

现将多级火箭卫星系统理想过程中的假设(2)去掉，我们在各级火箭具有相同 λ 的粗糙假设下，来讨论一下火箭结构的最优设计。

记 $W_1 = m_1 + \cdots + m_n + m_P$ （即第一级火箭点火时的总质量）

$W_2 = m_2 + \cdots + m_n + m_P$

…

$W_n = m_n + m_P$

$W_{n+1} = m_P$

应用(3.11)可求得末速度

$$v_n = u\ln\left(\frac{W_1}{\lambda m_1 + W_2} \cdot \frac{W_2}{\lambda m_2 + W_3} \cdots \frac{W_n}{\lambda m_n + W_{n+1}}\right)$$

记 $\frac{W_1}{W_2} = k_1, \cdots, \frac{W_n}{W_{n+1}} = k_n$，则

$$v_n = u\ln\left[\frac{\frac{W_1}{W_2}}{\lambda\left(\frac{W_1}{W_2} - 1\right) + 1} \cdots \frac{\frac{W_n}{W_{n+1}}}{\lambda\left(\frac{W_n}{W_{n+1}} - 1\right) + 1}\right]$$

$$= u\ln\frac{k_1 \cdots k_n}{[\lambda k_1 + (1 - \lambda)] \cdots [\lambda k_n + (1 - \lambda)]}$$

又 $\frac{W_1}{W_{n+1}} = \frac{W_1}{W_2} \cdot \frac{W_2}{W_3} \cdots \frac{W_n}{W_{n+1}} = k_1 k_2 \cdots k_n$，问题化为，在 v_n 一定的条件下，求 $k_1, \cdots, k_n$，

使$\dfrac{W_1}{W_{n+1}}$最小,即解条件极值问题:

$$\min\{k_1k_2\cdots k_n\}$$

$$\text{S.t}\quad \frac{k_1k_2\cdots k_n}{[\lambda k_1+(1-\lambda)]\cdots[\lambda k_n+(1-\lambda)]}=C$$

或等价地求解无约束极值问题:

$$\min\left\{k_1k_2\cdots k_n-a\left[\frac{k_1k_2\cdots k_n}{[\lambda k_1+(1-\lambda)]\cdots[\lambda k_n+(1-\lambda)]}-C\right]\right\}$$

由此可以解出最优结构设计应满足

$$k_1=k_2=\cdots=k_n\quad(\text{注:这一结果也可由对称性看出})$$

3.4 药物在体内的分布

在用微分方程研究实际问题时,人们常常采用一种“房室系统”的观点来考察问题。根据研究对象的特征或研究的不同精度要求,我们把研究对象看成一个整体(单房室系统)或将其剖分成若干个相互存在着某种联系的部分(多房室系统)。房室具有以下特征:它由考察对象均匀分布而成(注:考察对象一般并非均匀分布,这里采用了一种简化方法——集中参数法);房室中考察对象的数量或浓度(密度)的变化率与外部环境有关,这种关系被称为“交换”且交换满足总量守恒。在本节中,我们将用房室系统的方法来研究药物在体内的分布。在下一节中,我们将用多房室系统的方法来研究另一问题。两者都很简单,我们的意图在于介绍房室系统的建模方法。

为了考察药物在机体中的分布情况,我们将机体看成一个系统,药物在其中均匀分布,被吸收、分解与排泄。建模的目的是通过对“房室”的分析,建立药物变化率满足的关系式(微分方程),测定方程包含的关键参数,从而求出药物浓度在体内分布的变化规律。

下面介绍药物分布的单房室模型。

单房室模型是最简单的模型,它假设:体内药物在任一时刻都是均匀分布的,设t时刻体内药物的总量为$x(t)$;系统处于一种动态平衡,即假设以下关系式成立:

$$\frac{\mathrm{d}x}{\mathrm{d}t}=\left(\frac{\mathrm{d}x}{\mathrm{d}t}\right)_{\text{入}}-\left(\frac{\mathrm{d}x}{\mathrm{d}t}\right)_{\text{出}}$$

药物的分解与排泄(输出)速率通常被认为是与药物当前的浓度成正比的,即通常认为$\left(\dfrac{\mathrm{d}x}{\mathrm{d}t}\right)_{\text{出}}=kx$,但药物的输入规律却与给药的方式有关。下面,我们来研究一下在几种常见的给药方式下体内药物的变化规律。

情况 1(快速静脉注射)

在快速静脉注射时,总量为D的药物在瞬间被注入体内。设机体的体积为V,则我们可以近似地将系统看成初始总量为D,则浓度为$\dfrac{D}{V}$,只输出不输入的房室,即系统可看成近似地满足微分方程:

$$\begin{cases}\dfrac{\mathrm{d}x}{\mathrm{d}t}+kx=0\\ x(0)=D\end{cases}\tag{3.12}$$

其解为 $x(t)=De^{-kt}$，而体内药物的浓度则为 $C(t)=\dfrac{D}{V}e^{-kt}$，$C(t)$ 被称为血浆药物浓度。此模型即负增长率的 Malthus 模型。与放射性物质类似，医学上将血浆药物浓度衰减一半所需的时间 $t_{\frac{1}{2}}$ 称为药物的血浆半衰期

$$t_{\frac{1}{2}}=\frac{\ln 2}{k}$$

情况 2（恒速静脉点滴）

在这种情况下，药物以恒速点滴方式进入体内，即 $\left(\dfrac{\mathrm{d}x}{\mathrm{d}t}\right)_{\text{入}}=K_0$，由房室系统的假设，体内药物总量满足：

$$\frac{\mathrm{d}x}{\mathrm{d}t}+kx=K_0\qquad(x(0)=0)\tag{3.13}$$

这是一个一阶常系数线性方程，其解为

$$x(t)=\frac{k_0}{k}(1-e^{-kt})\text{ 或 }C(t)=\frac{k_0}{Vk}(1-e^{-kt})$$

易见

$$\lim_{t\to+\infty}C(t)=\frac{K_0}{VK}$$

$\dfrac{K_0}{VK}$ 被称为稳态血药浓度。虽然点滴不可能无限期进行下去，但由于点滴时间通常较长，故当点滴终止时，血液中药物的浓度事实上已非常接近此值。

在现实生活中，点滴一般都要反复多次。设点滴时间为 T_1，两次点滴之间的间隔时间为 T_2，则在第一次点滴结束时病人体内的药物浓度为

$$C(T_1)=\frac{K_0}{VK}(1-e^{-KT_1})$$

其后，在停止点滴的一段时间内，病人体内的药物只输出不输入，这段时间内其血浆药物浓度将满足(3.12)，区别仅在于初值不同。故在点滴情况下，血药浓度为

（第一次）
$$C(t)=\frac{K_0}{VK}(1-e^{-Kt})\qquad 0\leqslant t\leqslant T_1$$

$$C(t)=\frac{K_0}{VK}(1-e^{-KT_1})e^{-K(t-T_1)}\qquad T_1\leqslant t\leqslant T_1+T_2$$

读者可类似讨论以后各次点滴时的情况，同样区别只在于初值的不同，从第二次点滴起，患者体内的初始药物浓度已不为零。

情况 3（口服药或肌注）

口服药或肌肉注射时，药物的吸收方式常常与点滴时不同，其吸收方式与药物的性态有关。药物虽然瞬间进入了体内，但它一般都集中于身体的某一部位，靠其表面与肌体接触而逐步被吸收。设药物被吸收的速率与存量药物的数量成正比，记比例系数为 k_1，即若记 t 时刻残留药物量为 $y(t)$，则 y 满足：

$$\begin{cases}\dfrac{\mathrm{d}y}{\mathrm{d}t} = -k_1 y \\ y(0) = D\end{cases}$$

因而 $y(t) = De^{-k_1 t}$，D 为口服或肌注药物总量。

而
$$\begin{cases}\dfrac{\mathrm{d}x}{\mathrm{d}t} + kx = k_1 De^{-k_1 t} \\ x(0) = D\end{cases}$$

故可解得

$$x(t) = \frac{k_1 D}{k_1 - k}(e^{-kt} - e^{-k_1 t})$$

从而血药浓度为

$$C(t) = \frac{k_1 D}{V(k_1 - k)}(e^{-kt} - e^{-k_1 t}) \tag{3.14}$$

在通常情况下，总有 $k_1 > k$（药物未吸收完前，输入速率通常总大于分解与排泄速率），但也有例外的可能（与药物性质及机体对该药物的吸收、分解能力有关）。当 $k_1 > k$ 时，体内药物量均很小，这种情况在医学上称为触发翻转（flip-flop）。当 $k_1 = k$ 时，可将（3.14）看成 $\frac{0}{0}$ 型的未定型。对固定的 t，令 $k \to k_1$ 取极限（应用罗比达法则），可得出在这种情况下的血药浓度为：$C(t) = \frac{k_1 D}{V} t e^{-k_1 t}$。

图 3.8 给出了上述三种情况下体内血药浓度的变化曲线。容易看出，快速静脉注射能使血药浓度立即达到峰值，常用于急救等紧急情况；口服、肌注与点滴存在一定的差异，主要表现在血药浓度的峰值出现在不同的时刻，血药的有效浓度保持时间也不尽相同（注：为达到治疗目的，血药浓度应达到某一有效浓度，并使之维持一特定的时间长度）。我们已求得三种常见给药方式下的血药浓度 $C(t)$，当然也容易求得血药浓度的峰值及出现峰值的时间，因而，不难根据不同疾病的治疗要求找出最佳治疗方案。

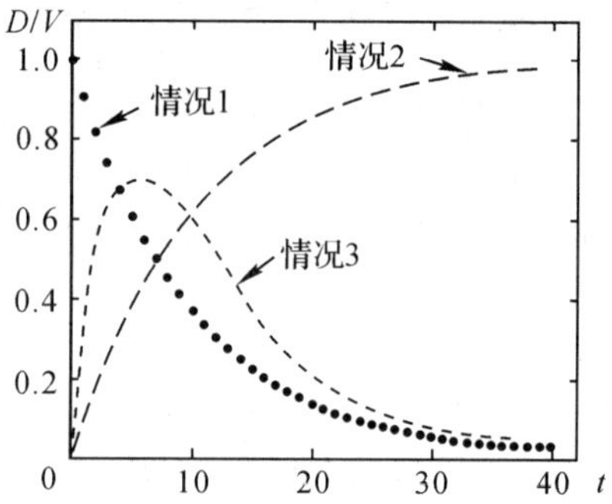

图 3.8

新药品、新疫苗在临床应用前必须经过较长时间的基础研究、小量试制、中间试验、专业机构评审及临床研究。当一种新药品、新疫苗研制出来后，研究人员必须用大量实验验证它是否真的有用，如何使用才能发挥最大效用，提供给医生治病时参考。在实验中研究人员要测定模型中的各种参数，总结血药浓度的变化规律，根据疾病的特点找出最佳治疗方案（包括给药方式、最佳剂量、给药间隔时间及给药次数等），这些研究与试验据估计最少也需要数年时间。在2003年春夏之交的SARS（非典）流行期内，有些人希望医药部门能赶快拿出一种治疗 SARS 的良药或预防 SARS 的有效疫苗，但这只能是一种空想。SARS 的突如其来，形成了“外行不懂、内行陌生”的情况。国内权威机构一度曾认为这是“衣原体”引起的肺炎，可以用抗生素控制和治疗。但事实上，抗生素类药物对 SARS 的控制与治疗丝毫不起作用。以钟南山院士为首的广东省专家并不迷信权威，坚持认为 SARS 是病毒感染引起的肺炎，两个月后（4 月 16 日），世界卫生组织正式确认 SARS 是冠状病毒的一个变种引起的非典型性肺炎（注：这种确认并非是由权威机构定义的，而是经过对猩猩的多次实验证实的）。发现病原体尚且如此不易，要攻克难关，找到治疗、预防的办法当然就更困难了，企图几个月解决问题注定只能是一种不切实际的幻想。

上述研究是在将机体看成一个均匀分布的同质单元的假定下完成的，故称单房室模型，由于简单方便且在一定程度上反映了机体内血药液度的变化规律，因此在给药方案的设计中是最常被应用的。然而，机体事实上并不是一个同质单元。药物进入血液，通过血液循环药物被带到身体的各个部位，又通过交换按某种规律进入各个器官，因此，要建立更接近实际情况的数学模型就必须正视机体部位之间的差异及相互之间的关联关系，这就十分自然地导出了多房室系统模型。由于研究对象（如药物）在两个房室中有明显的差异（注：在同一房室中仍被看成是均匀分布的），故应令它们在两个房室中的分布浓度分别为 $x_1(t)$ 与 $x_2(t)$，所建立的模型将是微分方程组。微分方程组中，用 k_{12} 表示由室 Ⅰ 渗透到室 Ⅱ 的变化率前的系数，k_{21} 则表示由室 Ⅱ 返回室 Ⅰ 的变化率前的系数，它们刻画了两室间的内在联系，其值应当用实验测定，使之尽可能地接近实际情况。

当差异较大的部分较多时，可以类似建立多房室系统（n 房室模型）。

3.5　传染病模型

传染病是人类的大敌，从天花、鼠疫、霍乱、…… 到今天的艾滋病、SARS、禽流感，等等，无不给人类带来了巨大的灾难。一类传染病被我们控制住了，另一类新的传染病又会出现，因此，人类与传染病的斗争是一项长期而又艰巨的任务。通过对传染病在传播过程中若干重要因素之间的联系出发建立微分方程加以讨论，研究传染病流行的规律并找出控制疾病流行的方法显然是一件十分有意义的工作。在本节中，我们将主要运用多房室系统的观点来研究分析传染病的流行，并建立起相应的多房室系统模型。在这里，我们将不涉及疾病的发病原因、临床表现及诊断治疗等机理问题，我们将仅根据疾病的传播特征，逐步深入地建立几个能在一定程度上反映疾病传播规律的数学模型，以期为进一步控制该疾病的传播提出具有参考价值的意见和建议。

医生们发现，在一个民族或地区，当某种传染病传播时，波及到的总人数大体上保持为一个常数。也就是既非所有人都会得病也非毫无规律，（同种疾病）两次流行的波及人数不会相差太大。如何解释这一现象呢？让我们试试用建模方法来加以证明。

模型 1　设某地区共有 $n+1$ 人，最初时刻共有 i_0 人得病，t 时刻已感染（infective）的病人数为 $i(t)$，假定每名已感染者在单位时间内将疾病传播给 k 个人（k 在医学上称为该疾病在该地区的传染强度），且设此疾病既不导致死亡也不会康复（注：疾病流传初期一段较短时间内情况大体如此），则可导出：

$$\begin{cases} \dfrac{\mathrm{d}i}{\mathrm{d}t} = ki \\ i(0) = i_0 \end{cases}$$

故可得

$$i(t) = i_0 e^{kt} \tag{3.15}$$

此模型即 Malthus 模型，它能在传染病流行初期反映病人的增长情况，在医学上有一定的参考价值，但随着时间的推移，它将越来越偏离实际情况。

由于已感染者与尚未感染者之间存在着明显的区别，我们将人群划分成两类，即已感染者(infective)与尚未感染的易感染者(susceptible)，对每一类中的个体则不加任何区分并设病人在易感染者中间是均匀分布的(均匀性假设，即我们将采用集中参数法建模)，建立如下的两房室系统。

模型 2 记 t 时刻的病人数与易感染人数分别为 $i(t)$ 与 $s(t)$，初始时刻的病人数为 i_0，根据病人不死也不会康复的假设及(竞争项)统计筹算律，可得

$$\begin{cases} \dfrac{di}{dt} = ksi \\ i(t) + s(t) = n + 1 \\ i(0) = i_0 \end{cases} \tag{3.16}$$

其中 k 为传染强度，其值与疾病种类有关。

解方程组(3.16)，得

$$i(t) = \frac{c_0(n+1)e^{k(n+1)t}}{1 + c_0 e^{k(n+1)t}} \tag{3.17}$$

其中 $$c_0 = \frac{i_0}{n + 1 - i_0}$$

统计结果显示，(3.17)预报的结果比(3.15)更接近实际情况。

医学上称 $t \sim \dfrac{di}{dt}$ 曲线为传染病曲线，并称 $\dfrac{d^2 i}{dt^2} = 0$ 即 $\dfrac{di}{dt}$ 达到最大值的时刻 t_1 为此传染病的流行高峰，因为此时病人数增加最快。不难求得

$$t_1 = -\frac{\ln c_0}{k(n+1)}$$

此值与传染病的实际高峰期非常接近，可用作医学上的预报公式。

模型 2 仍有不足之处，至少它无法解释医生们发现的现象。事实上，$\lim\limits_{t \to \infty} i(t) = n + 1$，即模型预测最终所有人都将得病，这一点与实际情况并不相符。

为解释医生们发现的现象，再次修改假设条件，建立新的数学模型。现将人群划分为三类，即易感染者、已感染者和已恢复者(recovered)，分别记 t 时刻的三类人数为 $s(t)$、$i(t)$ 和 $r(t)$，则可建立以下著名的 SIR 模型，它是一个三房室模型。

模型 3

$$\begin{cases} \dfrac{di}{dt} = ksi - li & (1) \\ \dfrac{dr}{dt} = li & (2) \\ s(t) + i(t) + r(t) = n + 1 & (3) \\ i(0) = i_0, r(0) = 0 \end{cases} \tag{3.18}$$

其中 l 被称为此传染病在该地区的恢复系数(或康复系数,l 越大,疾病恢复得越快)。(3.18) 式可按如下方式求解:对(3) 式求导,由(1)、(2) 得

$$\frac{ds}{dt} = -ksi = -\frac{k}{l}s\frac{dr}{dt}$$

解得
$$s(t) = s_0 e^{-\frac{k}{l}r(t)}$$

记 $\rho = \frac{l}{k}$,则 $s(t) = s_0 e^{-\frac{1}{\rho}r(t)}$

由(1) 式可得

$$\frac{di}{dt} = -\frac{ds}{dt} - li = -\frac{ds}{dt} + \frac{\rho}{s}\frac{ds}{dt}$$

积分得
$$i(t) = i_0 + s_0 - s(t) + \rho\ln\frac{s(t)}{s_0} \tag{3.19}$$

从而解得
$$\begin{cases} i(t) = i_0 + s_0 - s(t) + \rho\ln\dfrac{s(t)}{s_0} \\ s(t) = s_0 e^{-\frac{1}{\rho}r(t)} \\ r(t) = n + 1 - i(t) - s(t) \end{cases}$$

可以验证,当 $t \to +\infty$ 时,$r(t)$ 趋向于一个常数,从而解释了医生们发现的现象(注:在我们的模型中对病死的人与病愈康复的人是不加区分的,这两种人都既不将疾病传给别人,也不接受别人的传染,从传播角度上讲,他们的作用是相同的)。

为揭示产生上述现象的原因,将方程组(3.18) 中的第(1) 式改写成

$$\frac{di}{dt} = ki(s - \rho)$$

其中 $\rho = \frac{l}{k}$,通常是一个与疾病种类有关的较大的常数。

容易看出,如果 $s_0 \leqslant \rho$,则有$\frac{di}{dt} < 0$,此疾病在该地区根本流行不起来,若 $s_0 > \rho$,则开始时$\frac{di}{dt} > 0$,$i(t)$ 单增。但在 $i(t)$ 增加的同时,伴随地有 $s(t)$ 单减。当 $s(t)$ 减少到小于等于 ρ 时,$\frac{di}{dt} \leqslant 0$,$i(t)$ 开始减小,直至此疾病在该地区消失。鉴于 ρ 在本模型中的作用,它被医生们称为此疾病在该区的阀值,ρ 的引入解释了为什么此疾病没有波及到该地区的所有人。

综上所述,模型 3 指出了传染病的以下特征:

(1) 当人群中有人得了某种传染病时,此疾病并不一定流传,仅当易受感染的人数超过阀值 ρ 时,疾病才会流传起来。

(2) 疾病并非因缺少易感染者而停止传播,相反,是因为缺少传播者才停止传播的(否则将导致所有人得病)。

(3) 种群不可能因为某种传染病而灭绝。

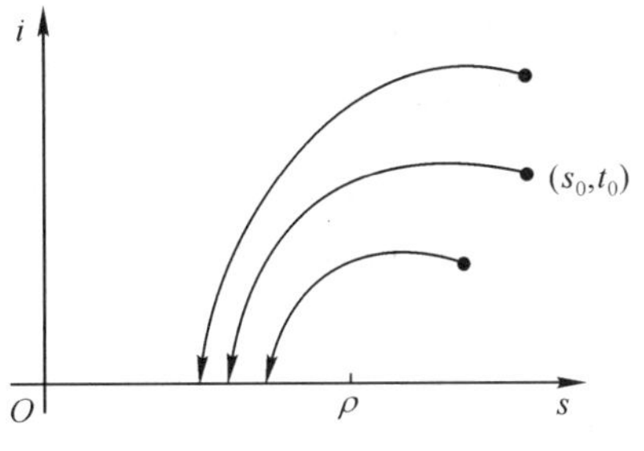

图 3.9

图 3.9 是(3.19) 在 i-s 平面上的投影,

从图中可以看出，当 $s > \rho$ 时，$i(t)$ 是增加的；当 $s < \rho$ 时，$i(t)$ 是减少的；当 $s = \rho$ 时，$i(t)$ 达到最大值。

模型检验

医疗机构一般依据 $r(t)$ 来统计疾病的波及人数，从广义意义上理解，$r(t)$ 应为 t 时刻已就医而被隔离的人数，这些人已被隔离，既不再传染给别人，也不再被别人传染，至于是真的康复了还是死亡了对模型并无影响（注：$i(t)$ 可视为具有传染性的潜伏期病人）。

注意到 $$\frac{dr}{dt} = li = l(n + 1 - r - s),\ s = s_0 e^{-\frac{r}{\rho}}$$

可得 $$\frac{dr}{dt} = l(n + 1 - r - s_0 e^{-\frac{r}{\rho}}) \tag{3.20}$$

在通常情况下，传染病波及的人数占总人数的百分比不会太大，从而 $\frac{r}{\rho}$ 一般是一个较小的量。利用泰勒公式展开，取前三项，有

$$e^{-\frac{r}{\rho}} \approx 1 - \frac{r}{\rho} + \frac{1}{2}\left(\frac{r}{\rho}\right)^2$$

代入(3.20)得近似方程

$$\frac{dr}{dt} = l\left[n + 1 - s_0 + \left(\frac{s_0}{\rho} - 1\right)r - \frac{s_0}{2}\left(\frac{r}{\rho}\right)^2\right]$$

积分得

$$r(t) = \frac{\rho^2}{s_0}\left[\frac{s_0}{\rho} - 1 + m\tanh\left(\frac{1}{2}mlt - \varphi\right)\right]$$

其中 $$m = \left[\left(\frac{s_0}{\rho} - 1\right)^2 + \frac{2s_0(n + 1 - s_0)}{\rho}\right]^{1/2}$$

$$\varphi = \tanh^{-1}\frac{1}{m}\left(\frac{s_0}{\rho} - 1\right)$$

双曲正切函数 $\tanh u = \frac{e^u - e^{-u}}{e^u + e^{-u}}$

而 $$\frac{d}{du}\tanh u = \frac{(e^u + e^{-u})^2 - (e^u - e^{-u})^2}{(e^u + e^{-u})^2} = \frac{4}{(e^u + e^{-u})^2}$$

对 $r(t)$ 求导并整理之，可得

$$\frac{dr}{dt} = \frac{lm^2\rho^2}{2s_0}\operatorname{sech}^2\left(\frac{1}{2}mlt - \varphi\right) \tag{3.21}$$

图 3.10(a) 给出了(3.21) 的图形，该曲线在医学上称为疾病传染曲线，它反映了单位时间内的新增病人数，可将其与医疗单位实际登记数进行比较。

图 3.10(b) 记录了 1905 年下半年至 1906 年上半年印度孟买瘟疫大流行期间的每周死亡人数（注：若疾病死亡率为 α，则 $\alpha\frac{dr}{dt}$ 可视为单位时间内的死亡人数）。不难看出两者有较好的一致性，拟合得到的结果为

$$\frac{dr}{dt} = 890\operatorname{sech}^2(0.2t - 3.4)\ (t \text{ 按星期计})$$

不同的疾病有不同的传播途径，有不同的传播强度、恢复系数和免疫强度等，因此，根据疾病特征建立有针对性的模型会取得较好的效果。例如，得过天花等疾病的人具有对该

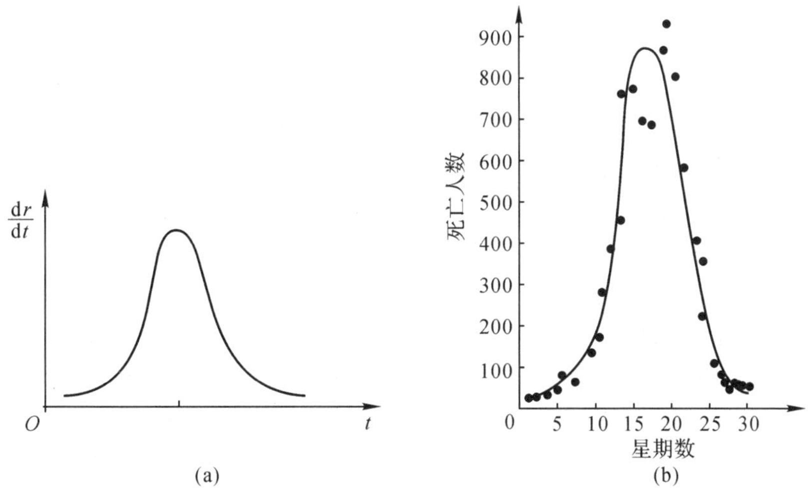

图 3.10

疾病的终生免疫能力，因此，用 SIR 模型刻画该疾病的传播效果比较好；但得过感冒、痢疾等疾病的人免疫力很低，他们仍有可能再次得病（再次被感染的可能性也许小于正常人），此时，实际情况就很可能与模型预测的情况相差甚远，于是，得病后康复的人可近似被看成新的易感染者，根据这种观点，我们可以建立 SIR 模型来描述它；此外，像肝炎、SARS 等疾病，一经发病就被隔离，因此，这些疾病仅在潜伏期内才传播给一般人，发病后只可能传播给某些特定的人群，例如医生、护士等，传染强度也可被认为变小了，因为医护人员会采取一些自我保护措施。总之，为了使建立的模型具有实际应用价值，我们首先应当正确地掌握该疾病的传播规律，根据掌握的规律去建立有针对性的模型，这样才能取得较好的效果。

3.6　糖尿病的诊断

糖尿病是一种新陈代谢疾病，它是由胰岛素缺乏引起的新陈代谢紊乱造成的。糖尿病的诊断是通过葡萄糖容量测试（GTT）来检查的，较严重的糖尿病医生不难发现，较为困难的是轻微糖尿病的诊断。轻微糖尿病诊断时的主要困难在于医生们对葡萄糖容许剂量的标准看法不一。例如，美国罗得岛的一位内科医生看了一份 GTT 测试的报告后认为病人患有糖尿病，而另一位医生则认为此人测试结果应属正常。为进一步诊断，这份检测报告被送到波士顿，当地专家看了报告后则认为此人患有脑垂体肿瘤。

20 世纪 60 年代中期，北爱尔兰马由医院的医生 Rosevear 和 Molnar 以及美国明尼苏达大学的 Ackeman 和 Gatewood 博士研究了血糖循环系统，建立了一个简单的数学模型，为轻微糖尿病的诊断提供了较为可靠的依据。

根据生物、医学等原理，作如下假设：

(1) 葡萄糖是所有细胞和组织的能量来源，在新陈代谢中起着十分重要的作用。每个人都有自己最适当的血糖浓度,当体内的血糖浓度过度偏离这一浓度时,将导致疾病甚至死亡。

(2) 血糖浓度处于一个自我调节系统之中,它受到生理激素和其他代谢物的影响和控制,这些代谢物包括胰岛素、高血糖素、肾上腺素、糖皮质激素、生长激素、甲状腺素等,统称为内分泌激素。在糖的代谢过程中,各种内分泌激素的作用极为复杂,要建立一个精细的数学模型十分困难,为此我们不得不添加一些简化假设,我们假设对血糖浓度起调节作用的是内分泌激素的综合浓度。

(3) 内分泌激素中对血糖起主要影响的是胰岛素,葡萄糖只有在胰岛素的作用下才能在细胞内进行大量的生化反应并降低血糖浓度。此外,高血糖素能将体内过量的糖转化为糖原储存于肝脏中,从而降低血糖的浓度。图 3.11 反映了血糖循环的规律。

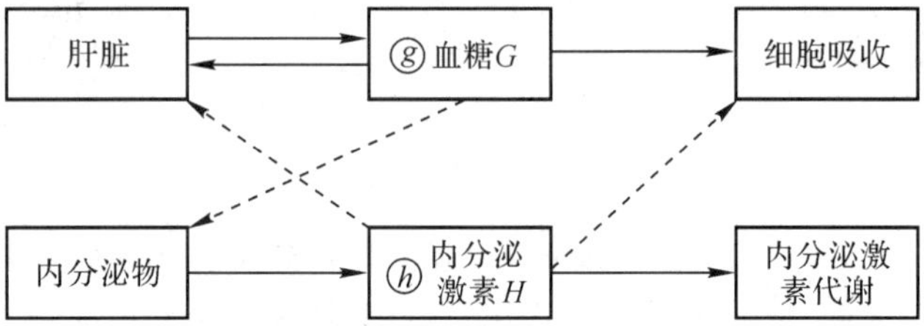

图 3.11

模型用一二个参数来区分正常人与轻微病人(测量若干次),根据上述假设,建模时将研究对象集中于两个浓度:血糖浓度和激素浓度。

以 G 表示血糖浓度,以 H 表示内分泌激素的浓度,它们是相互制约的。根据上述假设,血糖浓度的变化规律依赖于体内现有的血糖浓度及内分泌激素的浓度,记这一依赖关系为函数 $F_1(G,H)$。而内分泌激素浓度的变化规律同样依赖于体内现有的血糖浓度以及内分泌激素的浓度,记其依赖关系为函数 $F_2(G,H)$,故有

$$\begin{cases} \dfrac{dG}{dt} = F_1(G,H) + J(t) \\ \dfrac{dH}{dt} = F_2(G,H) \end{cases} \tag{3.22}$$

其中 $J(t)$ 为被检测者在开始检测后服下的规定数量的葡萄糖。

病人在检测前被要求禁食,故可设检测前病人血糖浓度及内分泌激素的浓度均已处于平衡状态,即可令 $t=0$ 时 $G=G_0,H=H_0$(注:G_0,H_0 为两种浓度的最佳值)且

$$\begin{cases} F_1(G_0,H_0) = 0 \\ F_2(G_0,H_0) = 0 \end{cases}$$

从而有

$$\begin{cases} G'(0) = 0 \\ H'(0) = 0 \end{cases}$$

在测试过程中 G,H 均为变量,其值偏离 G_0,H_0 较小,而我们关心的却只是它们的改变量,故令 $g=G-G_0,h=H-H_0$。在(3.22)中将 F_1,F_2 在(G_0,H_0)处展开,得

$$\begin{cases} \dfrac{\mathrm{d}g}{\mathrm{d}t} = \dfrac{\partial F_1(G_0,H_0)}{\partial G}g + \dfrac{\partial F_1(G_0,H_0)}{\partial H}h + e_1 + J(t) \\ \dfrac{\mathrm{d}h}{\mathrm{d}t} = \dfrac{\partial F_2(G_0,H_0)}{\partial G}g + \dfrac{\partial F_2(G_0,H_0)}{\partial H}h + e_2 \end{cases} \tag{3.23}$$

其中 e_1、e_2 是 g 和 h 的高阶无穷小量。

方程组(3.23) 是一个非线性方程组,较难求解。当 e_1、e_2 很小(即检测者至多为轻微病人)时,为求解方便,我们考察不包含它们的近似方程组,即

$$\begin{cases} \dfrac{\mathrm{d}g}{\mathrm{d}t} = \dfrac{\partial F_1(G_0,H_0)}{\partial G}g + \dfrac{\partial F_1(G_0,H_0)}{\partial H}h + J(t) \\ \dfrac{\mathrm{d}h}{\mathrm{d}t} = \dfrac{\partial F_2(G_0,H_0)}{\partial G}g + \dfrac{\partial F_2(G_0,H_0)}{\partial H}h \end{cases}$$

首先,我们来确定右端各项的符号。从图 3.11 中可看出,当 $J(t) = 0$ 时,若 $g > 0$ 且 $h = 0$,则此人血糖浓度高于正常值,内分泌激素将促使组织吸收葡萄糖,并将其存储进肝脏,此时有 $\dfrac{\mathrm{d}g}{\mathrm{d}t} < 0$,从而应有

$$\frac{\partial F_1(G_0,H_0)}{\partial G} < 0$$

其激素浓度将增加以抑制血糖浓度的增高,因而又有

$$\frac{\partial F_2(G_0,H_0)}{\partial G} > 0$$

反之,当 $J(t) = 0$ 而 $g = 0$ 且 $h > 0$ 时,此人激素浓度高于正常值,血糖浓度及激素浓度均将减少,从而必有

$$\begin{cases} \dfrac{\partial F_1(G_0,H_0)}{\partial G} < 0 \\ \dfrac{\partial F_2(G_0,H_0)}{\partial G} < 0 \end{cases}$$

将方程组(3.20) 改写成

$$\begin{cases} \dfrac{\mathrm{d}g}{\mathrm{d}t} = -m_1 g - m_2 h + J(t) \\ \dfrac{\mathrm{d}h}{\mathrm{d}t} = m_3 g - m_4 h \end{cases} \tag{3.24}$$

其中 m_1, m_2, m_3, m_4 均为正常数。

(3.24) 是关于 g、h 的一阶常系数微分方程组,因激素浓度不易测得,对前式再次求导,得

$$\frac{\mathrm{d}^2 g}{\mathrm{d}t^2} = -m_1\frac{\mathrm{d}g}{\mathrm{d}t} - m_2 m_3 g + m_2 m_4 h + \frac{\mathrm{d}J}{\mathrm{d}t}$$

由于 $$m_2 h = -\frac{\mathrm{d}g}{\mathrm{d}t} - m_1 g + J$$

故 $$\frac{\mathrm{d}^2 g}{\mathrm{d}t^2} = -m_1\frac{\mathrm{d}g}{\mathrm{d}t} - m_2 m_3 g + m_4\left(-\frac{\mathrm{d}g}{\mathrm{d}t} - m_1 g + J\right) + \frac{\mathrm{d}J}{\mathrm{d}t}$$

或 $$\frac{\mathrm{d}^2 g}{\mathrm{d}t^2} + (m_1 + m_4)\frac{\mathrm{d}g}{\mathrm{d}t} + (m_2 m_3 + m_1 m_4)g = m_4 J + \frac{\mathrm{d}J}{\mathrm{d}t} \tag{3.25}$$

令 $$\alpha=\frac{1}{2}(m_1+m_4),\omega_0^2=m_1m_4+m_2m_3,S(t)=m_4J+\frac{\mathrm{d}J}{\mathrm{d}t}$$
则(3.25)可简写成

$$\frac{\mathrm{d}^2g}{\mathrm{d}t^2}+2\alpha\frac{\mathrm{d}g}{\mathrm{d}t}+\omega_0^2g=S(t)$$

设在 $t=0$ 时患者开始接受测试,他需在很短时间内喝下规定数量的外加葡萄糖水(即 $J(t)$),如忽略这一小段时间,此后方程可写成

$$\frac{\mathrm{d}^2g}{\mathrm{d}t^2}+2\alpha\frac{\mathrm{d}g}{\mathrm{d}t}+\omega_0^2g=0 \tag{3.26}$$

若要考虑这一小段时间的影响可利用 Dirac 的 δ 函数。

(3.26)具有正系数,且当 t 趋于无穷时,g 趋于0(体内的葡萄糖浓度将逐渐趋于平衡值),不难证明 G 将趋于 G_0。

$g(t)$ 的解有三种形式,取决于 $\alpha^2-\omega_0^2$ 的符号。

当 $\alpha^2-\omega_0^2<0$ 时,可得

$$g(t)=A\mathrm{e}^{-\alpha t}\cos(\omega t-\delta)$$

其中 $\omega^2=\omega_0^2-\alpha^2$,所以

$$G(t)=G_0+A\mathrm{e}^{-\alpha t}\cos(\omega t-\delta) \tag{3.27}$$

(3.27)中含有5个参数,即 G_0、A、α、ω_0 和 δ,用下述方法可以确定它们的值:在患者喝下外加葡萄糖水前,患者血糖浓度应为 G_0(检查前患者是禁食的),可先作一次测试将其测得。进而,取 $t=t_i(i=1,2,3,4)$ 各测一次,将测得的值代入(3.27),得到一个方程组,由此可解得相应的参数值。一般,为了使测得的结果更准确,可略多测几次,如测 5-6 次,再根据最小平方误差来求参数,即求解

$$\min\quad\sum\{G_i-[G_0+A^{-\alpha t_i}\cos(\omega t_i-\delta)]\}^2$$

解出所需的参数。

当 $\alpha^2-\omega_0^2\geqslant 0$ 时可类似加以讨论。

Ackeman 等人在实际计算时发现,G 的微小误差会引起 α 的很大偏差,故任一包含 α 的诊断标准都将是不可靠的。同时,他们也发现 G 对 ω_0(被称为系统的自然频率)并不十分敏感(计算结果与实际值相差较小),故可用 ω_0 的测试结果作为 GTT 检测值来判断此人是否真的患有轻微的糖尿病。为了判断上的方便,一般利用所谓自然周期 $T\left(T=\frac{2\pi}{\omega_0}\right)$ 作为判别标准。

根据人们的生活习惯,两餐之间的间隔时间大体为 4 小时。临床应用显示,在 T 小于 4 小时时一般表示为正常情况,当 T 明显大于 4 小时时一般表示此人的确患有轻微的糖尿病。

由于内分泌激素浓度不易测量,在上面的建模过程中对各种不同激素未加以一一区别,即对其采用了集中参数法。这样做虽然大大简化了模型,使模型简单、便于应用,特别是在诊断轻微糖尿病时有较好的应用效果,但不言而喻,简化也同时造成了相应的负面影响。例如,在血糖浓度很低时,肾上腺素会迅速促进血糖浓度的提高,类似此类特殊的机理,在上述简化模型中无法体现出来,从而也在一定程度上影响了模型的应用效果。

临床应用时发现，在患者喝下葡萄糖水大约 3 - 5 小时后，测得的数据有一定的偏差，其原因可能是内分泌激素的作用造成的，因而，要得到更精确的结果，当然要考虑到内分泌激素浓度的变化，建立更精确的模型。罗得岛医院已找到一种测量内分泌浓度的方法，相信在此基础上一定可以设计出诊断轻微糖尿病的更好方法。

3.7　稳定性问题

在研究许多实际问题时，人们最为关心的也许并非系统与时间有关的变化状态，而是系统最终的发展趋势。例如，在研究某濒危种群时，虽然我们也想了解它当前或今后的数量，但我们更为关心的却是它最终是否会绝灭，用什么办法可以拯救这一种群，使之免于绝种等等问题。要解决这类问题，需要用到微分方程或微分方程组的稳定性理论。在下两节中，我们将研究几个与稳定性有关的问题。为了方便读者，本节先简单介绍一下有关平衡点与稳定性方面的知识，熟悉这些内容的读者可以跳过本节，直接阅读下一节。

一般的微分方程或微分方程组可以写成

$$\frac{dx}{dt} = f(t, x)$$

但在研究实际问题时，经常会遇到变化率只与状态 x 有关，而与时间 t 没有直接关系的方程或方程组。例如，人口问题的 Malthus 模型、Logistic 模型等，读者不难发现，本章前几节讨论过的所有问题，其相应的微分方程或微分方程组都属于这种情况。

定义 3.1　称微分方程或微分方程组

$$\frac{dx}{dt} = f(x) \tag{3.28}$$

为自治系统或动力系统(注：f 中不显含 t)。

微分方程或微分方程组(3.28)有一个(些)特殊的解，若方程或方程组 $f(x) = 0$ 有解 X^0，则 $X = X^0$ 显然满足方程或方程组(3.28)，称这样的点 X^0 为方程(组)(3.28)的平衡点或奇点。

例 3.7　本章第 2 节中的 Logistic 模型

$$\frac{dN}{dt} = k(K - N)N$$

共有两个平衡点：$N = 0$ 和 $N = K$，它们对应着方程的两个特殊的解，前者为 $N_0 = 0$ 时的解，而后者则为 $N_0 = K$ 时的解。当初值 N_0 取其他值时，解为(3.10)，其时，$N = N(t)$ 的图形见图 3.12。当 $N_0 < K$ 时，解(称为积分曲线)位于 $N = K$ 的下方；当 $N_0 > K$ 时，则解位于 $N = K$ 的上方。若将积分曲线投影到 N 轴上，则解的变化趋势将更为明显。此时，平凡解 $N = 0$ 及 $N = K$ 的投影恰为两个平衡点。从图中不难看出，若 $N_0 > 0$(无论 $N_0 < K$ 还是

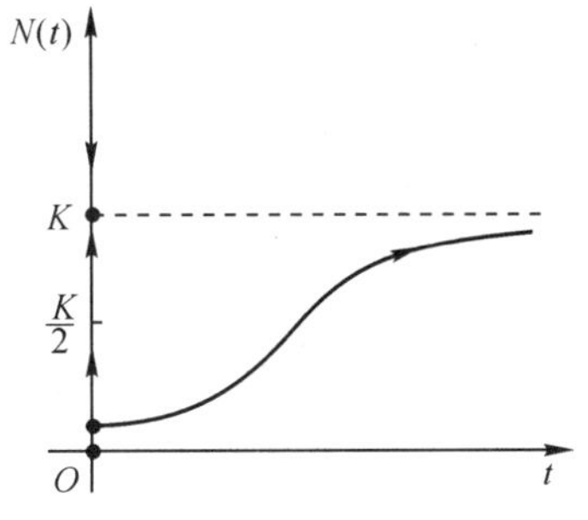

图 3.12

$N_0 > K$)，积分曲线在 N 轴上的投影曲线(称为轨线)都将趋于 K。这说明，虽然 $N = 0$ 和 $N = K$ 均为方程的平衡点，但它们有着极大的区别。

定义 3.2 自治系统$\frac{dx}{dt} = f(x)$ 的相空间是指以$(x_1, \cdots, x_n)$ 为坐标的空间 R^n，特别，当 $n = 2$ 时，称相空间为相平面。空间 R^n 中的点集$\{(x_1, \cdots, x_n)\} \mid x_i = x_i(t)$ 满足(3.28)，$i = 1, \cdots, n$，称为系统(3.28) 的轨线，所有轨线在相空间中的分布图称为相图。

定义 3.3 设 x_0 是(3.28) 的平衡点，称：

(1)x_0 是稳定的，如果对于任意给定的 $\varepsilon > 0$，存在一个 $\delta > 0$，使得只要 $|x(0) - x_0| < \delta$，就有 $|x(t) - x_0| < \varepsilon$ 对所有的 t 都成立。

(2)x_0 是渐近稳定的，如果它是稳定的，且 $\lim\limits_{t \to \infty} |x(t) - x_0| = 0$。

这样，如果当系统的初始状态靠近于平衡点，其轨线对所有的时间 t 仍然接近它，则说 x_0 是稳定的。进而，如果当 $t \to +\infty$ 时这些轨线还趋于 x_0，则称 x_0 是渐近稳定的。

(3)x_0 是不稳定的，如果(1) 不成立。

这里，$|x(t) - x_0|$ 代表的是两点间的距离。

根据这一定义，Logistic 方程的平衡点 $N = K$ 是稳定的且为渐近稳定的，而平衡点 $N = 0$ 则是不稳定的。

微分方程平衡点的稳定性也可以通过解析方法来讨论，所用工具为以下一些定理。

定理 3.1 设 x^0 是微分方程$\frac{dx}{dt} = f(x)$ 的平衡点，若 $f'(x^0) < 0$，则 x^0 是渐近稳定的；若 $f'(x^0) > 0$，则 x^0 是不稳定的。

证明 由泰勒公式，当 x 与 x^0 充分接近时，有

$$f(x) = f(x^0) + f'(x^0)(x - x^0) + o(|x - x^0|)$$

其中 $o(|x - x^0|)$ 为 $|x - x^0|$ 的高价无穷小量。

由于 x^0 是平衡点，故 $f(x^0) = 0$。

若 $f'(x^0) < 0$，则当 $x < x^0$ 时，必有 $f(x) > 0$，从而 x 单增；当 $x > x^0$ 时，又有 $f(x) < 0$，从而 x 单减。无论在哪种情况下，都有 $x \to x^0$，故 x^0 是渐近稳定的。

$f'(x^0) > 0$ 的情况可类似加以讨论。

例如在例 3.7 中，由于 $f(N) = kKN - kN^2$，$f'(N) = kK - 2kN$，易见 $f'(0) = kK > 0$，$f'(K) = -kK < 0$，故 $N = 0$ 是不稳定的，而 $N = K$ 则是渐近稳定，所得结果与几何方法讨论所得完全一致。

高阶微分方程与高阶微分方程组平衡点的稳定性讨论较为复杂繁琐，有兴趣的读者可参阅微分方程定性理论。为了下两节的需要，我们再简单介绍一下二阶微分方程组平衡点的稳定性判别方法。

考察二阶微分方程组

$$\begin{cases} \frac{dx_1}{dt} = f(x_1, x_2) \\ \frac{dx_2}{dt} = g(x_1, x_2) \end{cases} \tag{3.29}$$

其平衡点稳定性讨论的常用方法也不外乎几何方法与解析方法两种。几何方法即根据相

轨线的走向来作出判断,其直观性较好但严格性相对较差些;而解析方法则正好相反。由于在下两节中我们将多处用到几何方法,这里就不再细说了。本处只简要介绍一些与微分方程组(3.29)平衡点稳定性有关的性质与定理。

令 $x' = x - x^0$,作一坐标平移,不妨仍用 x 记 x',则(3.29)平衡点 x^0 的稳定性讨论就转化为原点的稳定性讨论了。将 $f(x_1,x_2)$、$g(x_1,x_2)$ 在原点展开,(3.29)又可写成

$$\begin{cases}\dfrac{\mathrm{d}x_1}{\mathrm{d}t} = f'_{x_1}(0,0)x_1 + f'_{x_2}(0,0)x_2 + o(\sqrt{x_1^2 + x_2^2})\\ \dfrac{\mathrm{d}x_2}{\mathrm{d}t} = g'_{x_1}(0,0)x_1 + g'_{x_2}(0,0)x_2 + o(\sqrt{x_1^2 + x_2^2})\end{cases}$$

根据定义不难看出,平衡点的稳定性是平衡点的一个局部性质。略去方程组中的高阶无穷小量,考察(3.29)的线性近似方程组

$$\begin{cases}\dfrac{\mathrm{d}x_1}{\mathrm{d}t} = ax_1 + bx_2\\ \dfrac{\mathrm{d}x_2}{\mathrm{d}t} = cx_1 + dx_2\end{cases} \tag{3.30}$$

其中 $a = f'_{x_1}(0,0)$,$b = f'_{x_2}(0,0)$,$c = g'_{x_1}(0,0)$,$d = g'_{x_2}(0,0)$。

记 $\boldsymbol{A} = \begin{pmatrix} a & b \\ c & d \end{pmatrix}$,$\lambda_1,\lambda_2$ 为 A 的特征值,则 λ_1,λ_2 是 A 的特征方程

$$\det(A - \lambda I) = \lambda^2 + (a + b)\lambda + (ad - bc) = 0$$

的根,令 $p = a + d$,$q = ad - bc$,则 $\lambda_{1,2} = \dfrac{1}{2}(p \pm \sqrt{p^2 - 4q})$,记 $\Delta = p^2 - 4q$,下面讨论特征值与轨线性态的关系。

(1) 若 $\Delta > 0$,可能出现以下情形:

① 若 $q > 0$,则 λ_1,λ_2 同号。当 $p > 0$ 时,$\lambda_1 > \lambda_2 > 0$;当 $p < 0$ 时,$\lambda_2 < \lambda_1 < 0$。记对应于 λ_1,λ_2 的特征向量为 $\boldsymbol{h}_1$ 和 $\boldsymbol{h}_2$,$X = \begin{pmatrix} x_1(t) \\ x_2(t) \end{pmatrix}$,则

$$X(t) = c_1 e^{\lambda_1 t}\boldsymbol{h}_1 + c_2 e^{\lambda_2 t}\boldsymbol{h}_2$$

当 $p > 0$ 时,随 $t \to +\infty$ 有 $X(t) \to +\infty$,零点是不稳定的结点。轨线如图 3.13(a) 所示;当 $p < 0$ 时,随 $t \to +\infty$ 有 $X(t) \to 0$,零点是稳定结点,轨线如图 3.13(b) 所示。

② 若 $q < 0$,λ_1,λ_2 异号。设 $\lambda_1 > 0$,$\lambda_2 < 0$,$X(t) = c_1 e^{\lambda_1 t}\boldsymbol{h}_1 + c_2 e^{\lambda_2 t}\boldsymbol{h}_2$。当 $c_1 = 0$ 时,$X(t) = c_2 e^{\lambda_2 t}\boldsymbol{h}_2$,随 $t \to +\infty$ 有 $X(t) \to 0$;当 $c_1 \neq 0$ 时,随 $t \to +\infty$,有 $X(t) \to +\infty$,此时零点为不稳定的鞍点,如图 3.13(c) 所示。

③ $q = 0$,此时 $\lambda_1 = p$,$\lambda_2 = 0$,$X(t) = c_1 e^{pt}\boldsymbol{h}_1 + c_2\boldsymbol{h}_2$,由于 $\boldsymbol{h}_2$ 是非零常向量,$t \to +\infty$ 时 $X(t) \to 0$,故此时零点是不稳定的。

(2) $\Delta = 0$,$\lambda_1 = \lambda_2$,特征值为重根。此时有两种可能。

① λ 有两个线性无关的特征向量,则

$$X(t) = e^{\lambda t}(c_1\boldsymbol{h}_1 + c_2\boldsymbol{h}_2)$$

当 $p > 0$ 时,$t \to +\infty$,$X(t) \to \infty$,零点是不稳定结点;当 $p < 0$ 时,$t \to +\infty$,$X(t) \to 0$,零点是稳定结点,见图 3.13(d)。

②λ 只有一个特征向量 $\boldsymbol{h}$，则

$$X(t) = e^{\lambda t}(c_1 + c_2)\boldsymbol{h}$$

若 $p < 0$，当 $t \to +\infty$ 时，$X(t) \to 0$，零点为稳定结点，见图 3.13(e)；若 $p \geqslant 0$，当 $t \to +\infty$ 时，$X(t) \to 0$（只要 $c_2 \neq 0$，就有 $X(t) \to \infty$），零点为不稳定结点。

(3)$\Delta < 0$，此时 $\lambda_{1,2} = \alpha \pm i\beta(2\alpha = p, 2\beta = \sqrt{-\Delta})$，则

$$X(t) = e^{\alpha t}\begin{pmatrix} c_1\cos(\beta t - \delta_1) \\ c_2\cos(\beta t - \delta_2) \end{pmatrix}$$

若 $\alpha > 0$，当 $t \to +\infty$ 时，$X(t) \to \infty$；若 $\alpha < 0$，当 $t \to +\infty$ 时，$X(t) \to 0$，零点为稳定焦点；若 $\alpha = 0$，则(3.30) 有周期解，零点为中心，见图 3.13(f)。

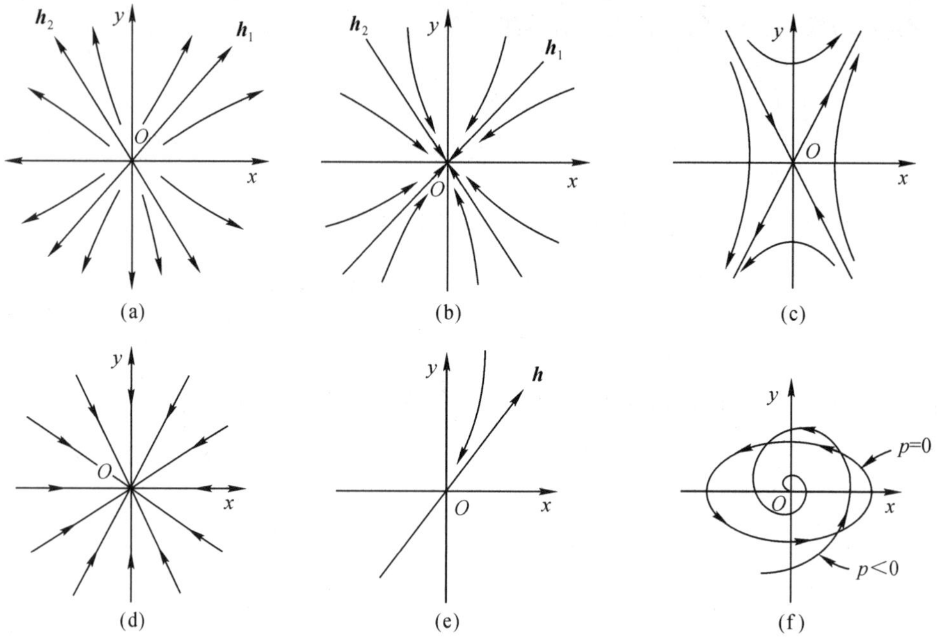

图 3.13

综上所述，不难看出：仅当 $p < 0$ 且 $q > 0$ 时，(3.30) 的平衡点零点才是渐近稳定的；当 $p = 0$ 且 $q > 0$ 时(3.30) 有周期解，零点是稳定的中心(非渐近稳定)；在其他情况下，零点均为不稳定的。

非线性方程组(3.29) 平衡点稳定性讨论要比其线性近似方程组(3.30) 平衡点稳定性的讨论麻烦得多，但它们之间存在着一定的联系，可以证明下面的定理成立。

定理 3.2 若(3.30) 的零点是渐近稳定的，则(3.29) 的平衡点(x_1^0, x_2^0) 也是渐近稳定的；若(3.30) 的零点是不稳定的，则(3.29) 的平衡点(x_1^0, x_2^0) 也是不稳定的。

3.8 捕食系统的 Volterra 方程

自然界中的生态系统是一个错综复杂的动态系统，其间各种群的个体有各自的生活需求与习性，而不同种群的个体之间又存在着微妙的联系。不难看出，要研究种群数量的变化情况，一个较为简单而直接的办法就是建立多房室系统模型。本节将讨论一个简化的生态系统：食饵(Prey)-捕食者(Predator)系统，建立相应的数学模型，即食饵-捕食者模型，简称 P-P 模型。

背景

意大利生物学家 D'Ancona 曾致力于鱼类种群相互制约关系的研究，在研究过程中他无意中发现了一些第一次世界大战期间地中海沿岸港口捕获的几种鱼类占捕获总量百分比的资料，从这些资料中他发现各种软骨掠肉鱼，如鲨鱼、鳐鱼等我们称之为捕食者(或食肉鱼)的一些对人类需求不是很理想的鱼类占总渔获量的百分比。例如，在 1914—1923 年期间，意大利阜姆港收购的鱼中食肉鱼所占的比例有明显的增加(见表 3.3)。

表 3.3

年代	1914	1915	1916	1917	1918
百分比	11.9	21.4	22.1	21.2	36.4
年代	1919	1920	1921	1922	1923
百分比	27.3	16.0	15.9	14.8	10.7

他知道，捕获的各种鱼的比例近似地反映了地中海里各种鱼类的比例。战争期间捕鱼量大幅下降，但捕获量的下降为什么会导致鲨鱼、鳐鱼等食肉鱼比例的上升呢?他百思不得其解，无法解释这一现象，就去求教当时著名的意大利数学家 V. Volterra，希望他能建立一个数学模型研究这一问题。

一、模型建立

既然研究目的是为了搞清食饵与捕食者所占比例的变化规律，Volterra 将鱼划分为两类。一类为食用鱼(食饵)，其数量记为 $x_1(t)$，另一类为食肉鱼(捕食者)，其数量记为 $x_2(t)$，并建立了双房室系统模型。

大海中有食用鱼生存的足够资源，故可假设食用鱼独立生存将按增长率为 r_1 的指数律增长(Malthus 模型)，即设

$$\left(\frac{\mathrm{d}x_1}{\mathrm{d}t}\right)_{\text{入}} = r_1 x_1$$

由于捕食者的存在，食用鱼数量因被捕食而减少，设减少的速率与两者数量的乘积成正比(竞争项的统计筹算律)，即

$$\left(\frac{\mathrm{d}x_1}{\mathrm{d}t}\right)_{出} = \lambda_1 x_1 x_2$$

其中 λ_1 反映了捕食者掠取食饵的能力。

捕食者离开食饵将无法生存，设其独立存在时的死亡率为 r_2，即

$$\left(\frac{\mathrm{d}x_1}{\mathrm{d}t}\right)_{出} = - r_2 x_2$$

但食饵为其提供了食物，使其生命得以延续。当然，这一结果也要通过竞争来实现，故再次利用统计筹算律，得

$$\left(\frac{\mathrm{d}x_1}{\mathrm{d}t}\right)_{入} = \lambda_2 x_1 x_2$$

综合以上分析，建立被称为 P-P 模型(或 Volterra 方程) 的著名方程组

$$\begin{cases}\dot{x}_1 = x_1(r_1 - \lambda_1 x_2) \\ \dot{x}_2 = x_2(- r_2 + \lambda_2 x_1)\end{cases} \tag{3.31}$$

方程组(3.31) 反映了在没有人工捕获(即不考虑捕鱼影响) 下的自然环境中食饵与捕食者之间的相互制约关系。

二、模型分析

方程组(3.31) 是非线性的，不易直接求解。容易看出，该方程组共有两个平衡点，即

$$P_0(0,0) \text{ 与 } P_1\left(\frac{r_2}{\lambda_2},\frac{r_1}{\lambda_1}\right)$$

$P_0(0,0)$ 是平凡平衡点且明显不稳定，我们对它没有多大兴趣。方程组还有两组平凡解

$$\begin{cases}x_1(t) = x_1(0)\mathrm{e}^{r_1 t} \\ x_2(t) = 0\end{cases} \quad 和 \quad \begin{cases}x_1(t) = 0 \\ x_2(t) = x_2(0)\mathrm{e}^{-r_2 t}\end{cases}$$

故 x_1、x_2 轴是方程组的两条相轨线。

在一般情况下，当 $x_1(0)$、$x_2(0)$ 均不为零时，$\forall\, t > 0$，都有 $x_1(t) > 0$ 且 $x_2(t) > 0$，故相应的相轨线应保持在第一象限中。

为求(3.31) 的相轨线，将两方程相除并消去时间 t，得

$$\frac{\mathrm{d}x_1}{\mathrm{d}x_2} = \frac{x_1(r_1 - \lambda_1 x_2)}{x_2(- r_2 + \lambda_2 x_1)}$$

此方程是变量可分离的，分离变量并两边积分即可求得轨线方程

$$(x_1^{r_2}\mathrm{e}^{-\lambda_2 x_1})(x_2^{r_1}\mathrm{e}^{-\lambda_1 x_2}) = S \tag{3.32}$$

令 $$\varphi(x_1) = (x_1^{r_2}\mathrm{e}^{-\lambda_2 x_1}),\ \Psi(x_2) = (x_2^{r_1}\mathrm{e}^{-\lambda_1 x_2})$$

易见，$\varphi(x_1)$ 与 $\Psi(x_2)$ 结构相似，应具有类似的性质，应用微积分知识容易证明：$\varphi(0) = \varphi(+\infty) = 0$；$\varphi'\left(\frac{r_2}{\lambda_2}\right) = 0$，当 $x_1 < \frac{r_2}{\lambda_2}$ 时，$\varphi'(x_1) > 0$，$\varphi(x_1)$ 单增；当 $x_1 > \frac{r_2}{\lambda_2}$ 时，$\varphi'(x_1) < 0$，$\varphi(x_1)$ 单减，故 $x_1 = \frac{r_2}{\lambda_2}$ 时，$\varphi(x_1)$ 达到最大值 $\varphi_{\max}$，同样可知，$\Psi(x_2)$ 在 $x_2 = \frac{r_1}{\lambda_1}$ 时达到最大值 $\Psi_{\max}$，$\varphi(x_1)$ 与 $\Psi(x_2)$ 的图形见图 3.14。

容易看出，仅当 $S \leqslant \varphi_{\max} \cdot \Psi_{\max}$ 时(3.32) 才有解，故(3.32) 仅当 $S \leqslant \varphi_{\max} \cdot \Psi_{\max}$ 时

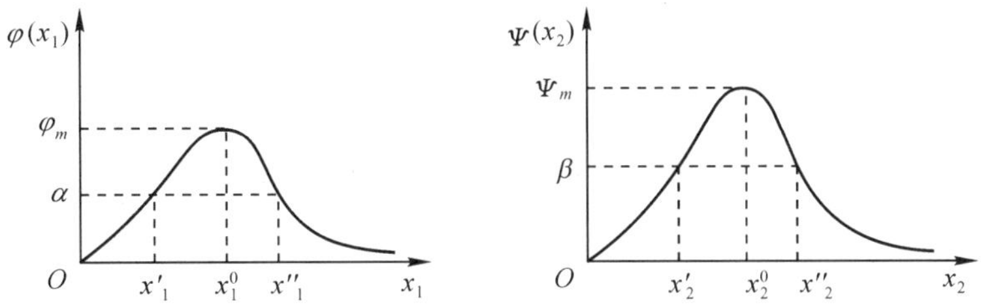

图 3.14

才是方程组的相轨线。

记 $x_1^0=\dfrac{r_2}{\lambda_2}, x_2^0=\dfrac{r_1}{\lambda_1}$,现开始讨论平衡点$(x_1^0,x_2^0)$的性态。

当 $S=\varphi_{\max}\cdot\Psi_{\max}$ 时,(3.32) 有唯一解(x_1^0,x_2^0),此时轨线退化为一点,即平衡点。

当 $S<\varphi_{\max}\cdot\Psi_{\max}$ 时,我们将证明(3.32) 为一封闭曲线(闭圈),见图 3.15。

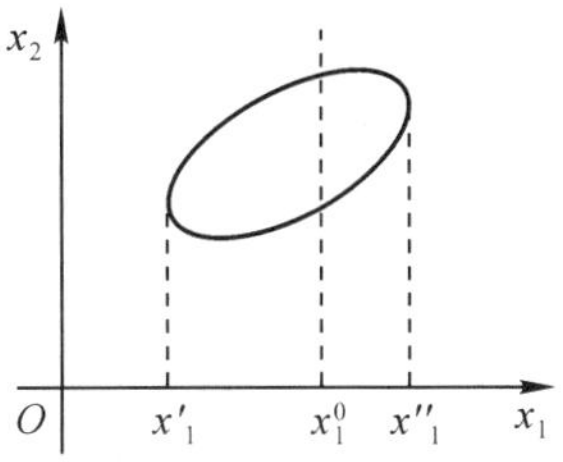

图 3.15

对应地,方程组(3.31) 具有周期解。要证明这一点,只需证明:存在两点 x'_1 及 x''_1(不妨设 $x'_1<x''_1$),当 $x'_1<x_1<x''_1$ 时,方程(3.32) 有两个解;当 $x_1=x'_1$ 或 $x_1=x''_1$ 时,方程(3.32) 恰有一解;而在 $x_1<x'_1$ 或 $x_1>x''_1$ 时,方程(3.32) 无解。

事实上,若 $S<\varphi_{\max}\cdot\Psi_{\max}$,记 $\mu=\dfrac{S}{\Psi_{\max}}$,则 $0<\mu<\varphi_{\max}$,由 $\varphi(x_1)$ 的性质,$\exists\, x'_1, x''_1, x'_1<x_1^0$ 而 $x''_1>x_1^0$,使得 $\varphi(x'_1)=\varphi(x''_1)=\mu$。同样根据 φ 的性质可知,当 $x'_1<x_1<x''_1$ 时,$\varphi(x_1)>\mu$。此时

$$\Psi(x_2)=\frac{S}{\varphi(x_1)}=\frac{\mu\Psi_{\max}}{\varphi(x_1)}<\Psi_{\max}$$

由 $\Psi(x_2)$ 的性质,$\exists\, x'_2$ 与 x''_2,使 $\varphi(x_1)\cdot\Psi(x_2)=S$ 成立。当 $x_1=x'_1$ 或 x''_1 时,$\varphi(x_1)=\mu$。此时

$$\Psi(x_2)=\frac{S}{\varphi(x_1)}=\frac{\mu\Psi_{\max}}{\varphi(x_1)}=\Psi_{\max}$$

仅当 $x_2=x_2^0$ 时才能成立。而当 $x_1<x'_1$ 或 $x_1>x''_1$ 时,由于 $\varphi(x_1)<\mu$,

$$\Psi(x_2)=\frac{S}{\varphi(x_1)}=\frac{\mu\Psi_{\max}}{\varphi(x_1)}>\Psi_{\max}$$

故 $\varphi(x_1)\cdot\Psi(x_2)=S$ 无解,此即需证。

为了确定闭曲线的走向,用直线

$$l_1: x_1=\frac{r_2}{\lambda_2}$$

$$l_2: x_2=\frac{r_1}{\lambda_1}$$

将第一象限划分成四个子区域,在每一子区域中,$\dot{x}_1$ 与 $\dot{x}_2$ 均不变号,据此容易确定轨线

的走向,见图 3.16。

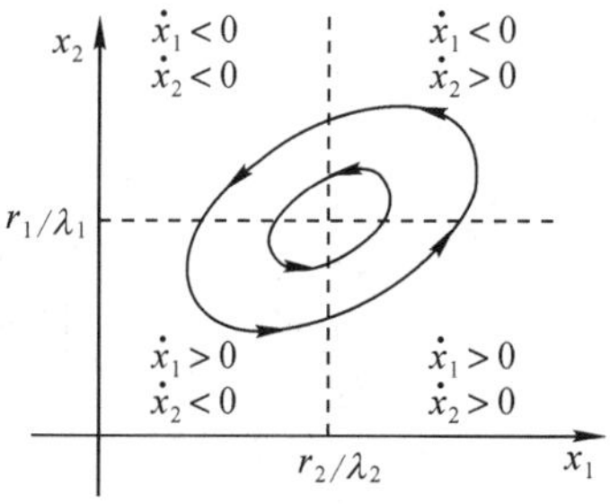

图 3.16

至此,我们已证明 Volterra 方程(3.31)具有周期解$(x_1(t),\ x_2(t))$,即存在周期 T,对任意给定的时刻 t_0,记 $t = t_0$ 时食用鱼与食肉鱼的数量分别为 $x_1(t_0)$ 与 $x_2(t_0)$,则有 $x_1(t_0 + T) = x_1(t_0)$ 及 $x_2(t_0 + T) = x_2(t_0)$。

将 Volterra 方程中的第二个改写成

$$\frac{\dot{x}_2}{x_2} = -r_2 + \lambda_2 x_1$$

将其在一个长度为 T 的区间上积分,得

$$\ln\frac{x_1(t_0 + T)}{x_1(t_0)} = -r_2 T + \lambda_2\int_0^{t_0+T} x_1(t)\mathrm{d}t$$

等式左端为零,故可得

$$\frac{r_2}{\lambda_2} = \frac{1}{T}\int_0^{t_0+T} x_1(t)\mathrm{d}t$$

对 Volterra 方程中的第一个作同样运算,可得

$$\frac{r_1}{\lambda_1} = \frac{1}{T}\int_0^{t_0+T} x_2(t)\mathrm{d}t$$

上述两式说明,平衡点 $P_1\left(\frac{r_2}{\lambda_2},\frac{r_1}{\lambda_1}\right)$的两个坐标恰为食用鱼与食肉鱼在一个周期中的平均值。

现在,我们来解释 D'Ancona 发现的现象。为了考察捕鱼的影响,引入捕捞能力系数 $\varepsilon(0 < \varepsilon < 1)$,$\varepsilon$ 表示单位时间内捕捞起来的鱼占总量的百分比。由于捕捞时对鱼的种类是不加挑选的,故考察捕捞影响的 Volterra 方程应为

$$\begin{cases}\dot{x}_1 = r_1x_1 - \lambda_1x_1x_2 - \varepsilon x_1 = (r_1 - \varepsilon)x_1 - \lambda_1x_1x_2\\ \dot{x}_2 = -r_2x_2 + \lambda_2x_1x_2 - \varepsilon x_2 = -(r_2 + \varepsilon)x_2 + \lambda_2x_1x_2\end{cases}$$

平衡点 P 的位置移动到了

$$P'_1\left(\frac{r_2+\varepsilon}{\lambda_2},\frac{r_1-\varepsilon}{\lambda_1}\right)$$

由于捕捞能力系数 ε 的引入,食用鱼的平均量有了增加,而食肉鱼的平衡量却有所下降,ε 越大(当然,ε 不能超过 r_1),平衡点的移动也越大。

根据 P-P 模型,我们可以导出以下结论:

(1) 食肉鱼的平均量取决于参数 r_1 与 λ_1。

(2) 食用鱼繁殖率 r_1 的减小将导致食肉鱼平均量的减小,食肉鱼捕食能力 λ_1 的增大也会使自己的平均量减小;反之,食肉鱼死亡率 r_2 的降低或食饵对食肉鱼供养效率 λ_2 的提高都将导致食用鱼平均量的减少(这一结论多少有点令人吃惊,似乎正与我们的猜测相反)。

(3) 捕鱼对食用鱼有利而对食肉鱼不利,多捕鱼(当然要在一定限度内,如 $\varepsilon < r_1$)能使食用鱼的平均数量增加而使食肉鱼的平均数量减少。

P-P 模型导出的结果虽非绝对真理,但在一定程度上是符合客观实际的,有着广泛的应用前景。例如,当农作物发生病虫害时,你可不要随随便便地使用杀虫剂,因为杀虫剂在杀死害虫的同时也会杀死这些害虫的天敌(害虫与其天敌构成一个双种群捕食系统),这样一来,你会发现使用杀虫剂的结果会适得其反,害虫更加猖獗了。

3.9 较一般的双种群生态系统

由于捕鱼业的影响,人们很难验证鱼和鲨鱼的数量是否真正具有周期性的变化,然而有人发现在加拿大北部森林里山猫和野兔的数量的确在以 $T = 10$ 年的周期十分有趣地变化着,这一周期现象是哈德逊公司在统计收购到的山猫和野兔毛皮时发现的。

Volterra 的模型揭示了双种群之间内在的互相制约关系,成功解释了 D'Ancona 发现的现象。然而,对捕食系统中存在周期性现象的结论,大多数生物学家并不完全赞同。他们认为,虽然有的捕食系统确实存在着周期性变化的特征,但更多的捕食系统并没有这种特征,如何解释这一点呢?

一个捕食系统的数学模型未必适用于另一捕食系统,对一类现象分析几个不同的模型常常会导出对这类现象的更为深刻的认识。捕食系统除具有共性外,往往还具有本系统特有的个性,反映在数学模型上也应当有所区别。现实世界是错综复杂的,用同一模型去刻画不同的捕食系统,总会表现出某些不尽如人意之处。现考察较为一般的双种群系统,仍用 $x_1(t)$ 和 $x_2(t)$ 记 t 时刻的种群量(有时也可以是种群密度),并设 $\frac{dx_i}{dt} = K_i x_i (i = 1, 2)$,其中 K_i 为种群 i 的净相对增长率。

显然 K_i 随种群的不同而不同,同时也随系统状态的不同而不同,即 K_i 应为 x_1、x_2 的函数。K_i 究竟是一个怎样的函数呢?十分可惜,我们没有更多的信息。这里我们不妨再次采用一下工程师们的原则:当我们拿不准时,就采用线性化方法。这样,就得到了下面的微分方程组:

$$\begin{cases} \dot{x}_1 = (a_0 + a_1 x_1 + a_2 x_2) x_1 \\ \dot{x}_2 = (b_0 + b_1 x_1 + b_2 x_2) x_2 \end{cases} \tag{3.33}$$

当 $a_2 = b_1 = 0$ 时,两种群间不存在联系,两种群均按 Logistic 模型变化;当 $a_1 = b_2 = 0$ 时,(3.33) 化为 Volterra 研究的模型。而对于一般情况,(3.33) 不仅可以用来描述捕食系统,也可以用来描述相互间存在其他关系的种群系统。(3.33) 中 a_1、b_2 为本种群的亲疏系数,而 a_2、b_1 则为两种群间的交叉亲疏系数。当 $a_2 b_1 \neq 0$ 时,两种群间的确存在着相互影响,此时又可分为以下几类情况:

(1) $a_2 > 0, b_1 > 0$,此时两种群的增长是互助的,适用于共栖系统。

(2) $a_2 < 0, b_1 > 0$,此时为捕食系统。$a_2 > 0, b_1 < 0$ 时情况类似,不同的是两种群交换了地位。

(3) $a_2 < 0, b_1 < 0$,此时两种群相互制约,适用于竞争系统。

(1)—(3) 构成了生态学中三个最基本的类型,种群间较为复杂的关系可以由这三种基本关系复合而成。

方程组(3.33)是否具有周期解呢?不同的系统具有不同的系数,在未得到这些系数之前还无法解出 $x_1(t)$、$x_2(t)$,现在让我们先来作一个一般化的讨论。

首先,系统的平衡点为方程组

$$\begin{cases} x_1(a_0 + a_1x_1 + a_2x_2) = 0 \\ x_2(b_0 + b_1x_1 + b_2x_2) = 0 \end{cases} \tag{3.34}$$

的解,易见 $O(0,0)$、$A\left(0, -\dfrac{b_0}{b_2}\right)$和 $B\left(-\dfrac{a_0}{a_1},0\right)$均为平凡平衡点。如果系统具有非平凡平衡点 $P(x_1^0,x_2^0)$,$(x_1^0,x_2^0 > 0)$,则它应当对应于方程组

$$\begin{cases} a_0 + a_1x_1 + a_2x_2 = 0 \\ b_0 + b_1x_1 + b_2x_2 = 0 \end{cases}$$

的根,即

$$x_1^0 = \frac{a_2b_0 - a_0b_2}{a_1b_2 - a_2b_1}, \qquad x_2^0 = \frac{a_0b_1 - a_1b_0}{a_1b_2 - a_2b_1}$$

且根据问题的实际背景,还应要求$(x_1^0,x_2^0) > 0$。利用线性近似方程组的稳定性讨论可以验证,当非平凡平衡点 P 存在时,P 一般是稳定平衡点,而此时平凡平衡点常为不稳定的鞍点(也可以利用等斜线作定性分析)。

下面的定理给出了系统(3.33)不存在周期解(又称圈)的条件,从而解答了生物学家的疑问。

定理3.3 (无圈定理)若方程组(3.33)的系数满足:(1) $A = a_1b_2 - a_2b_1 \neq 0$,(2)$B = a_1b_0(a_2 - b_2) - a_0b_2(a_1 - b_1) \neq 0$,则(3.33)不存在周期解。

证明 记

$$\alpha = \frac{b_2(b_1 - a_1)}{A} - 1, \quad \beta = \frac{a_1(a_2 - b_2)}{A} - 1$$

作函数 $K(x_1,x_2) = x_1^\alpha x_2^\beta$ 并记

$$f(x_1,x_2) = x_1(a_0 + a_1x_1 + a_2x_2),$$

$$g(x_1,x_2) = x_2(b_0 + b_1x_1 + b_2x_2)$$

容易验证:

$$\frac{\partial}{\partial x_1}(Kf) + \frac{\partial}{\partial x_2}(Kg) = \frac{B}{A}K$$

假设结论不真,则在 $x_1 \sim x_2$ 平面第一象限中存在着(3.33)的一个圈Γ,它围成的平面区域记为 R,见图3.17。

于是,由 $K(x_1,x_2) > 0$ 且连续以及 $AB \neq 0$ 可知,函数$\dfrac{B}{A}K(x_1,x_2)$在第一象限中不变号且不为零,故二重积分

$$\iint_R \frac{B}{A}K\mathrm{d}x_1\mathrm{d}x_2$$

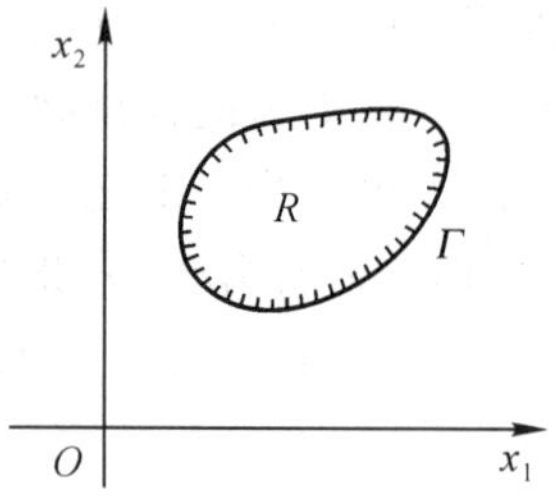

图 3.17

$$= \iint_R \left[\frac{\partial}{\partial x_1}(Kf) + \frac{\partial}{\partial x_2}(Kg) \right] dx_1 dx_2 \neq 0 \tag{3.35}$$

但另一方面，由格林公式

$$\iint_R \left[\frac{\partial}{\partial x_1}(Kf) + \frac{\partial}{\partial x_2}(Kg) \right] dx_1 dx_2 = -\oint [Kg dx_1 - Kf dx_2]$$

注意到 $f = \frac{dx_1}{dt}$，$g = \frac{dx_2}{dt}$，又有

$$\oint [Kg dx_1 - Kf dx_2] = \int_0^T \left[Kg \frac{dx_1}{dt} - Kf \frac{dx_2}{dt} \right] dt = 0 \tag{3.36}$$

其中 T 为周期。

(3.35) 式与(3.36) 式是矛盾的，这一矛盾说明圈 Γ 不可能存在。

为什么 Volterra 方程会有周期解呢？稍作检查即可发现，由于 $a_1 = b_2 = 0$，$B = a_1 b_0 (a_1 - b_2) - a_0 b_2 (a_1 - b_1) = 0$，定理 3.3 的条件不满足，故无圈定理不适用于 Volterra 方程。

当 a_1、b_2 很小时，虽然 $B \neq 0$(A 也不为零)，方程无周期解，但此时的情况可十分接近于 Volterra 方程，其轨线形成一个紧密的螺线，环绕平衡点并最终趋于(或远离)平衡点，见图 3.18。

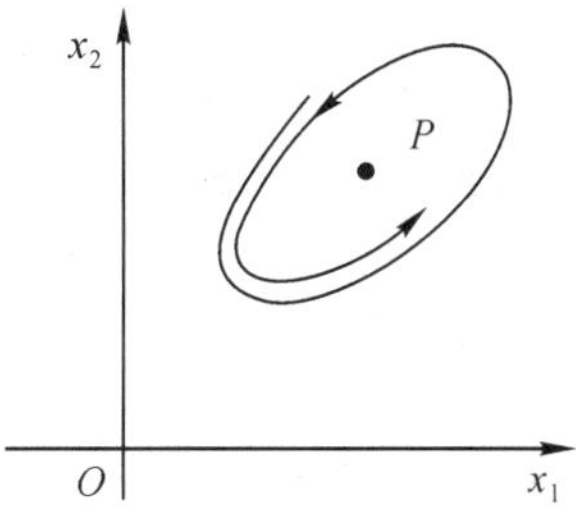

图 3.18

对于较一般的生态系统，通过求解相应的微分方程来讨论常常会遇到较多的困难。这时，为了研究种群的变化率，搞清轨线的走向对了解两种群数量的最终趋势是十分有益的。下面，我们以互相制约的竞争系统为例来作一番分析，以说明这一方法是如何应用的。为讨论方便，先对模型作些简化，不妨设竞争系统的方程为

$$\begin{cases} \frac{dx_1}{dt} = r_1 x_1 \left(\frac{K_1 - x_1 - \alpha x_2}{K_1} \right) \\ \frac{dx_2}{dt} = r_2 x_2 \left(\frac{K_2 - \beta x_1 - x_2}{K_2} \right) \end{cases}$$

易见，若 $\alpha = \beta = 0$，两种群间不存在制约关系，双方均按 Logistic 模型变化。对竞争系统，则应有 α、β 均不为零，且 α、β 越大，竞争越激烈。为叙述方便，在以下讨论中我们取 $\alpha = \beta = 1$，不难看出，所用方法也可用于一般情况。

定理 3.4　(竞争排斥原理) 若 $K_1 > K_2$，则对任一初始状态 $(x_1(0),\ x_2(0))$，当 $t \to +\infty$ 时，总有 $(x_1(t),\ x_2(t)) \to (K_1, 0)$，即物种 2 将绝灭而物种 1 则趋于环境允许承担的最大总量。

注意到方程组

$$\begin{cases} \frac{dx_1}{dt} = r_1 x_1 \left(\frac{K_1 - x_1 - x_2}{K_1} \right) \\ \frac{dx_2}{dt} = r_2 x_2 \left(\frac{K_2 - x_1 - x_2}{K_2} \right) \end{cases}$$

中 x_1、x_2 的实际意义,我们只需考察 $x_1 \sim x_2$ 平面中位于第一象限中的点即可。

作直线 $l_1: x_1 + x_2 = K_1$ 及 $l_2: x_1 + x_2 = K_2$,它们将 $x_1 \sim x_2$ 平面第一象限划分为三个区域,在每一区域中 $\frac{\mathrm{d}x_1}{\mathrm{d}t}$ 和 $\frac{\mathrm{d}x_2}{\mathrm{d}t}$ 保持固定的符号,见图 3.19。

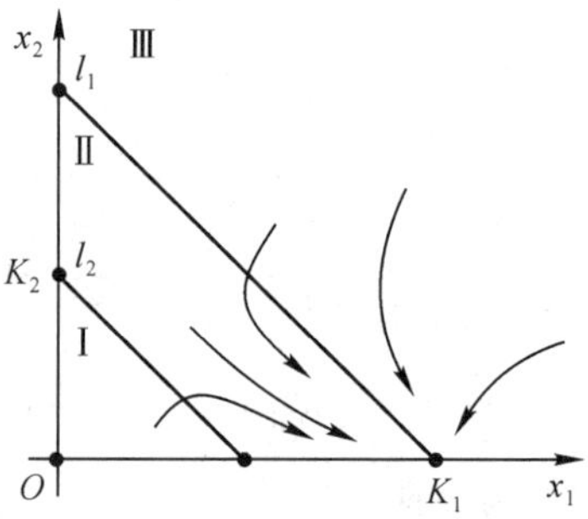

图 3.19

先证明几个引理。

引理 3.1　若初始点位于区域 Ⅰ 中,则解 $x_1(t), x_2(t)$ 从某一时刻起必离开此区域而进入区域 Ⅱ。

证明　设 $x_1(0), x_2(0)$ 位于 Ⅰ 中,若 $(x_1(t), x_2(t))$ 始终位于 Ⅰ 中,则 $x_1(t), x_2(t)$ 均为单调增加函数。又因 $x_1(t) + x_2(t) \leqslant K_2$,故 $x_1(t), x_2(t)$ 当 $t \to +\infty$ 时均存在极限。设 $\lim\limits_{t\to+\infty} x_1(t) = \xi$, $\lim\limits_{t\to+\infty} x_2(t) = \eta$,则 (ξ, η) 必为该系统的一个平衡点。此系统共有三个平衡点,即 $(0,0)$, $(K_1,0)$ 和 $(0,K_2)$,但 (ξ,η) 不论为何者均将导出矛盾。故假设不真,$(x_1(t), x_2(t))$ 从某一时刻起必将离开区域 Ⅰ。

引理 3.2　若初始点 $(x_1(0), x_2(0))$ 位于区域 Ⅱ 中,则 $\forall t \in (0, +\infty)$, $(x_1(t), x_2(t))$ 始终位于 Ⅱ 中,且 $\lim\limits_{t\to+\infty} x_1(t) = K_1$, $\lim\limits_{t\to+\infty} x_1(t) = 0$。

证明　设从 $t = \bar{t}$ 时起 $(x_1(t), x_2(t))$ 离开区域 Ⅱ,则当 $t = \bar{t}$ 时轨线必与 l_1 与 l_2 之一相交,故必有 $\frac{\mathrm{d}x_1(\bar{t})}{\mathrm{d}t} = 0$ 或 $\frac{\mathrm{d}x_2(\bar{t})}{\mathrm{d}t} = 0$。

若 $\frac{\mathrm{d}x_1(\bar{t})}{\mathrm{d}t} = 0$(交线为 l_1),对方程组中的第一个方程求导并令 $t = \bar{t}$,得

$$\frac{\mathrm{d}^2 x_1(\bar{t})}{\mathrm{d}t^2} = -\frac{r_1}{K_1} x_1(\bar{t}) \frac{\mathrm{d}x_2(\bar{t})}{\mathrm{d}t} > 0$$

故 $x_1(t)$ 在 $t = \bar{t}$ 时取到极小值。但这是不可能的,因为 $x_1(t)$ 在 Ⅱ 中是单调递增的。

若 $\frac{\mathrm{d}x_2(\bar{t})}{\mathrm{d}t} = 0$(交线为 l_2),类似可得

$$\frac{\mathrm{d}^2 x_2(\bar{t})}{\mathrm{d}t^2} = -\frac{r_2}{K_2} x_2(\bar{t}) \frac{\mathrm{d}x_1(\bar{t})}{\mathrm{d}t} < 0$$

从而 $x_2(t)$ 在 $t = \bar{t}$ 时达到极大值,但这也是不可能的,因为 $x_2(t)$ 在 Ⅱ 中是递减的。

上述矛盾说明,轨线不可能与 l_1 和 l_2 相交,故不会离开区域 Ⅱ,从而 $x_1(t)$ 单增且 $x_1(t) < K_1$, $x_2(t)$ 单减且 $x_2(t) > 0$。故当 $t \to +\infty$ 时,$x_1(t), x_2(t)$ 分别有极限 ξ, η,而 (ξ, η) 为系统的平衡点,唯一的可能是 $(\xi, \eta) = (K_1, 0)$。引理证毕。

引理 3.3　若初始点位于区域 Ⅲ 中,且 $\forall t \in (0, +\infty)$, $(x_1(t), x_2(t))$ 仍位于 Ⅲ 中,则当 $t \to +\infty$ 时,$(x_1(t), x_2(t))$ 必以 $(K_1, 0)$ 为极限点。

证明　若 $(x_1(t), x_2(t))$ 始终保持在 Ⅲ 中,可类似证明,$(x_1(t), x_2(t))$ 趋势于 $(K_1, 0)$。事实上,由于 $x_1(t), x_2(t)$ 在 Ⅲ 中均为单调递减函数,且 $x_1(t), x_2(t)$ 均大于零,故当 $t \to +\infty$ 时,$x_1(t), x_2(t)$ 分别有极限 ξ, η,而 (ξ, η) 必为平衡点 $(K_1, 0)$。

定理 3.4 的证明　由引理 1 和引理 2,初始点位于区域 Ⅰ 和 Ⅱ 的解必趋于平衡点

$(K_1,0)$。由引理 3,初始点位于 Ⅲ 且$(x_1(t),x_2(t))$ 始终位于 Ⅲ 中的解最终必趋于平衡点$(K_1,0)$,而在某时刻穿过 l_1 进入区域 Ⅱ 的解由引理最终也必趋于$(K_1,0)$。易见只有上述三种可能,而在三种可能情况下$(x_1(t),x_2(t))$ 均以$(K_1,0)$ 为极限。定理得证。

对较为复杂的方程或方程组,在直接求其解析解或相轨线有一定困难时,也可求助于数值解方法。例如,代替讨论 Volterra 方程,有人研究了稍复杂一些的捕食系统模型。

$$\begin{cases}\dot{x}_1 = x_1(k_1 - ax_1 - a_{21}x_2)\\ \dot{x}_2 = x_2(-k_2 - a_{12}x_1 - bx_1x_2)\end{cases} \tag{3.37}$$

当(3.37) 中的参数没有给定时,我们只能用类似的定性方法来讨论其平衡点的稳定性。但在给定参数的情况下,求其数值解也是一个好办法。图 3.20 就是这样作出的,其中 $K_1 = 2, K_2 = 0.3, a_{12} = a_{21} = 0.001, a = 0.002, b = 10^{-6}$(参数值可从研究的实际问题中拟合出来),初始点取了三个不同的值:$A(200,800),B(1800,1800),C(1600,400)$ 图形显示,平衡点 P 是渐近稳定的。

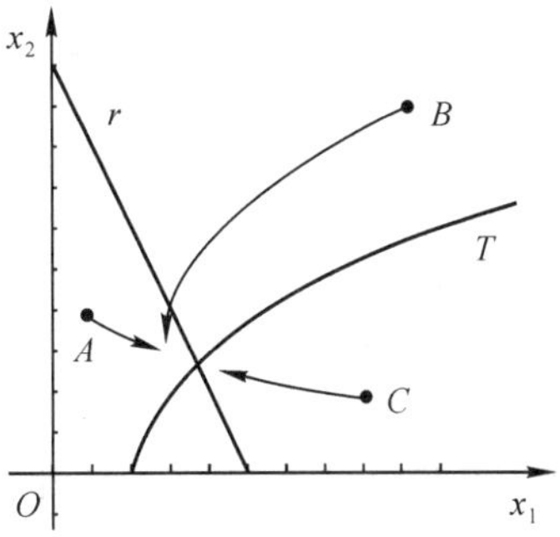

图 3.20

迄今为止,我们研究的生态系统都是非常简单的,或者说是经大大简化过的。现实世界中的真实情况远比我们讨论过的复杂得多。在研究实际课题时,数值解方法也许用得更多。当解析解无法求得时,计算机作为强大的辅助工具发挥了它应起的作用。浙江大学学生在研究 1999 年美国大学生数学建模竞赛题 A(小行星撞击地球) 时就遇到了一个棘手的问题:如何描述南极地区的生态系统,如何定量化地研究小行星撞击地球对南极生态环境的影响?在上网查阅了南极附近的海洋生态状况后,他们将南极附近的生物划分成三个部分:海藻、磷虾和其他海洋生物。磷虾吃海藻,其他海洋动物吃磷虾,运用基本建模技巧建立了一个三房室系统模型。小行星的撞击会影响大气层的能见度,从而影响海藻的生长(光合作用),进而影响到生物链中的其他生物。他们无法得到模型中的参数值(事实上,小行星撞击南极的事件并未发生过),就取了一系列不同的参数值,对不同参数值下模型的数值解进行分析对比,研究了解对各参数变化的灵敏度,取得了十分有意义的结果并获得了当年国际竞赛的一等奖。有兴趣的读者可参阅本书配套教材之一《数学建模竞赛 —— 浙江大学学生获奖论文点评(1999 – 1994)》,在那里你可以找到他们的研究论文。

3.10　分布参数法建模

前面建立的模型都包含着一个假设,即假设考察对象在系统中的分布是均匀的。例如,研究药物在体内的分布时,我们曾设 t 时刻体内药物的浓度为 $C(t)$,而没有考虑浓度在体内不同部位可能会有差异。同样,在人口问题的 Malthus 模型和 Logistic 模型中也包含着类似的假设,设 t 时刻的人口数为 $x(t)$。可以看出,模型没有考虑人口的个体差异,例如,人是有年龄的,不同年龄的人具有不同的生育率和死亡率。显然,建模者不会粗心到看不见这些差异，他们这样做其实是为了便于利用数学工具所作的一个简化，模型考察的量实际上是研究对象的平均分布状态，从而剔除了其中的个性，用这种方法建模被称为集中参考法，研究的是平均状态的变化规律。集中参数法的使用减少了自变量的个数，建立的模型较为简单，研究结果反映的往往是该系统带有共性的演变规律。

当研究目的与研究对象的个体分布关系较大时，用集中参数法建立的模型与客观实际的真实情况通常都会有较大的差异（模型误差）。此时，为了得到较好的结果，我们不得不放弃这一简化假设，将个体差异包含到模型中去，建立一个较为复杂的模型。这种考虑个体差异（或分布差异）的建模方法被称为分布参数法。分布参数法用于连续变量的问题时，得到的通常都是偏微分方程，无论建模还是求解都比较困难和繁琐。由于篇幅限制，本书不准备多涉及这方面的内容，仅举两个简单例子，简要说明一下分布参数法的应用。

例 3.8（人口问题的偏微分方程模型）

人是有年龄的，不同年龄的人有不同的生理特征，本例中将考虑到这一因素，用分布参数法来建立人口问题的数学模型。

细心的读者一定会提出以下问题：(1) 人还有性别；(2) 同样年龄的人体质也不尽相同。读者可自行思考，在下面的建模中，建模者是如何处理这些问题的。

建模 令 $p(t,x)$ 为时刻 t 时年龄为 x 的人口密度，则 t 时刻的人口总数为

$$P(t) = \int_0^A p(t,x)\mathrm{d}x$$

其中 A 为人的最大寿命（注：少数年龄超过 A 的可另行计算或忽略不计）。

设 t 时刻年龄为 x 的人的死亡率为 $d(t,x)$，则有

$$p(t+\mathrm{d}t,x)\mathrm{d}x - p(t,x-\mathrm{d}t)\mathrm{d}x = -d(t,x-\mathrm{d}t)p(t,x)\mathrm{d}x\mathrm{d}t$$

注意到 $\mathrm{d}x = \mathrm{d}t$，由上式可得

$$\frac{\partial p}{\partial t} + \frac{\partial p}{\partial x} = -d(t,x)p(t,x) \tag{3.38}$$

此外，人口增长还应满足下面的初始条件和边界条件：

（初始条件） $P(0,x) = P_0(x)$ (3.39)

其中 $P_0(x)$ 为人口普查时人口的年龄分布，为一已知函数。

（边界条件）记女性性别比函数为 $k(t,x)$，女性生育率为 $b(t,x)$，则 t 时刻的新生儿人数为

$$P(t,0) = \int_{x_1}^{x_2} b(t,x)k(t,x)p(t,x)\mathrm{d}x \tag{3.40}$$

其中 $[x_1,x_2]$ 为妇女生育期时段。

(3.38)—(3.40) 构成了人口增长的偏微分方程模型。事实上，此模型是 Malthus 模型的推广，对(3.38) 式关于 x 从 0 到 A 积分，可得

$$\begin{aligned}\frac{\mathrm{d}P}{\mathrm{d}t} &= P(t,0) - \int_0^A d(t,x)p(t,x)\mathrm{d}x \\ &= \int_{x_1}^{x_2} b(t,x)k(t,x)p(t,x)\mathrm{d}x - \int_0^A d(t,x)p(t,x)\mathrm{d}x\end{aligned}$$

令
$$B(t)=\frac{\int_{x_1}^{x_2} b(t,x)k(t,x)p(t,x)\mathrm{d}x}{P(t)}$$
$$D(t)=\frac{\int_0^A d(t,x)p(t,x)\mathrm{d}x}{P(t)}$$
$B(t)$、$D(t)$ 分别为 t 时刻的生育率和死亡率，则有
$$\frac{\mathrm{d}P}{\mathrm{d}t}=(B(t)-D(t))P(t)$$
记
$$P(0)=P_0=\int_0^A p(0,x)\mathrm{d}x$$
若 $B(t)$，$D(t)$ 与 t 无关，则可得
$$\begin{cases}\dfrac{\mathrm{d}P}{\mathrm{d}t}=(B-D)P(t)\\ P(0)=P_0\end{cases}$$
此即 Malthus 模型。

例 3.9（交通流问题）

如何改变交通状况是国民经济中的重大研究课题之一，也是与每一个人息息相关的大事之一。

可以从两方面来考虑这一问题。从司机或旅客的角度看，他们想的是如何安全、快速地到达目的地。从交通管理部门的角度看，他们希望让尽可能多的人安全地通过某一道路。

假如采用集中参数法来研究问题，我们就要假设车流量是均匀分布的，于是问题就变得极为简单了：让车流密度保持在安全的范围之内（两车间的距离大于等于紧急刹车所需的停车距离），让司机尽可能开得快些即可，必要时司机自己会刹车（化为一个简单的极值问题）。可是，这样的回答是不能令人满意的，在现实生活中不可能要求司机这样做，因为司机根本无法做到保持统一的匀速运动，这种要求等于放任自流。毛病出在哪里呢？不难看出，毛病出在车流密度和车速（相当于车流量）不可能是常数（车辆的到达等有一定的随机性），要建立具有实践意义的数学模型应当采用分布参数法。

建模　现以 x 轴表示公路，x 轴正向为车流方向。

如果采用连续模型，设 $u(t,x)$ 为时刻 t 时车辆按 x 方向分布的密度，即设在时刻 t，在 $[x,x+\mathrm{d}x]$ 中的车辆数为 $u(t,x)\mathrm{d}x$。再设 $q(t,x)$ 为车辆通过 x 点的流通率，则在时段 $[t,t+\mathrm{d}t]$ 中，通过点 x 处的车辆流量为 $q(t,x)\mathrm{d}t$。

利用车辆数守恒的事实可知：时段 $[t,t+\mathrm{d}t]$ 中在区间 $[x,x+\mathrm{d}x]$ 内车辆数的增加量应等于时段 $[t,t+\mathrm{d}t]$ 中通过点 x 流入的车辆流量减去时段 $[t,t+\mathrm{d}t]$ 中通过点 $x+\mathrm{d}x$ 流出的车辆流量，即如下关系式成立：
$$u(t+\mathrm{d}t,x)\mathrm{d}x-u(t,x)\mathrm{d}x=q(t,x)\mathrm{d}t-q(t,x+\mathrm{d}x)\mathrm{d}t$$
假设有关函数连续可微，则可得
$$\frac{\partial u}{\partial t}(t,x)+\frac{\partial q}{\partial x}(t,x)=0 \tag{3.41}$$

此方程尚不足以刻画系统的状态。方程中存在着两个未知函数,故系统是不确定的。事实上,此方程不光适用于交通流,也适用于其他的一维流,如在河流中污染物的浓度分布和流动,热量在一条细长的金属杆中的流动,或在一导线中电子的浓度和流动,等等。对于每一种流动,$q(t,x)$ 的具体意义可以有所不同。例如在热传导问题中,常取热流量 $q=-k\frac{\partial u}{\partial t}$(其中 u 为温度)(Fourier 实验定律),由此并结合前面的方程即可得到热传导方程。在交通流问题中,司机们总希望能开得快些,但在不同车流密度下,由于安全上的原因,车辆流通率是不同的,也就是说,车辆流通率 q 是车流密度 u 的函数,这一函数关系被称为基本方程或结构方程。

导出基本方程有多种方法(如可从平衡方程等出发并通过解析方法得到),一个较简单而实用的方法是利用经验公式。

图 3.21 是根据美国公路上的车辆情况而统计出来的曲线,其中 u 的单位是车辆数/英里,q 的单位为车辆数/小时,从图中可以看出:

(1) 当 u 的值较小时,公路利用率较低,q 较小($u=0$ 时公路是空置的,车辆流通率 q 为零);随着 u 增大,公路利用率逐渐提高,q 逐渐增大。

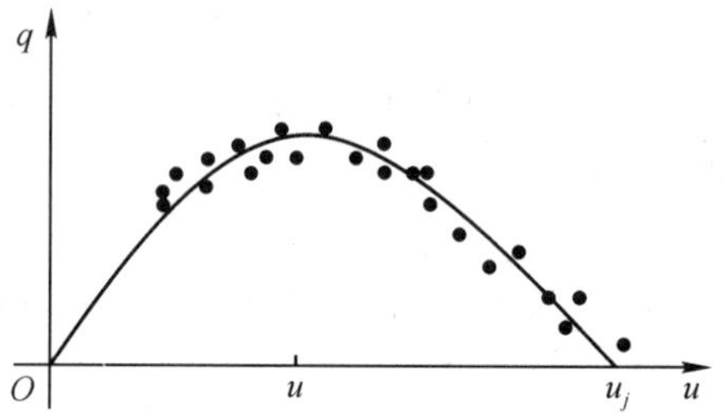

图 3.21

(2)u 增大到一定程度(达到 u_m)时,q 达到最大;u 继续增大时,车辆流通率 q 将减小,这表示车辆密度太大反而会影响流通率,使之下降(出现堵塞现象)。

根据美国公路实际统计,当 $u\approx 75$ 辆/英里时可达到最大车辆流通率 1500 辆/小时,而当 $u\approx 225$ 辆/英里时,$q\approx 0$,即出现严重交通堵塞,几乎无法通行。

根据图 3.20 中曲线的特征,人们可用多种函数来拟合 $q=q(u)$(当然,拟合的精确程度会有不同)。Greenshields 用二次函数来拟合,给出了一个最简单的模型

令 $$q=u_f u(1-u/u_j)\qquad 0\leqslant u\leqslant u_j$$

其中 u_f 为汽车的自由速度,即可看成公路上只有一辆车时的车速,u_j 为公路上出现完全堵塞时的车流密度(如可取 $u_j=225$ 辆/英里)。易见:

$$u_m=u_j/2,\qquad q_m=u_f u_m/2$$

将 Greenshields 的基本方程代入(3.41),利用复合函数求导法则并注意到 u_f,u_j 均为常数,可得

$$\frac{\partial u}{\partial t}(t,x)+\left(u_f-\frac{2u_f u}{u_j}\right)\frac{\partial u}{\partial x}(t,x)=0$$

作变量替换,令 $h=u_f-\frac{2u_f}{u_j}u$,方程可简化为

$$\frac{\partial h}{\partial t}(t,x)+h\frac{\partial h}{\partial x}(t,x)=0$$

相应的初值条件可用 $t=0$ 时公路上的车流密度 $u_0(x)$ 来表示:$h(0,x)=u_f-$

$\frac{2u_f}{u_j}u_0(x)$，此即所求的交通流问题的数学模型。在此基础上可以进一步研究交通堵塞现象的产生原因及解决办法，交通管理及道路利用率的提高等一些具有实际意义的研究课题，有兴趣的读者可参阅专门书籍或相关的文献资料。

习　题

1. 一个半球状雪堆，其体积融化的速率与半球面面积 S 成正比，比例系数 $k>0$。设融化中雪堆始终保持半球状，初始半径为 R，且 3 小时中融化了总体积的 7/8。问雪堆全部融化还需要多长时间？

2. 从制冰厂购买了一块立方体的冰块，在运输途中发现，第一小时大约融化了 1/4。

(1) 求冰块全部融化要多长时间（设气温不变）。

(2) 如运输时间需要 2.5 小时，问：运输途中冰块大约会融化掉多少？

3. 一只开角为 α 的圆锥形漏斗内盛着高度为 H 的水，设漏斗底部的孔足够大（表面张力不计），试求漏斗中的水流光需要多少时间？

4. 容器甲的温度为 60℃，将其内的温度计移入容器乙内，设 10 分钟后温度计读数为 70℃，又过 10 分钟后温度计读数为 76℃，试求容器乙内的温度。

5. 一块加过热的金属块初始时比室温高 70℃，20 分钟后测得它比室温高 60℃，问：(1)2 小时后金属块比室温高多少？(2) 多少时间后，金属块比室温高 10℃？

6. 设初始时容器里盛放着含净盐 10 千克的盐水 100 升，现对其以每分钟 3 升的速率注入清水，容器内装有搅拌器能将溶液迅速搅拌均匀，并同时以每分钟 2 升的速率放出盐水，求 1 小时后容器里的盐水中还含有多少净盐？

7. 某伞降兵跳伞时的总质量为 100 千克（含武器装备），降落伞张开前的空气阻力为 $0.5v$，该伞降兵的初始下落速度为 0，经 8 秒钟后降落伞打开，降落伞打开后的空气阻力约为 $0.6v^2$。试求伞降兵下落的速度 $v(t)$，并求其下落的极限速度。

8. 1988 年 8 月 5 日英国人 Mike McCarthy 创建了一项最低开伞的跳伞纪录，它从比萨斜塔上跳下，到离地 179 英尺时才打开降落伞，试求他落地时的速度。

9. 证明对数螺线 $r=Ae^{\theta/\sqrt{3}}$ 上任一处的切线与极径的夹角 α 的正切为一常数（$\tan\alpha=\sqrt{3}$）。

10. 实验证明，当速度远低于音速时，空气阻力正比于速度，阻力系数大约为 0.005。现有一包裹从离地 150 米高的飞机上落下，(1) 求其落地时的速度。(2) 如果飞机高度更大些，结果会如何？包裹的速度会随高度而任意增大吗？

11. 一只狼发现在其正西方 100 米处有一只兔子并开始追赶兔子，假设兔子同时发现狼，并全速向位于正北方向 60 米处的窝跑去，狼的速度是兔子速度的两倍且狼追赶的方向始终对着兔子。请你讨论这一问题：建立能求出狼的追赶路径的数学模型。用你的模型预测是兔子先回到窝里，还是狼先抓到兔子，即判断兔子能安全回到窝里吗？

12. 生态学家估计人的内禀增长率约为 0.029，已知 1961 年世界人口数为 30.6 亿（3.06×10^9），而当时的人口增长率则为 0.02。试根据 Logistic 模型计算：(1) 世界人口数的上限约为多少?(2) 何时将是世界人口增长最快的时候?

13. 早期肿瘤的体积增长满足 Malthus 模型($\frac{dV}{dt} = \lambda V$,其中 λ 为常数)。(1) 求肿瘤的增倍时间 σ。根据统计资料,一般有 $\sigma \in (7,465)$(单位为天),肺部恶性肿瘤的增倍时间大多大于 70 天而小于 465 天(发展太快与太慢一般都不是恶性肿瘤),故 σ 是确定肿瘤性质的重要参数之一。(2) 为方便起见,医生通常用肿瘤直径来表示肿瘤的大小,试推出医生用来预测病人肿瘤直径增大速度的公式:$D = D_0 2^{\frac{1}{3\sigma}}$。

14. 正常人身上也有癌细胞,一个癌细胞直径约为 $10\mu m$,重约 $0.001\mu g$。(1) 当患者被查出患有癌症时,通常直径已有 1cm 以上(即已增大 1000 倍),由此容易算出癌细胞转入活动期已有 30σ 天,故如何在早期发现癌症是攻克癌症的关键之一。(2) 手术治疗常不能割去所有癌细胞,故有时需进行放射疗法。射线强度太小无法杀死癌细胞,太强病人身体又吃不消且会使病人免疫功能下降。一次照射不可能杀死全部癌细胞,请设计一个可行的治疗方案(医生认为当体内癌细胞数小于 10^5 个时即可凭借体内免疫系统杀灭)。

15. 设某药物吸收系数 $k_1 < k$(k 为药物的分解系数),对口服或肌注射治疗求体内药物浓度的峰值(峰浓度)及到达峰值的时间。

16. 医生给病人开药时需告诉病人服药的剂量和两次服药的间隔时间,服用的剂量过大会产生副作用甚至危险,服用的剂量过小又达不到治疗的目的,例如,为有效杀死病菌,体内药物浓度应达到 A。试分析这一问题并设计出一种病人服药的方法。

17. 在法国著名的 Lascaux 洞穴中保留着古代人类遗留下来的壁画。从洞穴中取出的木炭在 1950 年做过检测,测得碳 14 的衰减系数为每克每分钟 0.97 个,已知碳 14 的半衰期为 5568 年,试求这些壁画的年龄(精确到百年)。

18. 2000 年在美国伊利诺伊中部发现了一块古化石骨头,经测定其碳-14 仅为原有量的 14%,试计算该动物大约生活在什么时候?

19. 1956 年我国在西北某地发现了一处新石器时代的古墓,从该墓中发掘的文物的碳-14 每克每分钟衰减数为 3.06 个,试确定该古墓的年代。

20. 实验测得一克镭在一年中会衰减掉 0.44 毫克,据此你能推算出镭的半衰期吗?

21. 根据化学知识,溶液中两种物质起反应生成新物质时,反应速度与当前两物质剩余量的乘积成正比。设初始时刻溶液中两种物质的数量分别为 A 和 B,两物质反应的质量之比为 $a : b$,求 t 时刻溶液中生成物的数量 $x(t)$。

22. 牛顿发现在温差不太大的情况下,物体冷却的速度与温差成正比。现设正常体温为 36.5℃,法医在测量某受害者尸体时测得体温约为 32℃,一小时后再次测量,测的体温约为 30.5℃,试推测该受害者的受害时间。

23. 已知铀-238 的半衰期为 4.5×10^9 年,已测出某颜料每克白铅中铀-238 的分解数为 100 个/分,试计算:

(1) 每克白铅中有多少铀-238 分子?

(2) 铀在这种白铅中所占的百分比有多大?

24. 人们普遍认为新产品的畅销期 $x(t)$ 位于 $0.2K$ 至 $0.8K$ 之间,试求新产品畅销期的持续时间。

25. 某人每天由饮食获取 2500 大卡的热量，其中新陈代谢约需 1200 大卡，每千克体重约需运动消耗 16 大卡，其余热量则转化为脂肪，每千克脂肪相当于 10000 大卡，求此人体重的增长公式及极限体重。

26. 由于各级火箭的质量不同，λ_i 应当是不同的。请对三级火箭求出最优设计。

27. 在 2003 年上半年 SARS(非典型性肺炎) 流行期间，我国政府采取了严格的隔离政策，试建一模型研究这一问题。

28. 痢疾治愈后的免疫率很低，康复的病人有可能再次被感染，请将康复后的病人视为被传染率略低一些的人群，建立一个 SIS(易感染 — 已感染 — 易感染) 模型。

29. 试将人群分为非医护人员的易感染者、医护人员、疑似病人、确诊病人(已隔离病人)、已康复者，建立一个你认为较符合实际情况的 SARS 传播模型。

30. 医生发现，麻疹有以下明显特征：(1) 潜伏期大约为 1/2 周，在潜伏期内的孩子从表面上看完全是正常的，但他(她) 却会把疾病传染给别的孩子，一旦患病症状出现，孩子就会被隔离且病愈后具有免疫能力；(2) 麻疹发病有周期性现象，一般来讲会隔年较严重一些。考虑这两个特征并选用适当的参数建模，使结果大致有 1/2 周的潜伏期及大约两年的周期性。

31. 人工肾的功能大体如下：它通过一层薄膜与需要带走废物的血管相通。人工肾里流动着某种液体，流动方向与血液在血管中的流动方向相反，血液中的废物通过薄膜渗透到人工肾中流动的液体里，试建立模型描写这一现象。

32. 自治系统平衡点的稳定性也可利用等斜线来讨论。例如，对(3.23) 曲线 $f(x_1, x_2) = 0$ 和 $g(x_1, x_2) = 0$ 可以证明：任一轨线都必垂直地穿过 f 的等斜线而水平地穿过 g 的等斜线。利用这一点画出 P-P 模型平衡点周围的轨线。

33. $$\frac{\mathrm{d}x_1}{\mathrm{d}t} = x_1(k_1 - ax_1 - bx_2)$$
$$\frac{\mathrm{d}x_2}{\mathrm{d}t} = x_2(-k_2 + cx_1 - dx_2)$$
是某一捕食系统的数学模型，其中$\frac{k_2}{c} > \frac{k_1}{a}$。研究此捕食系统，证明：不管开始时食饵 x_1 多么丰富，捕食种群 x_2 最终必将灭绝。

34. 大鱼只吃小鱼、小鱼只吃虾米，试建模研究这一捕食系统。在求解你的模型时也许你会遇到困难，建议对模型中的参数取定几组值，用数值解方法处理，并研究结果关于参数取值的敏感性。

35. 香烟的过滤嘴有多大作用？与使用的材料和长度关系如何？请自己建模分析这一问题(清华大学姜启源教授等编著的《数学模型》一书上有这一模型，建模后读者可以将你建立的模型与书中给出的模型作一比较，看看你自己的模型建得如何)。

36. 某建筑公司需要某种规格的屋檐。设屋顶面是一个长 12 米、宽 6 米的矩形，屋顶斜角角度未定，但要求在 20° 与 50° 之间。某屋檐商想为该建筑公司提供屋檐，对建筑公司保证其提供的屋檐在任何情况下水都不会溢出。屋檐的截断面是一个半径为 7.5 厘米的半圆形。屋檐商声称对这样的屋檐排水管的直径只要有 10 厘米就够了。请你建模分析一下，这样的屋檐在遇到大雨时是否会发生溢水现象。

第四章　基于线性代数与差分方程方法的模型

在第三章中，我们有多处对不连续变化的变量采取了连续化的方法，从而建立了相应的微分方程模型。但是由于以下原因：第一，有时变量事实上只能取自一个有限的集合；第二，有时采取连续化方法后建立的模型比较复杂，无法求出问题的解，从而只能求它们的数值解。也就是说，在建模时，我们对离散变量作了连续化处理；而在求解时，我们又对连续变量作了离散化处理，使之重新变为离散变量，造成双重误差。所以，采取连续化方法的效果有时并不很好，因而是不可取的。

电子计算机的广泛应用为我们处理大量信息提供了实现的可能，这就十分自然地提出了一个问题，对具有离散变量的实际问题直接建立一个离散模型是否更为可取？本章介绍的几个模型就是基于这种想法建立起来的。

4.1　状态转移问题

所谓状态转移问题讨论的是在一定的条件下，系统由某一状态逐步转移到另一状态是否可能，如果可以转移的话，应如何具体实现。

例 4.1(人、狗、鸡、米过河问题)

这是一个人所共知而又十分简单的智力游戏。某人要带狗、鸡、米过河，但小船除了需要人划以外，最多只能再载一物过河，而当人不在场时，狗要咬鸡、鸡要吃米，问此人应如何过河。

要找到解决这一问题的方案十分简单，我们感兴趣的并非在于求得一个答案，而在于我们希望通过对这一问题的分析，找到让计算机寻求答案的途径。现在，我们设法将此问题转化为一个状态转移问题。首先，应当如何表达各个状态呢？不同的情况应采取不同的方法，在本问题中，人、狗、鸡、米均只有两种可能状态，即在此岸或在彼岸，故可采取如下方法：一物在此岸时相应分量取 1，而在彼岸时则取为 0，例如(1,0,1,0) 表示人和鸡在此岸，而狗和米则在对岸。

(1) 可取状态：根据题意，并非所有状态都是允许的，例如(0,1,1,0) 就是一个不可取的状态。本题中可取状态(即系统允许的状态) 可以用穷举法列出来，它们是：

人在此岸	人在对岸
(1,1,1,1)	(0,0,0,0)
(1,1,1,0)	(0,0,0,1)
(1,1,0,1)	(0,0,1,0)

(1,0,1,1)　　　(0,1,0,0)

(1,0,1,0)　　　(0,1,0,1)

总共有十个可取状态,对一般情况,应找出状态为可取的充要条件。

(2) 可取运算:状态转移需要经过状态运算来实现。在实际问题中,摆一次渡即可改变现有状态,为此引入一个四维向量(转移向量),用它来反映摆渡情况。例如(1,1,0,0)表示人带狗摆渡过河。根据题意,允许使用的转移向量只能有(1,0,0,0,)、(1,1,0,0)、(1,0,1,0)、(1,0,0,1) 四个。

为实现本题中的状态转移,规定一个状态向量与转移向量之间的运算。规定状态向量与转移向量之和为一新的状态向量,其运算为对应分量相加,且规定 $0+0=0,1+0=0+1=1,1+1=0$。例如 $(1,1,1,1)+(1,0,1,0)=(0,1,0,1)$,其实际意义为人、狗、鸡、米原本均在此岸,人带鸡过河,转变为新的状态,此岸仅剩下狗和米。

在具体转移时,只考虑由可取状态到可取状态的转移。问题转化为:由初始状态(1,1,1,1) 出发,经奇数次上述运算转化为(0,0,0,0) 的转移过程。

由于规定的运算十分容易在计算机上实现,这样一来就把一个数学游戏转化为一个可以在计算机上计算的数学问题(即建模)。当然,像本题这样简单的问题,事实上是没有必要使用计算机的,我们可以进行如下分析。

(第一次渡河)

$$(1,1,1,1)+\begin{cases}(1,1,0,0)\\(1,0,1,0)\\(1,0,0,1)\\(1,0,0,0)\end{cases}=\begin{cases}(0,0,1,1)\times\text{(不可取)}\\(0,1,0,1)\quad\text{(可取)}\\(0,1,1,0)\times\text{(不可取)}\\(0,1,1,1)\times\text{(不可取)}\end{cases}$$

(第二次渡河)

$$(0,1,0,1)+\begin{cases}(1,1,0,0)\\(1,0,1,0)\\(1,0,0,1)\\(1,0,0,0)\end{cases}=\begin{cases}(1,0,0,1)\times\text{(不可取)}\\(1,1,1,1)\times\text{(循环,回到原先出现过的状态)}\\(1,1,0,0)\times\text{(不可取)}\\(1,1,0,1)\quad\text{(可取)}\end{cases}$$

以下可继续进行下去,直至转移目的实现。上述分析实际上采用的是穷举法,对于规模较大的问题是不宜采用的。

例 4.2(夫妻过河问题)

这是一个古老的阿拉伯数学问题。有 3 对夫妻要过河,船最多可载 2 人,约束条件是根据阿拉伯法律,任一女子都不得在其丈夫不在场的情况下与其他的男子在一起,问此时这 3 对夫妻能否过河?

这一问题的状态和运算与前一问题有所不同,根据题意,状态应能反映出两岸的男女人数,过河也同样要反映出船上的人数与性别,故可以类似于例 4.1 提出如下定义:

(1) 可取状态:用 H 和 W 分别表示此岸的男子和女子数,状态可用矢量 (H,W) 表示,其中 $0\leqslant H、W\leqslant 3$。可取状态为 $(0,i)$,(i,i),$(3,i)$,其中 $0\leqslant i\leqslant 3$。(i,i) 为可取状态,这是因为总可以适当安排而使他们是 i 对夫妻。

(2) 可取运算:过河方式可以是一对夫妻、两个男人或两个女人,当然也可以是一人过河。转移向量可取成$((-1)^j m, (-1)^j n)$，其中 m、n 可取 0、1、2，但必须满足 $1 \leqslant m + n \leqslant 2$。当 j 为奇数时表示过河，当 j 为偶数时表示由对岸回来，运算规则与普通向量的加法相同。问题归结为由状态(3,3) 开始，经过奇数次可取运算，即由可取状态到可取状态的转移，能否转化为状态(0,0) 的转移问题。和上题一样，我们既可以用计算机求解，也可以分析求解，此外，本题还可用作图方法来求解。

在 H-W 平面坐标中，以"·"表示可取状态，从 $A(3,3)$ 经奇数次转移到达 $O(0,0)$。奇数次转移时向左或下移动1－2格而落在一个可取状态上，偶数次转移时向右或上移动 1 － 2 格而落在一个可取状态上。另外，由于奇数次与偶数次过河产生的效果是不同的，为了区分起见，用实箭线表示奇数次转移，用虚箭线表示偶数次转移。图4.1给出了一种可实现的方案，故这 3 对夫妻是可以过河的。

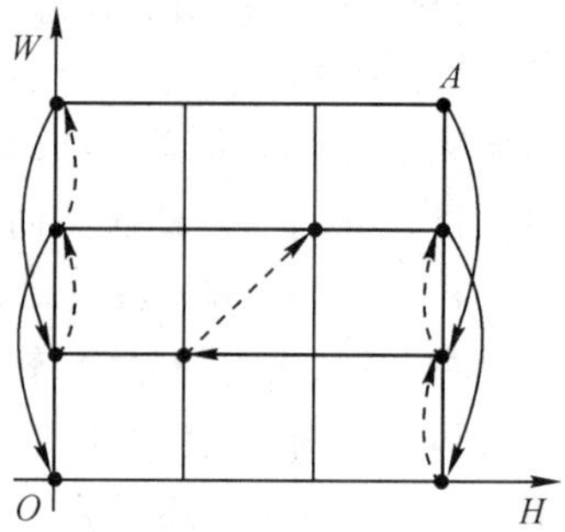

图 4.1

假如按这样的方案过河，这 3 对夫妻共需经过 11 次摆渡才能全部过河。

不难看出，在上述规则下，4 对夫妻就无法过河了，读者可以自行证明之。类似地可以讨论船每次可载 3 人的情况，其结果是 5 对夫妻是可以过河的，而 6 对以上时就无法过河了。假如船每次可以载 4 人，则任意多对夫妻均可过河，最易看出的一个方案是让一对夫妻当船工即可。

关于夫妻过河还可以编出许多其他形式的问题，下面我们来看一些同样有趣的问题。为了叙述简便，先约定一些符号，这些符号将被应用于以下的各个问题之中。记想过河的夫妻对数为 n，船可载的人数为 m，n 对夫妻过河所需的最少摆渡次数为 k。

问题 1 2 对夫妻要过河，船每次只能渡 2 人，应如何过河，最少摆渡几次？(即 $n = 2, m = 2$，求 $k = ?$)

本问题很容易解答，读者可自行完成。(答案为 $k = 5$)

问题 2 n 对夫妻要过河，船每次可载 $n-1$ 人，应如何过河，最少要摆渡几次？(即 $m = n-1$，求 $k = ?$)

答案 (1)$n = 3, m = 2, k = 11$ (2) $n = 4, m = 3, k = 9$

(3)$n \geqslant 5, m = n - 1, k = 7$

问题 3 1883 年，吕卡斯(Récréations)提出以下问题：n 对夫妻要过河，船至少应可载几人($m \geqslant ?$)，他们才可能过河，最少摆渡次数为多少？(可看成前类问题的反问题)

德兰努瓦(M. Delannoy) 证明：

(1)$n = 2, m = 2, k = 5$ (2)$n = 3, m = 2, k = 11$

(3)$n = 4, m = 3, k = 9$ (4)$n = 5, m = 3, k = 11$

(5)$n \geqslant 6, m = 4, k = 2n - 3$

问题 4 德·丰特内(M. De Fonteney)指出，如果河中有一个岛，那么，不管有多少对夫妻，只要有一只可载 2 人的船，他们均能过河(2 对、3 对时不需要岛)，最少摆渡次数为 $8n - 6$。

更难的还可以考虑如下一类问题：

(1) 阿拉伯妇女生活于闺阁之中，她们应不会划船，此时问题又会怎样？

(2) 阿拉伯男子可以娶妾，假如有 n 位男人带着他们各自的妻妾过河，问题的结果又会变成怎样？

这些问题因过于复杂，我们就此搁笔，不再继续讨论下去了。

上面介绍的一些例子本身并无多大实际意义，但它们展示了如何将实际问题转化为状态转移问题的方法，这种方法是值得借鉴的。

4.2　密码的设计、解码与破译

密码的设计和使用至少可以追溯到4000多年前的埃及、巴比伦、罗马和希腊，历史极为久远。古代隐藏信息的方法主要有两大类：其一为隐藏信息载体，采用隐写术等；其二为变换信息载体，使之无法为一般人所理解。本节只涉及到后者，介绍一些采用比较简单的数学工具对信息加密、解密的技巧和方法。

在密码学中，信息代码被称为密码，加密前的信息被称为明文(plaintext)，经加密后不为常人所理解的用密码表示的信息被称为密文(ciphertext)，将明文转变成密文的过程被称为加密(enciphering)，其逆过程被称为解密(deciphering)，而用以加密、解密的方法或算法则被称为密码体制(crytosystem)。

记全体明文组成的集合为 U，全体密文组成的集合为 V，称 U 为明文空间，V 为密文空间。加密常利用某一被称为密钥的东西来实现，它通常取自于一个被称为密钥空间的含有若干参数的集合 K。按数学的观点来看，加密与解密均可被看成是一种变换：取一 $k \in K$，$u \in U$，$\forall u \in U$，令 $u \xrightarrow{k} v \in V$，$v$ 为明文 u 在密钥 K 下的密文，而解码则要用到 K 的逆变换 K^{-1}，$v \xrightarrow{k^{-1}} u$。由此可见，密码体系虽然可以千姿百态，但其关键还在于密钥的选取。

随着计算机与网络技术的迅猛发展，大量各具特色的密码体系不断涌现。离散数学、数论、计算复杂性、椭圆曲线、混沌……许多相当高深的数学知识都被用上，逐步形成了(并仍在迅速发展的)具有广泛应用面的现代密码学。本节不准备涉及分组加密算法、身份证与消息认证、数字签名、椭圆曲线密码、量子密码、混沌密码、序列密码等具有某些独特功能的密码新体制。在这里我们只对古典密码、希尔密码和公钥密码作一简要介绍，前两种用到了较为简单的线性代数运算，而后者则用到一点十分简单的数论知识。

早期密码大体可分为：替代密码和代数密码。我们先介绍一下替代密码，然后再来介绍一类重要的代数密码——希尔密码。

一、替代密码

替代密码又被称为置换密码。这是最简单也最容易想到的一种加密和解密方法，它采用另一个字母表中的字母来代替明文中的字母，明文字母与密文字母保持一一对应关系，但采用的符号改变了。加密时，把明文换成密文，即把明文中的字母用密文字母表中对应的字母取代;解密时则相反,将把密文换回成明文,即把密文中的字母用明文字母表中对应的字母代回,解密过程是加密过程的逆过程。在替代法加密过程中,密文字母表即替代法加密的密钥,密钥可以是标准字母表,也可以是按任意顺序建立的字母表。以英文为例,英文字母共有 26 个(不包括空格,标点符号等其他符号),每一字母都可用另一字母替代(只要不重复),因而,共可构造出 26!种不同的字母置换表,加密和解密时必须选定其中的同一张置换表。由于有密钥(即置换字母表),加密和解密均不困难,但想要破译的人没有这张置换字母表(即没有密钥),他只好逐一去尝试全部 26!张可能被用到的置换字母表,因而要想破译出密文绝非易事。

最早的替代密码是较为方便的移位密码,现在所知的最为古老的加密方法 —— 天书就是移位法的一种。早在4000多年前,古希腊人就用一种名叫"天书"的器械来加密消息。该密码器械是用一条窄长的草纸缠绕在一个直径确定的圆筒上,明文逐行横写在纸带上,当取下纸带时,字母的次序被打乱了,消息得以隐蔽。收方阅读消息时,要将纸带重新绕在直径与原来相同的圆筒上,才能看到正确的消息。在这里圆筒的直径起到了密钥的作用。

另一种移位法采用将字母表中的字母平移若干位的方法来构造密文字母表,传说这类方法是由古罗马执政官恺撒大帝最早使用的,故这种密文字母表被称为恺撒字母表,这种形式的密码又被称为恺撒密码。其转换方式为:

$$q \equiv p + c \pmod{26}$$

其中,c 为事先取定的常数,其实它就是恺撒密码的密钥;p 为明文字母;q 为 p 对应的密文字母(这里,我们考虑的是英文加密,并以 26 为模取同余运算)。

例 4.3 例如,取 $c = 10$,可得以下的字母对应表:

明文字母表 ABCDEFGHIJKLMNOPQRSTUVWXYZ

密文字母表 KLMNOPQRSTUVWXYZABCDEFGHIJ

利用这张对应字母表,我们可将"Good morning"加密成"Qyyn wybxsxq"。

恺撒密码加密方法简单,解密方法也简单,只要作加密运算的逆运算即可,即令

$$p \equiv q - c \pmod{26}$$

读者不难将刚才加密得到的"Oyyn wybxsxq"重新变回"Good morning"。

有利必有弊,恺撒密码加密方法简单解密方法也简单,但可惜的是破译也较为容易。如果破译者知道使用者采用的是恺撒密码,则为了破译密码,他唯一需要知道的只是密钥 c。破译者可以令 $c = 1, \cdots, m-1$,一一加以试验,直到获取明文(注:此法比一般的替代法密码效果要差得多,因为对一般的替代法密码置换字母表可多达 $m!$ 种,用穷举法计算量太大)。

恺撒密码虽将字母作了变换起到了一定的保密作用,但恺撒字母表仅对原字母表作了一个平移,保留了原字母表中的相邻关系,也为破译提供了信息。为克服这一缺点,有人提出了仿射变换密码,仿射变换密码的计算公式为

$$q \equiv ap + b \qquad \exists k, \text{使得 } a^{-1}a = 26k + 1$$

其中 a、b 为两个事先选定的常数。

取 $a = 3, b = 0$ 加密例 4.2 中的"Good morning",可得到"Ussl msbpapu"。

为了计算方便,我们先用 0—25 来代替字母 A - Z,得到以下对应表:

1	2	3	4	5	6	7	8	9	10	11	12	13	14	15	16	17	18	19	20	21	22	23	24	25	0
A	B	C	D	E	F	G	H	I	J	K	L	M	N	O	P	Q	R	S	T	U	V	W	X	Y	Z

在 $a=3,b=0$ 时，置换字母表为

A B C D E F G H I J K L M N O P Q R S T U V W X Y Z

C F I L O R U X A D G J M P S V Y B E H K N Q T W Z

从字母置换表中可以看出，仿射变换与移位变换相比，已有了较大的改进。在仿射变换的字母表中，字母间原有的顺序被改变，例如原来相邻的字母现在已不再相邻，从而为破译增加了困难。

经仿射变换加密后的密文在将它解密还原成明文时要用到此仿射变换的逆变换，即

$$p \equiv a^{-1}(q-b)(\bmod 26)$$

这里，我们引入逆元素 a^{-1}，目的是为了避免除法运算(否则将产生分数而使还原过程无法实现)。对数字 a 我们希望找到同样在0—25中的一个数 a^{-1}，再用数 a 去乘0—25中的任意数 p，并以26为模取同余得到 $q\in\{0,\cdots,25\}$ 后，要求用 a^{-1} 去乘 q 并关于26取同余后能重新得到 p，从而使我们实施的仿射变换成为可逆的(即加密后是可以解密的)。即我们希望对0—25中的任意数 p，有

$$a^{-1}ap \equiv p(\bmod 26)$$

成立，或要求存在 $a^{-1}\in\{0,\cdots,25\}$，使得

$$a^{-1}a = aa^{-1} \equiv 1(\bmod 26)$$

经简单的分析不难发现，并非所有0—25中的数都可用作这里的 a(注：这里我们略去了 b，因为它的作用相当于平移)，事实上我们可证明下面的定理。

定理 4.1　$a\in\{0,\cdots,25\}$，若 $\exists a^{-1}\in\{0,\cdots,25\}$ 使得

$\forall p\in\{0,\cdots,25\}$，$\exists q\in\{0,\cdots,25\}$，满足 $ap\equiv q(\bmod 26)$ 且 $a^{-1}q\equiv p(\bmod 26)$

则必有 $aa^{-1}=a^{-1}a\equiv 1(\bmod 26)$，且 $\gcd\{a,26\}=1$，其中 $\gcd\{a,26\}$ 表示 a 与26的最大公因子。

证明　任取　$p\in\{0,\cdots,25\}$，设 $ap=26k_1+q$，$a^{-1}q=26k_2+p$，于是可知

$$a^{-1}ap = a^{-1}(26k_1+q) = 26a^{-1}k_1 + a^{-1}q = 26a^{-1}k_1 + 26k_2 + p$$

故又有　$(a^{-1}a-1)p = 26(a^{-1}k_1+k_2)$

由 p 的任意性可得

$$a^{-1}a \equiv 1(\bmod 26) \qquad (aa^{-1}\equiv 1(\bmod 26)\text{ 可类似证明})$$

最后一式说明，$\exists k$，使得 $a^{-1}a=26k+1$，故又必有 $\gcd\{a,26\}=1$(否则，若 $\gcd\{a,26\}=c$ 且 $c>1$，将会导出 c 整除1的矛盾)，证毕。

此外，我们还不难证明，这样的 a^{-1} 还是由 a 唯一确定的。事实上，设有

$$a_1^{-1}a = 26k_1+1 \quad 和 \quad a_2^{-1}a = 26k_2+1 \qquad (a_1^{-1},a_2^{-1}\in\{0,\cdots,26\})$$

则　$(a_1^{-1}-a_2^{-1})a = 26(k_1-k_2)$

故必有 $k_1=k_2$(用到了 $\gcd\{a,26\}=1$)，即 $a_1^{-1}=a_2^{-1}$。

由定理4.1，0—26中除13以外的奇数均可用作仿射变换中的 a，a 与 a^{-1} 互为逆元素，下表为经计算求得的逆关系：

a	1	3	5	7	9	11	15	17	19	21	23	25
a^{-1}	1	9	21	15	3	19	7	23	11	5	17	25

前面我们利用 $a=3,b=0$ 将“Good morning”化成了“Ussl msbpapu”，现在，我们也可以取 $a^{-1}=9,b=0$，利用逆变换 $p=a^{-1}(q-b)$ 将“Ussl msbpapu”变回“Good morning”，读者可自行完成之。

仿射密码仍存在着较强的规律性，为了减少规律性增加随意性，人们又想了不少办法。当然，要尽可能随机，最好从 $m!$ 张置换字母表中随机选取使用，并经常加以更换。但这将给信息传递对象 —— 解密者增加不便。从实用角度出发，人们在构造置换字母表(即密钥)时采用了一些既便于记忆(从而必存在着某种规律)又有一定保密效果的措施。

为了使破译更为困难，密钥常用一个密钥字或密钥短语生成混淆字母表。密钥字或密钥短语可以存放在识别码、通行字或密钥的秘密表格中，用来向解密者传递解密信息。混合一个字母表，常见的有两种方法，这两种方法都采用了一个密钥字或一个密钥短语。

方法一

a) 选择一个密钥字或密钥短语，例如：construct；

b) 去掉其中重复的字母，得：constru；

c) 在修改后的密钥后面接上从标准字母表中去掉密钥中的已有字母后剩下的字母。

例如，从自然字母表出发，采用上述方法可得：

明文字母表 ABCDEFGHIJKLMNOPQRSTUVWXYZ

密文字母表 construabdefghijklmpqvwxyz

在设计密钥时，也可在明文字母表中选择一个特定字母，然后从该特定字母开始写密钥字将密钥字隐藏于其中。

例如，对于上例，选取特定字母 k，则可得：

明文字母表 ABCDEFGHIJKLMNOPQRSTUVWXYZ

密文字母表 klmpqvwxyzconstruabdefghij

方法二

a) 选择一个密钥字或密钥短语，例如：construct；

b) 去掉其中重复的字母，得：constru；

c) 这些字母构成矩阵的第一行，矩阵的后续各行由标准字母表中去掉密钥字的字母后剩下的字母构成，得

c	o	n	s	t	r	u
a	b	d	e	f	g	h
i	j	k	l	m	p	q
v	w	x	y	z		

d) 把所得矩阵中的字母按列的顺序选出，得

caivobjwndkxselytfmzrgpuhq

按照此方法产生的字母表称为混淆字母表，因为字母原来的相邻关系被打乱了。

在使用代替法加密时，除了使用混淆字母表以外，还可以使用混淆数。混淆数由以下方法产生。

a) 选一密钥字或密钥短语，例如：construct；

b) 按照这些字母在标准字母表中出现的相对顺序给它们编号，对序列中重复的字母则自左向右编号，得

c	o	n	s	t	r	u	c	t
1	4	3	6	7	5	9	2	8

c) 自左向右选出这些数字，得到一混淆数字组：143675928，混淆字母表仍按列作出，而取列的顺序则按混淆数字组从小到大的顺序取矩阵中相应列得出。

为增加保密性，在使用代替法时还可利用一些其他技巧，如单字母表对多字母表、单字母对多字母、多重代替等等。

以上介绍的恺撒密码和仿射变换密码均属于置换密码，置换密码有一个共同的缺点，即将明文字母转变成密文字母时，字母间的对应关系是 1 对 1 的，这样一来，就使得明文中的某些特征(例如字母的频率特征、语法特征等) 在密文中保存了下来，为破译密文提供了具有参考价值的线索。结合这些特征使用穷举法，可以降低穷举法的计算量，从而最终获取明文。所以，将穷举法与统计法结合起来分析是破译替代法密码所采用的最基本和最常用的方法，其他特殊方法大多是这两种方法的综合和改进。

穷举分析法就是对所有可能的密钥或明文进行逐一试探，直至试探到“正确” 的为止。此方法需要事先知道密码体制或加密算法(但不知道密钥或加密具体办法，就像我们知道门要用钥匙开，但我们没有那把钥匙一样)。破译时需将猜测到的明文和选定的密钥输入给算法，产生密文，再将该密文与窃听来的密文比较。如果相同，则认为该密钥就是所要求的，否则继续试探，直至破译。当然，由于数字的数量较多，可能的排列数过大，单纯地穷举效果往往较差，破译者还得另想办法，不能仅凭运气蛮干。

统计法是根据统计资料进行猜测的。在一段足够长且非特别专门化的文章中，字母的使用频率是比较稳定的。在某些技术性或专门化文章中，字母使用频率可能有微小变化。

在上述两种加密方法中，字母表中的字母是一一对应的，因此，在截获的密文中各字母出现的频率提供了重要的密钥信息。根据权威资料报道，可以将 26 个英文字母按其出现的频率大小较合理地分为五组：

Ⅰ. t,a,o,i,n,s,h,r

Ⅱ. e

Ⅲ. d,l

Ⅳ. c,u,m,w,f,g,y,p,b

Ⅴ. v,k,j,x,q,z

不仅单个字母以相当稳定的频率出现，相邻字母对和三字母对同样如此。按频率大小将双字母排列如下：

th,he,in,er,an,re,ed,on,es,st,en,at,to,nt,ha,nd,ou,ea,ng,as,or,ti,is,er,it,ar,te,se,hi,of

使用最多的三字母按频率大小排列如下：

the,ing,and,her,ere,ent,tha,nth,was,eth,for,dth

统计的章节越长，统计结果就越可靠。对于只有几个单词的密文，统计是无意义的。

下面是统计观察到的另外三个结果：

a) 单词 the 在这些统计中有重要的作用；

b) 以 e,s,d,t 为结尾的英语单词超过了一半；

c) 以 t,a,s,w 为起始字母的英语单词约为一半。

对于 a)，如果将 the 从明文中删除，那么 t 的频率将要降到第二组中其他字母之后，而 h 将降到第三组中，并且 th 和 he 就不再是最众多的字母了。

以上对英语统计的讨论是在仅涉及 26 个字母的假设条件下进行的。实际上消息的构成还包括间隔、标点、数字等字符。总之，破译密码并不是件容易的事。

二、希尔密码

如前所述，代替密码与移位密码有着一个致命弱点，即明文字符和密文字符有相同的使用频率，破译者可根据统计出来的字符频率找到规律，进而找出破译的突破口。要克服这一缺陷，提高保密程度就必须改变字符间的一一对应关系。1929 年，希尔(Hill) 利用线性代数中的矩阵运算，打破了字符间的对应关系，设计了一种被称为希尔密码的代数密码。与前面相同，为了便于计算，希尔首先将字符变换成数。例如，对英文字母，作如下变换：

A	B	C	D	E	F	G	H	I	J	K	L	M	N	O	P	Q	R	S	T	U	V	W	X	Y	Z
1	2	3	4	5	6	7	8	9	10	11	12	13	14	15	16	17	18	19	20	21	22	23	24	25	0

希尔密码的基本思想很简单，将密文分成 n 个字符一组，用对应的数字代替，将其变成了一个 n 维向量。如果取定一个 n 阶的非奇异矩阵 $\boldsymbol{A}$(此矩阵为主要密钥)，用 $\boldsymbol{A}$ 去乘每一向量，即可起到加密的效果。解密也不麻烦，将密文也分成 n 个一组，同样变换成 n 维向量，只需用 $\boldsymbol{A}^{-1}$ 去乘这些向量，即可将它们变回原先的明文。

在具体实施时，读者很快会发现一些困难：(1) 为了使数字与字符间可以互换，必须使用取自 0—25 之间的整数；(2) 由线性代数知识，$\boldsymbol{A}^{-1} = \dfrac{\boldsymbol{A}^*}{\det(\boldsymbol{A})}$，其中 $\boldsymbol{A}^*$ 为 $\boldsymbol{A}$ 的伴随矩阵，这说明在求 $\boldsymbol{A}$ 的逆矩阵时可能会出现分数。这些困难不解决，上述想法将仍然无法实现。解决的办法类似于在仿射变换密码中所用过的办法 —— 引进同余运算，并用乘法来代替除法(像线性代数中用逆矩阵代替矩阵除法一样)。

定义 4.1 记 $U = \{1, \cdots, m, 0\}$，$\boldsymbol{A}$、$\boldsymbol{B}$ 是元素取自 U 中的两个矩阵，若

$$\boldsymbol{AB} \equiv \boldsymbol{BA} \equiv I \qquad (\bmod m)$$

则称 $\boldsymbol{A}$ 为关于模 m 是可逆的，并称 $\boldsymbol{B}$ 为 $\boldsymbol{A}$ 的关于模 m 的逆矩阵，在不至于造成误会的情况下，我们甚至简称 $\boldsymbol{A}$ 为可逆的，并不妨仍将其关于 m 的逆矩阵记为 $\boldsymbol{A}^{-1}$。

例 4.4 取 $\boldsymbol{A} = \begin{pmatrix} 1 & 2 \\ 0 & 3 \end{pmatrix}$，$\boldsymbol{B} = \begin{pmatrix} 1 & 8 \\ 0 & 9 \end{pmatrix}$，容易验证

$\boldsymbol{AB} \equiv \boldsymbol{BA} \equiv I(\bmod 26)$，故 $\boldsymbol{A}$ 关于模 26 是可逆的，且 $\boldsymbol{B} = \boldsymbol{A}^{-1}$。

不难证明，若 $\boldsymbol{A}$ 关于模 m 可逆，则 $\boldsymbol{A}$ 必可逆，但反之未必成立。例如，取 $\boldsymbol{A} = \begin{pmatrix} 1 & 2 \\ 0 & 2 \end{pmatrix}$，虽然 $\det\boldsymbol{A} = 2$，$\boldsymbol{A}$ 是一般意义下的可逆矩阵，但易证明 $\boldsymbol{A}$ 不是关于模 26 可逆的。事实上，若记

$\boldsymbol{B} = \begin{pmatrix} a & b \\ c & d \end{pmatrix}$，则 $\boldsymbol{AB} = \begin{pmatrix} a+2c & b+2d \\ 2c & 2d \end{pmatrix}$，要使得 $\boldsymbol{AB} \equiv 1(\bmod 26)$，则应

满足：

$$\begin{cases} a+2c\equiv 1 \\ b+2d\equiv 0 \\ 2c\equiv 0 \\ 2d\equiv 1 \end{cases} \pmod{26}$$

最后一式显然无解，事实上 U 中任何数都不可能满足 $2d\equiv 1(\mathrm{mod}26)$，然而，我们可以用构造法证明。

定理 4.2　若 $\gcd\{\det\boldsymbol{A}, m\}=1$，则 $\boldsymbol{A}$ 必是关于模 m 可逆的。

证明　由线性代数知识，$\boldsymbol{A}^{-1}=\dfrac{1}{\det\boldsymbol{A}}\boldsymbol{A}^{*}$，读者可自行用计算证明：在求 $\boldsymbol{A}^{*}$ 时采用取同余的办法以保证 $\boldsymbol{A}^{*}$ 的元素均在$\{1,\cdots,m,0\}$中，用 $\det\boldsymbol{A}$ 的逆元素乘$\boldsymbol{A}^{*}$ 来代替作除法，求得的矩阵即为 $\boldsymbol{A}^{-1}$。

例 4.5　现在，我们用定理 4.2 证明中的方法求例 4.4 中的逆矩阵。

$$\boldsymbol{A}=\begin{pmatrix}1 & 2\\ 0 & 3\end{pmatrix},\det\boldsymbol{A}=3,\text{其关于模 26 的逆元素为 9},\boldsymbol{A}^{*}=\begin{pmatrix}3 & -2\\ 0 & 1\end{pmatrix}$$

$$9\begin{pmatrix}3 & -2\\ 0 & 1\end{pmatrix}=\begin{pmatrix}27 & -18\\ 0 & 9\end{pmatrix}\equiv\begin{pmatrix}1 & 8\\ 0 & 9\end{pmatrix} \pmod{26}$$

故
$$\boldsymbol{A}^{-1}=\begin{pmatrix}1 & 8\\ 0 & 9\end{pmatrix}$$

例 4.6　作为一个简单实例，现在我们来用例 4.4 中的 $\boldsymbol{A}$ 矩阵加密“Thank you”(注：不计空格，如考虑空格、逗号、句号，则 $m=29$ 是素数，0—28 中的任何数均可用作加密用的 a，情况会更简单一些)。

(加密) 由于 $n=2$，将明文按两个一组分组，并转换成相应向量：

$$\begin{bmatrix}20\\ 8\end{bmatrix}\quad\begin{bmatrix}1\\ 14\end{bmatrix}\quad\begin{bmatrix}11\\ 25\end{bmatrix}\quad\begin{bmatrix}15\\ 21\end{bmatrix}$$

用矩阵 $\boldsymbol{A}$ 左乘各向量加密(关于 26 取余) 得

$$\begin{bmatrix}10\\ 24\end{bmatrix}\quad\begin{bmatrix}3\\ 16\end{bmatrix}\quad\begin{bmatrix}9\\ 23\end{bmatrix}\quad\begin{bmatrix}5\\ 11\end{bmatrix}$$

得到密文　　JXCPI WEK

(解密) 用求得的 $\boldsymbol{A}^{-1}$ 左乘求得的向量，即可还原为原来的向量，读者可自行检验。

希尔密码是以矩阵法为基础的，明文与密文的对应由 n 阶矩阵 $\boldsymbol{A}$ 确定。矩阵 $\boldsymbol{A}$ 的阶数是事先约定的，与明文分组时每组字母的字母数量 n 相同，如果明文所含字数与 n 不匹配，则最后几个分量可任意补足。

($\boldsymbol{A}^{-1}$ 的另一求法)

线性代数中还有一种不用求伴随矩阵，直接用行线性变化求逆矩阵的办法，我们也可以把其中的方法平移过来。不同之处只有两点：(1) 矩阵的元素必须保持在 U 中，因此，必要时随时要取同余；(2) 不能进行除法运算，应当用乘逆元素的方法来代替除法。

我们将利用行初等变换将矩阵$(\boldsymbol{A},I)$中的矩阵 $\boldsymbol{A}$ 消为 I，则原先的 I 即被消成了

$\boldsymbol{A}^{-1}$。例如，$\boldsymbol{A}=\begin{bmatrix}1 & 2\\0 & 3\end{bmatrix}$的逆矩阵可以用如下方法求得。

$$\left(\begin{bmatrix}1 & 2\\0 & 3\end{bmatrix},\begin{bmatrix}1 & 0\\0 & 1\end{bmatrix}\right)$$

用9乘第二行化第二行中的3为1，并取同余，得

$$\left(\begin{bmatrix}1 & 2\\0 & 1\end{bmatrix},\begin{bmatrix}1 & 0\\0 & 9\end{bmatrix}\right)$$

从第一行减去第二行的2倍，并取同余，得

$$\left(\begin{bmatrix}1 & 0\\0 & 1\end{bmatrix},\begin{bmatrix}1 & 8\\0 & 9\end{bmatrix}\right)$$

此时，括号内左边的矩阵已为单位阵，右边的矩阵即为要求的 $\boldsymbol{A}^{-1}$。

希尔密码系统的解密依赖于以下几把钥匙(key)：

Key1　矩阵 $\boldsymbol{A}$ 的阶数 n，即明文是按几个字母划分的；

Key2　变换矩阵 $\boldsymbol{A}$，只有知道了 $\boldsymbol{A}$ 才可能推算出 $\boldsymbol{A}^{-1}$；

Key3　明文和密文由字母表转换成 n 维向量所对应的非负整数表(上面，为方便起见，我们采用了字母的自然顺序，其实我们仍可将置换字母表用于其中)。

不难看出，以上方法的综合使用，使希尔密码的破译变得十分困难。

(希尔密码的破译)

希尔密码体系为破译者设置了多道关口，加大了破译难度。破译和解密是两个不同的概念，虽然两者同样是希望对密文加以处理得到明文的内容，但是它们有一个最大的不同——破译密码时，解密必须用到的钥匙未能取得。破译者需要依据密文的长度，文字的本身特征，以及行文习惯等等各方面的信息进行破译。破译密码虽然需要技术，但更加重要的是"猜测"的艺术。"猜测"的成功与否直接决定着破译的结果。

破译希尔密码要猜测出 n 及文字转换成 n 维向量所对应的字母表，更重要的是获得加密矩阵 $\boldsymbol{A}$($\boldsymbol{A}$ 包含 n^2 个元素，当 n 较大时很难猜出)。

由线性代数的知识可以知道，矩阵完全由一组基的变换决定，对于 $n\times n$ 矩阵 $\boldsymbol{A}$，只要猜出密文中 n 个线性无关的向量 $\boldsymbol{q}_i=\boldsymbol{A}\boldsymbol{p}_i(i=1,2,\cdots,n)$ 对应的明文 $\boldsymbol{p}_i(i=1,2,\cdots,n)$，即可求出 $\boldsymbol{A}$，从而将密码破译。

在实际计算中，可以利用以下方法：

令 $P=(p_1,\cdots,p_n)^{\mathrm{T}}$，$P=\boldsymbol{A}^{-1}Q$，为了求 $\boldsymbol{A}^{-1}$ 将此式转置，得：$P^{\mathrm{T}}=Q^{\mathrm{T}}(\boldsymbol{A}^{-1})^{\mathrm{T}}$，故 $(\boldsymbol{A}^{\mathrm{T}})^{-1}=(\boldsymbol{A}^{-1})^{\mathrm{T}}=(Q^{\mathrm{T}})^{-1}P^{\mathrm{T}}$。

我们可按以下方法求 $\boldsymbol{A}^{-1}$：

$(Q^{\mathrm{T}}/P^{\mathrm{T}})\rightarrow(I/(Q^{\mathrm{T}})^{-1}P^{\mathrm{T}})=(I/(\boldsymbol{A}^{-1})^{\mathrm{T}})$，以上需用行初等变换，在将 Q^{T} 变为 I 的同时，将 P^{T} 变成了$(\boldsymbol{A}^{-1})^{\mathrm{T}}$，将其转置即可得到 $\boldsymbol{A}^{-1}$。

例 4.7　现截获了一段密文如下：nokbfstaamkpsxkpcp

根据英文的行文习惯以及获取密码的途径和背景、以往的经验，猜测该密文是用两个字母一组的希尔密码加密的，并猜测使用的是相同的字母表且前四个明文字母是 dear；则前两组明文字母 de 和 ar 对应的向量 $\boldsymbol{p}_1,\boldsymbol{p}_2$ 及加密后对应的二维向量 $\boldsymbol{q}_1,\boldsymbol{q}_2$ 为

$$\boldsymbol{p}_1 = \begin{bmatrix}4\\5\end{bmatrix}, \boldsymbol{p}_2 = \begin{bmatrix}1\\18\end{bmatrix}$$

而

$$\boldsymbol{q}_1 = \begin{bmatrix}14\\15\end{bmatrix}, \boldsymbol{q}_2 = \begin{bmatrix}11\\2\end{bmatrix}$$

$$\left[\begin{array}{cc|c|cc}4 & 5 & & 14 & 15\\1 & 18 & & 11 & 2\end{array}\right] \xrightarrow{\text{行初等变换}} \cdots\cdots \to \left[\begin{array}{cc|c|cc}1 & 0 & & 1 & 0\\0 & 1 & & 8 & 9\end{array}\right]$$

最后求得逆矩阵为：$\boldsymbol{A}^{-1} = \begin{pmatrix}1 & 8\\0 & 9\end{pmatrix}$，进而可利用 $\boldsymbol{A}^{-1}$ 来破译密文，得

dearbobiaminchinanow

现在短语已能读懂，应为：Dear Bob, I am in China now.

由于计算量较大，例 4.7 只是对最简单的情况进行的举例，如果加密矩阵的阶数大于 2，需要的密文应该有较大长度，所需进行的计算量也会迅速增大，何况我们尚未考虑到加密前字母表尚可进行置换变换(即将希尔密码与置换密码结合起来使用)，使在求得 $\boldsymbol{A}^{-1}$ 并在用 $\boldsymbol{A}^{-1}$ 作逆变换后得到的仍是无法读懂的密文。故而，事实上，希尔密码的破译远比我们想象的要困难得多。

以上我们介绍的希尔密码体制是以矩阵法为基础的，实际上，希尔首先提出的是联立方程法，而后经简化提炼，转化成今天利用矩阵进行运算的希尔密码，根据线性代数知识，这一点是不难理解的。

希尔密码大大改进了原来采用的密码系统，隐藏了字母使用的频率，使密码系统的安全性得到了实质性的改进。然而，希尔密码也不是万能的，现实生活和实际生产会提出各种各样的新问题。

传统的密码通讯只能在事先约定的双方间进行，使用双方必须掌握相同的密钥，双方使用的变换互为逆变换，而密钥的传送则必须使用另外的“安全通道”(这种密码系统被称为单密钥系统)。这样，如果 n 个用户都能够两两秘密地交换信息，则每个用户将需要有 $n(n-1)/2$ 个密钥，这样巨大的密钥量给密钥的分配、管理和使用带来了极大的不便。你不妨这样设想一下，你要和 m 位朋友互通消息，你的朋友比较多，故而 m 比较大。为了保护隐私，你和不同的朋友需要用不同的密码，同时使用这么多不同的密码，你感到方便吗(这里我们只考虑了密码的使用，尚未考虑密码系统的分配与管理)？

在一个庞大的机构或工程中，内部存在着上下控制关系。系统要求上层能自如了解下层的信息并能指挥下层的动作，而下层却无法刺探上层的信息；平级即同层之间又可能存在着别种要求的相互联系，此机构或工程内的保密系统也不是希尔密码所能完成的。

我们还可以举出许多其他例子。总之，在现代社会里，人们需要获取的信息越来越多，联系的方式也越来越广泛，从而不断地提出新的保密要求，为现代密码学提出了涉及面极为广泛的研究课题。由于内容与篇幅的限制，本节中不可能过多地涉及使用各种专门数学工具而又内容十分丰富的现代密码学知识。介绍一个实例，让我们来看一看当前使用得较为广泛的公开体制的密钥系统，即所谓 RSA 密码系统。

三、RSA 密码系统

在有些情况下，事先约定密钥是不可能的，例如某个工程项目发出招标公告，希望能

有尽可能多的公司参与投标,(包括从未往来过的公司),并使用通讯方式进行洽谈。此时既需要保守商业秘密(对第三者),又不可能事先商定所使用的密钥。公开密钥体制的提出就是为了从根本上解决上述问题。其基本思想是:把密钥划分为公开密钥和秘密密钥两部分,两者互为逆变换,但几乎不可能从公开密钥推出秘密密钥。每个使用者均有自己的公开和秘密密钥。公开密钥供别人向自己发送信息时加密使用,这种密钥可以像电话号码一样提供给一切人查阅;而每个用户对自己的秘密密钥则严加保密,只供自己解密使用。这其中就要利用某些已知的 NPC 问题(详见第 6 章),例如背包问题、整数分解问题、矩阵覆盖问题,等等。

RSA 体制是一种当前还在使用的公开密钥方法,用三个发明者里弗斯特(Rivest)、沙米尔(Shamir) 和艾德曼(Adleman) 的字头命名。这一方法的安全性基于如下简单的事实:将两个大素数相乘很容易,但反过来将它们的乘积再因式分解回来则非常困难。

定义 4.2 设 n 为一正整数,将小于 n 且与 n 互素的正整数个数记为 $\Phi(n)$,称此函数为欧拉(Euler) Φ 函数。

容易看出,$\Phi(2) = 1$,因为 1 与 2 互素;$\Phi(3) = 2$,因为 1 和 2 与 3 互素;$\Phi(4)$ 也等于 2,因为 1 和 3 与 4 互素。不难证明:若 p,q 为两个相异素数,$n = pq$,则 $\Phi(n) = (p-1)(q-1)$。

令 p,q 为随机选取的两个大素数(大约为十进制 100 位或更大),令 $n = pq$,n 是公开的,而 p,q 是保密的。掌握秘密 $n = pq$ 的人知道欧拉函数值 $\Phi(n) = (p-1)(q-1)$,但如果不知道因式分解就不能用这个公式计算。随机选取一个数 e,e 为小于 $\Phi(n)$ 且与它互素的正整数。利用辗转相除法,可以找到整数 d 和 r,使得

$$ed + r\Phi(n) = 1 \qquad 即 \qquad ed \equiv 1(\mathrm{mod}\ \Phi(n))$$

数 n,e 和 d 分别称为模、加密密钥和解密密钥。数 n 和 e 组成公开密钥的加密密钥,而其余的项 $p,q,\Phi(n)$ 和 d 组成了秘密陷门。很显然,陷门信息包含了四个相关的项,例如,如果知道了 p,其余三项立即可以求出。如果不知道 $\Phi(n)$ 由已知的公开密钥 e,很难算出秘密密钥 d。若知道 $\Phi(n)$,则由 $pq = n$ 及 $p + q = n - \Phi(n) + 1$ 可知 p、q 是二次方程

$$x^2 + (\Phi(n) - n - 1)x + n = 0$$

的根,由此可以求出 p 和 q,从而将 n 因式分解。所以 RSA 体制的安全性与因式分解密切相关,若能知道 n 的因式分解,该密码就能被破译。因此,要选用足够大的 n,使得在当今的条件下要分解它是十分困难的。

RSA 方法的实现还依赖于以下定理:

定理 4.3 (欧拉定理) 若 $\gcd(a,n) = 1$,则 $a^{\Phi(n)} \equiv 1(\mathrm{mod}\ n)$。(证明从略)

定理 4.4 (费马小定理) 若 p 是素数,则对一切整数 a 有 $a^p \equiv a(\mathrm{mod}\ p)$。

证明 由于 p 是素数,故 $\Phi(p) = p - 1$。

若 $\gcd(a,p) = 1$,则根据欧拉定理有 $a^{\Phi(p)} = a^{p-1} \equiv 1(\mathrm{mod}\ p)$,从而可知

$$a^p = aa^{p-1} \equiv a(\mathrm{mod}\ p)$$

若 $\gcd(a,p) \neq 1$,同样由于 p 是素数,a 必为 p 的倍数,从而 $a \equiv 0(\mathrm{mod}\ p)$ 且 $a^p \equiv 0(\mathrm{mod}\ p)$,故 $a^p \equiv a(\mathrm{mod}\ p)$ 也成立,证毕。

RSA 密码使用方法及步骤:

(1) 随机选取两个非常大的素数 p 和 q，令 $n = pq$；

(2) 计算 $\Phi(n) = (p-1)(q-1)$；

(3) 任取一个与 $\Phi(n)$ 互素的正整数 e，以 e 和 n 为公开的加密密钥（e 和 n 将像电话号码一样向外界公布）；

(4) 用辗转相除法求出 d，$\gcd(e,d) = 1 \pmod{\Phi(n)}$，用 d 和 $\Phi(n)$ 作为秘密的解密密钥，仅供个人使用，对外界绝对保密。

为加密消息 m，首先将它分为小于 n（对二进制数据，选取小于 n 的2的最大方幂）的数据块。也就是说，如果 p 和 q 都为十进制100位的素数，则 n 刚好在200位以内，因此每个消息块 m_i 的长度也应在200以内。加密消息 c 由类似划分的同样长度的消息块 c_i 组成。加密公式为

$$P(m_i) = c_i，其中\ m_i^e \equiv c_i \pmod{n}\ （加密者知道\ e\ 和\ n，可作此变换）$$

要解密消息需用到解密密钥 d 和 $\Phi(n)$（注：加密者也不知道 d 和 $\Phi(n)$，故加密后也无法再反解回来），解密公式为

$$Q(c_i) = m_i，其中\ c_i^d \equiv m_i \pmod{n}\ （只有使用者个人才能作此逆变换）$$

P 与 Q 可用作加密与解密的原因是 P 与 Q 互为逆运算，可以证明，对任意 $m < n$，

$$(m^e)^d \equiv m \pmod{n}$$

事实上，$(m^e)^d = m^{ed} = m^{k\Phi(n)+1}$

根据 $n = qp$，且 p、q 为素数，故 $\Phi(n) = \Phi(p)\Phi(q)$，

从而 $$(m^e)^d = m^{k\Phi(n)+1} = m(m^{\Phi(p)\Phi(q)})^k$$

若 $\gcd(m,n) = 1$，则由欧拉定理，有 $m^{ed} = m^{k\Phi(n)+1} \equiv m \pmod{n}$；

若 $\gcd(m,n) \neq 1$，由于 $m < n$，m 必为 p 或 q 的倍数，不妨设 m 是 p 的倍数（从而必有 $\gcd(m,q) = 1$），即存在 a，使 $m = ap$，于是，也由欧拉定理，有

$$m^{\Phi(q)} \equiv 1 \pmod{q},\ m^{ed} = m(m^{\Phi(q)})^{k\Phi(p)} \equiv m \pmod{q}$$

为加深对 RSA 公开密钥体制的了解，下面给出一简短实例。假设有一使用者，他取了 $p = 47, q = 59$，由此得

$$n = pq = 2773,\ \Phi(n) = (p-1)(q-1) = 2668$$

取素数 $e = 17$，显然它与 $\Phi(n)$ 互素，且易得到 $d = 157$。将 $(e,n) = (17,2773)$ 作为公开密钥发布；严守机密的秘密密钥是(157,2668)。现在有人要向此使用者传送一段（英文）明文信息：

I love Zhejiang University.

将这段文字转换为数字，不计大小写，每两个词之间为一个空格符号，空格符号对应数字00，每个英文字母对应表征其在字母表中位置的两位数字，例如：A对应01，B对应02，…，Z对应26，等等。再从头向后，将每四位数字划归一组，不足时补充空格。如此得到以下13组数字：

0900	1215	2205	0026	0805	1009	0114
0700	2114	0922	0518	1909	2025	

每一组数字视为一个数，用公开密钥(17,2773)对其加以变换。以第一个数为例，由于 $n = 2773$，比任何可能出现的四位数字均大，故只需计算任何数字在模2773下的17次幂。

我们有

$$(900)^{17} = (((((900)^2)^2)^2)^2) \cdot 900 \equiv 1510 (\mathrm{mod}\ 2773)$$

在以上整个计算过程中,要随时注意取模,这样可以减少计算量。我们已求得900对应的密码是1510。用同样方法求得的全部密文电码为

1510 0417 1524 1445 0542 2692 1684

0761 1644 2488 1787 1877 1672

解密过程与此类似,只不过使用密钥(157,2668),直接计算虽很繁琐,但用计算机处理这一问题并不困难。本例中将四位数字划分为一组,是为了使每组的数字不超过 $n = 2773$(根据我们的规定,可能出现的最大数字为2525)。当使用一个大的 n 时,每次完全可以处理一个位数更多的数码组,只要相应的整数小于 n。

4.3 马氏链模型

世间万物均在变化,研究这种变化的事物常常需要用到概率统计知识,建立随机模型。本节介绍的马氏链模型(马尔柯夫链)就是其中常见的一类。

随着人类的进化,为了揭示生命的奥秘,人们越来越注重遗传学的研究,特别是遗传特征的逐代传播,已引起人们广泛的注意。无论是人,还是动、植物都会将本身的特征遗传给下一代,这主要是因为后代继承了双亲的基因,形成自己的基因对,由基因又确定了后代所表现的特征。本节将利用数学中的马氏链方法来建立相应的遗传模型,并讨论几个简单而又有趣的实例。

马氏链研究的是一类重要的随机过程,研究对象的状态 $s(t)$ 是不确定的,它可能取 K 种状态 $s_i(i = 1,\cdots,k)$ 之一,有时甚至可取无穷多种状态。在建模时,时间变量也被离散化,我们希望通过建立相邻两时刻观察对象取各种状态的概率之间的联系来研究其变化规律,故马氏链研究的其实也是一类状态转移问题。

在较一般的马氏链中,转移概率 $p_{ij}(t)$ 可以与时间 t 有关,这里时间 t 是离散化的,即取 $t = 1,2,\cdots$。但在本节中,我们将只研究较为简单也较为常见的一类马氏链,其转移概率不随时间而变化,即 $p_{ij}(t) = p_{ij}$。这样,我们所研究的马氏链模型,就存在着一个状态转移矩阵:

$$\begin{pmatrix} p_{11} & \cdots & p_{1n} \\ \vdots & & \vdots \\ p_{n1} & \cdots & p_{nn} \end{pmatrix}$$

其中 $0 \leqslant p_{ij} \leqslant 1, \sum\limits_{i=j}^{n} p_{ij} = 1$。不难看出,系统状态的变化规律完全由状态转移矩阵及系统的初始状态决定。后面的研究将指出,从某种意义上讲,状态转移矩阵将起着决定性的作用。马氏链是一类无后效性的随机过程,知道了今天的状态,就可以知道其将来的结果,不必再去了解昨天或者前天系统的状态究竟是怎样的,这是马氏链的主要特征之一。

例 4.8 设某商店经营状况分为两类:(1) 盈利(S_1),(2) 亏损(S_2)。根据统计资料,

上月状态为 S_i，下月状态为 S_j 的概率为 $p_{ij}(i=1,2,j=1,2)$，$0\leqslant p_{ij}\leqslant 1$ 且 $\sum_{i=1}^{n} p_{ij}=1(j=1,2)$。

马氏链各状态之间的转移关系既可以用一个转移矩阵来表示，也可以用一个所谓状态转移图来表示。

例 4.8 的一个数值实例的转移矩阵为

$$\boldsymbol{M}=\begin{pmatrix}0.5 & 0.4\\0.5 & 0.6\end{pmatrix}$$

若将马氏链的各状态看作定点，当两状态间的转移概率不为 0 时在相应状态间连一条弧，并在此弧上附加两状态间的转移概率作为权，我们就得到了一个有向图，此有向图被称为相应马氏链的转移图。易见，转移图满足以下两个条件：任意弧上的权均大于 0，从任一顶点发出的所有弧上的权和均等于 1。例如，上面的矩阵 $\boldsymbol{M}$ 对应的状态转移图如图 4.2 所示。

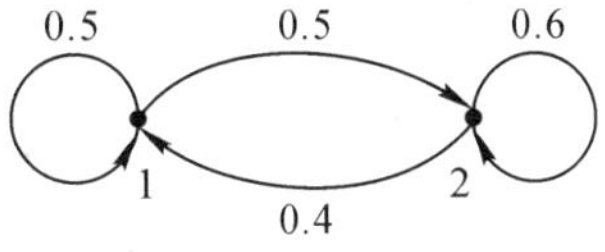

图 4.2

例 4.9　研究某一草原生态系统中物质磷的循环，考虑土壤中含磷、牧草含磷、牛羊体内含磷和流失于系统之外四种状态，分别以 S_1,S_2,S_3 和 S_4 表示这四种状态。以年为时间参数，一年内如果土壤中的磷以 0.4 的概率被牧草生长吸收，水土流失于系统外的概率为 0.2；牧草中的含磷以 0.6 的概率被牛羊吃掉而转换到牛羊体内，0.1 的概率随牧草枯死腐败归还土壤；牛羊体中的磷以 0.7 的概率因粪便排泄而归还土壤，又以自身 0.1 的比率因屠宰后投放市场而转移到系统外。我们可以建立一个马尔柯夫链来研究此生态系统问题，其转移概率列表 4.1。

表 4.1

状态转移概率		Ⅰ 时段状态			
		S_1	S_2	S_3	S_4
$i+1$ 时段状态	S_1 土壤含磷	0.4	0.1	0.7	0
	S_2 牧草含磷	0.4	0.3	0	0
	S_3 牛羊体含磷	0	0.6	0.2	0
	S_4 流失系统外	0.2	0	0.1	1

相应的转移矩阵与转移图(图 4.3)为

$$\boldsymbol{M}=\begin{pmatrix}0.4 & 0.1 & 0.7 & 0\\0.4 & 0.3 & 0 & 0\\0 & 0.6 & 0.2 & 0\\0.2 & 0 & 0.1 & 1\end{pmatrix}$$

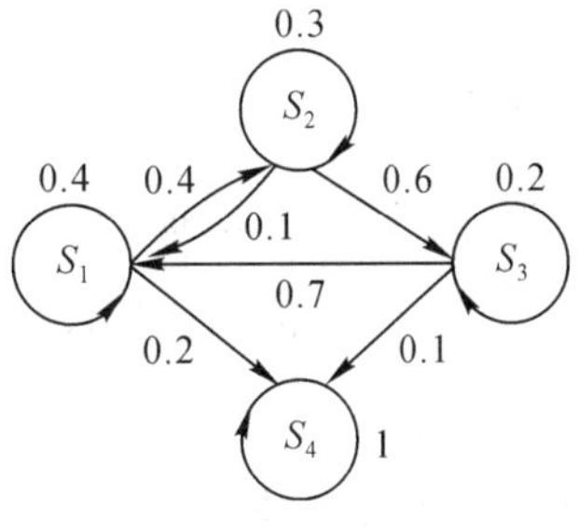

图 4.3

记 t 时刻的概率向量为 $\boldsymbol{x}^t$，其中 $\boldsymbol{x}^t=(p_1,p_2,p_3,p_4)$($p_j$ 为磷处于状态 S_j 的概率)，则

$$\boldsymbol{x}^{t+1}=\boldsymbol{M}\boldsymbol{x}^t$$

既然马氏链模型的性质完全由其转移矩阵决

定,状态转移又可以通过状态转移矩阵与状态概率向量的乘积来实现,故对马氏链模型可以采用线性代数中的矩阵理论作为其研究的数学工具。

马氏链具有哪些特征呢?首先,任一马氏链的转移矩阵的列向量均为概率向量,即有

(1)$0 \leqslant \boldsymbol{P}_{ij} \leqslant 1 \qquad (i,j = 1,\cdots,n)$

(2)$\sum_{i=1}^{n} P_{ij} = 1 \qquad (j = 1,\cdots,n)$

这样的矩阵被称为随机矩阵。

定理 4.5 随机矩阵 $\boldsymbol{M}$ 与概率向量 $\boldsymbol{x}$ 的乘积仍为概率向量。

证明 由于 $\boldsymbol{M}$ 是非负矩阵,$\boldsymbol{x}$ 是非负向量,故 $\boldsymbol{y} = \boldsymbol{M}\boldsymbol{x}$ 为非负向量。为证明 $\boldsymbol{y}$ 是概率向量,还需证明其所有分量之和为1,即证明 $\sum_{i=1}^{n} p_i = 1$。事实上,根据矩阵与向量乘积的规则,可得

$$\sum_{i=1}^{n} p_i = \sum_{i=1}^{n}\sum_{j=1}^{n} p_{ij}x_j = \sum_{j=1}^{n}\sum_{i=1}^{n} p_{ij}x_j = \sum_{j=1}^{n} x_j \sum_{i=1}^{n} p_{ij} = \sum_{j=1}^{n} x_j = 1$$

推论 若 $\boldsymbol{M}$ 是随机矩阵,则 $\forall\, k, \boldsymbol{M}^k$ 也是随机矩阵。

马氏链与马氏链之间也不尽相同,可根据其不同的性质分为若干类。例如,例 4.8 和例 4.9 就具有不同的性质。现在,让我们以线性代数为工具先来研究一下例 4.8 中的商店,看看该商店的经营状况究竟会如何变化。

(1) 假如该商店初开张时的经营状况是盈利的,即设初始时刻的概率向量为

$$\boldsymbol{x}^{(0)} = (1,0)^{\mathrm{T}}$$

则

$$\boldsymbol{x}^{(1)} = \begin{pmatrix} 0.5 & 0.4 \\ 0.5 & 0.6 \end{pmatrix}\begin{bmatrix} 1 \\ 0 \end{bmatrix} = \begin{bmatrix} 0.5 \\ 0.5 \end{bmatrix}, \boldsymbol{x}^{(2)} = \begin{pmatrix} 0.5 & 0.4 \\ 0.5 & 0.6 \end{pmatrix}\begin{bmatrix} 0.5 \\ 0.5 \end{bmatrix} = \begin{bmatrix} 0.45 \\ 0.55 \end{bmatrix}$$

$$\boldsymbol{x}^{(3)} = \begin{pmatrix} 0.5 & 0.4 \\ 0.5 & 0.6 \end{pmatrix}\begin{bmatrix} 0.45 \\ 0.55 \end{bmatrix} = \begin{bmatrix} 0.445 \\ 0.555 \end{bmatrix}, \cdots$$

一般地,可证明:$\boldsymbol{x}^{(n)} \xrightarrow{n \to \infty} \left(\frac{4}{9}, \frac{5}{9}\right)^{\mathrm{T}}$。

(2) 假如初始时刻是亏损的,即设 $\boldsymbol{x}^{(0)} = (0,1)^{\mathrm{T}}$,则可计算得

$$\boldsymbol{x}^{(1)} = \begin{pmatrix} 0.5 & 0.4 \\ 0.5 & 0.6 \end{pmatrix}\begin{bmatrix} 0 \\ 1 \end{bmatrix} = \begin{bmatrix} 0.4 \\ 0.6 \end{bmatrix}, \boldsymbol{x}^{(2)} = \begin{pmatrix} 0.5 & 0.4 \\ 0.5 & 0.6 \end{pmatrix}\begin{bmatrix} 0.4 \\ 0.6 \end{bmatrix} = \begin{bmatrix} 0.44 \\ 0.56 \end{bmatrix}$$

$$\boldsymbol{x}^{(3)} = \begin{pmatrix} 0.5 & 0.4 \\ 0.5 & 0.6 \end{pmatrix}\begin{bmatrix} 0.44 \\ 0.56 \end{bmatrix} = \begin{bmatrix} 0.444 \\ 0.556 \end{bmatrix}, \cdots$$

同样可证明:$\boldsymbol{x}^{(n)} \xrightarrow{n \to \infty} \left(\frac{4}{9}, \frac{5}{9}\right)^{\mathrm{T}}$。

事实上,我们可以证明,初始状态 $\boldsymbol{x}^{(0)} = (a^{(0)}, b^{(0)})^{\mathrm{T}}$ 不论怎么取,$\boldsymbol{x}^{(n)} \xrightarrow{n \to \infty} \left(\frac{4}{9}, \frac{5}{9}\right)^{\mathrm{T}}$ 总成立,即不论该商店现在如何,其最终盈利的概率为$\frac{4}{9}$、亏损的概率为$\frac{5}{9}$。

其实上述现象并非偶然,上述现象的出现是由于例 4.8 是正则链的缘故。

定义 4.3(正则链) 对马氏链的转移矩阵 $\boldsymbol{M}$,若存在一个正整数 k,使得 $\boldsymbol{M}^k > 0$ 成立(即每一分量均大于 0),则称此马氏链为正则链。

对例 4.8,因为 $M > 0$ 已成立($k = 1$),故例 4.8 中的马氏链是正则链。

根据定义来验证一个马氏链是否为正则链通常较为麻烦(尤其是当 k 较大时),此时,通过转移图来验证可能会更加方便。如在马氏链的转移图上,从任一顶点出发总可以经有限步转移到达任意其他状态,则此马氏链必为正则链。

正则链具有许多相当特殊的性质,这些性质中包含了以下的一些定理:

定理 4.6

(1) 设 $\boldsymbol{M}^k > 0$,则当 $t \geqslant 0$ 时均有 $\boldsymbol{M}^{k+t} > 0$;

(2) $\boldsymbol{M}^{k+t} \xrightarrow{t \to \infty} \boldsymbol{M}^*$,$\boldsymbol{M}^*$ 的所有列向量相同,从而秩为 1,即存在 $v_1,\cdots,v_n$,使得

$$\boldsymbol{M}^* = \begin{pmatrix} v_1 & \cdots & v_1 \\ \vdots & & \vdots \\ v_n & \cdots & v_n \end{pmatrix}$$

(3) 对任意随机向量 $\boldsymbol{x} = (x_1, x_2, \cdots, x_n)^{\mathrm{T}}$,可得 $\boldsymbol{M}^t\boldsymbol{x} \xrightarrow{t \to \infty} \boldsymbol{v}$,其中 $\boldsymbol{v}$ 为某一正向量。

证明　根据正则链的定义,存在正整数 k,使得 $\boldsymbol{M}^k > 0$。分别记 n 个行向量为 $x_1^{\mathrm{T}},\cdots,x_n^{\mathrm{T}}$。任取 i 考察 $\boldsymbol{M}^{k+t}(t = 0,1\cdots)$ 的第 i 行。当 $t = 1$ 时,由 $\boldsymbol{M}^{k+1} = \boldsymbol{M}\boldsymbol{M}^k$ 可知,$\boldsymbol{M}^{k+1}$ 的第 i 行为 $x_i^{\mathrm{T}}\boldsymbol{M}^k$,记 $\boldsymbol{M}^k$ 的最小元素为 $a(a > 0)$,分别记 x_i^{T} 的最小元素和最大元素为 s_0 和 l_0,设 x_i^{T} 的第 m 个分量 a_{im} 等于 s_0,即 $x_i^{\mathrm{T}} = (a_{il},\cdots,a_{im} = s_0,\cdots,a_{in})$,作行向量 y^{T},其第 m 个分量为 s_0,其余分量均取 l_0,则显然有 $x_i^{\mathrm{T}} \leqslant y^{\mathrm{T}}$,由 M^k 的非负性可得 $x_i^{\mathrm{T}}\boldsymbol{M}^k \leqslant y^{\mathrm{T}}\boldsymbol{M}^k$。考察 $y^{\mathrm{T}}\boldsymbol{M}^k$ 的任一分量,例如第 j 个分量,其值为

$$a_{mj}s_0 + \sum_{k \neq m} a_{kj}l_0 = l_0 - (l_0 - s_0)a_{mj} \leqslant l_0 - a(l_0 - s_0)$$

记 $y^{\mathrm{T}}\boldsymbol{M}^k$ 的最大元素为 $y_{\max}$,由 j 的任意性及导出的不等式可知 $y_{\max} \leqslant l_0 - a(l_0 - s_0)$,分别记 $x_i^{\mathrm{T}}\boldsymbol{M}^k$ 的最小分量与最大分量为 s_1 和 l_1,又由 $x_i^{\mathrm{T}}\boldsymbol{M}^k \leqslant y^{\mathrm{T}}\boldsymbol{M}^k$ 可得

$$l_1 \leqslant l_0 - a(l_0 - s_0) \tag{4.1}$$

类似可证明:$s_0 \geqslant s_0 + a(l_0 - s_0)$　(4.2)

根据 i 的任意性及 $s_1 \geqslant s_0$,运用数学归纳法不难证明,当 $t \geqslant k$ 时,均有 $\boldsymbol{M}^t > 0$,故定理 4.6(1) 式成立。

由(4.1) 和(4.2) 并运用归纳法可得

$s_t \leqslant s_{t+1} \leqslant l_{t+1} \leqslant l_t$ 及 $l_{t+1} - s_{t+1} \leqslant (1 - 2a)(l_0 - s_0)$

上述两式又说明:

$\lim\limits_{t\to\infty}(l_t - s_t) = 0$,且存在 v_i,$\lim\limits_{t\to\infty} l_t = \lim\limits_{t\to\infty} s_t = v_i$ 即矩阵 $\boldsymbol{M}^{k+t}$ 第 i 行的最大元素与最小元素将趋于同一极限。由 i 的任意性,(2) 得证。

现在我们来证明(3)。由于 $\boldsymbol{M}^t \xrightarrow{t \to \infty} \boldsymbol{M}^*$,故对任意随机向量 $\boldsymbol{x} = (x_1, x_2, \cdots, x_n)^{\mathrm{T}}$,$\boldsymbol{M}^t\boldsymbol{x} \xrightarrow{t \to \infty} \boldsymbol{M}^*\boldsymbol{x}$,注意到 $\boldsymbol{x}$ 是随机向量,计算 $\boldsymbol{M}^*\boldsymbol{x}$ 的第 i 个分量如下:$v_ix_1 + \cdots + v_ix_n = v_i(x_1 + \cdots + x_n) = v_i$,由 i 的任意性可知:$\boldsymbol{M}^*\boldsymbol{x} = \boldsymbol{v}$,这正是(3) 要我们证明的。

在前面讨论过的例 4.8 中,

$$M=\begin{pmatrix}0.5 & 0.4\\0.5 & 0.6\end{pmatrix}>0$$,例 4.8 为正则链($k=1$)。

直接计算可得

$$M^2=\begin{pmatrix}0.45 & 0.44\\0.55 & 0.56\end{pmatrix},M^3=\begin{pmatrix}0.445 & 0.444\\0.555 & 0.556\end{pmatrix},\cdots,\text{易见 } M^t\to\begin{bmatrix}\frac{4}{9} & \frac{4}{9}\\ \frac{5}{9} & \frac{5}{9}\end{bmatrix}。$$

例 4.10 同样,下面两个转移矩阵对应的马氏链也是正则链。

$$(1)M_1=\begin{bmatrix}0.5 & 0.7\\0.5 & 0.3\end{bmatrix}\qquad (2)M_2=\begin{bmatrix}0.1 & 0.3 & 0.5\\0.7 & 0.4 & 0.2\\0.2 & 0.3 & 0.3\end{bmatrix}$$

读者容易验证:

$$M_1^t\xrightarrow{t\to+\infty}\begin{bmatrix}\frac{7}{12} & \frac{7}{12}\\ \frac{5}{12} & \frac{5}{12}\end{bmatrix}$$

M_2 也有类似性质,但验证较为繁琐。例如

$$M_2^3=\begin{bmatrix}0.284 & 0.284 & 0.298\\0.438 & 0.436 & 0.429\\0.268 & 0.270 & 0.274\end{bmatrix}$$

如继续做下去,行向量的各分量将更加接近。

定理 4.7 记定理 4.6 中的随机矩阵 M^* 的列向量为 $\boldsymbol{v}=(v_1,\cdots,v_n)^{\mathrm{T}}$,则 $\boldsymbol{v}$ 是 M^* 的唯一不动点随机向量,且 $\boldsymbol{v}$ 的每一分量皆大于零。

证明 前面我们已经证明,对一切随机向量 $\boldsymbol{x}$,有 $M^*\boldsymbol{x}=\boldsymbol{v}$,既然向量 $\boldsymbol{v}$ 也是随机向量,则 $M^*\boldsymbol{v}=\boldsymbol{v}$ 自然也应成立,即 $\boldsymbol{v}$ 是 M^* 的不动点向量。

现证明 M^* 是唯一的。易见,$\boldsymbol{v}$ 是 M^* 的属于 $\lambda=1$ 的特征向量,这种特征向量当然不可能唯一,但由于对一切随机向量 $\boldsymbol{x}$,有 $M^*\boldsymbol{x}=\boldsymbol{v}$,故在一切模为 1 的随机向量中 $\boldsymbol{v}$ 是唯一的不动点向量。

现在,让我们转而来讨论例 4.9。从例 4.9 的状态转移图中可以看出,状态 S_4 是一个只进不出的状态,即别的状态有可能转入这一状态,而 S_4 状态却不可能转入其他状态,这种只进不出的状态被称为吸收状态,存在吸收状态的马氏链被称为吸收链。

定义 4.4 满足以下两个条件的马氏链被称为吸收马氏链。

(1) 至少存在一个吸收状态;

(2) 从任何状态出发,经有限步总可到达某一个吸收状态。

(注:马尔柯夫链中的非吸收状态被称为转移状态。)

对于吸收马氏链,可以证明以下的定理:

定理 4.8 从吸收链的任一状态出发,最终进入某一吸收状态的概率为 1。

(注:只需证明从任一转移状态出发,转入某一吸收状态的概率为 1,具体证明过程从略。)

作为马氏链模型的应用实例,让我们再来考察几个与遗传学有关的实例。

例 4.11(常染色体遗传模型)

在常染色体遗传中,后代从每个亲体的基因对中各继承一个基因,形成自己的基因对,基因对也称为基因型。如果我们所考虑的遗传特征是由两个基因 A 和 a(A、a 为表示两类基因的符号) 控制的,那么就有三种可能的基因对,分别记为 AA,Aa 和 aa。例如,金鱼草由两个遗传基因决定花的颜色,基因型为 AA 的金鱼草开红花,Aa 型的开粉红色花,而 aa 型的开白花。又如人类眼睛的颜色也是通过常染色体遗传控制的,基因型是 AA 或 Aa 的人,眼珠为棕灰色;基因型是 aa 的人,眼珠为蓝色。这里因为 Aa 和AA 都表示了同一外部特征,我们认为基因 A 支配基因 a,也可以认为基因 a 对于A 来说是隐性的。当一个亲体的基因型为 Aa,而另一个亲体的基因型是 aa 时,后代可以从 aa 型中得到基因 a,从 Aa 型中或得到基因 A,或得到基因 a。这样,后代基因型为 Aa 或 aa 的可能性相等。下面给出双亲体基因型的所有可能的结合,以及其后代形成每种基因型的概率,如表 4.2 所示。

表 4.2　双亲体基因型所有可能的结合

		父体 — 母体的基因型					
		$AA-AA$	$AA-Aa$	$AA-aa$	$Aa-Aa$	$Aa-aa$	$aa-aa$
后代基因型	AA	1	$\frac{1}{2}$	0	$\frac{1}{4}$	0	0
	Aa	0	$\frac{1}{2}$	1	$\frac{1}{2}$	$\frac{1}{2}$	0
	aa	0	0	0	$\frac{1}{4}$	$\frac{1}{2}$	1

双亲随机结合的较一般模型相对比较复杂,这里我们仅研究几个较简单的特例。

例 4.12(门德尔豌豆杂交试验)

农场的植物园中种植着某种植物(例如豌豆),其基因型可分为 AA,Aa 和aa 三种(例如,豌豆分圆形和皱皮型,以 A 记圆形基因、a 记皱皮形基因)。若农场用 Aa 型的植物作父本(或母本) 培育后代,我们希望知道其后代分布的发展趋势。从表 4.2 中可以看出,本例的转移矩阵为

$$M = \begin{pmatrix} \frac{1}{2} & \frac{1}{4} & 0 \\ \frac{1}{2} & \frac{1}{2} & \frac{1}{2} \\ 0 & \frac{1}{4} & \frac{1}{2} \end{pmatrix}$$

读者可自行画出本例的转移图,由此不难发现我们遇到的这种情况是一个正则链模型的实例。例如,如取 $k=2$,就有 $M^2>0$,事实上

$$M^2 = \begin{pmatrix} \frac{3}{8} & \frac{1}{4} & \frac{1}{8} \\ \frac{1}{2} & \frac{1}{2} & \frac{1}{2} \\ \frac{1}{8} & \frac{1}{4} & \frac{3}{8} \end{pmatrix},\text{通过直接运算可得到:}M^t \xrightarrow{t\to\infty} \begin{pmatrix} \frac{1}{4} & \frac{1}{4} & \frac{1}{4} \\ \frac{1}{2} & \frac{1}{2} & \frac{1}{2} \\ \frac{1}{4} & \frac{1}{4} & \frac{1}{4} \end{pmatrix}$$

相应的不动点向量为 $v = \left(\frac{1}{4},\frac{1}{2},\frac{1}{4}\right)^{\mathrm{T}}$。这说明：不论该农场的初始状况如何，假如农场按此方式繁育植物的后代，其后代中 AA、Aa、aa 三种类型的比例将会最终趋于$\frac{1}{4}$，$\frac{1}{2}$，$\frac{1}{4}$。

例 4.13 假如上例中的农场坚持采用 AA 型的植物与各种基因型植物相结合的方案培育植物后代，那么经过若干年后，这种植物的后代中三种基因型的分布情况又会如何呢？

本例的计算较为简单，我们不妨来详细计算一下。

假设 以 n 表示时段，令 $n = 0,1,2,\cdots$。

(1) 用 a_n，b_n 和 c_n 分别表示第 n 代该植物中，基因型为 AA，Aa 和 aa 的植物占植物总数的百分比。令 $\boldsymbol{x}^{(n)}$ 为第 n 代植物的基因型分布：

$$\boldsymbol{x}^{(n)} = \begin{bmatrix} a_n \\ b_n \\ c_n \end{bmatrix}$$

易证 $0 \leqslant a_n, b_n, c_n \leqslant 1$，且 $a_n + b_n + c_n = 1$。

当 $n = 0$ 时，得

$$\boldsymbol{x}^{(0)} = \begin{bmatrix} a_0 \\ b_0 \\ c_0 \end{bmatrix}$$

表示植物基因型的初始分布(即培育开始时的分布)，显然有

$$a_0 + b_0 + c_0 = 1$$

(2) 第 n 代的分布与第 $n-1$ 代的分布之间的关系可通过表 4.2 确定。

建模 根据假设(2)，先考虑第 n 代中的 AA 型。由于第 $n-1$ 代的 AA 型与 AA 型结合，后代全部是 AA 型；第 $n-1$ 代的 Aa 型与 AA 型结合，后代是 AA 型的可能性为$\frac{1}{2}$；而第 $n-1$ 代的 aa 型与 AA 型结合，后代不可能是 AA 型。

因此，当 $n = 1,2\cdots$ 时，有

$$a_n = a_{n-1} + \frac{1}{2}b_{n-1} + 0 \cdot c_{n-1}$$

即

$$a_n = a_{n-1} + \frac{1}{2}b_{n-1}$$

类似可推出

$$b_n = \frac{1}{2}b_{n-1} + c_{n-1}$$

$$c_n = 0$$

将上述三式相加，得

$$a_n + b_n + c_n = a_{n-1} + b_{n-1} + c_{n-1}$$

根据假设(1)，应用数学归纳法可递推得

$$a_n + b_n + c_n = a_0 + b_0 + c_0 = 1$$

对于 a_n, b_n, c_n 三式,我们采用矩阵形式简记为

$$\boldsymbol{x}^{(n)} = \boldsymbol{M}\boldsymbol{x}^{(n-1)} (n = 1,2,\cdots) \tag{4.3}$$

其中

$$\boldsymbol{M} = \begin{bmatrix} 1 & \frac{1}{2} & 0 \\ 0 & \frac{1}{2} & 1 \\ 0 & 0 & 0 \end{bmatrix}, \boldsymbol{x}^{(n)} = \begin{bmatrix} a_n \\ b_n \\ c_n \end{bmatrix}$$

由(4.3)式递推,得

$$\boldsymbol{x}^{(n)} = \boldsymbol{M}\boldsymbol{x}^{(n-1)} = \boldsymbol{M}^2\boldsymbol{x}^{(n-2)} = \cdots = \boldsymbol{M}^n\boldsymbol{x}^{(0)} \tag{4.4}$$

(4.4)式给出了第 n 代基因型的分布与初始基因型分布的关系。

求矩阵的 n 次乘幂是一件非常麻烦的事情,为了简化 $\boldsymbol{M}^n$ 的计算,我们可以采用线性代数中的对角化技巧。将 $\boldsymbol{M}$ 对角化,即求出可逆矩阵 $\boldsymbol{P}$ 和对角库 $\boldsymbol{D}$,使

$$\boldsymbol{M} = \boldsymbol{P}\boldsymbol{D}\boldsymbol{P}^{-1}$$

因而有

$$\boldsymbol{M}^n = \boldsymbol{P}\boldsymbol{D}^n\boldsymbol{P}^{-1} (n = 1,2,\cdots)$$

其中

$$\boldsymbol{D}^n = \begin{bmatrix} \lambda_1 & & 0 \\ & \lambda_2 & \\ 0 & & \lambda_3 \end{bmatrix}^n = \begin{bmatrix} \lambda_1^n & & \\ & \lambda_2^n & \\ 0 & & \lambda_3^n \end{bmatrix}$$

这里 $\lambda_1, \lambda_2, \lambda_3$ 是矩阵 M 的三个特征值(假设此矩阵是可对角化的)。对于(4.3)式中的 $\boldsymbol{M}$,易求得它的特征值和特征向量。

$$\lambda_1 = 1, \lambda_2 = \frac{1}{2}, \lambda_3 = 0$$

因此 $$\boldsymbol{D} = \begin{bmatrix} 1 & 0 & 0 \\ 0 & \frac{1}{2} & 0 \\ 0 & 0 & 0 \end{bmatrix}, \boldsymbol{e}_1 = \begin{bmatrix} 1 \\ 0 \\ 0 \end{bmatrix} \quad \boldsymbol{e}_2 = \begin{bmatrix} 1 \\ -1 \\ 0 \end{bmatrix} \quad \boldsymbol{e}_3 = \begin{bmatrix} 1 \\ -2 \\ 1 \end{bmatrix}$$

所以 $$\boldsymbol{P} = [e_1 \vdots e_2 \vdots e_3] = \begin{bmatrix} 1 & 1 & 1 \\ 0 & -1 & -2 \\ 0 & 0 & 1 \end{bmatrix}$$

通过计算,可知 $\boldsymbol{P}^{-1} = \boldsymbol{P}$,因此有

$$\boldsymbol{x}^{(n)} = \boldsymbol{P}\boldsymbol{D}^n\boldsymbol{P}^{-1}\boldsymbol{x}^{(0)}$$

$$= \begin{bmatrix} 1 & 1 & 1 \\ 0 & -1 & -2 \\ 0 & 0 & 1 \end{bmatrix} \begin{bmatrix} 1 & 0 & 0 \\ 0 & \left(\frac{1}{2}\right)^n & 0 \\ 0 & 0 & 0 \end{bmatrix} \begin{bmatrix} 1 & 1 & 1 \\ 0 & -1 & -2 \\ 0 & 0 & 1 \end{bmatrix} \begin{bmatrix} a_0 \\ b_0 \\ c_0 \end{bmatrix}$$

即
$$x^{(n)}=\begin{bmatrix}a_n\\b_n\\c_n\end{bmatrix}=\begin{bmatrix}1 & 1-\left(\frac{1}{2}\right)^n & 1-\left(\frac{1}{2}\right)^{n-1}\\0 & \left(\frac{1}{2}\right)^n & \left(\frac{1}{2}\right)^{n-1}\\0 & 0 & 0\end{bmatrix}\begin{bmatrix}a_0\\b_0\\c_0\end{bmatrix}$$
$$=\begin{bmatrix}a_0+b_0+c_0-\left(\frac{1}{2}\right)^n b_0-\left(\frac{1}{2}\right)^{n-1}c_0\\\left(\frac{1}{2}\right)^n b_0+\left(\frac{1}{2}\right)^{n-1}c_0\\0\end{bmatrix}$$

所以有
$$\begin{cases}a_n=1-\left(\frac{1}{2}\right)^n b_0-\left(\frac{1}{2}\right)^{n-1}c_0\\b_n=\left(\frac{1}{2}\right)^n b_0+\left(\frac{1}{2}\right)^{n-1}c_0\\c_n=0\end{cases}\tag{4.5}$$

当 $n\to\infty$ 时，$\left(\frac{1}{2}\right)^n\to 0$，所以从(4.5)式得
$$a_n\to 1,b_n\to 0,c_n\to 0$$
即在极限的情况下，培育的该植物后代将全部趋向于 AA 型。

上述结果应当是可以预见到的，从转移矩阵可以看出，本例为一个吸收链，其中 AA 型是唯一的吸收状态，由定理4.8，不论初始时刻如何，其后代将以概率1转移为 AA 型。

例 4.14 在上述问题中，若不选用基因 AA 型的植物与每一植物结合，而是将具有相同基因型的植物相结合，那么后代具有三种基因型的概率如表4.3所示。

表 4.3

		父体-母体的基因型		
		$AA-AA$	$Aa-Aa$	$aa-aa$
后代基因型	AA	1	$\frac{1}{4}$	0
	Aa	0	$\frac{1}{2}$	0
	aa	0	$\frac{1}{4}$	1

并且 $x^{(n)}=M^n x^{(0)}$，其中
$$M=\begin{bmatrix}1 & \frac{1}{4} & 0\\0 & \frac{1}{2} & 0\\0 & \frac{1}{4} & 1\end{bmatrix}$$

此转移矩阵也是吸收链，共有两个吸收状态（AA、aa）和一个转移状态（Aa）。如将 aa 型改为状态 2，Aa 型改为状态 3，读者可将转移矩阵化为标准形式。$\boldsymbol{M}$ 的特征值为

$$\lambda_1 = 1, \lambda_2 = 1, \lambda_3 = \frac{1}{2}$$

通过计算，可以解出与 λ_1、λ_2 相对应的两个线性无关的特征向量 $\boldsymbol{e}_1$ 和 $\boldsymbol{e}_2$，及与 λ_3 相对应的特征向量 $\boldsymbol{e}_3$。

$$\boldsymbol{e}_1 = \begin{bmatrix} 1 \\ 0 \\ -1 \end{bmatrix}, \boldsymbol{e}_2 = \begin{bmatrix} 0 \\ 0 \\ 1 \end{bmatrix}, \boldsymbol{e}_3 = \begin{bmatrix} 1 \\ -2 \\ 1 \end{bmatrix}$$

因此

$$\boldsymbol{P} = \begin{bmatrix} 1 & 0 & 1 \\ 0 & 0 & -2 \\ -1 & 1 & 1 \end{bmatrix}, \boldsymbol{P}^{-1} = \begin{bmatrix} 1 & \frac{1}{2} & 0 \\ 1 & 1 & 1 \\ 0 & -\frac{1}{2} & 0 \end{bmatrix}$$

$$\begin{aligned} \boldsymbol{x}^{(n)} &= \boldsymbol{P}\boldsymbol{D}^n\boldsymbol{P}^{-1}\boldsymbol{x}^{(0)} \\ &= \begin{bmatrix} 1 & 0 & 1 \\ 0 & 0 & -2 \\ -1 & 1 & 1 \end{bmatrix} \begin{bmatrix} 1 & 0 & 0 \\ 0 & 1 & 0 \\ 0 & 0 & \left(\frac{1}{2}\right)^n \end{bmatrix} \begin{bmatrix} 1 & \frac{1}{2} & 0 \\ 1 & 1 & 1 \\ 0 & -\frac{1}{2} & 0 \end{bmatrix} \begin{bmatrix} a_0 \\ b_0 \\ c_0 \end{bmatrix} \end{aligned}$$

解得
$$\begin{cases} a_n = a_0 + \left[\frac{1}{2} - \left(\frac{1}{2}\right)^{n+1}\right] b_0 \\ b_n = \left(\frac{1}{2}\right)^n b_0 \\ c_n = c_0 + \left[\frac{1}{2} - \left(\frac{1}{2}\right)^{n+1}\right] b_0 \end{cases}$$

当 $n \to \infty$ 时，$\left(\frac{1}{2}\right)^n \to 0$，所以

$$a_n \to a_0 + \frac{1}{2} b_0, b_n \to 0, c_n \to c_0 + \frac{1}{2} b_0$$

因此，如果用基因型相同的植物培育后代，在极限情况下，后代仅具有基因 AA 和 aa。例 4.12 与例 4.13 为遗传育种专家提供了一种通过近交繁殖培养纯基因型个体的方法。

例 4.15 （常染色体隐性疾病模型）

现在世界上已经发现的遗传病有将近 4000 种。在一般情况下，遗传疾病和特殊的种族、部落及群体有关。例如，遗传病库利氏贫血症的患者以居住在地中海沿岸为多，镰状网性贫血症一般流行在黑人中，家族黑蒙性白痴症则流行在东欧犹太人中间。患者经常未到成年就痛苦地死去，而他们的父母则是疾病的病源。假若我们能识别这些疾病的隐性患者，并且规定两个隐性患者不能结合（因为两个隐性患者结合，他们的后代就可能成为显性患者），那么未来的儿童，虽然有可能是隐性患者，但绝不会出现显性特征，不会受到疾病的折磨。现在，我们考虑在控制结合的情况下，如何确定后代中隐性患者的概率。

假设

(1) 常染色体遗传的正常基因记为 A，不正常基因记为 a，并以 AA，Aa，aa 分别表示正常人，隐性患者，显性患者的基因型；

(2) 设 a_n，b_n 分别表示第 n 代中基因型为 AA，Aa 的人占总人数的百分比，记 $\boldsymbol{x}^{(n)} = \begin{bmatrix} a_n \\ b_n \end{bmatrix}$，$n = 1,2,\cdots$（这里不考虑 aa 型，因为这些人不可能成年并结婚）；

(3) 为使每个儿童至少有一个正常的父亲或母亲，因此隐性患者必须与正常人结合，其后代的基因型概率见表 4.4 所示。

表 4.4 双亲后代的基因概率

		父母的基因型	
		$AA-AA$	$AA-Aa$
后代基因型	AA	1	$\frac{1}{2}$
	Aa	0	$\frac{1}{2}$

建模

由假设(3)，从第 $n-1$ 代到第 n 代基因型分布的变化取决于方程

$$a_n = a_{n-1} + \frac{1}{2}b_{n-1}$$

$$b_n = 0 \cdot a_{n-1} + \frac{1}{2}b_{n-1}$$

所以 $\boldsymbol{x}^{(n)} = \boldsymbol{M}\boldsymbol{x}^{(n-1)}$ $(n = 1,2,\cdots)$，其中

$$\boldsymbol{M} = \begin{bmatrix} 1 & \frac{1}{2} \\ 0 & \frac{1}{2} \end{bmatrix}$$

如果初始分布 $\boldsymbol{x}^{(0)}$ 已知，那么第 n 代基因型分布为：$\boldsymbol{x}^{(n)} = \boldsymbol{M}^n\boldsymbol{x}^0$，$n = 1,2,\cdots$

解 显然，这是一个吸收链。将 $\boldsymbol{M}$ 对角化，即求出特征值及其所对应的特征向量，得

$$\boldsymbol{D}^n = \begin{bmatrix} 1 & 0 \\ 0 & \left(\frac{1}{2}\right)^n \end{bmatrix}, \boldsymbol{P} = \begin{bmatrix} 1 & 1 \\ 0 & -1 \end{bmatrix}, \boldsymbol{P}^{-1} = \boldsymbol{P}$$

计算

$$\boldsymbol{x}^{(n)} = \boldsymbol{P}\boldsymbol{D}^n\boldsymbol{P}^{-1}\boldsymbol{x}^{(0)} = \begin{bmatrix} 1 & 1 \\ 0 & -1 \end{bmatrix}\begin{bmatrix} 1 & 0 \\ 0 & \left(\frac{1}{2}\right)^n \end{bmatrix}\begin{bmatrix} 1 & 1 \\ 0 & -1 \end{bmatrix}\begin{bmatrix} a_0 \\ b_0 \end{bmatrix}$$

$$= \begin{bmatrix} 1 & 1-\left(\frac{1}{2}\right)^n \\ 0 & \left(\frac{1}{2}\right)^n \end{bmatrix}\begin{bmatrix} a_0 \\ b_0 \end{bmatrix} = \begin{bmatrix} a_0 + b_0 - \left(\frac{1}{2}\right)^n b_0 \\ \left(\frac{1}{2}\right)^n b_0 \end{bmatrix}$$

即
$$\begin{cases} a_n = 1 - \left(\dfrac{1}{2}\right)^n b_0 \\ b_n = \left(\dfrac{1}{2}\right)^n b_0 \quad (n = 1,2,\cdots) \end{cases} \tag{4.6}$$

因为 $a_0 + b_0 = 1$,所以

当 $n \to \infty$ 时,$a_n \to 1, b_n \to 0$,隐性患者逐渐消失。从(4.6) 式中可知

$$b_n = \frac{1}{2} b_{n-1} \tag{4.7}$$

这说明每代隐性患者的概率是前一代隐性患者概率的$\frac{1}{2}$。

研究在随机结合的情况下隐性患者的变化情况显然是很有意义的,但随机结合会导致非线性化,超出了本章范围。然而利用其他技巧可以证明,在随机结合的情况下,(4.7) 式可改写为

$$b_n = \frac{b_{n-1}}{1 + \frac{1}{2} b_{n-1}}, n = 1,2,\cdots \tag{4.8}$$

下面给出数值例子:

某地区有 10% 的黑人是镰状网性贫血症隐性患者,如果控制结合,根据(4.7) 式可知下一代(大约 27 年) 的隐性患者将减少到 5%;如果随机结合,根据(4.8) 式,可以预言下一代人中有 9.5% 是隐性患者,并且可计算出大约每出生 400 个黑人孩子,其中有一个是显性患者。

例 4.16(近亲繁殖)

近亲繁殖是指父母双方有一个或两个共同的祖先,一般追踪到四代,即至少有相同的曾祖父(母) 或外曾祖父(母)。为简单起见,我们来考察一对表兄妹(或堂兄妹) 结婚的情况(见图 4.4),其中 □ 代表男性,○ 代表女性。

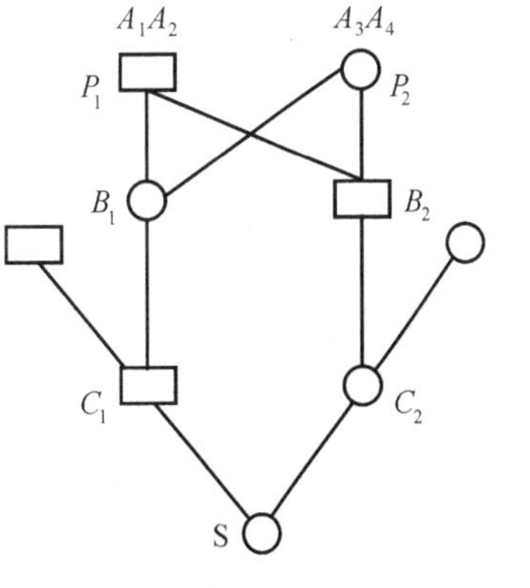

图 4.4

设曾祖父有某基因对 A_1A_2,曾祖母有某基因对 A_3A_4,容易求得:祖父母取得 A_1 的概率为$\frac{1}{2}$,故祖父母同有 A_1 基因的概率为$\frac{1}{4}$;父母同有 A_1 基因的概率为$\frac{1}{16}$,而子女从父母那里获得基因对 A_1A_1 的概率为$\frac{1}{64}$,而获得相同基因对(称为基因纯合子)A_1A_1, A_2A_2, A_3A_3 或 A_4A_4 之一的概率为$\frac{1}{16}$,此概率被称为表兄妹(或堂兄妹) 结婚(表亲) 的近交系数。

类似可求得半堂亲(只有一个共同祖先) 的近交系数为$\frac{1}{32}$,从表亲(父母为表亲) 的近交系数为$\frac{1}{64}$;非近亲结婚不可能发生重复取某祖先的一对基因对中的某一基因作为自己的基因对的情况,故近交系数为 0。

(群体的近交系数)

设某群体中存在近亲婚配现象，称各种近交系数的数学期望为该群体的近交系数。例如，某村镇共有2000对婚配关系，其中有59对表亲，22对半堂亲和28对从表亲，则该村镇的近亲系数为

$$F = \frac{59}{2000}\times\frac{1}{16}+\frac{22}{2000}\times\frac{1}{32}+\frac{28}{2000}\times\frac{1}{64}\approx 0.0024$$

现在，我们来研究近亲结婚会产生什么结果。

设某基因对由 A、a 两种基因组成，出现 A 的概率为 p，出现 a 的概率为 $q = 1 - p$。在随机交配群体中，其子女为 AA、Aa 及 aa 型的概率分别为 p^2、$2pq$ 及 q^2。

对近交系数为 F 的群体，根据条件概率公式，后代出现 aa 型基因对的概率为

$$qF + q^2(1-F) = q^2 + Fq(1-q) = q^2 + Fpq$$

同样，后代出现 AA 型基因对的概率为 $p^2 + Fpq$。Aa 型不可能是共同祖先同一基因的重复，故其出现的概率为 $2pq(1-F)$。

比较存在近亲交配的群体与不允许近亲交配($F = 0$)的群体，令

$$R = \frac{q^2 + Fpq}{q^2} = 1 + \left(\frac{p}{q}\right)F$$

若 a 为某种隐性疾病的基因，易见，在近交群体中，后代产生遗传病(aa 型)的概率增大了，且 F 越大，后代患遗传病的概率也越大。

例如，苯丙酮尿症是一种隐性基因纯合子 aa 型疾病(a 为隐性疾病基因)，隐性基因出现的频率 $q = \frac{1}{100}$，求表兄妹结婚及非近亲结婚的子女中患有苯丙酮尿症的概率。

由前，表兄妹结婚的近交系数为$\frac{1}{16}$故其子女发生该疾病的概率为

$$q^2 + Fpq = \left(\frac{1}{100}\right)^2 + \frac{1}{16}\left(\frac{99}{100}\right)\left(\frac{1}{100}\right)\approx 7.19\times 10^{-4}$$

而对禁止近亲结婚的群体，子女发生该疾病的概率为 $q^2 = 10^{-4}$。表兄妹(或堂兄妹)结婚使子女发生该疾病的概率增大了大约 7.19 倍。由此可见，为了提高全民族的身体素质，近亲结婚是应当禁止的。

例 4.17 (X— 链遗传模型的一个实例)

X— 链遗传是指另一种遗传方式：雄性具有一个基因 A 或 a，雌性具有两个基因 AA，或 Aa，或 aa。其遗传规律是雄性后代以相等概率得到母体两个基因中的一个，雌性后代从父体中得到一个基因，并从母体的两个基因中等可能地得到一个(例如，色盲的遗传就可以用 X— 链来描述)。下面，研究与 X— 链遗传有关的近亲繁殖过程。

假设

(1) 从一对雌雄结合开始，在它们的后代中，任选雌雄各一个成配偶，然后在它们产生的后代中任选两个结成配偶，如此继续下去(在家畜、家禽饲养中常见这种现象)。

(2) 父体与母体的基因型组成同胞对，同胞对的形式有(A,AA)，(A,Aa)，(A,aa)，(a,AA)，(a,Aa)，(a,aa)6 种。初始一对雌雄的同胞对，是这六种类型中的任一种，其后代的基因型如表 4.5 所示。

表 4.5　雌雄同胞对后代的基因

		父体 - 母体的基因型					
		(A,AA)	(A,Aa)	(A,aa)	(a,AA)	(a,Aa)	(a,aa)
后代基因型	A	1	$\frac{1}{2}$	0	1	$\frac{1}{2}$	0
	a	0	$\frac{1}{2}$	1	0	$\frac{1}{2}$	1
	AA	1	$\frac{1}{2}$	0	0	0	0
	Aa	0	$\frac{1}{2}$	1	1	$\frac{1}{2}$	0
	aa	0	0	0	0	$\frac{1}{2}$	1

(3) 在每一代中，配偶的同胞对也是六种类型之一，并有确定的概率。为计算这些概率，设 a_n,b_n,c_n,d_n,e_n,f_n 分别是第 n 代中配偶的同胞对为 (A,AA)，(A,Aa)，(A,aa)，(a,AA)，(a,Aa)，(a,aa) 型的概率，$n=0,1,\cdots$。令

$$\boldsymbol{x}^{(n)}=(a_n,b_n,c_n,d_n,e_n,f_n)^{\mathrm{T}}(n=0,1,\cdots)$$

(4) 如果第 $n-1$ 代配偶的同胞对是 (A,Aa) 型，那么它们的雄性后代将等可能地得到基因 A 和 a，它们的雌性后代的基因型将等可能地是 AA 或 Aa。又由于第 n 代雌雄结合是随机的，那么第 n 代配偶的同胞对将等可能地为四种类型 (A,AA)，(A,Aa)，(a,AA)，(a,Aa) 之一，对于其他类型的同胞对，我们可以进行同样分析，因此有

$$\boldsymbol{x}^{(n)}=\boldsymbol{M}\boldsymbol{x}^{(n-1)}(n=1,2,\cdots)\tag{4.9}$$

其中

$$\boldsymbol{M}=\begin{bmatrix}1&\frac{1}{4}&0&0&0&0\\0&\frac{1}{4}&0&1&\frac{1}{4}&0\\0&0&0&0&\frac{1}{4}&0\\0&\frac{1}{4}&0&0&0&0\\0&\frac{1}{4}&1&0&\frac{1}{4}&0\\0&0&0&0&\frac{1}{4}&1\end{bmatrix}$$

易见，这是一个吸收链，共有 2 个吸收状态。从 (4.9) 式中易得

$$\boldsymbol{x}^{(n)}=\boldsymbol{M}^n\boldsymbol{x}^0,n=1,2,\cdots$$

经过计算，矩阵 $\boldsymbol{M}$ 的特征值和特征向量为

$$\lambda_1=1,\lambda_2=1,\lambda_3=\frac{1}{2},\lambda_4=-\frac{1}{2},\lambda_5=\frac{1}{4}(1+\sqrt{5}),\lambda_6=\frac{1}{4}(1-\sqrt{5})$$

$$e_1 = \begin{bmatrix}1\\0\\0\\0\\0\\0\end{bmatrix}, e_2 = \begin{bmatrix}0\\0\\0\\0\\0\\1\end{bmatrix}, e_3 = \begin{bmatrix}-1\\2\\-1\\1\\-2\\1\end{bmatrix}, e_4 = \begin{bmatrix}1\\-6\\-3\\3\\6\\-1\end{bmatrix}$$

$$e_5 = \begin{bmatrix}\frac{1}{4}(-3-\sqrt{5})\\1\\\frac{1}{4}(-1+\sqrt{5})\\\frac{1}{4}(-1+\sqrt{5})\\1\\\frac{1}{4}(-3-\sqrt{5})\end{bmatrix}, e_6 = \begin{bmatrix}\frac{1}{4}(-3+\sqrt{5})\\1\\\frac{1}{4}(-1-\sqrt{5})\\\frac{1}{4}(-1-\sqrt{5})\\1\\\frac{1}{4}(-3+\sqrt{5})\end{bmatrix}$$

$\boldsymbol{M}$ 对角化,则有

$$x^{(n)} = PD^nP^{-1}x^{(0)}\ (n = 1,2,\cdots) \tag{4.10}$$

其中

$$P = \begin{bmatrix}1 & 0 & -1 & 1 & \frac{1}{4}(-3-\sqrt{5}) & \frac{1}{4}(-3+\sqrt{5})\\0 & 0 & 2 & -6 & 1 & 1\\0 & 0 & -1 & -3 & \frac{1}{4}(-1+\sqrt{5}) & \frac{1}{4}(-1-\sqrt{5})\\0 & 0 & 1 & 3 & \frac{1}{4}(-1+\sqrt{5}) & \frac{1}{4}(-1-\sqrt{5})\\0 & 0 & -2 & 6 & 1 & 1\\0 & 1 & 1 & -1 & \frac{1}{4}(-3-\sqrt{5}) & \frac{1}{4}(-3+\sqrt{5})\end{bmatrix}$$

$$D^n = \begin{bmatrix}1 & 0 & 0 & 0 & 0 & 0\\0 & 1 & 0 & 0 & 0 & 0\\0 & 0 & \left(\frac{1}{2}\right)^n & 0 & 0 & 0\\0 & 0 & 0 & \left(-\frac{1}{2}\right)^n & 0 & 0\\0 & 0 & 0 & 0 & \left[\frac{1}{4}(1+\sqrt{5})\right]^n & 0\\0 & 0 & 0 & 0 & 0 & \left[\frac{1}{4}(1-\sqrt{5})\right]^n\end{bmatrix}$$

$$
\boldsymbol{P}^{-1}=\begin{bmatrix}
1 & \frac{2}{3} & \frac{1}{3} & \frac{2}{3} & \frac{1}{3} & 0\\
0 & \frac{1}{3} & \frac{2}{3} & \frac{1}{3} & \frac{2}{3} & 1\\
0 & \frac{1}{8} & -\frac{1}{4} & \frac{1}{4} & -\frac{1}{8} & 0\\
0 & -\frac{1}{24} & -\frac{1}{12} & \frac{1}{12} & \frac{1}{24} & 0\\
0 & \frac{5}{20}+\frac{\sqrt{5}}{20} & \frac{\sqrt{5}}{5} & \frac{\sqrt{5}}{5} & \frac{5}{20}+\frac{\sqrt{5}}{20} & 0\\
0 & \frac{5}{20}-\frac{\sqrt{5}}{20} & -\frac{\sqrt{5}}{5} & -\frac{\sqrt{5}}{5} & \frac{5}{20}-\frac{\sqrt{5}}{20} & 0
\end{bmatrix}
$$

当 $n\to\infty$ 时,有

$$
\boldsymbol{D}^{n}\to\begin{bmatrix}
1&0&0&0&0&0\\
0&1&0&0&0&0\\
0&0&0&0&0&0\\
0&0&0&0&0&0\\
0&0&0&0&0&0\\
0&0&0&0&0&0
\end{bmatrix}
$$

因此,当 $n\to\infty$ 时,(4.10) 式中

$$
\boldsymbol{x}^{(n)}\to\boldsymbol{P}\begin{bmatrix}
1&0&0&0&0&0\\
0&1&0&0&0&0\\
0&0&0&0&0&0\\
0&0&0&0&0&0\\
0&0&0&0&0&0\\
0&0&0&0&0&0
\end{bmatrix}\boldsymbol{P}^{-1}\cdot\boldsymbol{x}^{(0)}
$$

即

$$
\boldsymbol{x}^{(n)}\to\begin{bmatrix}
a_0+\frac{2}{3}b_0+\frac{1}{3}c_0+\frac{2}{3}d_0+\frac{1}{3}e_0\\
0\\
0\\
0\\
0\\
\frac{1}{3}b_0+\frac{2}{3}c_0+\frac{1}{3}d_0+\frac{2}{3}e_0+f_0
\end{bmatrix}
$$

因此,在极限情况下所有同胞对或者是(A,AA)型,或者是(a,aa)型。如果初始的父母体同胞对是(A,Aa)型,即 $b_0=1$,而 $a_0=c_0=d_0=e_0=f_0=0$,于是,当 $n\to\infty$ 时

$$
\boldsymbol{x}^{(n)}\to\left(\frac{2}{3},0,0,0,0,\frac{1}{3}\right)^{\mathrm{T}}
$$

即同胞对是(A,AA)型的概率是$\frac{2}{3}$,是(a,aa)型的概率为$\frac{1}{3}$。

为进一步讨论的方便,我们先将吸收链标准化。对吸收马氏链,只要我们将状态的标号顺序整理一下,总可以将其转移矩阵转化为标准形式,具有 r 个吸收状态,$n-r$ 个非吸收状态的吸收链,它的 $n\times n$ 转移矩阵的标准形式为

$$\boldsymbol{T}=\begin{bmatrix} I_r & \cdots & R \\ \vdots & & \vdots \\ O & \cdots & S \end{bmatrix}$$

其中 $\boldsymbol{I}_r$ 为 r 阶单位阵,$\boldsymbol{O}$ 为$(n-r)\times r$ 零矩阵,$\boldsymbol{R}$ 为 $r\times(n-r)$ 矩阵,$\boldsymbol{S}$ 为$(n-r)\times(n-r)$ 矩阵。例如,在例 4.9 中,如以 S_1 表示系统外,以 S_2 表示在土壤中,以 S_3 表示在牧草中,以 S_4 表示在牛羊体内,则其转移矩阵可写为:

$$\boldsymbol{M}=\begin{bmatrix} 1 & 0.2 & 0 & 0.1 \\ 0 & 0.4 & 0.1 & 0.7 \\ 0 & 0.4 & 0.3 & 0 \\ 0 & 0 & 0.6 & 0.2 \end{bmatrix} \qquad \text{令} \quad \boldsymbol{M}^t=\begin{bmatrix} I_r & \cdots & Q \\ \vdots & & \vdots \\ O & \cdots & S^t \end{bmatrix}$$

上式中的子阵 S^t 表达了以任何非吸收状态作为初始状态,经过 t 步转移后,处于 $n-r$ 个非吸收状态的概率。

在吸收链中,令 $\boldsymbol{F}=(I-S)^{-1}$,称 $\boldsymbol{F}$ 为基矩阵。

对于具有标准形式转移矩阵的吸收链,可以证明下面一些定理成立。

定理 4.9 吸收链的基矩阵 $\boldsymbol{F}$ 中的每个元素,表示从一个非吸收状态出发,到达每个非吸收状态的平均转移次数。

定理 4.10 设 $\boldsymbol{N}=\boldsymbol{CF}$,$\boldsymbol{F}$ 为吸收链的基矩阵,$\boldsymbol{C}=(1,1,\cdots,1)$,则 N 的每个元素表示从非吸收状态出发,到达某个吸收状态被吸收之前的平均转移次数。

定理 4.11 设 $\boldsymbol{B}=\boldsymbol{RF}=(b_{ij})$,其中 $\boldsymbol{F}$ 为吸收链的基矩阵,$\boldsymbol{R}$ 为 $\boldsymbol{M}$ 中的子阵,则 b_{ij} 表示从非吸收状态 i 出发,被吸收状态 j 吸收的概率。

由于篇幅的限制,上述定理在此我们均不加以证明。下面,我们仅用一个实例来说明它们的应用。

例 4.18(竞赛问题)

甲乙两队进行一场抢答竞赛,竞赛规则规定:开始时每队各记 2 分,抢答题开始后,如甲取胜则甲加 1 分而乙减 1 分,反之则乙加 1 分甲减 1 分(每题必须决出胜负)。规则还规定,当其中一方的得分达到 4 分时,竞赛结束。现希望知道:(1) 甲队获胜的概率有多大?(2) 竞赛从开始到结束,平均转移的次数为多少?(3) 甲获得 1、2、3 分的平均次数是多少?

分析 设甲胜一题的概率为 $p(0<p<1)$,p 与两队的实力有关。

甲队得分有5种可能,即0,1,2,3,4。我们分别记为状态 S_0,S_1,S_2,S_3,S_4,其中 S_0 和 S_4 是吸收状态,S_1,S_2 和 S_3 是非吸收状态。过程以 S_2 作为初始状态。根据甲队赢得 1 分的概率为 p,建立转移矩阵:

$$
M = \begin{array}{c} \\ S_0 \\ S_1 \\ S_2 \\ S_3 \\ S_4 \end{array}\begin{array}{c} \begin{array}{ccccc} S_0 & S_1 & S_2 & S_3 & S_4 \end{array} \\ \begin{bmatrix} 1 & 0 & 0 & 0 & 0 \\ 1-p & 0 & p & 0 & 0 \\ 0 & 1-p & 0 & p & 0 \\ 0 & 0 & 1-p & 0 & p \\ 0 & 0 & 0 & 0 & 1 \end{bmatrix} \end{array}
$$

化标准形式为

$$
M = \begin{array}{c} \\ S_0 \\ S_4 \\ S_1 \\ S_2 \\ S_3 \end{array}\begin{array}{c} \begin{array}{ccccc} S_0 & S_4 & S_1 & S_2 & S_3 \end{array} \\ \begin{bmatrix} 1 & 0 & 1-p & 0 & 0 \\ 0 & 1 & 0 & 0 & p \\ 0 & 0 & 0 & 1-p & 0 \\ 0 & 0 & p & 0 & 1-p \\ 0 & 0 & 0 & p & 0 \end{bmatrix} \end{array}
$$

将上式改记为标准形式：

$$
T = \begin{bmatrix} I_2 & \cdots & R \\ \vdots & & \vdots \\ O & \cdots & S \end{bmatrix}
$$

其中　$S = \begin{bmatrix} 0 & 1-p & 0 \\ p & 0 & 1-p \\ 0 & p & 0 \end{bmatrix}$　$R = \begin{bmatrix} 1-p & 0 & 0 \\ 0 & 0 & p \\ 0 & 1-p & 0 \end{bmatrix}$

计算 $\boldsymbol{F}$：

$$
F = \left\{ \begin{bmatrix} 1 & 0 & 0 \\ 0 & 1 & 0 \\ 0 & 0 & 1 \end{bmatrix} - \begin{bmatrix} 0 & 1-p & 0 \\ p & 0 & 1-p \\ 0 & p & 0 \end{bmatrix} \right\}^{-1} = \begin{bmatrix} 1 & p-1 & 0 \\ -p & 1 & p-1 \\ 0 & -p & 1 \end{bmatrix}^{-1}
$$

令 $q = 1 - p$，则

$$
F = \frac{1}{1-2pq} \begin{bmatrix} 1-pq & p & p^2 \\ q & 1 & p \\ q^2 & q & 1-pq \end{bmatrix}
$$

因为 S_2 是初始状态，根据定理 4.4，甲队得分为 1,2,3 分的平均次数为 $qk/(1-2pq)$，$1/(1-2pq)$，$p/(1-2pq)$。又

$$
N = FC = \frac{1}{1-2pq} \begin{bmatrix} 1-pq & p & p^2 \\ q & 1 & p \\ q^2 & q & 1-pq \end{bmatrix} \begin{bmatrix} 1 \\ 1 \\ 1 \end{bmatrix}
$$

$$
= \frac{1}{1-2pq}(1-pq+p+p^2, q+1+p, q^2+q+1-pq)^{\mathrm{T}}
$$

$$
= \frac{1}{1-2pq}(1+2p^2, 2, 1+2q^2)^{\mathrm{T}}
$$

根据定理 4.10，以 S_2 为初始状态，甲队最终获胜的平均转移次数为 $2/(1-2pq)$。

又因为

$$B = FR = \frac{1}{1-2pq}\begin{bmatrix} 1-pq & p & p^2 \\ q & 1 & p \\ q^2 & q & 1-pq \end{bmatrix}\begin{bmatrix} 1-p & 0 \\ 0 & 0 \\ 0 & p \end{bmatrix}$$

$$= \frac{1}{1-2pq}\begin{bmatrix} (1-pq)q & p^3 \\ q^2 & p^2 \\ q^3 & (1-pq)p \end{bmatrix}$$

根据定理4.6,甲队最后获胜的概率 $b_{24} = p^2/(1-2pq)$。

4.4 考虑年龄结构的人口模型(Leslie 模型)

对 Logistic 模型的批评意见除了实际统计时常采用离散变化的时间变量外,另一种看法是种群增长不应当只和种群总量有关,也应当和种群的年龄结构有关。不同年龄的个体具有不同的生育能力和死亡率,这一重要特征没有在 Logistic 模型中反映出来。基于这一事实,Leslie 在 20 世纪 40 年代建立了一个考虑种群年龄结构的离散模型。

由于男、女性人口(或雌、雄性个体)通常有一定的比例,为了简便起见建模时可以只考虑女性人数,人口总量可以按比例折算出来。此外,我们不考虑人口的迁入或迁出,将该地区的人口看成是一个封闭系统。现将该地区女性按年龄划分成 $m+1$ 个组,即 $0,1,\cdots,m$ 组,例如,可 5 岁(或 10 岁)一组划分。将时间也相应地离散成间隔相同的一个个时段,即 5 年(或 10 年)为一个时段。记 j 时段年龄在 i 组中的女性人数为 $N(i,j)$,b_i 为 i 组每一妇女在一个时段中生育女孩的平均数,p_i 为 i 组女性能存活一个时段幸存到下一时段升入 $i+1$ 组的人数所占的比例(即死亡率 $d_i = 1-p_i$),同时设没有人能活到超过 m 组的年龄。实际上可以这样来理解这一假设,少量活到超过 m 组的妇女(老寿星)人数可以忽略不计,她们早已超过了生育期,对人口总量的影响是微小的而且是暂时性的,对今后人口的增长和人口的年龄结构不产生任何影响,并假设 b_i、p_i 不随时段的变迁而改变,这一假设在稳定状况下是合理的。如果研究的时间跨度不过于大,人们的生活水平、整个社会的医疗条件及周围的生活环境没有过于巨大的变化,b_i、p_i 事实上差不多是不变的,其值可通过统计资料估算出来。

根据以上假设可以得出以下 $j+1$ 时段各组人数与 j 时段各组人数之间的转换关系:

$$\begin{cases} N(0,j+1) = b_0N(0,j) + b_1N(1,j) + \cdots + b_mN(m,j) \\ N(1,j+1) = p_0N(0,j) \\ \cdots \\ N(m,j+1) = p_{m-1}N(m-1,j) \end{cases}$$

显然 $b_j, p_i \geqslant 0$。

简记 $\mathbf{N}_j = \begin{bmatrix} N(0,j) \\ \vdots \\ N(m,j) \end{bmatrix}$, $\mathbf{N}_{j+1} = \begin{bmatrix} N(0,j+1) \\ \vdots \\ N(m,j+1) \end{bmatrix}$

并引入矩阵

$$A = \begin{bmatrix} b_0 & b_1 & \cdots & b_{m-1} & b_m \\ p_0 & 0 & \cdots & 0 & 0 \\ 0 & p_1 & \cdots & 0 & 0 \\ \vdots & \vdots & & \vdots & \vdots \\ 0 & 0 & \cdots & p_{m-1} & 0 \end{bmatrix}$$

则上面的方程组可简写成

$$\boldsymbol{N}_{j+1} = \boldsymbol{A}\boldsymbol{N}_j$$

矩阵 $\boldsymbol{A}$ 被称为 Leslie 矩阵(或射影矩阵),当矩阵 $\boldsymbol{A}$ 与按年龄组分布的初始种群向量 $\boldsymbol{N}_0 = (N(0,0), N(1,0), \cdots, N(m,0))^{\mathrm{T}}$ 一经给定时,其后任一时段种群按年龄分布的向量即可用上式迭代求得

$$\boldsymbol{N}_{j+1} = \boldsymbol{A}\boldsymbol{N}_j = \cdots = \boldsymbol{A}^{j+1}\boldsymbol{N}_0$$

人口(或种群)的增长是否合理不仅仅取决于人口的总量是否过多或过少,还取决于整个的年龄结构是否合理,即各年龄段人口数的比例是否恰当。通过对 Leslie 矩阵 $\boldsymbol{A}$ 的研究,可以得到许多十分有用的信息。

女性有一定的生育期,例如 k 组以后的女性不再生育,则有 $b_k \neq 0, b_{k+1}, \cdots, b_m$ 均为零(初始若干个 b_i 也可能为零),此时 $\boldsymbol{A}$ 可简记为

$$\begin{pmatrix} A_1 & 0 \\ A_2 & A_3 \end{pmatrix}$$

其中 $\boldsymbol{A}_1$ 和 $\boldsymbol{A}_3$ 分别为 $k+1$ 阶和 $m-k$ 阶方阵,于是

$$\boldsymbol{A}^j = \begin{pmatrix} A_1^j & 0 \\ f(A_1, A_2, A_3) & A_3^j \end{pmatrix} \qquad \text{其中} \quad f(A_1, A_2, A_3) = \sum_{i=0}^{j-1} A_3^i A_2 A_1^{j-i-1}$$

因为 $\boldsymbol{A}_3$ 是一个下三角阵且对角元素全为零,由哈密顿—凯莱定理,当 $j \geqslant m-k$ 时必有 $A_3^j = 0$,此时 $\boldsymbol{A}^j$ 的最后 $m-k$ 列均为零向量。其实际意义为 $t=0$ 时已超过育龄的女性,其目前的存在对若干年后的人口分布已毫无影响,她对人口发展的贡献将由她在此前所生育的女孩来完成,这一点当然是十分显然的。$f(A_1, A_2, A_3)$ 较为复杂,$\boldsymbol{A}^j$ 的这一子块反映出 $k+1$ 组以后各组的年龄结构,对它的讨论可以导出避免社会老龄化的条件。

现在,我们来研究一下 Leslie 矩阵,并进而研究时间充分长后种群的年龄结构及数量上的趋势。

容易看出 $\boldsymbol{A}_1$ 是非奇异的,因为

$$|\boldsymbol{A}_1| = (-1)^{k-2} p_0 p_1 \cdots p_{k-1} b_k \neq 0$$

事实上,不难直接验证:

$$\boldsymbol{A}_1^{-1} = \begin{bmatrix} 0 & p_0^{-1} & 0 & \cdots & 0 \\ 0 & 0 & p_1^{-1} & \cdots & 0 \\ \vdots & \vdots & \vdots & & \vdots \\ \dfrac{1}{b_k} & \dfrac{-b_0}{p_0 b_k} & \dfrac{-b_1}{p_1 b_k} & \cdots & \dfrac{-b_{k-1}}{p_{k-1} b_k} \end{bmatrix}.$$

根据前面所说的理由，从长远的观点来看，其实我们真正有兴趣的是矩阵的性质。由 $\mathbf{A}^j$ 的分块结构可知，对 $\mathbf{A}_1$ 及 N_{j+1} 的前 $k+1$ 个分量 $N_j^{(k+1)}$，$N_{j+1}^{(k+1)}=\mathbf{A}_1N_j^{(k+1)}$ 也成立。为叙述方便，不妨仍记 $N_j^{(k+1)}$ 为 N_j，并记 $\mathbf{A}_1$ 为 $\mathbf{A}$，简略讨论一下前 $k+1$ 组人口数量的变化情况。

由于人口生育率和死亡率与年龄之间存在着固定的关系，可以预料，经过足够多年后，人口年龄分布应趋于稳定的比率，即下时段初与本时段初同组人数应当近似地对应成比率，且各组人数在总人口数中所占的百分比应逐渐趋于稳定。现在我们来指出 Leslie 矩阵的一些性质，并证明这些预测是正确的。

定理 4.12 Leslie 矩阵具有唯一的正特征根 λ_1，与之相应的特征向量为

$$\mathbf{N}=(\lambda_1^k/(p_0p_1\cdots p_{k-1}),\lambda_1^{k-1}/(p_1\cdots p_{k-1}),\cdots,\lambda_1/p_{k-1},1)^{\mathrm{T}}$$

证明 直接计算可得 $\mathbf{A}$ 的特征多项式为

$$f(\lambda)=\lambda^{k+1}-b_0\lambda^k-p_0b_1\lambda^{k-1}-\cdots-(p_0p_1\cdots p_{k-1})b_k$$

$f(\lambda)=0$ 等价于

$$f_1(\lambda)=\frac{b_0}{\lambda}+\frac{p_0b_1}{\lambda^2}+\frac{p_0p_1b_2}{\lambda^3}+\cdots+\frac{p_0p_1\cdots p_{k-1}b_k}{\lambda^{k+1}}=1 \tag{4.11}$$

当 λ 由 $0^+\to+\infty$ 时，$f_1(\lambda)$ 由 $+\infty$ 单调下降地趋于零，由此立即可以看出 $\mathbf{A}$ 具有唯一的正特征根 λ_1（λ_1 被称为种群的固有增长率，其计算法有许多文献介绍）。

现求 $\mathbf{A}$ 的对应于 λ_1 的特征向量，记 $\mathbf{N}=\begin{bmatrix}\bar{n}_0\\ \vdots\\ \bar{n}_k\end{bmatrix}$，解线性方程组 $\mathbf{AN}=\lambda_1\mathbf{N}$，即

$$\begin{bmatrix}b_0 & b_1 & \cdots & b_{k-1} & b_k\\ p_0 & 0 & \cdots & 0 & 0\\ 0 & p_1 & \cdots & 0 & 0\\ \vdots & \vdots & & \vdots & \vdots\\ 0 & 0 & \cdots & p_{k-1} & 0\end{bmatrix}\begin{bmatrix}\bar{n}_0\\ \vdots\\ \vdots\\ \vdots\\ \bar{n}_k\end{bmatrix}=\lambda_1\begin{bmatrix}\bar{n}_0\\ \vdots\\ \vdots\\ \vdots\\ \bar{n}_k\end{bmatrix}$$

上式中只有 k 个独立方程，但有 $k+1$ 个未知量，取 $\bar{n}_k=1$，可求得

$$\mathbf{N}=\begin{bmatrix}\lambda_1^k/(p_0p_1\cdots p_{k-1})\\ \lambda_1^k/(p_1\cdots p_{k-1})\\ \cdots\\ \lambda_1/p_{k-1}\\ 1\end{bmatrix} \tag{4.12}$$

不难看出，当且仅当 $\lambda_1=1$ 时，$\lim\limits_{j\to\infty}N_j=\bar{N}$，人口总量将趋于固定且各年龄组人数在总人口数中所占的比例也将趋于一个定值。

在 λ_1 固定的情况下，$\mathbf{N}$ 只和 p_i 有关（$i=0,\cdots,k-1$）。p_i 为 i 组人的存活率，人们总希望它们越大越好，但由于医疗条件和医学水平的限制，在一定时期内 ，它们基本上是一些常数，这样，事实上人们只能通过控制 b_j 的值（即实行计划生育）来保证 $\lambda_1=1$，从而使人口数趋于稳定。如能实现这一目标，各年龄组人数之比将无法更改地趋于一个稳定的比

例(除非 p_i 的值改变)。

如果将 Leslie 模型用于家禽或家畜预测,情况就有了较大的不同,人们不仅可以控制各年龄段的繁殖率 b_i,还可以通过宰杀来控制各年龄段的存活率 p_i。从而,人们不仅可以控制该种群的总量,还能人为地调整各年龄段种群占总量的比例,使之达到更为理想的状态。

在定理 4.12 中,我们证明了 λ_1 是 Leslie 矩阵 **A** 的唯一正特征根。实际上,我们还可以进一步证明 λ_1 必定是 **A** 的特征方程的单根,而 **A** 的其余 $n-1$ 个特征根 $\lambda_i (i=2,\cdots,n)$ 均满足

$$|\lambda_i| \leqslant \lambda_1 (i=2,\cdots,n) \tag{4.13}$$

定理 4.13　若 Leslie 矩阵 **A** 的第一行中至少有两个相邻的 $b_i > 0$,则(4.13)中严格不等式成立,即

$$|\lambda_i| < |\lambda_1| \quad (i=2,\cdots,n)$$

且 $\lim\limits_{j\to\infty} \dfrac{N_j}{\lambda_1^j} = C\overline{N}$,其中 C 为某一常数,其值由 b_i、P_i 及 N_0 决定。

定理 4.13 的条件通常总能得到满足,故在 j 充分大时有 $N_j = C\lambda_1^j \overline{N}$,即各年龄组人口的比例总会趋于稳定,且 $N_{j+1} \approx \lambda_1 N_j$。若 $\lambda_1 > 1$,种群量增大;$\lambda_1 < 1$,种群量减少。综上所述,只要先求出 **A** 的正特征根 λ_1 及其对应的特征向量 **N**,确定出 C 的值,依据调查所得的人口初值即可大致了解人口发展的总趋势。

考察(4.11)中的 $f_1(\lambda)$,记 $R = f_1(1) = b_0 + p_0 b_1 + \cdots + (p_0 \cdots p_{k-1}) b_k$,易见 R 即女性一生所生女孩的平均值。由于 $f_1(\lambda)$ 的单调性又有以下定理:

定理 4.14　$\lambda_1 = 1$ 的充要条件为 $R = 1$。(注:证明非常简单)

由于并非每一妇女均能活到足够的年龄并生下 R 个女孩,为了保障人口平衡,每一妇女可生子女数可定为某一略大于 2 的数 β(这里假设男女之比为 1∶1),β 称为临界生育率。根据统计资料计算的结果,中国妇女的临界生育率约为 2.2。

人口迅猛发展使人们日益清醒地意识到,人类必须控制自身的发展,正因为如此,近几十年来人们开始用现代控制理论的观点和方法来研究人口问题,建立了人口发展的控制论模型,在这方面,我国一些控制论专家做了许多开拓性的工作。

大多数控制论模型都是以偏微分方程形式给出的,由于连续型控制论模型的求解十分困难,也可将其转移成近似的离散型模型,以便较容易利用数值方法来求解。

在控制论中,N_j 被称为状态变量。要建立模型,还必然要找出控制变量。显然,随着人民生活水平的不断提高和医疗卫生条件的不断改善,各年龄组人口的死亡率不断下降、存活率不断提高。要实现对人口增长的控制只能采取降低人口出生率的办法。

记 j 时段 i 年龄组中女性所占的百分比为 $K_i(j)$,并设 $i_1,\cdots,i_2$ 为育龄女性的年龄组,则 j 时段新生儿总数为

$$N(0,j+1) = \sum_{i=i_1}^{i_2} b_i(j) K_i(j) N(i,j)$$

$$N(i,j+1) = p_{i-1} N(i-1,j) \qquad (i=1,\cdots,m)$$

从长远来看,人口的年龄结构总会趋于逐渐稳定,但这一过程是十分漫长的。由于初

始状态的影响,人口年龄结构很可能会长期振荡。例如,目前我国人口中年轻人占的比例很大(约占 60%),加上计划生育降低出生率,必然造成若干年后社会人口的严重老化、社会负担过重等一系列社会问题。待这一代人越出 m 组后,又会使人口总量迅速减少及人口平均年龄的年轻化而走向另一极端。为了尽可能减小这种年龄结构上的振荡,在建立人口问题的控制论模型并进而制定相应人口政策时,人们又引入了一个控制变量 $h(i,j)$,使得

$$b_i(j) = \beta h(i,j)$$

且

$$\sum_{i=i_1}^{i_2} h(i,j) = 1$$

$h(i,j)$ 被称为女性生育模式,用来调整育龄妇女在不同年龄组内生育率的高低。例如,为简单起见,可通过控制结婚年龄和两胎间的年龄差来接近 $h(i,j)$ 的理想值。于是,Leslie 模型可作如下形式上的改变

$$\boldsymbol{N}_{j+1} = [\boldsymbol{A}(j) + \boldsymbol{B}(j)]\boldsymbol{N}_j$$

其中

$$\boldsymbol{A}(j) = \begin{bmatrix} 0 & \cdots & \cdots & \cdots & \cdots & 0 \\ p_0(j) & & & & & \vdots \\ 0 & & & & & \vdots \\ \vdots & & & & & \vdots \\ 0 & \cdots & \cdots & 0 & p_{m-1}(j) & 0 \end{bmatrix}$$

$$\boldsymbol{B}(j) = \begin{bmatrix} 0 & \cdots & 0 & b'_{i_1}(j) & \cdots & b'_{i_2}(j) & 0 & \cdots & 0 \\ 0 & \cdots & \cdots & \cdots & \cdots & \cdots & \cdots & \cdots & 0 \\ \vdots & & & & & & & & \vdots \\ 0 & \cdots & \cdots & \cdots & \cdots & \cdots & \cdots & \cdots & 0 \end{bmatrix}$$

$$b'_i(j) = \beta(j)h(i,j)K_i(j)$$

在一定时期内,$p_i(j)$(其中 $j = 0,\cdots,m-1$),$\beta(j)$,$h(i,j)$ 和 $K_i(j)$ 可视为与 j 无关的常数(例如:$h(i,j)$ 的改变即更改女性生育模式,$\beta(j)$ 的改变意味着女性平均生育胎数的更改,均意味着人口控制政策的重大更改,为保持社会稳定,此类情况均应避免发生),从而在一定时期内 $\boldsymbol{A}(j)$、$\boldsymbol{B}(j)$ 可取为常数矩阵 $\boldsymbol{A}$、$\boldsymbol{B}$。

控制论模型常采取一些评价函数来评判控制模型的效果,对于人口模型,可类似连续型模型,引入以下一些人口指数:

(1) 人口总量　不妨以 $N(j)$ 记 j 时段的人口总量,$N(j) = \sum_{i=0}^{m} N(i,j)$。

(2) 平均年龄　$y(j) = \dfrac{1}{N(j)}\sum_{i=0}^{m} iN(i,j)$。

(3) 平均寿命　$Q(j) = \sum_{i=0}^{m} \exp\left[-\sum_{i=0}^{t}(1-p_i(j))\right]$,其中$(1-p_i(j))$为 j 时段 i 组人的死亡率。

(4) 社会人口老龄化指数　$\omega(j) = y(j)/Q(j)$。

(5) 依赖性指数　设 $l_1,\cdots,l_2$ 与 $l'_1,\cdots,l'_2$ 分别为男、女性中具有劳动能力的年龄组，则 j 时段具有劳动能力的人口数 $L(j)=\sum_{i=l_1}^{l_2}[1-k_i(j)]N(i,j)+\sum_{i=l'_1}^{l'_2}K_i(j)N(i,j)$。而 $N(j)-L(j)$ 为 j 时段由社会抚养的失去劳动能力的老人或尚未具有劳动能力的未成年人的数量。定义社会的依赖性指数 $\rho(j)=\dfrac{N(j)-L(j)}{L(j)}$，即平均每一劳动者抚养的无劳动能力的人数。

控制论模型要求求出女性个体平均一生中应生育的子女数 β，并设计一个合适的生育模式 $h(i,j)$ 等，使人口总量及社会的年龄结构尽量合理化，并使各项人口指数尽可能符合理想。对于上述离散模型，可以用数值方法求解，计算结果可供制定人口政策时参考。人口指数中有些指数间可能会发生冲突或矛盾，例如，要降低人口总数 $N(t)$ 就要减少平均生育胎数 β，从而必导致一段时间内人口老龄化指数 $\omega(j)$ 和依赖性指数 $\rho(j)$ 增大的矛盾。可选取一个适当的联合指标 $J=f(N(j))+g(\omega(j))$ 作为控制系统的目标函数，寻找 $\beta(j)$ 与 $h(i,j)$ 的最优解，联合目标函数 J 根据具体要求的不同可以有多种取法。

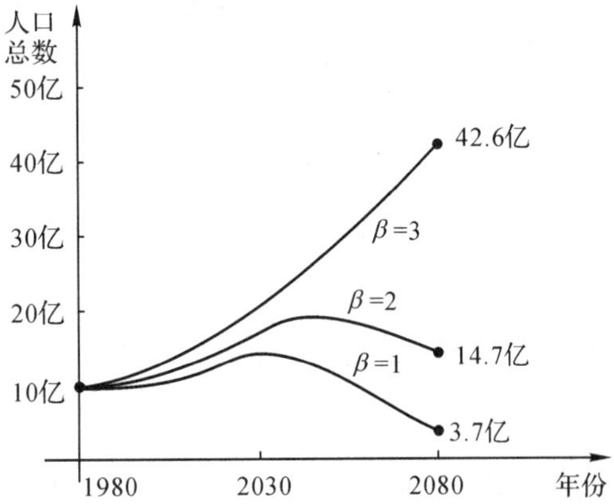

图 4.5

图 4.5 给出了取 $\beta=1,2,3$ 时，到 2080 年为止我国人口数的预测量。计算表明，我国可将全国妇女平均生育胎数的最佳值 β^* 定为 2.2，待人口总数降到一定数量时开始实施。

4.5　差分方程建模

在前几章中，我们利用微分方程方法研究了一些连续变化的变量。如果将变量离散化，即可得到相应的差分方程模型，为了方便不熟悉差分方程的读者，先对本节用到的差分方程的知识作一简略介绍。

一、差分方程简介

以 t 表示时间，规定 t 只取非负整数，$t=0$ 表示第一周期初，$t=1$ 表示第二周期初等。记 y_t 为变量 y 在时刻 t 时的取值，则称 $\Delta y_t=y_{t+1}-y_t$ 为 y_t 的一阶差分，称 $\Delta^2 y_t=\Delta(\Delta y_t)=\Delta y_{t+1}-\Delta y_t=y_{t+2}-2y_{t+1}+y_t$ 为 y_t 的二阶差分。类似地，可以定义 y_t 的 n 阶差分 $\Delta^n y_t$。

由 t、y_t 及 y_t 的差分给出的方程称为 y_t 的差分方程，其中含 y_t 的最高阶差分的阶数称为该差分方程的阶。差分方程也可以写成不显含差分的形式。例如，二阶差分方程 $\Delta^2 y_t+$

$\Delta y_t + y_t = 0$ 也可改写成 $y_{t+2} - y_{t+1} + y_t = 0$。

满足一差分方程的序列 y_t，称为此差分方程的解。类似于微分方程情况，若解中含有的独立常数的个数等于差分方程的阶数，称此解为该差分方程的通解。若解中不含任意常数，则称此解为满足某些初值条件的特解。例如，考察二阶差分方程

$$y_{t+2} + y_t = 0$$

易见 $y_t = \sin\frac{\pi t}{2}$ 与 $y_t = \cos\frac{\pi t}{2}$ 均是它的特解，而 $y_t = C_1\cos\frac{\pi}{2}t + C_2\sin\frac{\pi}{2}t$ 则为它的通解，其中 C_1, C_2 为两个任意常数。

类似于微分方程，称差分方程

$$a_0(t)y_{t+n} + a_1(t)y_{t+n-1} + \cdots + a_n(t)y_t = b(t) \tag{4.14}$$

为 n 阶线性差分方程，当 $b(t) \neq 0$ 时称其为 n 阶非齐次线性差分方程，而

$$a_0(t)y_{t+n} + a_1(t)y_{t+n-1} + \cdots + a_n(t)y_t = 0$$

则称为方程(4.14)对应的齐次线性差分方程。

若(4.14)中所有的 $a_i(t)$ 均为与 t 无关的常数，则称其为常系数差分方程，即 n 阶常系数线性差分方程可写成

$$a_0y_{n+t} + a_1y_{n+t-1} + \cdots + a_ny_t = b(t) \tag{4.15}$$

的形式，其对应的齐次方程为

$$a_0y_{n+t} + a_1y_{n+t-1} + \cdots + a_ny_t = 0 \tag{4.16}$$

容易证明，若序列 $y_t^{(1)}$ 与 $y_t^{(2)}$ 均为方程(4.16)的解，则 $y_t = C_1y_t^{(1)} + C_2y_t^{(2)}$ 也是方程(4.16)的解，其中 C_1, C_2 为任意常数。这说明，齐次方程的解构成一个线性空间(解空间)。若 $y_t^{(1)}$ 是方程(4.16)的解，$y_t^{(2)}$ 是方程(4.15)的解，则 $y_t = y_t^{(1)} + y_t^{(2)}$ 也是方程(4.15)的解。

方程(4.15)可用如下的代数方法求其通解：

1. 先求解对应的特征方程。

$$a_0\lambda^n + a_1\lambda^{n-1} + \cdots + a_n = 0 \tag{4.17}$$

2. 根据特征根的不同情况，求齐次方程(4.16)的通解。

情况 1 若特征方程(4.17)有 n 个互不相同的实根 $\lambda_1, \cdots, \lambda_n$，则齐次方程(4.16)的通解为

$$C_1\lambda_1^t + \cdots + C_n\lambda_n^t \quad (C_1, \cdots, C_n \text{ 为任意常数})$$

情况 2 若 λ 是特征方程(4.17)的 k 重实根，通解中对应于 λ 的项为

$$(\bar{C}_1 + \cdots + \bar{C}_kt^{k-1})\lambda^t$$

$\bar{C}_i$ 为任意常数，$i = 1, \cdots, k$。

情况 3 若特征方程(4.17)有单重复根 $\lambda = \alpha \pm \beta\mathrm{i}$，通解中对应它们的项为

$$\bar{C}_1\rho^t\cos\varphi t + \bar{C}_2\rho^t\sin\varphi t$$

其中 $\rho = \sqrt{\alpha^2 + \beta^2}$ 为 λ 的模，$\varphi = \arctan\frac{\beta}{\alpha}$ 为 λ 的幅角。

情况 4 若 $\lambda = \alpha \pm \beta\mathrm{i}$ 为特征方程(4.17)的 k 重复根，则通解对应于它们的项为

$$(\bar{C}_1 + \cdots + \bar{C}_kt^{k-1})\rho^t\cos\varphi t + (\bar{C}_{k+1} + \cdots + \bar{C}_{2k}t^{k-1})\rho^t\sin\varphi t$$

$\bar{C}_i$ 为任意常数，$i = 1,\cdots,2k$。

3. 求非齐次方程(4.15) 的一个特解 $\bar{y}_t$。若 y_t 为方程(4.16) 的通解，则非齐次方程(4.15) 的通解为 $y_t + \bar{y}_t$。

求非齐次方程(4.15) 的特解一般要用到常数变易法，计算较繁琐。对特殊形式的 $b(t)$ 也可使用待定系数法。例如，当 $b(t) = b^t p_k(t)$，$p_k(t)$ 为 t 的 k 次多项式时可以证明：若 b 不是特征根，则非齐次方程(4.15) 有形如 $b^t q_k(t)$ 的特解，$q_k(t)$ 也是 t 的 k 次多项式；若 b 是 r 重特征根，则方程(4.15) 有形如 $b^t t^r q_k(t)$ 的特解，进而可利用待定系数法求出 $q_k(t)$，从而得到方程(4.15) 的一个特解 $\bar{y}_t$。

例 4.19　求解二阶差分方程 $y_{t+2} + y_t = t$。

解　对应齐次方程的特征方程为 $\lambda^2 + 1 = 0$，其特征根为 $\lambda_{1,2} = \pm \mathrm{i}$，对应齐次方程的通解为

$$y_t = C_1\cos\frac{\pi}{2}t + C_2\sin\frac{\pi}{2}t$$

原方程有形如 $at + b$ 的特解。代入原方程求得 $a = \frac{1}{2}, b = -\frac{1}{2}$，故原方程的通解为

$$C_1\cos\frac{\pi}{2}t + C_2\sin\frac{\pi}{2}t + \frac{1}{2}t - \frac{1}{2}$$

在应用差分方程研究问题时，往往不需要求出方程的通解，在给定初值后，通常可用计算机迭代求解，但我们常常需要讨论解的稳定性。对常系数非齐次线性差分方程(4.15)，若不论其对应齐次方程的通解中任意常数 $C_1,\cdots,C_n$ 如何取值，在 $t \to +\infty$ 时总有 $y_t \to 0$，则称方程(4.14) 的解是稳定的，否则称其解为不稳定的。根据通解的结构不难看出，非齐次方程(4.15) 稳定的充要条件为其所有特征根的模均小于 1。

二、差分方程建模举例

例 4.20(市场经济的蛛网模型)

随着我国经济的不断开放搞活，市场经济被逐渐引入我国的经济体制，本例将根据自由竞争原则讨论在市场经济中供应与需求之间的关系。在自由竞争的市场经济中，商品的价格是由市场上该商品的供应量决定的，供应量越大，价格越低。另一方面，生产者提供的商品数量又是由该商品的价格决定的，价格上升将刺激生产者的生产积极性，导致商品生产量增加；反之，价格降低会影响生产者的生产积极性，导致商品生产量下降。

在市场经济中，对每一商品事实上存在着两个不同的函数：

(1) 供应函数 $x = f(P)$，它是价格 P 的单调递增函数，其曲线称为供应曲线。

(2) 需求函数 $x = g(P)$，它一般是价格 P 的单调递减函数，其曲线称为需求曲线。供应曲线与需求曲线的形状如图 4.6 所示。

市场经济中供、需曲线的特征决定了生产者提供的商品数量及该商品的价格，市场上该商品的价格一般是振荡的。商品生产常常具有一定的周期，例如茶叶总是在春季生产的、水果一般在秋季采摘，等等。下一周期生产多少该商品常常要在上一周期(甚至前几个周期) 作出决定。对这样的实际问题，用差分方程建立其数学模型来加以研究是较为合适的，将时间离散化，记 t 时段初市场上的供应量(即上一时段的生产量) 为 x_t，市场上该商

品的价格为 P_t。商品成交的价格是由需求曲线决定的，即 $P_t = g^{-1}(x_t)$。现在我们来分析随着 t 的增大，市场上 x_t 和 P_t 是怎样变化的。

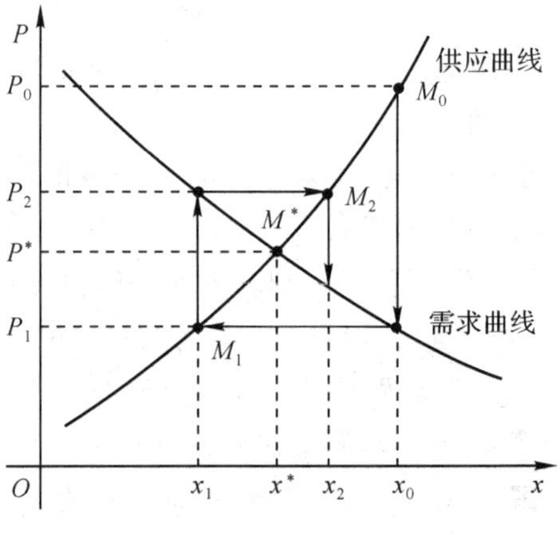

图 4.6

设 $t = 0$ 时生产者根据上一时段的价格 P_0 生产了数量为 x_0 的商品(对应图 4.6 中的 M_0)。根据市场经济的规律，x_0 数量的商品只能按价格 P_1 售出。对应价格 P_1，生产者只愿生产 x_1 数量的商品(对应图上 M_1 点)。数量为 x_1 的商品可按 P_2 价格出售，于是 $t = 3$ 时商品生产量为 x_2(对应图上 M_2 点)…… 易见，随着 $t \to +\infty$，M_t 将趋于平衡点 M^*，即商品量将趋于平衡量 x^*，价格将趋于平衡价格 P^*。图 4.6 中的箭线反映了在市场经济下该商品的供应量与价格的发展趋势。

但是，如果供应曲线和需求曲线呈图4.7中的形状，则平衡点 M^* 是不稳定的，M_t 将越来越远离平衡点。即使初始时刻的供应量和价格对应于平衡点，一点微小的波动也会导致市场供求出现越来越大的混乱。上述用图示法分析市场经济稳定性的讨论在经济学中称为市场经济的蛛网模型。

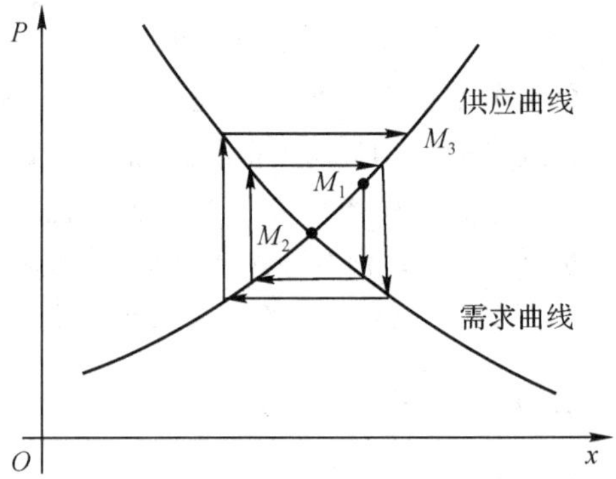

图 4.7

图 4.6 和图 4.7 的区别在哪里，如何判定平衡点的稳定性呢?不难看出，在图 4.6 中平衡点 M^* 处供应曲线的切线斜率大于需求曲线切线斜率的绝对值，而在图 4.7 中情况恰好相反。

现在利用差分方程方法来研究蛛网模型，以验证上述猜测是否正确。我们知道，平衡点 M^* 是否稳定取决于在 M^* 附近供、需曲线的局部性态。为此，用 M^* 处供、需曲线的线性近似来代替它们，并讨论此线性近似模型中 M^* 的稳定性。

设供应曲线与需求曲线的线性近似方程分别为

$$P = P^* + a(x - x^*)$$

和

$$P = P^* - b(x - x^*)$$

式中，a、b 分别为供应曲线在 M^* 处的切线斜率与需求曲线在 M^* 处切线斜率的绝对值。根据市场经济的规律，当供应量为 x_t 时，现时段的价格 $P_{t+1} = P^* - b(x_t - x^*)$，又对价格 P_{t+1}，由供应曲线 $P_{t+1} = P^* + a(x_{t+1} - x^*)$ 解得下一时段的商品量

$$x_{t+1} = x^* + \frac{1}{a}(P_{t+1} - P^*) = x^* + \frac{1}{a}[P^* - b(x_t - x^*) - P^*]$$

$$= x^* - \frac{b}{a}(x_t - x^*)$$

由此导出一阶差分方程：

$$x_{t+1} + \frac{b}{a}x_t = \left(1 + \frac{b}{a}\right)x^* \tag{4.18}$$

此差分方程对应的线性齐次方程的特征方程为 $\lambda^2 + \frac{b}{a}\lambda = 0$，解为 $\lambda = -\frac{b}{a}$，在 $\frac{b}{a} < 1$ 时是稳定的，从而证实了我们的猜测。注意到 a 和 b 的实际含义，上述结果在经济学上可作如下解释：当 $a > b$ 时，顾客需求对价格的敏感度较小（小于生产者的敏感程度），商品供应量和价格会自行调节而逐步趋于稳定；反之，若 $a < b$（例如对某些生活必需品，商品紧缺易引起顾客抢购），该商品供售市场易造成混乱，政府应采取适当措施避免出现混乱。

如果生产者对市场经济的蛛网模型有所了解，为了减少因价格波动而造成的经济损失，他应当提高自己的经营水平，不应当仅根据上一周期的价格来决定现阶段的生产量。

例如，从前面的分析可以看出，市场上的价格经常是上下波动的，经营者不妨可以根据本时段与前一时段价格的平均值来确定生产量。此时，若 t 时段的商品量为 x_t，仍有

$$P_{t+1} = P^* - b(x_t - x^*) \tag{4.19}$$

但 $t+1$ 时段的商品量则不再为 $x_{t+1} = x^* + \frac{1}{a}(P_{t+1} - P^*)$，而被修正为

$$x_{t+1} = x^* + \frac{1}{a}\left(\frac{P_{t+1} + P_t}{2} - P^*\right) \tag{4.20}$$

由(4.19)式得

$$P_t = P^* - b(x_{t-1} - x^*) \tag{4.21}$$

将(4.19)式、(4.21)式代入(4.20)式，整理得

$$2x_{t+1} + \frac{b}{a}x_t + \frac{b}{a}x_{t-1} = \left(1 + \frac{b}{a}\right)x^* \tag{4.22}$$

(4.22)式是一个常系数二阶线性差分方程，特征方程为

$$2\lambda^2 + \frac{b}{a}\lambda + \frac{b}{a} = 0$$

其特征根为

$$\lambda = \frac{-\frac{b}{a} \pm \sqrt{\left(\frac{b}{a}\right)^2 - 8\frac{b}{a}}}{4}$$

为讨论方便起见，记 $r = \frac{b}{a}$。若 $r^2 - 8r \geqslant 0$，则 $\max\{|\lambda_1|, |\lambda_2|\} = |\lambda_2| \geqslant \frac{r}{4} \geqslant 2$，此时差分方程(4.22)是不稳定的。若 $r^2 - 8r < 0$，此时特征根 $\lambda_{1,2}$ 为一对共轭复数，$\lambda_{1,2} = -\frac{1}{4}(r \pm \sqrt{8r - r^2}\mathrm{i})$，$|\lambda_{1,2}| = \sqrt{\frac{r}{2}}$。由线性差分方程稳定的条件，当 $r < 2$ 即 $b < 2a$ 时，(4.22)式是稳定的，从而 M^* 是稳定的平衡点。不难发现，生产者管理方式的这一更动不仅使自己减少了因价格波动而带来的损失，而且大大消除了市场的不稳定性。生产者在采取上述方式确定各时段的生产量后，如发现市场仍不稳定（$b \geqslant 2a$），可按类似方法试图再改变确定生产量的方式，此时可能会得到更高阶的差分方程。对这些方程稳定性条

件的研究很可能会导出进一步稳定市场经济的新措施。

例 4.21(国民经济的稳定性)

国民收入的主要来源是生产,国民收入的开支主要用于消费资金、投入再生产的积累资金及政府用于公共设施的开支。现在我们用差分方程方法建立一个简略的模型,粗略地分析一下国民经济的稳定性问题。

记 y_t 为第 t 周期的国民收入,C_t 为第 t 周期的消费资金。C_t 的值决定于前一周期的国民收入,设 $C_t = ay_{t-1}$,$0 < a < 1$。再生产的投资水平 I_t 取决于消费水平的变化量,设 $I_t = b(C_t - C_{t-1})$,$b > 0$。政府用于公共设施的开支在一个不太长的时期内变动不大,设为常数 G。故由 $y_t = C_t + I_t + G$,可得出 $y_t = ay_{t-1} + b(C_t - C_{t-1}) + G$。将 $C_t = ay_{t-1}$ 及 $C_{t-1} = ay_{t-2}$ 代入,得

$$y_t - a(1+b)y_{t-1} + aby_{t-2} = G \tag{4.23}$$

(4.23)式是一个二阶常系数差分方程,其特征方程为 $\lambda^2 - a(1+b)\lambda + ab = 0$,相应特征根为

$$\lambda_{1,2} = \frac{1}{2}a(1+b) \pm \frac{1}{2}\sqrt{a^2(1+b)^2 - 4ab}$$

讨论:若 $a^2(1+b)^2 - 4ab < 0$,特征根为一对共轭复根,当 $\rho = |\lambda_{1,2}| = \sqrt{ab} < 1$ 时,差分方程的平衡点是稳定的。若 $a^2(1+b)^2 - 4ab \geqslant 0$,易见 $0 < a < 1$,$ab < 1$,$a^2(1+b)^2 - 4ab \geqslant 0$ 不能同时成立。

当 $ab \geqslant 1$ 时,由 $a^2(1+b)^2 \geqslant 4ab \geqslant 4$ 可得 $\lambda_1 \geqslant 1$,差分方程的平衡点是不稳定的。故差分方程的平衡点当且仅当

$$\frac{1}{4}a^2(1+b)^2 < ab < 1 \tag{4.24}$$

成立时才是稳定的,(4.24)式可用于预报经济发展趋势。

现用待定系数法求方程(4.23)的一个特解 $\bar{y}_t$。令 $\bar{y}_t = C$,代入(4.23)式,得 $C = \frac{G}{1-a}$。故当(4.24)式成立时,差分方程(4.23)的通解为

$$y_t = \rho^t(C_1\cos\omega t + C_2\sin\omega t) + \frac{G}{1-a}$$

其中 ρ 为 $\lambda_{1,2}$ 的模,ω 为其幅角。

例如,若取 $a = \frac{1}{4}$,$b = \frac{1}{2}$,易见,此时关系式(4.24)成立。又若取 $y_0 = 1600$,$y_1 = 1700$,$G = 550$,则由迭代公式

$$\begin{aligned} y_t &= a(1+b)y_{t-1} - aby_{t-2} + G \\ &= \frac{9}{8}y_{t-1} - \frac{3}{8}y_{t-2} + 550 \end{aligned}$$

求得 $y_2 = 1862.5$,$y_3 = 2007.8$,$y_4 = 2110.3$,$y_5 = 2171.2$,$y_6 = 2201.2$,$y_7 = 2212.15$,$y_8 = 2213.22$,$y_9 = 2210.3$,…,易见

$$y_t \to \frac{G}{1-a} = 2200$$

例 4.22(商品销售量预测)

在利用差分方程建模研究实际问题时，常常需要根据统计数据并用最小二乘法来拟合出差分方程的系数。其系统稳定性讨论要用到代数方程的求根。对问题的进一步研究又常需考虑到随机因素的影响，从而用到相应的概率统计知识。

（实例）某商品前五年的销售量见表 4.6。现希望根据前五年的统计数据预测第六年起该商品在各季度中的销售量。

表 4.6　某商品前五年的销售量

季度＼销售量＼年份	第一年	第二年	第三年	第四年	第五年
1	11	12	13	15	15
2	16	18	20	24	25
3	25	26	27	30	32
4	12	14	15	15	17

从表中可以看出，该商品在前五年相同季节里的销售量呈增长趋势，而在同一年中销售量先增后减，第一季度的销售量最小而第三季度的销售量最大。预测该商品以后的销售情况，一种办法是应用最小二乘法建立经验模型，即根据本例中数据的特征，可以按季度建立四个经验公式，分别用来预测以后各年中同一季度的销售量。例如，如果认为第一季度的销售量大体按线性增长，可设销售量 $y_t^{(1)} = at + b$，由

$$a = \frac{\sum_{t=1}^{5} t y_t - \frac{1}{5}\left(\sum_{t=1}^{5} t\right)\left(\sum_{t=1}^{5} y_t\right)}{\sum_{t=1}^{5} t^2 - \frac{1}{5}\left(\sum_{t=1}^{5} t\right)^2}$$

$$b = \bar{y} - a\bar{t} \quad \left(\bar{y} = \frac{1}{5}\sum_{t=1}^{5} y_t,\ \bar{t} = \frac{1}{5}\sum_{t=1}^{5} t\right)$$

求得 $a = 1.3, b = 9.5$。

根据 $y_t^{(1)} = 1.3t + 9.5$ 预测第六年起第一季度的销售量为 $y_6^{(1)} = 17.3, y_7^{(1)} = 18.6, \cdots$

如认为销售量并非逐年等量增长而是按前一年或前几年同期销售量的一定比例增长的，则可建立相应的差分方程模型。仍以第一季度为例，为简便起见不再引入上标，以 y_t 表示第 t 年第一季度的销售量，建立形式如下的差分方程：

$$y_t = a_0 + a_1 y_{t-1}$$

或

$$y_t = a_0 + a_1 y_{t-1} + a_2 y_{t-2}$$

等等。

上述差分方程中的系数不一定能使所有统计数据吻合，较为合理的办法是用最小二乘法求一组总体吻合较好的数据。以建立二阶差分方程 $y_t = a_0 + a_1 y_{t-1} + a_2 y_{t-2}$ 为例，为选取 a_0, a_1, a_2 使 $\sum_{t=3}^{5}[y_t - (a_0 + a_1 y_{t-1} + y_{t-2})]^2$ 最小，解线性方程组：

$$\begin{cases}3a_0+\left(\sum_{t=3}^{5}y_{t-1}\right)a_1+\left(\sum_{t=3}^{5}y_{t-2}\right)a_2=\sum_{t=3}^{5}y_t\\ \left(\sum_{t=3}^{5}y_{t-1}\right)a_0+\left(\sum_{t=3}^{5}y_{t-1}^2\right)a_1+\left(\sum_{t=3}^{5}y_{t-1}y_{t-2}\right)a_2=\sum_{t=3}^{5}y_{t-1}y_t\\ \left(\sum_{t=3}^{5}y_{t-2}\right)a_0+\left(\sum_{t=3}^{5}y_{t-1}y_{t-2}\right)a_1+\left(\sum_{t=3}^{5}y_{t-2}^2\right)a_2=\sum_{t=3}^{5}y_{t-2}y_t\end{cases}$$

即求解

$$\begin{cases}3a_0+40a_1+36a_2=44\\40a_0+538a_1+483a_2=591\\36a_0+483a_1+434a_2=531\end{cases}$$

得 $a_0=-8, a_1=-1, a_2=3$。即所求二阶差分方程为 $y_t=-8-y_{t-1}+3y_{t-2}$。

虽然这一差分方程恰好使所有统计数据吻合，但这只是一个巧合。根据这一方程，可迭代求出以后各年第一季度销售量的预测值 $y_6=21, y_7=19,\cdots$

上述为预测各年第一季度销售量而建立的二阶差分方程，虽然其系数与前五年第一季度的统计数据完全吻合，但用于预测时预测值与事实不符。凭直觉，第六年估计值明显偏高，第七年销售量预测值甚至小于第六年。稍作分析，不难看出，如分别对每一季度建立一个差分方程，则根据统计数据拟合出的系数可能会相差很大(因为可利用的数据太少)，但对同一种商品，这种差异应当是微小的，故不妨根据统计数据建立一个可用于各个季度的差分方程(这样做的一个好处是建立公式时可利用到较多的统计数据，从而有可能得到更符合实际的结果)。为此，将季度编号为 $t=1,2,\cdots,20$，令 $y_t=a_0+a_1y_{t-4}$ 或 $y_t=a_0+a_1y_{t-4}+a_2y_{t-8}$ 等，利用全体数据来拟合，求总偏差最小的系数。以二阶差分方程为例，为求 a_0、a_1、a_2 使得

$$f(a_0,a_1,a_2)=\sum_{t=9}^{20}[y_t-(a_0+a_1y_{t-4}+a_2y_{t-8})]^2$$

最小，求解线性方程组

$$\begin{cases}12a_0+\left(\sum_{t=9}^{20}y_{t-4}\right)a_1+\left(\sum_{t=9}^{20}y_{t-8}\right)a_2=\sum_{t=9}^{20}y_t\\ \left(\sum_{t=9}^{20}y_{t-4}\right)a_0+\left(\sum_{t=9}^{20}y_{t-4}^2\right)a_1+\left(\sum_{t=9}^{20}y_{t-4}y_{t-8}\right)a_2=\sum_{t=9}^{20}y_{t-4}y_t\\ \left(\sum_{t=9}^{20}y_{t-8}\right)a_0+\left(\sum_{t=9}^{20}y_{t-8}y_{t-4}\right)a_1+\left(\sum_{t=9}^{20}y_{t-8}^2\right)a_2=\sum_{t=9}^{20}y_{t-8}y_t\end{cases}$$

即求解三元一次方程组

$$\begin{cases}12a_0+229a_1+209a_2=249\\229a_0+4789a_1+4376a_2=5193\\209a_0+4376a_1+4009a_2=4747\end{cases}$$

解得 $a_0=0.6937, a_1=0.8737, a_2=0.1941$，故求得二阶差分方程

$$y_t=0.6937+0.8737y_{t-4}+0.1941y_{t-8}\qquad(t\geqslant 21)$$

根据此式迭代，可求得第六年和第七年第一季度销售量的预测值为

$$y_{21} = 17.58, y_{25} = 19.16$$

还是较为可信的。

例 4.23(人口问题的差分方程模型)

在第3.2节中,我们已经讨论了人口问题的两个常微分方程模型——Malthus模型和Verhulst模型(又称Logistic模型)。前者可用于人口增长的短期预测,后者在作中、长期预测时效果较好。

人口数量不可能时时统计,所以,我们拿到的人口统计资料一般总是离散的。因此,在研究人口或种群数量的实际增长情况时,有时采用离散化的时间变量会更为方便。例如,有些种群具有相对较为固定的繁殖期,按时段统计种群数量更接近种群的实际增长方式。人口增长虽无这种特征,但人口普查不可能连续统计,任何方式的普查都只能得到一些离散时刻的人口总量(指较大范围的普查)。这样,如何建立人口问题的离散模型就十分自然地提了出来。

建立离散人口模型的一条直接途径是用差分代替微分,将微分方程转化为差分方程。从人口问题的Logistic模型出发,令

$$\frac{dP}{dt} = aP - \bar{a}P^2 = aP\left(1 - \frac{P}{N}\right) \qquad N = (a/\bar{a})$$

可导出一阶差分方程

$$P_{t+1} - P_t = aP_t\left(1 - \frac{P_t}{N}\right) \tag{4.25}$$

(4.25)式中右端的因子$\left(1 - \frac{P_t}{N}\right)$常被称为阻尼因子。当$P_t \ll N$时,种群增长接近Malthus模型;当$P_t$接近$N$时,这一因子将越来越明显地发挥阻尼作用,若$P_t < N$,它将使种群增长速度在$P_t$接近$N$时变得越来越慢,若$P > N$,它将使种群呈负增长。

(4.25)式可改写为

$$P_{t+1} = (a+1)P_t\left(1 - \frac{a}{(a+1)N}P_t\right) \tag{4.26}$$

记$b = (a+1)$,$x_t = \left(1 - \frac{a}{(a+1)N}P_t\right)$,于是(4.26)式又可改写为

$$x_{t+1} = bx_t(1 - x_t) \triangleq f(x_t)(t = 0,1,2,\cdots) \tag{4.27}$$

虽然(4.27)式是一个非线性差分方程,但对确定的初值x_0,其后的x_t可利用方程确定的递推关系迭代求出(不必真的去解差分方程)。

差分方程(4.27)有两个平衡点,即$x^* = 0$和$x^* = \frac{b-1}{b}$。类似于微分方程稳定性的讨论,非线性差分方程平衡点的稳定性也可通过对其线性近似方程平衡点稳定性的讨论部分地得到确定($|\lambda| = 1$时不能确定除外)。例如,对$x^* = \frac{b-1}{b}$,讨论$x_{t+1} = f(x_t)$在x^*处的线性近似方程

$$x_{t+1} = x^* + f'(x^*)(x_t - x^*)$$

可知,当$|\lambda| = |f'(x^*)| = |2 - b| < 1$(即$1 < b < 3$)时,平衡点$\frac{b-1}{b}$是稳定的,此时

$$P_t = \frac{(a+1)N}{a} x_t \to N \qquad \left(因为\ x_t \to x^* = \frac{b-1}{b} = \frac{a}{a+1}\right)$$

当 $|\lambda| = |2-b| > 1$ 时，则平稳点 $\frac{b-1}{b}$ 是不稳定的（在这一点上差分方程模型与Logistic 模型有所不同，在 Logistic 模型中，不论 a 取什么值，$p^* = N$ 均为稳定平衡点）。

习 题

1. 在第 4.1 节夫妻过河问题中，设有 2 对夫妻要过河，船每次最多可载 2 人，请用向量运算和图解法两种方法求出摆渡次数最少的过河办法。

2. 在1514年Dürer铸造的一枚名为“Melencona I”的钱币上有一个奇怪的由数字1－16 组成的方块

$$\begin{bmatrix} 16 & 3 & 2 & 13 \\ 5 & 10 & 11 & 8 \\ 9 & 6 & 7 & 12 \\ 4 & 15 & 14 & 1 \end{bmatrix}$$

用今天的来话讲，它是一个 4 阶矩阵，被称为四阶魔方。

(1) 请你仔细检查一下，它有哪些特别的性质？

(2) 你能作出一个三阶魔方吗？(三阶魔方被称为洛书，据说是大禹最先发现的。)

(3) 通过对称变换，由每一四阶魔方可得到 8 个不同的魔方，而本质不同的魔方（不能通过对称方法互化的魔方）多达 880 个，故四阶魔方共有 7040 个。五阶以上的魔方自然就更多了，没有人知道究竟有多少个五阶魔方。你能设法作出一个五阶的魔方吗？

(4) 假如我们放松对矩阵中数字的要求，允许它们取任意实数，问题就会变得简单得多，你能应用线性代数知识来研究这一问题吗？

3. 请用移位法和希尔密码法对以下一段英文加密：The meeting will begin at night。为方便起见，采用标准字母表，移位法移四位，希尔密码请用

$$\mathbf{A} = \begin{pmatrix} 1 & 0 \\ 1 & 5 \end{pmatrix} 加密。$$

4. 求上题中加密矩阵 $\mathbf{A}$ 的逆矩阵，用你求得的逆矩阵解密上题的计算结果。

5. 假设 $\mathbf{A} = \begin{pmatrix} 1 & 0 & 1 \\ 0 & 3 & 1 \\ 0 & 0 & 1 \end{pmatrix}$，用两种方法求可将用 $\mathbf{A}$ 加密得到的密文解密的逆矩阵。

6. 证明定理 4.3(欧拉定理)。

7. 若农场总是将作物与 aa 型作物进行杂交，请画出相应的状态转移图，写出这种情况下的转移矩阵，并分析后代作物分布的变化趋势。

8. 设某动物个体的状态可分为健康、患病和死亡三种，每天健康个体患病的概率为0.05，患病动物每天的死亡率为 0.1、康复的概率为 0.3，健康动物不会突然死亡（即意外死亡忽略不计），画出状态转移图，写出转移矩阵，并分析该动物的变化趋势。(注：这里我们没有考虑到新动物的出生，如考虑新个体的出生，则需建立稍复杂一些但更接近实际情况的带有输入的马氏链模型。)

9. 某仓库共有三间房间，现发现仓库中钻进了一只老鼠，将老鼠在房间 1 – 3 里记成状态 1 – 3，根据观察作出状态转移矩阵：$\boldsymbol{M}=\begin{pmatrix}0.1&0.3&0.5\\0.7&0.4&0.2\\0.2&0.3&0.3\end{pmatrix}$，试分析老鼠在各个房间中的概率。

10. 若上题仓库的房间 3 中经常堆放食物，经观察，状态转移矩阵为

$$\boldsymbol{M}=\begin{pmatrix}0.1&0.3&0\\0.6&0.2&0\\0.3&0.5&1\end{pmatrix}$$。试分析本题与上题有何差异。

11. 某投资者拟在 A、B 两城市间开设一家汽车租赁公司，租赁者可在两城中的任意城市租借或归还汽车。经试运行调查，在城 A 租汽车的顾客约有 60% 在本城归还，而有 40% 在 B 城归还；在城 B 租汽车的顾客约有 70% 在本城归还，而有 30% 在 A 城归还。

(1) 请预测该公司汽车的流向，该公司所拥有的汽车会最终流向其中的一个城市吗？

(2) 如果到两城市租赁点租车的人数大体相等，该公司应怎样经营？

12. 某种群最高年龄为 30 岁，按间隔 10 岁将此种群分为 3 组，并以 10 年为一时段。若取 $b_0=b_2=0, b_1=3; p_0=\frac{1}{6}, p_1=\frac{1}{2}, N_0=(1000,1000,1000)^{\mathrm{T}}$，求：

(1)10 年、20 年、30 年后该种群按年龄分布的种群数量。

(2) 求此种群的固有增长率及相应的稳定年龄分布。

(3) 以此种群为例，用计算结果验证 Leslie 模型的预测是正确的。

13. 设某种群的自然增长满足 Leslie 模型且至少有两个相邻的 $b_i>0$，记 $h(i,j)=[N(i,j+1)-N(i,j)]/N(i,j+1)$，称 $h(i,j)$ 为 j 时段末 i 组种群的收获率（或捕杀率）。记对角矩阵 $\boldsymbol{H}=\mathrm{diag}[h(1,j),\cdots,h(n,j)], 0\leqslant h(i,j)\leqslant 1, i=1,\cdots,n$。则该种群的增长满足 $N_{j+1}=AN_j-HN_{j+1}$。

(1) 若该种群是人工养殖的，应如何确定 $h(i,j)$ 才能保持稳定的种群数量。

(2) 若该种群是野生的，无法严格控制 $h(i,j)$，又应如何捕捉才可保持种群数量的稳定。

14. 设医疗保健已达到极高的水平，可以假定 p_i 已无法继续再增大，在此假定下，请设计一个较理想的人口增长模式。

15. 在 X- 链式遗传中，假设初始双亲等概率地具有六种基因型中的一种，即 $x^{(0)}=\left(\frac{1}{6},\frac{1}{6},\frac{1}{6},\frac{1}{6},\frac{1}{6},\frac{1}{6}\right)^{\mathrm{T}}$，计算 $x^{(n)}$。并求当 $n\to\infty$ 时，$x^{(n)}$ 的极限。

16. 色盲是 X- 链遗传的，由两种基因决定，基因型为 a 或 aa 的个体是色盲的。因此母亲色盲，儿子必色盲，女儿则不一定。试用马氏链研究：

(1) 近亲结婚的发展趋势会如何。例如父亲非色盲而母亲色盲，其后代平均要多少代就会变成全色盲或全不色盲。

(2) 若禁止双方均色盲的人结婚，情况会怎么样？

17. 美国总统选举的(10 年) 统计资料显示，共和党、民主党、独立候选人间的投票比例大致可用下面的矩阵表示：

	共和党	民主党	独立候选人(投票人)
共和党	75%	20%	40%
民主党	5%	60%	20%
独立候选人	20%	20%	40%

试根据这一统计资料预测美国选举的规律。

18. 地高辛是医治心脏病的药物,医生要求病人每天服用 0.1 毫克,经过一天时间,病人体内的药物残存量为服入量的一半,即病人体内的地高辛总量满足:

$$x_{n+1} = 0.5x_n + 0.1$$

(1) 利用迭代方法求出病人体内每天的药物量。

(2) 求病人体内地高辛总量的发展趋势。

第五章　线性规划与计算复杂性简介

5.1　线性规划问题

在人们的生产实践中，经常会遇到如何利用现有资源来安排生产，以取得最大效益或支付最小开支的问题。此类问题构成了运筹学(Operations Research)的一个重要分支——数学规划，而线性规划(Linear Programming，简记 LP)则是数学规划的一个重要组成部分。自 1947 年 G.B.Dantzig 提出求解线性规划的单纯形方法以来，线性规划在理论上日趋成熟，在应用上日趋广泛，已成为现代管理中经常采用的基本方法之一。

一、线性规划的实例与定义

例 5.1(饮食问题)

设市场上有 n 种食品，第 j 种食品的单价为 $c_j, j = 1,\cdots,n$。我们在选购食品时，非常关注 m 种营养成分的含量，已知每单位食品 j 中营养成分 i 的含量为 $a_{ij}, i = 1,\cdots,m; j = 1,\cdots,n$。根据医生的建议，某人每天营养成分 i 的吸入量至少应为 b_i，试为此人确定各种食品的购买量，使得在保证达到各种营养标准的前提下付出的总费用最省。

分析　设食品 j 的购买量为 x_j，则购买食品的总费用为 $c_1x_1 + \cdots + c_nx_n$；根据医生的建议，第 i 种食品每天的吸入量至少应为 b_i，即应满足 $\sum_{j=1}^{n} a_{ij}x_j \geqslant b_i, i = 1,\cdots,m$。故本题的数学模型为以下优化问题：

$$\begin{aligned} \min\quad & c_1x_1 + c_2x_2 + \cdots + c_nx_n \\ \text{S.t}\quad & \sum_{j=1}^{n} a_{ij}x_j \geqslant b_i, i = 1,\cdots,m \\ & x_j \geqslant 0, j = 1,\cdots,n \end{aligned} \tag{5.1}$$

(5.1)式中 $c_1x_1 + \cdots + c_nx_n$ 被称为目标函数。我们的目的是使该目标函数取得最小值(或最大值)，记为 min(取最大值时记为 max)；几个不等式是问题的约束条件，记为 S.t(即 Subject to，意为受约束于)。由于(5.1)式中的目标函数及约束条件均为线性函数，故称为线性规划问题。也就是说，线性规划问题是在一组线性约束条件限制下，求一个线性目标函数的最大值或最小值的问题。

二、线性规划的标准形式

线性规划的目标函数可以是求最大值，也可以是求最小值，约束条件可以是不等式约束也可以是等式约束,变量可以有非负要求,也可以没有非负要求(这样的变量为自由变量)。为了避免这种形式多样性带来的不便,规定线性规划的标准形式为

$$\begin{aligned}\min \quad & c_1x_1 + c_2x_2 + \cdots + c_nx_n \\ \text{S.t} \quad & \sum_{j=1}^{n} a_{ij}x_j = b_i, i = 1,\cdots,m \\ & x_j \geqslant 0, j = 1,\cdots,n\end{aligned} \tag{5.2}$$

或者更简洁地,利用矩阵与向量符号简记为

$$\begin{aligned}\min \quad & z = C^{\mathrm{T}}x \\ \text{S.t} \quad & \boldsymbol{A}x = b \\ & x \geqslant 0\end{aligned} \tag{5.3}$$

其中 C 和 x 为 n 维列向量,b 为 m 维列向量,且 $b \geqslant 0$,$\boldsymbol{A}$ 为 $m \times n$ 矩阵,$m < n$ 且秩为 m,即 $\boldsymbol{A}$ 是行满秩的。如果根据实际问题建立起来的线性规划问题并非标准形式,可以将它按如下方式化为标准形式:

(1) 若目标函数为 $\max \quad z = C^{\mathrm{T}}x$,可将它化为 $\min - z = - C^{\mathrm{T}}x$。

(2) 若第 i 个约束为 $a_{i1}x_1 + \cdots + a_{in}x_n \leqslant b_i$,可增加一个松弛变量 y_i,将不等式化为 $a_{i1}x_1 + \cdots + a_{in}x_n + y_i = b_i$,且 $y_i \geqslant 0$。若第 i 个约束为 $a_{i1}x_1 + \cdots + a_{in}x_n \geqslant b_i$,可引入剩余变量 y_i,将不等式化为 $a_{i1}x_1 + \cdots + a_{in}x_n - y_i = b_i$,且 $y_i \geqslant 0$。

(3) 若 x_i 为自由变量,则可令 $x_i = x'_i - x''_i$,其中 $x'_i, x''_i \geqslant 0$。

例如例 5.1 并非标准形式,其标准形式可简记为

$$\begin{aligned}\min \quad & C^{\mathrm{T}}x \\ \text{S.t} \quad & \boldsymbol{A}x - y = b \\ & x, y \geqslant 0\end{aligned}$$

三、线性规划的图解法

为了了解线性规划问题的特征并导出求解它的单纯形法,我们先用图解法来求解一个仅有两个变量的线性规划问题,变量个数较多时由于维数原因不便使用图解法求解。

例 5.2 用图解法求解下面的线性规划:

$$\begin{aligned}\max \quad & 4x_1 + 3x_2 \\ & 2x_1 + x_2 \leqslant 10 \\ \text{S.t} \quad & x_1 + x_2 \leqslant 8 \\ & x_2 \leqslant 7 \\ & x_1,\ x_2 \geqslant 0\end{aligned}$$

满足线性规划所有约束条件的点称为问题的可行点(或可行解),所有可行点构成的集合称为问题的可行域,记为 R。对于每一固定的值 z,使目标函数值等于 z 的点构成的直线被称为目标函数等位线,当 z 变动时,我们得到一组平行直线(见图 5.1)。对于例 5.2,显然等位线越趋于右上方,其上的点具有越大的目标函数值。不难看出,本例的最优解为 $x^* = (2,6)^{\mathrm{T}}$,最优目标值 $z^* = 26$。

从上面的图解过程可以看出并不难证明以下断言：

(1) 可行域 R 可能会出现多种情况。R 可能是空集也可能是非空集合，当 R 非空时，它必定是若干个半平面的交集（除非遇到空间维数的退化）。R 既可能是有界区域，也可能是无界区域。

(2) 在 R 非空时，线性规划既可以存在有限最优解，也可以不存在有限最优解（其目标函数值无界）。

(3) 若线性规划存在有限最优解，则必可找到具有最优目标函数值的可行域 R 的"顶点"（被称为极点）。

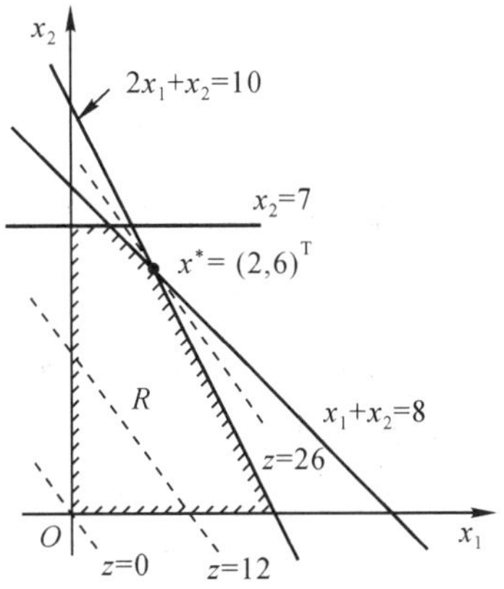

图 5.1

上述论断可以推广到一般的线性规划问题，区别只在于空间的维数。在一般的 n 维空间中，满足一线性等式 $a_ix = b_i$ 的点集被称为一个超平面，而满足一线性不等式 $a_ix \leqslant b_i$（或 $a_ix \geqslant b_i$）的点集被称为一个半空间（其中 a_i 为一个 n 维行向量，b_i 为一实数）。若干个半空间的交集称为多胞形，有界的多胞形又称为多面体。易见，线性规划的可行域 R 必为多胞形（为统一起见，空集 $\varnothing$ 也被视为多胞形）。

在一般 n 维空间中，要直接得出多胞形"顶点"概念还有一些困难。在图 5.1 中，顶点可以被看成为边界直线的交点，但这一几何概念的推广在一般 n 维空间中的几何意义并不十分直观。为此，我们将采用另一途径（代数途径）来定义它。

定义 5.1　称 n 维空间中的区域 R 为一凸集，若 $\forall x^1, x^2 \in R$ 及 $\forall \lambda \in (0,1)$，有 $\lambda x^1 + (1-\lambda)x^2 \in R$。

定义 5.2　设 R 为 n 维空间中的一个凸集，R 中的点 x 称为 R 的一个极点，若不存在 x^1、$x^2 \in R$ 及 $\lambda \in (0, 1)$，使得 $x = \lambda x^1 + (1-\lambda)x^2$。

定义 5.1 说明，凸集中任意两点的连线必在此凸集中；而定义 5.2 说明，若 x 是凸集 R 的一个极点，则 x 不能位于 R 中任意两点的连线上。不难证明，多胞形必为凸集。同样也不难证明，图 5.1 中 R 的顶点均为 R 的极点（R 也没有其他的极点）。

四、基本解与基本可行解

给定一个标准形式的线性规划问题(5.3)，其中 $\boldsymbol{A} = (a_{ij})_{m\times n}$，$m < n$，秩 $r(\boldsymbol{A}) = m$。取 $\boldsymbol{A}$ 的 m 个线性无关的列（由于 $\boldsymbol{A}$ 的秩为 m，这总是可以办到的），这些列构成 $\boldsymbol{A}$ 的一个 m 阶非奇异子矩阵 $\boldsymbol{B}$，称 $\boldsymbol{B}$ 为 $\boldsymbol{A}$ 的一个基矩阵。将 $\boldsymbol{A}$ 的其余 $n-m$ 个列构成一个 $m\times(n-m)$ 矩阵，记成 $\boldsymbol{N}$。称对应 $\boldsymbol{B}$ 的列的变量为基变量（共有 m 个），记它们为 x_B。其余变量称为非基变量，记之为 x_N。

对线性规划(5.3)，取定一个基矩阵 $\boldsymbol{B}$，令非基变量 $x_N = 0$，可以唯一地解出 x_B，$x_B = \boldsymbol{B}^{-1}b$。这样得到的解 $x = (\boldsymbol{B}^{-1}b, 0)$ 称为(5.3)的一个基本解。为了叙述方便，这里我们将 x_B 放在了前面，但这并不影响问题的实质。显然，基本解不一定是可行解，因为还存在着非负约束，当一个基本解同时又是可行解时（即 $\boldsymbol{B}^{-1}b \geqslant 0$ 时），称之为(5.3)的一个基本可行解。进而,若 $\boldsymbol{B}^{-1}b > 0$,则称 $x = (\boldsymbol{B}^{-1}b, 0)$ 为(5.3)的一个非退化的基本可行解,并称 $\boldsymbol{B}$ 为非退化的可行基。由于基矩阵最多只能有 C_n^m 种不同的取法,故线性规划最多只能有 C_n^m 个不同的基本可行解。

五、基本可行解与极点的等价定理

在线性规划的求解中,下列定理起了关键性的作用。在这里,我们不加证明地引入这些定理。对定理证明有兴趣的读者可以参阅 D.G. 鲁恩伯杰著的《线性与非线性规划引论》一书的第二章。

定理 5.1 (基本可行解与极点的等价定理)

设 $\boldsymbol{A}$ 为一个秩为 m 的 $m \times n$ 矩阵($n > m$),$\boldsymbol{b}$ 为 m 维列向量,记 R 为(5.3)的可行域,则 x 为 R 的极点的充分必要条件为:x 是 $\begin{cases} \boldsymbol{A}x = \boldsymbol{b} \\ x \geqslant 0 \end{cases}$ 的基本可行解。

定理 5.1 既提供了求可行域 R 的极点的代数方法,又指明了线性规划可行域 R 的极点至多只有有限个。

定理 5.2 (线性规划基本定理)

对线性规划(5.3)

(1) 若可行域 $R \neq \varnothing$,则必存在一个基本可行解。

(2) 若问题存在一个最优解,则必存在一个最优的基本可行解。

定理 5.2 并非说最优解只能在基本可行解(极点)上找到,而是说只要(5.3)有有限最优解,就必定可在基本可行解(极点)中找到。

从模型本身来讲,线性规划显然应属于连续模型。但定理 5.2 表明,如果线性规划有有限最优解,我们只需比较各基本可行解上的目标函数值即可找到一个最优解,而问题的基本可行解至多只有有限个,从而问题化为一个从有限多个点中选取一个最优点的问题。正是基于这样一种思路,Dantzig 提出了求解线性规划的单纯形法。也正因为如此,我们把线性规划列入了离散模型,因为求解它的单纯形法更具有离散模型问题的算法特征。

六、求解线性规划的单纯形法

Dantzig 单纯形法的基本步骤如下:

(1) 取一初始可行基 B(一般取法见两段单纯形法),再用高斯 — 约当消去法求出初始基本可行解 x^0,编制成所谓的初始单纯形表。

(2) 判断 x^0 是否为最优解,如果 x^0 是最优解,输出 x^0,停;否则到步骤(3)。

(3) 按步骤(1)改进准则,将一个非基变量转变为基变量,而将一个基变量转变为非基变量。这相当于交换 B 与 N 的一个列,同样可用高斯 — 约当消去法,运算可以通过单纯形表上的所谓转轴运算来实现。

设 B 为一非退化的可行基,$x = (B^{-1}b, 0)$ 为其对应的基本可行解。现在,我们先来讨论如何判别 x^0 是否为最优解。为此,考察任一可行解 $x = \begin{pmatrix} x_B \\ x_N \end{pmatrix}$。由 $Ax = b$ 可得

$$x_B = B^{-1}b - B^{-1}Nx_N \tag{5.4}$$

代入目标函数,得

$$Z = C_B^{\mathrm{T}} x_B + C_N^{\mathrm{T}} x_N = C_B^{\mathrm{T}} B^{-1} b + (C_N^{\mathrm{T}} - C_B^{\mathrm{T}} B^{-1} N) x_N$$
$$= C^{\mathrm{T}} x^0 + (C_N^{\mathrm{T}} - C_B^{\mathrm{T}} B^{-1} N) x_N \tag{5.5}$$

定理 5.3　(最优性判别定理)

令 $r_N = C_N^{\mathrm{T}} - C_B^{\mathrm{T}} B^{-1} N$,

(1) 若 $r_N \geqslant 0$,则 x^0 必为(5.3)的一个最优解。

(2) 记 $r_N = (r_j)_{j \in N}$。若 $\exists j \in N, r_j < 0$,则当 B 为非退化可行基时,x^0 必非最优解。

证明　(1) 若 $r_N \geqslant 0$,由于变量满足非负约束,$\forall x \in R$ 必有 $x_N \geqslant 0$。于是,由(5.5)式知,$z = C^{\mathrm{T}} x \geqslant C^{\mathrm{T}} x^0$,故 x^0 为(5.3)的一个最优解。

(2)(5.5)式给出了 x 处的目标值与 x^0 处目标值之间的联系。现设 $r_{j_0} < 0, \forall j \in N$ 及 $j \neq j_0$ 仍令 $x_j = 0$。由非退化假设,$B^{-1} b > 0$,根据(5.4)式及连续性可知,当 $x_{j_0} > 0$ 且充分小时,仍有 $x_B > 0$。此时对应的 x 仍为可行解,但由(5.5)式,其目标函数值

$$z = C^{\mathrm{T}} x = C_B^{\mathrm{T}} B^{-1} b + r_{j_0} x_{j_0} < C_B^{\mathrm{T}} B^{-1} b = C^{\mathrm{T}} x^0$$

故 x^0 必非最优解。

定理 5.3 不仅给出了判别一个基本可行解是否为最优解的准则,而且在 x^0 非最优解时还指出了一条改进它的途径。由于 r_N 在判别现行基本可行解是否为最优解时起了重要作用,所以 r_N 被称为 x^0 处的检验向量,而 $r_j(j \in \mathbf{N})$ 则被称为非基变量 x_j 的检验数。

有趣的是,上述过程完全可以在以下的单纯形表上进行。先将 C^{T}、A、b 及数 0 写在一个矩阵中,在表上用高斯-约当消去法解方程组 $Ax = b$。

$$\begin{pmatrix} C^{\mathrm{T}} & 0 \\ A & b \end{pmatrix} \xrightarrow[\text{(第一行不变)}]{\text{高斯-约当消去法}} \begin{pmatrix} C_B^{\mathrm{T}} & C_N^{\mathrm{T}} & 0 \\ I & B^{-1}N & B^{-1}b \end{pmatrix}$$

利用单位矩阵 $\boldsymbol{I}$ 将第一行中的 C_B^{T} 消为零向量,则 C_N^{T} 被消成 $C_N^{\mathrm{T}} - C_B^{\mathrm{T}} B^{-1} N = r_N$,而 0 则被消成 $-C_B^{\mathrm{T}} B^{-1} b = -Z_0$。将消去后的行向量放到最后一行,删去原来的第一行,得到一张被称为单纯形表的表格。

表 5.1

x_B	x_N	0
I	$B^{-1}N$	$B^{-1}b$
0	r_N	$-Z_0$

表 5.1 以极为简洁明了的方式表达了我们需要的全部信息。从其前 m 行可以看出哪些变量是基变量并可直接读出对应的基本可行解 $x^0 = (B^{-1}b, 0)$。其最后一行又给出了非基变量的检验数及 x^0 处目标函数值的相反数。

为了具体演示单纯形法是如何工作的,让我们来考察例 5.3。

例 5.3　用单纯形法求解下面的线性规划

$$\max \quad 4x_1 + 3x_2$$

$$\text{S.t} \quad \begin{aligned} &2x_1 + x_2 \leqslant 10 \\ &x_1 + x_2 \leqslant 8 \\ &x_2 \leqslant 7 \\ &x_1, x_2 \geqslant 0 \end{aligned}$$

例 5.3 的标准形式为

$$\begin{aligned} \min \quad & -4x_1 - 3x_2 \\ \text{S.t} \quad & 2x_1 + x_2 + x_3 = 10 \\ & x_1 + x_2 + x_4 = 8 \\ & x_2 + x_5 = 7 \\ & x_1, x_2, x_3, x_4, x_5 \geqslant 0 \end{aligned} \tag{5.6}$$

容易看出它的一个初始基 $B = I$(以 x_3、x_4、x_5 为基变量),且 C_B 已经为零,故我们已有了一张初始的单纯形表 5.2。

表 5.2

		x_1	x_2	x_3	x_4	x_5	
基变量	x_3	②	1	1	0	0	10
	x_4	1	1	0	1	0	8
	x_5	0	1	0	0	1	7
	r_j	−4	−3	0	0	0	0

$x^0 = (0, 0, 10, 8, 7)^{\mathrm{T}}, z_0 = C^T x^0 = 0, r_N = (r_1, r_2) = (-4, -3)$

由于存在着负的检验数且 x^0 非退化,故 x^0 非最优解。r_1, r_2 均为负,x_1, x_2 增大(进基)均能改进目标函数值。例如,取 x_1 进基,仍令 $x_2 = 0$(x_2 仍为非基变量),此时由(5.4)式及(5.5)式可知

$$\begin{cases} x_3 = 10 - 2x_1 \\ x_4 = 8 - x_1 \\ x_5 = 7 \end{cases} \qquad \text{且 } z = C^{\mathrm{T}} x = -4x_1$$

x_1 增加得越多,目标函数值下降得越多,但当 $x_1 = 5$ 时 $x_3 = 0$,x_1 再增大则 x_3 将变负。为保证可行性,x_1 最多只能增加到 5,此时 x_3 成为非基变量(退基)。

不难看出,上述改进可以在单纯形表上进行。对于一般形式的单纯形表,记最后一列的前 m 个分量为(y_{i0}),$i = 1, \cdots, m$。若取 x_{j_0} 进基,记 j_0 列前 m 个分量为(y_{ij_0}),$i = 1, \cdots, m$。易见,阻碍 x_{j_0} 增大的只可能在 $y_{ij_0} > 0$ 的那些约束中。若 $y_{ij_0} \leqslant 0$ 对一切 $i = 1, \cdots, m$ 成立(j_0 列前 m 个分量中不存在正值),则 x_{j_0} 可任意增大,得到的均为可行解,但其目标值随之可任意减小,故问题无有限最优解。否则,令

$$\frac{y_{i_0 0}}{y_{i_0 j_0}} = \min_{y_{ij_0} > 0} \left\{ \frac{y_{i_0}}{y_{ij_0}} \right\}$$

则随着 x_{j_0} 的增大,x_{i_0} 将最先降为零(退出基变量),故只需以 $y_{i_0 j_0}$ 为主元作一次消去法运

算(称为一次转轴运算),即可得到改进后的基本可行解处的单纯形表。在本例中,因取 x_1 进基($j=1$) $\frac{y_{10}}{y_{11}}=5$ 而 $\frac{y_{20}}{y_{21}}=8$,以 y_{11} 为主元作第一次转轴,得到表 5.3。

表 5.3

		x_1	x_2	x_3	x_4	x_5	
基变量	x_1	1	$\frac{1}{2}$	$\frac{1}{2}$	0	0	5
	x_4	0	$\frac{1}{2}$	$-\frac{1}{2}$	1	0	3
	x_5	0	1	0	0	1	7
	r_j	0	-1	2	0	0	20

$x^1=(5,0,0,3,7)^{\mathrm{T}}$,　$z_1=-20$,　$r_N=(r_2,r_3)=(-1,2)$

表 5.3 中 $r_2<0$,x^1 仍非最优解,按 $y_{i0}/y_{i2}(y_{i2}>0)$ 最小选定以 $y_{22}=\frac{1}{2}$ 为主元转轴,得到下一基本可行解 x^2 处的单纯形表,见表 5.4。

表 5.4

		x_1	x_2	x_3	x_4	x_5	
基变量	x_1	1	0	1	-1	0	2
	x_2	0	1	-1	2	0	6
	x_5	0	0	1	-2	1	1
	r_j	0	0	1	2	0	26

$x^2=(2,6,0,0,1)^{\mathrm{T}}$,　$z_2=-26$,　$r_N=(r_3,r_4)=(1,2)$

对于 x^2,$r_N=(1,2)$ 为非负向量,故 x^2 为最优解,最优目标值为 -26。于是,例5.3的最优解为 $x^*=(2,6)^{\mathrm{T}}$,最优目标值为 26。

七、初始可行解的求法 —— 两段单纯形法

当线性规划(5.3) 的初始可行解不易看出时,可采用下面的两段单纯形法求解。

阶段 1　对第 i 个约束引入人工变量 y_i,$y_i\geqslant 0$,将其改写为 $a_{i1}x_1+\cdots+a_{in}x_n+y_i=b_i$,$i=1,\cdots,m$。作辅助线性规划:

$$LP(1)\qquad \min\ \sum_{i=1}^{m} y_i$$

$$\text{S.t}\quad \sum_{j=1}^{n} c_j x_j + y_i = b_i,\ i=1,\cdots,m$$

$$x_j, y_i \geqslant 0,\ j=1,\cdots,n,\ i=1,\cdots,m$$

容易看出,原规划有可行解(从而有基本可行解) 的充分必要条件为辅助规划的最优目标值为零。由于辅助规划具有明显的初始可行基(人工变量对应的列构成单位矩阵 $\boldsymbol{I}$),可利用上述单纯形法逐次改进而求出辅助规划的最优解。

阶段 2　若辅助规划的最优目标值不等于零,原规划无可行解,不必再求解下去。否

则人工变量已全部成为非基变量,我们事实上已求得原问题的一个基本可行解 x^0。删去阶段 1 最终单纯形表中最后一行及对应人工变量的列,作出原规划对应 x^0 的单纯形表。此时又可利用上述单纯形法求解原规划了。

例 5.4 用两段单纯形法求解

$$\min \quad 4x_1 + x_2 + x_3$$

$$\text{S.t} \quad 2x_1 + x_2 + 2x_3 = 4$$

$$3x_1 + 3x_2 + x_3 = 3$$

$$x_1, x_2, x_3 \geqslant 0$$

解 在本例中,因为初始可行基不易直接看出,我们采用两段单纯形法求解。

阶段 1 先求解辅助规划:

$$\min \quad x_4 + x_5$$

$$\text{S.t} \quad 2x_1 + x_2 + 2x_3 + x_4 = 4$$

$$3x_1 + 3x_2 + x_3 + x_5 = 3$$

$x_1, \cdots, x_5 \geqslant 0$(表 5.5)

表 5.5

		x_1	x_2	x_3	x_4	x_5	
基	x_4	2	1	2	1	0	4
变	x_5	③	3	1	0	1	3
量	r_j	−5	−4	−3	0	0	−7

选取 x_1 进基,以 $y_{21} = 3$ 为主元转轴(x_5 出基),得表 5.6。

表 5.6

		x_1	x_2	x_3	x_4	x_5	
基	x_4	0	−1	(4/3)	1	−2/3	2
变	x_1	1	1	1/3	0	1/3	1
量	r_j	0	1	−4/3	0	5/3	−2

因 $r_3 < 0$,令 x_3 进基。以 $y_{13} = 4/3$ 为主元转轴(x_4 出基),得表 5.7。至此,对新的基本可行解,检验数均已非负,辅助规划最优解已获得。

表 5.7

		x_1	x_2	x_3	x_4	x_5	
基	x_3	0	−3/4	1	3/4	−1/2	3/2
变	x_1	1	5/4	0	−1/4	1/2	1/2
量	r_j	0	0	0	1	1	0

因辅助规划最优目标函数值为 0,已得到原线性规划的一组基本可行解,转阶段 2。

阶段 2　现转入求解原规划,初始单纯形表为表 5.8。

表 5.8

		x_1	x_2	x_3	
基	x_3	0	-3/4	1	3/2
变	x_1	1	5/4	0	1/2
量	r_j	0	-13/4	0	-7/2

x_2 进基,以 $y_{22} = 5/4$ 为主元转轴,求得新的基本可行解及相应的单纯形表,见表 5.9。

表 5.9

		x_1	x_2	x_3	
基	x_3	3/5	0	1	9/5
变	x_2	4/5	1	0	2/5
量	r_j	13/5	0	0	-11/5

由表 5.9 可见检验数已非负,原问题的最优解已经求得,$x^* = \left(0,\frac{2}{5},\frac{9}{5}\right)^{\mathrm{T}}$,最优目标值为 $Z^* = \frac{11}{5}$。

现对算法步骤作一小结。在求解线性规划时,首先应将问题化为标准形式。若从标准形式中已可看出一组初始基,则可直接用单纯形法求解:

(1) 写出初始单纯形表。

(2) 若检验向量 $r_N \geqslant 0$,则已得到最优解,停;否则转到(3)。

(3) 若存在一个负分量 r_{j_0},对 $i = 1,\cdots,m$ 均有 $y_{ij_0} \leqslant 0$,则问题无有限最优解,停;否则,任选一负分量 r_{j_0},令 x_{j_0} 进基,记 $\frac{y_{i_0 0}}{y_{i_0 j_0}} = \min\limits_{y_{ij_0}}\left\{\frac{y_{i0}}{y_{ij_0}}\right\}$,以 $y_{i_0 j_0}$ 为主元转轴,返回(2),直至 $r_N \geqslant 0$ 求出最优解。

若从标准形式无法看出初始可行基,则需采用两段单纯形法求解。

上述算法中隐含着非退化假设,即要求 $B^{-1}b > 0$。当 $B^{-1}b$ 也存在零分量时,我们遇到了一个退化的基本可行解。此时 r_N 存在负分量不一定说明现行基本可行解不是最优解,单纯形法也可能会遇到循环迭代。存在着几种避免循环的技巧,例如,只要每次在 $r_j < 0$ 的非基变量中选取具有最小足标者进基即可。

变量同时具有上、下界限的线性规划问题也可化为标准形式来求解,有兴趣的读者可以参阅 D.G. 鲁恩伯杰著的《线性与非线性规划引论》一书的第三章。

5.2　运输问题

一、运输问题的数学模型

例 5.5　某商品有 m 个产地、n 个销地,各产地的产量分别为 $a_1,\cdots,a_m$,各销地的

需求量分别为 $b_1,\cdots,b_n$。若该商品由 i 产地运到 j 销地的单位运价为 C_{ij}，问应该如何调运才能使总运费最省？

解 引入变量 x_{ij}，其取值为由 i 产地运往 j 销地的该商品数量。例 5.5 的数学模型为

$$\begin{aligned} \min\quad & \sum_{i=1}^{m}\sum_{j=1}^{n} C_{ij}x_{ij} \\ \text{S.t}\quad & \sum_{j=1}^{n} x_{ij} = a_i, i = 1,\cdots,m \\ & \sum_{i=1}^{m} x_{ij} = b_j, j = 1,\cdots,n \\ & x_{ij} \geqslant 0 \end{aligned} \tag{5.7}$$

(5.7) 显然是一个线性规划问题，当然可以用单纯形法求解，但由于其约束条件的系数矩阵相当特殊，求解它可以采用其他简便办法。本节将介绍由康脱洛维奇和希奇柯克两人独立提出的表上作业法(简称康-希表上作业法)，其实质仍然是先作出一初始基本可行解，然后用最优性准则检验是否为最优并逐次改进直至最优性准则成立。以下，我们先研究标准形式的运输问题 —— 产销平衡的运输问题(即 $\sum_{i=1}^{m} a_i = \sum_{j=1}^{n} b_j$)。

二、初始可行解的选取

不难发现，(5.7) 的约束条件中存在着多余方程(其前 m 个约束方程之和与后 n 个方程之和相等)。容易证明，只要从中除去一个约束，例如最后一个方程，约束条件就彼此独立了。因而，(5.7) 是一个具有 $m \times n$ 个变量的线性规划，其每一基本可行解应含有 $m + n - 1$ 个基变量。

记(5.7) 约束条件中前 $m + n - 1$ 个方程的系数矩阵为 $\mathbf{A}$，$\mathbf{A}$ 为 $(m + n - 1) \times mn$ 矩阵，它的每一列最多只有两个非零元素且非零元素均为 1。利用线性代数知识能够判定 $\mathbf{A}$ 中怎样的 $m + n - 1$ 个列可以取为基(即怎样的 $m + n - 1$ 个变量可以取为基变量)，为了判明哪些变量对应的列是线性无关的，先引入下面的定义。

定义 5.3(闭回路) $\{x_{ij}\}(i = 1, \cdots, m;\ j = 1, \cdots, n)$ 的一个子集被称为一个闭回路，若它可以被排成

$$x_{i_1j_1}, x_{i_1j_2}, x_{i_2j_2}, x_{i_2j_3}, \cdots (x_{i_1j_1})\text{(注：最后的括号表示又回到初始的 } x_{i_1j_1}\text{)}$$

用下面的方法可以较方便直观地看出 $\{x_{ij}\}$ 的一个子集是否为一闭回路：作一个 m 行 n 列的表格，令格 (i,j) 对应变量 x_{ij}。将子集中的变量填到相应格中，并将相邻变量(或同行或同列)用边相连，则此子集为闭回路，当且仅当其点按上述连法作出的折线可构成一个闭回路。

例如，当 $m = 3, n = 4$ 时，$X_1 = \{x_{12}, x_{13}, x_{23}, x_{24}, x_{34}, x_{32}\}$ 和 $X_2 = \{x_{12}, x_{14}, x_{24}, x_{21}, x_{31}, x_{32}\}$ 均为闭回路，见表 5.10 和表 5.11。

定理 5.4 X 为 $\{x_{ij}\}(i = 1,\cdots,m; j = 1,\cdots,n)$ 的一个子集，X 中的变量对应的 $\mathbf{A}$ 中的列向量集线性无关的充要条件为 X 中不包含闭回路。

定理 5.4 不难用线性代数知识证明，详细证明从略(有兴趣的读者可参阅 D.G. 鲁恩

表 5.10

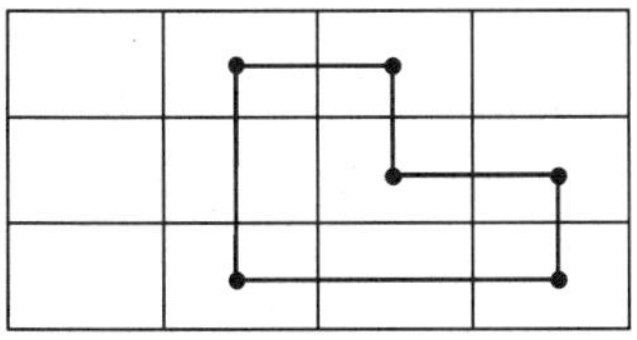

表 5.11

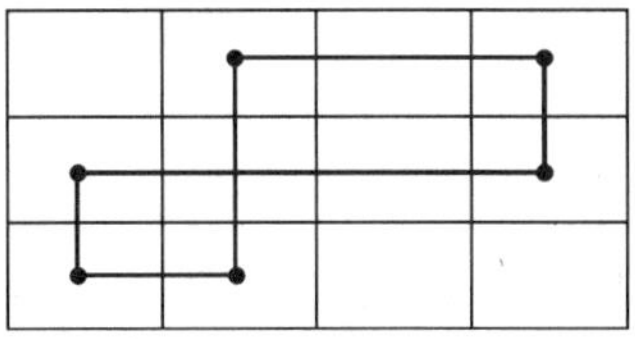

伯杰的《线性与非线性规划引论》或自行完成之)。根据定理5.4,要选取(5.7)的一组基变量并进而得到一个基本可行解,只需选取$\{x_{ij}\}$的一个子集X,$|X| = m + n - 1$且X中不含闭回路,其中$|X|$表示X中的变量个数。

我们以下面的例子来说明如何选取一个基本可行解。

例5.6　给定运输问题如表5.12所示,表中左上角的数字为单位运价c_{ij}。易见,本例是产销平衡的,即$\sum a_i = \sum b_j$。

表 5.12

产地＼销地	1	2	3	4	产量
1	^{2} 2	^{11} ×	^{3} ×	^{4} 1	3
2	^{10} ×	^{3} 3	^{5} ×	^{9} 2	5
3	^{7} ×	^{8} ×	^{1} 4	^{2} 3	7
销量	2	3	4	6	$\sum a_i = \sum b_j$

现采用所谓"最小元素法"求一基本可行解。单位运价最小的为$c_{33} = 1$,令$x_{33} = \min\{a_3, b_3\} = 4$,并令$x_{13} = x_{23} = 0$(销地3已满足),相应格打"×"。产地3已运出4单位,将产量改为剩余产量3。剩余表中单位运价最小的为$c_{11} = 2$(或$c_{34} = 2$),令$x_{11} = \min\{a_1, b_1\} = 2$,并令$x_{21} = x_{31} = 0$,相应格打"×",$a_1$改为剩余产量1,…,直至全部产品分配完毕。注意到除最后一次分配外每次只能对一行或一列打"×",表示某销地已满足或某产地产品已分配完(当两者同时成立时只能打"×"行或列之一,将剩余需求量或产量记为0,此时基本可行基是退化的)。容易证明:这样分配共选出了$m + n - 1$个变量,且这些变量的集合不含闭回路,从而构成一个基本可行解。当每一基变量x_{ij}选取时i产地的剩余商品量与j销地的剩余需求量总不相等时,选出的基本可行解是非退化的。

初始基本可行解也可按其他方式选取,如"左上角法"等,其方法与原理是类似的,左上角法每次选取剩余表格中位于最左上角的变量,其余均相同。

三、最优性判别

类似单纯形法,可计算非基变量的检验数,存在多种求检验数的方法(求得的结果是相同的),下面介绍计算简便且计算量也较小的"位势法"。引入$m + n$个量(称为位势)$u_1, \cdots, u_m; v_1, \cdots, v_n$。对每一变量$x_{ij}$,引入$r_{ij}$,令$r_{ij} = c_{ij} - u_i - v_j$(事实上,这一公式与单纯形法求检验数的公式是相同的)。对基变量x_{ij},令$r_{ij} = 0$,得

$$c_{ij}-u_i-v_j=0 \quad (x_{ij}\text{为基变量}) \tag{5.8}$$

齐次线性方程组(5.8)共有 $m+n-1$ 个独立方程，但含有 $m+n$ 个变量。任取一变量，例如 u_1 作为自由变量，便可解出方程组。容易看出，u_1 的取值不同虽会改变位势的取值但不会改变非基变量的检验数。为方便起见，只要令 $u_1=0$ 即可。事实上，我们甚至不必去解方程组(5.8)，而只需令 $u_1=0$，对所有基变量令 $u_i+v_j=c_{ij}$，即 $c_{ij}-u_i-v_j=0$，逐次求出所有位势(u_i 和 v_j)，进而再对非基变量 x_{ij} 计算其检验数

$$r_{ij}=c_{ij}-u_i-v_j \tag{5.9}$$

例如，对表 5.12 中取定的基，我们求出位势及非基变量的检验数列于表 5.13 中，表中不带圈的数为基变量取值，带圈的数为非基变量检验数，右上角的数为单位运价 C_{ij}。

表 5.13

$u_1=0$	^{2} 2	^{11} ⑬	^{3} ⓪	^{4} 1
$u_2=5$	^{10} ③	^{3} 3	^{5} (-3)	^{9} 2
$u_3=-2$	^{10} ⑦	^{8} ⑫	^{1} 4	^{2} 3
	$v_1=2$	$v_2=-2$	$v_3=3$	$v_4=4$

利用线性代数知识可以证明下列各定理(证明从略)。

定理 5.5 任取一非基变量 $x_{i_1j_1}$，将其加入基变量集合中，则在所得变量集合中存在唯一的闭回路 $x_{i_1j_1},x_{i_1j_2},\cdots,x_{i_tj_t},x_{i_tj_1}$。

易见闭回路中含有偶数个变量，若令 $x_{i_1j_1}$ 进基，令 $x_{i_1j_1}=\theta$，为保持平衡条件，位于偶数位置的变量 $x_{i_kj_{k+1}}(k=1,\cdots,t)$ 必须减少 θ，而位于奇数位置的变量 $x_{i_kj_k}(k=1,\cdots,t)$ 则必须增加 θ(注：$j_{t+1}\triangleq j_1$)。

定理 5.6 设 $x_{i_1j_1},x_{i_1j_2},\cdots,x_{i_tj_t},x_{i_tj_1}$ 是非基变量 $x_{i_1j_1}$ 与基变量集合的并集中唯一的闭回路，若令 $x_{i_1j_1}=\theta$ 并在闭回路上调整基变量取值使之平衡，得一可行解 x，则 x 处的目标值与原基本可行解上的目标值之差为 $r_{i_1j_1}\theta$。

根据定理 5.6，若存在检验数 $r_{i_1j_1}<0$ 的非基变量 $x_{i_1j_1}$，取 $x_{i_1j_1}$ 进基(取正值)并令

$$x_{i_1j_1}=\theta=\min_{1\leqslant k\leqslant t}\{x_{i_kj_{k+1}}\} \tag{5.10}$$

则原取值为 θ 的位于偶数位置上的基变量退基，得到一个新的基本可行解，其目标值减少了 $|r_{i_1j_1}|\theta$。

定理 5.7 设 $x^0=\{x_{ij}^0\}$ 为(5.7)的一个基本可行解，若 x^0 所有非基变量的检验数均非负，则 x^0 必为(5.7)的一个最优解。当 x^0 非退化时，此条件还是必要的。

证明 由定理 5.6 知，当 x^0 所有非基变量的检验数均非负时，任一非基变量进基均不会使目标值减小，由于(5.7)是一线性规划，此性质表明 x^0 已为最优基本可行解。反之，则只要令具有负检验数的非基变量进基即可。

综上所述，康-希表上作业法可如下操作：

(1) 按最小元素法(或右上角法等)求一初始基本可行解。

(2) 按(5.8)求出位势 $u_i,v_j(i=1,\cdots,m;\ j=1,\cdots,n)$，进而按(5.9)求出非基变量的检验数 r_{ij}。若一切 $r_{ij}\geqslant 0$，则已求得一最优解。

(3) 任取一 $r_{i_1j_1} < 0$,找出 $x_{i_1j_1}$ 进基后形成的唯一闭回路。在找出的闭回路上调整,按 (5.10) 取 θ,得出新的基本可行解,返回(2)。直至找到最优解。

对于例 5.5,表 5.13 已给出非基变量的检验数。因 $r_{23} < 0$,令 x_{23} 进基,得闭回路

$$x_{23},\ x_{24},\ x_{34},\ x_{33}$$

取 $\theta = \min\{x_{24},\ x_{33}\} = 2$,调整后得一新的基本可行解。求出新的基本可行解对应的位势及非基变量检验数,列成表 5.14。

表 5.14

$u_1 = 0$	2　2	11　⑪	3　①	4　1
$u_2 = 3$	10　⑤	3　3	5　2	9　②
$u_3 = -1$	7　⑥	8　⑨	1　2	3　5
	$v_1 = 2$	$v_2 = 0$	$v_3 = 3$	$v_4 = 4$

现在,非基变量检验数均已非负,故已求得最优解:$x_{11} = 2, x_{14} = 1, x_{22} = 3, x_{23} = 2, x_{33} = 2, x_{34} = 5$,其余 $x_{ij} = 0$(非基变量)。

若运输问题是产销不平衡的,则应先将其转化为产销平衡的,然后再求解。例如,若产大于销,可虚设一销地(剩余产量存贮),将单位运价取为零即可。

5.3　指派问题

一、指派问题的数学模型

例 5.7　拟分配 n 人去干 n 项工作,每人干且仅干一项工作,若分配第 i 人去干第 j 项工作,需花费 C_{ij} 单位时间(或费用),问应如何分配工作才能使工人花费的总时间最少?

容易看出,要给出一个指派问题的实例,只需给出矩阵 $\boldsymbol{C} = (C_{ij})$,$\boldsymbol{C}$ 称为指派问题的系数矩阵。

引入变量 x_{ij},若分配 i 干 j 工作,则取 $x_{ij} = 1$;否则,则取 $x_{ij} = 0$。上述指派问题的数学模型为

$$\begin{aligned}
\min\quad & \sum_{i=1}^{n}\sum_{j=1}^{n} C_{ij}x_{ij} \\
\text{S.t}\quad & \sum_{j=1}^{n} x_{ij} = 1 \\
& \sum_{i=1}^{n} x_{ij} = 1 \\
& x_{ij} = 0 \text{ 或 } 1
\end{aligned} \tag{5.11}$$

(5.11) 的可行解既可以用一个矩阵表示,其每行每列均有且有一个元素为 1,其余元素均为 0,也可以用 $1, \cdots, n$ 中的一个置换表示。

(5.11) 的变量只能取 0 或 1,从而是一个 0—1 规划问题。下一章中将指出 ,一般的

0—1 规划问题的求解极为困难。但指派问题(5.11) 并不难解,其约束方程组的系数矩阵十分特殊(被称为全单位模矩阵或全幺模矩阵,其各阶非零子式均为 ±1),其非负可行解的分量只能取 0 或 1,故约束 $x_{ij}=0$ 或 1,可改写为 $x_{ij}\geqslant 0$ 而不改变其解。此时,(5.11) 被转化为一个特殊的运输问题,其中 $m=n,\ a_i=b_i=1$。

二、求解指派问题的匈牙利算法

由于指派问题的特殊性,又存在着由匈牙利数学家 Konig 提出的更为简便的解法——匈牙利算法。算法主要依据以下事实:如果系数矩阵 $\boldsymbol{C}=(C_{ij})$ 的一行(或一列) 中每一元素都加上或减去同一个数,得到一个新矩阵 $\boldsymbol{B}=(B_{ij})$,则以 $\boldsymbol{C}$ 或 $\boldsymbol{B}$ 为系数矩阵的指派问题具有相同的最优指派。

例 5.8 求解指派问题,其系数矩阵为

$$\boldsymbol{C}=\begin{bmatrix}16 & 15 & 19 & 22\\ 17 & 21 & 19 & 18\\ 24 & 22 & 18 & 17\\ 17 & 19 & 22 & 16\end{bmatrix}$$

解 将第一行元素减去此行中的最小元素 15,同样,第二行元素减去 17,第三行元素减去 17,最后一行的元素减去 16,得

$$\boldsymbol{B}_1=\begin{bmatrix}1 & 0 & 4 & 7\\ 0 & 4 & 2 & 1\\ 7 & 5 & 1 & 0\\ 1 & 3 & 6 & 0\end{bmatrix}$$

再将第 3 列元素各减去 1,得

$$\boldsymbol{B}_2=\begin{bmatrix}1 & 0^* & 3 & 7\\ 0^* & 4 & 1 & 1\\ 7 & 5 & 0^* & 0\\ 1 & 3 & 5 & 0^*\end{bmatrix}$$

容易看出,以 $\boldsymbol{B}_2$ 为系数矩阵的指派问题有最优指派

$$\begin{pmatrix}1 & 2 & 3 & 4\\ 2 & 1 & 3 & 4\end{pmatrix}.$$

由等价性,这样的指派也是例 5.6 的最优指派。

有时问题会稍复杂一些。

例 5.9 求解下面的系数矩阵为 $\boldsymbol{C}$ 的指派问题。

$$\boldsymbol{C}=\begin{bmatrix}12 & 7 & 9 & 7 & 9\\ 8 & 9 & 6 & 6 & 6\\ 7 & 17 & 12 & 14 & 12\\ 15 & 14 & 6 & 6 & 10\\ 4 & 10 & 7 & 10 & 6\end{bmatrix}$$

解 先作等价变换如下

$$\begin{array}{r}-7\\-6\\-7\\-6\\-4\end{array}\begin{bmatrix}12&7&9&7&9\\8&9&6&6&6\\7&17&12&14&12\\15&14&6&6&10\\4&10&7&10&6\end{bmatrix}\to\overset{\sqrt{}\qquad\qquad\qquad\qquad}{\begin{bmatrix}5&0^*&2&0&2\\2&3&0&0^*&0\\0^*&10&5&7&5\\9&8&0^*&0&4\\0&6&3&6&2\end{bmatrix}}\begin{array}{l}\\ \\ \sqrt{}\\ \\ \sqrt{}\end{array}$$

容易看出,从变换后的矩阵中只能选出四个位于不同行不同列的零元素,但 $n=5$,最优指派还无法看出。此时等价变换还可进行下去。步骤如下:

(1) 对未选出 0 元素的行打 $\sqrt{}$;

(2) 对 $\sqrt{}$ 行中 0 元素所在列打 $\sqrt{}$;

(3) 对 $\sqrt{}$ 列中选中的 0 元素所在行打 $\sqrt{}$。

重复(2)、(3) 直到无法再打 $\sqrt{}$ 为止(读者不妨想一下为什么要这样做,用意是什么)。

可以证明,若用直线去划没有打 $\sqrt{}$ 的行与打 $\sqrt{}$ 的列,就得到了能够覆盖住矩阵中所有零元素的最少条数的直线集合,找出未覆盖的元素中的最小者,令 $\sqrt{}$ 行元素减去此数,$\sqrt{}$ 列元素加上此数,则原先选中的 0 元素不变,而未覆盖元素中至少有一个已转变为 0,且新矩阵的指派问题与原指派问题等价。上述办法可反复采用,直至能选出足够多的 0 元素。例如,对例 5.9 变换后的矩阵再变换,第三行、第五行元素减去 2,第一列元素加上 2,得

$$\begin{bmatrix}7&0&2&0&2\\4&3&0&0&0\\0&8&3&5&3\\11&8&0&0&4\\0&4&1&4&0\end{bmatrix}$$

现在已可看出,最优指派为$\begin{pmatrix}1&2&3&4&5\\2&4&1&3&5\end{pmatrix}$(注:为了说明匈牙利算法的合理性还应证明一些定理,相应的定理及证明从略)。

5.4　计算复杂性问题的提出

离散模型的实质是从有限多个候选值中选取一个最佳取值。例如第 5.1 节中的线性规划,虽然可行解一般有无穷多个,但线性规划基本定理指出,只要存在有限最优解,就必可在基本可行解中找到,而基本可行解总共只有有限多个。Dantzig 的单纯形法正是利用了这一性质,在基本可行解中选取最优解。

在有限多个候选者中选择其中之一,通常不存在连续模型中备受关注的解的存在性问题,因为在有限个值中选取最佳取值,解的存在性不成问题。解的唯一性问题也不再被人们重视。例如,在用单纯形法求得一最优基本可行解后,我们认为问题已被解出,它是否还有其他的最优解,我们一般不再感兴趣。

也许有人会想,从有限种可能方案中挑选一种,这总是比较容易的。如果一一比较下去,最后总可以得出满意的结果。然而,事实并非如此简单,关键在于问题的规模和求解时的计算量。随着电子计算机的出现,人们对问题可解性的认识在观念上发生了根本改变。一个在理论上可解的问题如果在实际求解时需要花费不合理的时间(如几百年、几千年甚至更长时间),我们不能心安理得地认为它已被解决,而应当去寻找更好、更实用的算法。

从本章开始,我们将区分问题与问题的实例。由于篇幅的限制,我们不准备给出严格的定义。问题是一类实际问题的数学模型的总称,如线性规划问题、运输问题、指派问题等等。在一个问题中一般总包含着若干个参数,给定这些参数,就给出了这一问题的一个实例。容易想到,用单纯形法解一个有几百个变量的线性规划实例一般总比解一个只有几十个变量的线性规划实例花费更多的时间。因而,在估算一个算法的计算量时显然应当同时考虑到实例的规模。严格地讲,一个实例的规模应当用其输入数的二进制长度的总和来表示。但粗略地讲,变量的多少常常也能在一定程度上反映出实例规模的大小。在本书中,如无特别说明,我们将以变量个数来表示实例的规模,虽然这样做是不够严格的,但比较方便。

比较算法的好坏,从不同的角度出发,有各种不同的标准。在这里,我们仅就算法的计算速度作一个十分粗略的比较。

例 5.10(整理问题)

给定 n 个实数 $a_1,a_2,\cdots,a_n$,要求将它整理成由小到大排列(或由大到小排列)的顺序,并输出:$b_1,b_2,\cdots,b_n$,$b_1\leqslant b_2\leqslant\cdots\leqslant b_n$。

算法 1 取 $a_1,a_2,\cdots,a_n$ 中的最小者,令其为 b_1。从 $a_1,a_2,\cdots,a_n$ 中去除 b_1,在余下的 $n-1$ 个数中选出最小者,令其为 $b_2,\cdots$,直至得到 $b_1,\ b_2,\cdots,\ b_n$。

容易看出,为了排出 $b_1,\ b_2,\cdots,\ b_n$,算法总共作了 $\dfrac{n(n-1)}{2}$ 次比较。

算法 2

步 0 $b_1\leftarrow a_1$

步 1 设已有 $b_1,\cdots,b_k$,$1\leqslant k<n$,将按两分法比较的方式把 a_{k+1} 排入其中:若 $b_1\leqslant\cdots\leqslant b_i\leqslant a_{k+1}\leqslant b_{i+1}\leqslant\cdots\leqslant b_k$,令 $(b_1,\ b_2,\cdots,b_k,\ b_{k+1})\leftarrow(b_1,\cdots,\ b_i,\ a_{k+1},\ b_{i+1},\cdots,\ b_k)$。若 $k+1<n$,令 $k\leftarrow k+1$,返回步 1。

我们来分析一下算法 2 的计算量:

排出 b_1 不必作比较,排出 b_2 只需作一次比较……一般,在排 a_{k+1} 时,设 $2^{r-1}\leqslant k<2^r$,则只需作 r 次比较即可将 a_{k+1} 安排在它应排的位置上。例如在排 a_8 时,$k=7$,先和 b_4 比,若 $a_8>b_4$,可再和 b_6 比(若 $a_8<b_4$,则和 b_2 比),易见,只要比 3 次即可排入 a_8,由于 $r\leqslant\log_2 k+1$,算法的总比较次数不超过

$$(n-1)+\sum_{k=1}^{n-1}\log_2 k=\log_2\left[\prod_{k=1}^{n-1}(2k)\right]=\log_2\sqrt{\prod_{k=1}^{n-1}(2k)^2}$$
$$\leqslant\log_2 n^{n-1}<n\log_2 n$$

令 $f_1(n)=\dfrac{n(n-1)}{2}$,$f_2(n)=n\log_2 n$,设计算机每秒可作 C 次比较,则算法 1 与算法 2 整理 $a_1,\ a_2,\cdots,\ a_n$ 所用的时间分别为

$$t_1 = \frac{f_1(n)}{C} \qquad t_2 = \frac{f_2(n)}{C}$$

若 $n = 100$ 万，$C = 100$ 万次 / 秒，则 $t_1 \approx 5.8$ 天，而 $t_2 \approx 20$ 秒。可见在解较大规模的整理问题时，算法 2 明显优于算法 1。

现设有一台每小时能作 M 次运算的计算机，并设求解某一问题已有了两个不同的算法。算法 A 对规模为 n 的实例约需作 n^2 次运算而算法 B 则约需作 2^n 次运算。于是，运用算法 A 在一小时内可解一个规模为 $\sqrt{M}$ 的实例，而运用算法 B 则只能解一个规模为 $\log_2 M$ 的实例。两者的差别究竟有多大呢？让我们来对比一下。假如计算机每秒可作 100 万次运算，则算法 A 一小时大约可解一个规模为 $n = 60000$ 的实例，而算法 B 在一小时内只能解一个规模大约为 $n = 28$ 的实例，且 n 每增加 1，算法 B 求解时所花的时间就将增加 1 倍。例如用算法 B 求解一个 $n = 50$ 的实例将需连续运算 357 年多。

现设计算机速度提高了 100 倍，这对计算机来讲已是一个相当大的改进。此时算法 A 可解问题的规模增大了 10 倍，而算法 B 可解问题的规模只增加了 $\log_2 100 < 7$。前者可解问题的规模成倍成倍地增加而后者则几乎没有什么改变，今天无法求解的问题将来也很少有希望解决。由于这一原因，人们对算法作了如下的分类：

定义 5.4(多项式时间算法)　设 A 是求解某一问题 D 的一个算法，对 D 的一个规模为 n 的实例，用 $f_A(D, n)$ 表示用算法 A 求解这一实例所作的初等运算的次数。若存在一个多项式 $P(n)$ 和一个正整数 N，当 $n \geqslant N$ 时总有 $f_A(D, n) \leqslant P(n)$(不论求解 D 的怎样的实例，只要其规模为 n)，则称算法 A 为求解问题 D 的一个多项式时间算法，简称多项式算法。

定义 5.5(指数时间算法)　设 B 是求解某一问题 D 的一个算法，$f_B(D, n)$ 为用算法 B 求解 D 的一个规模为 n 的实例时所用的初等运算次数，若存在一个常数 $k > 0$，对任意正整数 N，总可找到一个大于 N 的正整数 n 及 D 的一个规模为 n 的实例，对这一实例有 $f_B(D, n) = O(2^{kn})$，则称 B 为求解问题 D 的一个指数时间算法，简称指数算法。

多项式算法被称为是"好"的算法即所谓有效算法，而指数算法则一般被认为是"坏"的算法，因为它只能求解规模极小的实例。

表 5.15 列出了在规模大约为 n 时各类算法的计算量，而表 5.16 则反映了当计算机速度提高 10 倍、100 倍时，各类算法在 1 小时内可求解的问题的规模的增长情况(前三个是多项式时间的，后两个是指数时间的)。

表 5.15

算法要求的计算量	规模 n 的近似值		
	10	100	1000
n	10	100	1000
$n\log_2 n$	33	664	9966
n^3	10^3	10^6	10^9
2^n	1024	1.27×10^{30}	1.05×10^{301}
$n!$	3628800	10^{158}	4×10^{2567}

表 5.16

算法要求的计算量	用现在计算机	用快 10 倍计算机	用快 100 倍计算机
n	N_1	$10N_1$	$100N_1$
$n\log_2 n$	N_2	$8.2N_2$	$67N_2$
n^3	N_3	$2.15N_3$	$4.64N_3$
2^n	N_4	$N_4+3.32$	$N_4+6.64$
$n!$	N_5	$\leqslant N_5+2$	$\leqslant N_5+3$

由定义 5.4,$4n^2$ 与 $2n^2$ 都是 $O(n^2)$ 的算法,$n\log_2 n+3n$ 是 $O(n\log_2 n)$ 的算法,我们在以后分析时间复杂性函数时也往往忽略常系数和增长速度较慢的项。因为前者可通过提高计算机速度来提高效率;而对后者,增长速度最快的项才是决定算法效益的关键因素。

一、P 类与 NP 类,NP 完全性

这样看来,对一个问题,只有在找到求解它的多项式算法后我们才能较为放心。假如我们遇到了一个规模很大的实例今天无法求解它,我们仍可寄希望于将来。通过计算机的改进,在将来求解它仍然是可能的。而对指数算法,你就不会有这种信心。然而,十分可惜的是,对于许许多多具有十分广泛应用价值的离散问题,人们至今尚未找到求解它们的有效算法。

定义 5.6(*P* 问题与 *P* 类) 存在多项式算法的问题被称为 *P* 问题,由所有 *P* 问题构成的问题类被称为 *P* 类,简记为 *P*。

根据定义,整理问题是一个 *P* 问题,存在求解它的 $O(n\log_2 n)$ 算法。在下一章中,我们还将讨论一些 *P* 问题并介绍求解它们的有效算法。我们将会发现,*P* 问题从某种意义上讲是性质较好从而较易求解的问题。

由于线性规划在现实生活中有着极其广泛的应用,人们自然会问:单纯形法是不是有效算法?线性规划是不是 *P* 问题?

1972 年,Klee 和 Minty 以下面的著名例子证明:单纯形法是指数算法而不是多项式算法。由于线性规划在实际应用中的重要性,此例在当时曾引起不小的震动。

例 5.11(Klee 等人提出的线性规划实例)

$$\begin{aligned}&\max \quad x_n\\&\text{S.t}\quad \varepsilon\leqslant x_1\leqslant 1\\&\qquad\ \ \varepsilon x_{j-1}\leqslant x_j\leqslant 1-\varepsilon x_{j-1}(j=2,\cdots,n)\end{aligned}$$

其中 ε 是一充分小的正数。

图 5.2 给出了 $n=3$ 时的可行域,它是三维空间中单位立方体的一个微小摄动。在确定的进基原则下(如检验数最负者进基),若以 $x^0=(\varepsilon,\varepsilon^2,\varepsilon^3)$ 为初始基本可行解,在单纯形法迭代改进时,将经过每一基本可行解,最终到达最优解 $x^n=(\varepsilon,\varepsilon^2,1-\varepsilon^3)$,其路径

已用箭线画在图上，故迭代中共经过 2^3 个极点。对于规模为 n 的一般问题的实例，迭代步数为 2^n，故单纯形法为指数算法。

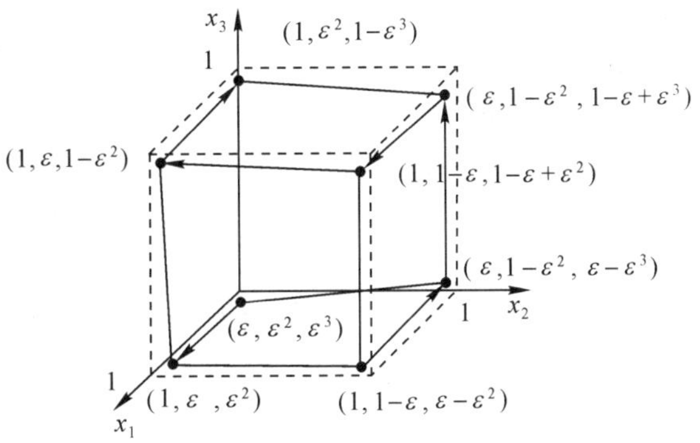

图 5.2

单纯形法自 1947 年被提出以来经历了无数次的考验，被证明是一种实用效果极佳的算法。但 Klee 等人的例子又无可争辩地证明了它事实上是一个指数算法，这两者是否矛盾呢？其实两者并不矛盾。指数算法的定义规定，只要存在着 $f_B(D,n)=O(2^{kn})$ 的例子，算法 B 就是指数算法，它并没有涉及到我们遇到这样的例子的机会究竟有多大。几十年来，人们在实际应用单纯形法时，一次也没有遇到过像例 5.11 那样的情况(Klee 的例子是人为构造的)，可以证明，遇到例 5.11 这样的例子的概率为 0。于是，人们自然会从另一角度，即算法的平均执行情况的角度去评价一个算法，有兴趣的读者可以参阅相应的书籍与文献。

既然单纯形法是指数算法，那么是否存在求解线性规划问题的多项式算法呢？或者换句话讲，线性规划问题是 P 问题吗？在长达七年的时间里这一引人注目的问题一直悬而未决，存在着两种完全对立的观点。直到 1979 年，前苏联的数学家 L.G.Khachina(哈奇阳) 提出求解线性规划问题的椭球算法，才证明线性规划是一个 P 问题。他的方法与以前的方法截然不同(完全不用线性规划基本定理)，以意想不到的方式解决了这一较长时间解决不了的难题，在当时引起了全球性的轰动。对椭球算法有兴趣的读者可以参阅 C.H. Papadimitriou 等人的著作《组合最优化，算法和复杂性》第八章或姚恩瑜等编著的《数学规划与组合优化》一书的第六章。

椭球算法虽然是多项式算法，但其实用效果却赶不上单纯形法，这一事实又吸引了众多数学家去寻找实用效果也比单纯形法好的有效算法。1984 年，美国贝尔实验室的数学家 Karmarkar(卡马卡) 提出了以他名字命名的算法，其实用效果也相当不错。寻找实用效果更好的求解线性规划的有效算法，至今仍是一个十分活跃的研究课题。

对于众多至今尚未发现多项式算法的离散问题，是否也会在将来的某一天突然找到有效算法呢？对其中的大多数问题，数学家们目前抱有怀疑的态度，即认为 P 类之外存在着非 P 问题。由于计算机输入、输出及运算中使用的数均为有理数，我们可以假定问题的参数取值均为有理数，又组合优化研究的问题一般只含有有限多个数，故等价地，可假定其取值均为整数。此外，问题也可等价地描述为判定问题，即解答时只需回答“是”或“否”的问题。

例 5.12(哈密顿圈问题，简记 HC)

给定一个图 $G=(V,E)$，其中 V 为顶点集合，E 为图的边集。问 G 中是否存在着哈密顿圈。

所谓哈密顿圈是指由一顶点出发，经过所有顶点一次而回到出发点的闭回路。哈密顿圈问题是一个判定问题,因为它只要求回答是或者否。

非判定问题可以转化为等价的判定问题,所谓等价是指在是否存在着多项式算法这一意义下的等价。为此,我们需要用到以下多项式时间转化的概念。

定义5.7(多项式转化) 设 D_1、D_2 为两个判定问题,若存在求解两问题的算法 A_1 和 A_2,其中求解 D_2 的算法 A_2 可多项式次地调用求解 D_1 的算法 A_1 而实现的,则称问题 D_2 可以多项式转化为 D_1,简记为 $D_2 \propto D_1$。

容易看出,若 D_2 可多项式转化为 D_1,又 D_1 是 P 问题,则 D_2 也是 P 问题,因为求解 D_2 的有效算法可以通过多项式次地以求解 D_1 的有效算法为子程序调用而作出,多项式次地调用多项式算法,总运算次数必然也是多项式时间的。从某种意义上讲,D_1 不比 D_2 容易,即不可能发生 D_1 有多项式算法而 D_2 却没有多项式算法的情况。

例5.13(旅行商问题,简记TSP)

设有 n 个城市 $\{1,2,\cdots,n\}$,从城 i 到城 j 的距离或费用 C_{ij} 已知(注:C_{ij} 与 C_{ji} 可以不相等),某商人准备从城1出发,去其余各城推销商品,若所有城市均必须去且仅去一次,并最后返回出发城市,问该商人应如何安排旅行,才能使所走的总路程最短(或总费用最少)。

TSP实际上是要求从一个有向图 $G=(V,A)$ 中寻找出一条具有最小总长度的HC,其中 $V=\{1,2,\cdots,n\}$,$A=\{(i,j)\mid i,j\in V, i\neq j\}$,作有向图的原因是 C_{ij} 与 C_{ji} 可能不相等(如果 C_{ij} 为由城 i 到城 j 的旅费,则TSP要求的是一个具有最小费用的HC)。

与TSP等价的判定问题可如下叙述:给定一个正整数 K,问是否存在着总长度不超过 K 的HC。TSP与其相应的判定问题在是否存在多项式算法上是等价的,一方面,若存在求解相应判定问题的算法 A,我们可以先找出 G 的HC总长度的一个上界(例如最大边长度的 n 倍),记为 K。然后反复对 K 使用两分法并调用判定问题的算法 A 以判定是否存在总长不超过 K 的HC,调用的次数不超过输入数据总长度的一个多项式界。另一方面,若存在TSP的一个算法 A,在求得 G 的具有最小总长度的HC后,其对应判定问题的答案自然立即可以得出。

可以证明,HC $\propto$ TSP。事实上,若TSP存在一算法 A,就可构造如下求解HC的算法:对 $G=(V,E)\ \forall i、j\in V$ 且 $i\neq j$,若 $(i,j)\in E$ 令 $C_{ij}=1$,若 $(i,j)\notin E$,补充边 (i,j) 且令 $C_{ij}=2$,得到图 $G'=(V,E')$ 并求解 G' 对应的TSP(利用算法 A)。容易看出,G 有HC(即回答是),当且仅当 G' 的最小总长度HC之长度不超过 n,故HC多项式转化为TSP。从这一意义上讲,可以认为求解TSP不会比求解HC容易,因为如果TSP是 P 问题,则HC一定也是 P 问题,虽然HC与TSP在是否存在多项式算法这一问题上的答案是一样的,但仅根据上面的证明,我们还不能得出相反的结论成立。

现在,我们来拓宽视线,把研究范围扩大到一个有可能比 P 类更大的集合。

定义5.8(NP 类) 设 D 是一个判定问题,若对 D 的每一个回答"是"的实例,都能用多项式界的运算加以检验,则称 D 为一个 NP 问题。由全体 NP 问题构成的问题类称为 NP 类,简记为 NP。

定义5.8并非是对 NP 类的严格定义,我们只是对这一概念给出了一个易于理解的简要说明而已,其严格定义的给出常常要用到非确定型Turing机、非确定型算法等自动机理论方面的知识。

定理 5.8　$P \subseteq NP$

证明　$\forall D \in P$,存在着求解问题 D 的多项式算法。既然 D 的任一实例均可在一多项式界内解出,其相应的判定问题究竟为“是”或“否”自然也均可在多项式界内给出回答。其回答为“是”的答案也必可在多项式界内检验,故 $D \in NP$。由 D 的任意性,可知 $P \subseteq NP$。

至少在目前看来,NP 是一个比 P 宽广得多的问题类。对于那些为数众多的、至今尚未发现多项式算法的问题,其中相当大一部分可以十分容易地证明是 NP 问题。例如,HC 和 TSP 至今均未找到求解它们的有效算法,但容易证明,HC $\in NP$ 及 TSP $\in NP$。因为验证一个圈是否是哈密顿圈及验证一个哈密顿圈的总长是否不超过 K 是十分容易的,计算量不超过多项式界。

前面已经谈到,绝大多数数学家猜测 $P \neq NP$。如果这一猜测是正确的,那么哪些问题不在 P 中的可能性最大(即最不可能有多项式算法)呢?1972 年,加拿大数学家 S.A. Cook 发表了一篇十分著名的论文。他指出,存在一类他称之为 NP 完全类的问题,这类问题有如下两个性质:

(1) 这类问题中的任何一个都未找到多项式时间算法(尽管数学家们已作了几十年努力,至今仍毫无结果);

(2) 若其中的任何一个问题有了多项式时间算法,则该类中的任何一个也就有了多项式时间算法。

Cook 在他的文章中证明,满足问题(简记 SAT)是 NP 完全的,任意一个 NP 问题都可多项式时间转化为 SAT 问题。故假如能找到求解 SAT 问题的多项式时间算法,则任一 NP 问题均能找到多项式时间算法。由于普遍认为 $P \neq NP$,故 SAT 问题被认为不太可能存在多项式算法(否则将得出令人震惊的结果 $P = NP$)。

为了说明什么是 SAT 问题,先引入下面的定义。

定义 5.9(布尔变量与布尔表达式)　一个只能取值“真”和“假”(或者“0”和“1”)的变量被称为布尔变量。一个由布尔变量通过“或”、“与”、“非”逻辑运算符号连接而成的表达式被称为布尔表达式(注:可用“+”表示“或”,“·”表示“与”,“$\bar{x}$”表示“x 非”)。

例 5.14(布尔表达式实例)

(1) $(x_1 + \bar{x}_2) \cdot (x_2 + \bar{x}_3) \cdot (x_1 + \bar{x}_3)$

(2) $(x_1 + x_2 + x_3) \cdot (x_1 + \bar{x}_2) \cdot (x_2 + \bar{x}_3) \cdot (x_3 + \bar{x}_1) \cdot (\bar{x}_1 + \bar{x}_2 + \bar{x}_3)$

(1) 和(2) 都是布尔表达式。对(1),若取 $x_1 =$ 真,$x_2 =$ 真,$x_3 =$ 假,则表达式的值为真;对(2),不论布尔变量怎样取值,布尔表达式(2) 的值均不可能为真。

布尔表达式中每一括号内的子式被称为一个句子。当且仅当每一句子的取值均为真时,布尔表达式的值才为真。给定一个布尔表达式,若存在布尔变量的一组取值使此表达式的值为真,则称此布尔表达式是可满足的,否则称之为不可满足的。例 5.14 中的(1) 是可满足的,而(2) 是不可满足的。

例 5.15(满足问题,简记 SAT)

给定布尔变量 $x_1, \cdots, x_n$ 的一个布尔表达式 $c_1 \cdot c_2 \cdot \cdots \cdot c_m$,其中 c_i 为由 $x_1, \cdots, x_n$ 通

过或、与、非运算连接而成的句子，问此表达式是可满足的吗？

SAT 问题是数理逻辑中的中心问题之一，这一点可从计算机的运算方式看出，故设计一个较好的求解 SAT 问题的算法具有十分重要的意义。

1972 年，R.M.Karp 以多项式转化的方式证明并列出了 21 个 NP 完全问题。此后，大量 NP 完全问题被一一证明。短短十几年时间，已知的 NP 完全问题就达到了 4000 多个，其中包括前面提到过的 HC 和 TSP。事实上，NP 完全类是一个极为庞大的问题类，其中包含着无穷多个问题。按照目前普遍的看法，这些问题中的任意一个都不应当有多项式算法，即求解它的任一算法在遇到最"坏"的实例时都需要花费指数时间。

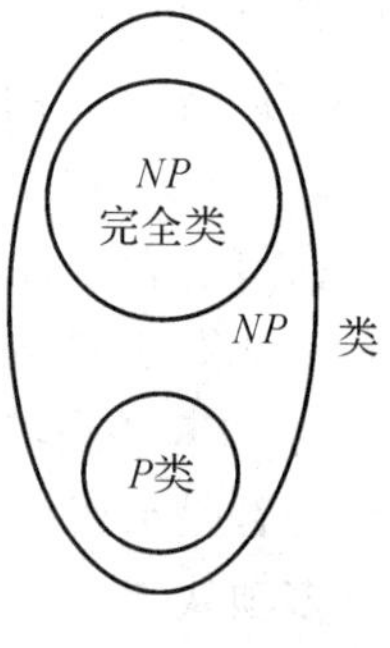

图 5.3

P 类、NP 完全类及 NP 类的关系如图 5.3 所示，即 $P \subseteq NP$，NP 完全类 $\subseteq NP$。

还有很多离散问题目前尚未搞清它们的计算复杂性。有些将被证明是 P 问题，有些将被证明是 NP 完全类的。此外，确实存在着 NP 以外的问题，其求解更为困难。

二、有关离散问题模型及其算法的几点附加说明

最近几十年来，有成千上万离散问题的模型得到了广泛而又较为深入的研究。因而，当我们研究一个离散型的问题时，首先要搞清遇到的实际课题是否为某一别人已经研究过的问题的一个实例。搞清这一点十分重要，否则你的努力完全可能是一种徒劳。

例 5.16 某工厂在生产一种产品或部件时，需要在一些指定位置上钻孔。问应当按怎样的顺序钻孔，才能使加工速度最快。

由于生产是连续进行的，钻头将从一钻孔位置出发到各指定点钻孔，最后返回原位置，以便加工下一个产品或部件。显然，这是一个旅行商问题。

然而，是否为某一问题的实例有时并不是一目了然的。

例 5.17 在轧钢等生产中，为了保持加工工件的温度，工件在一台机器上加工以后必须立即转送到下台机器上加工，中间不允许出现工件等待现象。现设共有 n 个工件 $J_i(i=1,\cdots,n)$ 需要进行加工，且加工有以下特点：

(1) 加工不同工件时，使用机器的顺序可以不同；

(2) 每一工件在每台机器上至少加工一次；

(3) 每台机器加工各工件的顺序相同；

(4) 工件加工中不允许出现中间等待。

要求确定 $\{1,\cdots,n\}$（工件编号）的一个排序 $\{i_1,\cdots,i_n\}$，使得总加工时间最少。

例 5.17 是排序（Scheduling）问题的一个子问题，这个子问题的计算复杂性如何呢？下面的分析表明，这一子问题实质上就是旅行商问题，从而是 NP 完全类的。

图 5.4 给出了一个三台机器两个工件的实例。工作 J_i 需加工 5 次，依次使用机器 $2 \to 1 \to 2 \to 3 \to 2$。工作 J_j 需加工 4 次，依次使用机器 $1 \to 2 \to 3 \to 1$。该图是设先加工 J_i 作出的，图中的点表示加工活动，旁边的数字为加工时间，箭线则反映加工顺序。

由图 5.4 可以看出,按 J_i、J_j 顺序加工,两工件至少要加工 12 单位时间,两工件开始加工时间至少应相差 5 单位时间,否则必然会出现等待。

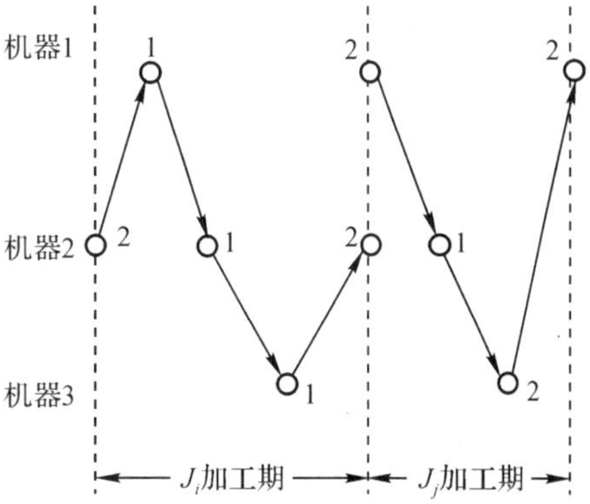

图 5.4

对于一般问题,设加工顺序为 $\{i_1,\cdots,i_n\}$,则在此顺序下的最短加工时间 T 可按如下过程求得:对每一对工件 J_{i_k} 和 $J_{i_{k+1}}$,先求它们开工时间差的最小值 $C_{i_k i_{k+1}}$(可用一子程序计算),令

$$T = \sum_{k=1}^{n-1} C_{i_k i_{k+1}} + P_{i_n}$$

其中 P_{i_n} 为最后一个工件在各台机器上加工时间的总和。

P_{i_n} 的出现使得 T 的计算公式不够整齐,为此引入一个虚工件 J_0,它需在各机器上加工一次,加工时间均为 0,并记 C_{i0} 为工件 i 的总加工时间,$C_{oi} = 0$,则有

$$T = \sum_{k=1}^{n-1} C_{i_k i_{k+1}} + C_{i_n 0} + C_{0 i_1} = \sum_{k=0}^{n} C_{i_k t_{k+1}}$$

其中 $i_0 = 0, i_{n+1} = 0$,问题化为求 $\{0,1,\cdots,n\}$ 的一个排序 $\{i_0,i_1,\cdots,i_n\}$,使之在按此顺序加工时,有 $\sum_{k=0}^{n} C_{i_k i_{k+1}}$ 最小。显然,这是 TSP。

从上述讨论容易看出,给定了 $\{J_1,\cdots,J_n\}$,可在 $O(n^2)$ 步内求出所有 C_{ij}(每步计算时间是多项式界的),从而使问题化为 TSP,若 TSP 多项式可解,则例 5.17 也是多项式可解的。反之,对每一 TSP 的实例,也可在多项式时间内构造出一个不允许等待的排序问题,若不允许等待的排序问题多项式可解,则 TSP 也多项式可解(请读者自行完成)。这样,就搞清了不允许等待的机器加工问题是 NP 完全的,因为它等价于 NP 完全问题 TSP。不过,在大多数情况下,找出此类多项式转化关系并不是一件容易的事,它不仅需要对别人已研究过的各式各样的 NP 类问题有充分的了解,还可能要用到十分精细而又巧妙的技巧。

在建立起实际问题的数学模型后,还应考虑一下是否有必要将模型标准化。也许,适当的标准化会为下一步的研究及算法设计提供方便。先将模型标准化,然后再去寻找算法的例子屡见不鲜。例如,前面求解线性规划的单纯形法就是针对标准形式设计的,容易看出,这种做法避免了众多麻烦。虽然人们至今尚未发现求解 TSP 的好算法,但细心的读者不难看出,一般图 G(某些顶点之间可以无边相连)上的 TSP 的求解与完全图(任意两顶点间均有边相连)上的 TSP 的求解是等价的。因而,我们只需寻找完全图 TSP 的算法。这样做的好处是,我们可以完全不必顾及去检查图中是否存在着哈密顿圈(即 HC),而 HC 存在性的检验同样是十分困难的。

建立数学模型当然不是我们的最终目的,任一研究实际课题的人早晚总会遇到设计求解算法的问题。不论你是否意识到,从你开始着手设计算法的那一刻起,你事实上已站在了一个“十字街口”。你研究的问题具有求解它的多项式时间算法吗(即它是一个 P 问

题吗)?如果你研究的问题是 P 问题,而你设计的算法却不是多项式时间算法,它或者不会被别人接受,或者早晚会被别人推翻。反之如果你拼全力去寻找多项式算法,又非常可能会一无所获,因为你所研究的问题如果不是 P 问题,例如它是 NP 完全的,你根本不可能找到求解它的多项式时间算法,只要 $P \neq NP$,这样的算法根本就不存在。可是,除非你已经找出了多项式算法(从而证明了它是 P 问题)或证明了其 NP 完全性,否则你无法知道手头的问题到底属于哪一类,似乎走进了一个怪圈。在这种情况下怎么办才较好呢?据一些建树卓著的专家们介绍,此时最好采用双向攻关的办法。寻找多项式算法的失败也许会为证明问题的 NP 完全性提供信息,而证明 NP 完全性中遇到的困难又也许会为设计多项式算法开辟新途径。当然,毫不奇怪,相当一部分问题会久攻不下,成为悬而未决的问题。

假如你经过一段时间的研究,倾向于相信你研究的问题是 NP 完全的,最好能证明它,因为否则只能一无所获。证明只能如下进行:从已知为 NP 完全的问题中适当选出一个来(这样的问题有成千上万个),证明这一 NP 完全问题可以多项式时间转化为你研究的问题。只要能做到这一点,你就可以交差了。然而,其中有很多的困难,最大的困难之一是确定选择哪一个问题是最合适的。在这里,经验起了很大的作用。虽然从理论上讲,任意已知的 NP 完全问题均可用于证明新问题的 NP 完全性,但实际上某些问题似乎更合适一些。下面的六个问题最早被证明是 NP 完全的,并被认为是初学者应当首先掌握的基本核心,在此基础上再去扩展自己掌握的 NP 完全类。只有掌握了已有的一些结果和方法,才有可能去证明新问题的 NP 完全性,六个基本的 NP 完全问题为:

(1)(3 满足问题,简记 3SAT 问题) 每一个句子都是一个三项式的 SAT 问题,称为 3SAT 问题。例如,$(x_1 + \bar{x}_2 + x_3) \cdot (x_2 + \bar{x}_3 + x_4)(x_4 + \bar{x}_1 + x_2)$ 就是 3SAT 的一个实例。

(2)(三维匹配问题,简记 3DM)X、Y、Z 是三个不相交的集合,$|X| = |Y| = |Z| = q$,$M \subseteq X \times Y \times Z$。问:$M$ 中是否包含一个匹配 M',使得 $|M'| = q$。

(注:等价的优化形式是求最大三维匹配,此外,这里给出的是标准形式,一般可不必要求 $|X| = |Y| = |Z|$。)

三维匹配问题是下一章中二维匹配(2DM)问题的推广,2DM 是 P 问题而 3DM 是 NP 完全的。这里,一个匹配是指 M 的一个集合$\{(x_i, y_i, z_i)\}$,$x_i \in X$,$y_i \in Y$,$z_i \in Z$,且当下标不同时,它们分别取自三个集合中的不同元素。3DM 可作如下形象的解释:记一个单身男人集合为 X,一个单身女人集合为 Y,此外还有一个住房集合 Z。其间存在一个相容关系(例如有些人之间因条件不符不愿组成家庭,或不愿住某一住房),这样就给出了一个集合 $M \subseteq X \times Y \times Z$,$M$ 是由问题给出的,表示所有可能组合。所求的匹配即组成的一组家庭(包括住房),其中不能有重婚,也不能让不同的两个家庭住进同一住房。

(3)(划分问题) 给定一个正整数集合 $A = \{a_1, a_2, \cdots, a_n\}$,问是否存在 A 的一个子集 A',使得 $\sum\limits_{a_i \in A'} a_i = \sum\limits_{a_i \in A - A'} a_i$,即是否可将 A 中的数分成总和相等的两部分。

(4)(顶点覆盖问题,简记 VC) 给定一个图 $G = (V, E)$ 及一个正整数 $K \leqslant |V|$,问 G 中是否有不超过 K 个顶点的覆盖(注:一个顶点的子集被称为 G 的一个覆盖,若它至少包含 G 中任一边的两个端点之一)。

(5)(哈密顿圈问题,简记 HC) 见例 5.12。

(6)(团问题) 给定图 $G = (V, E)$ 及一正整数 $K \leqslant |V|$,问是否存在圈 G 中的一个团 V',$|V'| \geqslant K$(注:G 的一个顶点的子集 V' 被称为 G 的一个团,若 V' 中任意两点间都有 E 中的边相连)。

图 5.5 表达了上述六个问题及 SAT 问题之间的多项式转换关系,即 SAT ∝ 3SAT,3SAT ∝ 3DM 及 3SAT ∝ VC 等等。

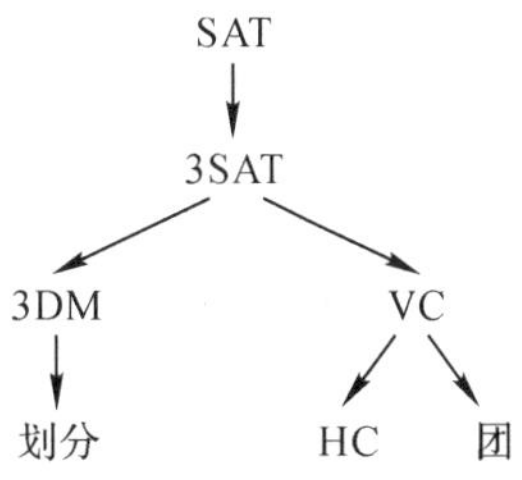

图 5.5

最后还要说明一点,问题之间有时还会存在包含关系。一问题可能是另一问题的子问题,它也可能是另一问题的推广。问题越一般,其求解常常就越困难。例如,有向图上的 HC 是无向图上的 HC 问题的推广。由于无向图上的 HC 问题是 NP 完全的,则有向图上的 HC 必然也是 NP 完全的。另外,在例 5.13 的讨论中,我们事实上已证明 HC 问题的每一实例均可转化为一个对称的 TSP 的实例($C_{ij} = C_{ji}$),因而对称 TSP 是 NP 完全的。不难看出,所得的 TSP 实例还是满足三角不等式的(即 $\forall\, i, j, k$,必有 $C_{ij} + C_{jk} \geqslant C_{ik}$),因而,满足三角不等式的 TSP 也是 NP 完全的。另一方面,若一个问题是 NP 完全的,其子问题则未必一定是 NP 完全的,它完全可能是一个 P 问题(当然,也可能是 NP 完全的)。例如,有人(Kuratowski) 已经证明平面图上的团最多只能包含 4 个顶点,这一结果说明,平面团问题是 P 问题,尽管团问题是 NP 完全的。同样,HC 问题是 NP 完全的,但没有人会去研究完全图上的 HC 问题,因为完全图中必存在着哈密顿圈。

习　　题

1. 某货轮的货舱共分前、中、后三个舱位,各舱位的容积与最大容许载重量分别为:

	前舱	中舱	后舱
容积 /m^3	4000	5400	1500
最大载重量 /t	2000	3000	1000

现拟装载 A、B、C 三种货物,相关数据如下:

商品	总数量 / 件	每件体积 /m^3	每件重量 /t	单位运价 / 元
A	800	9	10	2000
B	1500	6	7	1500
C	1000	8	5	1300

此外,为安全起见,前后舱载重量之差不能超过 15%(即前舱载重不超过后舱的 15%,后舱载重也不超过前舱的 15%),请建立此问题的数学模型(注:只需建模,不必求

解)。

2. 用单纯形法求解:

$$\max \quad 2x_1 + 4x_2 + x_3 + x_4$$
$$\text{S.t} \quad x_1 + 3x_2 + x_4 \leqslant 4$$
$$2x_1 + x_2 \leqslant 3$$
$$x_2 + 4x_3 + x_4 \leqslant 3$$
$$x_i \geqslant 0, i = 1, \cdots, 4$$

3. 用两段单纯形法求解下列线性规划:

(1) $\min \quad 4x_1 + 6x_2$

$$\text{S.t} \quad x_1 + 2x_2 \geqslant 30$$
$$2x_1 + x_2 \geqslant 10$$
$$x_1, x_2 \geqslant 0$$

(2) $\min \quad 4x_1 + x_2 + x_3$

$$\text{S.t} \quad 2x_1 + x_2 + 2x_3 = 4$$
$$3x_1 + 3x_2 + x_3 = 3$$
$$x_1, x_2, x_3 \geqslant 0$$

4. 解下表给出的运输问题,表中的数为单位运价 C_{ij}。

销地 产地	B_1	B_2	B_3	B_4	产量
A_1	2	8	9	7	10
A_2	1	2	3	2	5
A_3	7	5	5	6	8
销售	2	8	4	6	

5. 拟分配甲、乙、丙、丁四人去干四项工作,每人干且仅干一项。他们干各项工作需用天数见下表,问应如何分配才能使总用工天数最少。

工作 工人	1	2	3	4
甲	10	9	7	8
乙	5	8	7	7
丙	5	4	6	5
丁	2	3	4	5

6. 某校经预赛选出 A、B、C、D 四名学生,将派他们去参加该地区各学校之间的竞赛。此次竞赛的四门功课考试在同一时间进行,因而每人只能参加一门,比赛结果将以团体总分计名次(不计个人名次)。设下表是这四名学生选拔时的成绩,问应如何组队较好?

学生＼课程	数学	物理	化学	外语
A	90	95	78	83
B	85	89	73	80
C	93	91	88	79
D	79	85	84	87

7. 有甲、乙、丙、丁、戊、己六名运动员报名参加A、B、C、D、E、F六个项目的比赛。下表为运动员的报名情况表，打√表示运动员报名参加该项目比赛。要求设计一个算法来求一比赛项目的顺序安排，使得每一运动员都不会参加两项连续进行的比赛。

	A	B	C	D	E	F
甲				√		√
乙	√			√		√
丙			√	√	√	
丁	√				√	
戊		√			√	
己		√		√		

8. 习题7的一般问题：已有 m 人报名参加一次共有 n 个项目的运动会，报名情况已知。要定出一个比赛项目的顺序表，使每一运动员都不会参加两项连续举行的项目。问是否有这样的顺序？

(1) 根据问题在多项式时间内作出一个图，该图共有 n 个顶点，每一顶点代表一个项目。两个顶点间有边相连当且仅当任一运动员都未同时报名参加这两项比赛。

(2) 证明此问题等价于哈密顿圈问题(HC)。由此可见，对于一个规模稍大些的运动会，连想知道是否有这样的顺序一般也是不可能的。

9.(1) 判断下图中的(a)、(b)是否为哈密顿图，即判断图中是否存在哈密顿圈。

(2) 如果一个图有哈密顿圈，你能想出哪些方式表达它？

(3) 完全图一定是哈密顿图，试计算 n 个顶点的完全图中共有多少个哈密顿圈。

10. 一个图被称为平面图，如果它能被画在平面上而使其所有的边互不相交。重画下图中的(a)和(b)，证明它们是平面图。

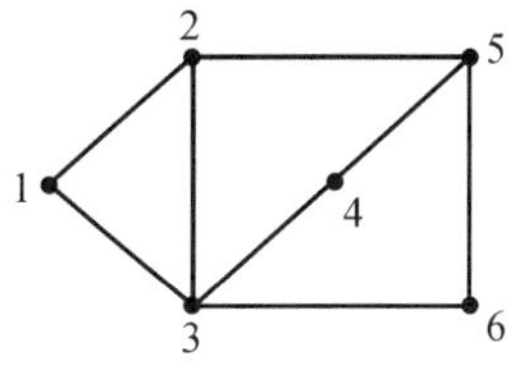

(a)

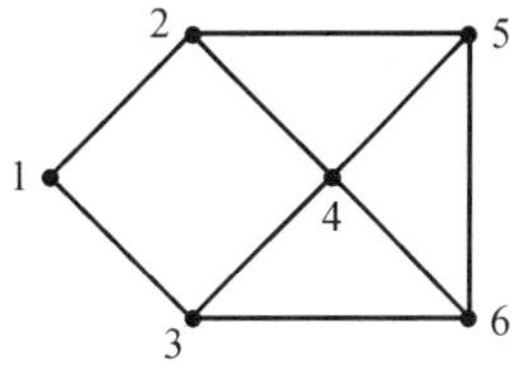

(b)

11. Kuratowski 证明,平面图中的团最多只能包含 4 个顶点。请据此构造一个求平面图最大团的有效算法(你的算法也许要 $O(|V|^4)$ 计算量,但目前最好的算法只需要 $O(|V|)$,当然算法是精心设计而比较精细的)。

12. 要调配红、蓝、白、黑、黄五种颜色的油漆。清洗工具花费的时间既和原色彩有关又和拟调什么颜色有关,所花时间(分)见下表。易见这是一个 TSP。

(1) 用充分大的正数 M 代替表中的斜线(注:不必具体写出 M),得到一个矩阵 C。解 C 对应的指派问题,你会发现你已解出了这一 TSP。

(2) 比较指派问题与 TSP 两个问题,说出你的所有想法(两问题的区别与联系)。

现调 / 原色	红	蓝	白	黑	黄
红	/	6	18	4	8
蓝	7	/	17	3	7
白	4	5	/	4	5
黑	20	19	24	/	22
黄	8	8	16	6	/

13. 某人受单纯形方法启发,拟按如下步骤逐次改进而求出 TSP 的解。

(1) 任取一个初始旅行圈,记为 $\tau = (i_1, i_2, \cdots, i_n)$。对于一个完全图,这是容易办到的,例如 $(1,2,\cdots,n)$ 就是一个。

(2) 找出 τ 中的三条边 $i_t i_{t+1}, i_{k-1} i_k, i_k i_{k+1}$,满足:

$$C_{i_t i_k} + C_{i_k i_{t+1}} + C_{i_{k-1} i_{k+1}} < C_{i_t i_{t+1}} + C_{i_{k-1} i_k} + C_{i_k i_{k+1}}$$

用边 $i_t i_k$、$i_k i_{t+1}$、$i_{k-1} i_{k+1}$ 代替 τ 中找出的三边 $i_t i_{t+1}$, $i_{k-1} i_k$, $i_k i_{k+1}$,得到一个改进的圈 τ',如右图所示。以 τ' 代替 τ。重复(2) 中的做法,直至无法再改进。你认为是否应鼓励此人作这样的尝试,为什么?

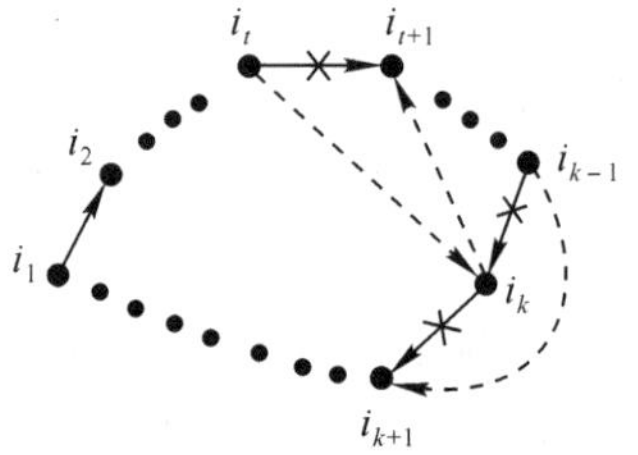

14. 证明由一城市出发遍访所有城市(不得重复)但最终不必返回原城市的旅行商问题(称为流浪的旅行商问题——WTSP)与旅行商问题一样是 NP 完全的。

15. 对给定的 TSP 实例,用多项式时间构造一个不允许等待的加工排序问题的实例。

第六章　离散优化模型及算法设计

6.1　某些 P 问题及其算法

在上一章中，我们介绍了与计算复杂性相关的一些基本概念，人们发现，在离散问题中存在着两个互不相交的类：P 类与 NP 完全类（若 $P \neq NP$）。前者具有求解的有效算法而后者不可能有这种算法。从这一点上讲，P 问题可以看成是一类具有良好性质而又较容易求解的问题，而 NP 完全问题则是固有地难解的问题。

在第 5.4 节中我们看到，有着广泛应用背景的线性规划问题是一个 P 问题。这样，作为线性规划子问题的运输问题及作为运输问题子问题的指派问题自然更是 P 问题。虽然从平均的角度讲，人们似乎更常遇到 NP 完全问题，但 P 类仍不失为一个十分重要的问题类。一方面，很多 P 问题像线性规划一样有着极为广泛的应用前景，它们本身也是十分有趣的；另一方面，它们也是研究一些更为复杂、更加难解的问题时经常被采用的研究工具。在本节中，我们将再介绍一些经常会遇到的 P 问题并给出求解它们的有效算法。

一、拟阵问题及贪婪算法

在 P 类中存在着一个被称为拟阵的具有极其良好性质的问题类，其中的任一问题均可用一种被称为贪婪算法的方法来求解，而这一性质并不是所有的 P 问题都具有的。

例 6.1（最小生成树问题，简记 MST）

给定一个连通图 $G = (V, E)$，$\forall e \in E$，有一个表示此边边长的权 $C(e)$（表示此边连接的两个顶点间的距离或费用），求此图的具有最小总权的生成树。

此问题的标准形式为：给定一个完全图 G，其每边赋有一个权数，求此完全图的一棵最小生成树。所谓树是指连通而无圈的图，单独的一个点也可以被看成是一棵树。树用 (U, T) 表示，U 为树的顶点，T 为树的边集。不相交的树的集合被称为森林。一个连通图的生成树是指图中具有最多边数的一棵树。容易证明，对于一个连通图 G，G 的任一生成树必有 $|V| - 1$ 条边（注：这正是最小生成树问题为拟阵问题的原因）。

求解最小生成树的算法主要依据下面的定理。

定理 6.1　设 $\{(V_1, T_1), \cdots (V_k, T_k)\}$ 为连通图 G 中的森林，$V_1 \cup V_2 \cdots \cup V_k = V$。$\forall i = 1, \cdots, k$，若仅有一个顶点在 V_i 中的具有最小权的边为 (v, u)，则必有一棵 G 的最小生成树包含边 (v, u)。

证明　设 G 的一棵最小生成树 (V, T) 不含 (v, u)。将 (v, u) 加入 T，由于 (V, T)

是生成树，$T \cup (v,u)$ 中必含有过 (v,u) 的(唯一的)圈。不妨设 $v \in V_i$，则 $u \notin V_i$，此圈中的点不全由 V_i 中的点组成，因此必存在圈中的另一边 (v^*,u^*)，$v^* \in V_i$，$u^* \notin V_i$。删去边 (v^*,u^*) 得到一棵新的生成树 (V,T^*)，$T^* = \{T \cup (v,u)\} - (v^*,u^*)$，且其总权不超过生成树 (V,T) 的权，即 (V,T^*) 也是包含边 (v,u) 的最小生成树。

根据定理 6.1 可以作出如下求解最小生成树的算法：任选一点 v_1，令 $V_1 := \{v_1\}$，$T := \Phi$。若 $V_1 = V$，停止；否则，找出仅有一个顶点在 V_1 中的边里具有最小权的边 (v,u)，设 $v \in V_1$，$u \notin V_1$，将 u 加入 V_1，将 (v,u) 加入 T。重复上述步骤，直到 $V_1 = V$。

例 6.2 求图 6.1 中图 G 的最小生成树。

解 不妨从顶点 v_1 开始寻找。$V_1 = \{v_1\}$，v_1 标号 1。加入 v_2(因为边 (v_1,v_2) 权最小)，v_2 标号 2。再加入 v_4，v_4 标号 3…… 每次加入一条一个顶点已标号而另一顶点未标号且又具有最小权的边，直到所有顶点均标号为止。找到的最小生成树已用双线标在图 6.2 中。

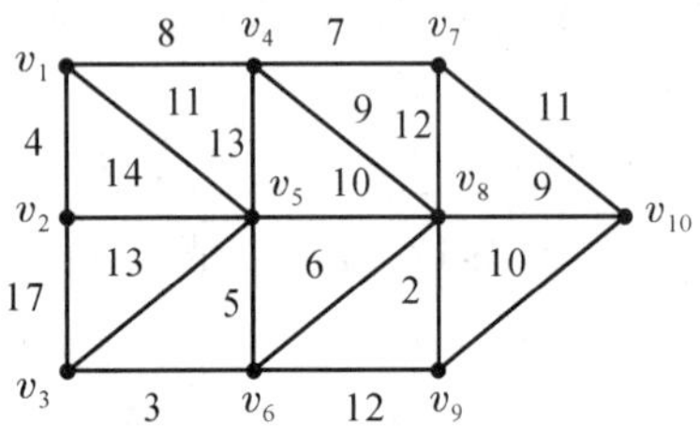

图 6.1

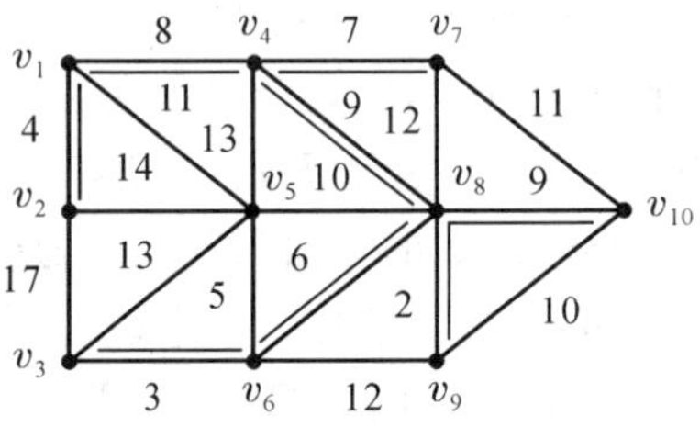

图 6.2

容易看出算法的计算量为 $O(|V|^2)$，所以此算法是有效算法。若 G 具有 $O(C_n^2)$ 条边，其中 $n = |V|$，计算量的界还是不能改进的，因为每条边至少应当被检查一次。

由例 6.2 可以看出，算法执行的每一步均加入了一条当前可以加入的(即不生成圈的)具有最小权的边，而不去考虑它对以后选取的影响，这种算法被称为贪婪算法。

例 6.3(入树问题)

给出一个有向图 $G = (V,A)$，对 A 中的每一条弧 e，给出一个权 $C(e)$，求 A 的一个具有最大权(或最小权)的子集 B，要求 B 中任意两条弧都没有公共的终点。

考察下面的入树问题实例。

例 6.4 给出有向图 $G = (V,A)$(图 6.3)，弧上标出的数字为此边上的权，求此图的具有最大权的入树。

解 由于入树不能包含具有公共终点的弧，故对每一顶点 v_i，我们只能选取一条入弧。为使选出的弧具有最大权，只需对每一顶点选取权最大的入弧，可用计算量为 $O(|V||E|)$ 的贪婪法求解，具有最大权的入树为 $\{(v_1,v_2),(v_2,v_1),(v_2,v_4),(v_4,v_5),(v_5,v_3)\}$。

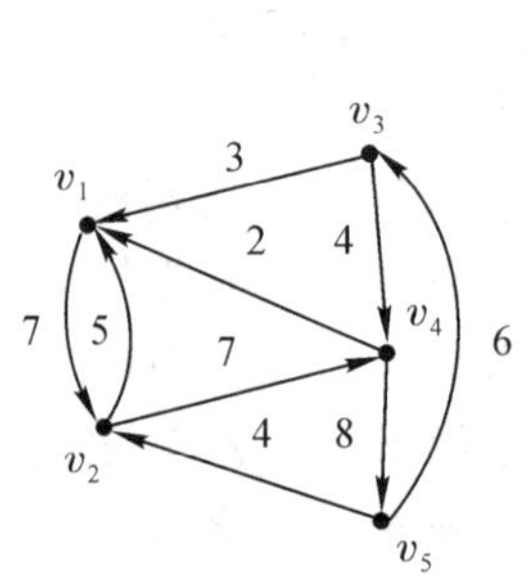

图 6.3

类似地，出树问题也可以用贪婪法求解。

例 6.5(矩阵拟阵问题)

给出一个矩阵 $\mathbf{A}_{m\times n}$，记其 n 个列向量为 $\mathbf{e}_1,\cdots,\mathbf{e}_n$。设对每一列向量 $\mathbf{e}_n$ 已指定了一个权 $C(\mathbf{e}_n)$，求 $\{\mathbf{e}_i\}(i=1,\cdots,n)$ 的一个线性无关的子集，它具有最大的权和。

易见，这一问题也可以用贪婪法求解。集合 $\{e_i\}(i=1,\cdots,n)$ 的线性无关的子集被称为独立子集，利用贪婪法必可求得具有最大权的独立子集，可用线性代数知识加以证明（见习题 1）。

例 6.6　求矩阵 $\mathbf{A}$ 列向量具有最大权的独立子集。矩阵 $\mathbf{A}$ 如下：

$$\mathbf{A}=\begin{bmatrix}1&1&0&1&3&5&4\\1&2&1&3&7&2&1\\0&0&0&1&3&4&5\\1&0&1&2&6&7&5\end{bmatrix}$$
$$C(e_i)=\ 8\quad 4\quad 7\quad 5\quad 2\quad 6\quad 4$$

解　采用贪婪法，先取权最大的列 e_1，同时对 $\mathbf{A}$ 作高斯消去，逐次加入具有最大权的线性无关的向量 $e_1,e_3,\cdots$ 如下：

$$\mathbf{A}\rightarrow\begin{bmatrix}1&1&0&1&3&5&4\\0&1&1&2&4&-3&-3\\0&0&0&1&3&4&5\\0&-1&1&1&3&2&1\end{bmatrix}\rightarrow\begin{bmatrix}1&1&0&1&3&5&4\\0&1&1&2&4&-3&-3\\0&0&0&1&3&4&5\\0&-2&0&-1&-1&5&4\end{bmatrix}\rightarrow\cdots$$

最后求得 $\mathbf{A}$ 的列向量中具有最大权的独立子集为 $\{e_1,e_3,e_5,e_4\}$。

定义 6.1　（拟阵）设 E 是一个有限集，Γ 为 E 的部分子集构成的封闭系统（即若 $A\subseteq\Gamma$，$A^*\subseteq A$，则必有 $A^*\subseteq\Gamma$）。若 $M=(E,\Gamma)$ 上的离散优化问题的每一实例均可用贪婪算法求出最优解，则称 M 为一拟阵（注：Γ 被称为 E 中的独立系统）。

现以矩阵拟阵为例，对定义 6.1 作一说明。对矩阵拟阵的每一实例，$E=\{e_1,\cdots,e_n\}$ 为矩阵列向量的集合，Γ 为 E 的线性无关子集构成的系统，称为独立系统，其元素被称为独立子集。由于 E 的任一线性无关子集的子集也是 E 的线性无关子集，故独立系统 Γ 是封闭的。又由于这一离散优化问题的任一实例都可用贪婪法求解，故其构成一拟阵，此拟阵被称为矩阵拟阵。例 6.1 被称为图拟阵，而例 6.3 则被称为划分拟阵。

拟阵问题（或称拟阵结构）有一个明显而又本质的特性，其任一极大独立子集中包含着相同个数的元素，从而可以引入基的概念。例如，矩阵列向量的所有线性无关极大组均具有相同的向量个数，这就导出了基即矩阵列秩的概念。对于图拟阵，每一极大独立集均为一棵生成树，其边数均为 $|V|-1$。对于划分拟阵，弧集被划分成 $|V|$ 个子集，每一子集由指向同一顶点的弧组成，称不存在指向相同顶点的弧集为独立集。显然，任一极大独立集应从每一子集中取一条弧，故其基数应为顶点数。

我们不加证明地引入下面的定理，虽然其证明并不十分困难。

定理 6.2　E 为一有限集合，Γ 为 E 的部分子集构成的封闭独立系统。以下两个条件均为 $M=(E,\Gamma)$ 构成拟阵（即其上的优化问题可用贪婪法求解）的充分必要条件。

条件 1　若 $I,\bar{I}\in\Gamma$，$|I|<|\bar{I}|$，则必可找到一个元素 $e\in\bar{I}$，使得 $I+e\in\Gamma$（注：$|\cdot|$ 表示元素个数）。

条件 2　$\forall A\subseteq E$，若 I、$\bar{I}$ 均为 A 的两个极大独立集，则必有 $|I|=|\bar{I}|$。

二、两分图匹配问题与增广路算法

在上一小节中我们已经看到，有些 P 问题可以用极为简单的贪婪算法求解。但对绝大多数的 P 问题来说，用贪婪算法却求不到最优解，只能根据其本身的结构，去寻找求解它的独特算法。例如，在上一章的运输问题求解中，我们曾采用了最小元素法，最小元素法其实就是贪婪法，如果贪婪法能求得最优解，其后就根本不必再作改进了。可见，贪婪法一般不能求得运输问题的最优解，这说明运输问题虽然是 P 问题，但它并非拟阵问题。

例 6.7(婚姻问题)

非洲某酋长国的一位酋长想把他的三个女儿嫁出去，分别把他的三个女儿记为 A、B、C。设已有三位求婚者 x、y、z，每位求婚者对 A、B、C 愿出的财礼数视其对她们的喜欢程度而定。财礼按牛的头数来计算，见下面的矩阵：

$$\begin{array}{c} \\ x \\ y \\ z \end{array}\begin{array}{c} \begin{array}{ccc} A & B & C \end{array} \\ \begin{bmatrix} 3 & 5 & 26 \\ 27 & 10 & 28 \\ 1 & 4 & 7 \end{bmatrix} \end{array}$$

问酋长应如何嫁女，才能获得最多的财礼(从总体上讲，他的女婿最喜欢他的女儿)。

例 6.7 显然是指派问题的实例，但它也可以看成是两分图赋权匹配问题的实例。

用三个点表示酋长的三个女儿，将它们放在一边。再用三个点表示求婚者，将它们放在另一边。在有可能结婚的两人之间画一条边，并在边上写上求婚者对这种婚姻愿意付出的财礼数，得到图 6.4。图 6.4 是一个特殊的图，它的顶点可以分成两个子集，只有分属不同子集的点才可能有边相连(但也可以无边)，这样的图被称为两分图。

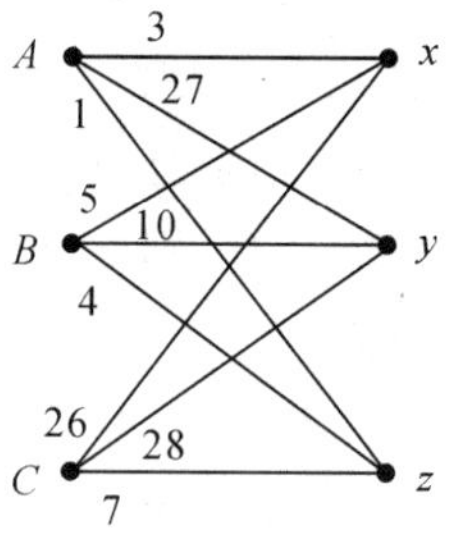

图 6.4

定义 6.2(匹配) 图 G 的一个匹配是指边集 E 的一个子集 M，M 中的任意两条边均不具有公共的顶点。

容易看出，酋长要解的问题是在两分图(图 6.4) 中找出一个具有最大权和的匹配，读者不难由此得到一般两分图最大权匹配问题的数学模型。

由于两分图最大权匹配问题等价于指派问题，所以它是一个 P 问题。对于这一 P 问题，我们是否也能像前面一样用贪婪法求解呢？如果用贪婪法求解例 6.7，则有 C 嫁 y(得 28 头牛)，去除 C、y 及相应边(一夫一妻)；再将 B 嫁给 x(得 5 头牛)，去除 B、x 及相应边；最后，A 只能嫁给 Z(得 1 头牛)，这样，共得财礼 34 头牛。事实上，酋长的女儿只有六种嫁法(3!)，比较所有方案，发现 C 应嫁给 x、A 应嫁给 y、B 应嫁给 z(y 几乎差不多同样喜欢 C 和 A，而 z 则明显喜欢 C 而不太喜欢 A)，可得总财礼 57 头牛。虽然后一算法不是多项式时间的，对待嫁者数量稍大的问题无法求得结果，但对本例，它至少表明了用贪婪法没有求得最优解，因而两分图最大权匹配问题不是拟阵问题(或者讲不具有拟阵结构)，从而，一般赋权图上的最大权匹配问题更不是拟阵问题。J. Edmonds 将最大权匹配问题(注：不要求是两分图，可以是一般的图) 表示为一个特殊的线性规划并由此导出了用他的名字命名的 $O(n^4)$ 算法，由于他的算法较复杂，本书不准备作详细介绍，有兴趣的读者可查阅

C.H. Papadimitriou 所著的《组合最优化,算法和复杂性》一书的第十一章。至于两分图赋权匹配问题,由于它与指派问题的等价性,完全可以用计算量为 $O(n^3)$ 的匈牙利方法求解,也可以化为后面的网络流问题求解。

如果所有边的权均为1,则问题化为最大匹配问题(即求边数最多的匹配)。对于这一较为简单的子问题,存在着增广路算法。

定义 6.3　设 M 是图 G 的一个匹配,M 中的边称为匹配边,匹配边的端点称为一对配偶(其他边称为未匹配边或自由边)。V 中已有配偶的顶点称为已盖点,否则被称为未盖点。

定义 6.4　依次取未匹配边、匹配边的路称为交错路,由未盖点到未盖点的交错路称为增广路。易见,增广路中未匹配边的数目比匹配边的数目多一条,且交换增广路中的未匹配边与匹配边并不影响其他边,从而可以得到一个多一条边的匹配。

例 6.8　在图 6.5(a) 中,用双线划出的边组成该图中的一个极大匹配。由未盖点出发,可作出增广路 $v_3 \to u_4 \to v_2 \to u_2 \to v_4 \to u_3$,从而可得到一个增加一条匹配边的更大匹配,如图 6.5(b) 所示。此时,图中虽然仍存在未盖点 v_5,但 $u_i(i = 1,\cdots,4)$ 均已成为已盖点,故图 6.5(b) 中的匹配已是最大匹配。本例再次表明两分图匹配问题不是拟阵问题(即使是不加权的),因为其极大独立集中的元素个数可以不同。

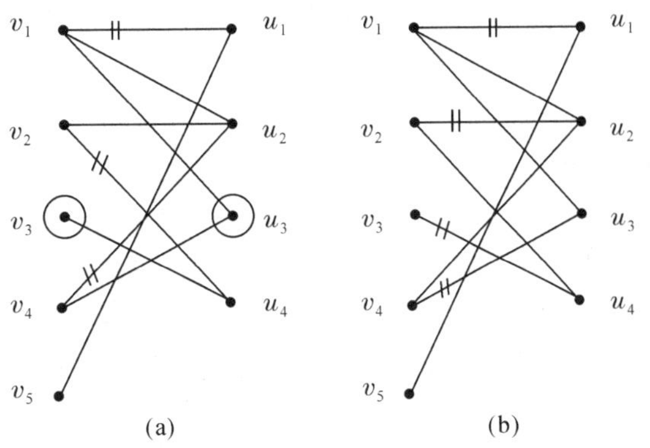

图 6.5

定理 6.3　M 是图 G 中的最大匹配当且仅当 G 中不存在关于 M 的增广路。

证明　必要性显然,现证充分性。若存在 G 中的更大匹配 $\overline{M}$,合并 M、$\overline{M}$ 得到一个图 $\overline{G}$,易见 $\overline{G}$ 每一顶点的次至多为2(注:$\overline{G}$ 可能不连通)。$\overline{G}$ 可包括偶数边的圈,圈中 M 与 $\overline{M}$ 中的边的数量相等。由于 $|\overline{M}|>|M|$,$\overline{G}$ 中至少含一条路,其中 $\overline{M}$ 中的边多于 M 中的边,不难看出,这条路是 G 的关于 M 的增广路。

现在可以看出,找最大匹配的关键在于找增广路。读者不难用顶点标号的办法(由未盖点出发),作出一个求解两分图匹配问题的增广路算法。此算法稍加改动,还可以用于非两分图的情况。

三、网络流问题

网络流问题是又一类具有广泛应用前景的 P 问题,本节将介绍一些有关网络流问题的基本理论与算法。

1. 最大流问题(简记 MFP)

边赋值的有向图称为网络。给定一个网络,其边赋值表示该边的容量。最大流问题要求在不超过边容量的前提下求出网络中两个指定顶点之间的最大流。例如:当网络是通讯网时，我们可能会去求网络中两个指定点间的最大通话量；当网络是城市的街道时，我们又可能会去求两地间的最大交通流，即单位时间内允许通过的车辆数，等等。

建模 给定一个有向图 $G=(V,A)$，A 的每一条弧（边）(i,j) 上已赋上了一个表示边容量的非负整数 $C(i,j)$，并已指定 V 中的两个顶点 s、t，分别称它们为发点和收点。

设网络中已存在一个流（不一定是最大流），记弧（边）(i,j) 上的实际流量为 $\varphi(i,j)$，记 s 发出的总流量（即 t 收到的总流量）为 v，根据平衡条件，可得到如下的约束条件，$\forall i \in V$，有

$$\sum_{(i,j)\in A_i^+}\varphi(i,j)-\sum_{(i,j)\in A_i^-}\varphi(j,i)=\begin{cases}v & 若\ i=s\\ 0 & 若\ i\neq s,t\\ -v & 若\ i=t\end{cases} \tag{6.1}$$

其中 A_i^+ 是指 A 中以顶点 i 为起点的弧集，A_i^- 是指 A 中以 i 为终点的弧集，(6.1) 式表示 s 发出的流为 v，t 收入的流为 v，其余各点只起中转作用，既不增加也不消耗流量。根据边容量限制，还应有

$$\varphi(i,j)\leqslant C(i,j),\ \forall(i,j)\in A \tag{6.2}$$

而我们的愿望是使总流量 v 尽可能地大。MFP 要求一网络流，在(6.1)、(6.2)式约束下使得 v 达到最大，易见，这是一个线性规划问题的子问题，故 MFP $\in P$ 类。

对于一个较为复杂的网络，要想直接找出最大流是不太可能的。为了简化问题，我们先引入一些符号。

记 P、Q 为 V 的两个不相交的子集，$s\in P$，$t\in Q$，用 (P,Q) 表示发点在 P，收点在 Q 的边集，记

$$\varphi(P,Q)=\sum_{i\in P,j\in Q}\varphi(i,j),\qquad C(P,Q)=\sum_{i\in P,j\in Q}C(i,j)$$

并定义如下的切割概念：

定义 6.5（切割） 设 P 是 G 的顶点集合 V 的一个真子集，$\bar{P}$ 为 P 关于 V 的补集。若 P、$\bar{P}$ 满足 $s\in P$ 且 $t\in\bar{P}$，则称 P 和 $\bar{P}$ 为 V 的一个切割。

根据切割的定义可以看出，当 P 和 $\bar{P}$ 为一切割时，如果去掉连接 P 和 $\bar{P}$ 的边集 $(P,\bar{P})$，就切断了由 s 通往 t 的所有通路。所以，对网络的任一切割 $(P,\bar{P})$，$C(P,\bar{P})$ 必为最大流的一个上界，而 $v=\varphi(P,\bar{P})-\varphi(\bar{P},P)$。

例 6.9 在网络如图 6.6(a) 中，边（弧）上的两数字分别表示边容量及实际流量。取 $P=\{1,2,3,4\}$，则 $\bar{P}=\{5,6\}$，显然 P、$\bar{P}$ 是网络的一个切割。对于这一切割容易算出 $\varphi(P,\bar{P})=6$，$C(P,\bar{P})=9$，而网络的流量 $v=5$。

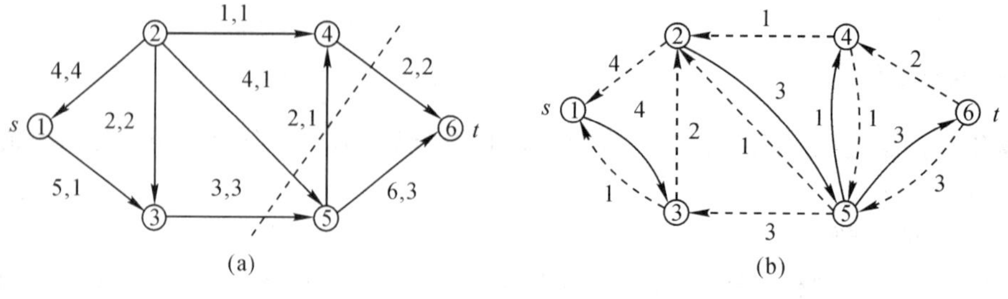

图 6.6

为了尽可能地增大网络上的流量，按如下方法作出一个和 G 具有相同顶点并具有相同发点和收点的增广网络 $G'(\varphi)$（简记 G'）。G' 包含两类边，对 G 中每一条边 $(i,j) \in A$ 有：

(1) 若 $\varphi(i,j) < C(i,j)$，作正向边 (i,j)，规定容量 $C'(i,j) = C(i,j) - \varphi(i,j)$，即剩余边容量。

(2) 若 $\varphi(i,j) > 0$，作反向边 (j,i)，规定容量 $C'(j,i) = \varphi(j,i)$，$C'(j,i)$ 事实上是边 (i,j) 上最多可减少的容量。

第一类边被称为正规边，第二类边则被称为增广边，而 G' 则被称为图 G 的增广网络。例如由图 6.6(a) 中的流可以作出其相应的增广网络图 6.6(b)，其中实箭线为正规边，虚箭线为增广边，边上的数字为边容量。

如果增广网络上存在着由 $s \to t$ 的通路 p（称此通路为原网络的一条增广路），记 $\alpha = \min\limits_{(i,j)\in P} C'(i,j)$，则只要在 P 中的一切正规边上增加流量 α，而在对应增广边 (j,i) 的边 (i,j) 上减少流量 α，就得到 G 的一个由 $s \to t$ 的增大了流量 α 的更大的流。例如，从图 6.6(b) 上可以找出增广路 ① → ③ → ② → ⑤ → ⑥，$\alpha = 2$。于是，图 6.6(a) 中的流可改进为图 6.7(a) 中的流，总流量为 7。由于其增广网络图 6.7(b) 中不再存在增广路，无法再继续增大，我们事实上已找到了此网络的最大流。这一点并不难看出，若取由 s 出发（在增广网络上）可到达的点的集合为 P，则 $P = \{①,③\}$，$\bar{P} = \{②,④,⑤,⑥\}$，$C(P,\bar{P}) = 7$，而流量已达到 7，即已达到此切割所指出的网络流的上界，故此流显然已是最大流。

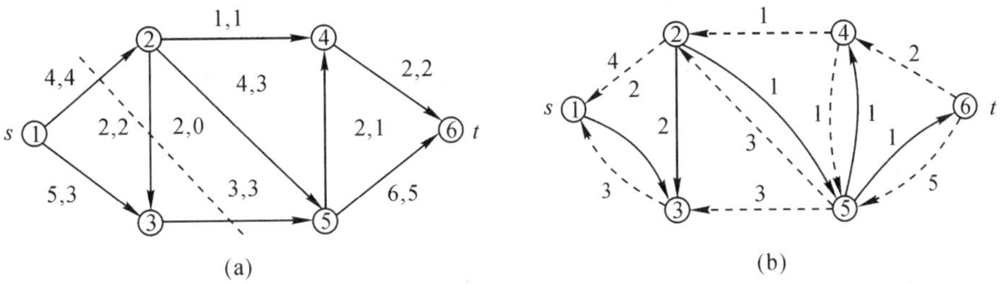

图 6.7

定理 6.4　网络 G 上的流是最大流的充要条件为其增广网络上不存在由 s 到 t 的通路。

证明　若增广网络上存在由 $s \to t$ 的通路 P，则对 P 上的正规边 (i,j) 增加流量 α，对 P 的增广边 (j,i) 对应的 G 的边 (i,j) 减少流量 α，即可得到一个更大的可行流。若增广网络上不存在由 $s \to t$ 的路，记增广图上 s 可达到的点组成的集合为 P，则对切割 $(P,\bar{P})$ 必有：

(1) $\varphi(i,j) = C(i,j), \forall (i,j) \in (P,\bar{P})$；

(2) $\varphi(i,j) = 0, \forall (i,j) \in (\bar{P},P)$。

故 $v = \varphi(P,\bar{P}) = C(P,\bar{P})$，$v$ 已不能再增大（注：这其实是线性规划中的补松弛定理，有兴趣的读者可参阅鲁恩伯杰著的《线性与非线性规划引论》一书）。

综上所述，有下面的有关网络流问题的定理。

定理 6.5(Ford 和 Fulkerson 的最大流最小切割定理) 任一由 $s \to t$ 的流,其流量不大于任一切割的容量 $C(P,\bar{P})$,而最大流的流量则等于最小切割的容量。进而 φ 为最大流且 $(P,\bar{P})$ 为最小切割当且仅当:

(1) $\forall (i,j) \in (P,\bar{P})$ 有 $\varphi(i,j) = C(i,j)$;

(2) $\forall (i,j) \in (\bar{P},P)$ 有 $\varphi(i,j) = 0$。

增广路也可以通过对顶点标号的方法来寻找。由于边容量均为整数,而每次经改进,流量至少增加 1 单位,故算法总能很快求得最大流。

2. 最小费用最大流问题

对于一个给定的网络,由发点 s 到收点 t 常常存在着多个具有相同流量的最大流。如图 6.8 所示,图中的(a)、(b)、(c) 均是流量为 7 的最大流,边上的两个数字依次为容量和边上的实际流量。

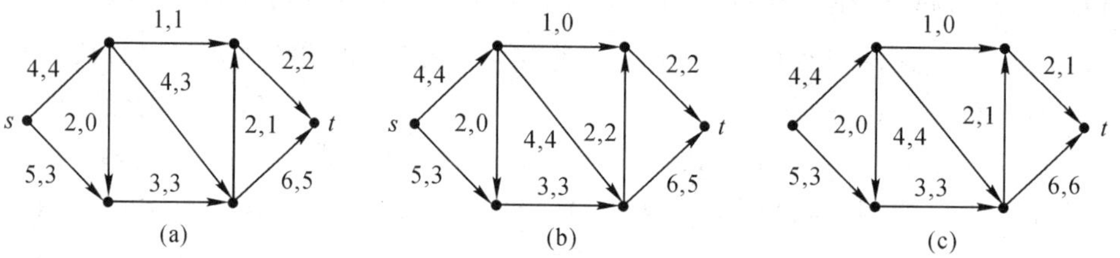

图 6.8

有时候,当流流经一条边时需支付一定的费用,我们不仅希望找出一个最大流,而且希望找出的最大流具有最小的总费用,这时,问题可描述为:对有向图 $G = (V,A)$ 的每条边(弧)(i,j) 给定一个边容量 $C(i,j)$ 及一个单位流量费用 $l(i,j)$。我们希望求出由 s 到 t 的最大流,使得总费用最少,即求最大流 φ^*,使

$$L(\varphi^*) = \min_{\text{最大流}\varphi} \{ \sum_{(i,j)\in A} l(i,j)\varphi(i,j) \}$$

例如,在交通网络中,$l(i,j)$ 可以是 i,j 之间的距离或运费。自然,在运送相同数量货物时,我们还希望总距离或总运费最小。现在,我们将以最大流问题的增广路算法为基础,导出求解最小费用最大流问题的算法。

对于网络上的一个现行流 φ,作出其增广网络 $G'(\varphi)$,对 G' 中的正规边赋值$l(i,j)$,对 G' 中的增广边赋值$l(i,j)$。

定义 6.6 增广网络 G' 上由 s 到 t 的流量为零但边流量不全为零的流被称为一个循环流。

最小费用最大流问题可以变换成为一个线性规划问题,根据线性规划理论可以证明下面的定理。

定理 6.6 网络中的流 φ 是最小费用的,当且仅当其增广网络 G' 中不存在负费用的循环流(证明略)。

例 6.10 图 6.9(a) 给出了有向图 G 上的一个可行流,其中弧上的三个数字分别为弧的容量、单位流费用及弧上的实际流量。图 6.9(b) 为相应的增广网络,其中边(弧)上的两个数字分别为容量及单位流费用,求此网络的一个更小费用流。

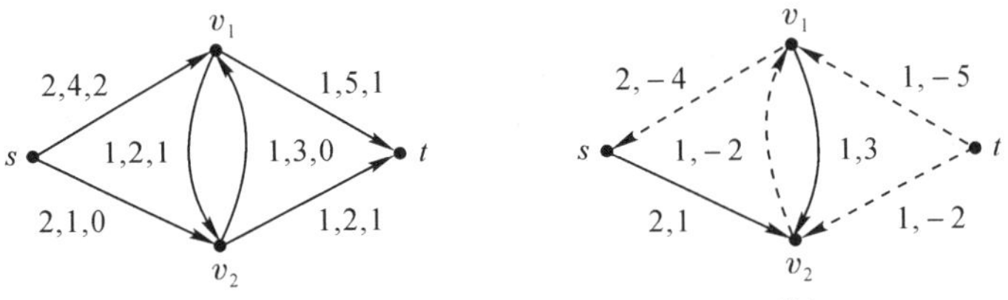

图 6.9

从图 6.9(b) 中可以找出一个负费用循环流 $s \to v_2 \to v_1 \to s$(其余边流量为 0),每单位流量的总费用为 -5。调整此循环流上的流量,得到图 6.10(a) 中的流。原先的流总费用为 17,调整后的总费用为 12,减少值为负费用循环流的总费用。

在图 6.10(a) 中流的增广网络(b) 中已不存在负费用循环流,它已是一个最小费用的流。

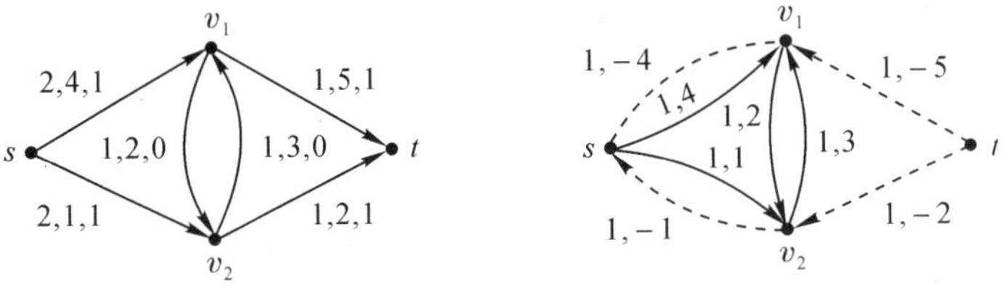

图 6.10

定理 6.7　设 φ_1 是网络上流量为 v 的最小费用流,φ_2 是其增广网络上由 s 到 t 的最小费用单位流增广路,则 $\varphi_1+\varphi_2$ 是此网络流量为 $v+1$ 的最小费用流。

证明　设 $\varphi_1+\varphi_2$ 不是流量为 $v+1$ 的最小费用流,由定理 6.6,在 $\varphi_1+\varphi_2$ 的增广网络中必存在一负圈 C。记构造 φ_2 的增广路为 P。由于 φ_1 是最小费用流,φ_1 的增广网络中不存在负圈,故 C 中至少有一边 (i,j),其反向边 (j,i) 含在 P 中(因为如若不然,C 不含 P 中的任意边,则 C 将含在 φ_1 的增广网络中,与 φ_1 为最小费用流的假设矛盾,见图 6.11),但这又说明 $P\cup\{C-(i,j)\}$ 是 s 到 t 的更小费用单位流增广路,与 P 是最小费用单位流增广路的假设矛盾。

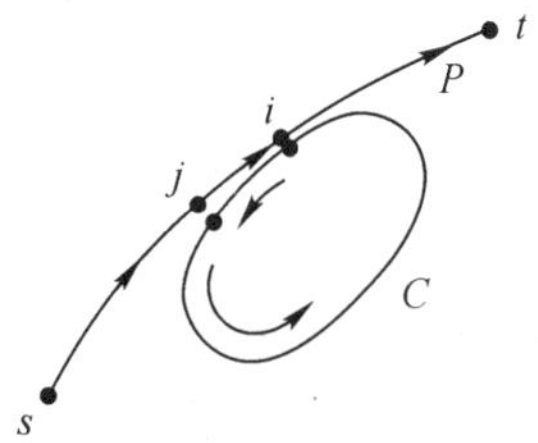

图 6.11

根据定理 6.7 及定理 6.6,求最大流的算法只需稍作变动即可用来求解最小费用最大流。算法可以用归纳方式给出,当 $v=0$ 时,可取 $\varphi=0$,这显然是 $v=0$ 的最小费用流。在以后逐次增大流量时,若增广网络中存在着多于一条增广路时,每次均选用其中单位流费用最小的一条。这样,每次得到的均为相同流量的流中具有最小费用的流,而最后得到的即为最小费用最大流。

网络流问题的算法在解决实际问题时常常用到。它可用来求解运输问题、指派问题及赋权两分图匹配问题(等价于指派问题),也可用来寻找一个网络的瓶颈,即最小切割(P,

$\bar{P}$）确定的边。作为一个网络流问题的应用实例，我们来求解例6.7中的婚姻问题：增加发点 s 和收点 t，将原图的边改为有向边，所有边的容量为1。找出最大财礼数28，以此数减每边原有的财礼费，并用此差为各边的费用，得一最小费用最大流问题（未注数字的边费用均为零），其网络图见图6.12。此问题在使用三次增广路后即可求得最佳结果。

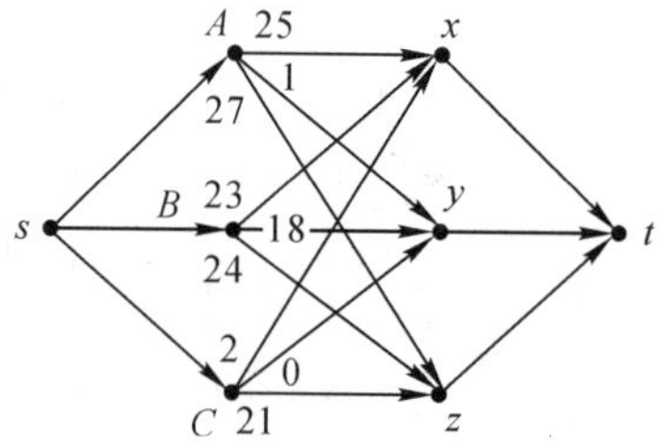

图 6.12

四、最短路径问题

最短路径问题是又一个经常遇到的 P 问题，它在工艺流程的安排、管道或网络的铺设、设备更新等实际生产中常用到，是网络规划的基本问题之一。顾名思义，最短路径求的是以下问题：给定一个网络，如何求出网络中指定两点间总距离（或总费用）最小的路径。

例6.11 给定图6.13中的网络，边上的数字为两顶点间的距离（或费用），求由 A 到 E 的最短路径。

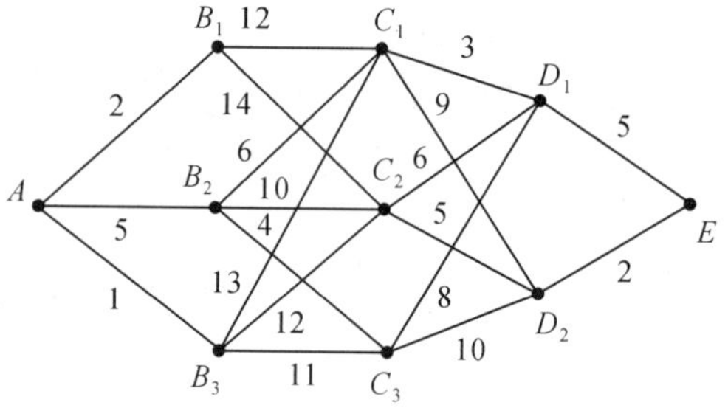

图 6.13

求解最短路径问题的Dijkstra算法体现了动态规划算法的基本思想。若点 P 在 A 到 E 的最短路上，则 P 到 E 的最短路径必定整个地包含在 A 到 E 的最短路径上。因为，若不然，将由 P 到 E 的最短路径导出 A 到 E 的更短路径，从而导出矛盾。算法既可以通过对顶点逐次标号来实现，也可以通过矩阵运算进行。在使用标号法时，既可以从起点开始标，也可以从终点开始标（两者的目的不同）。对例6.11中的网络，如从起点 A 开始标号，先在 A 点标上0。再找出离 A 最近的点 B_3，标上 A 到 B_3 的最短距离1并记录下 A 点（表明由 A 而来）。一般，在标新顶点时，先找出离已标号顶点最近的顶点。比较各已标号顶点（与拟标号顶点有边相连）的标号与拟标号顶点的距离之和，找出其中最小者作为新顶点的标号，并记录下其前行的已标号顶点。直到拟到达的终点已标号为止。例如，图6.14指出，A 到 E 的最短路径为 $A \to B_2 \to C_1 \to D_1 \to E$，最短距离为19。

容易看出，算法是多项式时间的。在标每一顶点时，最多作了 $|V|$ 次运算。算法进行过程中，事实上，我们在构造一棵由已标号顶点及它们与其前行点间的边组成的树。每一顶点均不可能重复标号，故总计算量的一个上界为 $O(|V|^2)$。

按一般习惯，动态规划法常按逆顺序进行。图6.15给出了按向前标号的结果，最短路径已用双线划出。

从图6.14中可看出 A 到各点的距离及最短路径，而从图6.15中则可看出由各点到 E 点的距离及最短路径，这是两者的区别。

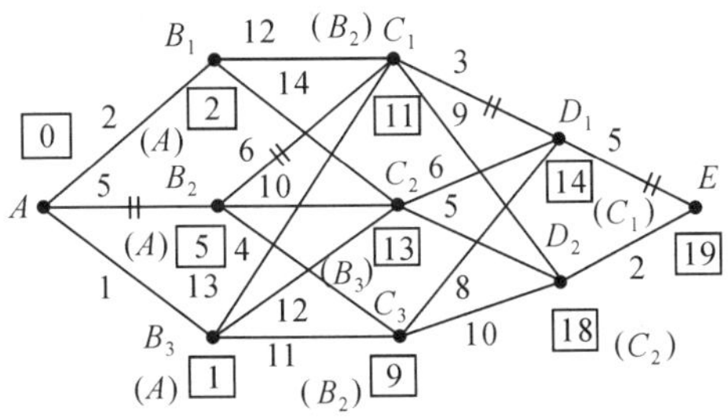

图 6.14

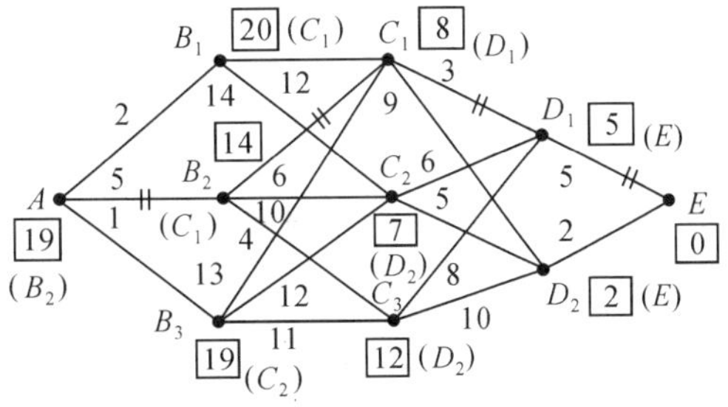

图 6.15

读者不难给出一般问题的计算步骤,也不难推广到能求出任意两点间最短路径的算法。

作为最短路径问题的一个应用实例,我们来研究下面的设备更新问题。

例 6.12　某单位使用一种设备。该设备在 5 年内的预期价格见表 6.1,使用不同年数的设备的年维修费用见表 6.2 。现准备制订一个五年内的设备更新计划,使五年内支付的设备购置费用及总维修费用最少。

表 6.1

第 i 年	1	2	3	4	5
设备购置费(万元)	10	10	11	12	13

表 6.2

使用年数	0	1	2	3	4
年维修费(万元)	4	8	11	15	20

这显然是一个十分有意义的实际问题,即使作为个人,也会经常遇到更换交通工具、家用电器等设备更新问题的实例。当然,作为一般情况,还可能要考虑残值,如购买了新车,旧车可以折价处理,回收资金与已使用年数有关。

解　作有向图,如图 6.16,图中点 i 表示第 i 年初(或第 $i-1$ 年末),弧(i,j)上的数字表示第 i 年初购买设备到第 j 年初更换,在该段时间内的总费用。例如,弧(①,⑥)上的数 68 表示第一年初购买设备到 5 年后的第六年初更换,需支付购设备费 10 万元及各年维修费 58 万元,共计 68 万元。问题化为求由顶点 ① 到顶点 ⑥ 的最短路径。

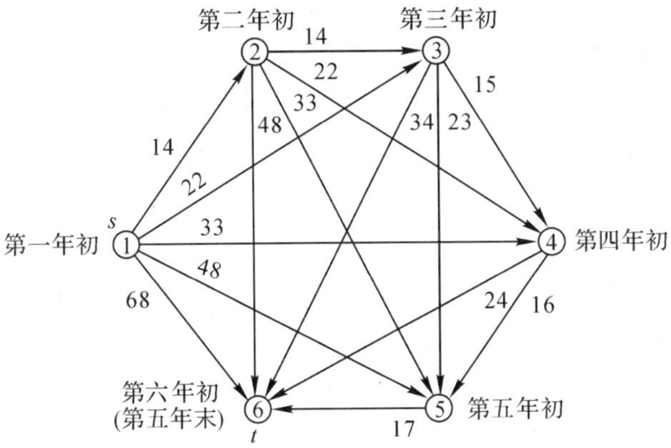

图 6.16

容易看出,作 n 年设备更新问题的有向图将问题化为最短路径问题的转化过程大约需要 $O(n^2)$ 计算量,其后要求求解的最短路径问题的计算量也是 $O(n^2)$,故设备更新问题可在 $O(n^2)$ 时间内求解。

五、欧拉圈与最短邮路问题

欧拉圈问题起源于著名的七桥问题。给定一个无向图 $G=(V,E)$,问能否由一个顶点出发,经且仅经过每条边一次并返回原出发顶点。如果能够,则每一个这样的圈被称为图 G 的欧拉圈,而图 G 则被称为是一个欧拉图。显然,图 G 为欧拉图的充要条件是它可以被一笔画出且首尾相连(当首尾不能相连时则被称为欧拉路)。由此,立即可得出下面的定理。

定理 6.8 G 为欧拉图的充要条件是:G 是连通的且 G 的每一个顶点都与偶数条边相关联。

把关联偶数条边的顶点称为偶顶点,把关联奇数条边的顶点称为奇顶点,则容易看出奇顶点的个数必为偶数个(因为每一笔画都产生一个起点与一个终点)。

定理 6.9 G 为欧拉路的充要条件为:G 是连通的且奇顶点的个数为 2。

综合定理6.8和定理6.9可知,G 可一笔画出的充要条件为 G 是连通的且奇顶点的个数为 0 或 2,当奇顶点个数为零时,尚可设法使起点和终点相重合。下面的图 6.17(a) 为欧拉圈,而图 6.17(b) 则为欧拉路,后者虽可一笔画出,但必须以一个奇顶点为起点,以另一个奇顶点为终点才行。

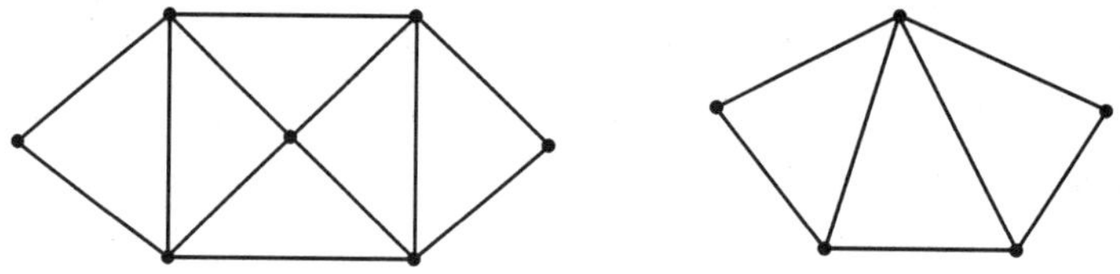

(a) (b)

图 6.17

图的连通性可以十分容易地用标号算法加以检验。而图的奇顶点数又可通过对其顶点的一一检测而求得。容易看出,总计算量是多项式时间的,故欧拉圈问题和欧拉路问题均是十分简单的 P 问题。从而,等价地,一笔画问题也可十分容易地求解:若图 G 是欧拉图,则从任一顶点出发均可将它一笔画出;若图 G 是欧拉路,则由一奇顶点出发,一一经偶顶点地走过各条边,最后到达另一奇顶点,即可将 G 一笔画出;否则 G 不能一笔画出(当然,如何走法仍需规划一下)。

与欧拉图有较大联系的另一著名 P 问题是无向图上的中国邮路问题。给定一个无向图,在它的每一条边上都赋有一个表示该边长度(或费用)的权。要求从一指定顶点出发,至少经过每一条边一次最后返回原出发点,并使经过边的总长度最小。其中如重复走过某些边,则边长应重复计算,重复几次计算几次。一个由邮局出发去各街道送信最后返回邮局的邮递员遇到的问题就是一个中国邮路问题。

无向图上的中国邮路问题也不难解决。若无向图 G 是欧拉图,则任一欧拉圈都提供了一条最佳邮路。若 G 不是欧拉图,如前所说,图中的奇顶点数必为偶数。然后,求出任意两个奇顶点之间的最短路径及最短距离矩阵(矩阵元素由最短路径的长度组成),再解一个奇顶点之间的最小权匹配(或指派问题,注意,这里的距离矩阵是对称的,故 i 与 j 匹配,则必然也有 j 和 i 匹配)。将各匹配奇点间的最短路径加入 G 中,就得到了最短邮路问题的解,我们将在第 6.5 节中考察一个类似问题的实例。

在本节中,我们列举了几个较为典型而又时常遇到的 P 问题。由于事实上存在着无穷多个 P 问题,而且即使某问题是 NP 完全的,它的许多特殊条件下的子问题也仍然可以是多项式时间可解的,因而我们不可能对 P 类作一完整的介绍。如果本章内容能起到抛砖引玉的作用,使读者看到一些 P 问题所具有的某些特征及构造算法上的某些技巧,那么,我们的目的也就达到了。

从上述 P 问题(包括第五章中的线性规划、运输问题及指派问题)可以看出,它们都可以用某种逐次改进的方法来求解。每次改进中的计算量是多项式界的,改进的次数也是多项式界的。线性规划的单纯形法例外,改进次数可能达到指数次。但即使是线性规划问题,也已经找到了具有这种特性的算法,如椭球算法、卡马卡算法等,虽然其结构是相当复杂的,但计算量却是多项式时间的。

最后,我们还想强调几点:

1. 许多表面有点相像的问题事实上可能具有完全不同的计算复杂性。这样的例子举不胜举,我们略举一二,以提醒读者注意。

(1) 最短路径问题是 P 问题,而由一点出发到达每一顶点一次(不必返回原点)的哈密顿路问题及由一顶点出发经所有顶点一次到达另一顶点的最短路径问题(流浪的旅行商问题,简记 WTSP)均是 NP 完全的。这里只增加了每个顶点都要去一次的要求,但问题发生了质的变化,由 P 问题变成了 NP 完全问题。

(2) 指派问题与 TSP 也有相似之处,前者求一置换而使目标值最小,后者求一非循环置换(不包含子圈)而使目标值最小。前者是 P 问题,而后者则是 NP 完全的。

(3) 欧拉圈问题求由一顶点出发经且仅经过每边一次回到原顶点的圈,而 TSP 则求由一顶点出发经且仅经过每一个顶点一次返回原顶点的圈。前者是十分容易的 P 问题,而后者则是极其困难的 NP 完全问题,迄今还没有求解它的较好算法。

(4) 线性规划问题、运输问题及指派问题均为 P 问题,但相应的整数线性规划及 0—1 规划均为 NP 完全的(见下一节)。

(5) 无向图中国邮路问题是 P 问题,而有向图中国邮路问题则是 NP 完全的(容易看出,会解有向图上的某问题也必会解无向图上的相同问题,但反之不真)。

2. 求最小的问题是 P 问题,求最大的问题可以是 NP 完全的(当然有时也可能是 P 问题),这样的例子也不少。例如,最短路径问题是 P 问题,而最长简单路径(不含圈的路径)问题却是 NP 完全的。如若不然,我们可以利用它的有效算法如下构造出哈密顿问题的有效算法:令图 $G=(V,E)$ 的所有边的权均为 1,以一端点为起点求到其余各顶点的最长简单路径。由于简单路径不含圈,所有顶点均不会重复到达,故 G 有哈密顿路当且仅当存在一起点及一终点,其最长简单路径的长度为 $|V|-1$。由于哈密顿路问题是 NP 完全

的，故最长简单路径问题的有效算法不可能存在，除非 $P = NP$。所以，如果你想设计一个求图上两点间的最长简单路径的有效算法，不管你是多么努力，最终必将以失败告终。又譬如，网络流中的最大流问题是 P 问题。相应地，最小切割问题也是 P 问题(它是最大流问题的对偶问题，见线性规划的对偶理论)。但可以证明，最大切割问题却是 NP 完全的(注：相反的情况，即最大化问题是 P 问题而最小化问题则是 NP 完全的，有时也会发生)。

总之，在研究离散模型时应当极其小心。一方面，我们必须先搞清问题的计算复杂性，而另一方面，条件的微小改变就有可能将一个 P 问题转变为 NP 完全的。当然，相反的转变也完全是可能的。

6.2 关于 NP 完全性证明的几个例子

上节介绍了几个 P 问题及求解它们的算法。从某种意义上说，可以认为这些问题已被较好地解决了。然而，在研究离散问题时并非都能遇上这样的好运。正如第五章所讲，存在着大量具有 NP 完全性的问题，虽然许多人作了巨大的努力，但仍未找到任何有效算法。其中的许多问题，例如 TSP，甚至经受了两代数学家的顽强攻击，竟然毫无进展。各种迹象使人们越来越倾向于相信，这些问题根本不存在有效算法。自 1972 年 Cook 发表那篇著名的论文以来，这些问题越来越多地被发现。因此，当我们着手研究一个离散问题时，不得不首先搞清楚遇到的会不会也是这样一个问题。有时，我们可以从有关书籍或文献中查到它，因为别人早已对它作过研究。例如可查阅 M.R.Garey 和 D.S.Johnoson 的著作《计算机和难解性》，其中列举了大量 NP 完全问题。但这类问题事实上有无限多个，很多时候，我们会遇到一些对其计算复杂性一无所知的问题。这时，假如我们仍要去研究它，首要的问题就是搞清问题的性质，以便保证研究工作能沿着正确的途径展开。要判定一个离散问题的性质没有一个固定的程式可以沿用(虽然总是用多项式转换的方法)，常常要用到较高的技巧，并要求对问题的组合结构有相当的了解。尽管如此，别人的经验对我们仍然是很有用的。本节将再分析一些问题，看看别人是如何判定它们的 NP 完全性的。

例 6.13(独立集问题)

给定图 $G = (V,E)$，求 G 的一个最大独立集。

所谓独立集是指 V 的一个子集 $\{v_{i_1},\cdots,v_{i_k}\}$，$\forall 1 \leqslant s,t \leqslant k$，有 $(v_{i_s},v_{i_t}) \notin E$。

例 6.14(覆盖问题)

给定图 $G = (V,E)$，求 G 的顶点的一个最小覆盖。

所谓覆盖是指 V 的一个子集 C，$\forall (u,v) \in E$，$u \in C$ 或 $v \in C$ 至少有一个成立。

对于例 6.13 和例 6.14，我们为叙述方便，采用了图的语言，其实也完全可以将它们表达成其他方式。

定理 6.10 独立集问题与点覆盖问题都是 NP 完全的。

证明 称图 $\bar{G}$ 为图 G 的补集，若 $\bar{G}$ 与 G 有相同的顶点集，且 (v_i,v_j) 是 $\bar{G}$ 的边当且仅当它不是 G 的边。显然，求 G 的独立集即求 $\bar{G}$ 的团，由 G 作出 $\bar{G}$ 可在多项式时间内完成，故独立集问题等价于团问题。而团问题是 NP 完全的(见第五章中的六个最基本 NP

完全问题),故独立集问题是 NP 完全的。类似地,容易证明 K 是 G 的团当且仅当 $V-K$ 是 $\overline{G}$ 的覆盖,故点覆盖问题也是 NP 完全的。事实上,对任意 $\overline{G}$ 中的边 (v_i,v_j),有 (v_i,v_j) 不在 G 中,故 v_i,v_j 不能全在 G 的团 K 中,从而 v_i 与 v_j 中至少有一个在 $V-K$ 中,由边 (v_i,v_j) 的任意性可知,$V-K$ 必为 $\overline{G}$ 的一个覆盖。

前面已经讲过,哈密顿圈问题已被证明是 NP 完全的,从而可得出 TSP 是 NP 完全的。哈密顿问题是 NP 完全的,进而也可得出有向图上的哈密顿圈、有向图上的哈密顿路和 TSP 也是 NP 完全的,因为用两条具有相反方向的弧来代替每一条边,就可将一个无向图上的问题转化为一个有向图上的问题,故任一有向图问题的有效算法必能用来求解无向图上的同一问题。

例 6.15(背包问题)

给定一组整数 $C=\{c_1,\cdots,c_n\}$ 以及一个整数 K,问是否存在 C 的一个子集 S,使得 $\sum_{c_i\in S}c_i=K$。

不难看出,背包问题是 NP 完全的,因为若取 $K=\frac{1}{2}\sum_{i=1}^{n}c_i$,问题就转化成了划分问题。

例 6.15 之所以被称为背包问题是因为它等价于其优化形式:以 K 为“背包”的容量,欲将 C 中的整数装入背包中,使背包中的各数之和尽可能地大(求 C 的子集 S,使 $\sum_{c_i\in S}c_i\leqslant K$ 且尽可能大),即要求求解 0—1(线性)规划问题:

$$
\begin{aligned}
\max\quad & \sum_{i=1}^{n}c_ix_i \\
\text{S.t}\quad & \sum_{i=1}^{n}c_ix_i\leqslant K \\
& x_i\geqslant 0,x_i\leqslant 1\text{ 且 }x_i\text{ 为整数(即 }x_i=0\text{ 或 }1)
\end{aligned}
\tag{6.3}
$$

(6.3)式说明 0—1 规划和整数规划问题均是 NP 完全的,否则,它们的算法将可用来求解背包问题,然而背包问题是 NP 难解的。

例 6.16(装箱问题,Bin-packing)

有一批待装箱的物品 $J=\{p_1,\cdots,p_n\}$,p_j 的长度为 $l(p_j)$。现有一批容量为 C 的箱子(足够数量),要求找到一种装箱方法,使得所用的箱子数最少。

例 6.16 是一个一维的装箱问题。例如,我们有一批具有相同长度的钢材,如果想取出几根已知长度的钢料生产某种设备,当然希望少用几根原始钢材以减少浪费。此时,我们就遇到了一个一维的 Bin-packing 问题。当我们想从购买来的三夹板上锯出 n 块已知长、宽的板来制作家具时,遇到的是二维 Bin-packing 问题。而当我们真正想把一批已知长、宽、高的物体装入具有相同尺寸的箱子时,又遇到了三维的 Bin-packing 问题。下面的定理告诉我们,即使是一维的 Bin-packing 问题也是 NP 完全的,故二维和三维的 Bin-packing 问题更不可能是 P 问题(它们也是 NP 完全的)。

定理 6.11　(一维)Bin-packing 问题是 NP 完全的。

证明 易见,划分问题可转化为Bin-packing问题。事实上,取 $C=\frac{1}{2}\sum_{j=1}^{n}c_j$,$J=\{c_1,\cdots,c_n\}$ 可划分为两个相等的集合的充要条件是它们可装入两只容量为 C 的箱中。

从某种意义上讲,3 -划分问题(即分为三个相等子集的问题)也许比 2 -划分问题更难,因为已经找到了求解 2 -划分问题的一些较好算法(见后)。但对 3 -划分问题不可能存在类似算法,由于本书篇幅有限,我们不再作详尽的讨论。读者不难发现,Bin-packing 问题至少不会比 3 -划分问题容易。顺便指出,Bin-packing 问题中的箱子容量 C 也可以取为 1(标准化),这样的问题与例 6.16 是等价的。

例 6.17(排序问题,Scheduling)

拟用 m 台机器加工 n 个零件,对零件的加工可以提出各种不同的附加条件,希望排出一个加工顺序(或时间表),使得在某种衡量标准下所求得的加工顺序为最佳。

Scheduling 是一类应用面极广的离散问题,可以说它不是一个问题,而是一类问题,因为不同的机器环境、不同的加工要求或不同的衡量标准所得出的模型是不同的。按目前流行的做法,人们常用三个参数 α,β,γ 来描述一个特定的排序问题,并记为 $\alpha/\beta/\gamma$ 排序问题,其中 α 描述机器情况,β 描述加工零件时的附加要求或附加条件,ν 表示衡量排序好坏的标准。按此方法分类,有人作过统计,认为至少有 9000 多个不同的排序问题已被或多或少地研究过,其中 76% 为 NP 完全的,12% 为 P 问题,余下的 12% 目前还未搞清其计算复杂性,但根据种种迹象,大部分可能是 NP 完全的。有关排序问题,目前已有数十本专著及成千上万篇论文,这里不准备细述专业知识,仅以几个排序问题模型为例,来分析其计算复杂性。

在上一章中曾经讲过,轧钢问题,即 $Jm/no\ wait/C_{\max}$ 问题是 NP 完全的。在这一模型中,$\alpha=Jm$,J 代表一类被称为 *Job shop* 的问题,m 表示有 m 台机器。*Job shop* 意指每一工件要在 m 台机器的每一台上加工(当不需某台机器加工时可令加工时间为零),且各工件使用机器的顺序可以不同。$\beta=no\ wait$,表示任一工件在开始第一道工序加工后不允许中间等待,直到它的各道加工均被完成。$\gamma=C_{\max}$ 表示排序优劣的评价标准是全系统的加工时间最短,即由第一台机器开始加工起到最后一台机器完工为止的时间跨度最小。第五章例 5.8(轧钢问题) 显然是 $Jm/no\ wait/C_{\max}$ 排序问题的一个实例。在那里已经证明了这一问题等价与 TSP,从而是 NP 完全的。

$P2//C_{\max}$ 问题是 NP 完全的。这里,$\alpha=P2$ 表示是一个两台机器的平行机问题,即有两台完全相同的机器,每一工件只需在其中任意一台上加工一次即可。$\beta=\Phi$,表示工件加工没有附加要求或条件。$\gamma=C_{\max}$ 的解释同上。容易看出,这一问题至少不会比划分问题容易,故不可能是 P 问题。

在上面的例 6.13 到 6.17 中,我们又列举了几个 NP 完全问题,它们的 NP 完全性证明都非常简单。但一般地讲,事情绝非如此简单,要将某一 NP 完全问题多项式时间转化为我们要研究的问题,常常需要用到一些巧妙而又精细的技巧。下面给出一个稍难一些的例子,供有兴趣的读者参考。

讨论 $1/r_j,prmp/\sum_{j=1}^{n}w_jc_j$ 排序问题,我们将证明它是 NP 完全的,这是一个一台机器的排序问题，待加工的工件 T_j 有一个准备时间 r_j，$r_j \geqslant 0$，仅当 $t \geqslant r_j$ 时它才能被加工。$prmp$ 表示加工允许中断以便先加工其他工件，未完成的加工可在此后的某一时期补上。各工件的重要程度不同，对每一 T_i 有一权因子 w_j。评判排序优劣的标准为各工件完工时间 c_j 的加权和 $\sum w_jc_j$ 越小越好。

这一问题很难直接利用前面提到过的那些 NP 完全问题来证明其 NP 完全性。我们将用到下面的已被证明的 NP 完全问题。

例 6.18(三元划分问题)

给定 $3t$ 个正整数的集合 $\{a_1,\cdots,a_{3t}\}$，令 $b = \frac{1}{t}\sum_{i=1}^{3t} a_i$，问是否能将此集合划分成两两不相交的 t 个子集，使得每一子集恰含总和为 b 的三项（注：标准型问题中可设 $\forall i, \frac{b}{4} < a_i < \frac{b}{2}$）。

现在，我们来证明，对三元划分问题的每一实例，总可构造出一个等价的 $1/r_j$，$prmp/\sum w_jc_j$ 排序问题的实例（因此，会解后者就必会解前者）。

对例 6.18 给出的三元划分问题，作如下的 $1/r_j, prmp/\sum_{j=1}^{n} w_jc_j$ 排序问题实例，该例中共有 $4t-1$ 项加工任务。相应数据为

$$\forall j = 1,\cdots,3t，令\ r_j = 0，需加工时间\ p_j = a_j, w_j = 1$$
$$\forall j = 3t+1,\cdots,4t-1，令\ r_j = (j-3t)(b+1)-1$$
$$p_j = 1, w_j = 2$$

等价性证明可分以下几步完成，有兴趣的读者可以自己完成它。

(1) 证明最后 $t-1$ 项工件应尽早加工，否则必将增大 $\sum w_jc_j$，因为它们的 $w_j = 2$，而前 $3t$ 项则有 $w_j = 1$。这样，这 $t-1$ 项工件应分别在 $[b, b+1]$，$[2b+1, 2b+2]$，$\cdots$，$[(t-1)b+t-2, (t-1)b+t-1]$ 时段内加工。除去加工这 $t-1$ 项工件的时段，整个加工期还留下长度均为 b 的 t 个时段。

(2) 若三元划分问题有解，可利用每一时段加工一个子集中的工件，此时不必中断任何工件的加工，而

$$\sum w_jc_j = \sum_{1\leqslant j\leqslant k\leqslant 3t} a_ja_k + (t-1)t(3/2b+1) \triangleq Z$$

若三元划分问题无解，则必有

$$\sum w_jc_j > Z$$

Z 是与排序无关的一个常数，而 $\sum w_jc_j = Z$ 当且仅当三元划分有解。

6.3　分枝定界法与隐枚举法（精确算法）

在上一节中我们已经看到，0—1 规划、整数规划都是 NP 完全的。事实上，仅对部分变量有非负约束的线性规划（称为混合整数规划）也是 NP 完全的。这样，在求解时我们经常

会感到十分为难,一方面我们不可能找到它们的有效算法,另一方面枚举所有可能情况的办法对规模较大的例子又几乎是无法实现的。

整数规划(包括混合整数规划)、0—1 规划都是 NP 完全的,但并不等于说它的实例我们一定求解不了,在求解实例时,有时仍不妨试试我们的运气。

例 6.19(钢材切割问题)

用长度为 8 米的角钢制作钢窗。已知每副钢窗的用料为:1.5 米的料 2 根,1.45 米的料 2 根,1.3 米的料 6 根,0.35 米的料 12 根。设需要制作钢窗 100 副,问最少需购买角钢多少根。

分析 为了节省用料,浪费的余料应当越少越好。经分析,浪费较少的切割方法有以下几种:

(1)1.5 米的 3 根,0.35 米的 10 根,总长度恰好为 8 米;

(2)1.5 米的 2 根,1.45 米的 2 根,0.35 米的 6 根,总长度恰为 8 米;

(3)1.3 米的 4 根,0.35 米的 8 根,总长度恰为 8 米;

(4)1.45 米的 4 根,0.35 米的 6 根,总长度为 7.9 米,余料 0.1 米;

(5)1.3 米的 5 根,0.35 米的 4 根,总长度 7.9 米,余料 0.1 米。

建模 设用第 i 种切割方法切割的根数为 x_i,则需求解的问题可表示为

$$\begin{aligned}
\min\quad & 0.1x_4 + 0.1x_5 \\
\text{S.t}\quad & 3x_1 + 2x_2 = 200 \\
& 2x_2 + 4x_4 = 200 \\
& 4x_3 + 5x_5 = 600 \\
& 10x_1 + 6x_2 + 8x_3 + 6x_4 + 4x_5 = 1200 \\
& x_1, \cdots, x_5 \geqslant 0 \text{ 且为整数}
\end{aligned} \tag{6.4}$$

显然,5 种取料方式的钢材根数都必须是整数,故(6.4) 是一个整数规划的实例。

由于求解整数规划没有好办法,我们不妨碰碰运气,先放弃对 x_i 必须是整数的要求,求解(6.4) 的松弛问题,即求解对应的线性规划。

$$\begin{aligned}
\min\quad & 0.1x_4 + 0.1x_5 \\
\text{S.t}\quad & 3x_1 + 2x_2 = 200 \\
& 2x_2 + 4x_4 = 200 \\
& 4x_3 + 5x_5 = 600 \\
& 10x_1 + 6x_2 + 8x_3 + 6x_4 + 4x_5 = 1200 \\
& x_1, \cdots, x_5 \geqslant 0
\end{aligned} \tag{6.5}$$

(6.5) 的解为:$x_1 = 0, x_2 = 100, x_3 = 25, x_4 = 0, x_5 = 100$,共用钢材 225 根。对(6.5),我们并没有要求解得的 x_i 必须是整数,但求得的 x_i 却恰好均为整数,故(6.5) 的最优解也是(6.4) 的最优解。

读者肯定已经在想,例 6.19 的解答纯属巧合。当一个整数规划的松弛线性规划恰好有整数解时,此解显然也是原整数规划的最优解,但这种情况很少发生。假如这种情况没有发生,我们又应当如何来求解原整数规划呢?由于整数规划问题是 NP 难解的,出于无

奈,人们不得不采取一些折中的办法,如采用以枚举为基础,选用一些减少计算量的技巧或规则,尽可能地增大算法的实用效果。前面已经指出,所谓指数算法实际上是指在最坏的情况下计算量有可能达到指数时间,它并不排斥在大多数情况下算法表现出好的性态。例如,求解线性规划的单纯形法从理论上讲是指数算法,但在实际应用时它又一般表现得出奇的好(已经证明,其平均计算量仅为 $O(n\log_2 n)$)。这一实例鼓舞人们去对其余问题寻找类似的算法。虽然迄今为止还没有一个 NP 完全问题被发现具有类似单纯形法那样漂亮的指数算法,这也许是由问题的 NP 完全性本身决定的(注意:线性规划问题是 P 问题,具有良好的组合结构),但人们的努力并没有完全白费,有些 NP 完全问题已有了一些在实际应用时值得一试的求解算法。我们将在本节中举几个实例来介绍这类算法。

一、分枝定界法

例 6.20　某房屋出租单位有活动资金 91 万元,拟购房出租,现有两种房屋,一种每套 13 万元,只有四套;另一种每套 18.2 万元,数量不限。该单位每月可用于照料租房的工时总计为 140 小时,第一种房每套每月需照料 4 小时,第二种房每套每月需照料 40 小时。第一种房月租金收入为 2000 元,第二种房月租金收入为 3000 元。问此单位应购两种房各多少套才能使总收入最大(注:这里,我们不考虑向银行贷款,也不考虑多招些工人以增加物管力量)?

建模　设 x_1、x_2 分别为购买两种房的套数,显然 x_1、x_2 必须为整数,故要求求解整数规划

$$
\begin{aligned}
\text{(ILP)}\quad & \max\quad 0.2x_1 + 0.3x_2 \\
& \text{S.t}\quad 13x_1 + 18.2x_2 \leqslant 91 \\
& \qquad\quad 4x_1 + 40x_2 \leqslant 140 \\
& \qquad\quad x_1 \leqslant 4 \\
& \qquad\quad x_1、x_2 \geqslant 0 \text{ 且为整数}
\end{aligned}
$$

解　先不考虑整数要求,求解与上述整数规划(ILP)相应的松弛线性规划 LP0,解得 $x_1 = 2.44, x_2 = 3.26, \max Z = 1.466$ 万元。

分析　若将变量四舍五入化整,虽满足了变量的整数要求,但一方面得到的有可能不是可行解,另一方面即使得到的是可行解,也不能保证它是最优解。有人曾构造出一个实例,其最优解有 100 多万种四舍五入的可能情况,但得到的均非最优解。对本例,因只有两个变量,共有四种可能,即可化整为(2,3),(2,4),(3,3),(3,4),其中只有 $x_1 = 2, x_2 = 3$ 是可行的,目标值为 $Z = 1.3$ 万元,它并非最优解(最优解为 $x_1 = 4, x_2 = 2, Z^* = 1.4$ 万元)。不难看出,对只有两个变量的问题都不能通过化整的办法来求得最优解,变量数较多的实例,情况将更为复杂。

求解松弛线性规划虽无法找出最优整数解,但对求最小的 min 问题,它却指出了该实例目标函数值的一个下界。在本实例中,由于问题要求求目标值最大的可行解,我们可以看出,既然不考虑整数约束时的最优目标值为 1.466 万,则(ILP)的最优目标值不可能超过 1.466 万,从而知道了最优目标值的一个上界。

下面介绍一种分枝定界技巧。

从(ILP)的松弛线性规划的最优解中选取一个非整分量(通常选离整数最远的分量),例如我们选取 x_1,考察两个新的松弛线性规划。

$$(\text{LP1})\quad \max\ 0.2x_1+0.3x_2$$
$$\text{S.t}\quad 13x_1+18.2x_2\leqslant 91$$
$$4x_1+40x_2\leqslant 140$$
$$x_1\leqslant 2$$
$$x_1、x_2\geqslant 0 \text{ 且为整数}$$

$$(\text{LP2})\quad \max\ 0.2x_1+0.3x_2$$
$$\text{S.t}\quad 13x_1+18.2x_2\leqslant 91$$
$$4x_1+40x_2\leqslant 140$$
$$x_1\geqslant 3$$
$$x_1\leqslant 4$$
$$x_1、x_2\geqslant 0 \text{ 且为整数}$$

可以看出,(ILP)的最优解必在(LP1)与(LP2)的可行域之一中,但(LP0)的最优解(2.44,3.26)已不在(LP1)与(LP2)的可行域中。

(LP1)的最优解为(2,3.3),最优目标值为1.39万元,其可行域中不包含具有更大目标值的可行解,(LP2)的最优解为(3,2.86),最优目标值为1.458万元。

由于(LP1)与(LP2)的最优解均非整数解,故还需继续搜索,现选取最优目标值最大的(LP2)进行分枝(因为这一分枝上目标值的上界较大),即增加约束条件 $x_2\leqslant 2$ 作子问题(LP3),增加约束条件 $x_2\geqslant 3$ 作子问题(LP4)。

(LP4)无可行解,(LP3)有最优解(4,2),该分枝的最优目标值 $Z=1.4$。于是,对 $x_1\geqslant 3$ 的分枝(LP2),我们已求得整数最优解目标值的一个上界 $Z=1.4$。另一方面,在这一分枝上我们已求得了一个整数解,其目标值 $Z=1.4$,故已有整数最优解目标值的一个下界 $Z_{LB}=1.4$。在这一分枝上(指 $x_1\geqslant 3$),求得的目标值上下界已相等($Z_{LB}=Z_{UB}$),我们已找到这一分枝上的最优解。注意到另一分枝($x_1\leqslant 2$)上目标函数值的上界为 $Z_{UB}=1.39$,不可能在这一分枝上找到更好的结果,放弃求解(LP1)(这正是我们采用分枝定界法的目的,放弃的分枝越多,节省的计算量也越多)。

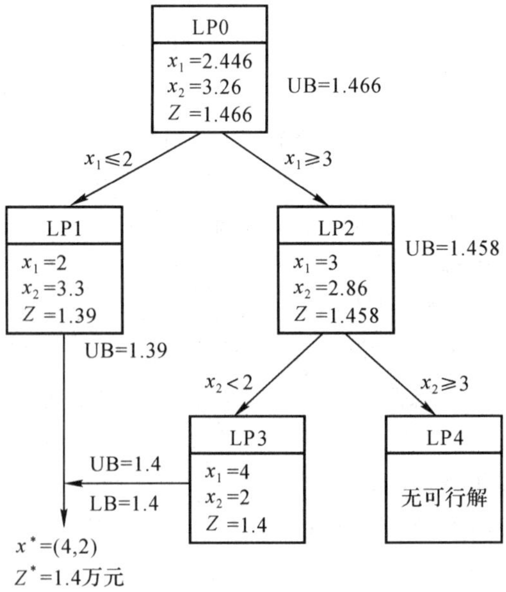

图 6.18

至此，我们已运用分枝定界法求得了整数规划例 6.20 的最优解，整个过程见图 6.18 所示，读者不难从中看出算法的实质，并由此总结出算法的步骤。

为了让读者看清在各种不同类型的问题中是如何使用分枝定界法的，下面我们再举一个例子。

例 6.21　要调配红、蓝、白、黑、黄五种颜色的油漆。清洗调配工具所需花费的时间既和原来调配什么颜色有关又和拟调配什么颜色有关，各种情况下所需的时间见表 6.3。问应当如何调配较好(要求先建立模型)。

对例 6.21 我们作如下理解，一个油漆工每天都要使用上述五种颜料，从而他应当在完成工作后清洗好工具，以便第二天开始同样顺序的调色。如果该工人只需调配一次而不必考虑以后的工作，问题可以作类似的讨论(注：我们已假设此工人只有一块调色板)。

表 6.3

现调 / 原调	红	蓝	白	黑	黄
红	/	6	18	4	8
蓝	7	/	17	3	7
白	4	5	/	4	5
黑	20	19	24	/	22
黄	8	8	16	6	/

考察五种颜色间的指派问题，将甲色指派给乙色理解为“用完甲色清洗工具，其后使用乙色”。相应的费用矩阵为

$$\begin{array}{c} \\ 红 \\ 蓝 \\ 白 \\ 黑 \\ 黄 \end{array}\begin{array}{c} \begin{array}{ccccc} 红 & 蓝 & 白 & 黑 & 黄 \end{array} \\ \begin{bmatrix} M & 6 & 18 & 4 & 8 \\ 7 & M & 17 & 3 & 7 \\ 4 & 5 & M & 4 & 5 \\ 20 & 19 & 24 & M & 22 \\ 8 & 8 & 16 & 6 & M \end{bmatrix} \end{array}$$

其中，“M”表示充分大的正实数。

利用求解指派问题的匈牙利算法，对矩阵逐次变换如下：

$$\begin{bmatrix} M & 6 & 18 & 4 & 8 \\ 7 & M & 17 & 3 & 7 \\ 4 & 5 & M & 4 & 5 \\ 20 & 19 & 24 & M & 22 \\ 8 & 8 & 16 & 6 & M \end{bmatrix}\begin{array}{l} -4 \\ -3 \\ -4 \\ -19 \\ -6 \end{array} \to \begin{array}{c} \begin{bmatrix} M & 2 & 14 & 0 & 4 \\ 4 & M & 14 & 0 & 4 \\ 0 & 1 & M & 0 & 1 \\ 1 & 0 & 5 & M & 3 \\ 2 & 2 & 10 & 0 & M \end{bmatrix} \\ \begin{array}{ccccc} & & -5 & & -1 \end{array} \end{array}$$

$$\begin{array}{c} \\ \\ +2 \\ +2 \\ \\ \end{array}\begin{bmatrix} M & 2 & 9 & 0 & 3 \\ 4 & M & 9 & 0 & 3 \\ 0 & 1 & M & 0 & 0 \\ 1 & 0 & 0 & M & 2 \\ 2 & 2 & 5 & 0 & M \end{bmatrix}\begin{array}{c} \vee \\ \vee \\ \\ \\ \vee \end{array} \to \begin{bmatrix} M & 0 & 7 & 0 & 1 \\ 2 & M & 7 & 0 & 1 \\ 0 & 1 & M & 2 & 0 \\ 1 & 0 & 0 & M & 2 \\ 0 & 0 & 3 & 0 & M \end{bmatrix}$$
$$\begin{array}{ccccc} -2 & -2 & -2 & \vee & -2 \end{array}$$

在变换过程中，M 的值可能改变，它们均表示充分大的正整数，为简便起见，不妨仍用 M 表示。从最后一个矩阵立即可得出此调色问题的一个最优顺序，即：红 → 蓝 → 黑 → 白 → 黄（黄 → 红）。

读者不难发现，与例 6.19 类似，利用指派问题的算法求得调色问题例 6.21 的解纯系巧合。事实上，调色问题例6.21可看成旅行商问题的一个实例。TSP是 NP 完全的，而求解指派问题的匈牙利算法是多项式时间算法，不可能用来求解 TSP 的每一实例。例如，如果将例 6.21 中的费用矩阵改为

$$\boldsymbol{A} = \begin{array}{c} \\ 1 \\ 2 \\ 3 \\ 4 \\ 5 \end{array}\begin{array}{c} \begin{array}{ccccc} 1 & 2 & 3 & 4 & 5 \end{array} \\ \begin{bmatrix} M & 4 & 8 & 6 & 8 \\ 5 & M & 7 & 11 & 13 \\ 11 & 6 & M & 8 & 4 \\ 5 & 7 & 2 & M & 2 \\ 10 & 9 & 7 & 5 & M \end{bmatrix} \end{array}\begin{array}{c} \\ -4 \\ -5 \\ -4 \\ -2 \\ -5 \end{array} \to$$

$$\overline{\text{共计减去 } 20}$$

$$\boldsymbol{A}_1 = \begin{array}{c} \\ 1 \\ 2 \\ 3 \\ 4 \\ 5 \end{array}\begin{array}{c} \begin{array}{ccccc} 1 & 2 & 3 & 4 & 5 \end{array} \\ \begin{bmatrix} M & 0 & 4 & 2 & 4 \\ 0 & M & 2 & 6 & 8 \\ 7 & 2 & M & 4 & 0 \\ 3 & 5 & 0 & M & 0 \\ 5 & 4 & 2 & 0 & M \end{bmatrix} \end{array}$$

相应的指派为 1 → 2，3 → 5 → 4 不构成一个旅行回路（哈密顿圈），它含有两个子圈：(1,2) 和 (3,5,4)。

一般地，调色问题（即 TSP 的实例）可试用分枝定界法求解。如对矩阵 $\boldsymbol{A}$，由于从其相应的等价问题矩阵 $\boldsymbol{A}_1$ 中可找到费用为 0 的最优指派，故可知 20 是其总费用的一个下界。现作如下两个分枝：

(1) 取 2 → 1，即 2 指派给 1（简记成(21)），则不能再有 1 → 2，将矩阵 $\boldsymbol{A}_1$ 中位于第一行及第二列的元素 0 改写成 M，在不允许(12) 的限制下两问题的最优指派相同，作变换：

$$\begin{array}{c} \\ 1 \\ 2 \\ 3 \\ 4 \\ 5 \end{array}\begin{array}{c} \begin{array}{ccccc} 1 & 2 & 3 & 4 & 5 \end{array} \\ \begin{bmatrix} M & M & 4 & 2 & 4 \\ 0 & M & M & M & M \\ M & 2 & M & 4 & 0 \\ M & 5 & 0 & M & 0 \\ M & 4 & 2 & 0 & M \end{bmatrix} \end{array}\begin{array}{c} \\ -2 \\ \\ \\ \\ \\ \end{array} \to \begin{bmatrix} M & M & 2 & 0 & 2 \\ 0 & M & M & M & M \\ M & 0 & M & 4 & 0 \\ M & 3 & 0 & M & 0 \\ M & 2 & 2 & 0 & M \end{bmatrix}$$

-2

（累计减去 24，它是新的下界）

此时又可作如下分枝：

情况 1　取(14)

$$\begin{bmatrix} M & M & M & 0 & M \\ 0 & M & M & M & M \\ M & 0 & M & M & 0 \\ M & M & 0 & M & 0 \\ M & 2 & 2 & M & M \end{bmatrix} -2 \quad （累计减 26，新下界）$$

情况 2　不取(14)，简记为($\overline{14}$)

$$\begin{bmatrix} M & M & 2 & M & 2 \\ 0 & M & M & M & M \\ M & 0 & M & 4 & 0 \\ M & 3 & 0 & M & 0 \\ M & 2 & 2 & 0 & M \end{bmatrix} \begin{matrix} -2 \\ \\ \\ \\ \\ \end{matrix} \quad （累计减 26，新下界）$$

情况 1 中位于第四行第二列的元素改为 M 是因为此时不能取 $4 \to 2$，否则将含子圈(1,4,2)。两种情况又可分别变换为

情况 1　取(14)

$$\begin{bmatrix} M & M & M & 0 & M \\ 0 & M & M & M & M \\ M & 0 & M & M & 0 \\ M & M & 0 & M & 0 \\ M & 0 & 0 & M & M \end{bmatrix} \quad 求得(1,4,5,3,2)$$

情况 2　取($\overline{14}$)

$$\begin{bmatrix} M & M & 0 & 0 & 0 \\ 0 & M & M & M & M \\ M & 0 & M & M & 0 \\ M & 3 & 0 & 0 & 0 \\ M & 2 & 2 & 2 & M \end{bmatrix} \quad 求得(1,5,4,3,2)$$

两个旅行圈的费用均为 26（指在原问题中）。

(2) 不取 $2 \to 1$ 即($\overline{21}$)，将矩阵 $\boldsymbol{A}_1$ 改写为

$$\begin{bmatrix} M & 0 & 4 & 2 & 4 \\ M & M & 2 & 6 & 8 \\ 7 & 2 & M & 4 & 0 \\ 3 & 5 & 0 & M & 0 \\ 5 & 4 & 2 & 0 & M \end{bmatrix} \begin{matrix} \\ -2 \\ \\ \\ \\ \end{matrix} \to \begin{bmatrix} M & 0 & 4 & 2 & 4 \\ M & M & 0 & 4 & 6 \\ 4 & 2 & M & 4 & 0 \\ 0 & 5 & 0 & M & 0 \\ 2 & 4 & 2 & 0 & M \end{bmatrix}$$

-3

累计减去 25，求得(1,2,3,5,4)。

比较各分枝，求得原问题的最优解(1,2,3,5,4)，最优目标值为25，如图6.19所示。

需要指出的是，虽然在上面的实例中计算量并不是很大，但对于 n 较大的实例，用以上介绍的分枝定界法求解旅行商问题效果并不理想，如何构造实用效果更好的分枝定界算法仍然是一个值得进一步研究的问题。

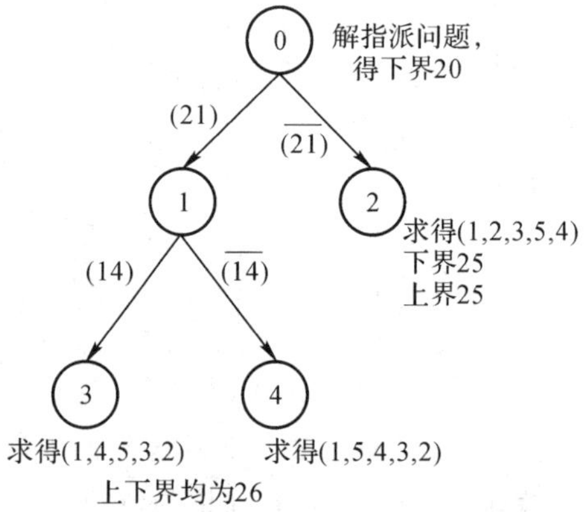

图 6.19

二、隐枚举法

现考察0—1规划的一个实例：

例 6.22 试求解0—1规划。

$$\max \quad 3x_1 - 2x_2 + 5x_3$$

$$\text{S.t} \quad x_1 - 2x_2 - x_3 \leqslant 2 \qquad \text{约束条件(1)}$$

$$x_1 + 4x_2 + x_3 \leqslant 4 \qquad \text{约束条件(2)}$$

$$x_1 + x_2 \leqslant 3 \qquad \text{约束条件(3)}$$

$$x_2 + x_3 \leqslant 6 \qquad \text{约束条件(4)}$$

$$x_1, x_2, x_3 = 0 \text{ 或 } 1$$

解 本例中有三个变量，共有8种可能取值。这里，我们将采用节省部分非必要运算的所谓隐枚举法来求解。在逐次选优中，仅当发现目标值有所改进时才检验该取值是否满足所有约束条件。求解的全过程见表6.4，例如，点(0,0,1)的目标为5且满足所有约束，故此后仅当目标值大于5时才检验是否满足各约束，此类条件在隐枚举法中被称为过滤条件。

表 6.4

条件 / 取值	(Z)	(1)	(2)	(3)	(4)	是否可行	Z 值
(0,0,0)	0	√	√	√	√	√	0
(0,0,1)	5	√	√	√	√	√	5
(0,1,0)	−2						
(0,1,1)	3						
(1,0,0)	3						
(1,0,1)	8	√	√	√	√	√	8
(1,1,0)	1						
(1,1,1)	6						

表 6.5

条件 / 取值	(Z)	(1)	(2)	(3)	(4)	是否可行	Z 值
(1,0,1)	8	√	√	√	√	√	√

对于有 n 个变量的一般问题，变量可有 2^n 组不同取值，上述方法仍无法实际应用，因为当 n 很大时根本无法检验全部 2^n 个点，甚至列出全部 2^n 个点也是不可能的。这时，可从目标值最大的点试起，只要发现使目标值最大的可行解，搜索立即停止。为方便起见，首先变换目标函数，使其各项系数均为非负。例如在本例中，x_2 的系数为 -2，用 $(1-\overline{x_2})$ 代替 x_2，将目标函数改写成 $3x + 2\overline{x_2} + 5x_3 - 2$，其中 $\overline{x_2}$ 取0当且仅当 x_2 取1，而 $\overline{x_2}$ 取1当且

仅当 x_2 取 0。搜索从所有 x_i 和$\overline{x_2}$ 取 1 开始(min 问题从 x_i 均取 0 开始)。约束条件中的 x_2 亦用$\overline{x_2}$代替,搜索时先检验系数大的变量取1的点。在本例中,先检查(1,1,1),即 $x_1=1$,$\overline{x_2}=1$,$x_3=1$,由于此点为可行点,不再检验其他点,终止搜索,原问题最优解为(1,0,1),最优目标值为 8,如表 6.5 所示。

当然,由于 0-1 规划是 *NP* 完全的,上述算法能否真正求得最优解仍然是没有保证的,全靠碰运气,但在求解实例时如能获得成功,至少我们还是能肯定自己已求得了此实例的最优解,这也就是为什么人们对各类隐枚举法依然存在着浓厚兴趣的原因。如果一个隐枚举法能对绝大多数实例在较快时间内求出最优解,它仍不失为一个好算法,至少从实用角度上讲,它一定会被人们广泛地接受。

在上一节中我们已经证明过,图的顶点覆盖、图的独立集问题都是 *NP* 完全的。下面将介绍求解覆盖问题的隐枚举法。在此之前,我们先来推广图的覆盖问题,使之成为一个适用面更为广泛的离散模型。

图 $G=(V,E)$ 的顶点 v_i 与边 e_i 称为相关联的,若 v_i 是边 e_i 的两个顶点之一。v_i 与 e_i 相关联简记为 $v_i\mathrm{R}e_j$。在引入关联关系后,图 G 可以用一个被称为关联矩阵的 $m\times n$ 阶矩阵代数表示,其中 $m=|V|$,$n=|E|$。

定义 6.7　图 G 的关联矩阵是指如下的 $m\times n$ 矩阵 $\boldsymbol{R}=(r_{ij})$,其中

$$r_{ij}=\begin{cases}1 & \text{若 } v_i\mathrm{R}e_j\\ 0 & \text{否则}\end{cases}$$

不难看出,V 的一个子集构成图 G 的一个顶点覆盖,当且仅当顶点对应关联矩阵的行中每列至少存在着一个 1。

至此,关于覆盖的定义仍然是基于图的概念给出的,事实上,我们还可以给出更为一般的定义。

定义 6.8　给定两个有限集合 $A=\{a_1,\cdots,a_m\}$ 和 $B=\{b_1,\cdots,b_n\}$,称 A 中的元素为“格”,而称 B 中的元素为“点”。A、B 中的元素之间可以存在着某种关系(关系可根据需要自行规定),记为 R,并称之为关联关系。作矩阵 $\boldsymbol{R}=(r_{ij})$,当 $a_i\mathrm{R}b_j$ 时,取 $r_{ij}=1$;否则取 $r_{ij}=0$。最后,对 A 中的每一格 a_i 以某种方式给出一个值 $P(a_i)$,规定 A 的一个子集 C 对应的值 $P(C)$ 为其包含的元素之值的总和。

(1) 设 $C=\{a_{i_1},\cdots,a_{i_s}\}$ 为 A 中的一个子集,若对 B 中的任意一个元素 b_j,总有 $a_{i_k}\in C(1\leqslant k\leqslant s)$,使得 $a_{i_k}\mathrm{R}b_j$,则称子集 C 覆盖 B,记为 $C\mathrm{R}B$。

(2) 若 $C\mathrm{R}B$ 且对 A 任一覆盖 B 的子集 C' 有 $P(C)\leqslant P(C')$,则称 C 为 B 的一个最小覆盖。

例 6.23　假设我们正在食堂点菜,希望所点的菜能包含我们所关心的某几种营养成分,同时又价格最低。例如,食堂共有六种菜,记为 $A=\{a,b,c,d,e,f\}$,我们希望菜中包含的营养成分为 $B=$(蛋白质,淀粉,维生素,矿物质),引入关联矩阵 $\boldsymbol{R}=(r_{ij})$,$r_{ij}=1$ 当且仅当菜 i 含营养成分 j。此外,每一种菜 i 有一个菜价 $P(i)$,见表 6.6。

表 6.6

菜单	单价	蛋白质	淀粉	维生素	矿物质
a	1.80	1	0	1	1
b	2.15	0	1	0	1
c	1.20	0	0	1	0
d	2.30	1	0	0	0
e	1.00	0	1	0	0
f	5.00	1	0	0	1

不难看出,例 6.23 可以化为一个 0—1 规划问题的实例。例如,对食堂点菜问题,引入 0—1 变量 $x_1,\cdots,x_6$,作 0—1 规划如下:

$$
\begin{aligned}
\min\quad & 1.8x_1 + 2.15x_2 + 1.2x_3 + 2.3x_4 + x_5 + 5x_6 \\
\text{S.t}\quad & x_1 + x_4 + x_6 \geqslant 1 \\
& x_2 + x_5 \geqslant 1 \\
& x_1 + x_3 \geqslant 1 \\
& x_1 + x_2 + x_6 \geqslant 1 \\
& x_1,\cdots,x_6 = 0 \text{ 或 } 1
\end{aligned}
$$

可惜的是 0—1 规划问题没有求解的好算法。

现介绍根据关联信息,利用代数方法在计算机上求解覆盖问题的直接解法。

定义 6.9 称格 a 在覆盖问题(A,R,B)中对于点 b 的覆盖是本质的,若 a 是覆盖 b 的唯一格。

定义 6.10(控制关系)

(1) 若对所有的 j,由 $r_{kj}=1$ 必可推出 $r_{ij}=1$ 且 $P(a_i)\leqslant P(a_k)$,则称格 a_i 控制格 a_k,并简记 $a_i > a_k$。

(2) 若对所有 i,由 $r_{ik}=1$ 必可得出 $r_{ij}=1$,则称点 b_j 控制点 b_k,简记 $b_j > b_k$。

易见,若存在两个格 a_i、a_k,$a_i > a_k$,则 a_k 在寻找最小覆盖时可以不必考虑,因为 a_k 必可用 a_i 代替,且 a_i 的价格不会高于 a_k 的价格。类似地,若存在两点 b_j、b_k,$b_j > b_k$,则 b_j 的覆盖可以不必考虑,因为只要覆盖住 b_k 必可覆盖住 b_j。此外,若 A 中存在着覆盖某点的本质格,则此格必须出现在 B 的任一覆盖中,否则,该点将无法被覆盖。据此,求最小覆盖集可依次使用下列法则在关联矩阵上实现。

法则一 删去所有本质行(格)及一切在相应行中已有 1 的列(这些点已被覆盖)。在解删去后剩余的覆盖问题后,将这些本质格添入,即得到原问题的一个最小覆盖。

法则二 若只要求求出一个最小覆盖,则可删去一切控制列(点),因为它们必会被覆盖。

法则三 删去所有被控制行(格)。

例 6.24 求解覆盖问题,其关联矩阵及价格表为

$$
\begin{array}{cc|cccccc}
P(a_i) & a_i & b_1 & b_2 & b_3 & b_4 & b_5 & b_6 \\
2 & a_1 & 0 & 0 & 0 & 1 & 1 & 1 \\
3 & a_2 & 0 & 0 & 0 & 1 & 0 & 1 \\
4 & a_3 & 1 & 1 & 0 & 0 & 1 & 0 \\
1 & a_4 & 1 & 0 & 0 & 0 & 0 & 0 \\
3 & a_5 & 0 & 0 & 1 & 0 & 0 & 1 \\
2 & a_6 & 0 & 0 & 1 & 0 & 0 & 0
\end{array}
$$

解　步 1　a_3 是覆盖 b_2 的本质格。删去 a_3 行及已覆盖的列 b_1、b_2、b_5，记录下本质格 $\{a_3\}$，得

$$
\begin{array}{cc|ccc}
P(a_i) & a_i & b_3 & b_4 & b_6 \\
2 & a_1 & 0 & 1 & 1 \\
3 & a_2 & 0 & 1 & 1 \\
1 & a_4 & 0 & 0 & 0 \\
3 & a_5 & 1 & 0 & 1 \\
2 & a_6 & 1 & 0 & 0
\end{array}
$$

步 2　$b_6 > b_4$，删去 b_6 及被控制格 a_4，得

$$
\begin{array}{cc|cc}
P(a_i) & a_i & b_3 & b_4 \\
2 & a_1 & 0 & 1 \\
3 & a_2 & 0 & 1 \\
3 & a_5 & 1 & 0 \\
2 & a_6 & 1 & 0
\end{array}
$$

步 3　$a_1 > a_2, a_6 > a_5$ 删去 a_2、a_5，得

$$
\begin{array}{cc|cc}
P(a_i) & a_i & b_3 & b_4 \\
2 & a_1 & 0 & 1 \\
2 & a_6 & 1 & 0
\end{array}
$$

步 4　a_1、a_6 均为本质格，从而得到最小覆盖集 $\{a_1、a_3、a_6\}$。

上述方法有时也会失效(从而引出覆盖问题的 NP 完全性)，例如覆盖问题

$$
\begin{array}{cc|cccc}
P(a_i) & a_i & b_1 & b_2 & b_3 & b_4 \\
1 & a_1 & 1 & 0 & 0 & 1 \\
1 & a_2 & 0 & 0 & 1 & 1 \\
1 & a_3 & 0 & 1 & 1 & 0 \\
1 & a_4 & 1 & 1 & 0 & 0
\end{array}
$$

其中既无控制列或控制行，又无本质行，这样的关系矩阵常被称为循环矩阵，此时要求解覆盖问题只好采用分枝法。

分枝 1　如选取 a_1，则 b_1、b_4 被覆盖，问题化为

$$\begin{array}{ccc} P(a_i) & a_i & b_2 \quad b_3 \\ 1 & a_2 & \\ 1 & a_3 & \\ 1 & a_4 & \end{array}\begin{bmatrix} 0 & 1 \\ 1 & 1 \\ 1 & 0 \end{bmatrix}$$

现在，$a_3 > a_2, a_3 > a_4$，求得覆盖$\{a_1、a_3\}$。

分枝 2 如不取 a_1，问题化为

$$\begin{array}{cc} P(a_i) & a_i \\ 1 & a_2 \\ 1 & a_3 \\ 1 & a_4 \end{array}\begin{array}{c} b_1 \quad b_2 \quad b_3 \quad b_4 \\ \begin{bmatrix} 0 & 0 & 1 & 1 \\ 0 & 1 & 1 & 0 \\ 1 & 1 & 0 & 0 \end{bmatrix} \end{array}$$

a_2 是覆盖 b_4 的本质行，a_4 是覆盖 b_1 的本质行，求得覆盖$\{a_2、a_4\}$。

比较两个分枝，可得出$\{a_1、a_3\}$，$\{a_2、a_4\}$ 均为最小覆盖。显然，当 $P(a_i)$ 具有不同值时，最小覆盖不一定是具有最少格的覆盖。

现在，我们已有了求解最小覆盖问题的分枝解法。该算法在可以利用法则 1— 法则 3 时应尽可能地利用，在无法利用法则化约时，则采用分枝办法求解。算法不仅能求解规模小的问题，对许多规模较大的实例常常也很有效，除非大量遇到分枝而应接不暇。当然，从理论上讲，几乎每步均需分枝而使计算量随问题的规模指数增大的最坏实例是客观存在的，故从计算复杂性角度来看，上述算法仍然是一个指数算法。

许多实际问题可以转化为覆盖问题或利用覆盖问题的算法来求解，其中包括十分著名的地图染色问题(即四色问题)。

四色问题最早是由英国人格思里(Francis Guthrie) 于 1853 年在绘制英格兰地图时发觉并提出的，但后来被人们遗忘了。1878—1879 年，英国著名数学家凯莱在文章中谈到他未能证明四色定理，并指出了他试图证明时遇到的一些困难，这才引起了人们的广泛注意。四色问题是这样的：设有一张需加染色的平面地图，显然，两个相邻的国家必须被染成不同的颜色。在开始染色以前，我们一定很想知道为了给这张地图染色，最少需要用到几种颜色。根据经验，对平面地图染色似乎用 4 种颜色总是够用的，至今没有人能给出相反的实例。但很可惜，要给出严格的证明却极为困难。

证明中遇到的一大困难是：你对给定的任一平面地图，用四种颜料染色总是足够的；可是，在你染好色的地图上适当增添两三个国家，又总可做到非要用新的颜料不可；但假如你对新的地图从头开始重新染色，你又会发现四种颜色还是足够的(只要四色问题是对的，当然应当这样)。在长达 100 多年的时间里，人们想了许多办法企图克服难关，虽然取得了一批漂亮的研究成果，但四色问题本身却一直攻克不下。直到 1976 年，美国数学家 K. Appel 和 W. Haken 利用伊利诺伊大学的计算机(IBM360) 作了 1200 小时运算，分析了 1482 种可能情况，才证实了四色定理是正确的。人们至今还在研究，希望能给出一个较为简洁的证明。

我们不可能在这里详细讨论一个困扰人们一个多世纪的数学难题，而只想了解一下其中的建模方法。

当我们着手处理四色问题时遇到的第一个困难是：国家之间的邻接方式是各种各样的，如何才能抓住问题的本质呢？一个有效的做法是将地图染色转化为与之相关的一个图顶点的染色。转化的方法是把每一个国家画成一个顶点，在所有表示相邻国家的顶点之间添上一条边而不管它们是怎样邻接的。例如，图6.20(a)中的地图被本质上唯一地转变成图6.20(b)。问题转化为给图$G=(V,E)$的每一顶点染色，附加的条件是有边相连的顶点必须有不同的颜色。

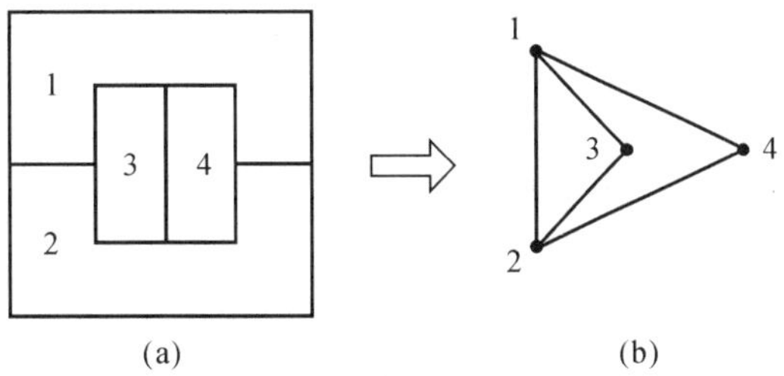

图6.20

这样一来，一个看起来有点无从下手的问题就被转化为一个有可能利用计算机进行分析、研究的问题了（注：问题的等价性并非是一目了然的）。从这里可以看出，图从某种意义上讲，是实际问题中某种关系的本质抽象。

定义6.11(图的色数)　对图G的顶点染色，要求所有有边相连的顶点都具有不同的颜色，所需颜料的最少种数称为图G的染色数，记为$K(G)$或简记为K。

根据这一定义，四色问题可改述为：对一切平面图G，是否总有$K(G)\leqslant 4$？

下面把图G的顶点染色问题转化为覆盖问题。上一节中曾经指出，求图的最大团、最大独立集及最小覆盖从计算复杂性意义上讲是等价的问题。

先求出G的所有极大独立集，记这些极大独立集为$V_1,\cdots,V_r$。对于V_i中的顶点，显然可以用相同的颜色来染色，故r种颜料总是足够的。但我们关心的是使用颜料的最少种数，所以问题尚未解出。为此，我们再构造出一个最小覆盖问题(A,R,B)，其中$A=\{V_i\}(i=1,\cdots,r)$，$B=V$。并且$\forall v_j\in V$，当$v_j\in V_i$时，称V_iRv_j。此外，对于每一$V_i\in A$，取$P(V_i)=1$。于是，求$K(G)$等价于求覆盖问题(A,R,B)的一个最小覆盖。例如，设$\{V_i,\cdots,V_{i_k}\}$为(A,R,B)的最小覆盖，则G的顶点可用K种颜料如下着色：先用第一种颜料对V_{i_1}中的顶点染色，再用第二种颜料对$V_{i_2}\setminus V_{i_1}$中的顶点染色，…，最后用第K种颜料对$V_{i_k}\setminus(V_{i_1}\cup\cdots\cup V_{i_{k-1}})$中的顶点染色。

要证明四色问题还有许多工作要做，要分析平面图可能具有的各种结构。这里，我们只是联系覆盖问题对其中的部分工作作了一个大体的介绍。

例6.25　试用最少种数的颜料将图6.21(a)中的地图染色。

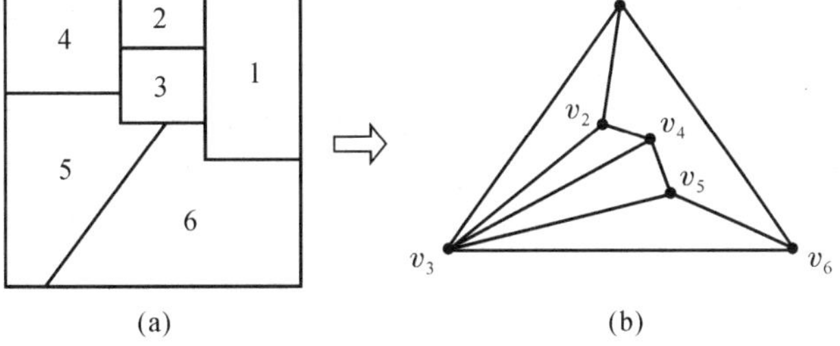

图6.21

解 将图中国家编号,并作出相应的图 G,如图 6.21(b) 所示。

步 1 求图 6.21(b) 中 G 的所有极大独立集,解得

$\{1,4\},\{1,5\},\{2,5\},\{2,6\},\{3\},\{4,6\}$。

步 2 构造最小覆盖问题,求出一个最小覆盖。解得

$\{\{1,4\},\{2,5\},\{3\},\{4,6\}\}$。

于是,图6.21(a)可用四种颜料染色:用第一种颜料染1、4,用第二种颜料染2、5,用第三种颜料染 3,最后用第四种颜料染 6。

三、部分 *NP* 完全问题的动态规划算法

除了本节前面介绍的分枝定界法和隐枚举法以外,部分(绝非全部)NP 完全问题还有可能存在动态规划算法。在第 6.1 节的最短路径问题中,我们已经遇到过动态规划算法。动态规划算法常将求解过程划分成若干个阶段,在每一阶段的子问题中,存在着一个或一组决策变量,同时又存在着一个或一组状态变量。各阶段编号,或由前向后或由后向前编,依编号连成相互关联的整体,状态是各阶段间信息的传递和结合,若用 x_j 表示第 j 阶段的状态变量,其值由前一段的输出决定。对于 x_j 的每一取值,第 j 阶段的决策变量可取若干种决策方案之一,该阶段的任务是根据某一评判标准,选出在此输入状态下的最佳决策,并向下一阶段输出输入状态。动态规划算法能够成功地保证下面的贝尔曼(R.Bellman)最优化原理:整个过程的最优策略具有如下性质,无论过去的状态和决策如何,对前面形成的状态而言,余下的各决策必构成最优策略。例如,如 $A \to B \to C \to D \to E$ 是A 到E 的最短路径,则 $B \to C \to D \to E$ 必是B 到E 的最短路径,$C \to D \to E$ 是C 到 E 的最短路径,且 $D \to E$ 也是D 到E 的最短路径。动态规划将一个较为复杂的问题分解为若干个相互关联的相对较简单的阶段性子问题,通过递推关系,找出问题的解。

例 6.26 划分问题是 NP 完全的,不存在求解它的多项式时间算法,但存在求解它的动态规划算法。

设 $A = \{a_1,\cdots,a_n\}$,a_i 为整数,现设法寻找 A 的子集A',使 $\sum\limits_{a_i \in A'} a_i = \sum\limits_{a_i \in A-A'} a_i$。

先求出 $\sum\limits_{i=1}^{n} a_i$,若 $\sum\limits_{i=1}^{n} a_i$ 为奇数,则满足要求的子集 A' 不存在,否则令 $B = \dfrac{1}{2}\sum\limits_{i=1}^{n} a_i$,寻找子集 A',使 $\sum\limits_{a_i \in A'} a_i = B$。寻找过程分 n 步完成,对 $i = 1,\cdots,n$,检查 $A_i = \{a_1,\cdots,a_i\}$ 中是否存在一子集,其元素之和等于 j,其中 $j = 1,\cdots,B$。引入布尔值函数 $t(i,j)$,若 A_i 中有子集其元素之和为 j,则令 $t(i,j) = T$,否则令 $t(i,j) = F$。n 个阶段的递推关系为:$t(i,j) = T$ 当且仅当$t(i-1,j) = T$ 或$t(i-1,j-a_i) = T$。此外,$t(i,0) = T$(空集是任一 A_i 的子集)及 $t(1,a_1) = T$。这样,问题化为 $t(n,B) = T$ 是否成立。

下面用一个实例来演示算法。

令 $a_1 = 2, a_2 = 8, a_3 = 5, a_4 = 3, a_5 = 6, a_6 = 4, A_i = \{a_1,\cdots,a_i\}, i = 1,\cdots,6$。在本例中 $n = 6, B = 14$。分六个阶段求出所有 $t(i,j), i = 1,\cdots,6, j = 0,1,\cdots,14$,并将求得的 $t(i,j)$ 列成下表:

表 6.7

i \ j	0	1	2	3	4	5	6	7	8	9	10	11	12	13	14
1	T	F	T	F	F	F	F	F	F	F	F	F	F	F	F
2	T	F	T	F	F	F	F	F	T	F	T	F	F	F	F
3	T	F	T	F	F	T	F	T	T	F	T	F	F	T	F
4	T	F	T	T	F	T	F	T	T	F	T	T	F	T	F
5	T	F	T	T	F	T	T	T	T	T	T	T	F	T	T
6	T	F	T	T	T	T	T	T	T	T	T	T	T	T	T

由于 $t(6,14) = T$，A 可以划分成相等的两部分。从表中可以看出，既可以分成 $\{a_1, a_2, a_6\}$ 与 $\{a_3, a_4, a_5\}$ 也可以分成 $\{a_2, a_5\}$ 与 $\{a_1, a_3, a_4, a_6\}$。

算法的计算量似乎并不大，它用了 n 个阶段，每一阶段只计算了 $t(i,j)$（共 B 个），总计算量为 nB 的低次多项式。但计算机内数字是用二进制表示的，输入长度为 $O(n\log_2 B)$。故计算量不以输入长度的任何多项式为上界，算法不是多项式时间的。容易看出，这一算法的计算量主要是由 B 决定的，因为计算量的界关于 n 是低次，人们把这种算法称为伪多项式算法。动态规划算法可以是多项式时间的（如最短路径问题的动态规划算法），也可以是伪多项式时间的。存在伪多项式时间算法并不与问题的 NP 完全性矛盾。

1987 年，J-Y. T. Leung 等证明了排序问题 $1 /\!/ \sum T_j$ 是 NP 完全的。问题 $1 /\!/ \sum T_j$ 可如下描述：有 n 个工件的集合 $J = \{J_1, \cdots, J_n\}$，拟将 J 中的工件安排在一台机器上加工，J_j 的加工时间为 P_j，交工期为 d_j，对这组工件的一个加工顺序 S，记 J_j 在 S 下的完工时间为 C_j，$T_j = \max\{0, C_j - d_j\}$ 为 J_j 在 S 下的延误时间。问题要求找出最佳排序，使总延误时间 $\sum T_j$ 最小。

曾经在一段较长时期里，没有人知道排序问题 $1 /\!/ \sum T_j$ 的计算复杂性，由此可见在其 NP 完全性证明中必采用了某些特殊的技巧，有兴趣的读者可以查阅相关论文。前面讲过，部分 NP 完全问题可以有求解它们的动态规划算法，排序问题 $1 /\!/ \sum T_j$ 就是其中之一（注：本例中的动态规划算法也是伪多项式时间的。本书不准备详细介绍伪多项式时间算法，仅以 $1 /\!/ \sum T_j$ 为例，给出求解它的动态规划算法）。

具有动态规划算法的问题必须满足贝尔曼的最优化原理，大多数动态规划算法都具有较为复杂（但在计算机上却不难实现）的递归嵌套结构，只有在搞清这些内在结构特征的基础上，才有可能构造出求解问题的动态规划算法（当然，这种结构特征必须存在）。$1 /\!/ \sum T_j$ 问题的动态规划算法基于下面的几个定理。

定理 6.12　若工件 J_j 和 J_k 满足 $P_j \leqslant P_k$ 且 $d_j \leqslant d_k$，则必存在一个最优排序 S，在 S 中 J_j 排在 J_k 前面加工。

证明　设 S 为 J 的一个最优排序，在 S 中 J_k 排在 J_j 之前加工。将 J_k、J_j 作对换，其余工件的加工顺序不变，记对换后的排列顺序为 S'，在排序 S' 下各工件 J_j 的误工时间记为

T'_j。

易见，$\forall i \in \{1,\cdots,k-1\} \cup \{j+1,\cdots,n\}$，有 $T'_i = T_i$；$\forall i \in \{k+1,\cdots,j-1\}$，有 $T'_i \leqslant T_i$。

现考察工件 J_k 和 J_j：

情况 1　J_k 在排序 S 下误工。此时工件 J_j 在 S 下必误工，且 $T_k + T_j = (P_1 + \cdots + P_k) - d_k + (P_1 + \cdots + P_j) - d_j$。又

$$T'_i + T'_k = \begin{cases} P_1 + \cdots + P_j - d_k \\ (P_1 + \cdots + P_{k-1} + P_j) + (P_1 + \cdots + P_j) - d_k - d_j \end{cases}$$

不论 J_j 在 S' 下是否误工，总有

$$T'_j + T'_k - (T_k + T_j) \leqslant P_j - P_k \leqslant 0$$

即

$$T'_j + T'_k \leqslant T_k + T_j$$

情况 2　J_k 在 S 下不误工，但 J_j 在 S 下误工。此时 $T_k + T_j = T_j = P_1 + \cdots + P_j - d_j$，而

$$\begin{aligned} T'_j + T'_k &\leqslant (P_1 + \cdots + P_{k-1} + P_j) - d_j + (P_1 + \cdots + P_j) - d_k \\ &\leqslant (P_1 + \cdots + P_{k-1} + P_k) - d_k + (P_1 + \cdots + P_j) - d_j \\ &\leqslant (P_1 + \cdots + P_j) - d_j = T_k + T_j \end{aligned}$$

情况 3　若 J_k、J_j 在 S 下均不误工。此时，J_k、J_j 在 S' 下也不会误工，$T'_j + T'_k \leqslant T_k + T_j$ 仍成立。

综上所述，$\sum T'_j \leqslant \sum T_j$ 总成立。

由定理 6.12 得知，如果先将 J 中的工件整理成 d_j 不减的顺序（即 $d_1 \leqslant d_2 \leqslant \cdots \leqslant d_n$），则可得出以下结果：找出加工时间最长的工件 J_k，即 $P_k = \max\{P_i\}$，则存在一个最优顺序，在此顺序下，$J_1,\cdots,J_{k-1}$ 均在 J_k 前加工，即下面的定理成立。

定理 6.13　若 $d_1 \leqslant d_2 \leqslant \cdots \leqslant d_n$，$P_k = \max\limits_{1 \leqslant j \leqslant n}\{P_j\}$，则存在整数 δ，$0 \leqslant \delta \leqslant n-k$，且存在一个最优排序 S，其中工序 J_k 在所有满足 $j \leqslant k+\delta-1$ 的工件 J_j 之后，但在所有满足 $j > k+\delta$ 的工件 J_j 之前加工。

定理 6.13 又说明，J 中加工时间最长的工件 P_k 如作 $n-k+1$ 种选择，即安排在第 k，$k+1,\cdots,n$ 个位置上加工，则至少对其中之一，可以找到一个最优排序。

又设 S 是 J 的一个最优排序，记 $S = (S', J_k, S'')$，其中 S' 是 J_k 之前加工的工件的一个排序，S'' 为 J_k 之后加工的工件的一个排序，则容易证明 S' 和 S'' 均应是相应子集的最优排序。这一性质说明，对问题 $1 /\!/ \sum T_j$，贝尔曼的最优化原理成立，从而可如下构造动态规划算法。

先引入一些符号，记：

$V(A,t)$ 为从时刻 t 开始按最优顺序加工 A 中所有工件的总误工时间。

$J(j,l;k)$ 为工件集合 $\{J_j, J_{j+1}, \cdots, J_{l-1}, J_l\} \setminus \{J_k\}$，即由 J_j 到 J_l 但不含 J_k 的集合，即使 $j \leqslant k \leqslant l$。

$V(J(j,l;k),t)$ 为从时刻 t 开始按最优顺序加工集合 $J(j,l;k)$ 中工件的总误工时间。算法如下：

算法初始条件

$$V(\varphi,t)=0$$

$$V(\{J_j\},t)=\max(0,t+P_j-d_j)$$

其中 $V(\{J_j\},t)$ 为从 t 时刻开始加工工件 J_j 的误工时间。

迭代方程：

$$V(J(j,l;k),t)=\min_{0\leqslant\delta\leqslant n-1}\{V(J(j,k'+\delta;\ k'),t)+\max(0,C_{k'}(\delta)-d_{k'})+V(J(k'+\delta+1,l;\ k')\cdot C_{k'}(\delta))\}$$

其中，k' 满足

$$P_{k'}=\max(P_i\mid J_i\in J(j,l;\ k))$$

$C_{k'}(\delta)$ 为从 t 时刻开始加工 $J(j,k'+\delta;k')$ 中的工件，再加工 $J_{k'}$，所需的完工时间。

当迭代求得 $V(\{1,\cdots,n\},0)$ 时，迭代终止，并得到一个最优排序。

例 6.27　$J=\{J_1,\cdots,J_5\}$，由表 6.8 给出。求 J 的最优排序。

表 6.8

工件	1	2	3	4	5
P_j	121	79	147	83	50
d_j	260	266	266	336	337

解　最大加工时间的工件为 J_3，$k=3$，$n-k=2$，故取 $\delta=0,1,2\ (0\leqslant\delta\leqslant2)$。

$$V\{(1,2,\cdots,5),0\}=\min\begin{cases}V(J(1,3;3),0)+(347-266)+V(\{4,5\},347)\\V(J(1,4;3),0)+(430-266)+V(\{5\},430)\\V(J(1,5;3),0)+(480-266)+V(\varphi,480)\end{cases}$$

易见，$V(J(1,3;3),0)=0$，$V(J(1,4;3),0)=0$，$V(\{5\},430)=143$，$V(\varphi,480)=0$。现求：(1) $V(J(1,5;3),0)$；(2) $V((4,5),347)$。

(1) 为求 $V(J(1,5;3),0)$ 求解子问题：

工件	1	2	4	5
p_i	121	79	83	50
d_i	260	266	336	337

对此子问题有：$k=1$，$\delta=0,1,2,3(0\leqslant\delta\leqslant3)$

$$V(J(1,5;3),0)=\min\begin{cases}0+0+V(\{2,4,5\},121) & \text{工件 } J_1 \text{ 最先加工}\\0+0+V(\{4,5\},200) & \text{工件 } J_1 \text{ 在 } J_2 \text{ 后加工}\\0+(283-260)+V(\{5\},283)=23 & \text{工件 } J_1 \text{ 在 } \{J_2,J_4\} \text{ 后加工}\\0+(333-260)=73 & \text{工件 } J_1 \text{ 最后加工}\end{cases}$$

现在，又需求解子问题，以便求得 $V(\{2,4,5\},121)$ 和 $V(\{4,5\},200)$。容易求得 $V(\{2,4,5\},121)=V(\{4,5\},200)=0$，从而又可求得 $V(J(1,5;3),0)=0$，相应的加工顺序为：$1\to2\to4\to5$，$1\to2\to5\to4$，$2\to1\to4\to5$，$2\to1\to5\to4$ 之一。

(2) 求解子问题 $V(\{4,5\},347)$：

$V(\{4,5\},347) = \min\{94 + 143, 60 + 144\} = 204$

代入(6.4)式可求得

$V(\{1,2,\cdots,5\},0) = \min\{81 + 204, 164 + 143, 214\} = 214$（$J_3$ 应最后加工）

求得最优加工顺序为：$1 \to 2 \to 4 \to 5 \to 3$，$1 \to 2 \to 5 \to 4 \to 3$，$2 \to 1 \to 4 \to 5 \to 3$ 及 $2 \to 1 \to 5 \to 4 \to 3$，总误工时间为 214。

计算量分析 由于子集 $J(j,l;k)$ 的数目不多于 $O(n^3)$，又 t 的取值数不多于 $\sum P_j$，故此动态规划算法要解的迭代方程不多于 $O(n^3 \sum P_j)$ 个。由于求解每一迭代方程的计算量为 $O(n^4)$，故算法的总计算量不超过 $O(n^4 \sum P_j)$。应当指出的是，此算法不是多项式时间的而是伪多项式时间的，因为其中包含了 $\sum P_j$，它不能用输入长度 $\log_2 P_j$ 的多项式界来控制。

6.4 近似算法

如果要研究的问题是 NP 完全的，就不应当企望能构造出求解它的多项式时间算法，对于这一问题的某些实例，也许还可以利用分枝定界法或隐枚举法来碰碰运气，但在实例规模较大时，连这种努力也多半是劳而无获的。这时，我们就只好借助于所谓“近似算法”(或启发式算法)了。因为既然找不到真正的最优解，那么，找一个较为满意的所谓“近似最优解”总比什么结果也没有要好。

定义 6.12 设 A 是求解问题 D 的一个算法，对 D 的每一实例 I，$A(I)$ 和 $\mathrm{OPT}(I)$ 分别表示用 A 求解实例 I 时得到的目标函数值和 I 的最优目标函数值。如果存在一个正实数 $r(r \geqslant 1)$，使得对一切 $I \in D$，总有

$$A(I) \leqslant r\,\mathrm{OPT}(I)$$

则称 A 为求解问题 D 的具有最坏可能比值为 r 的近似算法，或称为启发式算法(注：这里，我们假设目的是求目标函数的最小解；若求目标函数最大解，定义应改为求[0,1]中尽可能大的 r，使 $A(I) \geqslant r\,\mathrm{OPT}(I)$ 对一切实例 I 成立)。

本节将通过某些例子简略介绍一些有关近似算法的知识，以便有兴趣的读者对近似算法这一研究 NP 完全问题的另一途径有一个初步的了解。

根据实际需要，近似算法应当具备以下特征：

(1) 算法 A 的计算量应当是多项式时间的，即对 D 的每一规模为 n 的实例 I，计算量不应当超过 n 的某一(固定的)多项式界。

(2) 虽然不可能要求 $r = 1$，但我们总希望 r 尽可能地小(求最大解的问题则应使 r 尽可能地大)。

然而，十分遗憾的是满足这些要求的算法并不一定存在，况且，即使存在，最小的 r 也常常不容易求得。作为例子，让我们来看看旅行商问题(TSP)和集装箱问题(Bin-packing)的一些近似算法。

一、TSP 的某些近似算法

对于一般的旅行商问题，其距离矩阵既可以不满足三角不等式，也可以是非对称的。对于这种一般形式的 TSP，有下面的定理：

定理 6.14(Sahni & Gonzalez，1976)　若对 TSP 存在一个多项式时间的近似算法 A 及一个常数 r，$1 \leqslant r < +\infty$，使得对 TSP 的每一个实例 I 有 $A(I) \leqslant r\,\mathrm{OPT}(I)$，则 $P = NP$。

证明　我们将证明，如果这样的近似算法存在，它可以被用来求解哈密顿圈问题，从而有 $P = NP$，因为哈密顿圈问题是 NP 完全的，故这样的近似算法不可能存在。

任意给定一个图 $G = (V, E)$，希望知道它是否含有哈密顿圈。为此，构造一个 TSP 的例子 I：令 $V = \{1, 2, \cdots, n\}$，规定距离

$$c_{ij} = \begin{cases} 1 & \text{若}(v_i, v_j) \in E \\ rn & \text{若}(v_i, v_j) \notin E \end{cases}$$

于是，若 G 有哈密顿圈，则 I 有长为 n 的旅行圈，从而 $A(I) \leqslant rn$；反之，若 G 中无哈密顿圈，则 I 的任一旅行圈至少含有一条不在 G 中的边，其长至少为 $rn + n - 1 > rn$，故 $A(I) > rn$。这样，若 $A(I) \leqslant rn$，则 HC 的解为"Yes"；否则，若 $A(I) > rn$，则 HC 的解为"No"。

定理 6.14 说明，对一般的 TSP，如果 $P \neq NP$，则对一切 $r \geqslant 1$，根本不可能找到求解它的最坏比为 r 的近似算法。如果将来有人证明了相反的结果(即 $P = NP$)，则我们的兴趣将不再是构造近似算法，而是去构造效果尽可能好的多项式时间算法。

假如距离矩阵满足三角不等式，即 $\forall\, i, j, k \in \{1, 2, \cdots, n\}$ 总有 $C_{ik} \leqslant C_{ij} + C_{jk}$，则情况就有了很大的不同。此时，定理 6.14 证明中构造的 TSP 例子将被排除在外，它显然不满足三角不等式。实际遇到的 TSP 大多是满足三角不等式的，事实上，对这类 TSP 确实存在着某些效果较好的近似算法。

(一) 近似算法 1

对满足三角不等式的 TSP 实例 I 按以下步骤求近似最优旅行圈。

步 1　求 I 的一棵最小生成树 T。如 I 中找不出连接所有顶点的最小生成树，则 I 是非连通的(注：求最小生成树有不少于 $O(n^2)$ 个算法)。

步 2　将求得的最小生成树的每边重复取一次，得到一个经过所有顶点的圈。

步 3　采用所谓 Shortcuts(走捷径)方法作出 I 的一个旅行圈。即从任一顶点出发，沿步 2 得到的圈作环游。当遇到下一顶点已到过时，跳过这一顶点，如下下顶点也已到过则继续跳过，…，直到发现一个未曾到过的顶点，直接到达该顶点。重复上述过程，并在所有顶点均到过后返回出发顶点，得到一个旅行圈。

例 6.28　设有一图，其顶点为 $A, B, \cdots, I$，现用近似算法 1 求一近似最优圈：步 1，先求出一棵最小生成树 T(见图 6.22(a))。步 2，将所有最小生成树中的边加倍(重复取一次)，得到一个圈，如图 6.22(b) 所示。步 3，利用 Shortcuts 得到近似最优圈，如图 6.22(c) 所示。

上述由 Folklore 给出的算法主要应用了最小生成树和三角不等式，为叙述方便，简记此算法为 MST 算法，以 MST(I) 表示对实例 I 使用 MST 算法求得近似最优圈的长度。

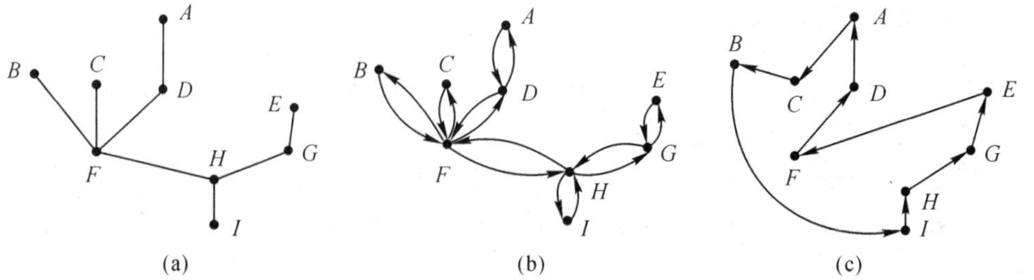

图 6.22

定理 6.15 对满足三角不等式的 TSP 的每一实例 I，必有 $\mathrm{MST}(I) \leqslant 2\mathrm{OPT}(I)$。

证明 设 τ^* 为 I 的最优圈，e 为 τ^* 中的任意一边，则 $\tau^* - \{e\}$ 显然是 I 的一棵生成树。故步 1 求得的最小生成树 T 的长度 l 必小于最优圈 τ^* 的长度 $\mathrm{OPT}(I)$。又因为 I 满足三角不等式，故步 3 利用 Shortcuts 求得的近似最优圈 τ 的长度 $\mathrm{MST}(I) \leqslant 2l$，从而得出 $\mathrm{MST}(I) \leqslant 2\mathrm{OPT}(I)$（事实上，成立着严格的不等式）。

顺便指出，对 MST 算法，最坏比 2 是不能被更小的数替代的。因为对任一小于 2 的数 r，总可以找到一个满足三角不等式的 TSP 的实例 I，使得 $\mathrm{MST}(I) > r\mathrm{OPT}(I)$，见图 6.23。

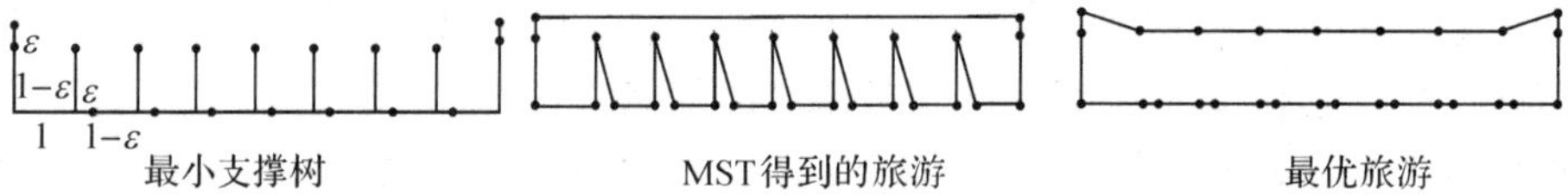

图 6.23

在图 6.23 中，较近的两点间的距离均为 ε，而较远的两点间的距离均为 $1 - \varepsilon$（$\varepsilon > 0$ 且充分小）。$\mathrm{MST}(I) \approx 4n - 2n\varepsilon$，而 $\mathrm{OPT}(I) \approx 2n + 2$，故总可作出 $\mathrm{MST}(I)/\mathrm{OPT}(I)$ 任意接近于 2 的实例。这说明，要想减小最坏情况比 r，必须采取更好的办法构造新算法。据此，我们称最坏情况比 $r = 2$ 对近似算法 1 是紧的（或称 2 是算法 MST 的紧界）。

容易看出，要想改进 r，步 2 必须改进，因为所有边加倍是造成旅行圈长度可能增大一倍的根本原因。

（二）近似算法 2

步 1　求 I 的一棵最小生成树 T。

步 2　找出 T 的所有奇顶点，求 T 的所有奇顶点（必有偶数个）间的一个最小匹配 M。将 M 中的边加入 T，得到一个包含所有顶点的圈。

步 3　利用 Shortcuts 求得一个近似最优圈。

重新考察例 6.27 中的 TSP 实例。由步 1 求得 I 的一个最小生成树 T，见图 6.24(a)。T 有六个奇顶点：A,B,C,E,H,I，求它们的一个最小权匹配。例如，不妨设求得的最小权匹配 M 为 (B,C)，(A,E) 和 (H,I)。将 M 中的边加入 T（图 6.24(a) 中的虚线边），得到一个圈，如图 6.24(b) 所示。最后，用 Shortcuts 得到近似最优旅行圈，如图 6.24(c) 所示。

（注：求最小权匹配有 1976 年的 Lawler 算法和 1982 年 Papadimitriou 等人的算法。）

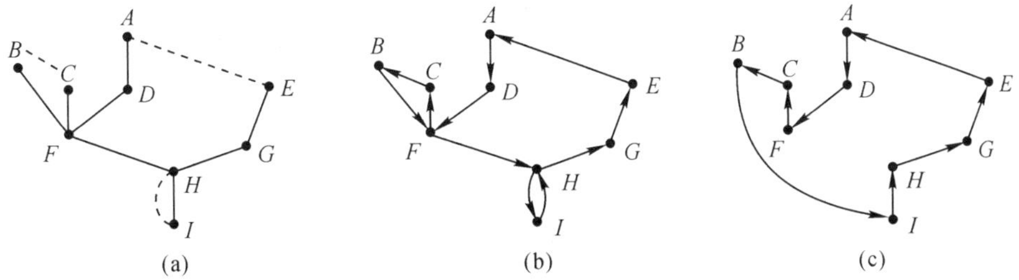

图 6.24

近似算法 2 是由 Christofide 提出的，为了叙述上的方便，我们以 $C(I)$ 表示用此算法求得的近似最优圈的长度。

定理 6.16　对任一满足三角不等式的 TSP 的实例 I，有 $C(I) \leqslant \frac{3}{2}\mathrm{OPT}(I)$。

证明　记步 2 求得的最小权匹配为 M(图 6.25 中的粗线)。M' 为 T 的奇顶点间的另一匹配，见图 6.25 中的波浪线。由三角不等式可得

$$l(M) + l(M') \leqslant \mathrm{OPT}(I)$$

由于 M 是最小权匹配，$l(M) \leqslant l(M')$，故又有

$$l(M) \leqslant \frac{1}{2}\mathrm{OPT}(I)$$

再根据 $l(T) \leqslant \mathrm{OPT}(I)$ 及三角不等式得

$$C(I) \leqslant l(T) + l(M) \leqslant \frac{3}{2}\mathrm{OPT}(I)$$

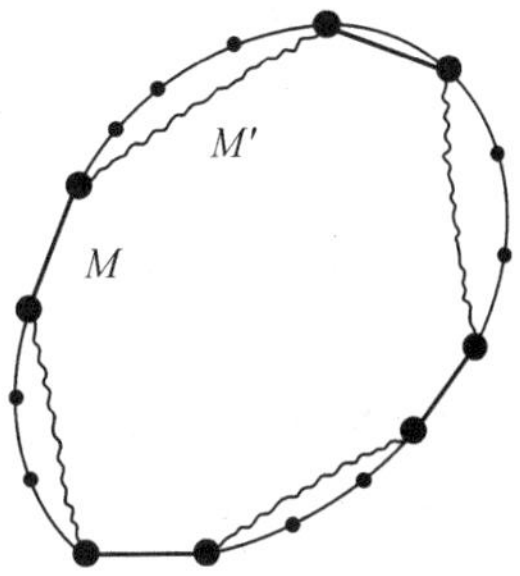

图 6.25

以上说明，最坏情况界 $r = \frac{3}{2}$ 对近似算法 2 是紧的，即 $\frac{3}{2}$ 对近似算法 2 已不能再小。

C 算法是目前已知求解满足三角不等式的 TSP 的多项式时间近似算法中的最好结果，即目前尚未发现 r 更小的近似算法。

二、集装箱问题(Bin-packing)的近似算法

在第 6.2 节定理 6.11 中已经看到，Bin-packing 问题是 NP 完全的。Bin-packing 问题的标准形式可作如下叙述：给定一组物品 $L(p_1, \cdots, p_n)$，其中每一件物品的长度为 $l(p_i) \in (0,1)$，(其中 $i = 1, \cdots, n$)，求一最小正整数 m，使得存在一个划分 $L = B_1 \cup \cdots \cup B_m$，满足 $\sum_{P_i \in B_j} l(P_i) \leqslant 1$。$B_1, B_2, \cdots B_m$ 为经过编号的箱子(即将物品装入箱中，并使使用的箱子数最少)。

存在两种不同类型的 Bin-packing 问题。第一类不允许整理，必须按给定的顺序装箱，称为 on-line 问题；第二类允许对物品加以整理，然后再装箱，称为 off-line 问题。

(一)on-line 装箱问题的近似算法

1. NF(Next Fit) 算法

步 1　将 P_1 装入 B_1 中。

步2 装 $P_i(i=2,\cdots,n)$。设 B_j 是具有最大足码的非空箱,若 P_i 可继续装入B_j 则将其装入,否则将 P_i 装入 B_{j+1} 中,即装入其后的空箱中(前面的箱子将不再使用)。

记 NF 算法使用的箱子数为 NF(L)。

定理 6.17 NF(L) $\leqslant$ 2OPT(L),且 2 是紧的,即它不能被减小。

定理证明十分容易,留作习题。

2. FF(First Fit) 算法

步1 将 P_1 装入 B_1 中。

步2 装 $P_i(i=2,\cdots,n)$。找出最小的 j 使P_i 可装入B_j 中,将 P_i 装入其中,在装箱结束前,每一箱子的剩余空间均有可能被继续利用。

定理 6.18 设 FF(L) 为用 FF 算法将 L 中的物品装箱所用的箱数,则有

FF(L) $\leqslant$ 1.7OPT(L) + 1,且 1.7 是紧的,即不能被减小(证明有较大难度,从略)。

3. BF(Best Fit) 算法

步1 将 P_1 装入 B_1 中。

步2 装 $P_i(i=2,\cdots,n)$。在能够装下 P_i 的箱中找出已装得最多(即剩余空间最小)的一只 B_j,将 P_i 装入B_j。

定理 6.19 设 BF(L) 为用 BF 算法将 L 中的物品装箱所用的箱数,则有

BF(L) $\leqslant$ 1.7OPT(L) + 1,且 1.7 是紧的(证明从略)。

虽然FF算法和BF算法都很简单自然,但定理6.18和定理6.19却不易证明。事实上,Ullman 于 1971 年先证明了 FF(L) $\leqslant$ 1.7OPT(L) + 3;接着,Johnson 等人于 1974 年证明 FF(L) $\leqslant$ 1.7OPT(L) + 2;最后,Garey 等人才证明了 FF(L) $\leqslant$ 1.7OPT(L) + 1。

(二)off-line 问题的近似算法

由于允许先对物品进行整理,装箱结果会更好些,有可能使用更少的箱子。

1. FFD(First Fit Decreasing) 算法

步1 将 L 先整理成$l(Pi)$ 不增的顺序,不妨设已有 $l(P_1)\geqslant l(P_2)\geqslant\cdots\geqslant l(P_n)$。

步2 用 FF 算法对 L 中的物品装箱。

2. BFD(Best Fit Decreasing) 算法

步1 将 L 先整理成$l(P_i)$ 不增的顺序。

步2 对 L 中的物品用 BF 算法装箱。

定理6.20 设 FFD(L) 和 BFD(L) 分别为用 FFD 算法和 BFD 算法对 L 中的物品装箱所使用的箱数,则有 FFD(L) $\leqslant \frac{11}{9}$OPT(L) + 1 和 BFD(L) $\leqslant \frac{11}{9}$OPT(L) + 1 且$\frac{11}{9}$ 是紧的。

定理 6.20 同样很难证明,最初的证明长达 100 多页。Johnson 于 1973 年证明了 FFD(L) $\leqslant \frac{11}{9}$OPT(L) + 4;直到 1991 年,中国科学院应用数学研究所的越民义教授才证明了 FFD(L) $\leqslant \frac{11}{9}$OPT(L) + 1。

上述算法中的界是紧的,,其证明并不算太困难,只需构造出一个恰当的实例即可。例如,为说明 FFD(L) $\leqslant \frac{11}{9}$OPT(L) + 1 中的界$\frac{11}{9}$ 是紧的(不能再小),可考察下面的实例。

例 6.29　设箱子容量为 1(标准形式),待装箱物品长度为

$$l(P_i)=\begin{cases}\dfrac{1}{2}+\varepsilon, 1\leqslant i\leqslant 6m\\ \dfrac{1}{4}+2\varepsilon, 6m<i\leqslant 12m\\ \dfrac{1}{4}+\varepsilon, 12m<i\leqslant 18m\\ \dfrac{1}{4}-2\varepsilon, 18m<i\leqslant 30m\end{cases}$$

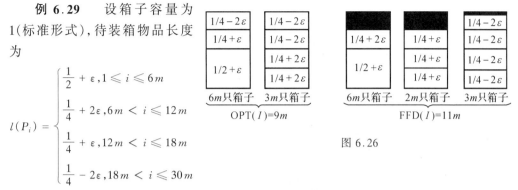

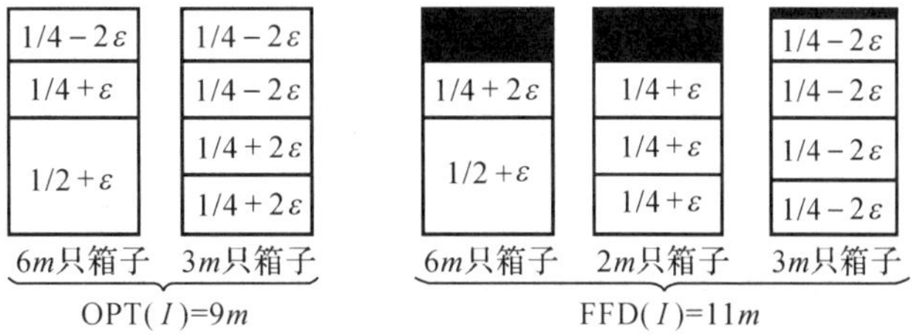

图 6.26

其中 m 为任意给定的自然数,而 $\varepsilon>0$ 且充分小。易见,$\mathrm{OPT}(L)=9m$,而 $\mathrm{FFD}(L)=11m$,这里的 m 可任意大,故存在 OPT(L) 任意大的实例(见图 6.26),满足 $\dfrac{\mathrm{FED}(L)}{\mathrm{OPT}(L)}=\dfrac{11}{9}$。

比较 NF、FF、FFD 算法,它们装箱效果一个比一个好,但这并不表示 NF、FF 就失去了存在的价值。FF,FFD 算法皆要求将所有物品全部装好后,所有箱子才能一起运走,而 NF 算法无此限制;FFD 算法还要求所有物品全部到达后才开始装箱,而 NF、FF 算法在给某批物品装箱时,可以不知道下一个物品的长度如何,或者说物品可以一个个到达,在未到达前不必预先知道它的长度。On-line 装箱顺序是不允许整理的,即必须遵循"先来先服务"的原则,而 off-line 装箱则容许整理,不必遵循先来先服务的原则,故应将这三个算法看成是为不同实际问题的数学模型设计的算法。当然,在实际问题允许整理时(例如木工从相同长度的原木中取材时),应当使用效果较好的算法,否则会造成不必要的浪费。

为介绍近似算法,在本节中我们考察了旅行商问题(TSP)和装箱问题(Bin-packing)。除了希望读者了解这些常用算法外,以它们为例还有其他目的。第一,本节介绍的所有算法都设计得非常简单。虽然,不可能要求所有近似算法都这样简单,但尽可能直观简单是设计近似算法时应当注意的问题之一。其次,我们列举集装箱问题的一些近似算法还想说明以下事实:对于一些 NP 完全问题,有时设计某些寻找近似最优解的方法也许并不算太困难,但要分析算法的效果可能不是一件容易的事,特别是对那些效果较好的算法更是如此。然而,一个缺少执行效果分析(最坏情况分析或平均情况分析)的近似算法就像一件未经鉴定的新产品或一种未经临床试用的新药品一样,是不会被人们普遍接受的。研究近似算法的主要困难就在于:一方面,我们希望构造出 r 更小的近似算法;另一方面,即使我们真的构造出了一个实用效果"更好"的近似算法(至少你自己这样认为),却很难证明它对一切例子总有更好的效果。而事实上,我们的猜测和判断常常会发生错误,只要有人能举出一个并非更好(或甚至更坏)的例子,我们构造的算法就被彻底否定了。

6.5 离散优化的几个实例

一、纽约市街道清扫规划

建立数学模型并对它进行分析研究，常常可以大大地提高人类活动的效率或降低活动所需的费用。

纽约市卫生事业的年预算费用大约为2亿美元，其中1000万美元用于清扫街道。由于建立和分析了相应的数学模型，清扫费用估计可以节省10%，而事实上，在哥伦比亚地区应用后，实际节省了20%以上的费用，经济效益是十分可观的。

很明显，街区可以用图来表示，由于单行街道的存在，通常还是有向图。图6.27就是一个简单的街区图，中路为单行主干线，车辆必须按箭头方向通过。初看，问题似乎十分简单，只需把街道分成若干片，使每片都能在一个清扫周期内打扫完毕即可。然而事实并非如此，困难是由下列原因造成的：

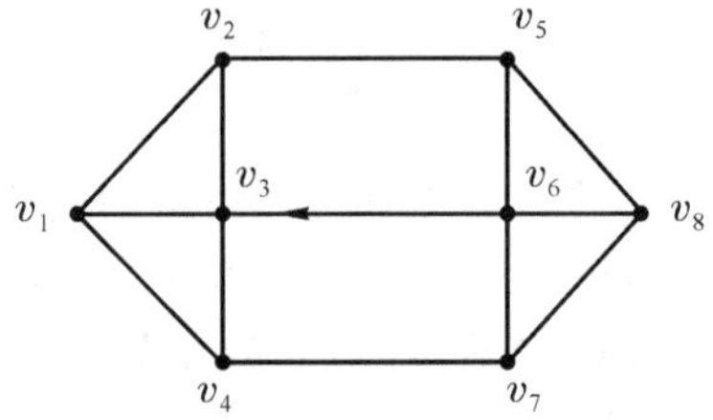

图6.27

第一，像纽约这样的大城市，清扫必须和交通规则相一致。例如，在车辆繁忙的时段内一些主要街道是不允许清扫的。

第二，清扫街道时路边必须没有停车，这说明清扫还必须和停车规则相匹配。一些小城市可以要求市民服从和清扫相一致的停车规则，但像纽约这样的大城市则是行不通的。

第三，城市一般都分成几个行政区，清扫范围也许还不允许越出本区范围。

现在可以看出，由于这些限制条件的存在，问题开始变得复杂起来了。但容易看出，顶点在问题中起着十分重要的作用，因为下一步清扫哪一条街道可以看成是在顶点（街角）处决定的，记住这一点有时可以使问题变得简单一些。

整个工作是这样进行的：首先根据交通规则和停车规则列出一段时间内可以清扫的街道来，然后找出一个能覆盖这些街道的圈，最后将这个圈合理地分成若干段，由清扫工人按规定清扫。这里所谓的合理包含着双重含义，既要能够在限定时间内扫完，又要是较经济的。这样，问题已被分割成许多子问题，即在一段规定时间内清扫某些指定街道的问题。当然，这些子问题还应当通过一些约束条件衔接起来，以保证在一个清扫周期内使每条街道得到清扫且仅扫一次，这里，我们不准备涉及到子问题的衔接，只简单地介绍一下他们处理子问题的方法。在找出某一时段应清扫的街道后，要处理的第一个问题是如何寻找出一个最小覆盖圈或近似最小覆盖圈。一般讲，能包含所有边的圈通过某些边可能需要两次甚至多次。如前所述，经过所有顶点走过每条边正好一次的圈称为欧拉圈。如果欧拉圈存在，这当然是最短的，但遗憾的是我们考察的子图常常并不是这样的圈。

定理 6.21 有向图欧拉圈的充分必要条件是：

(1) 此图是连通的；

(2) 对于每一顶点，内次(进入此顶点的边数) 等于外次(离开此顶点的边数)。

这一定理的成立是十分明显的，因为当且仅当对每一顶点进入边数等于离开边数时，才能绕行一圈而回到原处。对于一个给定的圈，如何来构造一个能覆盖图中所有边的最小圈呢?顺便说明一下，当清扫车通过一条不需清扫的街道时可以提起扫把，以两倍于清扫时的速度通过它(这段时间称为提升时间)。可以看出，毛病出在那些内、外次不等的顶点处，在这些顶点对应的街角处，工人一定会遇到提升扫把驶向另一街角重新开始清扫的情况。由于要清扫的街道是预先指定好的，因而问题的实质就是找出一个圈，使浪费掉的提升时间的总和最小。

记 $d(x)$ 为顶点 x 的外次与内次之差，称 $d(x)$ 为 x 的次。若次 $d(x) < 0$，则称 x 为负结点，若次 $d(x) > 0$，则称 x 为正结点。对负结点，存在着过剩的进入边；对正结点，存在着过剩的发出边，过剩的条数均为 $|d(x)|$。

为了构造出一个覆盖图，我们必须添加一些新的边(也可以是重复边)，使得添加后的新图中每一顶点 x 均满足 $d(x) = 0$。需要特别说明的是，由于添加边是不必清扫的，它们可以不在此子图中，只要在城市所有街道对应的大图中存在这条边即可。

定义 6.13　设 G 是一个每边都附有一个长度的有向图，H 是包含 G 的(大) 图，其边也附有长度。若 A 是 H 中的边的子集且满足：

(1) 将 A 添入 G 中作成新图 G'，对 G' 的每一顶点 x，有 $d(x) = 0$。

(2) 在满足(1) 的集合中，A 具有最小的总长度。

则称 A 为 G 关于 H 的最小添加集。根据前面的分析，读者容易证明下面的定理成立。

定理 6.22　G 关于 H 的最小添加集必可分成由 G 的负顶点到正顶点的通路，若 $d(x) = -K$(或 $+K$)，则有 K 条这样的通路由 x 处发出(或进入)。

例 6.30　给出了一个具体例子，顶点旁括号内的数字为该顶点的次，虚线边所成的集合为 A，其中有些边来自整个城市的街区图 H，显然 A 中的边可以分成由负顶点到正顶点的通路(见图 6.28)。

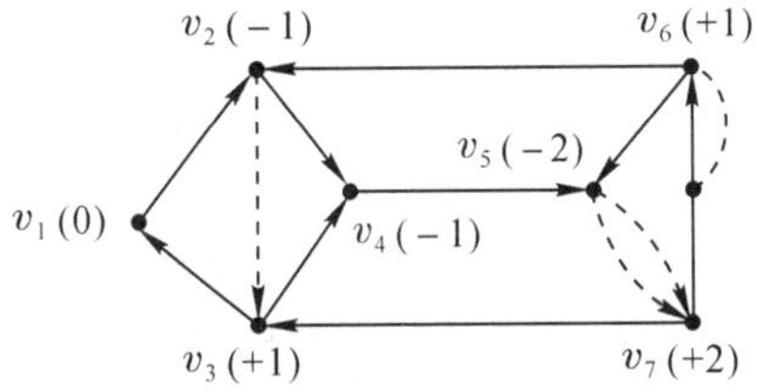

图 6.28

现在，问题归结为正负顶点间的配对，即根据 H 的边找出各负正顶点间的最短路径，求图中任意两顶点间的最短路径具有专门的有效算法(见本章第一节中的最短路径问题)。现假定已求出了任意一对负、正顶点间的最短距离，也就是说，设已有一个矩阵 $\boldsymbol{D} = (d_{ij})$，其中 d_{ij} 为负顶点 x_i 到正顶点 x_j 的最短距离。在 $\boldsymbol{D}$ 的最右边添加一列，元素为 $b_i = |d(x_i)|$，即 x_i 应发出的边数；再在 $\boldsymbol{D}$ 的最下面添加一行，其元素为 $c_j = d(x_j)$，即 x_j 应收到的边数，于是求最小添加集 A 已化为一个标准的供需平衡的“运输问题”，很容易利用康脱洛维奇的表上作业法求出其解(见第 5.2 节)，这一解将表明哪些负、正顶点间的最短路径将被采用，以构成最小添加集。例如，设图 G 有三个负顶点 x_1, x_2, x_3 和三个正结点 y_1, y_2, y_3，并设 $d(x_1) = -2, d(x_2) = d(x_3) = -1, d(y_1) = d(y_2) = 1, d(y_3) = 2$。假如我们已求出每对负、正顶点间的最短距离，得出矩阵：

$$\begin{array}{c} \\ x_1 \\ x_2 \\ x_3 \end{array}\begin{array}{c} \begin{array}{ccc} y_1 & y_2 & y_3 \end{array} \\ \begin{bmatrix} 3 & 6 & 7 \\ 8 & 2 & 4 \\ 5 & 4 & 1 \end{bmatrix} \end{array}$$

相应运输问题的表为

$$\begin{array}{c} \\ x_1 \\ x_2 \\ x_3 \\ \text{需求量} \end{array}\begin{array}{c} \begin{array}{cccc} y_1 & y_2 & y_3 & \text{供应量} \end{array} \\ \begin{bmatrix} 3 & 6 & 7 & 2 \\ 8 & 2 & 4 & 1 \\ 5 & 4 & 1 & 1 \\ 1 & 1 & 2 & 4 \end{bmatrix} \end{array}$$

右下角的 4 既是总供应量又是总需求量。读者可自行求解这一运输问题,其解为:$x_1 \to y_1$,$x_1 \to y_3$ 各一条,$x_2 \to y_2$,$x_3 \to y_3$,这些最短路径各取一次就得到了最小添加集。

在求出由 G 扩充成的最小覆盖圈 G' 后,还需为清扫工人指出一条较好的实际运行线路,不同运行方式在实际工作时的方便程度相差很大。清扫车有时要扫街道的左边,有时要扫右边,有时要升、降扫把以便快速通过不清扫的街道;在拐角处,有时要左转弯,有时要右转弯甚至 U 形转弯,事先规划好是十分有益的。纽约市是这样处理这一问题的,首先引入一个权因子,以反映街角处可能遇到的各种情况的麻烦程度,表 6.9 是综合清扫工人的意见后定出的权因子值。

表 6.9

街角决策	权因子
直走	0
大转弯	4
小转弯	1
U 形转弯	8
转换扫把	10
升降扫把	5

进而对每一街角 v_k 找出一个进出边之间的搭配,使得权因子总和最小(即操作最方便),这种搭配关系唯一地确定了实际运行路线。

这样,对于每一进(出)边多于一条的顶点 v_k,得出了一个权因子组成的矩阵 $\boldsymbol{W}^{(k)} = (w_{ij})$,其行对应进边,其列对应出边,而 w_{ij} 则为由 i 边进入由 j 边离开时司机需采取的措施所对应的权因子。例如,对图 6.29 表示的街角 v_k 可得:

显然,这些问题都是简单的指派问题,用匈牙利方法很容易求解。图 6.30 中的最佳搭配是一目了然的,即 $e_1 \to e_2$,$e_2 \to e_3$,$e_3 \to e_1$。

有时问题还可能更复杂些,例如图 G 可能分成几片而互不相通,此时还应当先将它们连成一个总长度最小的大圈。

$$
W^{(k)} = \begin{array}{c} \\ e_1 \\ e_2 \\ e_3 \end{array} \begin{array}{c} \begin{array}{ccc} e_1 & e_2 & e_3 \end{array} \\ \begin{bmatrix} 8 & 1 & 4 \\ 4 & 8 & 1 \\ 1 & 4 & 8 \end{bmatrix} \end{array}
$$

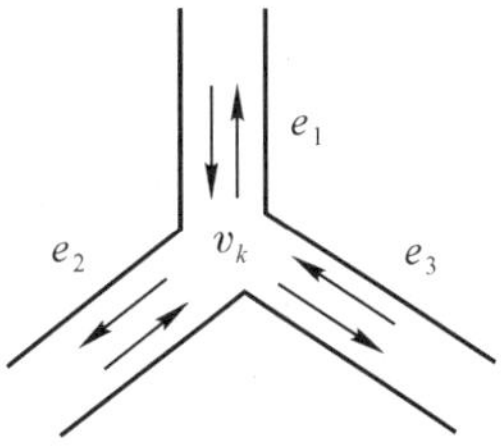

图 6.29

例 6.31　图 6.30(a) 是一个街区图，其中的箭线为单行线路，边上的数字是清扫该街道所需要的时间(提升时间减半)。图 6.30(b) 中的箭线表示上午 8:00—9:00 禁止停车的街边，现要求充分利用这一小时不停车时间清扫完图 6.30(b) 中的街边，试给出一个较好的实施方案。

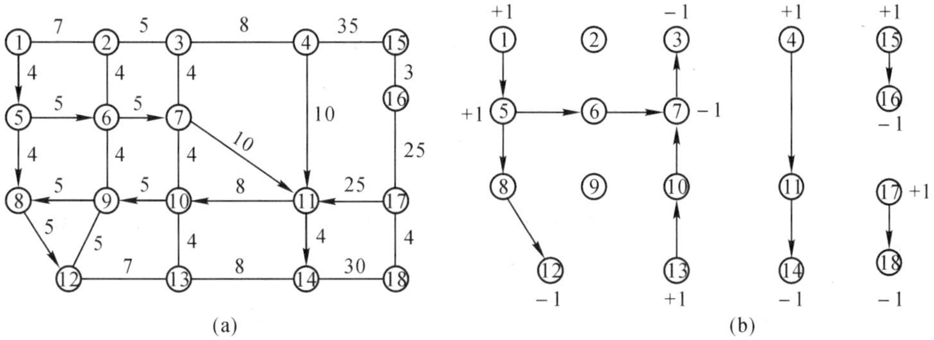

图 6.30

步 1　找出图 6.30 中的负顶点和正顶点，并对这些顶点求出 $d(x)$(已标在图中)。负顶点为 3、7、12、14、16、18，正顶点为 1、4、5、13、15、17，每一顶点的“供应量”或“需求量”均为 1。

步 2　求出每对负、正顶点间的距离，为方便起见，以清扫时间表示(纽约市是采用引入坐标，利用计算机计算的)。根据给出的两个图，求得反映负、正结点间距离的矩阵 $\boldsymbol{D}$：

$$
\begin{array}{c} \\ 3 \\ 7 \\ 12 \\ 14 \end{array} \begin{array}{c} \begin{array}{cccc} 1 & 4 & 5 & 13 \end{array} \\ \begin{bmatrix} 12 & 8 & 16 & 25 \\ 16 & 12 & 20 & 22 \\ 20 & 26 & 24 & 7 \\ 32 & 28 & 36 & 8 \end{bmatrix} \end{array}
$$

这里没有包括负顶点 16、18 和正顶点 15、17，因为十分明显，16 应与 15 配对，18 应与 17 配对。

求解与 $\boldsymbol{D}$ 相应的运输问题(由于次均为 1，问题已退化为指派问题)，得出应如下配对：3 → 4，7 → 1，12 → 5，14 → 13。添入相应的最短路径，得到扩充图 G'(见图 6.31)，增添路总长 63 分，折合成清扫时间为 $31\frac{1}{2}$ 分，用虚箭线表示添加边。

这里，由于进出边配对问题较为简单，不必再对顶点求解指派问题。

图 6.31(a) 中包含三个圈，它们过每条边(包括添加边) 正好一次。记左边的大圈为

G_1，右边上、下两圈分别为 G_2 和 G_3。

步 3　找出三个圈 G_1、G_2、G_3 间的最短连线。G_1、G_2 最接近的两个顶点为 4 和 15，距离为 35；G_1、G_3 最接近的顶点是 11 和 17，距离为 25。用最近顶点间的最短路径将三个小圈连接成一个大圈，见图 6.31(b)。走完整圈需要 $137\frac{1}{2}$ 分，其中 56 分是清扫时间，$81\frac{1}{2}$ 分为提升时间。

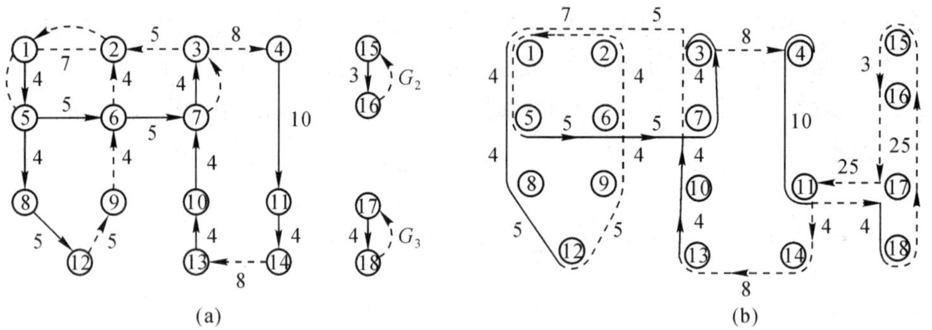

图 6.31

步 4　现作实际运行分配，由于全程需 $137\frac{1}{2}$ 分，因而不可能简单地剖分成两段 60 分的子路。当然，有多种方式可分成三段子路，但这样做并不是最经济的。

注意到由 16 → 17 → 11 有一段总长达 50 分的提升时间，考虑是否可以利用这一点，即设法将这段路安排在分段的开头或结尾，以便在 8:00 以前或 9:00 以后通过它，要想分成两段（节省一辆车），这是唯一可想的办法。然而十分可惜的是像图 6.31 这样的圈，这种办法也行不通（稍加计算即可知道）。

现改用 18 → 14 连接 G_1 和 G_3，得到一个新圈（见图 6.32）。此圈可分为两段：

T_1：1 → 5 → 8 → 12 → 9 → 6 → 2 → 1 → 5 → 6 → 7 → 3 → 4 → 11 → 14

T_2：15 → 16 → 17 → 18 → 14 → 13 → 10 → 7。

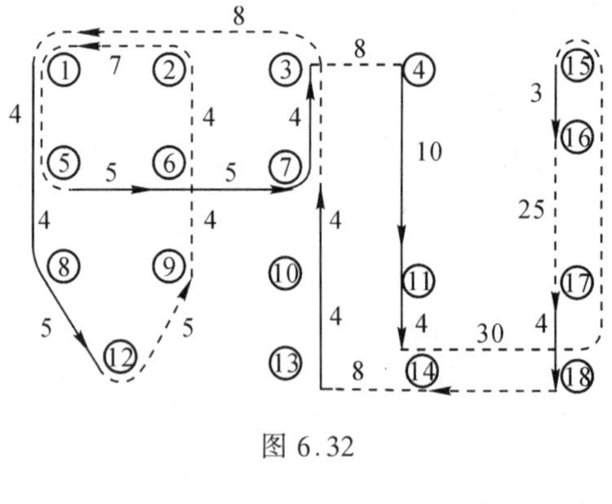

图 6.32

T_1 需要清扫时间 57 分（其中 41 分是清扫时间，32 分为提升时间），T_2 需要清扫时间 $46\frac{1}{2}$ 分（其中 15 分是清扫，31.5 分为提升时间），若将 1—5 安排在第二次通过时清扫，则 T_1 占用的禁止停车时间又可缩短两分钟，当然，此时应于 8:00 以前赶到 5 处，开始清扫。

现在经过反复筹划，只需派出两辆清扫车即可在 8:00—9:00 内打扫完指定街道。另外，若不连接 G_1 和 G_2，也可以得到包含两段可行子路的另一个大圈，读者可以自行完成。

二、最短网络的构造

假如我们要铺设一个连接 n 个地点的网络，如铺设电话线路、铁路、高速公路、地铁等，自然会考虑的问题是：应当如何铺设才能使网络的总长度最小？众所周知，两点之间的最短路径是连接它们的直线段，于是你也许会猜测，连接 n 个点的最短网络可能是连接它们的最小生成树。

由于工程浩大、费用昂贵，在施工之前认真分析一下是非常必要的，你可能会再核算一下："到底还有没有更短的连接方法？"这次，你也许会对一些简单情况进行核算，以便验证你的猜测是否正确。事实上，只要稍稍仔细一些，就会发现疑问，并否定原先的猜测。例如，连接边长为$\sqrt{3}$的正三角形三顶点 A、B、C 的最短网络并不是三角形的两边（长度为 $2\sqrt{3}$），而是由三条边 AD、BD 和 CD 组成的网络，其中 D 为三角形的中心（总长为 3），如图 6.33(a) 中的虚线所示。图 6.33(b) 中，连接 A、B、C、D 的最短网络也不是最小生成树（由三条实线段组成，总长为 $4\sqrt{3}$），而是由四条虚线段组成的网络（总长为 $2\sqrt{3}+3$）。三点、四点的情况尚且如此，顶点更多的情况一定更为复杂、有趣。

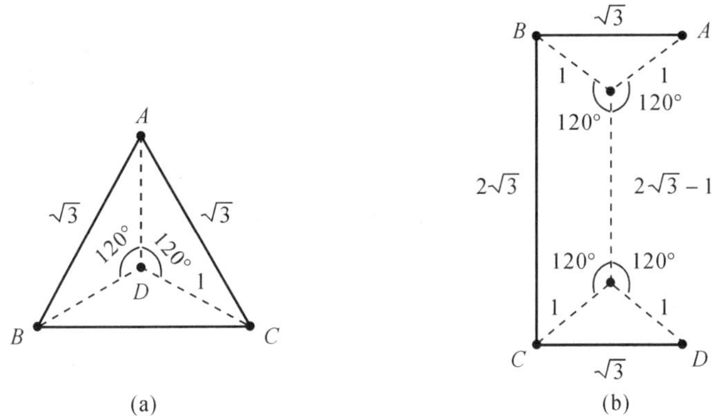

图 6.33

其实，这并不是什么新发现，而是具有数百年历史的斯坦纳(Steiner)最小树问题。这个最小树问题可作如下叙述：对平面中任意给定的 n 个点 $P_1,\cdots,P_n$，如何添入若干个新点，使包含新顶点在内的顶点间的最小生成树为连接此 n 个点的最短网络（即最短斯坦纳树）。平面中给定的 n 个点 $P_1,\cdots,P_n$ 被称为原点（或正则点），新添入的点被称为斯坦纳点，或简称为斯点。

最早发现斯坦纳树问题的是大数学家高斯，他的一个当铁路工程师的儿子曾问过他，如何用铁路连接四个城市才能使总长度最短，高斯作了详尽的解答。17 世纪初，著名数学家费马(Fermat)提出过如下问题：给定平面上三点 A、B、C，求第四点 P，使 P 到三点的距离之和为最小。托里塞利(Torricelli)解答了这一问题，现解答如下：若 A、B、C 组成的三角形中存在一内角大于或等于 120°，则不必添加 P，A、B、C 的最小生成树即最短网络。否则，以 $\triangle ABC$ 的一条边（例如 AC 边）为一边，在 $\triangle ABC$ 外作一个等边三角形 $\triangle ACD$，并作 $\triangle ACD$ 的外接圆，连接 BD，线段 BD 与该圆的交点 P 即为所求。读者可自行验证：线段 PA、PB、PC 两两夹角均为 120°，这三条线段是连接 A、B、C 的最短网络。19 世纪初，著名几何学家斯坦纳推广了上述简单情况，故此问题被称为斯坦纳最小树问题。

容易证明，最短网络(即最小斯坦纳树)必满足以下两个条件：

(1) n 个正则点的最短网络最多可含有 $n-2$ 个斯坦纳点；

(2) 任一斯坦纳点必为三条两两夹角为 120° 的线段的交点。

求最短网络的难点在于确定究竟应当添加多少个斯点，它们应当添加在何处。一旦这一问题解决，余下的问题就简单了，只需求最小生成树即可。例如，若记斯点数为 p，当 $n=4$(只有四个正则点)时，p 可取 0、1 或 2；对 $p=0$，共有 16 种可能的生成树；对 $p=1$，共有 12 种可能的生成树；对 $p=2$ 共有 3 种可能的生成树。故对应 $n=4$，总共可有 31 种不同的斯坦纳树，其中最短的为最小斯坦纳树。斯坦纳树的数目随正则点个数 n 急剧增长，当 $n=7$ 时，斯坦纳树的数目最多可达 62370 个，只有在比较完所有可能情况后，才能从中找出最短网络。可以证明，n 个正则点 p 个斯点的斯坦纳树共有

$$\frac{C_n^{p+2}(n+p-2)}{2^p p!}$$

个，而 p 又可取 $0,1,\cdots,n-2$。对于稍大的 n，斯坦纳树的数目即已达到了惊人的地步，要想用一一比较的方法来找出最短网络，即使利用现代的高速计算机也是完全不可能实现的。1977 年，Garey，Graham 和 Johnson 证明，最小斯坦纳树问题是强 NP 难，连动态规划算法也不可能存在，除非 $P=NP$。因此，对最小斯坦纳树问题的研究主要只能沿以下两个方向进行：

(1) 对某些特殊结构的正则点集，求最小斯坦纳树也许会有较好一点的方法；

(2) 对一般点集，寻找求最短网络的有效近似算法。

近几十年来，人们沿着这两个方向均已取得了不少重要的研究成果，由于篇幅的限制，我们只准备简要地介绍一些后一方向的研究结果，对前一方向的结果有兴趣的读者，可以自行查阅有关的文献资料或专门书籍，例如，可参阅中国科学院越民义教授著的《组合优化导论》第六章。

为了求最短网络即最小斯坦纳树的近似结果，一个十分自然而又简单的办法就是用最小生成树来代替最小斯坦纳树。在本章第一节中我们已经看到，最小生成树(MST)是拟阵问题，极易求解。那么，在最坏情况下，两者究竟会相差多少呢?这里，我们又一次遇到这样的情况：设计近似算法十分简单，而分析近似算法的效果却极为困难。1968 年，Gilbert 和 Pollak 证明了当 $n=3$ 时，最小斯坦纳树的长度与最小生成树的长度之比不会小于$\frac{\sqrt{3}}{2}$，即在这种情况下($n=3$)，最小生成树长度不会大于最小斯坦纳树长度$\frac{2}{\sqrt{3}}$倍。设 A 为正则点集，分别记 $L_M(A)$ 和 $L_S(A)$ 为 A 的最小生成树长度与最小斯坦纳树长度，他们猜测，斯坦纳比

$$\rho=\inf_P\left\{\frac{L_S(A)}{L_M(A)}\right\}=\frac{\sqrt{3}}{2}$$

这就是十分著名的 Gibbert-Pollak 猜测(简称 G-P 猜测)。

ρ 不可能再大，当 A 为正三角形的三个顶点时已经达到了$\frac{\sqrt{3}}{2}$(见图 6.33(a))，但要证

明 ρ 不能更小则极为困难。1978 年,Pollak 证明 G-P 猜测在 $n=4$ 时成立。1982 年,堵丁柱、黄光明、姚恩瑜证明 $n=5$ 时成立。其后,又有人证明 $n=6$ 时也成立,证明所用的方法基本上是纯几何的,至此,离终点仍十分遥远,且随着 n 的增大,证明越来越繁琐,这样做下去似乎不可能到达终点。于是人们又换了一种方法。1976 年,Graham 与黄光明证明 $\rho\geqslant 0.577$;1978 年,钟金芳蓉与黄光明证明 $\rho\geqslant 0.743$;1983 年,堵丁柱与黄光明证明 $\rho\geqslant 0.8$;1985 年,钟金芳蓉与 Graham 证明 $\rho\geqslant 0.8241$;直到 1992 年堵丁柱和黄光明才最终证明了 G-P 猜想,该论文的发表曾引起很大的轰动,作者还因此文获得了数项大奖。

既然 $\rho=\frac{\sqrt{3}}{2}$,那么,我们对用最小生成树来代替最短网络这一近似算法的效果就能给出一个科学的评价了。仍以 $L_M(A)$ 和 $L_S(A)$ 分别表示正则点集 A 的斯坦纳最小树(最短网络)和最小生成树的长度。因为

$$\frac{L_S(A)}{L_M(A)}\geqslant\frac{\sqrt{3}}{2}$$

故

$$L_M(A)-L_S(A)\leqslant\left(\frac{2}{\sqrt{3}}-1\right)L_S(A)\approx 0.1547L_S(A)$$

即用最小生成树代替最短网络,长度最多只会增加 15.47%,可以认为以最小生成树代替最短网络是一个效果相当不错的近似算法。

有些实际问题,常常需要用直折线距离或所谓"棋盘"距离来代替欧氏距离,此时,网络中任意一条边都必须平行于两个指定的方向之一。对于这类情况,也存在着类似的最优斯坦纳树问题。作为实例,我们来考察一道美国大学生数学建模竞赛赛题——MCM1991 试题 B:通过网络的极小生成树。

例 6.32(通过网络的极小生成树)

问题的提出:两个通讯站间通讯线路的费用与线路的长度成正比。通过引入若干"虚设站"并构造一个新的 Steiner 树可以降低由一组站生成的最小生成树所需要的费用。用这种方法可以降低费用多达 13.4% $\left(1-\frac{\sqrt{3}}{2}\right)$。而且构造一个有 n 个站的网络的费用最低的 Steiner 树绝不需要多于 $n-2$ 个虚设站。下面是两个简单的例子。

对于局部网络而言,常有必要用直线距离或"棋盘"距离。对于这种尺度可以计算距离,如图 6.34 所示(注:增添虚设点 d,可得连接 a、b、c 的最短"直线 Steiner 树",其长度为 17)。

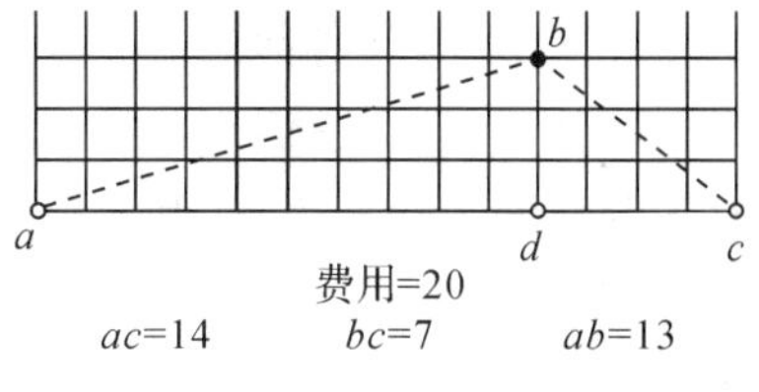

图 6.34

假定你希望设计一个有 9 个站的最低造价生成树。这 9 个站的直角坐标是:$a(0,15)$,$b(5,20)$,$c(16,24)$,$d(20,20)$,$e(33,25)$,$f(23,11)$,$g(35,7)$,$h(25,0)$,$i(10,3)$,限定你只能用直线,而且所有的虚设站都必须位于格点上(坐标是整数),每条直线段的造价是其长度值,要求求解以下问题:

1. 求该网络的一个最小费用树。

2.设每个站的费用为 $d^{\frac{3}{2}}\omega$,其中 d 为通讯站的度,$\omega = 1.2$(权),求最小费用树。

3.试将这个问题加以推广。

由于篇幅的限制,这里只讨论问题 1,问题 2 可采用类似方法讨论。

容易发现,“棋盘”距离下的最小 Steiner 树问题也是 NP 完全的,因为“棋盘”距离下的最小 Steiner 树事实上是通常意义下的最小 Steiner 树沿某一方向的投影。不难证明,“虚设点”必位于正则点的闭凸包中,在最小 Steiner 树中,虚设点数目不会超过 $n-2$ 个。事实上,设虚设点个数为 m,由于虚设点度数至少为 3,可知 $2e \geqslant 3m+n$(e 为最小 Steiner 树中的边数),又 $e = m+n-1$,故必有 $m \leqslant n-2$。

对于给定的 9 个通讯站,根据它们的位置,从图 6.35 中可以看出虚设点可取矩形[0,35;0,25]中的格点。这种格点共有 936 个,虚设点最多可以取 7 个。总共有 $C_{936}^0 + C_{936}^1 + \cdots + C_{936}^7$ 种不同的取法。虽然在取定虚设点后构造最小生成树并非难事,但由于虚设点的取法过多,要用穷举法找出最小 Steiner 树,计算量仍然太大。

经进一步的观察分析可以发现,图 6.35 中只有对应“。”的格点才真正有可能被取为虚设点,这种点共有 31 个。因而,在使用穷举法寻优时,只需对虚设点的 $C_{31}^0 + C_{31}^1 + \cdots + C_{31}^7 = 3572224$ 种不同取法进行比较,即可找出“棋盘”距离下的最小 Steiner 树(共有五种不同最优树,长度均为 94)。

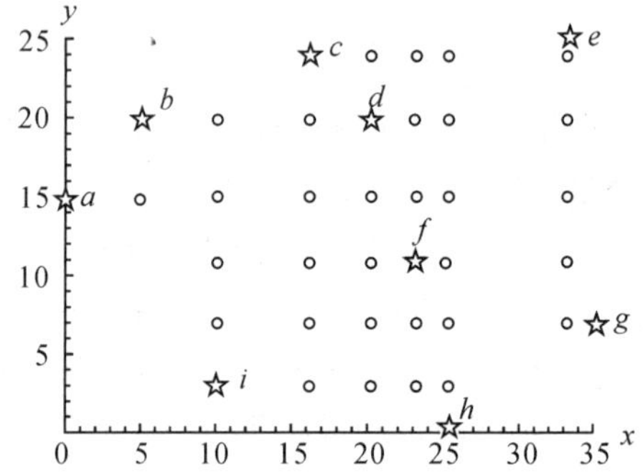

图 6.35

对于有 n 个正则点的一般情况,虚设点的位置最多可取 n^2-n 个,且可通过下面定理的结果及相应的三个对称定理的结果进一步缩小虚设点可取位置的数目。

定理 6.23 对于正则点集合$\{(x_i, y_i), i = 1, \cdots, n\}$,如果存在一个点 $P^* = (x^*, y^*)$,使得有 $x_i \leqslant x^*$ 或 $y_i \leqslant y^*$ 成立,则在最优 Steiner 树中不存在 $x \geqslant x^*$ 或 $y \geqslant y^*$ 的虚设点。(证明从略)

定理 6.23 及与其对称的另一些结果是从对图 6.35 的分析得出的,有时可以用来减少穷举中的计算量,由它们可以推出一些删去准则,以便删去一部分不必要的比较。

对于题目给定的 9 个点,利用带删去准则的穷举法已经求得了“棋盘”距离下的最优 Steiner 树。但对一般正则点集 A,算法仍因计算量过大而不太可能求出结果(在 n 较大且删去效果不太明显时更是如此)。因此,我们还应进一步考虑是否能设计出一些效果更好的近似算法,以供实际应用需要。下面笔者设计了一个较为简便的近似算法供读者参考,是否还能设计出更好的近似算法读者可作进一步的讨论。

三、近似算法

步 1 求正则点集 A 的最小生成树(欧氏距离)。

步 2 将最小生成树的每条边沿两指定方向作投影,得到“棋盘”距离下的近似最优网络(注:若正则点的坐标不全为整数而虚设点仍要求格点,则还应作些边的平移)。

由于“棋盘”距离下的最优 Steiner 树的长度必大于最优 Steiner 树的长度,最优 Steiner 树长度至少是最小生成树长度的$\frac{\sqrt{3}}{2}$倍,因而步 2 作投影后得到的网络的长度至多是最小生成树长度的$\sqrt{2}$倍。根据上述不等式关系立即可得出:近似算法求得的网络,其长度不可能超过“棋盘”距离下最优 Steiner 树长度的$2\sqrt{\frac{2}{3}}$倍($2\sqrt{\frac{2}{3}}\approx 1.633$)。

根据网络的特征,上述近似算法还可以与局部调优方法结合起来使用,以获得更好的实用效果。例如,可将 A 划分成几个子集,每一子集都较易找到最优网络,然后将求得的子网络逐次适当合并、调整,以找到 A 的一个近似最优网络。这种局部寻优的办法常能提供较好的结果,尤其是在随机地多次使用,最后经比较从中找出最优的一个来,效果常常更好,有兴趣的读者不妨一试。如将图 6.35 中的 9 个正则点分为三组,每组三个顶点,可立即得到三个子集的最优网络。然后将三个子网络适当合并,得到 9 个点间的一个网络。如果你多试几次(用不同分法和合并法),不难找到一个长度为 94 的最优网络,所用的计算量将大大少于穷举法。可惜的是,这类局部寻优方法通常很难找到理论依据,实践中可与其他近似方法结合起来用,以期望对所求的实例获得更为理想的结果。

习　题

1. 写出求解矩阵拟阵问题的贪婪算法,并证明它必能求得一个最优解。

2. 试用几种不同的方式求解图 6.36 给出的最小生成树问题(MST),各边赋权值已附在图上,最大(权)生成树问题也可用贪婪算法求解,试对同一图找一个最大生成树。

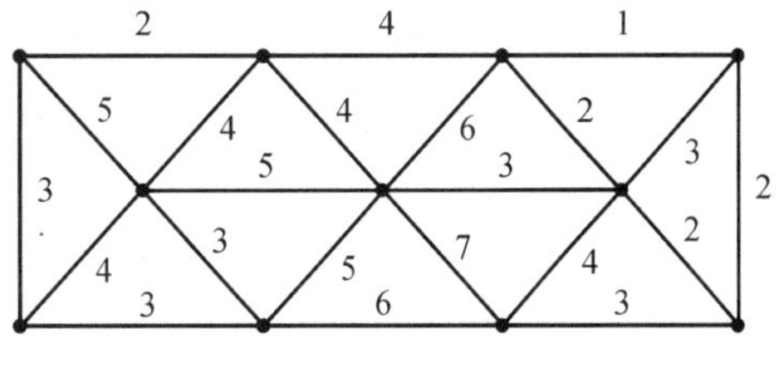

图 6.36

3. 证明下面的节点赋权匹配问题是一个拟阵(称为匹配拟阵)。给定图 $G=(V,E)$,对 V 中的每一顶点 v 赋权 $\omega(v)>0$,求 G 的一个匹配 M,使得 $\sum\limits_{M}\omega(v)$ 最大,这时的求和是对 M 中边的所有顶点进行的。

4. 有人认为他构造了一个求解 MST 的计算量不超过 $O(\log_2|E|)$ 的算法,其算法如下:先将 E 中的边整理成由小到大的顺序,计算量为 $O(\log_2|E|)$,依次加入权最小的边,除非加入会产生圈。你同意他的看法吗?

5. 设计一个有效算法,对任意给定的图 G,它能检查此图是否为连通图。

6. (1) 图 6.37 中的(a)、(b) 均为极大匹配,其中(a) 是最大匹配但(b) 不是,求(b) 的一个最大匹配。(2) 用增广路算法求非两分图的最大匹配时会遇到什么困难,有什么办法可以克服这一困难?

7. 请设计出求解最大匹配问题的增广路算法。

8. 已知最小费用最大流问题是 P 问题,试证明最短路径问题也是 P 问题。

9. 不含闭子圈的路称为简单路。利用哈密顿圈问题是 NP 完全的证明:求图上给定

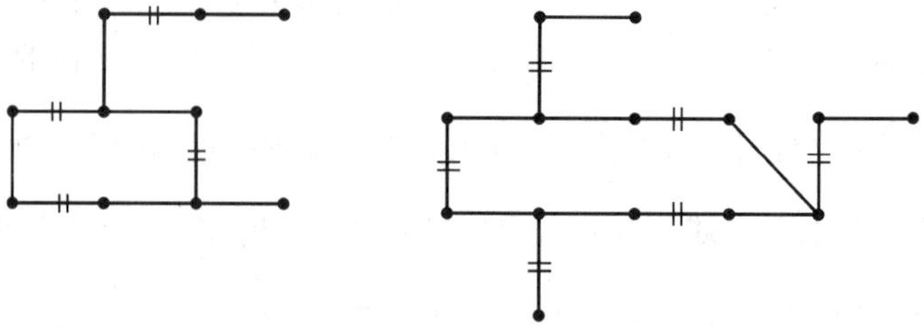

(a) (b)

图 6.37

两点之间的最长简单路问题是 NP 完全的。

10. 对右边的网络(图 6.38)求一最大流。如果你还想再增大由 s 到 t 的流量,应当怎样改造网络?

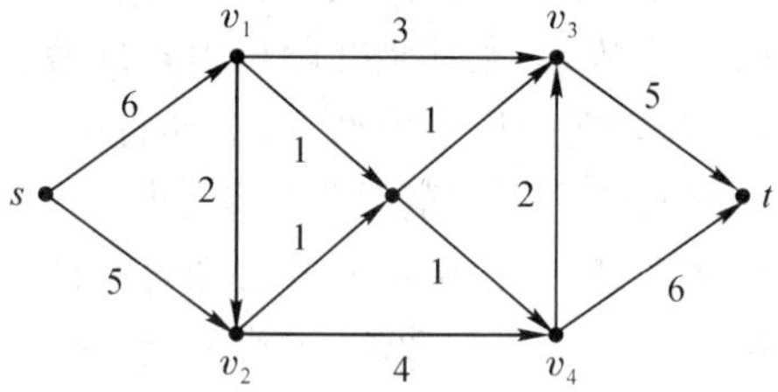

图 6.38

11. 某种设备第 1、2 年的价格为 11 万元,第 3、4 年的价格为 12 万元,第 5 年的价格为 13 万元。新设备及使用 1、2、3、4 年的设备的年维护费用分别为 5、6、8、11、18 万元。试制订一设备更新计划,使五年内的购置费与维护费总和最少。

12. 图 6.39 是一张街区图,请根据以下情况找出最佳邮路:(1) v_2 是邮局,送信后应返回邮局。(2) v_2 是邮局,v_6 是邮递员的家,送完信可下班回家。除了前面介绍的方法外,你是否有更简便的求解方法。

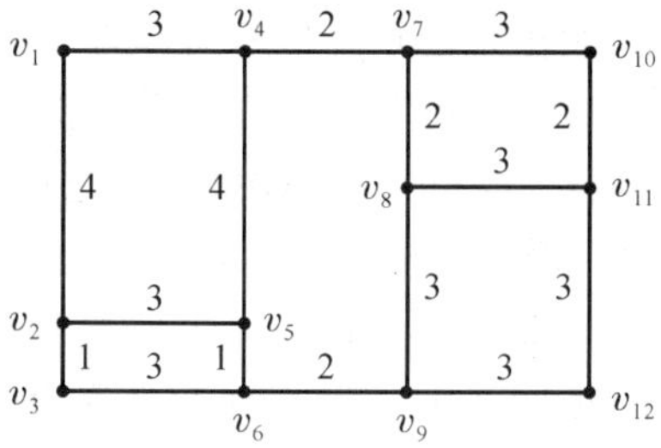

图 6.39

13. 一名机修工要检修 n 台已经损坏的机械设备,设备 T_j 估计要花费 P_j 单位时间的检修,若 T_j 在 C_j 时修好,则工厂将损失 $\omega_j C_j$(因停工少生产造成的损失)。机修工应如何安排检修顺序,才能使因检修而造成的总损失最少。这一问题为 $1 // \sum \omega_j C_j$ 排序问题,其中 1 表示只有一台“机器”,在这里“机器”实际上为机修工。$\sum \omega_j C_j$ 为目标函数,这里为总损失费用。

设现有 7 台机械待修,预计修理时间分别为 3、6、6、5、4、8、10 小时,这些机械每小时停工的损失费依次为 6、18、12、8、8、17、10 元。

(1) 应按什么顺序修理机械 $T_1, \cdots, T_7$ 才能使总损失最小?

(2) 如修理顺序还要求 $1 \to 2 \to 3 \to 4, 5 \to 6 \to 7$(这里,$a \to b$ 表示必须先修完 a 才能修 b),应按何顺序修理?

注:由(1)你能得出一般问题的算法吗?你得出的算法是不能用于有一般先行序的排序问题(2)的,因为 $1/\text{prec}/\sum \omega_j C_j$ 是 NP 完全的(prec 表示有先行序)。

14. 证明对图 $G = (V, E)$ 及 V 的子集 K,下面讲法等价:(1) K 是 G 的一个团;(2) K

是 $\bar{G}$ 的一个独立集；(3) $V-K$ 是 $\bar{G}$ 的一个覆盖。这说明，求团、独立集和覆盖问题是等价的，即找到其中任一个的有效算法也就找到了其他两个的有效算法。

15. 求解下列覆盖问题，找出一个最小覆盖。

(1) 费用

$$
\begin{array}{cc}
 & & b_1 & b_2 & b_3 & b_4 & b_5 & b_6 & b_7 & b_8 \\
4 & a_1 & 1 & 1 & 0 & 1 & 1 & 0 & 0 & 0 \\
7 & a_2 & 0 & 0 & 1 & 0 & 0 & 0 & 1 & 0 \\
4 & a_3 & 0 & 1 & 0 & 0 & 1 & 1 & 0 & 0 \\
3 & a_4 & 0 & 0 & 0 & 0 & 0 & 0 & 0 & 1 \\
4 & a_5 & 1 & 0 & 0 & 1 & 0 & 1 & 1 & 0 \\
6 & a_6 & 0 & 1 & 0 & 0 & 0 & 0 & 0 & 1 \\
2 & a_7 & 0 & 1 & 0 & 0 & 0 & 0 & 0 & 0
\end{array}
$$

(2) 费用

$$
\begin{array}{cc}
 & & b_1 & b_2 & b_3 & b_4 & b_5 & b_6 & b_7 \\
4 & a_1 & 1 & 0 & 1 & 0 & 1 & 0 & 0 \\
2 & a_2 & 0 & 0 & 1 & 0 & 0 & 0 & 1 \\
4 & a_3 & 1 & 1 & 0 & 0 & 1 & 0 & 0 \\
7 & a_4 & 0 & 0 & 1 & 1 & 1 & 0 & 0 \\
3 & a_5 & 0 & 1 & 0 & 1 & 0 & 1 & 0 \\
3 & a_6 & 1 & 0 & 0 & 1 & 1 & 0 & 0 \\
5 & a_7 & 0 & 1 & 1 & 0 & 0 & 1 & 1
\end{array}
$$

16. $1 /\!/ \sum \omega_j T_j$ 是指如下的排序问题：欲用一台机器加工 n 个工件 $J_1, \cdots, J_n$，J_j 的加工时间为 P_j，交工期限为 d_j。若安排了一个加工顺序，在此顺序下 J_j 的完工时间为 C_j，则 $T_j = \max\{0, C_j - d_j\}$ 为 J_j 的延误时间，ω_j 为 J_j 每单位时间延误的惩罚费用。$1 /\!/ \sum \omega_j T_j$ 要求找出一个最优排序，使总惩罚费用 $\sum_{j=1}^{n} \omega_i T_j$ 最小。这一问题是 NP 完全的，下面的分析可导出一个求解的分枝定界法。

(1) 若存在两工件 J_j 和 J_k，满足 $P_j \leqslant P_k$，$d_j \leqslant d_k$，但 $\omega_j \geqslant \omega_k$，则 J_j 应安排在 J_k 前加工。

(2) 若将 J_j 放在最后加工，将其余工件分解为若干个单位加工时间的工件（如 J_j 可分解为 P_j 个单位加工时间工件），可以十分容易地求出这一新问题的最优排序，它给出了若将 J_j 放在最后加工的子问题的目标函数值的一个下界（因为原问题是不允许中断加工的）。若此最优排序不必分解各工件，就得到了这一分枝（即 J_j 最后加工）的最优排序。按此思想作出求解这一问题的分枝定界法，并求解下面的实例。

工件	1	2	3	4
ω_j	4	5	3	5
P_j	12	8	15	9
d_j	16	26	25	27

17. 一超级市场在某城市有四家连锁店,某种货物在该城市的日供应量为 6 吨,各店销售该货物的利润见下表,超市应如何分配此货物才能使总利润最大?最大日总利润是多少?

利润/万元 连锁店 吨数	1	2	3	4
0	0	0	0	0
1	4	2	3	4
2	6	4	5	5
3	7	6	7	6
4	7	8	8	6
5	7	9	8	6
6	7	10	8	6

18. (1) 设计一个求解背包问题的动态规划算法,你可以假定背包容量为 C,拟装入的物品为 $T_1,\cdots,T_n$,物品 T_i 的容积(或重量) 及价值分别为 $P(T_i)$ 和 $\omega(T_i)$。要求装入物品的总容积不超过 C 且总价值最大,试写出这一问题的数学模型。

(2) 设邮包限重为 13 千克,物品 1、2、3、4、5 的重量和价值见下表,用你设计的算法解答这一邮包问题。(注:它可以被看成是(1) 的一个实例)

物品	重量 /kg	价值 / 百元
1	7	9
2	5	4
3	4	3
4	3	2
5	1	0.5

19. 商场出售货物时营业员经常要为顾客找零钱。设共有 n 种不同面值的货币,面值分别为 $p_1,\cdots,p_n$,假定营业员要找给顾客 C 元,应当如何找才能使找给顾客的钱币张数最少?试写出这一问题的数学模型。

你写出的数学模型也许是一个 0 - 1 线性规划,一般讲,0 - 1 规划问题应当是 NP 难解的,但谁都知道最少张数的找钱问题并不困难,请想一想为什么。

20. 对装箱问题的 Next Fit 算法,证明:$\mathrm{NF}(I) \leqslant 2\mathrm{OPT}(I)$

21. 有一批钢材原料,长度均为 101cm。现拟取出下列用料:7 根 6cm 的、7 根 10cm 的、3 根 16cm 的、10 根 34cm 的及 10 根 51cm 的。

(1) 按给定的顺序用 FF 算法和 BF 算法取料,共需动用几根原料?

(2) 若先取大料再取小料,共需动用几根原料?

(3) 做完本题你有什么想法?你还能想出其他较好的求解办法吗?

22. (1) 利用 Christofide 算法求图 6.40 的一个近似最优圈,其中 δ 为充分小的正数。

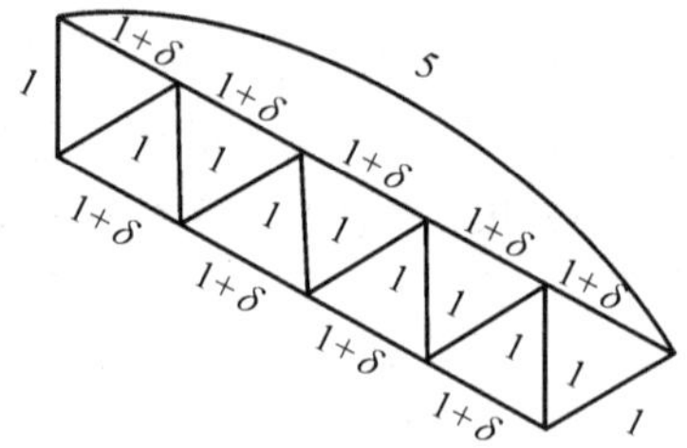

图 6.40

(2) 构造一个例子,说明对于第 6.4 节中定理 6.16 证明的结果 $C(I) \leqslant \frac{3}{2}\mathrm{OPT}(I)$,最坏情况比值 $\frac{3}{2}$ 是紧的(即不能用更小的数代替)。

23. 图 6.41 是某省七个地区的平面图。试按地图染色问题中介绍的步骤,求一最少颜色的着色法。

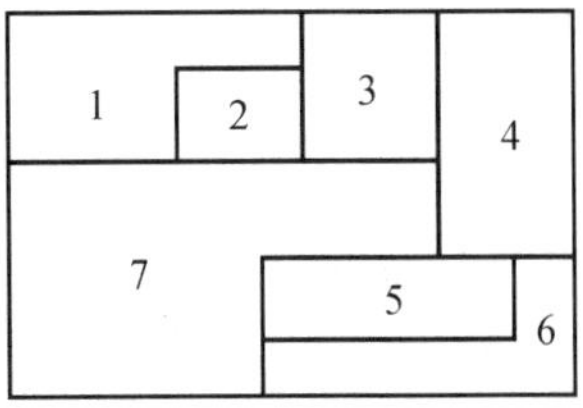

图 6.41

第七章　对策与决策模型

古人云:“世事如棋。”人生就像下棋一样,每天都要面对许多的对策与决策问题。有些是生活琐事的对策与决策,如要不要买你看中的一件商品;今天中午你点什么菜,喝什么酒?有些则可能是决定你命运的重大事情的对策与决策,如高考填志愿你该填什么学校,什么专业?许多人在竞争某一职位,你应当怎样做才能最好地表现自己,使自己脱颖而出?等等,等等。

对策与决策问题都要求你面对几种方案作出选择,不同之处在于遇到对策问题时,你面对的是一个或几个与你一样可以选择行动方案的对手;而遇到决策问题时则不然,你面对的并非一些对手,而是将来会出现的几种可能结果,它们虽不会故意为难你(即不会和你博弈),但你一般却不知道究竟哪一种结果会真正出现。当然,两类问题也有一定的联系,不必分得过于清楚。例如,在有些情况下,如果我们把可能出现的若干种情况看成是竞争对手可以采取的几种策略,那么求解对策问题的方法也可以用来求解决策问题。

7.1　对策问题

对策论的思想早就有之,我国战国时期的“田忌赛马”就是一例。传说齐王欲与大将田忌赛马,双方约定每人挑选上、中、下三个等级的马各一匹进行比赛,每局赌金为一千金。齐王同等级的马均比田忌的马略胜一筹,似乎必胜无疑。田忌的朋友孙膑给他出了一个主意,让他用下等马比齐王的上等马,上等马对齐王的中等马,中等马对齐王的下等马,结果田忌两胜一败,反而赢得了一千金。然而,对策论作为一门真正独立的学科,其发展的历史却并不久远。1912 年,策墨罗(Zermelo)利用集合论思想研究下棋,发表了题为《关于集合论在象棋对策中的应用》的论文。1928 年与 1937 年著名美籍匈牙利科学家冯·诺伊曼(Ven Neumann)先后发表了两篇有关对策论的论文。1944 年,冯·诺伊曼和摩根斯藤(Morgenstern)合著了《对策论与经济行为》(Theory of Games and Economic Behaviour)一书。这些研究成果被公认为是对策论作为一门学科创立的标志,他们引进了严格的定义,构建了对策论的理论框架,使对策论研究走上了系统化、公理化的道路。1950 年,美国数学家纳什(Nash)将冯·诺伊曼等人的合作对策理论发展到非合作对策情况,提出了纳什平衡点概念(纳什本人也因此而获得了诺贝尔经济学奖)。此后,对策论围绕着纳什平衡点这一核心问题发展,又有了新的重大突破。

对策问题的参与者为利益相互冲突的各方,其结局不取决于其中任意一方的努力而是各方所采取的策略的综合结果。

究竟什么是对策问题呢?让我们先来考察两个简单的实例。

例 7.1(囚犯的困惑)

警察同时逮捕了两人,并将他们分别关押在两处,逮捕的原因是他们持有大量伪币。警方怀疑他们伪造钱币,但尚未找到充分的证据,希望他们能自己供认。这两个人都知道:如果他们双方都不供认,将被以持有和使用大量伪币罪各判刑 18 个月;如果双方都供认伪造了钱币,将因伪造钱币罪各被判刑 3 年;如果一方供认另一方不供认,则供认方将被从宽处理仅关押半年,但未供认的另一方将被判刑 7 年。将嫌疑犯 A、B 被判刑的几种可能情况如表 7.1 所示。

表 7.1

		嫌疑犯 B	
		供认	不供认
嫌疑犯 A	供认	(3,3)	(0.5,7)
	不供认	(7,0.5)	(1.5,1.5)

表中每对数字表示嫌疑犯 A、B 被判刑的年数。

让我们来分析一下囚犯们会怎样来决策。囚犯 A 也许会这样想:若 B 招认了,我如果不招认会被判 7 年,但我也招认的话判刑只有 3 年;若 B 不招认,我如果招认判刑只有半年,而不招认则会被判刑 1.5 年。也就是说,不论 B 招认还是不招认,对 A 来说,招认都比不招认要好。既然如此,除非 A 是傻瓜,他肯定会采取招供的策略。同样道理,如果 B 不是傻瓜,他也会这样想,从而采取招供的策略。看来这一案件的最终结果一定是,A、B 均供认并各被判刑 3 年,不管他们真的有没有伪造钱币。由此可以看出,在这种情况下,过分地强调了坦白从宽、抗拒从严,即使不使用刑罚,也完全有可能制造冤案,这就是为什么法律界人士要再三强调量刑时应当重事实、重证据的原因之一。

在上面这个简单实例的分析中,我们其实已经先验地作了一条假设:"防人之心不可无",不管对方怎么做,我的策略应当保证我不会成为牺牲品。例如,假如 A、B 都不招供,他们都只需服刑 1.5 年(而不是 3 年)。可是,双方都会这样想,凭什么我要相信对方,有什么东西能保证对方不会出卖我呢?

"囚徒的困惑"是一个很出名的实例,它之所以出名是因为它揭示了一种现象,即在自然状态下,动物(包括人)是趋利避害的。假如你将一批猴子关进笼子里并每天从中选出一只来杀掉,你只要稍加留意就会发现,在你选猴子的时候,猴子们非常紧张,一动都不敢动生怕引起你的注意,而当你选中一只准备杀时,被选中的猴子在拼命地挣扎,其余的猴子却在笼子里幸灾乐祸地观望,可能还在庆幸自己未被选中。不少人认为,人总是利己的,只要不去伤害别人就算是好人了(经济学中将这种人称为"理性人")。其实不然,如果不崇尚奉献精神,人人都事不关己高高挂起,人人都满足于当"理性人",就会对整个社会带来灾难,最后也一定会殃及作为社会一员的个人。例如,我们经常看到有消息报道,某处罪犯正在作案,旁观看热闹的人不少,却没有人挺身而出去加以制止(或只有很少的几个见义勇为者),大概就是因为事不关己吧。这些人和关在笼子里的猴子没有多大区别,他们的举动其实在助长犯罪分子的威风,如果每一个人都能挺身而出,罪犯的气焰就不会这样嚣张了,敢于犯罪的人也就少了。

例 7.2(商业竞争)

两家生产相同产品的工厂在竞争市场,甲厂拟定了三套行动计划 $\alpha_1,\alpha_2,\alpha_3$,乙厂拟定了四套行动计划 $\beta_1,\beta_2,\beta_3,\beta_4$。预测在甲厂采取方案 α_i 而乙厂采取方案β_j 时,甲乙两厂的市场盈利分别为(a_{ij},b_{ij})(注:前者为甲厂盈利,后者为乙厂盈利)。问两厂各应采取哪一种策略才能使本厂的盈利最大。

在例 7.2 中,根据预测我们得到的其实是一个赢得“矩阵”(注:我们给矩阵两字加了引号是因为,严格地讲,它并不是矩阵,因为其每一个元素是一个向量而不是一个数):

$$A=\begin{bmatrix}(a_{11},b_{11}) & \cdots & (a_{14},b_{14})\\(a_{21},b_{21}) & \cdots & (a_{24},b_{24})\\(a_{31},b_{31}) & \cdots & (a_{34},b_{34})\end{bmatrix}$$

分析上面两个对策问题的实例,我们可以发现一些共同的规律。

一、对策问题的基本要素

给定一个对策问题的实例必须给定以下信息:

(1) 局中人。参加对策的各方被称为决策问题的局中人,一个对策问题可以包含两名局中人(如棋类比赛等),也可以包含多于两名局中人(如大多数商业中的竞争、政治派别间的斗争等)。每一局中人都必须拥有可供其选择并能影响最终结局的策略,在例 7.1 中,局中人是 A、B 两名疑犯,警方不是局中人。两名疑犯最终被如何判刑取决于他们各自采取的态度,警方不能为他们作出选择。

(2) 策略集合。局中人能采取的可行方案称为策略,每一局中人可采取的全部策略称为此局中人的策略集合。在对策问题中,对应于每一局中人存在着一个策略集合,而每一策略集合中至少要有两个策略,否则该局中人可从此对策问题中删去,因为对他来讲,不存在选择策略的余地。应当注意的是,所谓策略是指在整个竞争过程中对付他方的完整方法,而并非指竞争过程中某步所采取的具体局部办法。例如,下棋中的某一步只能看作一个完整策略的组成部分,而不能看成一个完整的策略。当然,有时可将它看成一个多阶段对策中的子对策。策略集合可以是有限集也可以是无限集。策略集合为有限集时被称为有限对策,否则被称为无限对策。

(3) 赢得函数(或称支付函数)。记局中人 i 的策略集合为 S_i。当对策问题的各方都从各自的策略集合中选定了一个策略后,各方采取的策略全体可用一个矢量表示,称之为一个纯局势(简称局势)。例如,若一个对策问题中包含着 A、B 两名局中人,其策略集合分别为 $S_A=\{\alpha_1,\cdots,\alpha_m\}$,$S_B=\{\beta_1,\cdots,\beta_n\}$。若 A 选择策略α_i 而B 选策略β_j,则(α_i,β_j) 就构成此对策的一个纯局势。显然,S_A 与 S_B 一共可构成 $m\times n$ 个纯局势,它们构成了表 7.2。对策问题的全体纯局势构成的集合 S 称为此对策问题的局势集合。

对策的结果用矢量表示,称之为赢得函数。赢得函数 F 是定义在局势集合S 上的矢值函数,对于 S 中的每一纯局势 s,$F(s)$ 指出了每一局中人在此种对策结果下应赢得(或支付)的值。

表 7.2

		B 的策略					
		1	2	…	j	…	n
A的策略	1	(α_1,β_1)	(α_1,β_2)	…	(α_1,β_j)	…	(α_1,β_n)
	2	(α_2,β_1)	(α_2,β_2)	…	(α_2,β_j)	…	(α_2,β_n)
	…	…	…	…	…	…	…
	i	(α_i,β_1)	(α_i,β_2)	…	(α_i,β_j)	…	(α_i,β_n)
	…	…	…	…	…	…	…
	m	(α_m,β_1)	(α_m,β_2)	…	(α_m,β_j)	…	(α_m,β_n)

综上所述，一个对策模型由局中人、策略集合和赢得函数三部分组成。记局中人集合为 $I=\{1,\cdots,k\}$，对每一 $i\in I$，有一策略集合 S_i，当 I 中每一局中人 i 选定策略后得一个局势 s；将 s 代入赢得函数 F，即得一矢量 $F(s)=(F_1(s),\cdots,F_k(s))$，其中 $F_i(s)$ 为在局势 s 下局中人 i 的赢得(或支付)。

本节讨论只有两名局中人的对策问题，即两人对策，其结果可以被推广到一般的对策模型中去。对于只有两名局中人的对策问题，其局势集合和赢得函数均可用表格表示。例如，表 7.2 就给出了一般两人对策问题的局势集合和赢得函数。

二、零和对策

存在一类特殊的对策问题。在这类对策问题中，当纯局势确定后，A 之所得恰为 B 之所失，或者 A 之所失恰为 B 之所得，即双方所得之和总为零，这样的对策问题被称为零和对策问题。在零和对策中，因 $F_1(s)=-F_2(s)$，故只需指出其中一人的赢得值即可，此时，赢得函数可用真正的赢得矩阵来表示。例如若 A 有 m 种策略，B 有 n 种策略，赢得矩阵可写成

$$\boldsymbol{R}_{m\times n}=\begin{bmatrix} a_{11} & a_{12} & \cdots & a_{1n} \\ a_{21} & a_{22} & \cdots & a_{2n} \\ \vdots & \vdots & & \vdots \\ a_{m1} & a_{m2} & \cdots & a_{mn} \end{bmatrix}$$

$\boldsymbol{R}_{m\times n}$ 的元素 a_{ij} 表示若 A 选取策略 i 而 B 选取策略 j，则 A 之所得为 a_{ij}(当 $a_{ij}<0$ 时为支付)。

在有些两人对策的赢得表中，A 之所得并非明显为 B 之所失，但双方赢得数之和为一常数。例如在表 7.3 中，无论 A、B 怎样选取策略，双方赢得总和均为 10，此时，若将各人赢得数减去两人的平均赢得数，即可将赢得表化为零和赢得表。表 7.3 中的对策在转化为零和对策后，具有赢得矩阵 $\boldsymbol{R}$。

表 7.3

		局中人 B		
		1	2	3
局中人 A	1	(8,2)	(1,9)	(7,3)
	2	(4,6)	(9,1)	(3,7)
	3	(2,8)	(6,4)	(8,2)
	4	(6,4)	(4,6)	(6,4)

综上所述可知，要给定一个两人零和对策只需给出局中人 A、B 的策略集合 S_A、S_B 及表示双方赢得值的赢得矩阵 $\boldsymbol{R}$。当遇到零和对策或可转化为零和对策的问题时，$\boldsymbol{R}$ 可用通常意义下的矩阵表示，否则 $\boldsymbol{R}$ 中的元素为一个两维矢量。故两人对策 G 又被称为矩阵对策并可简记成

$$G=\{S_A,S_B,R\}$$

例 7.3 给定一个两人零和对策 $G=\{S_A,S_B,R\}$，其中 $S_A=\{\alpha_1,\alpha_2,\alpha_3\}$，$S_B=\{\beta_1,\beta_2,\beta_3,\beta_4\}$

$$\boldsymbol{R}=\begin{array}{c} \begin{array}{cccc}\beta_1 & \beta_2 & \beta_3 & \beta_4\end{array} \\ \begin{bmatrix} 12 & -6 & 30 & -22 \\ 14 & 2 & 18 & 10 \\ -6 & 0 & -10 & 16 \end{bmatrix} \end{array} \begin{array}{c} \alpha_1 \\ \alpha_2 \\ \alpha_3 \end{array} \tag{7.1}$$

零和对策不存在合作基础，A 之所得即 B 之所失，故在求解两人零和对策时只能根据利己原则。从 $\boldsymbol{R}$ 中可以看出，若 A 希望获得最大赢利 30，需采取策略 α_1，但此时若 B 采取策略 β_4，A 非但得不到 30，反而会失去 22。此时任何一方都不应当抱有侥幸心理，根据利己原则，双方都应考虑到对方为了使自己能获得最大利益，都有使对手遭受最大损失的动机，为稳妥起见，应当从最坏的可能中去争取最好的结果。局中人 A 采取策略 α_1、α_2、α_3 时，最坏的赢得结果分别为

$$\min\{12,-6,30,-22\}=-22$$
$$\min\{14,2,18,10\}=2$$
$$\min\{-6,0,-10,16\}=-10$$

其中最好的可能为 $\max\{-22,2,-10\}=2$。如果 A 采取策略 α_2，无论 B 采取什么策略，A 的赢得均不会少于 2。

B 采取各方案的最大损失为 $\max\{12,14,-6\}=14$，$\max\{-6,2,0\}=2$，$\max\{30,18,-10\}=30$ 和 $\max\{-22,10,16\}=16$。而当 $\min\{14,2,30,16\}=2$，当 B 采取策略 β_2 时，其损失不会超过 2。注意到在赢得矩阵中，2 既是所在行中的最小元素又是所在列中的最大元素。此时，只要对方不改变策略，任一局中人都不可能通过仅变换自己的策略来增大赢得或减小损失。我们称这样的局势为对策问题的一个纯局势，亦称之为稳定点或稳定解（注：又称之为鞍点）。

定义 7.1（对策的下值与上值） 称 $v_i=\max\limits_{1\leqslant i\leqslant m}\{\min\limits_{1\leqslant j\leqslant n}a_{ij}\}$ 为矩阵对策的下值（又称之

为最大最小值),称 $v_s = \min\limits_{1\leqslant j\leqslant n}\{\max\limits_{1\leqslant i\leqslant m} a_{ij}\}$ 为矩阵对策的上值(又称之为最小最大值)。

定理 7.1　对任意矩阵对策问题,有 $v_i \leqslant v_s$。

证明　定理 7.1 十分容易证明。

显然,对每一个 i,有 $\min\limits_{1\leqslant j\leqslant n} a_{ij} \leqslant a_{ij}, i = 1,\cdots,m$

同样,对每一个 j,有 $a_{ij} \leqslant \max\limits_{1\leqslant i\leqslant m} a_{ij}, j = 1,\cdots,n$

由 i 和 j 的任意性可知:$v_i = \max\limits_{1\leqslant i\leqslant m}\{\min\limits_{1\leqslant j\leqslant n} a_{ij}\} \leqslant \min\limits_{1\leqslant j\leqslant n}\{\max\limits_{1\leqslant i\leqslant m} a_{ij}\} = v_s$,证毕。

定义 7.2　对于两人对策 $G = \{S_A, S_B, R\}$,若有 $\max\limits_i \min\limits_j a_{ij} = \min\limits_j \max\limits_i a_{ij} \triangleq V_G$,则称 G 具有稳定解,并称 V_G 为对策问题 G 的值。如果纯局势$(\alpha_{i^*}, \beta_{j^*})$使得 $\min\limits_j \alpha_{i^* j} = \max\limits_j \alpha_{ij^*} = V_G$,则称$(\alpha_{i^*}, \beta_{j^*})$为对策问题 G 的鞍点或稳定解,赢得矩阵中与$(\alpha_{i^*}, \beta_{j^*})$相对应的元素 $\alpha_{i^* j^*}$ 则被称为赢得矩阵的鞍点,α_{i^*} 与 β_{j^*} 分别被称为局中人 A 与 B 的最优策略。

对(7.1)式中的赢得矩阵,容易发现不存在具有上述性质的鞍点。给定一个对策 G,如何判断它是否具有鞍点呢?为了回答这一问题,先引入下面的极大极小原理。

定理 7.2　设 $G = \{S_A, S_B, R\}$,记 $\mu = \max\limits_i \min\limits_j a_{ij}$,$\gamma = -\min\limits_j \max\limits_i a_{ij}$,则必有 $\mu + \gamma \leqslant 0$。

证明　$\gamma = \max\limits_j \min\limits_i(-a_{ij})$,易见 μ 为 A 的最小赢得,γ 为 B 的最小赢得,由于 G 是零和对策,故 $\mu + \gamma \leqslant 0$ 必成立。

定理 7.3　零和对策 G 具有稳定解的充要条件为 $\mu + \gamma = 0$。

证明　(充分性)由 μ 和 γ 的定义可知,存在一行(例如 p 行),μ 为 p 行中的最小元素且存在一列(例如 q 列),$-\gamma$ 为 q 列中的最大元素。故有

$$a_{pq} \geqslant \mu \text{ 且 } a_{pq} \leqslant -\gamma$$

又因 $\mu + \gamma = 0$,所以 $\mu = -\gamma$,从而得出,$a_{pq} = \mu$,a_{pq} 为赢得矩阵的鞍点(α_p, β_q)为 G 的稳定解。

(必要性)若 G 具有稳定解(α_p, β_q),则 a_{pq} 为赢得矩阵的鞍点。故有

$$\mu = \max_i \min_j a_{ij} \geqslant \min_j a_{pj} = a_{pq}$$

$$-\gamma = \min_j \max_i a_{ij} \leqslant \max_i a_{iq} = a_{pq}$$

从而可得 $\mu + \gamma \geqslant 0$。但根据定理 7.2,$\mu + \gamma \leqslant 0$ 必成立,故必有 $\mu + \gamma = 0$,证毕。

上述定理给出了对策问题有稳定解(简称为解)的充要条件。当对策问题有解时,其解可以不唯一。

例 7.4　考察下面的两人对策问题:

$$\begin{array}{cc} & \begin{array}{cccc} \beta_1 & \beta_2 & \beta_3 & \beta_4 \end{array} \\ \boldsymbol{R} = & \begin{bmatrix} 1 & 1 & 2 & 1 \\ 1 & 1 & 0 & -1 \\ 1 & 0 & 1 & 2 \end{bmatrix} \begin{array}{c} \alpha_1 \\ \alpha_2 \\ \alpha_3 \end{array} \end{array}$$

由于 $\max\limits_{1\leqslant i\leqslant 3} \min\limits_{1\leqslant j\leqslant 4} a_{ij} = \min\limits_{1\leqslant j\leqslant 4} \max\limits_{1\leqslant i\leqslant 3} a_{ij} = 1$,故本例有鞍点。不难看出,鞍点不止一个,它们为

$(\alpha_1, \beta_1), (\alpha_1, \beta_2)$。

一般地，可以证明以下定理。

定理 7.4 对策问题的解具有下列性质：

(1) 无差别性。若$(\alpha_{i_1}, \beta_{j_1})$与$(\alpha_{i_2}, \beta_{j_2})$同为对策 G 的解，则必有 $a_{i_1 j_1} = a_{i_2 j_2}$。

(2) 可交换性。若$(\alpha_{i_1}, \beta_{j_1})$与$(\alpha_{i_2}, \beta_{j_2})$均为对策 G 的解，则$(\alpha_{i_1}, \beta_{j_2})$和$(\alpha_{i_2}, \beta_{j_1})$也必为 G 的解。

定理 7.4 的证明非常容易，作为习题留给读者自己去完成。

例 7.5 研究下面的两人对策问题：

$$
\begin{array}{c}
\begin{array}{ccccc} \beta_1 & \beta_2 & \beta_3 & \beta_4 & \beta_5 \end{array} \\
\boldsymbol{R} = \begin{bmatrix} 9 & -4 & -3 & -1 & -10 \\ 10 & 1 & 15 & 1 & 8 \\ -5 & 1 & -8 & -2 & 6 \\ 4 & 1 & 5 & 1 & 3 \end{bmatrix} \begin{array}{c} \alpha_1 \\ \alpha_2 \\ \alpha_3 \\ \alpha_4 \end{array}
\end{array}
$$

易见，$\mu = 1, \gamma = -1, \mu + \gamma = 0$，此两人对策问题具有鞍点。$(\alpha_2, \beta_2), (\alpha_2, \beta_4), (\alpha_4, \beta_2), (\alpha_4, \beta_4)$均为此对策问题的鞍点，定理 7.4 成立。

具有稳定解的零和对策问题是一类特别简单的对策问题，它所对应的赢得矩阵存在鞍点，任一局中人都不可能通过自己单方面的努力来改进结果。然而，在实际遇到的零和对策中更典型的是 $\mu + \gamma \neq 0$ 的情况(由定理7.1，此时必有 $\mu + \gamma < 0$)。由于赢得矩阵中不存在鞍点，至少存在一名局中人，在他单方面改变策略的情况下，有可能改善自己的收益。例如，考察(7.1) 中的赢得矩阵 $\boldsymbol{R}$。若双方都采取保守的 max min 原则，将会出现纯局势(α_4, β_1)或(α_4, β_3)。但如果局中人 A 适当改换策略，他可以增加收入。例如，如果 B 采用策略β_1，而 A 改换成策略α_1，则 A 可收益 3。但此时若 B 改换成策略β_2，又会使 A 输掉 4，…… 此时，在只使用单一策略的纯策略的范围内，对策问题无解。

这类不存在鞍点的决策如果只进行一次，局中人除了碰运气以外别无办法。但如果这类决策要反复进行多次，则局中人固定采用一种策略显然是不明智的，因为一旦对手看出你会采用什么策略，他将会选用对自己最为有利的策略使自己获得好处(例如，在石头、剪子、布的游戏中，如果某方固定地采用同一种策略，则失败的必然是他)。这时，局中人均应根据某种概率来选用各种策略，即采用混合策略的办法，使自己的期望收益尽可能大。所谓混合策略是指一个概率向量$(x_1, \cdots, x_m)$，即 $x_i \geqslant 0, \sum_{i=1}^{m} x_i = 1$，决策者以概率 x_i 取策略 i。显然，纯策略是混合策略的特殊情况，当某一 x_i 取1，而其余 x_i 均取0时，该概率向量对应的就是一个纯策略。

现设 A 有 m 个策略，B 有 n 个策略：

S_A：

策略	$\alpha_1, \cdots, \alpha_m$
概率	$x_1, \cdots, x_m$

S_B：

策略	$\beta_1, \cdots, \beta_n$
概率	$y_1, \cdots, y_n$

分别称 S_A 与 S_B 为 A 方和 B 方的混合策略。即 A 方用概率 x_i 选用策略 α_i，B 方用概率 y_j

选用策略 β_j，$\sum_{i=1}^{m}\alpha_i = \sum_{j=1}^{n}\beta_j = 1$，且双方每次选用什么策略是随机的，不能让对方看出规律。记 $X = (x_1,\cdots,x_m)^T$，$Y = (y_1,\cdots,y_n)^T$，则 A 的期望赢得为

$$E(X,Y) = X\boldsymbol{R}Y^T$$

其中，$\boldsymbol{R}$ 为 A 方的赢得矩阵。

局中人 A 希望 $E(X,Y)$ 越大越好，与有鞍点的对策问题相似，A 希望获得对策值

$$v_i = \max_{X\in S_1}\min_{Y\in S_2}E(x,y)$$

同样，局中人 B 也会选择 Y，使得其损失的值最小，即达到

$$v_s = \min_{Y\in S_2}\max_{X\in S_1}E(x,y)$$

对于需要使用混合策略的对策问题，也有具有稳定解的对策问题的类似结果。

定义 7.3　若存在 m 维概率向量 $\boldsymbol{X}$ 和 n 维概率向量 $\boldsymbol{Y}$，使得对一切 m 维概率向量 $\boldsymbol{X}$ 和 n 维概率向量 $\boldsymbol{Y}$ 有

$$v = \bar{X}R\bar{Y}^T = \max_Y \bar{X}RY^T = \min_X XR\bar{Y}^T$$

则称$(\bar{X},\bar{Y})$为混合策略对策问题的鞍点，并称 v 为此矩阵对策的值。

1928 年，冯・诺伊曼证明了下面的对策论基本定理。

定理 7.5　(Von Neumann) 任意混合策略对策问题必定存在鞍点，即存在概率向量 $\bar{X}$ 和 $\bar{Y}$，使得

$$\bar{X}R\bar{Y}^T = \max_X\min_Y XRY^T = \min_Y\max_X XRY^T$$

即有 $v_i = v_s$ 成立(证明从略)。

使用纯策略的对策问题(具有稳定解的对策问题)的鞍点是使用混合策略的对策问题的特殊情况，此时双方均以概率 1 选取其中的某一策略，以概率 0 选取其余策略。

对于对策问题的解，同样可以证明

定理 7.6　设$(\bar{X},\bar{Y})$是对策问题的解，则必有

$$E(X,\bar{Y}) \leqslant E(\bar{X},\bar{Y}) \leqslant E(\bar{X},Y)$$

对一切 $X\in S_1$，$Y\in S_2$ 成立。

此外，与纯策略的鞍点一样，混合策略的鞍点也可以不唯一，并同样有可交换性，即如果(X_1,Y_1)，(X_2,Y_2)是鞍点，则(X_1,Y_2)，(X_2,Y_1)也一定是鞍点。且在所有的鞍点处，对策的值均相等。

有时，对策问题中的策略间可以存在所谓的超优性，利用这些超优性可以化简相应的对策问题。

定义 7.4　对于赢得矩阵 $\boldsymbol{R}$，如果对所有 j，$a_{ij}\geqslant a_{kj}$ 均成立，且至少存在一个 j_0 使得 $a_{ij_0} > a_{kj_0}$ 则称 i 行优于 k 行(局中人 A 的策略 α_i 优于 α_k)。同样，如对一切 i 有 $a_{ij}\leqslant a_{il}$，且至少有一个 i_0 使得 $a_{i_0j} < a_{i_0l}$，则称 j 列优于 l 列(局中人 B 的策略 β_j 优于 β_l)。

易见，若一个对策矩阵的第 i 行优于第 k 行，则无论局中人 B 选择哪种策略，局中人 A 采取策略 α_i 的获利总优于(至少不次于)采取策略 α_k 的获利。

定理 7.7　对于矩阵对策 $G = \{S_A,S_B,R\}$，若矩阵 $\boldsymbol{R}$ 的某行优于第 $i_1,\cdots,i_k$ 行，则

局中人 A 在选取最优策略时，必取 $p_{i_1}=\cdots=p_{i_k}=0$。令 $S'_A=S_A\setminus\{\alpha_{i_1},\cdots,\alpha_{i_k}\}$，$\boldsymbol{R}'$ 为从 $\boldsymbol{R}$ 中划去第 $i_1,\cdots,i_k$ 行后剩下的矩阵，则 $G'=\{S'_A,S_B,R'\}$ 的最优策略即原对策 G 的最优策略，对于 $\boldsymbol{R}$ 中列的最优关系也有类似的结果。

利用这一定理，有时对策问题可先进行化简，降低矩阵的阶数，从而简化求解。

例 7.6 考察对策问题，其赢得矩阵为

$$\boldsymbol{R}=\begin{bmatrix}1 & -2 & 0 & 1\\ 0 & 1 & -1 & -1\\ 2 & -1 & 1 & 1\end{bmatrix}$$

易见，对 A 来说，策略 3 绝不会比策略 1 差。既然如此，A 自然没有必要采取策略 1。因此，我们可以从赢得矩阵中划去策略 1，这样做绝不会影响 A 的获利。这样，此对策问题的赢得矩阵可简化为

$$\begin{bmatrix}0 & 1 & -1 & -1\\ 2 & -1 & 1 & 1\end{bmatrix}$$

在新的对策问题中，局中人 B 的策略 3 与策略 4 的结果完全相同，可以任意划去一个而不影响结果。例如，我们划去策略 4。此外，B 也不会采用策略 1，因为对他来说，策略 1 显然没有策略 3 好。这样一来，对策问题的赢得矩阵就被简化为

$$\begin{bmatrix}1 & -1\\ -1 & 1\end{bmatrix}$$

显然，化简后的对策问题要比原先的对策问题简单得多，根据对称性，我们甚至不用求解即可看出最优解应当为

$$\bar{X}=\left(\frac{1}{2},\frac{1}{2}\right),\bar{Y}=\left(\frac{1}{2},\frac{1}{2}\right)$$

从而，原对策的最优解为

$$\bar{X}=\left(0,\frac{1}{2},\frac{1}{2}\right),\bar{Y}=\left(0,\frac{1}{2},\frac{1}{2},0\right)$$

读者不难发现，上述简化方法可用于较方便地求到一个对策问题的解，但并不排斥其他解的存在，例如，将 $\bar{Y}$ 改成 $\left(0,\frac{1}{2},0,\frac{1}{2}\right)$，得到的同样也是原对策问题的解。

定理 7.8 设 $\boldsymbol{R}=(a_{ij})_{m\times n}$ 是矩阵对策的赢得矩阵，v 是此对策的值，则

$(a)\bar{X}=(\overline{x_1},\cdots,\overline{x_m})$ 是局中人 A 的最优混合策略的充分必要条件为

$$v\leqslant\sum_{i=1}^{m}a_{ij}\overline{x_i},\quad j=1,\cdots,n \tag{7.2}$$

$(b)\bar{Y}=(\overline{y_1},\cdots,\overline{y_n})$ 是局中人 B 的最优混合策略的充分必要条件为

$$\sum_{j=1}^{n}a_{ij}\overline{y_j}\leqslant v,\quad i=1,\cdots,n \tag{7.3}$$

证明 (a)、(b) 的证明类似，我们只证明(a) (b) 的证明留作习题。

必要性显然，只需证明充分性。现设(7.2)式成立，假定此矩阵对策的鞍点为(x^*, y^*)，由鞍点定义，必有

$$X\boldsymbol{R}Y^{*\mathrm{T}}\leqslant X^*\boldsymbol{R}Y^{*\mathrm{T}}\leqslant X^*\boldsymbol{R}Y^{\mathrm{T}}$$

现证明 $\bar{X}$ 是 A 的最优策略。任取局中人 B 的一个混合策略 $Y=(y_1,\cdots,y_n)$，在(7.2)式两边同乘以 y_j，并关于 j 从 1 到 n 相加，并注意到 $\sum_{j-1}^{n} y_j = 1$，可得

$$v \leqslant \sum_{j=1}^{n}\sum_{i=1}^{m} a_{ij}\,\overline{x_i}y_j = \bar{X}\boldsymbol{R}Y^{\mathrm{T}}$$

由 Y 的任意性，即可得出

$$v \leqslant \bar{X}\boldsymbol{R}Y^{*\mathrm{T}} \tag{7.4}$$

另一方面，由鞍点定义，必有

$$\bar{X}\boldsymbol{R}Y^{*\mathrm{T}} \leqslant X^{*}\boldsymbol{R}Y^{*\mathrm{T}} = v \tag{7.5}$$

(7.4)与(7.5)说明($\bar{X}$, Y^*)也是对策的鞍点，从而，$\bar{X}$ 也是 A 的最优策略。

根据定理7.5，任何矩阵对策问题都是有解的，虽然很可能是混合策略。但要求得其解仍需动些脑筋。下面我们会看到，求解一般的矩阵对策问题常常需要解一个线性规划，但对一些较为特殊的情况，有时也可采用其他的方法。例如，对于 2×2 的对策问题，就可以采用图解法加以求解。

(2×2 矩阵的几何解法)

让我们先来看一个简单的实例：

例7.7　A、B 为作战双方，A 方拟派两架轰炸机 Ⅰ 和 Ⅱ 去轰炸 B 方的指挥部，轰炸机 Ⅰ 在前面飞行，Ⅱ 随后。两架轰炸机中只有一架带有炸弹，而另一架仅为护航。轰炸机飞至 B 方上空，受到 B 方战斗机的阻击。若战斗机阻击后面的轰炸机 Ⅱ，它仅受 Ⅱ 的射击，被击中的概率为0.3(Ⅰ 来不及返回射击它)。若战斗机阻击 Ⅰ，它将同时受到两架轰炸机的射击，被击中的概率为0.7。一旦战斗机未被击落，它将以0.6的概率击毁其选中的轰炸机。请为 A、B 双方各选择一个最优策略，即：对于 A 方应选择哪一架轰炸机装载炸弹？对于 B 方战斗机应阻击哪一架轰炸机？

解　先用分析方法来讨论一下这一实例。双方可选择的策略集分别为

$S_A=\{\alpha_1,\alpha_2\}$，　α_1：轰炸机 Ⅰ 装炸弹，Ⅱ 护航

　　　　　　　　α_2：轰炸机 Ⅱ 装炸弹，Ⅰ 护航

$S_A=\{\beta_1,\beta_2\}$，　β_1：阻击轰炸机 Ⅰ

　　　　　　　　β_2：阻击轰炸机 Ⅱ

赢得矩阵 $\boldsymbol{R}=(a_{ij})_{2\times 2}$，$a_{ij}$ 为 A 方采取策略 α_i 而 B 方采取策略 β_j 时，轰炸机轰炸 B 方指挥部的概率，由题意可计算出：

$$a_{11}=0.7+0.3(1-0.6)=0.82$$

$$a_{12}=1$$

$$a_{21}=1$$

$$a_{22}=0.3+0.7(1-0.6)=0.58$$

即

$$\boldsymbol{R}=\begin{bmatrix}0.82 & 1\\ 1 & 0.58\end{bmatrix}$$

易求得 $\mu = \max_i \min_j a_{ij} = 0.82$，$v = -\min_j \max_i a_{ij} = -1$。由于 $\mu + v \neq 0$，矩阵 $\boldsymbol{R}$ 不存在鞍点，应当求最佳混合策略。

现设 A 以概率 x_1 取策略 α_1、概率 x_2 取策略 α_2；B 以概率 y_1 取策略 β_1、概率 y_2 取策略 β_2。

先从 B 方来考虑问题。B 采用 β_1 时，A 方轰炸机攻击指挥部的概率的期望值为 $E(\beta_1) = 0.82x_1 + x_2$；而 B 采用 β_2 时，A 方轰炸机攻击指挥部的概率的期望值为 $E(\beta_2) = x_1 + 0.58x_2$。若 $E(\beta_1) \neq E(\beta_2)$，不妨设 $E(\beta_1) < E(\beta_2)$，则 B 方必采用 β_1 以减少指挥部被轰炸的概率。故对 A 方选取的最佳概率 x_1 和 x_2，必满足

$$\begin{cases} 0.82x_1 + x_2 = x_1 + 0.58x_2 \\ x_1 + x_2 = 1 \end{cases}$$

即

$$\begin{cases} a_{11}x_1 + a_{21}x_2 = a_{12}x_1 + a_{22}x_2 \\ x_1 + x_2 = 1 \end{cases}$$

由此解得 $x_1 = 0.7$，$x_2 = 0.3$。

同样，可从 A 方考虑问题，得

$$\begin{cases} 0.82y_1 + y_2 = y_1 + 0.58y_2 \\ y_1 + y_2 = 1 \end{cases}$$

即

$$\begin{cases} a_{11}y_1 + a_{12}y_2 = a_{21}y_1 + a_{22}y_2 \\ y_1 + y_2 = 1 \end{cases}$$

解得 $y_1 = 0.7$，$y_2 = 0.3$。B 方指挥部轰炸的概率的期望值 $V_G = 0.874$。

本题也可以用几何方式来求解。在 x 轴上取长度为 1 的线段，左端点为 $x = 0$，右端点为 $x = 1$。过 $x = 0$ 和 $x = 1$ 各作 x 轴的垂线，称之为轴 Ⅰ 和轴 Ⅱ。在轴 Ⅰ 上取 B_1、B_2，它们到 x 轴的距离分别的 a_{11} 和 a_{12}，表示在 A 采取策略 α_1（即 $x_2 = 0$）时 A 方在 B 方分别采取策略 β_1 和 β_2 下的赢得，如图 7.1 所示。

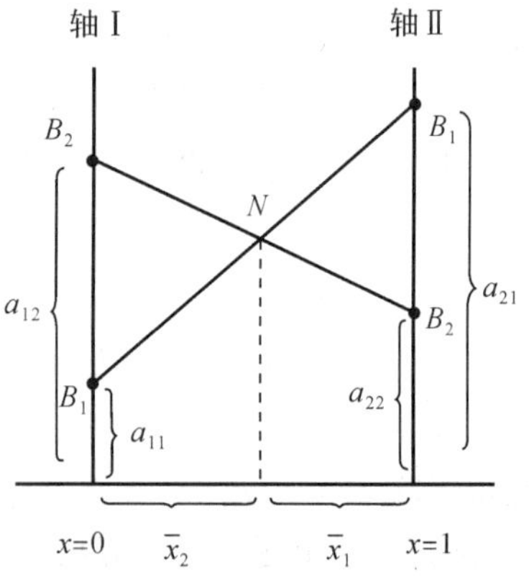

图 7.1

现设 A 以概率 x_2 采取策略 α_2，若 B 采取策略 β_2，则 A 的期望赢得为 $a_{11}(1 - x_2) + a_{21}x_2$。对应 x_2 的不同取值($0 \leqslant x_2 \leqslant 1$)，$a_{11}(1 - x_2) + a_{12}x_2$ 恰好构成连接两个 B_1 的直线段。类似地，连接两个 B_2 的直线段恰好对应当 B 取 β_2 而 A 以概率 x_2 取 α_2 时的赢得 $a_{12}(1 - x_2) + a_{22}x_2$。设两直线段相交于 N，并设 N 对应于 $\overline{x_2}$。若 A 以小于 $\overline{x_2}$ 的 x_2 取策略 α_2，则 B 可以采取 β_1 使 A 的期望赢得减小；反之，若 $x_2 > \overline{x_2}$，则 B 又可采取 β_2 而使 A 的赢得减小。故 A 的最佳混合策略为以概率 $\overline{x_1} = 1 - \overline{x_2}$ 取 α_1，以概率 $\overline{x_2}$ 取 α_2（注：B 的最佳混合策略可类似用几何方法求得）。

借助于几何方法也可以解 $m \times 2$ 或 $2 \times n$ 的混合策略的对策问题（实例从略）。但当 $m > 2$ 且 $n > 2$ 时，采用几何方法求解就变得非常麻烦。根据冯·诺伊曼的对策学基本定理，

矩阵对策的解(即鞍点)必存在,关键在于要找到寻求鞍点的较好办法。即要找到较好的办法来寻找点$(\bar{X},\bar{Y})$,使得$E(X,\bar{Y})\leqslant E(\bar{X},\bar{Y})\leqslant E(\bar{X},Y)$,$\forall X\in S_A,Y\in S_B$成立。

1951年,Dantzig与Kuhn、Tucher等人指出,两人零和问题的求解等价于解线性规划,从而发现了求解两人零和对策问题的有效方法。其基本原理如下:

根据定理7.8,$(\bar{X},\bar{Y})$是矩阵对策的鞍点的充要条件为

$$\begin{cases}\sum_{i=1}^{m}a_{ij}\overline{x_i}\geqslant v & j=1,\cdots,n\\ \sum_{j=1}^{n}a_{ij}\overline{y_i}\leqslant v & i=1,\cdots,m\end{cases}\quad 且\begin{cases}\sum_{i=1}^{m}\overline{x_i}=1, & \overline{x_i}\geqslant 0\\ \sum_{j=1}^{n}\overline{y_j}=1, & \overline{y_j}\geqslant 0\end{cases}$$

其中　$v=\max_{\bar{X}}\min_{1\leqslant j\leqslant n}\sum_{i=1}^{m}a_{ij}\overline{x_i}=\min_{\bar{Y}}\max_{1\leqslant i\leqslant m}\sum_{i=1}^{m}a_{ij}\overline{y_j}$。

不妨设$v>0$,作变换$x'_i=\frac{x_i}{v}$,$y'_j=\frac{y_j}{v}$,则$\sum_{i=1}^{m}x'_i=\sum_{j=1}^{n}y'_j=\frac{1}{v}$(注:这种变换是标准化方法,目的是去掉变量$v$,解题时也可不作这种标准化处理)。

为方便起见,仍用X记X',Y记Y',于是,对局中人A,其目的为寻找$\bar{X}$使得v尽可能地大,故其要求求解的问题为

$$\min\ \sum_{i=1}^{m}x_i$$

$$\text{S.t}\begin{cases}\sum_{i=1}^{m}a_{ij}x_i\geqslant 1 & j=1,\cdots,n\\ x_i\geqslant 0 & i=1,\cdots,m\end{cases}\tag{7.6}$$

同理,局中人B要求求解的问题为

$$\max\sum_{j=1}^{n}y_j$$

$$\text{S.t}\begin{cases}\sum_{j=1}^{n}a_{ij}y_j\leqslant 1 & i=1,\cdots,m\\ y_j\geqslant 0 & j=1,\cdots,n\end{cases}\tag{7.7}$$

(7.6)与(7.7)均为线性规划,故为了求得最优策略,局中人A、B均需求解线性规划。顺便指出,线性规划问题(7.6)和(7.7)是一对对偶规划,它们之间存在着极为密切的联系。例如,这两个线性规划事实上只需求解其中之一即可,另一个的解可以十分方便地通过线性规划的对偶理论导出,没有必要再行求解。有兴趣的读者可参考线性规划的对偶规划理论(如可参阅鲁恩伯杰著的《线性与非线性规划引论》一书),因篇幅的限制,本处不再作进一步的讨论。

作为一个实例,我们来看一下下面的两人零和对策问题:

例7.8　设矩阵对策的赢得矩阵为

$$\boldsymbol{R}=\begin{bmatrix}3&1&1\\1&1&5\\1&4&1\end{bmatrix}\qquad \mu=1,\gamma=-3,\mu+\gamma<0,不存在鞍点$$

对局中人 A 来说,需求解的线性规划为

$$\min \quad x_1 + x_2 + x_3 + x_4$$

$$\text{S.t} \begin{cases} 3x_1 + x_2 + x_3 \geqslant 1 \\ x_1 + x_2 + 4x_3 \geqslant 1 \\ x_1 + 5x_2 + x_3 \geqslant 1 \\ x_i \geqslant 0, i = 1,2,3 \end{cases}$$

其最优解为 $x_1 = \dfrac{6}{25}, x_2 = \dfrac{3}{25}, x_3 = \dfrac{4}{25}, v_{\min} = \dfrac{13}{25}$,故局中人 A 的最优策略为

$$\overline{X} = \left(\frac{6}{13}, \frac{3}{13}, \frac{4}{13}\right)$$

对局中人 B 来说,需求解的线性规划为

$$\max \quad y_1 + y_2 + y_3$$

$$\text{S.t} \begin{cases} 3y_1 + y_2 + y_3 \leqslant 1 \\ y_1 + y_2 + 5y_3 \leqslant 1 \\ y + 4y_2 + y_3 \leqslant 1 \\ y_j \geqslant 0, j = 1,2,3 \end{cases}$$

其解为 $y_1 = \dfrac{6}{25}, y_2 = \dfrac{4}{25}, y_3 = \dfrac{3}{25}, v_{\max} = \dfrac{13}{25}$(注意:$v_{\max} = v_{\min}$ 成立),故局中人 B 的最优策略为

$$\overline{Y} = \left(\frac{6}{13}, \frac{4}{13}, \frac{3}{13}\right)$$

以上方法是在 $v > 0$ 的假设条件下得出的,当此条件不成立时可对矩阵 R 的每一元素增加一个常数使 $v > 0$ 成立,读者不难导出原对策问题的解与新得到的对策问题的解之间的关系(见习题)。

当然,$2 \times n$ 矩阵对策和 $m \times 2$ 矩阵对策也可用线性规划来求解,例如,对前面讨论过的例 7.7,我们可求解线性规划

$$\begin{aligned} &\min \quad u \\ &\text{S.t} \quad 0.82x_1 + x_2 \leqslant u \\ &\qquad\ x_1 + 0.58x_2 \leqslant u \\ &\qquad\ x_1 + x_2 = 1 \\ &\qquad\ x_1, x_2 \geqslant 0 \end{aligned}$$

同样可得 A 的最优混合策略为 $x_1 = 0.7, x_2 = 0.3$。类似求解线性规划

$$\begin{aligned} &\max \quad v \\ &\text{S.t} \quad 0.82y_1 + y_2 \leqslant v \\ &\qquad\ y_1 + 0.58y_2 \geqslant v \\ &\qquad\ y_1 + y_2 = 1 \\ &\qquad\ y_1, y_2 \geqslant 0 \end{aligned}$$

也可得 B 方最优混合策略:$y_1 = 0.7, y_2 = 0.3$。

三、非零和对策

除了零和对策外，还存在着另一类对策问题，局中人获利之和并非常数。

例 7.9　现有一对策问题，双方获利情况见表 7.4。

表 7.4

B 方 / A 方	1	2	3
1	(8,2)	(0,9)	(7,3)
2	(3,4)	(9,0)	(2,7)
3	(1,6)	(6,2)	(8,1)
4	(4,2)	(4,6)	(5,1)

假如 A、B 双方仍采取稳妥的办法，A 发现如采取策略 4，则至少可获利 4，而 B 发现如采取策略 1，则至少可获利 2。因而，这种求稳妥的想法将导致出现局势(4,2)。

容易看出，从整体来说，上述结果并不是最好的，因为双方的总获利有可能达到 10。不难知道，依靠单方面的努力不一定能收到良好的效果。看来，对这一对策问题，双方最好还是握手言和，相互配合，先取得总体上的最大获利，然后再按照某一个双方均认为较为合理的方式来分享这一已经获得的最大获利。

例 7.9 说明，总获利数并非常数的对策问题(即不能转化为零和对策的问题)，是一类存在着合作基础的对策问题。当然，这里还存在着一个留待解决而又十分关键的问题：如何分享总获利，如果不能达到一个双方(或各方)都能接受的"公平"的分配原则，则合作仍然不可能实现。怎样建立一个"公平"的分配原则是一个较为困难的问题，关于这个问题我们将在第八章中加以介绍(见第 8.2 节的合作经商问题)。

最后，我们来考察一个对策问题的实例。

例 7.10(防坦克地雷场的布设)

实战中，攻方为了增强攻击力，大量使用攻击力强、防御坚固的坦克；守方为了抵御对方攻击，需要有杀伤敌方的有效手段，较好的对策之一是布设防坦克地雷场。

1. 分析

评价防坦克地雷场的重要指标是战斗效力，而布雷密度是基本因素之一。只要有足够多的地雷，用较高密度的地雷场对付敌方进攻总是行之有效的。但在实际战斗中，地雷不太可能是足够多的(因为总是越多越好)。现在假设：

(1) 防坦克地雷数量有限；

(2) 通过侦察、分析，已知敌方可能采用 β_1、β_2、…、β_n 种进攻策略之一；

(3) 通过敌情分析，确定了防御正面的宽度，并根据我方地雷数量，设计了 $\alpha_1,\alpha_2,\cdots,\alpha_m$，共 m 种布雷方案。

问采取哪一方案或什么样的混合策略能有效击毁敌方的坦克？

本例在过去一般是凭指挥员的作战经验定性决策的，现用矩阵对策方法进行定量择优。

由于安全性原因,每两辆坦克之间一般要保持 50 米的间距,因而进攻正面拉得很宽,如一个梯队 20 辆坦克,进攻正面约为 1 千米宽。因为只有有限多个防御正面,用有限个进攻策略来描述敌方的进攻状态是非常接近实际情况的。对守方来讲,布雷密度通常可分成 0.5,1,1.5,2 等有限多个等级。按常规做法,在防御正面上一般采用同一种技术密度。为了提高杀伤率,现将一个防御正面划分成几段,各段允许采用不同密度。

2.对策

要用矩阵对策决策,关键问题是如何列出守方的赢得矩阵。由效率评定试验可得出在各种布雷密度下的杀伤率表,如表 7.5 所示。

表 7.5

布雷密度	0.5	1	1.5	2
杀伤率	0.64	0.87	0.95	0.98

根据上表,在确定方案后即可根据各段不同密度针对攻方的进攻策略计算出坦克的杀伤率。为便于理解,作为实例分析下面两种情况:

情况 1 设守方只有1500个防坦克地雷,欲布设在攻方必经的2 千米攻击正面上。攻方一个坦克梯队的20辆坦克展开成1千米宽的阵面,但既可能从左侧进攻(策略 β_1)也可能从右侧进攻(策略 β_2)。守方设计了三种布雷方案 $\alpha_1,\alpha_2,\alpha_3$,(图 7.2)。试求守方的赢得矩阵和最优策略。

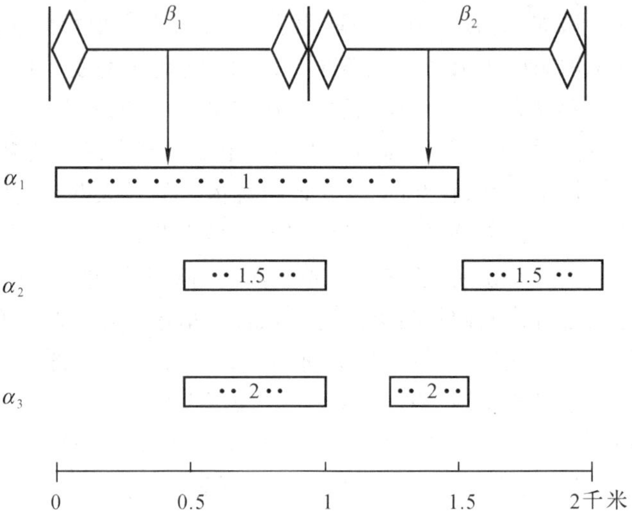

图 7.2

容易求得守方的赢得矩阵为

$$R=\begin{bmatrix}0.87 & 0.87\times\frac{1}{2}\\ 0.95\times\frac{1}{2} & 0.95\times\frac{1}{2}\\ 0.98\times\frac{1}{2} & 0.98\times\frac{1}{4}\end{bmatrix}=\begin{bmatrix}0.87 & 0.435\\ 0.475 & 0.475\\ 0.49 & 0.245\end{bmatrix}$$

这是一个有鞍点的矩阵,鞍点为 a_{22}。守方只要按 α_2 方案布雷,则不管攻方从哪一侧进攻,总可毁伤对方 47.5% 的坦克。

情况 2 攻方一梯队 20 辆坦克可从左侧(β_1)、中路(β_2)或右翼(β_3)进攻,展开成 1 千米布阵。守方只有 2000 个防坦克地雷,初步提出三种布雷方案,如图 7.3 所示。试求守方采用何种布雷方案较好。

对情况 2,可求得守方的赢得矩阵为

$$R=\begin{bmatrix}0.87 & 0.91 & 0.795\\0.755 & 0.87 & 0.91\\0.01 & 0.755 & 0.755\end{bmatrix}$$

此时，矩阵 $\boldsymbol{R}$ 中不存在鞍点，对策无稳定解，应采用混合策略。可以求得，此时守方如按照 0.166，0.456，0.378 的比例采取策略 $\alpha_1,\alpha_2,\alpha_3$ 布雷，平均可毁伤对方大约 83.5% 的坦克。

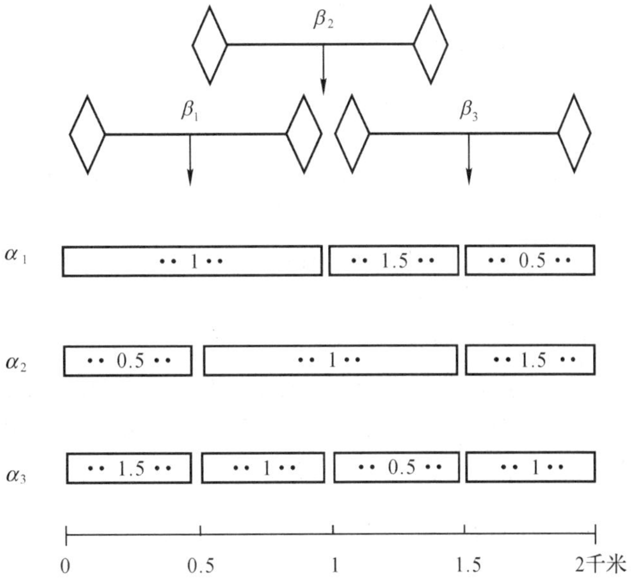

图 7.3

从本例中可以看出，在决策问题里，策略的设计至关重要，它直接影响到赢得矩阵。策略的设计并没有包含在决策问题的求解中。事实上，仅当策略设计完成后，即策略集合给定后，决策问题才被给定，从而才能被求解。因而，在用对策论方法研究实际课题时，应当特别注意策略的设计。这一部分工作既具有一定的创造性又在很大程度上影响到结果，对它研究也是十分有趣的。

7.2　决策问题

人们在处理问题时，常常会面临几种可能出现的自然情况，同时又存在着几种可供选择的行动方案。此时，需要决策者根据已知信息作出决策，即选择出最佳的行动方案，这样的问题称为决策问题。面临的几种自然情况叫做自然状态或简称状态。状态是客观存在的，是不可控因素。可供选择的行动方案叫做策略，这是可控因素，选择哪一个方案可由决策者作出决定。

例 7.11　在开采石油时，会遇到是否在某处钻井的问题。尽管勘探队已作了大量调研分析，但由于地下结构极为复杂，仍无法准确预测开采的结果，决策者可以决定钻井，也可以决定不钻井。设根据经验和勘探资料，决策者已掌握一定的信息，见表 7.6。

表 7.6

自然状态	无油(θ_1)	一般(θ_2)	高产油井(θ_3)
收益/万元 \ 概率 方案	$P(\theta_1)=0.2$	$P(\theta_2)=0.5$	$P(\theta_3)=0.3$
钻井(α_1)	−30	20	40
不钻井(α_2)	0	0	0

问:决策者应当如何决策?

解 由题意可以看出,决策问题应包含三方面信息:状态集合 $Q=(\theta_1,\cdots,\theta_m)$、策略集合 $A=\{\alpha_1,\cdots,\alpha_m\}$ 及收益 $R=\{a_{ij}\}$,其中 a_{ij} 表示如果决策者选取策略 α_i 而出现的状态为 θ_j,则决策者的收益值为 a_{ij}(当 a_{ij} 为负值时表示损失值)。

决策问题按自然状态的不同情况,常被分为三种类型:确定型、风险型(或随机型)和不确定型。

确定型决策是只存在一种可能自然状态的决策问题。这种决策问题的结构较为简单,决策者只需比较各种方案,确定哪一方案最优即可。值得一提的是,策略集也可以是无限集。例如,线性规划就可看成是一个策略集为无限集的确定型决策,问题要求决策者从可行解集合(策略集)中挑选出最优解。确定型决策的求解并非全是简单的,但由于这些问题一般均有其专门算法,本节不准备再作介绍。在本节中,我们主要讨论风险型和不确定型决策,并介绍它们的一些求解方法。

一、风险型决策

在风险型决策问题中存在着两种以上可能出现的自然状态。决策者不知道究竟会出现哪一种状态,但知道各种状态出现的概率有多大。例如,例 7.11 就是一个风险型决策问题。

对于风险型决策问题,最常用的决策方法是期望值法,即根据各方案的期望收益或期望损失来评估各方案的优劣并据此来决策。如对例 7.11,分别求出方案 α_1(钻井)和 α_2(不钻井)的期望收益值:

$$E(\alpha_1)=0.2\times(-30)+0.5\times 20+0.3\times 40=16(\text{万元})$$
$$E(\alpha_2)=0$$

由于 $E(\alpha_1)>E(\alpha_2)$,选取 α_1 作为最佳策略。

风险型决策也可采用期望后悔值法求解。首先,求出采取方案 α_i 而出现状态 θ_j 时的后悔值 $l_{ij}=\max\limits_k a_{kj}-a_{ij}$。

例如,如果不钻井,但事实上该处可开出一口高产井,则后悔值为 40。这是因为钻井可收益 40 万元,但决策者作了不钻井的决策,并未获得本来可以获得的 40 万元收益。然后,比较各方案的后悔值,选取期望后悔最小的方案作为最佳策略。在例 7.11 中,如采用期望后悔值法,则 $E(\alpha_1)=6$,$E(\alpha_2)=22$,故取 α_1 为最佳策略。

在选取策略 α_i 而出现状态 θ_j 时后悔值为 $l_{ij}=\max\limits_k a_{kj}-a_{ij}$ 的理由是,在出现状态 θ_j 情况下的最大可能收益为 $\max\limits_k a_{kj}$。

定理 7.9 最大期望收益法与最小期望后悔值法等价,即两者选出的最佳策略相同。

证明 由 $l_{ij}=\max\limits_k a_{kj}-a_{ij}$ 得

$$l_{ij}+a_{ij}=\max_k a_{kj}$$

故

$$\sum_{j=1}^n p_j l_{ij}+\sum_{j=1}^n p_j a_{ij}=\sum_{j=1}^n p_j \max_k a_{kj} \tag{7.8}$$

等式(7.8)的右端项为一常数,其左端项为采取策略 α_i 时期望后悔值与期望收益值之和,从而,若某策略使期望收益值最大,则该策略必使期望后悔值最小,定理得证。

对于较为复杂的决策问题,尤其是需要作多阶段决策的问题,常采用较直观的决策树方法,但从本质上讲,决策树方法仍然是一种期望值法。

例 7.12　某工程按正常速度施工时,若无坏天气影响可确保在 30 天内按期完工。但根据天气预报,15 天后天气肯定会变坏。有 40% 的可能会出现阴雨天气而不影响工期,有 50% 的可能会遇到小风暴而使工期推迟 15 天,另有 10% 的可能会遇到大风暴而使工期推迟 20 天。对于可能出现的情况,考虑两种方案:

(1) 提前紧急加班,在 15 天内完成工程,实施此方案需增加开支 18000 元。

(2) 先按正常速度施工,15 天后根据实际出现的天气状况再作决策。

如遇到阴雨天气,则维持正常速度,不必支付额外费用,工程也基本不受到影响。

如遇到小风暴,有两个备选方案:(1) 维持正常速度施工,支付工程延期损失费 20000 元。(2) 采取应急措施。实施此应急措施有三种可能结果:有 50% 可能减少误工期 1 天,支付应急费用和延期损失费用共计 24000 元;有 30% 可能减少误工期 2 天,支付应急费用和延期损失费用共计 18000 元;有 20% 可能减少误工期 3 天,支付应急费用和延期损失费用共计 12000 元。

如遇到大风暴,也有两个方案可供选择:(1) 维持正常速度施工,支付工程延期损失费 50000 元。(2) 采取应急措施。实施此应急措施也有三种可能结果:有 70% 可能减少误工期 2 天,支付应急费及误工费共 54000 元;有 20% 可能减少误工期 3 天,支付应急费及误工费共 46000 元;有 10% 可能减少误工期 4 天,支付应急费和误工费共 38000 元。

根据上述情况,试选出最佳策略使支付的总额外费用最少。

解　由于未来的天气状态未知,但各种天气状况出现的概率已知,本例是一个风险型决策问题,所谓的支付的总额外费用应理解为期望值。

本例要求作的其实是一个多次决策,工程初期应决定是按正常速度施工还是提前紧急加班。如按正常速度施工,则 15 天后还需根据天气状况再作一次决策,以决定是否采取应急措施,故本例为多阶段(两阶段)决策问题。由于情况较为复杂,题目叙述较长,从而可能会造成分析时的困难。为便于分析和决策,工程上常采用所谓的决策树方法。根据题意思,作出决策树,如图 7.4。

图 7.4 中,□ 表示决策点,从它分出的分枝称为方案分枝,分枝的数目就是方案的个数。○ 表示机会节点,从它分出的分枝称为概率分枝,一条概率分枝对应一条自然状态并标有相应的发生概率。△ 称为末梢节点,右边的数字表示相应的收益值或损失值。

在决策树上由右向左计算各个机会节点处的期望值,并将结果标在节点旁。遇到决策点则比较各方案分枝的效益期望值以决定方案的优劣,并且用双线划去被淘汰掉的方案分枝,在决策点旁标上最佳方案的效益期望值。以例 7.12 为例,计算步骤如下:

(1) 在机会节点 E、F 处分别计算它们的效益期望值。

$$E(E)=0.5\times(-24000)+0.3\times(-18000)+0.2\times(-12000)=-19800$$

$$E(F)=0.7\times(-54000)+0.2\times(-46000)+0.1\times(-38000)=-50800$$

(2) 在第一级决策点 C、D 处进行比较,在 C 点处划去正常速度分枝,在 D 处划去应急分枝。

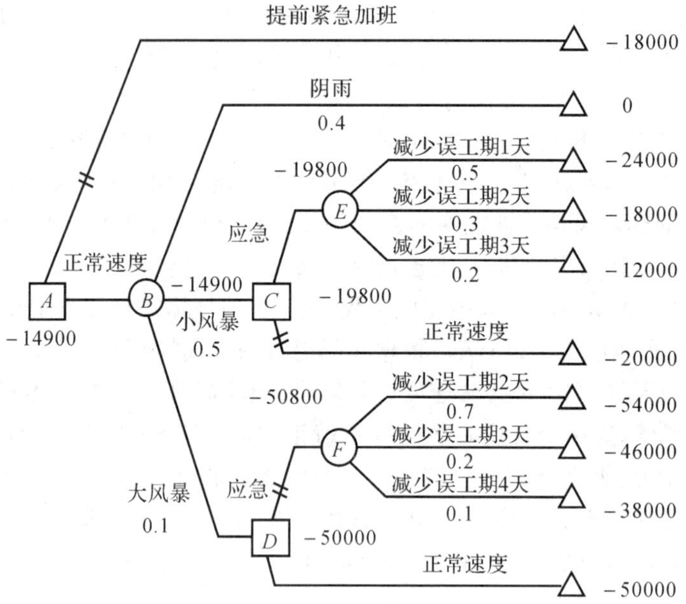

图 7.4

(3) 计算第二级机会节点 B 处的效益期望值。

$$E(B)=0.4\times 0+0.5\times(-19800)+0.1\times(-50000)=-14900$$

并将 -14900 标在 B 点旁。

(4) 在第二级决策点 A 处进行方案比较,划去提前紧急加班,将 -14900 标在 A 点旁。

最终决策(即结论) 最佳决策为前 15 天按正常速度施工,15 天后按实际出现的天气状况再作决定。如出现阴雨天气,仍维持正常速度施工;如出现小风暴,则采取应急措施;如出现大风暴,也按正常速度施工,整个方案总损失的期望值为 -14900 元。

根据期望值大小决策是随机型决策问题最常用的办法之一。实际应用时应根据具体情况作出分析,选取期望收益最大或期望损失最小的方案。读者不难理解,如果我们面临的决策是可能会多次遇到的反复决策问题时,期望值方法确实会为我们指出一个使平均获利最大(或损失最小)的策略。例如,在例 7.11 中,假如我是一家石油公司的分析师,我当然应当按照期望值方法来决策,因为我关心的并非某口井下究竟是否真的有石油,一口井的失误关系不大,今天的损失明天还可以补回来,只要能使平均收益大(或损失小)即可。但如果我是一名本钱有限的投资者,情况就不一样了。我追求的是本次投资的成功(或逃避本次失利的亏损),也许一次失误就会造成我的破产。此时,你别无办法,只能在你可以承受得了的前提下去碰碰运气,别人不会为你提供参谋,即便帮你出出主意,也多半会讲明责任自负,因为谁也不知道以后的结果究竟会怎样。例如,高考填志愿时,你也许会去咨询一些专家,假如你真的希望专家能发表点有价值的意见,你首先必须明白一个道理,即专家是不可能对你这个特例指出最佳策略的,因此,事后不管出现什么情况,你都不能责怪专家。他本来就没有讲你应当怎样填志愿,他说的是像你这样的情况一般应当怎样填志愿而已。

二、不确定型决策

只知道有几种可能自然状态会发生,但各种自然状态发生的概率未知的决策问题称为不确定型决策问题。由于概率未知,期望值方法不能用于这类决策问题。下面结合一个例子,介绍几种处理这类问题的方法。

例 7.13　设存在着五种可能出现的自然状态,但其发生的概率未知。有四种可供选择的行动方案,相应的收益值见表 7.7。

表 7.7

方案	自然状态				
	θ_1	θ_2	θ_3	θ_4	θ_5
α_1	4	4	5	6	6
α_2	3	4	5	7	8
α_3	4	6	9	5	1
α_4	3	5	6	6	6

现在,让我们来尝试几种决策方法:

(1) 乐观法(max max 原则)

采用乐观法时,决策者意在追求最大可能收益。他先计算每一方案的最大收益值,再比较找出其中的最大者,并采用这一使最大收益最大的方案。在例 7.13 中,$\max a_{1j} = 6$, $\max a_{2j} = 8$, $\max a_{3j} = 9$, $\max a_{4j} = 6$,而 $\max\{6,8,9,6\} = 9$,决定采取方案 α_3。

(2) 悲观法(max min 原则)

采用悲观法时,决策者意在安全保险。他先求每一方案的最小收益,再比较找出其中的最大者,并采取这一使最小收益值最大化的方案。对于例 7.13, $\min a_{1j} = 4$, $\min a_{2j} = 3$, $\min a_{3j} = 1$, $\min a_{4j} = 3$。因为 $\max\{4,3,1,3\} = 4$,决定采取方案 α_1。

(3) 乐观系数法(Hurwicz 决策准则)

乐观系数法采用的是折中的办法,决策者先引入一个参数 t, $0 \leqslant t \leqslant 1$,称 t 为乐观系数。作决策时,决策者先适当选取一个 t 的值;再对各方案 α_i 求出 $t\max\limits_j a_{ij} + (1-t)\min\limits_j a_{ij}$;最后再作比较,找出使 $t\max\limits_j a_{ij} + (1-t)\min\limits_j a_{ij}$ 最大的方案。在例 7.13 中,若取 $t = 0.5$,采用乐观系数法决策,将选取方案 α_2。易见, $t = 1$ 对应乐观法,而 $t = 0$ 则对应于悲观法。

(4) 等可能法(Laplace 准则)

由于不能估计各状态出现的概率,决策者认为它们相差不会过大。此时,决策者采用将各状态的概率取成相同值的办法把问题转化为风险型,并借用风险型问题的期望值法来决策。对于例 7.13,如决策者认为各种状态出现的概率相差不会太大,取各状态出现的概率均为 0.2,用期望值法决策,将选取策略 α_2。

不难看出,对于不确定型决策问题,不论采用什么方法决策,最终采用的策略都不能称为最佳策略。事实上,采取什么方法决策与决策者的心理状态有关。而且,即使同一决策者,在处理不同决策问题时也可能采取不同的方法。例如,在决定购买几元钱一张的对奖券时,决策者也许会采用乐观法。因为几元钱的损失对他来讲是无所谓的事,小额奖金他也许看不上眼,要中就来个大奖,此时他会采取乐观法。但是,在决策如何投资他的积蓄时,因为关系重大,为了保险起见他也许又会采取悲观法。因而,不确定型问题的决策充其量只能算是在决策者某种心理状态下的选优。要作出较符合实际情况的决策,还需决策者多作些调查研究,以便对未来自然状态的出现作出较符合客观实际的预测,才能收到较好的效果。

例 7.14(离散报童模型)

作为决策问题的一个实例,让我们来讨论一下报童问题。设某商品的需求量 θ 为离散变量,其取值范围为 $\theta=\{\theta_1,\cdots,\theta_n\}$,$\theta$ 取值 θ_i 的概率为 $P(\theta_i)$,$\sum_{i=1}^{m}P(\theta_i)=1$。记该商品的进货量为 α(决策变量),若 $\alpha>\theta$,进货过量,每单位进货过剩将造成 k_0 元过量损失;反之,若 $\alpha<\theta$,进货不足,每单位进货不足将造成 k_u 元的不足损失。试确定该商品的最佳进货量。

解 当 $\alpha\geqslant\theta$ 时,将有过量损失 $k_0(\alpha-\theta)$;当 $\alpha<\theta$ 时,将有不足损失 $k_u(\theta-\alpha)$。故总期望损失为

$$K_\alpha=\sum_{\theta=\theta_1}^{\alpha}k_0(\alpha-\theta)P(\theta)+\sum_{\theta=\alpha}^{\theta_n}k_u(\theta-\alpha)P(\theta)$$

可以证明,若 α^* 为报童问题的最优进货量,则必有

$$K_{\alpha^*}<K_{\alpha^*+1}\text{ 且 }K_{\alpha^*}\leqslant K_{\alpha^*-1}\text{(注:证明留作习题)}$$

由此经计算又可以得出:最佳进货量 α^* 应使

$$\sum_{\theta=\theta_1}^{\alpha^*-1}P(\theta)<\frac{k_u}{k_0+k_u}\leqslant\sum_{\theta=\theta_1}^{\alpha^*}P(\theta)$$

成立(推导过程从略)。

现用一个实例来说明如何确定最佳进货量。

例 7.15 某烧鸡店每卖出一只烧鸡可赚5元,如出现过剩将于下午5点另作处理,每过剩一只将损失 2.5 元。该店根据平时销售情况列出下表,试根据表 7.8 中提供的信息确定制作烧鸡的最佳数量并求该店销售烧鸡的最佳平均利润。

表 7.8

需求量 θ	25	26	27	28	29	30
概率 $P(\theta)$	0.1	0.2	0.22	0.2	0.18	0.1

解 根据题意,单位过剩损失 $k_0=2.5$,单位不足损失 $k_u=5$,$\frac{k_u}{k_0+k_u}\approx0.67$。因为 $\sum_{\theta=25}^{27}P(\theta)=0.52<0.67$,但 $\sum_{\theta=25}^{28}P(\theta)=0.72>0.67$。故烧鸡的最佳制作量应为28只。最

佳日平均利润为

$$28 \times 5 - \sum_{\theta=25}^{28} 7.5(28-\theta)P(\theta) = 133.1(\text{元})$$

7.3　层次分析法建模

层次分析法是对一些较为复杂、较为模糊的问题作决策的简易方法，它特别适用于那些难于完全定量分析的问题。社会发展导致社会结构、经济体系及人们之间相互关系日益复杂化，人们希望能在错综复杂的情况下，利用各种信息，通过理智的、科学的分析，找出最佳决策。例如，生产者面对消费者的各种喜好或竞争对手的各种策略要找出自己的最佳决策；消费者面对琳琅满目的商品要根据它们的性能或质量的好坏、价格的高低、外形的美观程度等选择自己最为满意的商品；毕业生要根据自己的专业特长、将来的发展前景、社会的需求情况、福利待遇的好坏等挑选最为合意的工作；科研单位要根据项目的科学意义和实用价值的大小、项目的可行性、项目的资助情况及周期长短等选择最合适的研究课题…… 当我们面对这类决策问题时，容易发现，影响我们作决策的因素很多，其中某些因素存在定量指标，可以给以度量，但也有些因素不存在定量指标，只能定性地比较它们的强弱。在处理这类比较复杂而又比较模糊的问题时，如何尽可能克服因主观臆断而造成的片面性，较系统、全面地比较分析并得出较为明智的决策呢？Saaty.T.L 等人在 20 世纪 70 年代提出了一种以定性与定量相结合，系统化、层次化分析问题的方法，称为层次分析法(Analytic Hiearchy Process，简称 AHP)。层次分析法将人们的思维过程层次化，逐层比较其间的相关因素并逐层检验比较结果是否合理，从而为分析决策提供了较具说服力的定量依据，层次分析法的提出不仅为处理这类问题提供了一种实用的决策方法，而且也提供了一个在处理机理比较模糊的问题时，如何通过科学分析，在系统全面分析机理及因果关系的基础上建立数学模型的范例。

一、层次分析的基本步骤

层次分析过程可分为四个基本步骤：(1) 建立层次结构模型；(2) 构造出各层次中的所有判断矩阵；(3) 层次单排序及一致性检验；(4) 层次总排序及一致性检验。

下面通过一个简单的实例来说明各步骤中所做的工作。

例 7.16　某工厂有一笔企业留成利润要由厂领导决定如何使用。可供选择的方案有：给职工发奖金、扩建企业的福利设施(改善企业环境、建托儿所幼儿园、改善食堂等)和引进新技术新设备。工厂领导希望知道按怎样的比例来使用这笔资金比较合理。

步 1　建立层次结构模型

在用层次分析法研究问题时，首先要分析问题的因果关系并将这些关系分解成若干个层次。较简单的问题通常可分解为目标层(最高层)、准则层(中间层)和方案措施层(最低层)。与其他决策问题一样，研究分析者不一定是决策者，不应自作主张地决策。对于本例，如果分析者自行决定分配比例，厂领导必定会询问为什么要按此比例分配，符合决策者要求的决策来自于对决策者意图的真实了解。经过双方沟通,分析者了解到如下信息:决策者的目的是合理利用企业的留成利润,而利润的利用是否合理,决策者的主要标准为:(1) 是否有利于调动企业职工的积极性;(2) 是否有利于提高企业的生产能力;(3) 是否有利于改善职工的工作、生活环境。分析者可以通过分析提出自己的看法,但标准的最终确定将由决策者决定。

根据决策者的意图,建立本问题的层次结构模型,如图 7.5 所示。

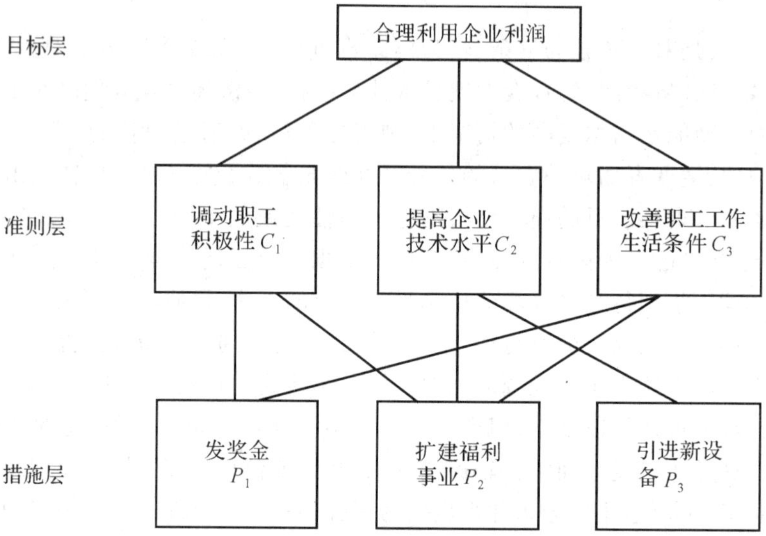

图 7.5

图中的连线反映了各因素间存在的关联关系,哪些因素存在关联关系也应由决策者决定。

对于因果关系较为复杂的问题也可以引进更多的层次。例如,在选购电冰箱时,以质量、外观、价格、品牌及信誉等为准则,但在衡量质量优劣时又可分出若干个不同的子准则,如衡量质量的标准可参考制冷性能、结霜情况、耗电量大小,等等。

建立层次结构模型是进行层次分析的基础,它将思维过程结构化、层次化,为进一步分析研究创造了条件。

步 2　构造判断矩阵

层次结构反映了因素之间的关系。例如,图 7.5 中目标层利润利用是否合理可由准则层中的各准则反映出来。但准则层中的各准则在目标衡量中所占的比重又应如何确定呢?在决策者的心目中,它们其实是有一定的比重的,但决策者自己也不一定能准确地讲出来。

在确定影响某因素的诸因子在该因素中所占的比重时,遇到的主要困难是这些比重常常不易量化。虽然你必须让决策者根据经验提供有关这方面的信息,但假如你提出"调动职工积极性在判断利润利用是否合理中占百分之几的比例"之类的问题,不仅会让人感到难以精确回答,而且还会使人感到你书生气十足,不能胜任这一工作。此外,当影响某因素的因子较多时，直接考虑各因子对该因素有多大程度的影响时，常常会因考虑不周全、顾此失彼而使决策者提出与他实际认为的重要性程度不相一致的数据，甚至有可能提出一组隐含矛盾的数据。为看清这一点，可作如下设想：将一块重量为 1 千克的石块砸成 n 小块，你可以精确称出它们的质量，设为 $w_1,\cdots,w_n\left(\sum_{i=1}^{n} w_i = 1\right)$。现在，请人估计这 n 块小石块在总重量中所占的百分比（不能让他知道各小石块的重量），此人不仅很难给出精确的比值，而且完全可能因顾此失彼而提供彼此矛盾的数据。

设现在要比较 n 个因子 $X = \{x_1,\cdots,x_n\}$ 对某因素 Z 的影响程度，怎样比较才能提供较为可信的数据呢？Saaty 等人根据心理学知识建议采取对因子进行两两比较，并建立成对比较矩阵的办法来加以研究。即每次取两个因子 x_i 和 x_j，以 a_{ij} 表示 x_i 和 x_j 对 Z 的影响大小之比，全部比较结果用矩阵 $\boldsymbol{A} = (a_{ij})_{n\times n}$ 表示，称 $\boldsymbol{A}$ 为 $Z - X$ 之间的成对比较判断矩阵（简称判断矩阵）。容易看出，若 x_i 和 x_j 对 Z 的影响之比为 a_{ij}，则 x_j 和 x_i 对 Z 的影响之比应为 $a_{ji} = \dfrac{1}{a_{ij}}$。

定义 7.5（正互反矩阵）若矩阵 $\boldsymbol{A} = (a_{ij})_{n\times n}$ 满足

(1) $a_{ij} > 0$

(2) $a_{ji} = \dfrac{1}{a_{ij}} (i,j = 1,2,\cdots,n)$　(7.9)

则称 $\boldsymbol{A}$ 为正互反矩阵（易见 $a_{ii} = 1$ 必成立，$i = 1,\cdots,n$）。

关于如何确定 a_{ij} 的值，Saaty 等人建议引用数字 1 ~ 9 及其倒数作为标度。他们认为，人们在成对比较差别时，用 5 种判断级较为恰当，即使用相等、较强、强、很强、绝对地强表示差别程度，a_{ij} 相应地取 1，3，5，7 和 9。在成对比较时若差别介于两者之间难以定夺时，a_{ij} 可分别取值 2、4、6、8。

从心理学观点来看，分级太多会超越人们的判断能力，既增加了判断的难度，又容易因此而提供虚假数据。Saaty 等人还用实验方法比较了在各种不同标度下人们判断结果的正确性，实验结果也表明，采用 1—9 标度最为合适。

如果在构造成对比较判断矩阵时，确实感到仅用 1—9 及其倒数还不够理想时，可以根据情况再采用因子分解聚类的方法，先比较类，再比较每一类中的元素。

步 3　层次单排序及一致性检验

上述构造成对比较判断矩阵的办法虽能减少其他因素的干扰影响，较客观地反映出一对因子影响程度大小的差别。但综合全部比较结果时，其中难免包含一定程度的非一致性。如果比较结果是前后完全一致的，则矩阵 $\boldsymbol{A}$ 的元素还应当满足：

$$a_{ij}a_{jk} = a_{ik} \quad \forall\, i,j,k = 1,2,\cdots,n \text{ 成立} \tag{7.10}$$

定义 7.6（一致矩阵）满足（7.10）关系式的正互反矩阵，称为一致矩阵。

如前所述，如果判断者前后完全一致，则构造出的成对比较判断矩阵应当是一个一致矩阵。但构造成对比较判断矩阵 $\boldsymbol{A}$ 共计要作 $\dfrac{n(n-1)}{2}$ 次比较（设有 n 个因素要两两比较），保证 $\boldsymbol{A}$ 是正互反矩阵是较容易办到的，但要求所有比较结果严格满足一致性，在 n 较大时几乎可以说是无法办到的，其中多少带有一定程度的非一致性。更何况比较时采用了 1—9 标度,已经接受了一定程度的误差,就不应当再要求最终判断矩阵的严格一致性。如何检验构造出来的(正互反)判断矩阵 **A** 是否严重地非一致,以便确定是否应当接受 **A**,并用它作为进一步分析研究的工具呢?Saaty 等人在研究正互反矩阵和一致矩阵性质的基础上,找到了解决这一困难的办法,给出了确定矩阵 **A** 中的非一致性是否应当被接受的检验方法。

定理 7.10 正互反矩阵 **A** 的最大特征根 $\lambda_{\max}$ 必为正实数,其对应特征向量的所有分量也均为正实数。**A** 的其余特征根的模均严格地小于 $\lambda_{\max}$。(证明从略)

现在来考察一致矩阵 **A** 的性质,回到将单位重量的大石块剖分成重量为 $\omega_1,\cdots,\omega_n$ 的 n 块小石块的例子,如果判断者的判断结果完全一致,则构造出来的一致矩阵为

$$\boldsymbol{A}=\begin{bmatrix}\frac{w_1}{w_1} & \frac{w_1}{w_2} & \cdots & \frac{w_1}{w_n}\\ \frac{w_2}{w_1} & \frac{w_2}{w_2} & \cdots & \frac{w_2}{w_n}\\ \vdots & \vdots & & \vdots\\ \frac{w_n}{w_1} & \frac{w_n}{w_2} & \cdots & \frac{w_n}{w_n}\end{bmatrix} \tag{7.11}$$

容易看出,一致矩阵 **A** 具有以下性质:

定理 7.11 若 **A** 为一致矩阵,则

(1)**A** 必为正互反矩阵。

(2)**A** 的转置矩阵 $\boldsymbol{A}^{\mathrm{T}}$ 也是一致矩阵。

(3)**A** 的任意两行成比例,比例因子(即 w_i/w_j)大于零,从而 $\mathrm{rank}(\boldsymbol{A})=1$(同样,**A** 的任意两列也成比例)。

(4)**A** 的最大特征根 $\lambda_{\max}=n$,其中 n 为矩阵 **A** 的阶,A 的其余特征根均为零。

(5)若 **A** 的最大特征根 $\lambda_{\max}$ 对应的特征向量为 $W=(w_1,\cdots,w_n)^{\mathrm{T}}$,则 $a_{ij}=w_i/w_j$,$\forall\, i,j=1,2,\cdots,n$ 成立。

(注:(1)、(2) 可由一致矩阵定义得出(3)—(5) 均容易由线性代数知识得到,证明从略)。

定理 7.12 n 阶正互反矩阵 **A** 为一致矩阵当且仅当其最大特征根 $\lambda_{\max}=n$,且当正互反矩阵 **A** 非一致时,必有 $\lambda_{\max}>n$。

证明 设正互反矩阵 **A** 的最大特征根为 $\lambda_{\max}$,它对应的特征向量为 $W=(w_1,\cdots,w_n)^{\mathrm{T}}$。由定理知,$\lambda_{\max}>0$ 且 $w_i>0$,$i=1,\cdots,n$。又由特征根和特征向量的性质知,$\boldsymbol{AW}=\lambda_{\max}W$,于是

$$\lambda_{\max}w_i=\sum_{j=1}^{n}a_{ij}w_j,\ i=1,2,\cdots,n \tag{7.12}$$

(7.12) 式两边同除 w_i 且关于 i 从 1 到 n 相加,得

$$\lambda_{\max}=\frac{1}{n}\sum_{i=1}^{n}\sum_{j=1}^{n}a_{ij}(w_j/w_i)$$

即
$$\lambda_{max} = \frac{1}{n}\sum_{i=1}^{n-1}\sum_{j=i+1}^{n}\left(a_{ij}\frac{w_j}{w_i} + \frac{1}{a_{ij}\frac{w_j}{w_i}}\right) + 1 \tag{7.13}$$

(7.13) 式的括号内共有$\frac{n(n-1)}{2}$项。

先证明必要性。由一致矩阵性质(5),有 $a_{ij} = \frac{w_i}{w_j}$,故由(7.13) 式,得 $\lambda_{max} = n$。

再证明充分性。由于
$$a_{ij}\frac{w_j}{w_i} + \frac{1}{a_{ij}\frac{w_j}{w_i}} \geqslant 2 \tag{7.14}$$

当且仅当 $a_{ij}\frac{w_j}{w_i} = 1$(即 $a_{ij} = \frac{w_i}{w_j}$),于是 $a_{ij}a_{jk} = a_{ik}\ \forall\, i,j,k = 1,2,\cdots,n$ 成立,**A** 为一致矩阵。当 **A** 为非一致矩阵时(7.14) 式中的等号不能对一切 i,j 成立,从而必有 $\lambda_{max} > n$。

根据定理 7.12,我们可以由 λ_{max} 是否等于 n 来检验判断矩阵 **A** 是否为一致矩阵。由于特征根连续地依赖于 a_{ij},故 λ_{max} 比 n 大的越多,**A** 的非一致性程度也就越为严重,λ_{max} 对应的标准化特征向量也就越不能真实地反映出 $X = \{x_1,\cdots,x_n\}$ 在对因素 Z 的影响中所占的比重。因此,对决策者提供的判断矩阵有必要作一次一致性检验,以决定是否接受它。

为确定多大程度的非一致性是可以容忍的,Saaty 等人采用了如下办法:

(1) 求出 $CI = \frac{\lambda_{max} - n}{n-1}$,称 CI 为 **A** 的一致性指标。

容易看出,当且仅当 **A** 为一致矩阵时,$CI = 0$。CI 的值越大,**A** 的非一致性越严重。利用线性代数知识可以证明,**A** 的 n 个特征根之和等于其对角线元素之和(即 n),故 CI 事实上是 **A** 的除 λ_{max} 以外其余 $n-1$ 个特征根的平均值的绝对值。若 **A** 是一致矩阵,其余 $n-1$ 个特征根均为零,故 $CI = 0$;否则,$CI > 0$,其值随 **A** 非一致性程度的加重而连续地增大。当 CI 略大于零时(对应地,λ_{max} 稍大于 n),**A** 具有较为满意的一致性;否则,A 的一致性就较差。

(2) 上面定义的 CI 值虽然能反映出非一致性的严重程度,但仍未能指明该非一致性是否应当被认为是可以允许的。事实上,我们还需要一个度量标准。为此,Saaty 等人又研究了他们认为最不一致的矩阵——用从 1 ~ 9 及其倒数中随机抽取的数字构造的正互反矩阵,取充分大的子样,求得最大特征根的平均值 λ'_{max},并定义
$$RI = \frac{\lambda'_{max} - n}{n-1}$$
称 RI 为平均随机一致性指标。

对 $n = 1,\cdots,11$,Saaty 给出了 RI 的值,如表 7.9 所示。

表 7.9

N	1	2	3	4	5	6	7	8	9	10	11
RI	0	0	0.58	0.90	1.12	1.24	1.32	1.41	1.45	1.49	1.51

(3) 将 CI 与 RI 作比较，定义

$$CR = \frac{CI}{RI}$$

称 CR 为随机一致性比率。经大量实例比较，Saaty 认为，在 $CR < 0.1$ 时可以认为判断矩阵具有较为满意的一致性，否则就应当重新调整判断矩阵，直至具有满意的一致性为止。

综上所述，在步 3 中应先求出 $\boldsymbol{A}$ 的最大特征根 $\lambda_{\max}$ 及 $\lambda_{\max}$ 对应的特征向量 $W = (w_1, \cdots, w_n)^{\mathrm{T}}$，进行标准化，使得 $\sum_{t=1}^{n} w_t = 1$。再对 $\boldsymbol{A}$ 作一致性检验：计算 $CI = \frac{\lambda_{\max} - n}{n - 1}$，查表得到对应于 n 的 RI 值，求 $CR = \frac{CI}{RI}$，若 $CR < 0.1$，则一致性较为满意，以 w_i 作为因子 x_i 在上层因子 Z 中所具有的权值；否则必须重新作比较，修正 $\boldsymbol{A}$ 中的元素。只有在一致性较为满意时，W 的分量才可用作层次单排序的权重。

现对本节例 7.16(即合理利用利润问题的例子)进行层次单排序。

为求出 C_1、C_2、C_3 在目标层 $\boldsymbol{A}$ 中所占的权值，构造 $O—C$ 层的成对比较矩阵，设构造出的成对比较判断矩阵 $\boldsymbol{A}$ 为

0	C_1	C_2	C_3
C_1	1	$\frac{1}{5}$	$\frac{1}{3}$
C_2	5	1	3
C_3	3	$\frac{1}{3}$	1

$$\boldsymbol{A} = \begin{bmatrix} 1 & \frac{1}{5} & \frac{1}{3} \\ 5 & 1 & 3 \\ 3 & \frac{1}{3} & 1 \end{bmatrix}$$

于是经计算，$\boldsymbol{A}$ 的最大特征根 $\lambda_{\max} = 3.038$，$CI = 0.019$，查表得 $RI = 0.58$，故 $CR = 0.033$。因 $CR < 0.1$，接受矩阵 $\boldsymbol{A}$，求出 $\boldsymbol{A}$ 对应于 $\lambda_{\max}$ 的标准化特征向量 $W = (0.105, 0.637, 0.258)^{\mathrm{T}}$，以 W 的分量作为 C_1、C_2、C_3 在目标 O 中所占的权重。

类似求措施层中的 P_1、P_2 在 C_1 中的权值，P_2、P_3 在 C_2 中的权值及 P_1、P_2 在 C_3 中的权值：

C_1	P_1	P_2
P_1	1	3
P_2	$\frac{1}{3}$	1

$\lambda_{\max} = 2, CI = CR = 0,$

$W = (0.75, 0.25)^{\mathrm{T}}$

C_2	P_2	P_3
P_2	1	$\frac{1}{5}$
P_3	5	1

$\lambda_{\max} = 2, CI = CR = 0,$

$W = (0.167, 0.833)^{\mathrm{T}}$

C_3	P_1	P_2
P_1	1	2
P_2	$\frac{1}{2}$	1

$\lambda_{\max} = 2, CI = CR = 0,$

$W = (0.66, 0.333)^{\mathrm{T}}$

经层次单排序，得到图 7.6。

步 4　层次总排序及一致性检验

最后，在步 4 中由最高层到最低层，逐层计算各层次中的诸因素关于总目标(最高层)的相对重要性权值。

设上一层次(A 层)包含 $A_1, \cdots, A_m$ 共 m 个因素，它们的层次总排序权值分别为 $a_1, \cdots, a_m$。又设其后的下一层次(B 层)包含 n 个因素 $B_1, \cdots, B_n$，它们关于 A_j 的层次单排序

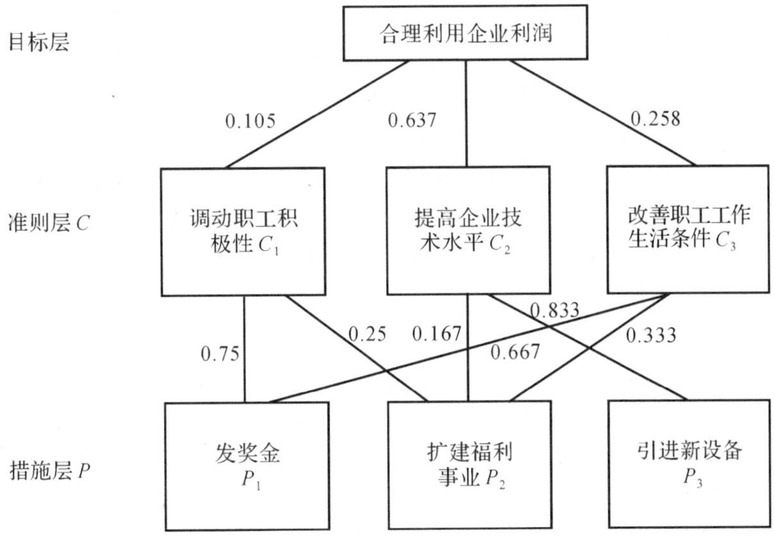

图 7.6

权值分别为 $b_{1j},\cdots,b_{nj}$(当 B_i 与 A_j 无关联时，$b_{ij}=0$)。现求 B 层中各因素关于总目标的权值，即求 B 层中各因素的层次总排序权值 $b_1,\cdots,b_n$，计算按表 7.10 所示方式进行，即 $b_i=\sum_{j=1}^{m}b_{ij}a_j,i=1,\cdots,n$。

表 7.10

层 A / 层 B	A_1 a_1	A_2 a_2	… …	A_m a_m	B 层总排序权值
B_1	b_{11}	b_{12}	…	b_{1m}	$\sum_{j=1}^{m}b_{1j}a_j$
B_2	b_{21}	b_{22}	…	b_{2m}	$\sum_{j=1}^{m}b_{2j}a_j$
…	…	…	…	…	…
B_n	b_{n1}	b_{n2}	…	b_{nm}	$\sum_{j=1}^{m}b_{nj}a_j$

例如，对于前面考察的工厂合理利用留成利润的例子，措施层层次单排序权值的计算如表 7.11 所示。

表 7.11

层 C / 层 P	C_1 0.105	C_2 0.637	C_3 0.258	层 P 的总排序权值
P_1	0.75	0	0.667	0.251
P_2	0.25	0.167	0.333	0.218
P_3	0	0.833	0	0.531

对层次总排序也需作一致性检验,检验仍像层次单排序那样由高层到低层逐层进行。这是因为虽然各层次均已经过层次单排序的一致性检验,各成对比较判断矩阵都已具有较为满意的一致性。但当综合考察时,各层次的非一致性仍有可能积累起来,引起最终分析结果较严重的非一致性。

设 B 层中与 Aj 相关的因素的成对比较判断矩阵在单排序中经一致性检验,求得单排序一致性指标为 $CI(j),(j=1,\cdots,m)$,相应的平均随机一致性指标为 $RI(j)$($CI(j)$、$RI(j)$ 已在层次单排序时求得),则 B 层总排序随机一致性比率为

$$CR=\frac{\sum_{j=1}^{m}CI(j)a_j}{\sum_{j=1}^{m}RI(j)a_j}$$

当 $CR<0.1$ 时,认为层次总排序结果具有较满意的一致性并接受该分析结果。

对于表 7.11 中的 P 层总排序,由于 C—P 层间的三个判断矩阵的一致性指标(即 $CI(j),j=1,2,3$)均为 0,故 P 层总排序的随机一致性比率 $CR=0$,接受层次分析结果,将留成利润的 25.1% 用于发奖金,21.8% 用于扩建福利事业,余下的 53.1% 用于引进新技术新设备。

二、最大特征根及对应特征向量的近似计算法

众所周知,求矩阵 $\boldsymbol{A}$ 的特征根与特征向量在 n 较大时是非常麻烦的,需要求解高次代数方程及高阶线性方程组。由于判断矩阵中 a_{ij} 的给出方法是比较粗糙的,它只是决策者主观看法在一定精度内的量化反映,也就是说,建模本身存在着较大的模型误差。因而,在计算特征根和特征向量时,没有必要花费太多的时间和精力去求 $\boldsymbol{A}$ 的特征根与特征向量的精确值。事实上,在应用层次分析法决策时,这些量的计算通常都采用较为简便的近似方法。

1. 方根法

在应用小型计算器求判断矩阵 $\boldsymbol{A}$ 的最大特征根与对应特征向量时可采用方根法。其计算步骤如下:

(1) 求判断矩阵每行元素的乘积。

$$M_i=\prod_{j=1}^{n}a_{ij},i=1,2,\cdots,n$$

(2) 求 M_i 的 n 次方根 $\overline{W}_i=M_i^{\frac{1}{n}}$。

(3) 对 $\overline{W}_i$ 进行标准化,求特征向量各分量的近似值 $W_i=\overline{W}_i/\sum_{j=1}^{n}\overline{W}_j$。

(4) 求 $\boldsymbol{A}$ 的最大特征根的近似值 $\bar{\lambda}_{\max}=\frac{1}{n}\sum_{i=1}^{n}\frac{(\boldsymbol{AW})_i}{W_i}$。

从(7.11)式中不难看出,当 $\boldsymbol{A}$ 为一致矩阵时,由 $\boldsymbol{A}$ 中各行乘积的 n 次方根组成的向量与 $\boldsymbol{A}$ 的特征向量成比例。因而当 $\boldsymbol{A}$ 的非一致性不太严重时,方根法求得的 $W_i(i=1,\cdots,n)$ 可近似用于层次单排序的权值。

对前面例子中的 $O—C$ 判断矩阵,有

$$\begin{bmatrix} 1 & \frac{1}{5} & \frac{1}{3} \\ 5 & 1 & 3 \\ 3 & \frac{1}{3} & 1 \end{bmatrix} \xrightarrow{\text{每行元素相乘}} \begin{bmatrix} M_1 \\ M_2 \\ M_3 \end{bmatrix} = \begin{bmatrix} \frac{1}{15} \\ 15 \\ 1 \end{bmatrix}$$

求 $\overline{W}_i = M_i^{\frac{1}{3}}$,得到 $\begin{bmatrix} \overline{W}_1 \\ \overline{W}_2 \\ \overline{W}_3 \end{bmatrix} = \begin{bmatrix} 0.405 \\ 2.466 \\ 1 \end{bmatrix}, \sum_{i=1}^{3} \overline{W}_i = 3.871$

标准化得 $W = \begin{bmatrix} \overline{W}_1 \\ \overline{W}_2 \\ \overline{W}_3 \end{bmatrix} = \begin{bmatrix} 0.105 \\ 0.637 \\ 0.258 \end{bmatrix}$ 故 $\bar{\lambda}_{\max} = \frac{1}{3} \sum_{i=1}^{3} \frac{(AW)_i}{W_i} = 3.037$

2.幂法

计算步骤:

(1) 任取一标准化向量 $W^{(0)}$,指定一精度要求 $\varepsilon > 0, k = 0$。

(2) 迭代计算 $W^{(k+1)} = AW^{(k)}, k = 0,1,\cdots$。

(3) 将 $W^{(k+1)}$ 标准化,即求

$$W^{(k+1)} = W^{(k+1)} / \sum_{i=1}^{n} \overline{W}_i^{(k+1)},$$

其中 $\overline{W}_i^{(k+1)}$ 为 $W^{(k+1)}$ 的第 i 个分量。

若 $|\overline{W}_i^{(k+1)} - \overline{W}_i^{(k)}| < \varepsilon, i = 1,\cdots,n$,则取 $W = W^{(k+1)}$ 为 A 的对应于 $\lambda_{\max}$ 的特征向量的近似,否则转(2)。

(4) 求 $\lambda_{\max}$ 的近似值,

$$\bar{\lambda}_{\max} = \frac{1}{n} \sum_{i=1}^{n} \frac{(AW)_i}{W_i}$$

对前面例子中的 $O—C$ 判断矩阵,若取 $W^{(0)} = \left(\frac{1}{3},\frac{1}{3},\frac{1}{3}\right)^{\mathrm{T}}, \varepsilon = 0.001$,利用幂法求近似特征向量如下:

(第一次迭代)$W^{(0)} = (0.511,3,1.444)^{\mathrm{T}}, \sum_{i=1}^{3} \overline{W}_i^{(1)} = 4.955$

求得 $W^{(1)} = (0.103,0.605,2.91)^{\mathrm{T}}$

(第二次迭代)$W^{(2)} = (0.321,1.993,0.802)^{\mathrm{T}}, \sum_{i=1}^{3} \overline{W}_i^{(2)} = 3.116$

求得 $W^{(2)} = (0.103,0.639,0.257)^{\mathrm{T}}$

(第三次迭代)$W^{(3)} = (0.316,1.925,0.779)^{\mathrm{T}}, \sum_{i=1}^{3} \overline{W}_i^{(3)} = 3.02$

求得 $W^{(3)} = (0.105,0.637,0.258)^{\mathrm{T}}$

(第四次迭代)$W^{(4)} = (0.318,1.936,0.785)^{\mathrm{T}}, \sum_{i=1}^{3} \overline{W}_i^{(4)} = 3.04$

求得 $\boldsymbol{W}^{(4)} = (0.105, 0.637, 0.258)^{\mathrm{T}}$

因 $|W_i^{(4)} - W_i^{(3)}| < 0.001$，取 $\boldsymbol{W} = \boldsymbol{W}^{(4)}$。进而，可求得 $\bar{\lambda}_{\max} = 3.037$。

3. 和积法

(1) 将判断矩阵 $\boldsymbol{A}$ 的每一列标准化，即令 $\bar{a}_{ij} = a_{ij} / \sum_{k=1}^{n} a_{kj}, i, j = 1, \cdots, n$

令 $\bar{A} = (\bar{a}_{ij})$。

(2) 将 $\bar{A}$ 中元素按行相加得到向量 $\boldsymbol{W}$，其分量 $\boldsymbol{W}_i = \sum_{j=1}^{n} \bar{a}_{ij}, i = 1, \cdots, n$。

(3) 将 $\boldsymbol{W}$ 标准化，得到 $\boldsymbol{W}$，即 $\boldsymbol{W}_i = \boldsymbol{W}_i / \sum_{j=1}^{n} \overline{W}_j, i = 1, \cdots, n$

$\boldsymbol{W}$ 即为 $\boldsymbol{A}$（对应于 $\lambda_{\max}$）的近似特征向量。

(4) 求最大特征根近似值 $\lambda_{\max} = \dfrac{1}{n} \sum_{i=1}^{n} \dfrac{(AW)_i}{W_i}$。

仍以前面例子中的 $O—C$ 判断矩阵为例。

$$\begin{bmatrix} 1 & \frac{1}{5} & \frac{1}{3} \\ 5 & 1 & 3 \\ 3 & \frac{1}{3} & 1 \end{bmatrix} \xrightarrow{\text{按列标准化}} \begin{bmatrix} 0.111 & 0.130 & 0.077 \\ 0.556 & 0.652 & 0.962 \\ 0.333 & 0.217 & 0.231 \end{bmatrix} \xrightarrow{\text{按行相加}}$$

$$\boldsymbol{W} = \begin{bmatrix} 0.317 \\ 1.900 \\ 0.781 \end{bmatrix} \xrightarrow{\text{标准化}} \boldsymbol{W} = \begin{bmatrix} 0.106 \\ 0.634 \\ 0.261 \end{bmatrix}, \bar{\lambda}_{\max} = 3.036$$

以上近似方法计算都很简单，计算结果与实际值相差很小，且 A 的非一致性越弱相差越小，而当 A 为一致矩阵时两者完全相同。

三、层次分析法应用举例

在应用层次分析法研究问题时，遇到的主要困难有两个：(1) 如何根据实际情况抽象出较为贴切的层次结构；(2) 如何将某些定性的量作比较接近实际的定量化处理。层次分析法对人们的思维过程进行了加工整理，提出了一套系统分析问题的方法，为科学管理和决策提供了较有说服力的依据。但层次分析法也有其局限性，主要表现在：(1) 它在很大程度上依赖于人们的经验，主观因素的影响很大，它至多只能排除思维过程中的严重非一致性（即矛盾性），却无法排除决策者个人可能存在的严重片面性。(2) 比较、判断过程较为粗糙，不能用于精度要求较高的决策问题。AHP 至多只能算是一种半定量（或定性与定量结合）的方法，如何用更科学、更精确的方法来研究问题并作出决策，还有待于进一步的探讨研究。

在应用层次分析法时，建立层次结构模型是十分关键的一步。现再分析若干实例，以便说明如何从实际问题中抽象出相应的层次结构。

例 7.17　招聘工作人员

某单位拟从应试者中挑选外销工作人员若干名，根据工作需要，单位领导认为招聘来的人员应具备某些必要的素质，由此建立层次结构，如图 7.7 所示。

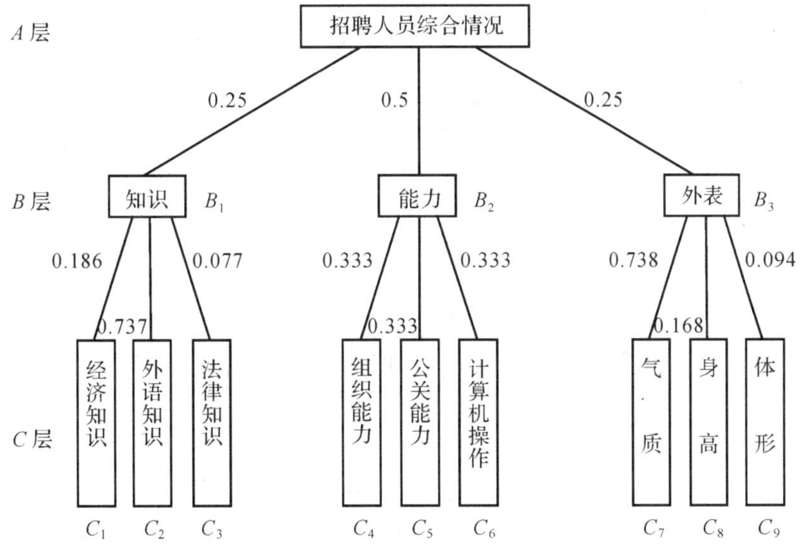

（注：权系数是根据后面的计算添加上去的。）

图 7.7

该单位领导认为，作为外销工作人员，知识面与外观形象同样重要，而在能力方面则应有稍强一些的要求。根据以上看法，建立 A—B 层成对比较判断矩阵 $\boldsymbol{W}$ 为

A	B_1	B_2	B_3
B_1	1	$\frac{1}{2}$	1
B_2	2	1	2
B_3	1	$\frac{1}{2}$	1

$$\boldsymbol{W} = \begin{bmatrix} 0.25 \\ 0.5 \\ 0.25 \end{bmatrix}$$

求得 $\lambda_{\max} = 3, CR = 0$。

类似建立 B—C 层之间的三个成对比较矩阵

B_1	C_1	C_2	C_3
C_1	1	$\frac{1}{5}$	3
C_2	5	1	8
C_3	$\frac{1}{3}$	$\frac{1}{8}$	1

$\boldsymbol{W} = (0.186, 0.737, 0.077)^{\mathrm{T}}$

$\bar{\lambda}_{\max} = 3.047, CR = 0.08$

B_2	C_4	C_5	C_6
C_4	1	1	1
C_5	1	1	1
C_6	1	1	1

$\boldsymbol{W} = \left(\frac{1}{3}, \frac{1}{3}, \frac{1}{3}\right)^{\mathrm{T}}$

$\bar{\lambda}_{\max} = 3, CR = 0$

B_3	C_7	C_8	C_9
C_7	1	5	7
C_8	$\frac{1}{5}$	1	2
C_9	$\frac{1}{7}$	$\frac{1}{2}$	1

$\boldsymbol{W} = (0.738, 0.168, 0.094)^{\mathrm{T}}$

$\bar{\lambda}_{\max} = 3.017, CR = 0.08$

经层次总排序，可求得 C 层中各因子 C_i 在总目标中的权重分别为：0.047，0.184，

0.019,0.167,0.167,0.167,0.184,0.042,0.024。

招聘工作可如下进行,根据应试者的履历、笔试与面试情况,对他们的九项指标作1—9级评分。设其得分为 $\boldsymbol{X} = (x_1, \cdots, x_9)^{\mathrm{T}}$,用公式

$$y = 0.047x_1 + 0.184x_2 + 0.019x_3 + 0.167(x_4 + x_5 + x_6) + 0.184x_7 + 0.042x_8 + 0.024x_9$$

计算总得分,以 y 作为应试者的综合指标,按由高到低的顺序录用。

例 7.18(挑选合适的工作)

经双方恳谈,已有三个单位表示愿意录用某毕业生。该生根据已有信息建立了一个层次结构模型,如图 7.8 所示。

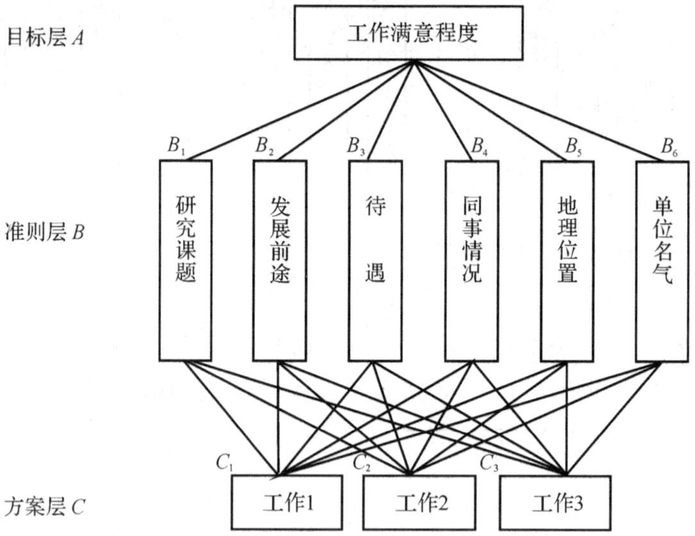

图 7.8

该生经冷静思考、反复比较,建立了各层次的成对比较矩阵:

A	B_1	B_2	B_3	B_4	B_5	B_6
B_1	1	1	1	4	1	$\frac{1}{2}$
B_2	1	1	2	4	1	$\frac{1}{2}$
B_3	1	$\frac{1}{2}$	1	5	3	$\frac{1}{2}$
B_4	$\frac{1}{4}$	$\frac{1}{4}$	$\frac{1}{5}$	1	$\frac{1}{3}$	$\frac{1}{3}$
B_5	1	1	$\frac{1}{3}$	3	1	1
B_6	2	2	2	3	3	1

$$\boldsymbol{W} = \begin{bmatrix} 0.16 \\ 0.19 \\ 0.19 \\ 0.05 \\ 0.12 \\ 0.30 \end{bmatrix}$$

由于比较因素较多,此成对比较矩阵甚至不是正互反矩阵。

(方案层)

B_1	C_1	C_2	C_3
C_1	1	$\frac{1}{4}$	$\frac{1}{2}$
C_2	4	1	3
C_3	2	$\frac{1}{3}$	1

$$W = \begin{bmatrix} 0.14 \\ 0.62 \\ 0.24 \end{bmatrix}$$

B_2	C_1	C_2	C_3
C_1	1	$\frac{1}{4}$	$\frac{1}{5}$
C_2	4	1	$\frac{1}{2}$
C_3	5	2	1

$$W = \begin{bmatrix} 0.10 \\ 0.33 \\ 0.57 \end{bmatrix}$$

B_3	C_1	C_2	C_3
C_1	1	3	$\frac{1}{3}$
C_2	$\frac{1}{3}$	1	1
C_3	3	1	1

$$W = \begin{bmatrix} 0.32 \\ 0.22 \\ 0.46 \end{bmatrix}$$

B_4	C_1	C_2	C_3
C_1	1	$\frac{1}{3}$	5
C_2	3	1	7
C_3	$\frac{1}{5}$	$\frac{1}{7}$	1

$$W = \begin{bmatrix} 0.28 \\ 0.65 \\ 0.07 \end{bmatrix}$$

B_5	C_1	C_2	C_3
C_1	1	1	7
C_2	1	1	7
C_3	$\frac{1}{7}$	$\frac{1}{7}$	1

$$W = \begin{bmatrix} 0.47 \\ 0.47 \\ 0.07 \end{bmatrix}$$

B_6	C_1	C_2	C_3
C_1	1	7	9
C_2	$\frac{1}{7}$	1	5
C_3	$\frac{1}{9}$	$\frac{1}{5}$	1

$$W = \begin{bmatrix} 0.77 \\ 0.17 \\ 0.06 \end{bmatrix}$$

(层次总排序)如表 7.12 所示。

表 7.12

准　　则		研究课题	发展前途	待　　遇	同事情况	地理位置	单位名气	总排序权值
准则层权值		0.16	0.19	0.19	0.05	0.12	0.30	
方案层	工作 1	0.14	0.10	0.32	0.28	0.47	0.77	0.40
单排序	工作 2	0.62	0.33	0.22	0.65	0.47	0.17	0.34
权　值	工作 3	0.24	0.57	0.46	0.07	0.07	0.06	0.26

根据层次总排序权值,该生最满意的工作为工作 1(由于篇幅限制,本例省略了一致性检验)。

例 7.19(作品评比)

电影或文学作品评奖时,根据有关部门规定,评判标准有教育性、艺术性和娱乐性,设其间建立的成对比较矩阵为

$$A = \begin{bmatrix} 1 & 1 & \frac{1}{5} \\ 1 & 1 & \frac{1}{3} \\ 5 & 3 & 1 \end{bmatrix}$$

由此可求得

$$W = (0.158, 0.187, 0.656)^{T}$$

$$\bar{\lambda}_{max} = 3.028, CR = 0.048(< 0.1)$$

本例的层次结构模型如图 7.9 所示。

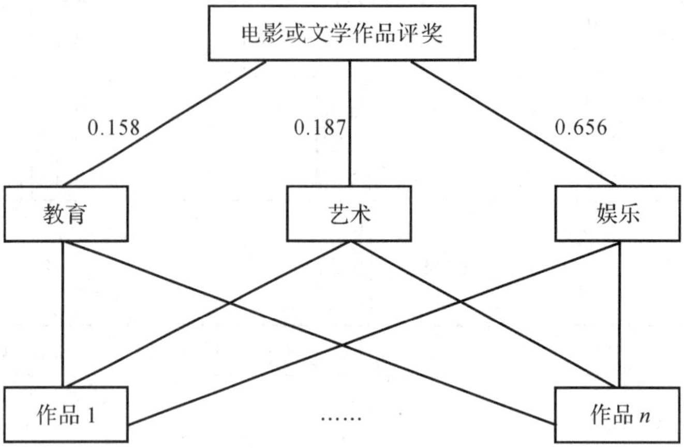

图 7.9

在具体评比时,可请专家对作品的教育性、艺术性和娱乐性分别打分。根据作品的得分数 $\boldsymbol{X} = (x_1, x_2, x_3)^{\mathrm{T}}$,利用公式

$$y = 0.158x_1 + 0.187x_2 + 0.656x_3$$

计算出作品的总得分,据此排出获奖顺序。

读者不难看出,**A** 矩阵的建立对评比结果的影响极大。事实上,整个评比过程是在组织者事先划定的框架下进行的,评比结果是按组织者的满意程度来排序的。这也说明,为了使评比结果较为理想,**A** 矩阵的建立应尽可能合理。

例 7.20(教师工作情况考评)

某高校为了做好教师工作的综合评估,使晋级、奖励等尽可能科学合理,构造了图 7.10 所示的层次结构模型。

在 C 层中共列出了十项指标,有些可用数量表示,有些只能定性表示(如教学效果只能分成若干等级)。即使对于可以定量表示的指标,由于各指标具有不同的量纲,例如一篇论文并不等同于一个获奖项目,互相之间不能直接进行比较。为此,在层次单排序与总排序时应先统一化成无量纲量,如可将每一指标分为若干等级并对每一等级规定一个合适的得分数;然后再根据各因子的重要程度利用成对比较及层次排序来确定各因子的权。

在评估某教师时,只要根据该教师的各项指标,利用由层次分析得到的评估公式计算其最终得分即可。

上述诸例具有一个共同的特征,模型涉及的因素间存在着较为明确的因果关系,这些因果关系又可以分成若干个层次。同一层次中的各因素间相互影响很小,基本上可略去不计,上层因素对下层的某些因素存在着逐层传递的支配关系,但不考虑相反的逆关系。

更复杂的层次结构可以考虑同一层次内各因素间的相互影响,也可以考虑下层因素对上层因素的反馈作用,因研究这类层次结构需要用到更多的数学知识,本处不准备再作进一步的讨论,有兴趣的读者可以查阅有关的书籍和文献资料。

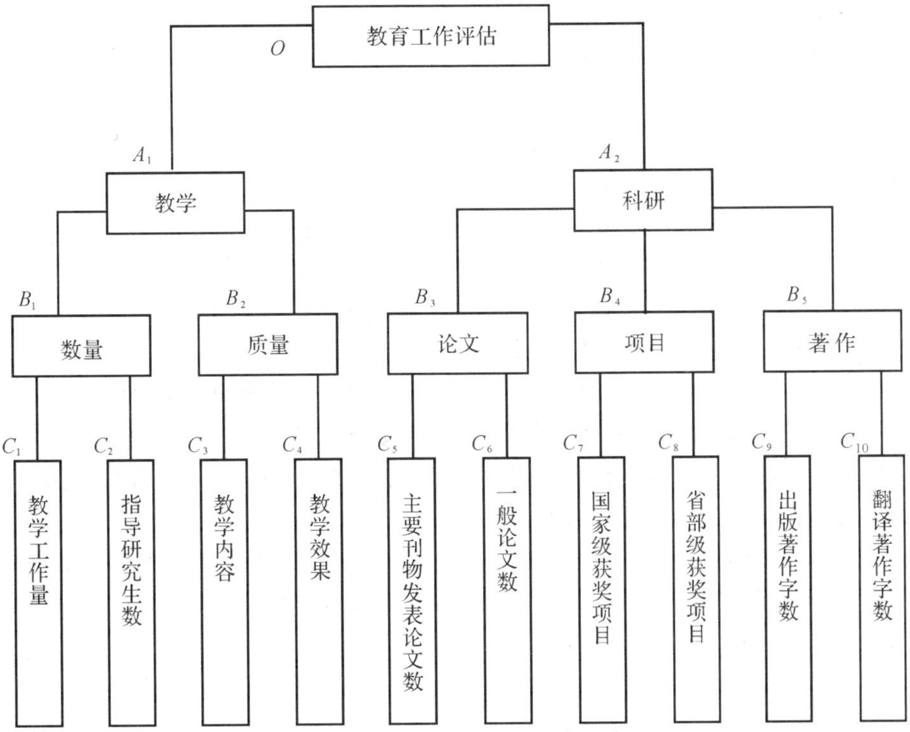

图 7.10

习　题

1. 流感病毒有两种菌种，但不知它们出现的比例。现已研制出两种预防疫苗，疫苗 1 对菌种 1 的有效率为 85%，对菌种 2 的有效率为 70%；疫苗 2 对菌种 1 的有效率为 60%，对菌种 2 的有效率为 90%。问应采取怎样的接种策略才能使尽可能多的居民具有免疫力（注：两种疫苗不能同时在一个人身上接种）。假如我们已经统计出两种流感发病的比例，情况会有什么不同？你应当讨论如果仅使用两种疫苗之一（纯策略），在什么情况下应使用疫苗 1，在什么情况下应使用疫苗 2。如果可以对一部分人注射疫苗 1，对另一部分人注射疫苗 2，又应采取怎样的策略？

2. 两校乒乓球队将举行一场五局三胜制的校际竞赛，两校各派三支队伍参加且各有三种出场顺序，分别记为$(\alpha_1,\alpha_2,\alpha_3)$和$(\beta_1,\beta_2,\beta_3)$。根据以往经验估计，当 A 校按$\alpha_i$顺序而 B 校按$\beta_j$顺序出场时，A 校会获胜$a_{ij}$局，即我们估计得到一个矩阵 $\boldsymbol{R}=(a_{ij})$ 如下：

$$
\begin{array}{c} \\ \alpha_1 \\ \alpha_2 \\ \alpha_3 \end{array}
\begin{array}{c} \begin{array}{ccc} \beta_1 & \beta_2 & \beta_3 \end{array} \\ \begin{pmatrix} 2 & 1 & 4 \\ 0 & 3 & 4 \\ 4 & 3 & 1 \end{pmatrix} \end{array}
$$

(1) 如果两队都采取稳妥的办法，结果会如何？

(2) 如果你是 A 校的教练,你会采用什么办法?

(3) 你认为这两个学校的实力谁强些,为什么?

(4) 比赛是五局三胜制的,而矩阵 $\boldsymbol{R}$ 是按打满五局的假设作出的,两者有什么区别?

3. 在两人零和对策中,A、B 各有 3 套可选择的方案,若 A 的赢得矩阵为(1),双方应采取什么策略?若 A 方的赢得矩阵为(2),情况又如何?

$$(1)\begin{bmatrix} 0.3 & 0.9 & 0.2 \\ 0.4 & 0.6 & 0.8 \\ 0.2 & 0.7 & 0.2 \end{bmatrix} \qquad (2)\begin{bmatrix} 0.9 & 0.4 & 0.2 \\ 0.3 & 0.6 & 0.8 \\ 0.5 & 0.7 & 0.2 \end{bmatrix}$$

4. 证明鞍点的无差别性与可交换性(见定理 7.4)。

5. 一位病人被怀疑患了脑肿瘤,医生估计此人如确有肿瘤则手术治疗的期望寿命为 a 年,不开刀而采用保守治疗的期望寿命为 b 年;如此人并未患脑肿瘤而误开了刀期望寿命为 c 年,未患肿瘤又不开刀的期望寿命为 d 年。根据预计的各种期望寿命,请分析一下:在什么情况下医生应当劝说此病人开刀?

6. 某市有两家电视台,在晚上的黄金时段里,A 台有三套节目可供选看,B 台有四套节目可供选看,经民意调查得知,如 A 播放节目 i 而 B 播放节目 j,则观众收看 A 台节目的比例约为 $a_{ij}\%$,矩阵 $\boldsymbol{R} = (a_{ij})$ 如下:

$$\begin{bmatrix} 60 & 20 & 30 & 55 \\ 50 & 75 & 45 & 60 \\ 70 & 45 & 35 & 30 \end{bmatrix}\%$$

假如你是 A 台台长,你将怎样安排节目?

7. 当混合策略矩阵对策问题不满足 $v > 0$ 时,可适当取一常数 d,令矩阵 $\boldsymbol{R}' = (a_{ij} + d)_{m\times n}$ 使得新矩阵 $\boldsymbol{R}'$ 的对策值大于零。请证明两个对策问题间存在如下联系:

(1) $\boldsymbol{R}$ 与 $\boldsymbol{R}'$ 对应的两个矩阵对策问题有相同的最优混合策略。

(2) $\boldsymbol{R}$ 与 $\boldsymbol{R}'$ 的对策值 v_1 与 v_2 间的关系为 $v_2 = v_1 + d$。

8. 某面包房烘烤一只面包的成本价为 0.5 元,售价为 1 元。如当天没有卖掉,第二天将烤成面包干出售,四只面包烤成一袋面包干,售价为 1 元。根据每天的销售记录,该面包房经理知道面包销售量 x 服从的概率分布为:

X	200	225	250	275	300	325
$P(x)$	0.15	0.20	0.20	0.20	0.15	0.10

试确定该面包房的最佳烘烤量。

9. 证明:若 α^* 为报童问题的最优进货量,则必有

$$K_{\alpha^*} < K_{\alpha^*+1} \text{ 且 } K_{\alpha^*} \leqslant K_{\alpha^*+1}$$

据此进一步证明,最佳进货量 α^* 应使得

$$\sum_{\theta=\theta_1}^{\alpha^*-1} P(\theta) < \frac{k_u}{k_0 + k_u} \leqslant \sum_{\theta=\theta_1}^{\alpha^*} P(\theta)$$

10. 利用正互反矩阵的性质与线性代数知识证明定理 7.11。

11. 根据水情资料，某地汛期出现平水水情的概率为 0.7，出现高水水情的概率为 0.2，出现洪水水情的概率为 0.1。位于江边的某工地对其大型施工设备拟定了三个处置方案：

A_1：运走，支付搬运费 18 万元。

A_2：修堤坝保护，支付修坝费用 5 万元。

A_3：不作任何防范，不需支付费用。

若采取方案 A_1，则无论出现什么水情都不会遭到损失；若采用方案 A_2，则仅当发生洪水时因堤坝被冲垮而损失 120 万元设备；若采用方案 A_3，则出现平水位时不受损失，发生高水位时因设备部分受损而损失 20 万元，发生洪水时损失 120 万元设备。

(1) 根据上述条件，选择最佳决策方案。

(2) 试对出现平水和高水的概率进行灵敏度分析。

12. 某地拟建一新厂以满足市场对某种产品的需求。有三个方案可供选择：

A_1：建大厂，需投资 350 万元，若销路好，可以年获利 100 万元；但若销路差将年亏损 25 万元，服务期为 10 年。

A_2：建小厂，需投资 145 万元。若销路好，可以年获利 40 万元；若销路差，则可以年获利 30 万元，服务期为 10 年。

A_3：先建小厂，若销路好，三年后扩建，需追加投资 200 万元，扩建后每年获利 95 万元，服务期为 7 年。

根据市场预测，该产品 10 年内销路好的概率为 0.7，销路不好的概率为 0.3。试用决策树方法选定最佳方案，并对销路好坏的概率作灵敏度分析。

13. 你想购买一台电冰箱，假设影响你决策的因素有：制冷性能、耗电量大小、容量、价格、品牌的信誉(是否为名牌产品)、维修的方便程度及外表是否美观。经走访若干家大商场比较，你只对 A、B、C、D 四种冰箱有兴趣。试建立分析决策的层次结构模型。

14. 你已经去过几家主要的摩托车商店，基本确定将从三种车型中选购一种。你选择的标准主要有：价格、耗油量大小、舒适程度和外表美观情况。经反复思考比较，构造了它们之间的成对比较矩阵为

$$\mathbf{A}=\begin{bmatrix}1 & 3 & 7 & 8\\ \frac{1}{3} & 1 & 5 & 5\\ \frac{1}{7} & \frac{1}{5} & 1 & 3\\ \frac{1}{8} & \frac{1}{5} & \frac{1}{3} & 1\end{bmatrix}$$

三种车型(记为 a、b、c) 关于价格、耗油量、舒适程度及你对它们外观喜欢程度的成对比较矩阵为

(价格)

$$\begin{array}{c} \\ a \\ b \\ c \end{array}\begin{array}{c} \begin{array}{ccc} a & b & c \end{array} \\ \begin{bmatrix} 1 & 2 & 3 \\ \frac{1}{2} & 1 & 2 \\ \frac{1}{3} & \frac{1}{2} & 1 \end{bmatrix} \end{array}$$

(耗油量)

$$\begin{array}{c} \\ a \\ b \\ c \end{array}\begin{array}{c} \begin{array}{ccc} a & b & c \end{array} \\ \begin{bmatrix} 1 & \frac{1}{5} & \frac{1}{2} \\ 5 & 1 & 7 \\ 2 & \frac{1}{7} & 1 \end{bmatrix} \end{array}$$

(舒适程度)

$$\begin{array}{c} \\ a \\ b \\ c \end{array}\begin{array}{c} \begin{array}{ccc} a & b & c \end{array} \\ \begin{bmatrix} 1 & 3 & 5 \\ \frac{1}{3} & 1 & 4 \\ \frac{1}{5} & \frac{1}{4} & 1 \end{bmatrix} \end{array}$$

(外观)

$$\begin{array}{c} \\ a \\ b \\ c \end{array}\begin{array}{c} \begin{array}{ccc} a & b & c \end{array} \\ \begin{bmatrix} 1 & \frac{1}{5} & 3 \\ 5 & 1 & 7 \\ \frac{1}{3} & \frac{1}{7} & 1 \end{bmatrix} \end{array}$$

(1) 根据上述矩阵可以看出这四项标准在你心目中的比重是不同的,请按由大到小的顺序排出。

(2) 哪辆车最便宜、哪辆车最省油、哪辆车最舒适,你认为哪辆车最漂亮?

(3) 用层次分析法确定你对这三种车型的喜欢程度(用百分比表示)。

15. 若发现一成对比较矩阵 **A** 的非一致性较为严重,应如何寻找引起非一致性的元素?例如,设已构造了成对比较矩阵

$$\mathbf{A} = \begin{bmatrix} 1 & \frac{1}{5} & 3 \\ 5 & 1 & 6 \\ \frac{1}{3} & \frac{1}{6} & 1 \end{bmatrix}$$

(1) 对 **A** 作一致性检验。

(2) 如 **A** 的非一致性较严重,应如何作修正?

第八章　逻辑模型

敏锐的观察能力与严密的逻辑推理能力是科学研究必须具备的两项基本素质。欧几里德凭借几条最基本的假设，通过严密的逻辑推理，推导出了一系列定理、推论，建立了数学史上第一个数学公理系统，即内容丰富而自成体系的欧几里德几何学。可以这样讲，欧几里德的几何学是用逻辑建模方法创建的辉煌成就。欧氏几何自诞生以来已经2000多年过去了，但时至今日，它仍然是人类最为宝贵的精神财富之一。

观察能产生直觉，而直觉是推动科技进步的原动力，所以，观察发现能力是科学研究者不可或缺的能力之一。然而，观察只能得出经验，人的经验是十分有限的，凭我们的经验得出的结果未必总是正确的，过于相信经验，人们早晚会犯错误。根据观察，我们可以作出一些猜测，但猜测未必就是真理，猜测只有在经过严密的逻辑论证被证明是正确的以后，才能被称为定理，才会被人们普遍地认可。此外，也可能出现相反的情况，用正确的逻辑推理方法导出的结果似乎与我们的经验相悖，然而，实践又证明这些结果是正确无误的，这只能说明我们原先的经验是错误的或者至少是片面的，从而，大大改变了我们原有的观念。人类的认知就是在这样的反复过程中不断地深化发展的。

本章介绍的一些模型及模型求解主要依赖于逻辑推理。有的直接通过逻辑推理建模或求解，有的则应用了类似于欧几里德几何建立的公理化方法。前者常用于较单纯的问题，而后者则常用于相对稍复杂一些的情况。当采用公理化方法建模时，建模者一般需要从问题应当具备的某些基本属性出发（提出几条基本假设，即所谓公理），运用逻辑推理方法或者导出满足这些基本属性的解，或者证明在原有的观念下问题不可能有解，从而从根本上改变人们对这一问题的看法。

8.1　几个实例

一、非欧几何学从何而来?

在欧几里德几何学中包含着一条不易为人们普遍接受的假设，即第五公设（又称平行线公理）。第五公设是这样讲的：假如一直线与两条直线相交时有一对同旁内角之和小于π，则若将这两条直线无限延长，它们必将在同旁内角和小于π的一侧相交（见图8.1）。

第五公设为什么一定正确呢?要知道，它其实完全是凭经验得出的。数学中不可以没有不加证明而直接被采用的公理（像两点之间只能连一条直线、$1+1=2$，等等），没有公理，逻辑也无法出力。但公理应当越少越好，公理越多，出错的可能性也就越大。第五公设与欧几里德几何中的其他几条公设是完全独立的，但它又似乎并非是不证自明的真理。在欧几里德的《几何原本》问世以后的近 2000 年中，人们几乎从未终止过企图证明这一公设的尝试，几乎所有的大数学家都曾经为此作出过努力，但没有一个人获得成功，使用逻辑方法既无法证明之也无法导出矛盾。

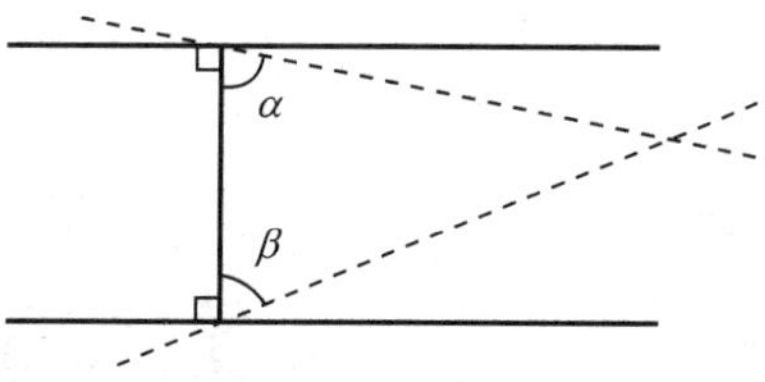

图 8.1

运用逻辑推导可以证明以下命题(注:证明均从略)：

命题 1　第五公设成立的充要条件是过直线外的一点只能作此直线的一条平行线(这就是第五公设也被称为平行线公理的原因)。

命题 2　第五公设成立的充要条件是三角形三内角之和等于 π(即 180°)。

命题 3　第五公设成立的充要条件是同一直线的垂线与斜线必相交。

命题 4　第五公设成立的充要条件是存在不全等但相似的三角形。

命题 5　第五公设成立的充要条件是任意三角形都有外接圆。

命题 6　第五公设成立的充要条件是与同一直线等距离并位于该直线同侧的三点必位于同一直线上。

命题 7　第五公设成立的充要条件是过锐角内部任意一点总可作出一条直线，此直线与该锐角的两条边都相交。

命题 8　第五公设成立的充要条件是圆内接正六边形的边长等于该圆的半径。

以上命题均无法仅用其他公理推出。例如，我们可以证明三角形三内角之和不可能大于 π，却无法证明三角形三内角之和不可能小于 π，因而，我们无法证明命题 2。

定理 8.1　三角形三内角之和不可能大于 π。

证明　设存在一个 $\triangle ABC$，其三内角之和大于 π。例如，设其三内角之和为 $\pi+\alpha$，其中 $\alpha>0$。不妨设 $\triangle ABC$ 的最小角(不一定唯一)为 $\angle A$，作 $\angle A$ 的角平分线，设该平分线交 BC 边于 D，并延长 AD 到 E，使 $AD=DE$，连接 EC，得 $\triangle AEC$(见图 8.2)。

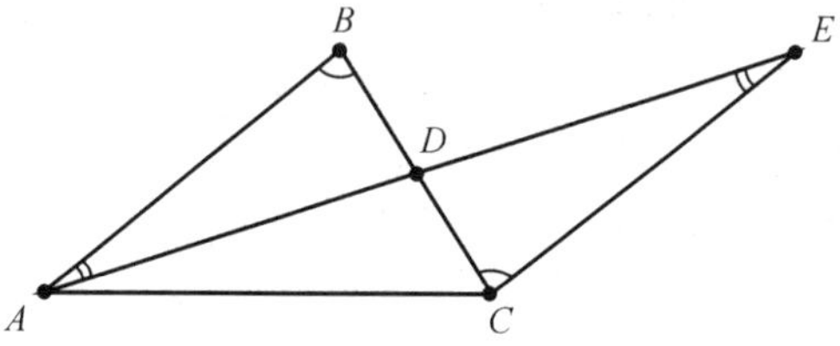

图 8.2

容易证明：

(1) $\triangle AEC$ 三内角之和等于 $\triangle ABC$ 三内角之和，即也等于 $\pi+\alpha$。

(2) 由于 $\triangle ABD \cong \triangle CDE$，故 $\angle AEC + \angle EAC = \angle A$，因而又可得出 $\angle AEC$ 与 $\angle EAC$ 中较小的一个角必不大于 $\angle A$ 的一半，而较大的一个也不会大于 $\angle A$。

重复上述步骤，每次将新得到的三角形中的最小角对分，并按类似方法作出一个新三角形，重复 $n+1$ 次。易见，最后得到的三角形三内角之和还是 $\pi+\alpha$，且最小的一个角的大小不超过 $\angle A$ 大小的 $\frac{1}{2^{n+1}}$，次小的角的大小不超过 $\angle A$ 大小的 $\frac{1}{2^n}$，而最大的角当然一定小于 π。当 n 充分大时，我们总可以做到使 $\angle A$ 度数的 $\frac{1}{2^n}$ 小于 $\frac{\alpha}{2}$。此时，将三角形三内角的度数相加，其和必小于 $\pi+\alpha$，从而导出了矛盾，证毕。

由前可知，假如我们承认第五公设，我们就可以得出任何三角形三内角之和均等于π（反之亦真），这正是欧几里德几何告诉我们的结果。可惜的是，两者均无法通过另外办法证明，人们已经思考了近2000年，仍然没有丝毫的进展。19世纪20年代，天才的俄国数学家罗巴切夫斯基（Н. И. Лобачевский，1792 – 1856）在经历证明第五公设的失败以后，大胆地放弃了第五公设（保留其他公设），利用逻辑推理方法建立了另一套几何。放弃第五公设，可以用逻辑推理方法推出完全不同的结果。例如：

1. 过直线外的一点 A 可以作此直线的至少两条平行线（注：其实有两条必有无穷多条）。

2. 任一三角形三内角之和均小于π（注：只要假设有一个三角形三内角之和等于π，即可证明所有三角形三内角之和都为π，从而成为欧氏几何）。

3. 一条直线的垂线与不垂直该直线的直线不一定相交。

4. 不全等的三角形不可能相似。

5. 三角形可以不存在外接圆。

6. 位于一直线同侧且到该直线距离相等的三点不一定在一直线上（到一直线等距离的点位于一条曲线上）。

等等，等等。

罗巴切夫斯基几何学中的定理似乎都不符合常理，很多结果与我们的经验相悖，可以说“简直有点荒唐”。难怪与他同时代的数学家几乎都无法理解他，把他看成一个怪人。然而他的几何学在逻辑上却是绝对严格的，是经得起考验的。人们不能理解它是因为欧几里德几何学对我们的影响实在是太大了，欧氏几何的思想在我们头脑中已经形成了一种习惯，成为了我们的“经验”，而这种“经验”实际上也成了我们接受新思想的障碍。罗巴切夫斯基死后，他的理论逐渐被天体物理学、原子物理学等近现代科学中的现象所证实，成为推导相对论时的重要工具。实践证明，欧氏几何反映的只是一种空间形态（我们的经验基本上是在这种空间形态中形成的），而非欧几何学（包括罗巴切夫几何学）则较适合于另外的空间形态。在研究另外空间形态的问题时，例如在探索宇宙的奥秘时，更适合的已不再是欧氏几何学。

二、“物不知其数”与“韩信点兵”

中国古代有一本影响深远的数学书籍，名叫《孙子算经》。该书大约成书于公元3世纪，但作者已不得而知（魏晋时代的著名数学家刘徽曾为此书作注）。在《孙子算经》中有两道妇孺皆知的名题，一道为“物不知其数”，另一道为“韩信点兵”，著名的孙子定理就是根据这两道名题的求解而总结出来的。

例 8.1（物不知其数）

物不知其数是这样的：今有物不知其数，三三数之余二，五五数之余三，七七数之余二，问物几何？

本题的求解并不算太难，明朝数学家程大位曾将求解过程归纳成如下口诀：

三人同行七十稀
五树梅花廿一枝

七子团圆正月半

除百零五便得知

他的意思是这样的：用 70 去乘三三数的余数，用 21 去乘五五数的余数，用 15 乘七七数的余数，将所得三数相加，再减去 105 的适当倍数，即可得到满足要求的最小数。即

$$70 \times 2 + 21 \times 3 + 15 \times 2 = 233$$

$$233 - 105 = 128$$

$$128 - 105 = 23$$

23 即为所求。

答案为什么可以这样来求得呢？稍留意一下即可发现，3、5、7 是两两互素的，它们的最小公倍数为 105，故若 x 是问题的答案，则对任意正整数 n，$x + 105n$ 也满足题目的要求，从而也是问题的答案。此即说明，问题要我们求的是一个以 105 为模的同余类。

这个同余类还应满足什么要求呢？设 x 为满足要求的最小正整数，题目还要求：

$$\begin{cases} x \equiv 2 & \pmod 3 \\ x \equiv 3 & \pmod 5 \\ x \equiv 2 & \pmod 7 \end{cases}$$

现在来考察数 $70 \times 2 + 21 \times 3 + 15 \times 2$，由于 3 整除 21 和 15，又 $\gcd(3,70) = 1$，故 $70 \times 2 \equiv 2 \pmod 3$，同理可得 $21 \times 3 \equiv 3 \pmod 5$ 和 $15 \times 2 \equiv 2 \pmod 7$，这说明 $70 \times 2 + 21 \times 3 + 15 \times 2$ 是一个满足题目要求的数，当然，此数未必就是满足要求的最小正整数，只需减去 105 的适当倍数，即可求得满足要求的最小正整数。

总结上面关于"物不知其数"的解法，即可得出下面著名的孙子定理。

定理 8.2（孙子定理） 设 $m_1, m_2, \cdots, m_k$ 是 k 个两两互素的正整数，$m = m_1 m_2 \cdots m_k$，记 $M_i = m / m_i$（即 M_i 为除 m_i 以外的各数的乘积），$i = 1, \cdots, k$，则同时满足：

$$x \equiv a_1 \pmod{m_1}, x \equiv a_2 \pmod{m_2}, \cdots, x \equiv a_k \pmod{m_k}$$

的 x 可如下求得：$x \equiv M_1 N_1 a_1 + M_2 N_2 a_2 + \cdots + M_k N_k a_k \pmod m$，其中 N_i 满足

$$M_i N_i \equiv 1 \pmod{m_i}, i = 1, \cdots, k$$

（注：孙子定理又被称为中国剩余定理，将近 1500 年后，高斯才得到结果相同的"高斯定理"。）

例 8.2（韩信点兵）

韩信有兵一队，若列为五行纵队，则末行一人；成六行纵队，则末行五人；成七行纵队，则末行四人；成十一行纵队，则末行十人，求兵数。

解 易见，5、6、7、11 是两两互素的，故我们可以用孙子定理来求解本题。

先求 m 和 M_i。

$m = 5 \times 6 \times 7 \times 11 = 2310$，$M_1 = 6 \times 7 \times 11 = 462$，$M_2 = 5 \times 7 \times 11 = 385$，$M_3 = 5 \times 6 \times 11 = 330$，$M_4 = 5 \times 6 \times 7 = 210$

再求 N_i，求得：$N_1 = 3, N_2 = N_3 = N_4 = 1$，故

$$x \equiv 462 \times 3 \times 1 + 385 \times 1 \times 5 + 330 \times 1 \times 4 + 210 \times 1 \times 10$$
$$\equiv 6731 \equiv 2111 \pmod{2310}$$

故韩信的兵数为:$2111 + 2310n$(其中 n 为非负整数)。

三、拉姆塞数问题

拉姆塞(Ramsey,1904—1930)是英国著名的数学家、哲学家和经济学家,以下以他的名字命名的拉姆塞数问题是他于1928年在伦敦数学会上提出的。拉姆塞数问题自提出起就受到了数学界的广泛重视。

例8.3　在每一次人数不少于6人的聚会中必可找出这样的3人,他们或者彼此均认识或者彼此均不认识。在这里,认识是指双方面的。即只要有一方讲不认识对方,这两人就应算成不认识。

证明　采用图来描述这一问题,将人看成顶点,对 n 人的聚会构造一个 n 个顶点的图。对任意两点,如它们对应的两人是认识的,用一实线相连,否则用一虚线相连。

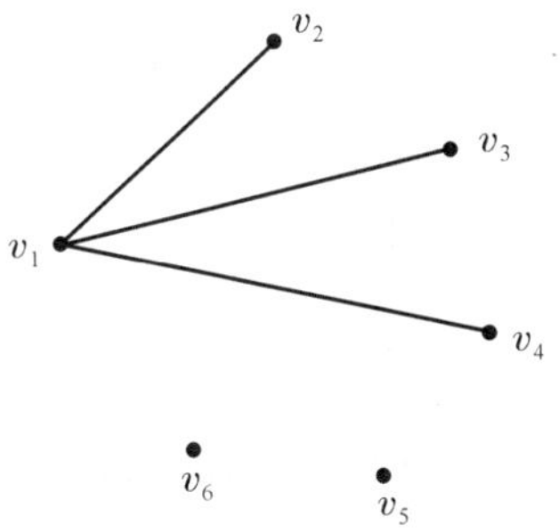

图 8.3

任取一顶点,例如 v_1。它与其余五个顶点的连线中实线和虚线的条数至少有一个不小于3,不妨设实线的条数至少为3,例如 v_1v_2,v_1v_3 和 v_1v_4 为实线,如图8.3所示。现考察边 v_2v_3,v_2v_4 和 v_3v_4。若它们中至少有一条是实线,则已存在一个三边均为实线的三角形,从而存在三个彼此均认识的人;否则,三角形 $v_2v_3v_4$ 的三边均为虚线,相应的三人均不认识,与 v_1 相关联的边中至少有三条虚边的情况可类似证明。

拉姆塞问题也可如下叙述:用两种颜色对6阶完全图(即6阶团)的边染色(称为6阶2色完全图),则必可从中找出一个单色边组成的三角形,即6阶双色完全图中必含有3阶单色完全图。更一般地,用 m 种颜色对 n 阶完全图 K_n 的边染色,问 n 至少为多大,才能保证必可从中找出一个同色的三角形?记这一问题及其答案为 $r_n = r(3,3,\cdots,3)$,称此类问题为拉姆塞问题,并称 r_n 为拉姆塞数(注:共有 m 个3)。按这一讲法,例8.3要证明的结果是 $r_2 = r(3,3) = 6$。

$r(3,3) = 6$ 可以作为工具来推出一些其他的结果,例如,我们可以证明下面的命题是正确的。

命题8.1　在平面上取6个点,使得此6点间的任意三点构成的三角形均为不等边三角形,则从这些三角形中必可找到一个三角形,其最短边是另外某一三角形的最长边。

证明　这一命题的证明似乎不知应当从何下手,但应用 $r(3,3) = 6$ 情况就不同了。用两种颜色按以下方式对根据这6点作出的完全图的边染色:先将每一三角形中的最短边染成红色,再将剩下的边全都染成蓝色。这样,我们就得到了一个6阶双色完全图。因为 $r(3,3) = 6$,我们必可从中找出一个由单色边构成的三角形,因为任意三角形都有最短边,故必有一边是红色的,但此三角形是单色的,故其最长边也是红色的。然而,根据红边的染色法,该最长边必为某一三角形的最短边,证明完毕。

读者不妨想一想,假如你不用已经证明的结果 $r(3,3) = 6$,你应当怎样来证明这一命题?不论你采用了什么方法,你很难把证明写得这么简单明了。

事实上,拉姆塞定理还远不止这些,我们还可推出许多其他的结果。

命题 8.2 任一 6 阶双色完全图中至少含有两个 3 阶单色完全图。

证明 我们已经证明,6 阶双色完全图中必存在 3 阶单色完全图,不妨设为 $v_1v_2v_3$ 其边用实线表示,见图 8.4。

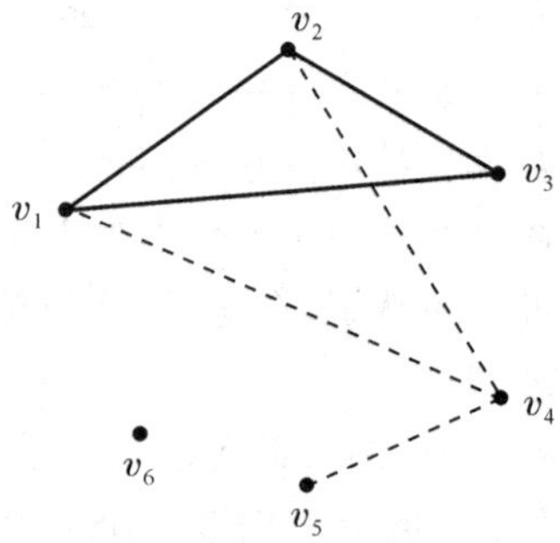

图 8.4

若 $v_4v_5v_6$ 也是单色完全图(即单色三角形),则命题已得证。从而可设其中至少有一边与 $v_1v_2v_3$ 的边异色,不妨设为边 v_4v_5,用虚线表示之。

易见 v_1v_4,v_2v_4,v_3v_4 至少应有两条与 $v_1v_2v_3$ 的边异色(虚线),否则已存在另一个 3 阶单色完全图,不妨设它们为 v_1v_4 和 v_2v_4。

同理,v_1v_5,v_2v_5,v_3v_5 中至少有两条与 $v_1v_2v_3$ 的边异色(虚线),故 v_1v_5 与 v_2v_5 中至少有一条是虚线,从而存在第二个 3 阶单色完全图。

图 8.5 表明,确实存在着只含 2 个 3 阶单色完全图的 6 阶双色完全图。

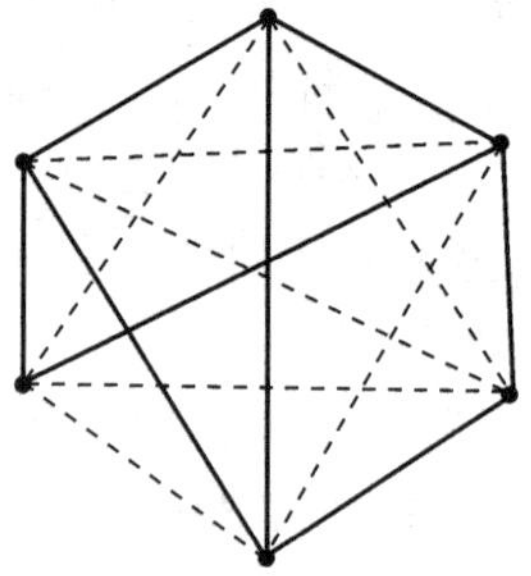

图 8.5

命题 8.3 7 阶 2 色完全图至少含有 4 个 3 阶单色完全图。

命题 8.4 18 阶 2 色完全图中必含有 4 阶单色完全图。

列出命题 8.1 至命题 8.4 只是为了说明以下事实:对拉姆塞问题的认识不能仅仅停留在例 8.3 的水平上,利用逻辑推理方法,实际上还可获得一大批结果。作为习题,命题 8.3 和命题 8.4 的证明留给读者自己去完成。

例 8.4 17 位学者中每人都和其他人通信讨论 3 个方向的课题。任意两人间只讨论其中一个方向的课题,则其中必可找出 3 位学者,他们之间讨论的是同一方向的课题。

证明 将每一学者看成一个顶点,作一个 17 阶完全图。按讨论课题的方向对边染色,相同方向染成同一颜色,得到一个 17 阶 3 色完全图。

任取一顶点 A,与它相关联的有 16 条边,其中必能找出 6 条相同颜色的边,不妨设 A 与 $v_1,\cdots,v_6$ 的连线有相同颜色。连接 A 和 6 个顶点 $v_1,\cdots,v_6$。如果这 6 个顶点间也有这种颜色的边,则已找到讨论同一方向课题的三位学者;否则,$v_1,\cdots,v_6$ 及连接它们的边构成一个 6 阶 2 色完全图,由例 8.3,必可从中找到一个 3 阶单色完全图,即找出三位讨论同一方向课题的学者。证明完毕。

其实,拉姆塞数问题的一般形式远不止此,拉姆塞数问题的一般形式应当是这样的:用 m 种颜色给 n 阶团 K_n 的边染色,任给 m 个数 $k_1,\cdots,k_m$,要使得从边染过色的 K_n 中总可以找到某个 k_i 阶 i 色子团(单色),问 n 至少应当等于几?

其实到此为止，我们基本上只涉及到两种颜色，要求寻找的也只局限于三角形（即三阶的团）。可以这样讲，这方面的研究工作只是刚刚开始。也就是说，到现在为止，数学家们对拉姆塞数的研究还处于非常初等的阶段。沿着这一方向的研究工作，每前进一步都显得极为艰难。例如，以下两个问题都应当被看成是拉姆塞问题的最为简单的子问题，然而，即使是对这两个子问题的研究，人们也都感到举步维艰，十分棘手。

(1) $r_m = ?$ 其中 $r_m = r(3,3,\cdots,3)$。即问要使得 m 色完全子图 K_n 中必存在3阶单色完全图，n 至少应等于几？

(2) $r(k,k) = ?$ 即要使得双色完全图 K_n 中必可找到 k 阶单色完全子图，n 至少应当取几？

(3) 用两种颜色对 n 阶完全图 K_n 染色，给定两个数 k 和 l，要使得被染过色的 K_n 中必可找出同色的 K_k 或同色的 K_l，问 n 至少为几？（注：此数被记为 $r(k,l)$）

关于问题(1)，人们只知道 $r(3,3) = 6$，$r(3,3,3) = 17$。

关于问题(2)，人们只知道 $r(4,4) = 18$。

关于问题(3)，人们只知道以下结果：

$r(3,4) = 9$　　$r(3,5) = 14$　　$r(3,6) = 18$　　$r(3,7) = 23$

$r(3,8) = 28$　　$r(3,9) = 36$　　$r(4,5) = 25$

（注：以上结果未包括平凡解 $r(1,k) = r(k,1) = 1$ 及 $r(2,k) = r(k,2) = k$；此外，显然有 $r(k,l) = r(l,k)$，即 $r(k,l)$ 具有对称性）

顺便指出，要求出一般的 $r(k,l)$ 是非常困难的，人们尚未找到其内在的规律（似乎应当有规律）。例如，1993年，S. P. Radziszowski 和 B. D. Mckay 利用计算机分析，找到了 $r(4,5) = 25$，据估计计算量达到如此之大，运用常规计算机计算，需连续工作11年。而要通过分析方法求出 $r(5,5)$ 和 $r(6,6)$，至少利用今天的计算机是不可能办到的。可以肯定，对每一对 k、l 来讲 $r(k,l)$ 都是一个确定的正整数，但要找到它们或发现其内在的规律（即随机涂色中包含的必然规律）却极为困难，对这一问题的研究还远远没有完成，任重而道远用在这里是极为恰当的。

四、拼方问题

在 H. E. Dudeney 所写的《Cantebury 难题》一书中有一个正方形的图案，这个正方形图案是由一个小长方形和若干个边长各异的小正方形组成的。小长方形的长为 $10\frac{1}{4}$，宽为 $\frac{1}{4}$，要求求出所有正方形的边长。在一般情况下，甚至还会要求你画出它们是怎样拼接的。这种拼接过程称为拼方，这种类型的问题称为拼方问题，如图8.6所示。

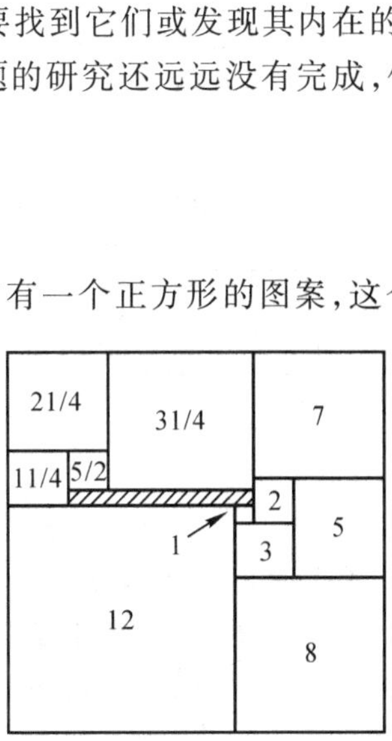

图 8.6

受这一问题的启示，加拿大数学家 W. T. Tutte 与 A. Stone 等人考虑了如下问题：怎样的长方形可以剖分成若干个边长各异的小正方形(称具有这种性质的长方形为完美长方形)?进而,正方形能否剖分成边长各异的小正方形,即是否存在完美正方形?

应当说明的是,在此之前波兰数学家 Z. Moron 已经作出了一个 32×33 的 9 阶(即由 9 个边长各异的小正方形拼接而成的)完美长方形,它已十分接近正方形,其剖分如图 8.7(a) 所示。

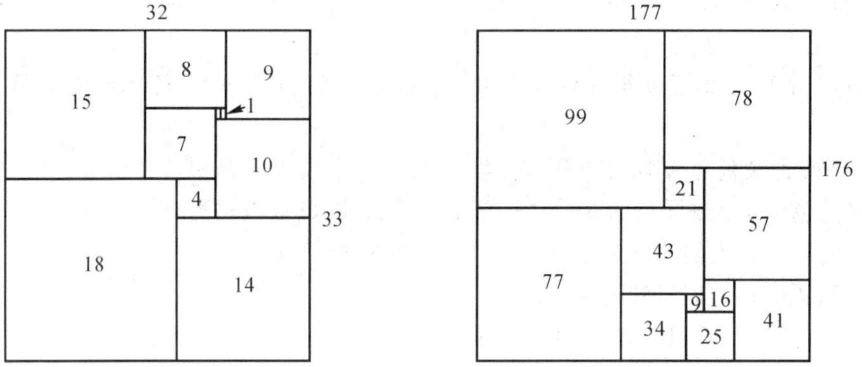

(a) 9阶完美长方形　　(b) 11阶完美长方形

图 8.7

为了搞清是否存在完美正方形,Tutte 等人采用了多少有点奇特的方法分析了 Moron 给出的例子,希望先作出更多的完美长方形,然后再来考虑是否有完美正方形的问题。他们用点表示水平边,用边表示小正方形。边长即小正方形之边长,方向规定由上到下。这样一来,一个剖分好的完美长方形被十分巧妙地转化成了一个有向图网络,见图 8.8(b) 所示。

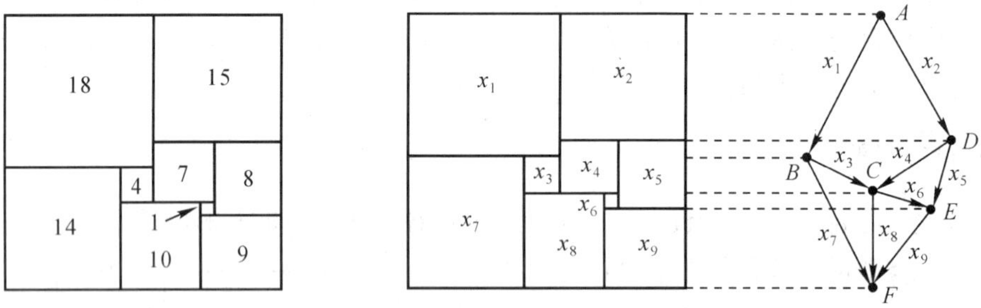

(a)　　(b)

图 8.8

满足什么条件时一个长方形才是完美的呢?注意到这些小正方形正好盖住完美长方形,不难看出,除表示上、下两底边的顶点以外,在其余顶点处指入边边长之和应当等于指出边边长之和。这说明:假如我们把得到的有向图网络看作电网络,则所述性质恰好就是电学中的基尔霍夫定律。若将每边看成一个单位电阻,在给出正极 A 与负极 F 之间的电势差后(相当于给出长方形的高),即可求出每条边上的电流强度(等于两顶点间的电势差),而这些数恰好就是小正方形的边长。此外还可看出,解应当是唯一的,因为在给定 A、F 间的电势差后,各边上的电流强度是唯一确定的。

例如,对于 Moron 给出的完美长方形,取高为 32,则相应电网络中的电流强度为 $x_i(i=1,\cdots,9)$,满足方程组

$$\begin{cases} x_1 = x_3 + x_7 \\ x_2 = x_4 + x_5 \\ x_3 + x_4 = x_6 + x_8 \\ x_5 + x_6 = x_9 \\ x_1 + x_2 = x_7 + x_8 + x_9 \\ x_1 + x_7 = 32 \\ x_2 + x_5 + x_9 = 32 \\ x_1 + x_3 + x_8 = 32 \\ x_2 + x_4 + x_8 = 32 \end{cases}$$

(注:$x_2 + x_4 + x_6 + x_9 = 32$ 为多余方程)。其解为:$x_1 = 18, x_2 = 15, x_3 = 4, x_4 = 7, x_5 = 8, x_6 = 1, x_7 = 14, x_8 = 10, x_9 = 9$,恰为相应小正方形的边长。此外,由 $x_1 + x_2 = 33$ 可知,长方形的宽应为 33。

以上分析是在对完美长方形作了剖分草图的前提下作出的,这种做法似乎是不能令人信服的。然而事实上我们可以完全不管长方形的剖分,而直接根据图表寻查。为了避免繁琐的计算,我们只讨论几种最简单的情况,简要说明一下寻查过程。

只有三条边的图,见图 8.9。由 $x_1 = x_3$ 可知不存在 3 阶完美长方形。

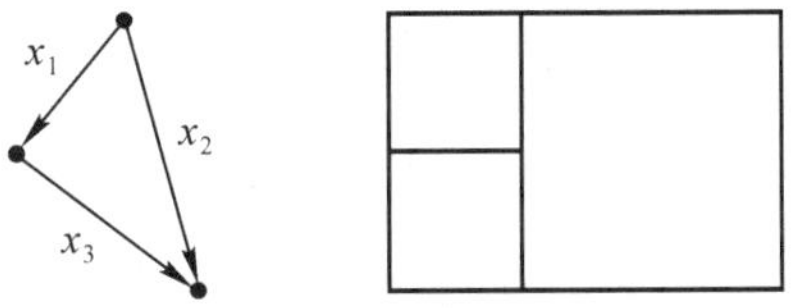

图 8.9

由四条边组成的有向图可以有两种形式,见图 8.10 中的(a)、(b),它们均不可能对应完美长方形。

依次类推,逐阶寻查下去。稍加观察即可

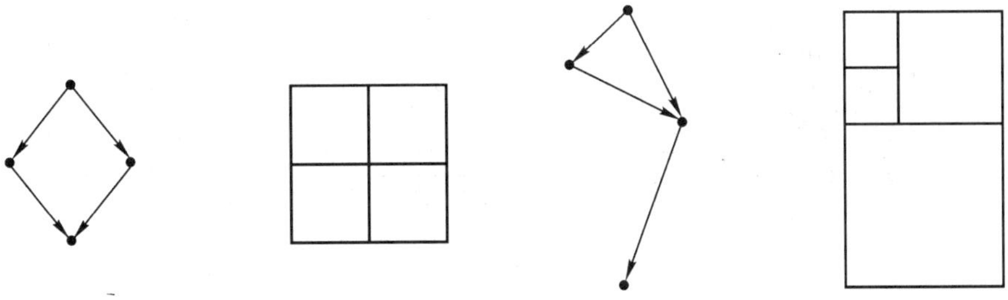

图 8.10

发现,完美长方形对应的电网络必有以下性质:

(1) 除两端顶点外,其余各顶点的进出边之和至少为 3。

(2) 电网络不具有对称性。

根据这两条性质，可以发现完美长方形的最小阶数为9，进而可作出各种9阶、10阶、11阶，…，完美长方形。当然，随着阶数增大，计算量将按指数增长，因为相应电网络的数目是按指数增长的。Tutte等人将他们用人工方法得到的完美长方形列成了一个表，其中包括有200多个完美长方形。1960年，人们用电子计算机求得了9至15阶的全部完美长方形，可其中没有一个是完美正方形。

对一个指定的有向图求相应的完美长方形时，高可以先随意选取一个整数。求出所有小正方形的边长后再将所有数据同乘一个适当的数，使所有数据均化为整数。显然，变动长方形的高所得到的剖分是相似的，在将相似看作等同的意义下，这种剖分是唯一的。

那么，完美正方形究竟能否作出呢？要知道，只有当求得的完美长方形的长恰好等于宽的十分巧合的情况下，我们才能得到一个正方形的剖分。由于计算量过大，在计算机上寻查并未获得成功，最早作出的正方形的剖分是基于非常复杂的图形并用对称性人工凑出来的，它具有69阶。后来又作出了39阶和38阶的完美正方形。接着Tutte等人利用他们获得的完美长方形表又拼凑出一个26阶的完美正方形，它是由一个边长为231的正方形和两个完美长方形拼合而成的，如图8.11所示。

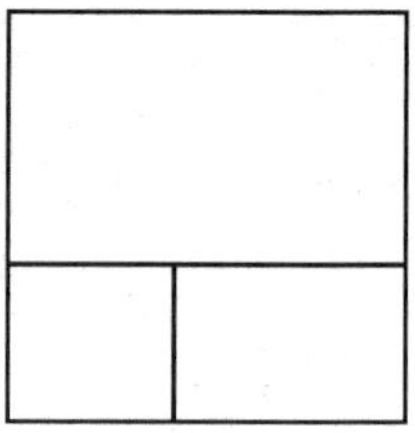

图8.11

图8.12给出了一个25阶和一个24阶的完美正方形，为了找到这样一个完美正方形，人们花费了长时间的努力，现已用计算机穷举的办法证明不可能有20阶以内的完美正方形，但最小阶数的完美正方形究竟是几阶的目前尚无人知晓。

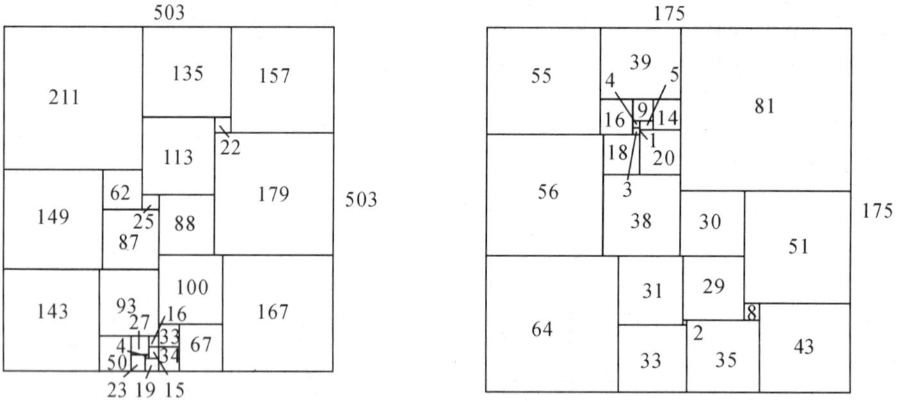

(a) 25阶　　(b) 24阶

图8.12

十分有趣的是，对完美长方形的研究直接促进了图论的发展。在此之前，人们对图论还没有多少研究。Tutte等人在引入网络图方法后，十分自然地将兴趣转向了对图论的研究，并因此而获得了许多具有重大意义的开创性结果。

对一个完美长方形也可以用垂直线代替水平线，用类似方法作出另一个有向图。这样一来，对一个确定的完美长方形，我们可以获得的不是一个，而是两个不同的有向图，图8.13给出了一个例子。

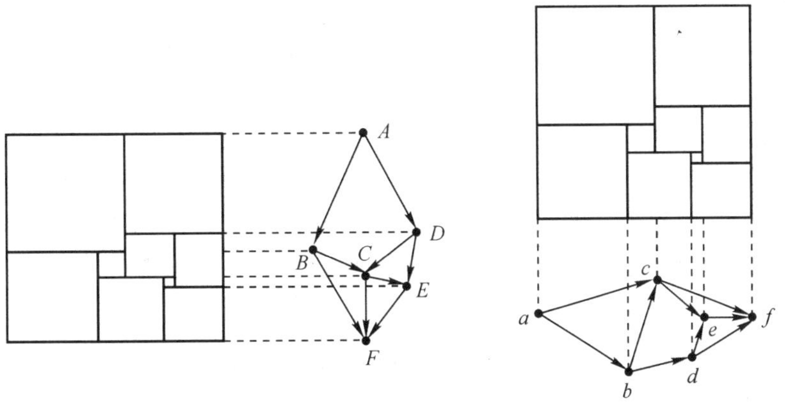

图 8.13

既然图 8.13 中的两个有向图是由同一个完美长方形得出的,它们之间必然存在着某种密切的关系,这种关系被称为对偶关系。若在 A、F 和 a、f 之间各添加一条线段,对偶关系就显示出来了,添线后的网络称为拼方完美长方形的完全网或 C-网。每一个 C-网将平面分割成若干个区域(称为面),而两个互为对偶的 C-网是指具有如下性质的两个 C-网:可以把它们画在平面上使任一个 C-网的每一个面中有且仅有另一个 C-网的一个顶点,见图 8.14(a)。

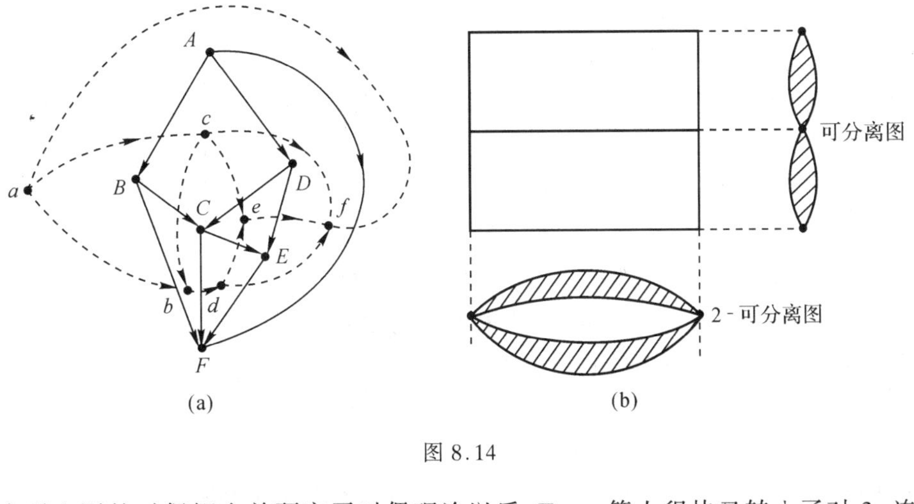

图 8.14

在引入图的对偶概念并研究了对偶理论以后,Tutte 等人很快又转入了对 3-连通理论的研究。前面我们已经看到,由几个完美长方形可以拼出一个新的完美长方形。相应地,新网络图与原有的完美长方形的网络之间存在着十分密切的联系。应当看到这种拼合而成的完美长方形是比较特殊的,它们与那些非拼合而成的(基本)完美长方形有着重大的区别,这些区别必然会在图论中反映出来。例如,考察由两个完美长方形拼接成的完美长方形,可以导出下述定义。

定义 8.1 一个连通图如可分成两部分,这两部分只有一个公共顶点,且每一部分均含有另一部分所没有的顶点,则称此图为可分离的。不可分离的图称为 2-连通图。

定义 8.2 一个 2-连通图若可被分成两部分,这两部分恰有两个公共顶点,且每一部分均含有另一部分所没有的顶点,则称此图为 2-可分离的,见图 8.14(b) 所示,2-连通但非 2-可分离的图称为 3-连通图。

十分明显,图论的一些本质结果应当包含在 3-连通理论中。

Tutte 等人从着迷于一个数学游戏开始,而最终却成了研究图论问题的专家,创建了图的对偶理论、3-连通理论等。在他们取得的极其丰硕的研究成果中,人们可以清晰地看到丰富的想像力、敏锐的洞察力和严密的逻辑推理能力得到了巧妙的结合。

8.2 合作对策模型

在上一章中我们已经看到,从事某一活动的各方如能通力合作,常常可以获得更大的总收益(或受到更小的总损失)。本节主要讨论在这种合作中应当如何分配收益(或分摊损失),这一问题如果处理不当,合作显然是无法实现的。为了了解如何分配才算是合理的,先让我们来分析一个具体的实例。

例 8.5 有三个位于某河流同旁的城镇城 1、城 2、城 3(图 8.15),三城镇的污水必须经过处理后方能排入河中,他们既可以单独建立污水处理厂,也可以通过管道输送联合建厂。为了讨论方便起见,我们不妨再假设污水只能由上游往下游流动。

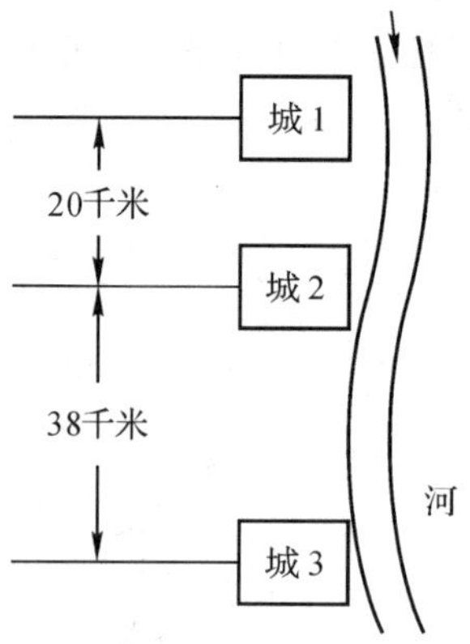

图 8.15

用 Q 表示污水量,单位为米^3/秒;L 表示管道长度,单位为千米,则有经验公式:

$$\text{建厂费用}: C_1 = 730Q^{0.712}(\text{万元})$$

$$\text{管道费用}: C_2 = 6.6Q^{0.51}L(\text{万元})$$

已知三城镇的污水量分别为:$Q_1 = 5$ 米^3/秒,$Q_2 = 3$ 米^3/秒,$Q_1 = 5$ 米^3/秒,问三城镇应怎样处理污水方可使总开支最少?每一城镇负担的费用应各为多少?

分析 在本问题中,三城镇处理污水可以有五种方案:

(1) 每城镇各建一个处理厂(单干)。

(2) 城 1,城 2 合建一个,城 3 单独建一个(1、2 城合作建于城 2 处)。

(3) 城 2,城 3 合建一个,城 1 单独建一个(2、3 城合作建于城 3 处)。

(4) 城 3,城 1 合建一个,城 2 单独建一个(1、3 城合作建于城 3 处)。

(5) 三城合建一个污水处理厂(建于城 3 处)。

第一个问题的解答是十分简单的。容易计算出三城镇均单干时各需投资的金额分别为 2300 万元,1600 万元和 2300 万元。各方案所需的总投资约为:方案(1)6200 万元;方案(2)5800 万元;方案(3)5950 万元;方案(4)6230 万元;方案(5)5560 万元。比较五种方案后可知,以三城合建一个污水处理厂的总投资为最少。

现在来讨论第二个问题,即分摊各城的投资金额。在协商时城 3 提出,建厂费用按三城污水量之比 5∶3∶5 分摊，管道是为城 1、城 2 建的，应由两城协商分摊。城 2 同意城 3 的意见，并认为由城 2 → 城 3 的管道费用可按污水量之比 5∶3 分摊，但由城 1 → 城 2 的管道费用则应由城 1 自行解决。

城 1 认为，这样分摊似乎也有一定道理。但事关重大，他不得不作一番“可行性论证”，于是就私下计算了一下自己城镇应承担的投资总额：

联合建厂费：$730 \times (5+3+5)^{0.712} = 4530$（万元），城 1 负担 $\frac{5}{13} \times 4530 \approx 1742$（万元）。

城 1 → 城 2 管道费：$6.6 \times 5^{0.51} \times 20 \approx 300$（万元），全部由城 1 负担。

城 2 → 城 3 管道费：$6.6 \times (5+3)^{0.51} \times 38 \approx 724$（万元），城 1 负担 $\frac{5}{8} \times 724 = 425.5$（万元）。

城 1 的总负担约为 2457 万元，但城 1 单独建厂只需 2300 万元。合作建厂可使总投资减少，但如按上述原则分摊投资，城 1 的费用却比单独建厂还多，这样的合作自然不可能实现。

怎样找出一个合理的分摊原则，以保证合作的实现呢？让我们先来讨论一个更为广泛的问题。

n 人合作对策模型：设有一个 n 人的集合 $I = \{1,2,\cdots,n\}$，其元素是某一合作的可能参加者。

(1) 对于每一子集 $S \subseteq I$，对应地可以确定一个实数 $V(S)$，此数的实际意义为如果 S 中的人参加此项合作，则此合作的总获利数为 $V(S)$，十分明显，$V(S)$ 是定义于 I 的一切子集上的一个集合函数。根据本问题的实际背景，还应要求 $V(S)$ 满足以下性质：

$V(\varnothing) = 0$（没有人参加合作则合作获利不能实现）。

$V(S_1 \cup S_2) \geqslant V(S_1) + V(S_2)$，对一切满足的 $S_1 \cap S_2 = \varnothing$ 的 S_1、S_2 成立，具有这种性质的集合函数 $V(S)$ 被称为 I 的特征函数。

(2) 定义合作结果 $V(S)$ 的分配为 $\varphi(V) = (\varphi_1(V),\cdots,\varphi_n(V))$，其中 $\varphi_i(V)$ 表示 i 人在这种合作下分配到的获利。显然，不同的合作应有不同的分配，问题归结为找出一个合理的分配原则 $\varphi(V)$，$\varphi(V)$ 被称为合作对策。

1953 年，Shapley 采用逻辑建模方法研究了这一问题。首先，他归纳出了几条合理分配原则：$\varphi(V)$ 应当满足的基本性质（用公理形式表示），进而证明满足这些基本性质的合作对策 $\varphi(V)$ 是唯一存在的，从而妥善地解决了问题。

Shapley 提出了以下公理：设 V 是 I 上的特征函数，$\varphi(V)$ 是合作对策，则有

公理 1　合作获利对每人的分配与此人的标号无关。

公理 2　$\sum_{i=1}^{n} \varphi_i(V) = V(I)$，即每人分配数的总和等于总获利数。

公理 3　若对所有包含 i 的子集 S 有

$$V(S - \{i\}) = V(S)$$

则 $\varphi_i(V) = 0$。即若 i 在他参加的任一合作中均不作出任何贡献，则他不应从合作中获利。

公理 4　若此 n 个人同时进行两项互不影响的合作，则两项合作的分配也应互不影

响，每人的分配数即两项合作单独进行时应分配数的和。

上述公理可以用严格的数学语言写出，进而可以证明满足公理1—4的 $\varphi(V)$ 是唯一存在的（证明略）。Shapley指出，这样的 $\varphi(V)$ 可按下列公式给出：

$$\varphi_i(V) = \sum_{S\in S_i} W(|S|)[V(S) - V(S-\{i\})]$$

$$i = 1,\cdots,n \tag{8.1}$$

其中 S_i 是 I 中包含 i 的一切子集所成的集合，$|S|$ 表示集合 S 中的元素个数，而

$$W(|S|) = \frac{(|S|-1)!(n-|S|)!}{n!} \tag{8.2}$$

(8.1) 式中的 $V(S) - V(S-\{i\})$ 可视为 i 在合作 S 中所作的贡献，而 $W(|S|)$ 则可看作此种贡献在总分配中所占的权因子。

正如例8.5所指出的那样，合作对策能够实现的基础之一是：对每一参加者来说，合作获利应当不少于他单干时的获利（或合作时的开支不大于单干时的开支），即对每一 $i\in I$，必须满足 $\varphi_i(V)\geqslant V(\{i\})$。不难证明，由(8.1)式和(8.2)式给出的 $\varphi(V)$ 是满足这一性质的。事实上，当 $|S| = K$ 时，包含 i 的子集 S 共有 C_{n-1}^{k-1} 个，即

$$\frac{(n-1)!}{(K-1)!(n-K)!}(\text{个})$$

故
$$\sum_{\substack{|S|=K\\ S\in S_i}} W(|S|) = \frac{(K-1)!(n-K)!}{n!}\cdot\frac{(n-1)!}{(K-1)!(n-K)!} = \frac{1}{n}$$

从而
$$\sum_{S\in S_i} W(|S|) = \sum_{K=1}^{n}(\sum_{\substack{|S|=K\\ S\in S_i}} W(|S|) = 1$$

又根据性质，有

$$V(S) - V(S-\{i\})\geqslant V(\{i\})$$

故有
$$\varphi_i(V) = \sum_{S\in S_i} W(|S|)[V(S - V(S-\{i\})]$$
$$\geqslant V(\{i\})\sum_{S\in S_i} W(|S|) = V(\{i\})$$

现在让我们回到三城镇污水处理问题上来，看看城1究竟应当承担多少投资。首先不难看出，$S_1 = \{\{1\},\{1,2\},\{1,3\},\{1,2,3\}\}$，计算出与(8.1)式有关的数据，见表8.1。

表 8.1

S	$\{1\}$	$\{1,2\}$	$\{1,3\}$	$\{1,2,3\}$
$V(S)$	0	400	0	640
$V(S-\{i\})$	0	0	0	250
$V(S)-V(S-\{i\})$	0	400	0	390
$\|S\|$	1	2	2	3
$W(\|S\|)$	$\frac{1}{3}$	$\frac{1}{6}$	$\frac{1}{6}$	$\frac{1}{3}$
$W(\|S\|)[V(S)-V(S-\{i\})]$	0	67	0	130

$V(S)$ 表示以单干为基准的合作获利值，例如 $S=\{1,2\}$ 表示城 1、城 2 合作，总投资比单干减少 400 万元，是这种合作方式的获利。$S=\{1,3\}$ 时，由于此种合作的总投资大于单干总投资，合作不可能实现，合作获利为 0。

根据公式(8.1) 及表 8.1，城 1 可由合作获利 $\varphi_1(V)=67+130=197$(万元)，从而城 1 应承担投资额 $2300-197=2103$(万元)。类似可以计算出城 2 和城 3 应承担的投资额。

8.3　公平选举是可能的吗?

选举是社会生活中经常会遇到的一项活动。人们有时会参加竞选、选美，有时会参加评选优秀演员、优秀运动员、名牌产品，等等。出于习惯想法或人们的良好愿望，也许有人会认为选举当然应该是绝对公平的，否则选举还有什么意义。然而本节介绍的 Arrow 不可能性定理却雄辩地证明了以下事实：如果至少存在着三名候选人，那么所谓绝对公平的选举规则根本不可能存在。

在介绍 Arrow 定理以前，让我们先来分析一下几种常见的选举规则。

所谓选举，其实质就是在评选人对候选人先后(优劣) 次序排队的基础上，根据某一事先规定的选举规则决定出候选人的一个先后次序，即得出选举结果。现用 $I=\{1,2,\cdots,n\}$ 表示评选人集合，用有限集 $A=\{x,y,\cdots\}$ 表示候选人集合，用 $>$，$=$，$<$ 分别表示优于、等于、劣于，用 $(x>y)_i$ 表示评选人 i 认为 x 优于 y，用 $(x>y)$ 表示选举结果为 x 优于 y，并用 pi 表示评选人 i 的排序，p 表示选举结果。

根据一般常识，A 的排序应满足以下性质：

(1) $\forall x,y\in A$，关系式 $(x>y)$、$(x=y)$、$(x<y)$ 有且仅有一个成立。(择一性)

(2) $\forall x,y,z\in A$，若 $x\geqslant y$，$y\geqslant z$，则必有 $x\geqslant z$；等号当且仅当前两个关系式均为等式时才成立。(传递性)

简单多数规则　它规定当且仅当 $(x>y)_i$ 的评选人超过半数时(有时为 $\frac{2}{3}$ 多数等) 选举结果才为 $(x>y)$。

例 8.6　设 $I=\{1,2,3\}$，$A=\{x,y,u,v\}$，三位评选人的选票为

$$p_1:\quad x>y>u=v$$

$$p_2:\quad y>x>u>v$$

$$p_3:\quad x=u>v>y$$

根据选举规则，结果应为

$$p:\quad x>y>u>v$$

简单多数规则的主要优点是简单易行，使用方便，但十分可惜的是这一规则有时会违反传递性(2)。

例 8.7　设 $I=\{1,2,3\}$，$A=\{x,y,z\}$

$$p_1:\quad x>y>z$$

p_2:　$y > z > x$

p_3:　$z > x > y$

根据规则,自然应有$(x > y)$,$(y > z)$和$(z > x)$,违反传递性。

Borda数规则　记$B_i(x)$为p_1中劣于x的候选人数目,记$B(x) = \sum_{i=1}^{n} B_i(x)$,称$B(x)$为$x$的Borda数,Borda数规则规定按Borda数大小排列候选人的优劣次序,即当$B(x) \geqslant B(y)$时有$(x \geqslant y)$,两关系式中的等号必须同时成立。

对于例8.7,可计算出$B(x) = B(y) = B(z) = 3$,故选举结果为$(x = y = z)$。在这个例子中,使用Borda数规则得出的结果似乎更合乎常理。

Borda数规则有时也会得出不符合常理的结果:

例8.8　$I = \{1,2,3,4\}$,$A = \{x,y,z,u,v\}$,选票情况为

p_1,p_2,p_3:$x > y > z > u > v$

p_4:　$y > z > u > v > x$

计算得$B(x) = 12$,$B(y) = 13$,因此选举结果为$(y > x)$。但这里有三人认为x优于y,只有一个认为y优于x,然而结果却是y优于x,这样的结果是否合理还是很值得怀疑的。

我们希望能找出一种"公平"的选举规则来,以便能在一切情况下给出一个"合理"的选举结果。

那么,什么是"公平"的选举规则呢?我们应当给出一个评判的标准,即指出所谓公平的选举应当满足一些什么条件(公理)。也许你还会增加些其他条件,但根据常识,以下五条似乎是必须具备的。

公理1　投票人对候选人排出的所有可能排列都是可以实现的。

公理2　如果对所有的i,有$(x \geqslant y)_i$,则必须有$(x \geqslant y)$,而且在这种情况下,当且仅当对一切i均有$(x = y)_i$时,才有$(x = y)$。这表示选举尊重投票人的一致愿望。

公理3　如果在两次选举中,对任意i,由$(x \geqslant y)_i^{(1)}$必可得出$(x \geqslant y)_i^{(2)}$,则由$(x \geqslant y)^{(1)}$必可得出$(x \geqslant y)^{(2)}$。右上角的(1),(2)分别表示第一次选举和第二次选举。这就是说,如果第一次选举中认为$x \geqslant y$的评选人在第二次选举人均未改变对两人的评价,那么,若第一次选举结果为$x \geqslant y$,则第二次结果必须是$x \geqslant y$。

公理4　如果在两次选举中,每个投票人对x、y的排序都未改变,则对x、y的排序两次结果也应相同。这表示其他候选人(如z)的位置变动,不应影响x、y之间的排序。

公理5　不存在这样的投票人i,使得对任意一对候选人x、y,只要有$(x \geqslant y)_i$就必有$(x \geqslant y)$。这表示选举中不存在垄断选举的独裁者。

现在我们来证明著名的Arrow不可能性定理。

定理8.3　如果至少有三名候选人,则满足公理1—公理5的选举规则事实上是不可能存在的。

证明　我们将证明由公理1—公理4必可导出存在一个独裁者,从而违反了公理5。

为了叙述方便,先引入决定性集合的概念。称I的子集V_{xy}为候选人x、y的决定性集

合,如果由所有 V_{xy} 中的 i 有 $(x \geqslant y)_i$ 必可导出 $(x \geqslant y)$。显然,对于任一对候选人 x、y,这样的决定性集合是必定存在的,例如根据公理 2,全体评选人集合 I 就是一个决定性集合。此外,由公理 4,可根据这样一次选举来判定集合 V_{xy} 是 x、y 的决定性集合:$\forall i \in V_{xy}$ 有 $(x \geqslant y)_i$,$\forall i \notin V_{xy}$,则有 $(x < y)_i$,而选举结果则为 $(x \geqslant y)$。

据上所述,对任一对候选人 x、y,均存在着它们的决定性集合。现在找出所有决定性集合中含元素最少的一个,不妨仍记为 V_{xy},我们来证明 V_{xy} 只能含有一个元素,即某评选人 i。假设不然,Vxy 至少含有两个元素,则 V_{xy} 必可分解为两个非空集合的和,即

$$V_{xy} = V_{xy}^{(1)} \cup V_{xy}^{(2)}$$

子集 $V_{xy}^{(1)}$ 与 $V_{xy}^{(2)}$ 非空且不相交。它们均不可能是任一对候选人的决定性集合,因为 V_{xy} 是最小的决定性集合。在这里,我们不妨假设 $I - V_{xy} \neq \phi$,因为不然的话,将导出对任一对候选人 x、y 其决定性集合均为 I,显然,这样的选举规则一般是得不出结果的。

根据公理 1,以下选举是允许的:

当 $i \in V_{xy}^{(1)}$ 时 $(x \geqslant y \geqslant z)_i$

当 $i \in V_{xy}^{(2)}$ 时 $(z \geqslant x \geqslant y)_i$

当 $i \in V_{xy}$ 时 $(y > z > x)_i$

其中 z 是任一另外的候选人(根据条件,至少有三名候选人)。现在考察选举结果,显然 $(x \geqslant z)$ 是不可能的,因为不然的话,$V_{xy}^{(1)}$ 就成了 x、z 的决定性集合,故必有 $(z > x)$。又 V_{xy} 是 x、y 的决定性能合,故必有 $(x \geqslant y)$。于是由传递性,应有 $(x > y)$,但这又说明 $V_{xy}^{(2)}$ 是 y、z 的决定性集合,从而导出矛盾。以上证明说明 V_{xy} 不能分解,即 $V_{xy} = \{i\}$,i 为某一投票人。

现在进一步说明,对于任意另外的候选人 z,$V = \{i\}$ 也是 x、z 的决定性集合。为此,考虑另一次选举:

$(x > y \geqslant z)_i$,而 $(y \geqslant z \geqslant x)_{j \neq i}$

显然,由于全体一致意见 $(y \geqslant z)$ 必成立。又 $\{i\}$ 是 x、y 的决定性集合,故应有 $(x > y)$。于是,由传递性,必有 $(x > z)$。再由公理 4,y 的插入不应影响 x、z 的排序,故 $\{i\}$ 也是 x、z 的决定性集合。类似还可证明,如果 w 是异于 x、z 的任一候选人,$\{i\}$ 也是 w、z 的决定性集合,这就是说,评选人 i 是选举的独裁者。

容易看出,定理的证明是在至少有三名候选人的前提下完成的。若只有一名候选人,则此时已不构成选举问题;若只有两名候选人,则容易证明简单多数规则符合 Arrow 提出的五条公理。

在一般情况下,利用公理化方法常常是希望得出一个肯定的结果,但在本节中,Arrow 却对选举问题得出了一个否定的结果,这多少有点令人感到惊讶。证明过程是正确的(虽然还不够严格),而且这一定理还有其他的证明方法。

事实上,Arrow 提出的公理系统中确实隐含着矛盾,下面举一实例说明。

例 8.9　设 $I = \{1,2\}$,$A = \{x, y, z\}$,考察如下的四次选举:

(第一次)　$p_1^{(1)}$、$p_2^{(1)}$ $x > y > z$

选举结果中自然应有 $x > y$。

(第二次) $p_1^{(2)}$ $x > z > y$

$p_2^{(2)}$ $z > x > y$

合理的结果应有 $x = z$。

(第三次) $p_1^{(3)}$ $y > z > x$

$p_2^{(3)}$ $z > y > x$

合理的结果应有 $y = z$。

(第四次) $p_1^{(4)}$ $x > y > z$

$p_2^{(4)}$ $z > x > y$

现在不难发现,若要求选举规则满足 Arrow 的公理系统,那么如何对第四次选举给出结果,我们就会感到左右为难了。事实上,不论第四次结果怎样,必然会和前三次的结果发生矛盾。首先,由公理1,第四次的选举应当是有效的。由公理2,必须有$(x > y)^{(4)}$,再与第二次选举比较并根据公理3,则应当有$(x = z)^{(4)}$,与第三次比较并根据公理3,又应当有$(y = z)^{(4)}$。但关系式 $x > y$,$x = z$ 与 $y = z$ 显然不能同时成立,从而导出矛盾。

一个可以考虑的改进方案为要求评选人给出他对每一候选人优劣程度的评价,然后按定量方式决定候选人的顺序,但矛盾仍然不能避免,总可以构造出与 Borda 数规则中所举例子类似的例子来。解决这一问题的另一途径是事先适当限制评选人的排序方式,使得可能出现的情况数减少,以便保证一个合理的选举规则的存在。由于本节的主要目的是介绍利用逻辑方法讨论实际问题的 Arrow 不可能性定理,关于选举问题的进一步研究我们就不再讨论下去了。

8.4 信息的度量与应用

一、信息的度量

现代生活离不开信息,那么怎样比较信息量的大小,信息的多少能不能度量呢?

先来分析一下认识问题的过程。当我们对某一问题毫无了解时,对它的认识是不确定的。在了解过程中,通过各种途径获得了信息,逐渐消除了对该问题的不确定性,获得的信息越多,消除的不确定性就越多。因此,可用消除不确定性的多少来度量信息量的大小。事实上,用这种方法来度量信息量要比仅用消息数量的多少来度量更为科学。

例 8.10 当你要到大会堂去找某一个人时,甲告诉你两条消息:(1) 此人不坐在前十排,(2) 他也不坐在后十排;乙只告诉你一条消息:此人坐在第十五排。后者虽然只提供了一条消息,但包含的信息显然应比前者提供的两条信息所包含的总信息量更大,因为这一条消息对“此人坐在什么位置上”的不确定性消除得更多。

例 8.11 假如在盛夏季节气象台突然预报“明天无雪”,你一定会感到荒唐可笑,因为这是人所共知的事。在明天是否下雪的问题上,根本不存在不确定性,这条消息包含的信息量为零。

基于这样一种观点，美国贝尔实验室的学者香农（C.E.Shannon）应用概率论知识和逻辑方法推导出了信息量的计算公式。

首先，香农提出了几条最为基本的性质，和前几节一样，我们不妨称它们为公理。根据常识，以下公理是信息度量时应当满足的：

公理 1　信息量是该事件发生概率的连续函数。

公理 2　如果事件 A 发生必有事件 B 发生，那么，得知事件 A 发生的信息量大于或等于得知事件 B 发生的信息量。

公理 3　如果事件 A 和事件 B 的发生是相互独立的，则获知 A、B 事件将同时发生的信息量应为单独获知两事件发生的信息量之和。

公理 4　任何信息的信息量均是有限的。

将某事件发生的信息量记为 M，该事件发生的概率记为 p，记 M 的信息量为 $I(M)$。

定理 8.4　满足公理 1— 公理 4 的信息量计算公式为 $I(M) = -C\log_a p$，其中 C 是任意正常数，对数之底 a 可取任意不为 1 的正实数。

证明　首先，由公理 1，$I(M) = f(p)$，其中 f 是函数符号，f 连续。

若 A 发生必有 B 发生，则 $p_A \leqslant p_B$，由公理 2，有 $f(p_A) \geqslant f(p_B)$，故函数 f 是单调不增的。

若 A、B 是两个独立事件，则 A、B 同时发生的概率为 $p_A p_B$，根据公理 3，又有

$$f(p_A p_B) = f(p_A) + f(p_B)$$

为了证明方便，先作一变量替换。令 $p = a^{-q}$，即 $q = -\log_a p$，于是 $p_A p_B = e^{-(q_A+q_B)}$，记 $f(p) = f(e^{-q}) \triangleq g(q)$，则上式化为

$$g(q_A + q_B) = g(q_A) + g(q_B)$$

g 亦为连续函数。

现在来求具有性质 $g(x + y) = g(x) + g(y)$ 的函数。首先，由 $g(0) = g(0+0) = 2g(0)$ 得出 $g(0) = 0$ 或 $g(0) = +\infty$。但由公理 4，后式不能成立，故必有 $g(0) = 0$。

记 $g(1) = C$，容易求得 $g(2) = 2C$，$g(3) = 3C$，…，一般地，有 $g(n) = nC$。进而，由 $g(1) = g\left(\frac{1}{n} + \cdots + \frac{1}{n}\right) = ng\left(\frac{1}{n}\right)$，可得 $g\left(\frac{1}{n}\right) = \frac{1}{n}g(1)$。于是对一切正有理数 $\frac{m}{n}$，可得 $g\left(\frac{m}{n}\right) = \frac{m}{n}C$。这样，由连续性可知：对一切非负实数 x，有 $g(x) = Cx$。

当 x 取负实数时，由 $g(x) + g(-x) = g(0) = 0$，可得出 $g(x) = -g(-x) = Cx$ 也成立，从而对一切实数 x，$g(x) = Cx$，故 $g(q) = Cq$。

现作逆变换 $q = -\log_a p$，得

$$I(M) = f(p) = -C\log_a p \tag{8.3}$$

证毕。

若取 $a = 2$，$C = 1$，此时信息量单位称为比特（bit，即 binary unit 的缩写）；若取 $a = 10$，$C = 1$，此时信息量单位称为迪吉特（或哈特，Hartley 的缩写）；若取 $a = e$，$C = 1$，此时信息量单位称为奈特（nat，即 nature unit 的缩写）。

例 8.12　设剧院有 1280 个座位，分为 32 排，每排 40 座。现欲从中找出某人，求以下

信息的信息量。(1) 某人在第 10 排;(2) 某人在第 15 座;(3) 某人在第 10 排第 15 座。

解 在未知任何信息的情况下，此人在各排的概率可以认为是相等的,他坐在各座号上的概率也可以认为是相等的,故

(1)“某人在第 10 排”包含的信息量为

$$-\log_2 \frac{1}{32} = 5(\text{比特})$$

(2)“某人在第 15 座”包含的信息量为

$$-\log_2 \frac{1}{40} \approx 5.32(\text{比特})$$

(3)“某人在第 10 排第 15 座”包含的信息量为

$$-\log_2 \frac{1}{1280} = 10.32(\text{比特})$$

这一例子反映了对完全独立的几条信息,其总信息量等于各条信息的信息量之和,即公理 3 成立。对于相应不独立的信息,要计算在已获得某信息后其余信息的信息量时,需要用到条件概率公式,本节不再作介绍,有兴趣的读者可以参阅信息论书籍。

至此,我们已经引入了信息度量的定量公式。如前所述,它是信息对消除问题的不确定性的度量。这种讲法似乎有点难以为人们所接受,其实,这只是人们的习惯在起作用。这里,我们不妨来作一比较。在人们搞清热的奥秘以前,温度也是一个较为抽象的概念,因为它的实质是物体分子运动平均速度的一种反映。人们天生就知道冷和热,但如何来度量它却曾经是一个难题。只有在解决了这一问题以后,以定量分析为主的热力学才能得到飞速的发展。信息问题也是这样,人们对各种信息包含的实质“内容”究竟有多少往往也有一个直观的感觉,但用什么方法来度量它,却比“今天 15℃”这样的讲法更不易理解,因为它是通过较为抽象的概率来计算的。

作为一种特殊情况,当我们面临的是 N 个等概率的独立事件时,得知其中某一个事件将会发生的信息,其信息量应为

$$-\log_2 \frac{1}{N} = \log_2 N(\text{比特}) \tag{8.4}$$

二、平均信息量 —— 熵

设某一实验可能有 N 种结果,它们出现的概率分别为 $p_1, \cdots, p_n$,则事先告诉你将出现第 i 种结果的信息,其信息量为 $-\log_2 p_i$,而该实验的不确定性则可用这组信息的平均信息量(数学期望)

$$H = -\sum_{i=1}^{N} p_i \log_2 p_i \tag{8.5}$$

来表示。

由于(8.5)式与物理学中的熵只相差一个负号,因此我们也把平均信息量 H(即期望值)称为熵,或称为负熵。

例 8.13 投掷一枚骰子的结果有六种,即出现 1—6 点、出现每种情况的概率均为 $\frac{1}{6}$,故熵 $H = \log_2 6 \approx 2.585$(比特)。

投掷一枚硬币的结果为正、反面两种，出现的概率均为$\frac{1}{2}$，故熵 $H = \log_2 2 = 1$(比特)

向石块上猛摔一只鸡蛋，其结果必然是鸡蛋被摔破，出现的概率为1，故熵 $H = \log_2 1 = 0$(比特)。

从以上这些例子可以看出，熵实质上反映的是问题的“模糊度”，熵为零时问题是完全清楚的，熵越大则问题的模糊程度也越大。

对于具有连续型概率分布的随机试验，熵的定义则为

$$H(p) = -\int_{-\infty}^{+\infty} p(x)\log_2 p(x)\mathrm{d}x \tag{8.6}$$

熵具有一些十分有趣而又重要的性质，我们将以定理的形式列出，不加证明地对它们作一简单的介绍。

定理 8.5　若实验仅有有限种结果 $S_1,\cdots,S_n$，其发生的概率分别为 $p_1,\cdots,p_n$，则当 $p_1 = \cdots = p_n = \frac{1}{n}$ 时，此实验具有最大熵。

此定理既可化为条件极值问题证明之，也可以利用凸函数性质来证明，留给读者自己去完成。

定理 8.6　若实验是连续型随机试验，其概率分布 $P(x)$ 在$[a,b]$区间以外均为零，则当 $p(x) = \frac{1}{b-a}(x \in [a,b])$ 时，实验具有最大熵(平均分布具有最大熵)。

定理 8.7　对于一般连续型随机试验，在方差一定的前提下，正态分布具有最大的熵。

定理 8.6 和定理 8.7 均可化为条件极值问题加以证明。

定理 8.8(最大熵原理)　受到相互独立且均匀而小的随机因素影响的系统，其状态的概率分布将使系统的熵最大。(证明从略)

上述结果并非某种巧合。例如，根据概率论里的中心极限定理，若试验结果受到大量相互独立的随机因素的影响，且每一因素的影响均不突出时，试验结果服从正态分布。最大熵原理则说明，自然现象总是由不均匀逐步趋于均匀的，在不加任何限制的情况下，系统将处于熵最大的均匀状态。

例 8.14　有12枚外表相同的硬币，已知其中有一枚是伪币，可能轻些也可能重些。现要求用没有砝码的天平称最少次数找出伪币，问应当怎样称。

解　由于每枚硬币均可能是真币，也可能是伪币，且伪币既可能轻些也可能重些，故总共有24种可能情况，每种情况发生的概率均为$\frac{1}{24}$，因而问题的熵为 $\log_2 24$。又由于每次实验(秤)最多可能出现三种结果，所以可将硬币分成三部分，取其中两部分分放在天平两边，伪币可能出现在任一部分中。根据定理 8.4，这种实验在可能出现的各种事件中具有相等的概率时，所提供的平均信息量最大，故实验提供的平均信息量不超过 $\log_2 3$。

设最少需称 k 次，则这 k 次实验提供的总信息量不超过 $k\log_2 3 = \log_2 3^k$，而问题的模糊度(熵)为 $\log_2 24$，要使得在最不顺利时也能区分出伪币，必须 $\log_2 3^k \geqslant \log_2 24$，故必须有 $k \geqslant 3$(这只是必要条件，由于估计中作了放大，还不能得出三次必能找出伪币的结论)。

根据上述分析，第一次称前应将12枚硬币分成三堆，每堆4枚，这样可提供最大的平

均信息量。将两堆分放于天平的两边。此时可能出现两种情况：

情况 1 两边相等，故伪币在未称的 4 枚中。任取其中的 3 枚，从已称过的 8 枚中任取 1 枚加入(共得 4 枚)，将此 4 枚硬币分成数量相等的两堆分放到天平的两边。如仍相等，则最后剩下的一枚是伪币。由于其余均为真币，再称一次即可知其比真币轻还是重。如两边不等，不妨设右重左轻，且不妨设加入的 1 枚(注意，它是真币) 在左边。此时，我们知道的不光是伪币在第 2 次称的 3 枚中，还知道如果它在天平右边，则应比真币重，如果在天平左边，则应比真币轻。这样，只需将天平右边的 2 枚硬币分放到天平两边称一次，结果就可得知了(例如，若第三次称时不平，则重者为伪币)。

情况 2 两边不等(未称的 4 枚硬币均为真)，不妨设右边较重。第二次按以下方法称：先从左边取出两枚，再将右边的取两枚放到左边，将原来左边的两枚中取出一枚放于右边(每边三枚)。

(1) 若两边相等，则伪币在取出的两枚中，再称一次即可找出伪币(轻的是伪币)。

(2) 两边不等。若仍为右边较重，则伪币在右边原来的两枚及左边未动过的一枚中(若为前者，则伪币偏重；若为后者，则伪币偏轻)，于是将原来在右边的两枚再称一次即可找出伪币。若第二次称时左边较重，则伪币必在交换位置的三枚中，可类似区分真伪。

根据以上分析，称三次必能找出伪币，且这是最少次数的称法。

可以看出，第二次称法的设计是求解的关键，读者可以自己分析一下为什么要这样设计。

例 8.15 在人类活动中，大量信息是通过文字或语言来表达的，而文学或语言则是一串符号的组合。据此，我们可以计算出每一语种里每一符号的平均信息量。例如，表8.2、表 8.3、表 8.4 分别是英语、德语和俄语中每一符号(字母与空格，标点符号不计) 在文章中出现的概率的统计结果(汉语因符号繁多，难以统计)。

表 8.2(英语)

符号	P_i	符号	P_i	符号	P_i	符号	P_i
空格	0.2	R	0.054	U	0.0225	B	0.005
E	0.105	S	0.052	M	0.021	K	0.003
T	0.072	H	0.047	P	0.0175	X	0.002
O	0.0654	D	0.035	Y	0.012	J	0.001
A	0.063	L	0.029	W	0.012	Q	0.001
N	0.059	C	0.023	G	0.011	Z	0.001
I	0.065	F	0.0225	V	0.008		

表 8.3(德语)

符号	P_i	符号	P_i	符号	P_i	符号	P_i
空格	0.144	D	0.0546	O	0.0211	K	0.0071
E	0.144	T	0.0536	M	0.0172	P	0.0067
N	0.0865	U	0.0422	B	0.0138	J	0.0028
S	0.0646	H	0.0361	W	0.0113	J	0.0008
I	0.0628	L	0.0345	Z	0.0092	Q	0.0005
R	0.0622	C	0.0255	V	0.0079	Y	0.0000
A	0.0594	G	0.0236	F	0.0078		

表 8.4(俄语)

符号	P_i	符号	P_i	符号	P_i	符号	P_i
空格	0.175	Р	0.040	Я	0.018	Х	0.009
О	0.090	В	0.038	Ы	0.016	Ж	0.007
Е Ё	0.072	Л	0.035	э	0.016	Ю	0.006
А	0.062	К	0.028	ъ ь	0.014	Щ	0.006
И	0.062	М	0.026	Б	0.014	Ц	0.004
Т	0.053	Д	0.025	Г	0.013	Ш	0.003
Н	0.053	П	0.023	Ч	0.012	Э	0.003
С	0.045	у	0.021	Й	0.010	Ф	0.002

以英文为例,可计算得

$$H = -\sum_{i=1}^{27} P_i \log_2 P_i \approx 4.03(\text{比特} / \text{每符号})$$

对于有 27 个符号的信息源(发出信息的物体),可能达到的最大平均信息量为

$$H_{\max} = \log_2 27 \approx 4.75(\text{比特} / \text{每符号})$$

由此可计算出英语表达的多余度为

$$\frac{H_{\max} - H}{H_{\max}} \approx 0.15(\text{即 } 15\%)$$

事实上,英语在表达意思上的确存在着富余。例如Q后出现U的概率几乎是1,T后出现H的概率也很大,等等。这种多余是完全必要的,没有多余度的语言是死板的,没有文采的,它是存在语法的必要条件。但对于电报编码、计算机文字处理来讲,这种多余度的存在常常会造成浪费。有人在上述讨论的基础上研究了符号编码问题,使得每一符号的平均信息量达到十分接近 $H_{\max}$ 的程度,但由于译电过于复杂,这种方法尚未被实际应用。

三、信息通道的容量

信息的传递是需要时间的。用 n 个符号 $S_1, \cdots, S_n$ 来表达信息,各符号传递所需时间是各不相同的,设分别为 $t_1, \cdots, t_n$,并设各符号出现的概率分别为 $p_1, \cdots, p_n$。这样,就出现了两方面的问题。

一方面,若 p_i 是确定的,如何缩短传递确定信息所需的时间。显然,我们只需适当改换这些符号(或相应的编码),使出现概率较大的符号所需的传递时间较小即可。

另一方面,由于 $t_1, \cdots, t_n$ 是确定的,也可以研究其相反问题:控制 p_i 的大小,使单位时间传递的平均信息量最大,单位时间内信息通道能够传递的最大平均信息量称为此信息通道的容量。

由前所知,每一符号的平均信息量为

$$H = -\sum_{i=1}^{n} p_i \log_2 p_i$$

每一符号所需的平均时间为 $\sum_{i=1}^{n} p_i t_i$,故单位时间内传递的平均信息量应为

$$\frac{-\sum_{i=1}^{n} p_i \log_2 p_i}{\sum_{i=1}^{n} p_i t_i} = \frac{H}{\bar{t}}$$

问题化为

$$\max_{p_i} \frac{H}{\bar{t}} = \frac{-\sum_{i=1}^{n} p_i \log_2 p_i}{\sum_{i=1}^{n} p_i t_i} \tag{8.7}$$

$$\text{S.t} \quad \sum_{i=1}^{n} p_i = 1$$

利用拉格朗日乘子法(8.7)式可化为无约束极值问题:

$$\max_{p_i} = \left[\frac{-\sum_{i=1}^{n} p_i \log_2 p_i}{\sum_{i=1}^{n} p_i t_i} + \lambda\left(\sum_{i=1}^{n} p_i - 1\right)\right] \tag{8.8}$$

记(8.8)式的目标函数为 $f(p,\lambda)$,为了求出最佳的 p_i,只需求解方程组

$$\begin{cases} \dfrac{\partial f}{\partial p_i} = 0, i = 1,\cdots,n \\ \dfrac{\partial f}{\partial \lambda} = 0 \end{cases} \tag{8.9}$$

方程组(8.9)的解为

$$\lambda = \frac{\log_2 e}{\bar{t}}, p_i = 2^{-\frac{t_i}{\bar{t}}H}$$

由于 $\bar{t} = \sum_{i=1}^{n} p_i t_i$ 是与 p_i 有关的量,方程组(8.9)的解仍无法算出。为此,记

$$A = 2^{\frac{H}{\bar{t}}}$$

则 $p_i = A^{-t_i}$,由 $\sum_{i=1}^{n} p_i = 1$ 得方程

$$\sum_{i=1}^{n} A^{-t_i} = 1 \tag{8.10}$$

若记 $g(A) = \sum_{i=1}^{n} A^{t_i}$,注意到 $g(0^+) = +\infty, g(+\infty) = 0$ 及 $g'(A) < 0$,立即可知(8.10)式有且仅有一个正根,此根很容易用牛顿法求出,进而易求出最佳的 p_i^*。

若令所有 $t_i = 1$,则 $\bar{t} = 1$,由此可得出本节例 8.14 中应用过的性质:当实验的各种结果具有等概率时,提供的平均信息量最大。

例 8.16 为简单起见,设符号只有四种:S_1、S_2、S_3 和 S_4,在利用这些符号传递信息时,这些符号分别需要 1、2、3、4 单位传递时间,试求出此信息通道的容量及相应的最佳 p_i 值。

解 求解方程 $A^{-1} + A^{-2} + A^{-3} + A^{-4} = 1$,得唯一正根 $A = 1.92$。

由 A 的定义可以求出此信息通道容量

$$C = \max \frac{H}{t} = \log_2 A \approx 0.94(\text{比特} / \text{单位时间})$$

而 $p_1^* = A^{-1} \approx 0.52, p_2^* = A^{-2} \approx 0.27, p_3^* = A^{-3} \approx 0.14, p_4^* = A^{-4} \approx 0.07$。

货币是人们拥有财富的一种信息,它具有各种面值(相当于例 8.16 中的符号)。各种面值的平均花费时间是不等的(相当于例 8.16 中的时间),于是,如何控制各种面值的比例以便使货币流通的容量最大显然是一个十分有意义的问题。日本东京工业大学的国泽清典教授基于上述方法计算了 100 日元与 500 日元信用券应保持的比例,并与市场实际调查作了对比,发现两者完全一致。市场多次调查结果均为 100 日元占 75%,500 日元占 25%,而计算结果如下:以百元为单位,令 $t_1 = 1, t_2 = 5$,求解方程

$$A^{-1} + A^{-5} = 1$$

求得正根 $A \approx 1.327$,信息通道容量为

$$\log_2 A \approx 0.408(\text{比特} / \text{每单位})$$

$$p_1^* = A^{-1} \approx 0.754, p_2^* = A^{-5} \approx 0.234$$

8.5　物价指数问题

物价指数是世界各国普遍关心的一个问题。但是,什么是物价指数?从严格的数学观点来看,应当怎样定义物价指数,应当用什么公式来计算物价指数呢?

较容易想到的办法是,取定一年作为基准年,以它作为比较的标准,用归纳分析的方法来讨论这一问题。

一、一种商品的情况

假设只有一种商品,基准年价格为 P°,目前价格为 P,根据常识可以这样定义物价指数:

$$I(P^\circ, P) = \frac{P}{P^\circ}$$

这里 $I(P^\circ, P)$ 是一个由 $R_+^2 \to R_+$ 的连续函数。

这样的定义看来是合理的。假如只有一种商品,那么问题已经解决了。但是十分可惜的是,我们不可能生活在只有一种商品的社会里,因此还应该继续讨论更为复杂的情况。

二、多种商品的情况

假设有两种商品,基准年价格分别为 $P^\circ{}_1, P^\circ{}_2$,目前价格分别为 P_1, P_2。为了均衡考虑,将物价指数定为某种意义下的平均值,可以采用的平衡方法有多种。例如:

$$(1)\ I_1(P^\circ{}_1, P^\circ{}_2, P_1, P_2) = \frac{\frac{1}{2}(P_1 + P_2)}{\frac{1}{2}(P^\circ{}_1 + P^\circ{}_2)} = \frac{P_1 + P_2}{P^\circ{}_1 + P^\circ{}_2} \qquad (\text{算术平均值之比})$$

(2) $I_2(P^\circ{}_1, P^\circ{}_2, P_1, P_2) = \frac{1}{2}\left(\frac{P_1}{P^\circ{}_1} + \frac{P_2}{P^\circ{}_2}\right)$ （比值的算术平均值）

(3) $I_3(P^\circ{}_1, P^\circ{}_2, P_1, P_2) = \frac{2P_1P_2}{P_1P^\circ{}_1 + P_1P^\circ{}_2}$ （比值的调和平均值）

(4) $I_4(P^\circ{}_1, P^\circ{}_2, P_1, P_2) = \sqrt{\frac{P_1P_2}{P^\circ{}_1P^\circ{}_2}}$ （比值的几何平均值）

……

假如存在着 n 种商品，可以相应地写出类似的公式。

但是，各种商品在人们生活中所占的地位是不尽相同的，例如，钢琴降价 20% 和粮食涨价 20% 是无法对消的。为了反映出这一点，最自然的做法是对各种商品的比值进行加权均衡。人们在不同时期对各种商品的重要程度可以有不同的评价，当吃饱肚子都成问题的时候，人们不太会去多考虑其他享受，然而，在吃饭已不成问题的今天，人们会考虑诸如我该住怎样的房子、买哪种汽车、上哪儿旅游等问题。因而，相对权系数在不同时期可以允许取不同的值。记 $P^\circ = (P^\circ{}_1, \cdots, P^\circ{}_n)$，$P = (P_1, \cdots, P_n)$，$Q^\circ = (Q^\circ{}_1, \cdots, Q^\circ{}_n)$，$Q = (Q_1, \cdots, Q_n)$，以 P°、Q° 分别表示观察年 n 种商品的价格及相应的权系数，以 P, Q 分别表示观察年 n 种商品的价格及相应的权系数。据上所述，我们可以将物价指数 $I(P^\circ, Q^\circ; P, Q)$ 看作是一个 $R_+^{4n} \to R_+$ 的连续函数。

现在的问题是：前面得出的那些均衡公式能否取作物价指数函数呢？如果可以，那么哪一个公式最为“合适”，按照什么标准比较它们的“好坏”？如果不可以，又该怎样构造一个较合理的物价指数函数呢？要回答这些问题没有其他的选择，唯一的办法是和实际经验作对比，看一下谁最合乎常理。为此，我们先根据常识对物价指数的衡量方法提出一些具体的要求，然后来设法构造满足这些要求的计算公式。

以下是对衡量物价指数方法的一些具体要求，这些要求看来是必须满足的。

(1) 只要有一种商品的价格上升，其他商品的价格不下降，则物价指数必须上升（单调性）。

(2) 所有商品的价格均不变，物价指数应不随权系数的改变而改变（关于权系数的不变性）。

(3) 若所有商品的价值均上升了 k 倍，则物价指数也上升 k 倍（齐次性）。

(4) 物价指数应介于最小商品物价比值与最大商品物价比值之间（平均性）。

(5) 物价指数不因货币单位的变动而变动，即商品的实际价格不改变，只是货币单位改变了，物价指数不应当变动（关于货币单位的独立性）。

(6) 物价指数不因商品单位的变动而变动，即商品的实际价格不改变，只是商品的单位变动了，例如斤被换成了千克，物价指数不应当变动（关于商品单位的独立性）。

(7) 两年的物价指数之比不应随基准年的不同取法而改变（关于基准年的独立性）。

(8) 物价指数不因某种商品的淘汰而失去意义。

上述八条性质是物价指数函数应当满足的。下面我们先将这八条性质用数学的语言写成公理形式，然后再来讨论满足这些公理条件的函数是否存在。如果存在，则还需进一步讨论唯一性问题等。

三、公理系统

任一物价指数函数 $I(P^{\circ},Q^{\circ};\bar{P},Q)$ 应满足以下要求：

(1) 若 $\bar{P}>P$，则 $I(P^{\circ},Q^{\circ};\bar{P},Q)>I(P^{\circ},Q^{\circ};P,Q)$（注：$P^{\circ},Q^{\circ};P,Q\in R_{+}^{n}$，以下同；$\bar{P}>P$ 表示 $\bar{P}\geqslant P$ 且 $\bar{P}\neq P$）。

(2) $I(P^{\circ},Q^{\circ};P^{\circ},Q)=1$。

(3) $I(P^{\circ},Q^{\circ};\lambda P,Q)=\lambda I(P^{\circ},Q^{\circ};P,Q)$。

(4) $\min\limits_{i}\dfrac{P_i}{P^{\circ}_i}\leqslant(P^{\circ},Q^{\circ};P,Q)\leqslant\max\limits_{i}\dfrac{P_i}{P^{\circ}_i}\quad(i=1,\cdots,n)$

(5) $I(\lambda P^{\circ},Q^{\circ};\lambda P,Q)=I(P^{\circ},Q^{\circ};P,Q)\quad(\forall\lambda\in R_{+})$

(6) $I(DP^{\circ},D^{-1}Q^{\circ};DP,D^{-1}Q)=I(P^{\circ},Q^{\circ};P,Q)$，其中 D 为对角线元素均为正数的对角矩阵，即

$$D=\begin{bmatrix}\lambda_1 & & 0\\ & \ddots & \\ 0 & & \lambda_n\end{bmatrix}\quad 且\ \lambda_i>0\qquad(i=1,\cdots,n)$$

(7) $\dfrac{I(P^{\circ},Q^{\circ};P,Q)}{I(P^{\circ},Q^{\circ};\bar{P},\bar{Q})}=\dfrac{I(\bar{P}^{\circ},\bar{Q}^{\circ};P,Q)}{I(\bar{P}^{\circ},\bar{Q}^{\circ};\bar{P},\bar{Q})}\qquad(\bar{P}^{\circ},\bar{Q}^{\circ};\bar{P},\bar{Q}$ 也属于 $R_{+}^{n})$

(8) $\lim\limits_{p_i\to 0}I(P^{\circ},Q^{\circ};P,Q)\in R_{+}$（其中 P_i 为 P 的第 i 个分量，$i=1,\cdots,n$）

容易发现，前面对多种商品的情况给出的 I_1-I_4 均不能同时满足公理系数中的(1)－(8)要求（请读者自行找出哪些公理不被满足，见习题）。那么，究竟是否存在一个物价指数函数 I，能同时满足公理系统中的(1)－(8)要求呢？

首先，让我们对公理(7)作一个简要的说明。若以1972年为基准年（物价指数取为1），则1979年美国物价指数为1.660，而1980年为1.843，若以1973年为基准年，则1979年和1980年美国物价指数分别为1.093和1.209。根据公理(7)的要求，应当有 $\dfrac{1.843}{1.660}=\dfrac{1.209}{1.093}$，事实上，此式只是近似成立，时间跨度越大差距一般也会越大。

现在来检验一下一些常用的计算物价指数的公式是否真正满足公理系统的要求。

① $$I(P^{\circ},Q^{\circ};P,Q)=\frac{Q^{\circ}P}{Q^{\circ}P^{\circ}}=\frac{Q^{\circ}{}_1P_1+\cdots+Q^{\circ}{}_nP_n}{Q^{\circ}{}_1P^{\circ}{}_1+\cdots+Q^{\circ}{}_nP_n}=\frac{\sum\limits_{i=1}^{n}Q^{\circ}{}_iP_i}{\sum\limits_{i=1}^{n}Q^{\circ}{}_iP_i}$$

这一公式是由 Laspeyres 于1871年提出的，在将近一个世纪的时间里，它被广泛地用来计算物价指数，但是可以用构造法证明：

$$\frac{Q^{\circ}P}{Q^{\circ}P^{\circ}}\Big/\frac{Q^{\circ}\bar{P}}{Q^{\circ}P^{\circ}}=\frac{\bar{Q}^{\circ}P}{\bar{Q}^{\circ}\bar{P}^{\circ}}\Big/\frac{\bar{Q}^{\circ}\bar{P}}{\bar{Q}^{\circ}\bar{P}^{\circ}}，即\frac{Q^{\circ}P}{Q^{\circ}P^{\circ}}\Big/\frac{\bar{Q}^{\circ}P}{\bar{Q}^{\circ}\bar{P}^{\circ}}$$

不一定成立，从而公理(7)可能不成立。

② $I(P^{\circ},Q^{\circ};P,Q)=\dfrac{QP}{Q^{\circ}P}$，此式是 Paasche 在1874年提出的，与①不同的是计算时分子上采用了现在的权系数。容易直接看出公理(2)不成立。

③ 若取 $I(P^\circ,Q^\circ;P,Q)=\prod_{i=1}^{n}\left(\frac{P_i}{P^\circ_i}\right)^{a_i}$，其中 $a_i>0$ 且 $\sum_{i=1}^{n}a_i=1$，这里 a_i 的取法和 Q° 及 Q 有关，它实质上是权系数的一种变形，例如可求出 $S=\sum_{j=1}^{n}Q^\circ_j$，再令 $a_i=\frac{Q^\circ_i}{S}$ 等等。这样取物价指数函数 I 是平均方式(4)的一种自然推广。可惜的是这样的 I 也不能同时满足公理(1)—(8)。例如，若令某 $P_i\to 0$，则 $I\to 0$，而 $0\notin R_+$，若令某 $P^\circ_i\to 0$ 则又有 $I\to +\infty$。

…………(经济学家还想了许多其他公式来计算物价指数)

经过比较繁琐但并不算太困难的检验可以发现，所有较自然地导出的平衡公式均不能使公理(1)—(8)同时成立。这就迫使我们不得不从反面来考虑这一问题，从而导出了下面的定理：

定理 8.9 不存在同时满足公理(2)、(3)、(6)、(7)、(8)的函数 I(Eichhorn,1976)。

先证明两个引理：

引理 8.1 记 $e=(1,1,\cdots,1)\in R^n_+$，$\boldsymbol{D}_1$、$\boldsymbol{D}_2$ 为任意两个对角元素为正的对角矩阵，则

$$I(e,e,\boldsymbol{D}_1\boldsymbol{D}_2e,\boldsymbol{D}_1^{-1}\boldsymbol{D}_2^{-1}e)=I(e,e,\boldsymbol{D}_1e,\boldsymbol{D}_1^{-1}e)\times I(e,e,\boldsymbol{D}_2e,\boldsymbol{D}_2^{-1}e)$$

必成立。

证明

$$\begin{aligned}&I(e,e,\boldsymbol{D}_1\boldsymbol{D}_2e,\boldsymbol{D}_1^{-1}\boldsymbol{D}_2^{-1}e)\\ =&\frac{I(e,e,\boldsymbol{D}_1\boldsymbol{D}_2e,\boldsymbol{D}_1^{-1}\boldsymbol{D}_2^{-1}e)}{I(e,e,\boldsymbol{D}_1e,\boldsymbol{D}_1^{-1}e)}\cdot I(e,e,\boldsymbol{D}_1e,\boldsymbol{D}_1^{-1}e)\\ =&\frac{I(\boldsymbol{D}_1e,\boldsymbol{D}_1^{-1}e,\boldsymbol{D}_1\boldsymbol{D}_2e,\boldsymbol{D}_1^{-1}\boldsymbol{D}_2^{-1}e)}{I(\boldsymbol{D}_1e,\boldsymbol{D}_1^{-1}e,\boldsymbol{D}_1e,\boldsymbol{D}_1^{-1}e)}\cdot I(e,e,\boldsymbol{D}_1e,\boldsymbol{D}_1^{-1}e)\quad (\text{公理}(7))\\ =&I(e,e,\boldsymbol{D}_2e,\boldsymbol{D}_2^{-1}e)I(e,e,\boldsymbol{D}_1e,\boldsymbol{D}_1^{-1}e)\quad (\text{公理}(6)、(2))\end{aligned}$$

引理 8.2 记 $P=(P_1,\cdots,P_n)$，$P^{-1}=\left(\frac{1}{P_1},\cdots,\frac{1}{P_n}\right)$，则有

$$I(e,e,P,e)=I(e,e,P,P^{-1})$$

证明

$$\frac{I(e,e,P,e)}{I(e,e,P,P^{-1})}=\frac{I(P,e,P,e)}{I(P,e,P,P^{-1})}(\text{公理 }7)=1(\text{公理 }2)$$

下面证明定理 8.9，先引入下列矩阵，记

$$\boldsymbol{\Lambda}_j=\begin{bmatrix}1&&&&&&0\\&\ddots&&&&&\\&&1&&&&\\&&&\lambda&&&\\&&&&1&&\\&&&&&\ddots&\\0&&&&&&1\end{bmatrix}\quad(\lambda>0)$$

即 $\boldsymbol{\Lambda}_j$ 为对角线上第 j 个元素为 λ，其余元素为 1 的对角阵，记

$$\boldsymbol{\Lambda} = \begin{bmatrix} \lambda & & & 0 \\ & \ddots & & \\ & & \ddots & \\ 0 & & & \lambda \end{bmatrix}$$

作

$$P = \prod_{j=1}^{n} I(e, e, \boldsymbol{\Lambda}_j e, e)$$

则有

$$\begin{aligned} P &= \prod_{j=1}^{n} I(e, e, \boldsymbol{\Lambda}_j e, \boldsymbol{\Lambda}_j^{-1} e) \qquad (\text{引理 } 8.2) \\ &= I(e, e, \boldsymbol{\Lambda}_1 \cdots \boldsymbol{\Lambda}_n e, \boldsymbol{\Lambda}_1^{-1} \cdots \boldsymbol{\Lambda}_n^{-1} e) \qquad (\text{引理 } 8.1) \\ &= I(e, e, \boldsymbol{\Lambda} e, \boldsymbol{\Lambda}^{-1} e) \\ &= I\left(e, e, \lambda e, \frac{1}{\lambda} e\right) \\ &= \lambda I\left(e, e, e, \frac{1}{\lambda} e\right)(\text{公理 } 3) = \lambda(\text{公理 } 2) \end{aligned}$$

在前面的证明中，引理 8.1 和引理 8.2 只用到公理(2)、(6)、(7)，定理本身证明中又用到了公理(3)，其余公理均未用到。现在容易证明公理(8) 不满足，事实上，令 $\lambda \to 0^+$，则有 $P \to 0^+$，根据 P 的定义，至少存在一个 j，使得 $\lim\limits_{\lambda \to 0^+} I(e, e, \boldsymbol{\Lambda}_j e, e) = 0$，从而与公理(8) 矛盾。

众所周知，一个严谨的公理系统应当满足公理间的无矛盾性和相对独立性。定理 8.9 表明，这里建立的公理系统是存在矛盾的，例如公理(2)、(3)、(6)、(7) 成立，则公理(8) 必不成立。此外，这一公理系统也不具有公理间的相对独立性(见习题 30)，例如十分容易证明下面的定理：

定理 8.10　满足公理(4) 则必满足公理(2)。

证明　取 $P = \lambda P^\circ$，由公理(4) 可知：

$$\lambda = \min_i \left(\frac{\lambda P^\circ_i}{P^\circ_i}\right) \leqslant I(P^\circ, Q^\circ, \lambda P^\circ, Q) \leqslant \max_i \left(\frac{\lambda P^\circ_i}{P^\circ_i}\right) = \lambda(\text{对一切 } \lambda \in R_+),$$

因此 $I(P^\circ, Q^\circ, \lambda P^\circ, Q) = \lambda$。

若取 $\lambda = 1$，即得出公理(2) 成立。

综上所述，我们可以看到，若采用引入公理系统建立逻辑模型的方法来讨论物价指数问题，则至今仍存在着难于克服的困难。有人曾考虑去掉公理(8)，当出现 $P_i = 0$ 的情况时，就用降维的公式来计算，但这样做也有许多困难。寻找物价指数计算方法的另一途径是利用统计方法找出经验公式，这样做虽然能找出一些在短期内可以利用的计算公式，但从根本上讲还是不能完全令人信服。如何严格定义物价指数以及如何计算它，目前尚未妥善解决，还有待于进一步研究和探讨。

习　题

1. 设 P 为任意素数，m 为任意正整数，证明 $\sqrt[m]{p}$ 必为无理数。

2. 证明自然数中有无穷多个素数。

3. 证明每两个相邻的奇素数之和必可表示为3个大于1的整数的乘积,例如 $3+5=2\times2\times2$,$7+11=2\times3\times3$,等等。

4. 一条直线将平面划分成两部分,两条直线最多能将平面划分成4部分,…,n 条直线最多可将平面划分成多少部分?请证明你的猜测。

5. 证明在7阶两色完全图中必存在4个3阶单色完全图。

6. 举例证明:存在只含4个三阶单色完全图的7阶双色完全图。

7. 9名学者参加一次国际会议,他们发现:(1) 任意3人中至少有两人可以用同一种语言交谈,(2) 每人会讲的语言至多为3种(注意:并非他们总共只会讲三种语言)。证明他们中至少有3人可用同一种语言交谈。

8. 将一个正九边形连接成完全图,用两种颜色对此完全图的顶点着色。证明:不论怎样着色,总可以从此完全图中找到两个全等三角形,它们的顶点是由同一种颜料着色的。

9. 给九个顶点的完全图用红、蓝两种颜色对边着色,如果所含的任意三角形中至少含有一条红边,证明:必可找到四个顶点,它们之间的连线均为红边(即其中必含有一个用红边连成的4阶完全图)。

10. 在一次9个人的聚会中,发现其中任意三人至少有两人相识。证明:从这9人中必可找出4人,他们是两两相识的(注:你能看出本题其实与上一题完全相同吗?)

11. 某教室中共有9排椅子,每排均有7把,学生恰好坐满教室。现教师要求每一学生都必须与其前、后、左、右的同学之一交换座位。请你给出一种交换方法或者证明老师的要求是无法实现的。

12. 有一个 8×8 格的正方形迷宫,任意相邻的两格间都有门相通,考虑以下问题:(1) 想从最左下的格子进入迷宫,不重复地进入每一格子一次,最后由最右上方的格子走出迷宫,问这一想法能否实现。(2) 仍从最左下格进入迷宫,想进入每一格子一次最后从某格子走出迷宫,这一想法在什么情况下是可以实现的?

13. 拟将每条尺寸为 $1\times2\times4$ 的香烟装入 $6\times6\times6$ 的大纸板箱中,计算一下体积似乎应当可以装下27条。某人试装了一下,无论如何也装不下27条。请你帮助他分析一下这一问题。注意,事实上,只要不允许将整条的香烟拆开,该纸板箱根本不可能装下27条香烟。

14. 画出两个网络,根据这两个网络可以构造出两个不同的10阶完美长方形(注意,这两个完美长方形不能相似,即边长不能是成比例的)。

15. 设 $f(n)$ 是正整数 n 的函数,其值为非负整数且满足:

(1) $f(m+n)-f(m)-f(n)=0$ 或 1;

(2) $f(2)=0$,$f(3)>0$,$f(9999)=3333$,求 $f(2005)$。

16. 令 $f(x)=x^2+x+72491$,你会发现 $f(1),f(2),\cdots,f(10000)$ 都是素数。据此猜测:对一切正整数 n,$f(n)$ 均为素数。这一猜测对吗?请研究这一问题,并给出你的结论。

17. 称行和、列和均为相同数的矩阵为魔方,德拉鲁拜尔法曾利用对称性提出过一种构造魔方的办法。你能给出一种构造魔方的办法吗?不妨先作出一个5阶、7阶的魔方,也许在作出这两个魔方后你就有想法了。

18. 设计一种调整方法，利用取不同数值(例如1—9，10—18，19—27，28—36)的4个3阶魔方并作少量调整，即可以构造出一个6阶魔方。得出你的6阶魔方后，总结一下你获得成功的原因，或许你能想出一个构造偶数阶魔方的办法来。

19. 计算三城合作建污水处理厂一例中城2、城3各应负担多少费用。

20. 某公司拥有的场地如交给甲经营预计年获利为10万元，交给乙经营预计年获利为50万元，交给丙经营预计年获利为60万元，如交给甲乙丙共同经营预计年获利为100万元。试用Shapley公式计算，在甲乙丙共同经营时各方应分配到的利益。

21. 若只有两名候选人，证明简单多数规则满足Arrow的公理1—5。

22. 举例说明简单多数规则和Borda数规则不能满足Arrow的所有公理。

23. 议会有100个席位，分别为4个党派所拥有，党派A、B、C、D各拥有的席位数为40、30、20和10席。设法律规定提案被通过至少需达到2/3多数赞成，试用Shapley的公式计算各党派在议会中的权重(设同党派议员投票一致)。

24. 设某议会的席位由三个党派所拥有，法律规定赞成票达到半数时提案即被通过。试证明：(1) 只要有一个党派的席位达到总席位的一半，则其余两个党派在议会中事实上只是一个摆设，根本不可能起作用。(2) 若三个党派所拥有的席位数均未达到一半，则三个党派在议会中所起的作用完全相同(不论它拥有多少席位)。

25. 设某项实验可能出现n种结果，每次实验提供的平均信息量被称为熵。证明：如将实验设计成出现每种结果的概率相等(均为$1/n$)，则能使每次实验提供的平均信息量最大(离散实验的最大熵原理)。

26. 猜数是最古老的数学游戏之一，有各种各样的玩法。下面的猜数游戏比较简单：甲先想好一个不超过三位(0—999之一)的数字让乙来猜。在猜数时甲可以随便改变自己想好的数，但不能与此前已经回答过的问题相矛盾。乙可提问题，但甲只回答是或者不是。(1) 试计算乙最少要提问几次，才能讲出甲的数字。(2) 设计一个使乙能通过最少次数提问而讲出甲所想数字的提问方法。

27. 在伪币鉴定一例的实验中，第二次测试是最关键的一步，请考虑一下我们为什么要这样设计测试。我们有这样的把握，如果用这种方法也无法保证在三次测试里一定鉴定出伪币，则不可能有方法保证在三次测试后一定找到伪币。你知道原因何在吗？

28. 举例证明：对多种商品的情况，按I_1—I_4定义的物价指数均不可能同时满足公理系统的要求。

29. 举一实例说明Laspeyres公式$I=\dfrac{Q^{\circ}P}{Q^{\circ}P^{\circ}}$不满足公理(7)。

30. 关于物价指数的8条公理不是互相独立的，例如，由公理(1)、(2)、(3)可推出(4)，由公理(2)、(3)、(7)可推出(5)，试证明之。

第九章　变分法建模

9.1　变分法简介

变分法是研究泛函极值的一个数学分支。早在微积分形成的初期，牛顿、约翰·伯努利等人就提出了几何中的变分问题(如最小旋转曲面、捷线问题，等等)。几何、力学及物理等领域的变分问题，导致变分法的形成和发展。近年来，由于最优控制理论的广泛应用，以及对微分方程直接解法的深入研究，促使人们对变分法重新给予重视。应用数学的一些不同领域：数理经济学、最优控制论及系统理论方面的数学模型，在很大程度上也都是以变分形式提出来的。本节仅对变分法的一些基本概念及有关泛函极值的必要条件作一简单的介绍。

一、泛函的定义

设 I 为一函数集 $\{y(x)\}$。如果对 I 中每一个函数 $y(x)$，变量 J 都有一个确定的值与之相对应，则称 J 是定义在 I 上的一个泛函，记为 $J = J[y(x)]$，函数集 I 称为泛函 $J[y(x)]$ 的定义域。

泛函的定义还可以推广到多个函数的泛函，依赖于多元函数的泛函等情况。本书涉及到的泛函有以下两种：

(1) $J[y(x)] = \int_{x_0}^{x_1} F(x, y, y')\mathrm{d}x$

这种形式的泛函被称为最简泛函。

(2) $J[y_1(x), y_2(x), \cdots, y_m(x)] = \int_{x_0}^{x_1} F(x, y_1, y_2, \cdots, y_m, y'_1, y'_2, \cdots, y'_m)\mathrm{d}x$

在研究泛函 $J[y(x)]$ 的极值时，应当说明在哪一类函数中进行讨论，把按问题的要求合乎某种条件的函数 $y(x)$ 归为一类，称之为可取函数类或可取曲线类。

二、最简泛函的变分的定义

设泛函 $J[y(x)] = \int_{x_0}^{x_1} F(x, y, y')\mathrm{d}x$ 的可取函数类为 I(I 中的函数 $y(x) \in C_1(x)$，即存在一阶连续导数的函数，且 $y(x_0) = y_0, y(x_1) = y_1$)。$y(x)$ 和 $\mathbf{y}(x)$ 为 I 中两个函数，令 $\eta(x) = \bar{y}(x) - y(x)$。考察一个含参数 α 的函数族 $y(x) + \alpha\eta(x)$，将它代入泛函

$J[y]$,则 $J[y+\alpha\eta]$ 是 α 的函数,记为

$$\phi(\alpha) = \int_{x_0}^{x_1} F(x, y+\alpha\eta, y'+\alpha\eta')\mathrm{d}x$$

如果函数 $\phi(\alpha)$ 在点 $\alpha = 0$ 处的导数 $\phi'(0)$ 存在,则称它为泛函 $J[y]$ 在 $y(x)$ 处的变分,记为 δJ,即

$$\delta J = \phi'(0) = \lim_{\alpha \to 0} \frac{\phi(\alpha) - \phi(0)}{\alpha}$$
$$= \lim_{\alpha \to 0} \frac{J[y+\alpha\eta] - J[y]}{\alpha}$$

在泛函变分的表达式中,将函数 $\mathbf{y}(x)$ 与函数 $y(x)$ 的差 $\eta(x) = \mathbf{y}(x) - y(x)$ 称为函数 $y(x)$ 的变分,记为 δy,即

$$\delta y = \eta(x) = \mathbf{y}(x) - y(x)$$

于是,泛函 $J[y]$ 的变分也可以写为

$$\delta J = = \lim_{\alpha \to 0} \frac{J[y+\alpha\delta_y] - J[y]}{\alpha}$$

可以把上面最简泛函变分的定义推广到一般泛函 $J[y(x)]$,及依赖于多个函数的泛函 $J[y_1(x), y_2(x), \cdots, y_m(x)]$ 等情形,它们的变分的定义分别是

$$\delta J[y(x)] = \left(\frac{\mathrm{d}}{\mathrm{d}\alpha} J[y+\alpha\delta_y]\right)\Big|_{\alpha=0}$$

$$\delta J[y_1(x), y_2(x), \cdots, y_m(x)] = \left(\frac{\mathrm{d}}{\mathrm{d}\alpha} J[y_1+\alpha\delta_y, y_2+\alpha\delta_y, \cdots, y_m+\alpha\delta_{ym}]\right)\Big|_{\alpha=0}$$

9.2　泛函极值的必要条件

定理 9.1　如果泛函 $J[y]$ 在 $y(x)$ 处取到相对极值,并且泛函 $J[y]$ 在 $y(x)$ 处对应任意 δ_y 的变分 δ_J 均存在,则 $\delta J = 0$。

证明　任取函数的变分 δ_y,考虑函数族 $y + \alpha\delta_y$,这个函数族中所含 $\alpha = 0$ 时的函数就是使泛函 $J[y]$ 取得极值的函数 $y(x)$,当 $|\alpha|$ 很小时,它们属于 $y(x)$ 的邻域,因为泛函 $J[y]$ 的极值是与 $y(x)$ 邻域内所有函数上的泛函值相比较而得到的。所以与函数族 $y + \alpha\delta_y$ 中每一函数上的泛函值相比较它仍然是一个极值。在这个函数族上,泛函 $J[y + \alpha\delta_y]$ 成为 α 的函数:

$$\phi(\alpha) = J[y+\alpha\delta_y]$$

并且 $\phi(\alpha)$ 在点 $\alpha = 0$ 时取得极值,由微积分中的定理可知,函数 $\phi(\alpha)$ 在点 $\alpha = 0$ 时的导数应等于零,即

$$\phi'(0) = 0$$

又由泛函的变分定义 $\phi'(0) = \delta J$,所以

$$\delta J = 0$$

同理可证泛函为 $J[y_1(x), y_2(x), \cdots, y_m(x)]$ 时,取得极值的必要条件也是 $\delta J = 0$。

引理 9.1　设 $G(x)$ 是区间 $[x_0, x_1]$ 上的连续函数,$\eta(x)$ 是区间 $[x_0, x_1]$ 上具有连

续 k 阶导数的函数,并且 $\eta(x_0) = \eta(x_1) = 0$。如果对任何这样的 $\eta(x)$ 恒有

$$\int_{x_0}^{x_1} G(x)\eta(x)\mathrm{d}x = 0$$

则在区间 $[x_0, x_1]$ 上 $G(x) \equiv 0$。

证明 (反证法)设 $G(x)$ 在 $[x_0, x_1]$ 上某点 $x = \bar{x}$ 处不等于零,不妨设 $G(\bar{x}) > 0$,则由 $G(x)$ 的连续性可知,存在一个含有 $\bar{x}$ 的区间 $[\bar{x}_0, \bar{x}_1]$($[\bar{x}_0, \bar{x}_1] \subset [x_0, x_1]$),在这个区间上 $G(x) > 0$,现在取

$$\eta(x) = \begin{cases} (x - \bar{x}_0)^{2k}(x - \bar{x}_1)^{2k}, & \bar{x}_0 \leqslant x \leqslant \bar{x}_1 \\ 0, & \text{其他} \end{cases}$$

于是有

$$\int_{x_0}^{x_1} G(x)\eta(x)\mathrm{d}x = \int_{\bar{x}_0}^{\bar{x}_1} G(x)(x - \bar{x}_0)^{2k}(x - \bar{x}_1)^{2k}\mathrm{d}x > 0$$

与假设矛盾,所以 $G(x) \equiv 0$。

设已给最简泛函

$$J[y] = \int_{x_0}^{x_1} F(x, y, y')\mathrm{d}x \tag{9.1}$$

其中 F 对所有变元都有连续的二阶偏导数,可取函数 $y(x) \in C_1$,先考虑满足边界条件

$$y(x_0) = y_0, y(x_1) = y_1 \tag{9.2}$$

求使(9.1)式取得极值的函数。

我们将定理 9.1 应用于(9.1)式,有

$$\begin{aligned} \delta J &= \left[\frac{\mathrm{d}}{\mathrm{d}\alpha}\int_{x_0}^{x_1} F(x, y + \alpha\delta_y, y' + \alpha\delta_{y'})\mathrm{d}x\right]\bigg|_{\alpha=0} \\ &= \int_{x_0}^{x_1} [F_y\delta_y + F_{y'}\delta_{y'}]\mathrm{d}x \end{aligned}$$

对上面积分中的第二项使用分部积分法,且记 $\delta_{y'} = (\delta_y)'$,则有

$$\begin{aligned} \int_{x_0}^{x_1} F_{y'}\delta_{y'}\mathrm{d}x &= (F_{y'}\delta_y)\bigg|_{x_0}^{x_1} - \int_{x_0}^{x_1}\left(\frac{\mathrm{d}}{\mathrm{d}x}F_{y'}\right)\delta_y\mathrm{d}x \\ &= -\int_{x_0}^{x_1}\left(\frac{\mathrm{d}}{\mathrm{d}x}F_{y'}\right)\delta_y\mathrm{d}x \end{aligned}$$

所以

$$\delta J = \int_{x_0}^{x_1}\left(F_y - \frac{\mathrm{d}}{\mathrm{d}x}F_{y'}\right)\delta_y\mathrm{d}x \tag{9.3}$$

根据定理 9.1,有

$$\int_{x_0}^{x_1}\left(F_y - \frac{\mathrm{d}}{\mathrm{d}x}F_{y'}\right)\delta_y\mathrm{d}x = 0$$

又由 δ_y 的任意性,根据引理 9.1,得

$$F_y - \frac{\mathrm{d}}{\mathrm{d}x}F_{y'} = 0 \tag{9.4}$$

(9.4)式称为泛函(9.1)式的 Euler 方程,需要指出的是,Euler 方程是使(9.1)式取得极值

的必要条件而不是充分条件。

(9.4)式也可记为

$$F_y - F_{y'x} - y'F_{y'y} - y''F_{y'y'} = 0 \tag{9.5}$$

Euler 方程也可以推广到泛函定义中包含 m 个函数的情形，如

$$J[y_1(x), y_2(x), \cdots, y_m(x)] = \int_{x_0}^{x_1} F(x, y_1(x), \cdots, y_m(x), y'_1(x), \cdots, y'_m(x))\mathrm{d}x$$

的 Euler 方程为

$$\begin{cases} F_{y_1} - \dfrac{\mathrm{d}}{\mathrm{d}x}F_{y'_1} = 0 \\ \cdots\cdots\cdots\cdots \\ F_{y_m} - \dfrac{\mathrm{d}}{\mathrm{d}x}F_{y'_m} = 0 \end{cases} \tag{9.6}$$

我们以最速降线问题为例，说明在不同边界条件下如何解 Euler 方程。

最速降线问题是约翰·伯努利在 1696 年提出的，可以说是最早的一个变分问题。

最速降线问题　求一曲线 $y = y(x)$，使一质点由 $A(x_0, y_0)$ 在重力作用下，沿这条曲线滑到 $B(x_1, y_1)$ 所需要的时间最短(见图 9.1)。

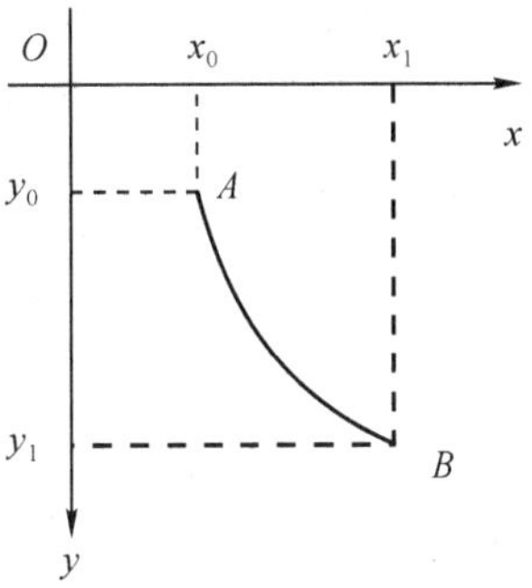

图 9.1

分析　由力学运动定律可知，质点在曲线上任意一点处的速度为

$$v = \frac{\mathrm{d}s}{\mathrm{d}t} = \sqrt{2gy}$$

于是，有

$$\mathrm{d}t = \frac{\mathrm{d}s}{\sqrt{2gy}} = \frac{\sqrt{1 + y'^2}}{\sqrt{2gy}}\mathrm{d}x$$

质点的滑行时间可以表示为泛函，即

$$t = \int_{x_0}^{x_1} \frac{\sqrt{1 + y'^2}}{\sqrt{2gy}}\mathrm{d}x \tag{9.7}$$

端点条件：

$$y(x_0) = y_0, y(x_1) = y_1 \tag{9.8}$$

现求在(9.8)式约束下，使 t 取得最小值的 $y(x)$，(9.7)式和(9.8)式称为带有固定端点的泛函极值问题。

解　$$\min t = \int_{x_0}^{x_1} \frac{\sqrt{1 + y'^2}}{\sqrt{2gy}}\mathrm{d}x = \frac{1}{\sqrt{2g}}\int_{x_0}^{x_1}\sqrt{\frac{1 + y'^2}{y}}\mathrm{d}x \tag{9.9}$$

约束条件：

$$y(x_0) = y_0, y(x_1) = y_1$$

令

$$F = \sqrt{\frac{1 + y'^2}{y}} \tag{9.10}$$

根据 Euler 方程：$F_y - F_{y'x} - y'F_{yy'} - y''F_{y'y'} = 0$

得
$$\frac{\mathrm{d}}{\mathrm{d}x}(F - y'F_y) = 0$$

对上式积分，得
$$F - y'F_{y'} = C_1(\text{常量})$$

以(9.10)式代入上式，得
$$\sqrt{\frac{1+y'^2}{y}} - \frac{y'^2}{\sqrt{y(1+y'^2)}} = C_1$$

即
$$y(1+y'^2) = \frac{1}{C_1^2}$$

其参数形式的解为
$$\begin{cases} x = C_2(t - \sin t) + C_3 \\ y = C_2(1 - \cos t) \end{cases} \tag{9.11}$$

C_2, C_3 为任意常数，可以由端点条件确定。

如果端点条件由 $y(x_0) = y_0, y(x_1)$ 自由给出，那么(9.9)在上式边界条件下的问题被称为(右)端点自由的泛函极值问题。如何解这类问题？

考虑 Euler 方程的推导过程，有
$$\delta J = \int_{x_0}^{x_1}(F_y\delta_y + F_{y'}\delta_{y'})\mathrm{d}x = 0$$

由边界条件，有
$$\delta J = \int_{x_0}^{x_1}\left(F_y - \frac{\mathrm{d}}{\mathrm{d}x}F_y\right)\delta_y\mathrm{d}x + F_{y'}\delta_y\Big|_{x=x_1} = 0$$

上式中，$\delta_y(x_1)$ 可以取任意值，那么当 $\delta_y(x_1) = 0$ 时，上式也应当成立，所以由上式和 Euler 方程可得
$$F_{y'}\delta_y|_{x=x_1} = 0$$

再由 $\delta_y(x_1)$ 的任意性，必有
$$F_{y'}|_{x=x_1} = 0 \tag{9.12}$$

(9.12)式称为横截条件，它与另一个端点条件 $y(x_0) = y_0$ 组成 Euler 方程的定解条件。

当我们以(9.9)式代入(9.12)时，可得
$$y'|_{x=x_1} = 0$$

据此可确定(9.11)式中的 C_2，得 $C_2 = \dfrac{x_1}{\pi}$，从而解得
$$\begin{cases} x = \dfrac{x_1}{\pi}(t - \sin t) + C_3 \\ y = \dfrac{x_1}{\pi}(1 - \cos t) \end{cases}$$

最优控制问题 下面我们利用拉格朗日乘子研究自由终端的最优控制问题。

设目标函数为

$$J[u] = S(x(t_f),t_f) + \int_{t_0}^{t_f} L(x,u,t)\mathrm{d}t \tag{9.13}$$

系统的状态方程为

$$\dot{x} = f(x,u,t) \tag{9.14}$$

初始状态为

$$x(t_0) = x_0 \tag{9.15}$$

其中 t_0,t_f 分别表示初始时刻和终止时刻，t_0 和 t_f 都是固定常数。$x(t_f)$ 的值是自由的。这是一个终止时刻固定的自由终端问题。

设函数 $f(x,u,t)$，$S(x,t)$ 和 $L(x,u,t)$ 都是 x,u 和 t 的连续函数，且对 x,u 和 t 连续可微。$u(t)$ 是最优控制函数，$x(t)$ 是它所对应的最优轨线。现在，我们推导 $u(t)$ 应满足的必要条件。

考虑泛函

$$\begin{aligned} J_\lambda[x,u,\lambda] = S(x(t_f),t_f) + \int_{t_0}^{t_f}\{L(x(t),u(t),t) \\ + \lambda^T(t)[f(x(t),u(t),t) - \dot{x}(t)]\}\mathrm{d}t \end{aligned} \tag{9.16}$$

的无条件极值。其中 $x(t)$ 是满足初始条件 $x(t_0) = x_0$ 的函数，$\lambda(t)$ 是 n 维向量函数，简记为 λ，通常称为拉格朗日乘子。定义函数

$$H(x,u,\lambda,t) = L(x,u,t) + \lambda^{\mathrm{T}} f(x,u,t) \tag{9.17}$$

$H(x,u,\lambda,t)$ 被称为所给定的最优控制问题(9.13) – (9.15) 的哈密顿函数。

将(9.17) 式代入(9.16) 式，得

$$J_\lambda[x,u,\lambda] = S(x(t_f),t_f) + \int_{t_0}^{t_f}[H(x(t),u(t),\lambda(t),t) - \lambda^{\mathrm{T}}(t)\dot{x}(t)]\mathrm{d}t$$

假设 J_λ 在点$(x(t),u(t),\lambda(t))$ 处取到极值，则在这点处 $\delta_{J_\lambda} = 0$。又因为

$$\begin{aligned} \delta_{J_\lambda} &= \delta x^{\mathrm{T}}\Big|_{t=t_f} S_x(x(t_f),t_f) + \int_{t_0}^{t_f}[\delta x^{\mathrm{T}} H_x + \delta u^{\mathrm{T}} H_u + \delta\lambda^{\mathrm{T}}(H_\lambda - \dot{x}) - \delta\dot{x}^{\mathrm{T}}\lambda]\mathrm{d}t \\ &= \delta x^{\mathrm{T}}\Big|_{t=t_f} S_x(x(t_f),t_f) - \delta x^{\mathrm{T}}\lambda\Big|_{t_0}^{t_f} \\ &\quad + \int_{t_0}^{t_f}[\delta x^{\mathrm{T}} H_x + \delta u^{\mathrm{T}} H_u + \delta\lambda^{\mathrm{T}}(H_\lambda - \dot{x}) + \delta x^{\mathrm{T}}\dot{\lambda}]\mathrm{d}t \\ &= \delta x^{\mathrm{T}}\Big|_{t=t_f}[S_x(x(t_f),t_f) - \lambda(t_f)] \\ &\quad + \int_{t_0}^{t_f}[\delta x^{\mathrm{T}}(H_x + \dot{\lambda}) + \delta u^{\mathrm{T}} H_u + \delta\lambda^{\mathrm{T}}(H_\lambda - \dot{x})]\mathrm{d}t \end{aligned}$$

在上面的推导过程中用到了分部积分公式和 $\delta x(t_0) = 0$。又因为 δx，δu 和 $\delta\lambda$ 的任意性及 $\delta_J = 0$，可知

$$\dot{x} = H_\lambda = f(x,u,t)$$

$$H_u = 0 \tag{9.18}$$

$$\dot{\lambda} = -H_x \tag{9.19}$$

$$\lambda(t_f) = S_x(x(t_f),t_f) \tag{9.20}$$

这就是最优控制函数 $u(t)$ 应满足的必要条件,即存在 n 维向量函数 $\lambda(t)$,使(9.18) - (9.20) 式同时成立,$x(t)$ 是 $u(t)$ 对应的轨线。

(9.18) 式和(9.19) 式称为所给问题的 Euler 方程,$\lambda(t)$ 称为协态变量,因此(9.19) 式也被称为协态方程,边界条件(9.20) 式被称为横截条件。

一般地,采取以下步骤求问题(9.13) - (9.15) 的最优控制:

(1) 写出哈密顿函数 $H(x,u,\lambda,t)$。

(2) 写出 Euler 方程(9.18)、(9.19),并由(9.18) 式解出 $u = u(x,\lambda,t)$。

(3) 把 $u = u(x,\lambda,t)$ 代入状态方程和协态方程,得到一个含有 $2n$ 个未知数的一阶常微分方程组的两点边值问题,解此两点边值问题,设其解为 $x^*(t)$ 和 $\lambda^*(t)$。

(4) 以 $x^*(t)$ 和 $\lambda^*(t)$ 代入 $u = u(x,\lambda,t)$,得 $u^*(t) = u(x^*(t),\lambda^*(t),t)$,则 $u^*(t)$ 为问题所要求的最优控制函数。

9.3 掌舵问题

人们注意到在发射火箭时,为节约燃料消耗,总是要使火箭沿某一特定轨道飞行,即选择最优轨道。火箭飞行时,飞行方向会受到大气气流的影响,气流流速是时时变化的,要使火箭不脱离轨道,就必须不时地改变飞行的方向角。因此,宇宙飞行器方向角的选择是保证发射成功的一个重要问题。由于火箭发射是一个极为复杂的系统工程,不便在此处讨论,我们将代之讨论一个类似的问题 —— 掌舵问题。

驶于河中的渡船,它的行驶方向要受到水流的影响。船在河中的位置不同,所受水流的影响也不相同,渡船要在最短时间内到达对岸,必须要考虑行驶速度的大小和方向。速度的大小容易控制,而方向角的选择则是比较复杂的问题。

设河宽为 $2b$,取河水流动方向为 x 轴的正向,如图 9.2,建立直角坐标系。

河水流速为变量,河中某处水的流速大小与该处到岸边的距离有关,记为 $a(y^2 - b^2)$。

渡船由南岸 A 点$(0,-b)$ 驶向北岸,设船速为 v,船的方向与 x 轴正向夹角为$\theta(t)$。航线依赖于掌舵的方向(即 $\theta(t)$ 的变化),下面要确定能使渡船以最短时间渡河的航线。

设船在河中某点(x,y) 处,见图 9.2。在这点,水的流速与船速的合速度是

$$\frac{dx}{dt} = v\cos\theta - a(y^2 - b^2) \qquad (9.21)$$

$$\frac{dy}{dt} = v\sin\theta \qquad (9.22)$$

渡河所需时间为

$$T = \int_0^t dt = \int_{-b}^{b} \frac{dy}{v\sin\theta} \qquad (9.23)$$

设 A 点$(0,-b)$ 是出发点,C 点(c,b) 是到达点,则应有

$$x(0) = 0, y(0) = -b$$

$$x(T) = c, y(T) = b$$

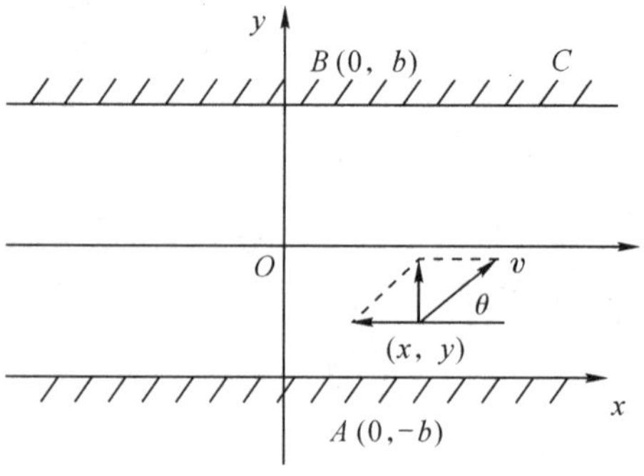

图 9.2

其中 T 是未知量。注意到如果 B 点是到达点，应有

$$x(T)=0, y(T)=b$$

我们先考虑渡河所需时间最短的掌舵法(暂时不把选择到达点作为约束条件)。令

$$\frac{1}{\sin\theta}=\varphi(y) \tag{9.24}$$

将(9.24)式代入(9.23)式，求解目标泛函：

$$\min \frac{1}{v}\int_{-b}^{b}\varphi(y)\mathrm{d}y \tag{9.25}$$

约束条件为

$$x(0)=0, y(0)=-b, y(T)=b$$

解　由(9.24)式可得：$\varphi(y)\geqslant 1$，故(9.25)式的解为

$$\varphi(y)=1，即 \sin\theta=1, \theta=\frac{\pi}{2} \tag{9.26}$$

将(9.26)式代入(9.22)式，得

$$y=vt+C_1$$

利用端点条件解出 $C_1=-b$。将约束条件中的 $y(T)=b$，及 C_1 值代入，得

$$b=vT-b，所以 T=\frac{2b}{v}$$

这里的 T 即渡河所需的最短时间。

下面考虑渡船的航线：

将(9.26)式代入(9.21)式，得

$$\frac{\mathrm{d}x}{\mathrm{d}t}=-ay^2+ab^2$$

又因为 $y=vt-b$，故

$$\frac{\mathrm{d}x}{\mathrm{d}t}=-a(vt-b)^2+ab^2=-av^2t^2+2abvt$$

解此方程，得

$$x=-\frac{1}{3}av^2t^3+abvt^2+C_2$$

根据约束条件 $x(0)=0$，可知 $C_2=0$，即

$$x=-\frac{1}{3}av^2t^3+abvt^2$$

所以，渡船的航线为

$$\begin{cases} x=-\dfrac{1}{3}av^2t^3+abvt^2 \\ y=vt-b \end{cases} \tag{9.27}$$

现在，我们考虑渡船到达对岸的到达点。将 $T=\frac{2b}{v}$ 代入(9.27)式，有

$$x(T)=-\frac{1}{3}av^2\frac{8b^3}{v^3}+abv\frac{4b^2}{v^2}=\frac{4ab^3}{3v}$$

到达点 C 的坐标为：$x=\frac{4ab^3}{3v}$，$y=b$。

下面进一步考虑,如果事先给定到达点的位置,如何求最优掌舵问题。

在这种情况下,我们须把航线表示为 $x(y)$,在满足条件 $x(-b)=0,x(b)=C$ 的各条曲线中,求渡河所需时间最短的一条。

利用余弦定理及弧的微分公式,将(9.23)式表示为

$$\min T=\int_{-b}^{b}\frac{\sqrt{1+\left(\frac{\mathrm{d}x}{\mathrm{d}y}\right)^2}}{\sqrt{v^2+a^2(y^2-b^2)-2av(y^2-b^2)\cos\theta}}\mathrm{d}y \tag{9.28}$$

约束条件为:

$$x(-b)=0,x(b)=C$$

我们可以利用 Euler 方程 $F_x-\frac{\mathrm{d}}{\mathrm{d}y}F_{x'}=0$ 解(9.28)式,得

$$-\frac{\mathrm{d}}{\mathrm{d}y}\left\{\frac{\frac{\mathrm{d}x}{\mathrm{d}y}\left[1+\left(\frac{\mathrm{d}x}{\mathrm{d}y}\right)^2\right]^{-\frac{1}{2}}}{\sqrt{v^2+a^2(y^2-b^2)-2av(y^2-b^2)\cos\theta}}\right\}=0$$

在解上式时,一般采用数值解。

模型研究 我们也可以利用最优控制理论中的最大值原理来解掌舵问题。在上述假设条件下,取河水流动方向为 x_1,与 x_1 垂直的方向为 x_2,因此,有

$$\begin{cases}\dot{x}_1=v\cos\theta-a(x_2^2-b^2)\\ \dot{x}_2=v\sin\theta\end{cases}$$

设到达点是 $B(0,b)$,那么端点条件为

$$\begin{cases}x_1(0)=0\\ x_2(0)=-b\end{cases}\qquad\begin{cases}x_1(T)=0\\ x_2(T)=b\end{cases}$$

目标泛函为

$$\min J=\int_0^T\mathrm{d}t=T$$

解 构造哈密顿函数

$$H=1+P_1[v\cos\theta-a(x_2^2-b^2)]+P_2v\sin\theta \tag{9.29}$$

其中 P_1,P_2 是协态变量,且

$$\dot{P}_1=-\frac{\partial H}{\partial x_1}=0,\dot{P}_2=-\frac{\partial H}{\partial x_2}=2P_1ax_2$$

我们以 $\theta(t)$ 作为控制变量,为了计算方便,可以设 $\cos\theta=m,\sin\theta=\sqrt{1-m^2}$(根据本问题取 $\sin\theta$ 为正),并令

$$f(m)=P_1m+P_2\sqrt{1-m^2},\ |m|\leqslant 1$$

代入(9.29)式,有

$$H=vf(m)-P_1a(x_2^2-b^2)+1$$

从上式中可以看出,能够使 H 取到极值的 m,也应使 $f(m)$ 达到极值,所以有

$$\frac{\mathrm{d}f}{\mathrm{d}m}=0$$

即
$$P_1 - \frac{mP_2}{\sqrt{1-m^2}} = 0$$

从而有
$$m = \frac{P_1}{\sqrt{P_1^2 + p_2^2}}, \quad \sqrt{1-m^2} = \frac{P_2}{\sqrt{P_1^2 + P_2^2}}$$

现在,问题归结为解下面的方程组:

$$\begin{cases} \dot{x}_1 = v\dfrac{P_1}{\sqrt{P_1^2 + P_2^2}} - a(x_2^2 - b^2) \\ \dot{x}_2 = v\dfrac{P_2}{\sqrt{P_1^2 + P_2^2}} \\ \dot{P}_1 = 0 \\ \dot{P}_2 = 2P_1 a x_2 \\ H\mid_{t=T} = 0, \text{即 } v\sqrt{P_1^2 + P_2^2} - P_1 a(x_2^2 - b^2) + 1 = 0 \\ x_1(0) = 0, x_2(0) = -b \\ x(T) = 0, x_2(T) = b \end{cases}$$

事实上,要用解析方法求出这个方程的解是比较困难的,所以通常采用数值解,把 P_1 作为参量,P_1 的初始值可以任意给出,代入到方程组中,通过不断地试算修正,最后确定 P_1 的取值,并解出其他变量。

9.4　自然资源的开发

本节将研究两类资源的开发:生物资源(可再生资源)的捕获与非生物资源(不可再生资源)的开采。我们的目的是要寻求最优策略,使得对自然资源的开发获得最大利润。生物资源与非生物资源的增长机理不同。生物资源的增长是自然性的,种群能不断延续后代并保持自身的一定数量,人们要得到持续捕获量,捕获策略需建立在保证种群处于平衡状态的基础上,也就是说过度的捕获,将导致生物种群的灭绝。非生物资源(如矿藏,油田等)资源是有限的,长期开采会使资源趋于枯竭,随着开采量的减少,价格会上升,因而特别要注意利润问题。下面我们将以捕鱼和采矿问题为例,分别讨论两类资源开发的典型问题。

一、捕鱼问题

秘鲁是捕鱼业非常发达的国家,随着人们对鱼粉需求量的增加,秘鲁的捕鱼业得到迅速发展。在1960年时,秘鲁的捕鱼业已成为世界上最大的捕鱼业。它的年捕获量约为1000万吨,约占全球海鱼总产量的15%。在渔业增长期间,渔船队的能力(船的总吨位)稳定地增加,1972年渔业的捕获能力至少达到在维持鱼群平衡的状态下所能提供可捕数量的两倍。当时生物学家就认为,如果政府不谨慎控制捕捞,将会出现捕捞过度,并使渔业完全崩溃(Paulik, 1971)。由于政府部门没有听从生物学家的劝告,秘鲁渔业仍处于开放捕捞的状态。1973 年，生物学家的预见成为现实。这一年，鱼在秘鲁的水域中几乎完全消失，结果引起了“鳀鱼危机”(Idyll,1973)，导致了世界范围内粮食价格的上涨。表 9.1 是秘鲁海洋学院 1974 年提供的秘鲁鳀鱼渔业的历史统计数字。

表 9.1

年 份	船 数	捕鱼日数	捕鱼数/百万吨
1959	414	294	1.91
1960	667	279	2.93
1961	756	298	4.58
1962	1069	294	6.27
1963	1655	269	6.42
1964	1744	297	8.86
1965	1623	265	7.23
1966	1650	190	8.53
1967	1569	170	9.82
1968	1490	167	10.62
1969	1455	162	8.96
1970	1499	180	12.27
1971	1473	89	10.28
1972	1399	89	4.45
1973	1256	27	1.78

如何制定最优捕鱼方案，在不破坏鱼的生态平衡的同时，获得最大的经济效益呢？鱼类生物学家 M. Schaefer(1975) 在广泛应用 Logistic 模型的基础上研究了捕鱼问题。

假设 $x(t)$ 是 t 时刻鱼群中鱼的数量，r 是鱼的净增长系数，K 为环境允许的饱和量。

假设在无捕捞的情况下，鱼群的自然增长遵循 Logistic 模型，即

$$\frac{\mathrm{d}x}{\mathrm{d}t} = rx\left(1 - \frac{x}{K}\right) \triangleq F(x)$$

考虑捕鱼的影响，设捕捞率为 h，且 $h = qEx$，其中 E 为捕捞能力(主要指人为限制，如采用划定禁捕区、规定休渔期等防止过度捕捞的措施)，q 为捕捞系数。此时鱼群的增长应满足

$$\frac{\mathrm{d}x}{\mathrm{d}t} = rx\left(1 - \frac{x}{K}\right) - qEx \tag{9.30}$$

首先，我们来求上述方程的平衡点。由(9.30) 鱼群数量的平衡点应使 $\frac{\mathrm{d}x}{\mathrm{d}t} = 0$，即平衡点应为二次曲线 $y = rx\left(1 - \frac{x}{K}\right)$ 与直线 $y = qEx$ 的交点 x_0(见图 9.3)。

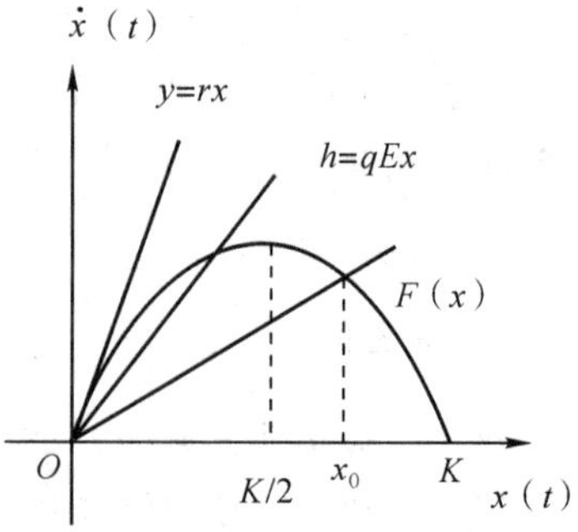

图 9.3

记 $$G(x) = rx\left(1 - \frac{x}{K}\right) - qEx$$

则　　$G'(x) = r - qE - \frac{2r}{K}x$

易见　　$x_0 = \frac{K}{r}(r - qE)$

故　　$G'(x_0) = -(r - qE)$

显然 $r > qE$ 必须成立,否则捕捞率超过鱼的自然增长率,鱼群必将趋于绝灭。由第三章微分方程平衡点稳定的条件可知,当 $r > qE$ 时,x_0 是一个稳定的平衡点。

当我们限定 $r > qE$ 时,鱼群数量的平衡点虽然是稳定的,但应当如何控制 E,才能使得年捕捞数量达到最大呢?

将平衡点 $x_0 = \frac{K}{r}(r - qE)$ 代入 $h = qEx$,则有 $h = qE\frac{K}{r}(r - qE)$,为求极值令 $\frac{\mathrm{d}h}{\mathrm{d}E} = 0$,求出 $E = \frac{r}{2q}$,获得的最大捕获量为 $h = \frac{rK}{4}$,这时鱼的数量 $x_0 = \frac{K}{2}$。

若设鱼价为 p,单位时间捕鱼成本为 CE(其中 C 是比例常数),考虑捕鱼所获得的经济效益。

从 $t = a$ 到 $t = b$ 这一段时间内,总收益

$$P = \int_a^b (ph - CE)\mathrm{d}t \tag{9.31}$$

约束条件:

$$\dot{x} = rx\left(1 - \frac{x}{K}\right) - qEx$$

求 P 的最大值。

由约束条件可得 $E = \dfrac{rx\left(1 - \frac{x}{K}\right) - \dot{x}}{qx}$,代入(9.31)式,有

$$P = \int_a^b \left(p - \frac{C}{qx}\right)\left[r\left(1 - \frac{x}{K}\right)x - \dot{x}\right]\mathrm{d}t \triangleq \int_a^b H(x, \dot{x}, t)\mathrm{d}t$$

由 Euler 方程 $H_x - \frac{\mathrm{d}}{\mathrm{d}t}H_{\dot{x}} = 0$,解得

$$x = \frac{K}{2}\left(1 + \frac{C}{pqK}\right)$$

上式是考虑经济效益时,应保留的鱼的数量。要使鱼群保持稳定平衡,必须控制 E,使 $G(x) = 0$,所以有

$$rx\left(1 - \frac{x}{K}\right) - qEx = 0$$

即

$$\frac{rK}{2}\left(1 + \frac{C}{pqK}\right)\left[1 - \frac{1}{2}\left(1 + \frac{C}{pqK}\right)\right] - \frac{qEK}{2}\left[1 + \frac{C}{pqK}\right] = 0$$

解得

$$E = \frac{r}{2q}\left(1 - \frac{C}{pqK}\right)$$

并可求出最大捕捞率,得

$$h = qEx = \frac{Kr}{4}\left(1 - \frac{C^2}{p^2q^2K^2}\right) \tag{9.32}$$

显然，(9.32) 式中的 h 值小于$\frac{Kr}{4}$。

二、采煤问题

下面我们研究地下煤矿的开采问题，讨论采取什么策略，开采可以获得最大利润。

假设

(1) 煤矿的储藏量为有限值，记为 R。采煤对周围环境没有影响。

(2) 在任意时刻 t，开采 1 吨煤可获纯利润 P。

(3) 价格 P 依赖于 t 时刻采煤的速度和 t 时刻之前已采煤的数量 $y(t)$，这是因为已投入市场的煤的数量直接影响到煤的价格，且 $y(t)$ 与矿井的深度有关，矿井越深，开采时所需成本越高。记 t 时刻的开采速度为 $y'(t)$，纯利润记为 $P(y,y')y'$。

(4) 为了不考虑资金利息的影响，在任意时刻 t，开采所获得的利润需折扣到 $t=0$ 时刻。$e^{-\delta t}$ 称为折扣因子，δ 为折扣率，那么从初始时刻到 t 时刻所获得的利润为$\int_0^t e^{-\delta t}P(y,y')y'\mathrm{d}t$。

设 $y(0)=0$，因煤矿的储藏量有限，所以存在 $t=T$，T 是煤矿被采尽的时刻（T 待定，它显然取决于开采速度），对于任何 $t>T$，有 $y'(t)=0$。

建模

根据上面的假设条件，要使开采获得最大利润，应解

$$\max\int_0^T e^{-\delta t}P(y,y')y'\mathrm{d}t$$

约束条件为

$$y(0)=0,\ y(T)=R$$

解 令 $F=e^{-\delta t}P(y,y')y'$，根据横截条件 $F-F_{y'}y'|_{t=T}=0$，

则
$$e^{-\delta t}P(y,y')y'-e^{-\delta t}\left(\frac{\partial P}{\partial y'}y'+P\right)y'\Big|_{t=T}=e^{-\delta t}\frac{\partial P}{\partial y'}(y')^2\Big|_{t=T}=0 \tag{9.33}$$

根据假设(3)，我们不妨认为$\frac{\partial P}{\partial y'}<0$，即利润随开采速度的增加而减少，那么由(9.33) 式必有 $y'(T)=0$。

为求解此泛函极值问题，利用求泛函极值的必要条件，解 Euler 方程：

$$e^{-\delta t}\left(\frac{\partial P}{\partial y}y'\right)-\frac{\mathrm{d}}{\mathrm{d}t}\left[e^{-\delta t}\left(\frac{\partial P}{\partial y'}y'+P\right)\right]=0$$

即

$$e^{-\delta t}\left(\frac{\partial P}{\partial y}y'\right)=\frac{\mathrm{d}}{\mathrm{d}t}\left[e^{-\delta t}\left(\frac{\partial P}{\partial y'}y'+P\right)\right] \tag{9.34}$$

当给出 P 的确定的函数形式时，利用边界条件和(9.34) 式，可以解出 $y(t)$。

现在，我们研究开采中利润的变化趋势。

取 $\tau\in[0,T]$，对于(9.34) 式，从 τ 到 T 积分，且用 $e^{\delta t}$ 同乘两边，有

$$\frac{\partial P}{\partial y'}y'+P=\int_\tau^T e^{-\delta(t-\tau)}\left(\frac{\partial P}{\partial y}y'\right)\mathrm{d}t \tag{9.35}$$

在(9.35)式中,解得

$$\frac{\partial P}{\partial y'}y' + P = \frac{\partial}{\partial y'}(Py') \tag{9.36}$$

由于 y' 是瞬时产量,Py' 是瞬时利润,因此$\frac{\partial}{\partial y'}(Py')$是 $t \geqslant \tau$ 时刻的单位利润,称之为边际利润。

将(9.36)式代入(9.35)式,有

$$\frac{\partial}{\partial y'}(Py') = \int_{\tau}^{T} e^{-\delta(t-\tau)}\left(\frac{\partial P}{\partial y'}y'\right)dt \tag{9.37}$$

由假设(3),可以认为$\frac{\partial P}{\partial y} < 0$,而 y' 要保持非负,那么从(9.37)式中可以看出$\frac{\partial}{\partial y'}(Py')$非正,因此(9.37)式说明在 $t \geqslant \tau$ 时刻所获得的边际利润将是负值,即从 τ 时刻起,如果不减少开采量,那么必须不断追加投入资本。

9.5　最优城市体制

改革开放以来,我国经济建设发展很快,一种"新城市经济"得以实现,城市的扩展速度非常迅速。现在,让我们应用变分的方法来分析一下在一个城市的中心区及中心的外围区的最优土地应用问题。在不考虑时间因素的条件下,空间(指距离)是独立变量,这个距离通常是从城市中心区的中心开始测量的,我们希望得到一个距离函数,使那些可供利用的土地得到最优规划,或者被用于建造住宅群,或者被用于交通设施的建设。

我们所要研究的问题是:一个城市有一个中心区,中心区周围被称为外围区,城市占地形状基本上是圆形的。中心区是商业和单位集中的地区,外围区主要是居民住宅区及交通设施(主要是公路),见图 9.4。

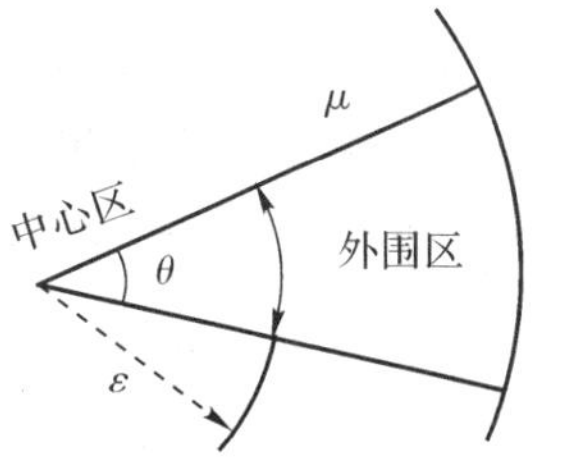

图 9.4

假设

(1) 中心区的规模用它所占地域(近似圆形)的半径 ε 表示。在中心区工作的人员有 N 人,这些人均住在外围区。居住地到中心区中心的距离为 $u(u > \varepsilon)$,u 是独立变量。

(2) 在距离中心区中心为 u 的地区,有 θ 弧度的土地可用来做交通设施或建筑住宅,$0 \leqslant \theta \leqslant 2\pi$,用于建筑住宅的土地数量为 $L_1(u)$,用于交通设施的土地数量为 $L_2(u)$,且有

$$L_1(u) + L_2(u) = \theta(u) \tag{9.38}$$

(3) 每幢住宅需占用一定数量的土地,所以生活在到中心距离为 u 的地区有$N(u)$人居住,则有

$$N(u) = aL_1(u) \tag{9.39}$$

其中 a 是居住密度系数。

(4) 工作人员从他们居住区到中心区工作,设 $T(u)$ 是住在距中心为 u 及u 以远地区

的工作人员总数,则有

$$T(u) = \int_u^{\bar{u}} N(x)\mathrm{d}x \tag{9.40}$$

其中 $\bar{u}$ 是城市的半径,其值待定。

建模

首先考虑两种费用的支出。

(1) 工作人员每天去工作,往返于居住地和工作地之间的路途费用。

(2) 待用土地的费用。

关于路途费用,每个工作人员每千米路程费用函数由下面的经验公式给出:

$$P(u) = \bar{P} + \rho_1\left[\frac{T(u)}{L_2(u)}\right]^{\rho_2} \tag{9.41}$$

其中 $\bar{P}$ 表示在不拥挤的情况下单位距离的路途费用,$\dfrac{T(u)}{L_2(u)}$ 是拥挤程度的度量指标,在 u 处所有工作人员每千米路途费用为 $P(u)T(u)$。

待用土地的费用是与改变土地的利用现状相联系的,这里的土地原来作为农田使用,现转为城市用地,设每单位土地转用费为 R_A,距中心为 u 的所有土地转用费为 $R_A\theta u$。因此,城市总费用为

$$\int_\delta^{\bar{u}} [P(u)T(u) + R_A\theta u]\mathrm{d}u \tag{9.42}$$

对(9.40)式两边求导,得

$$T'(u) = -N(u) \tag{9.43}$$

再根据(9.38)式和(9.39)式,得

$$T'(u) = aL_2(u) - a\theta u \tag{9.44}$$

现在,希望能求出 $T(u)$ 和 $L(u)$,即选择一个最优土地使用策略,使(9.42)式在(9.41)式和(9.44)式约束下达到最小,即

$$\min\int_\varepsilon^{\bar{u}} [P(u)T(u) + R_A\theta u]\mathrm{d}u$$

其中

$$P(u) = \bar{P} + \rho_1\left[\frac{T(u)}{L_2(u)}\right]^{\rho_2}$$

状态方程:

$$T'(u) = aL_2(u) - a\theta u$$

$T(u)$ 和 $L_2(u)$ 作为两个独立变量,引入 Lagrange 乘子,构造函数

$$L = \bar{P}T(u) + \rho_1\left[\frac{T(u)}{L_2(u)}\right]^{\rho_2} T(u) + R_A\theta u - \lambda(u)[T'(u) - aL_2(u) + a\theta u] \tag{9.45}$$

应用 Euler-Lagrange 方程,由(9.45)式得

$$\bar{P} + \rho_1(1 + \rho_2)\left[\frac{T(u)}{L_2(u)}\right]^{\rho_2} + \lambda'(u) = 0 \tag{9.46}$$

即

$$-\rho_1\rho_2\left[\frac{T(u)}{L_2(u)}\right]^{1+\rho_2} + a\lambda(u) = 0 \tag{9.47}$$

将(9.47)式对 u 求导,得

$$-\rho_1\rho_2(1+\rho_2)\left[\frac{T(u)}{L_2(u)}\right]^{\rho_2}\frac{\mathrm{d}}{\mathrm{d}u}\left[\frac{T(u)}{L_2(u)}\right]+a\lambda'(u)=0$$

即
$$\frac{\mathrm{d}}{\mathrm{d}u}\left[\frac{T(u)}{L_2(u)}\right]=\frac{a\lambda'(u)}{\rho_1\rho_2(1+\rho_2)}\left[\frac{T(u)}{L_2(u)}\right]^{-\rho_2}$$

将(9.46)式代入上式,得

$$\frac{\mathrm{d}}{\mathrm{d}u}\frac{T(u)}{L_2(u)}=-\frac{a}{\rho_2}-\frac{a\bar{P}}{\rho_1\rho_2(1+\rho_2)}\left[\frac{T(u)}{L_2(u)}\right]^{-\rho_2}$$

为了简化分析,略去上式右边第二项,即认为 $\bar{P}=0$(在交通不拥挤的情况下,路途费用近似为0),因而有

$$\frac{\mathrm{d}}{\mathrm{d}u}\frac{T(u)}{L_2(u)}=-\frac{a}{\rho_2}$$

积分一次,可得

$$\frac{T(u)}{L_2(u)}=-\frac{a}{\rho_2}u+K_1\tag{9.48}$$

下面来确定常数 K_1。由(9.47)式,有

$$\frac{T(u)}{L_2(u)}=\left[\frac{a\lambda(u)}{\rho_1\rho_2}\right]^{\frac{1}{1+\rho_2}}\tag{9.49}$$

又由(9.48)式及(9.49)式,有

$$-\frac{a}{\rho_2}u+K_1=\left[\frac{a\lambda(u)}{\rho_1\rho_2}\right]^{\frac{1}{1+\rho_2}}\tag{9.50}$$

又因为

$$[L-L_{T'}T'-L_{L'_2}L'_2]_{u=\bar{u}}=0$$

由(9.40)式可知 $T(\bar{u})=0$,所以有

$$R_A\theta\bar{u}-\lambda(\bar{u})[-aL_2(\bar{u})+a\theta\bar{u}]=0$$

将(9.44)式代入上式,有

$$R_A\theta\bar{u}+\lambda(\bar{u})T'(\bar{u})=0$$

所以
$$\lambda(\bar{u})=\frac{-R_A\theta\bar{u}}{T'(\bar{u})}\neq 0$$

由(9.49)式可得

$$T(u)=\left[\frac{a\lambda(u)}{\rho_1\rho_2}\right]^{\frac{1}{1+\rho_2}}L_2(u)$$

当 $u=\bar{u}$ 时,上式中 $\lambda(\bar{u})\neq 0$,而 $T(\bar{u})=0$,故 $L_2(\bar{u})=0$,所以有

$$\lambda(\bar{u})=\frac{R_A}{a}$$

由此,在(9.50)式中,令 $u=\bar{u}$,求出常数 K_1,得

$$K_1=\left[\frac{R_A}{\rho_1\rho_2}\right]^{\frac{1}{1+\rho_2}}+\frac{a}{\rho_2}\bar{u}$$

把 K_1 代入(9.48)式,得

$$\frac{T(u)}{L_2(u)} = \frac{a}{\rho_2}(H + \bar{u} - u) \tag{9.51}$$

其中 $H = \left(\frac{\rho_2}{a}\right)\left(\frac{R_A}{\rho_1\rho_2}\right)^{\frac{1}{1+\rho_2}}$。

(9.51) 式表明$\frac{T(u)}{L_2(u)}$(拥挤量)随 u 增大而线性减少,即越靠近中心区,交通越拥挤。

为求出 $T(u)$,将(9.51)式代入(9.44)式,得到关于 $T(u)$ 的一阶非线性微分方程:

$$T'(u) = \frac{\rho_2}{H + \bar{u} - u}T(u) - a\theta u$$

利用端点条件,解得

$$T(u) = \frac{a\theta}{\rho_2 + 1} - M^{-\rho_2}\left(uM^{\rho_2+1} - \bar{u}H^{\rho_2+1} + \frac{M^{\rho_2+2} - H^{\rho_2+2}}{\rho_2 + 2}\right) \tag{9.52}$$

其中 $M = H + \bar{u} - u$。

利用(9.51)式和(9.52)式,可以解出 $L_2(u)$,即

$$L_2(u) = \frac{\theta\rho_2}{\rho_2 + 1}\left[u - \bar{u}\left(\frac{H}{M}\right)^{\rho_2+1} + \frac{M - H\left(\frac{H}{M}\right)^{\rho_2+1}}{\rho_2 + 1}\right] \tag{9.53}$$

将 $T(\varepsilon) = N$ 代入(9.52)式,可以确定 $\bar{u}$。(9.52)式及(9.53)式中参量 ρ_1, ρ_2 均可以由统计资料给出。这样,我们就得到了土地的最优使用方法。

9.6 Severn 堰坝

Severn 港湾位于英国的西南部,拥有世界上最高的潮水边域。早在 1970 年,人们就曾建议利用 Severn 堰坝发电。后来,由于世界范围内能源价格的大幅度提高,人们又再次开始考虑 Severn 堰坝的发电问题,并对堰坝可能产生的最大能量进行了研究。

Severn 堰坝地理位置图如下(见图 9.5):

发电站的设计者们在堰坝上安装水轮机,当潮水通过堰坝时,推动水轮机运转,从而带动发电机发电。潮水通过水轮机的瞬时速度可以由操作者控制,那么,要产生最大能量,应如何控制潮水的瞬时速度呢?

假设

(1) 设 t 为海水潮汐时间,ω 为潮汐频率,$x_0(t)$ 为堰坝外的水位高度,R 为潮汐的最高水位和最低水位之差。一般地有

$$x_0(t) = \frac{1}{2}R\cos\omega t \tag{9.54}$$

(2) 潮汐的周期为 $T = \frac{2\pi}{\omega}$,其正常值大约为 12.4 小时。

(3) 堰坝内的水面保持水平,水位高度 $x(t)$ 的变化率与通过水轮机的水流量 $Q(t)$ 有关,即

$$\frac{dx}{dt} = -\frac{Q(t)}{A} \tag{9.55}$$

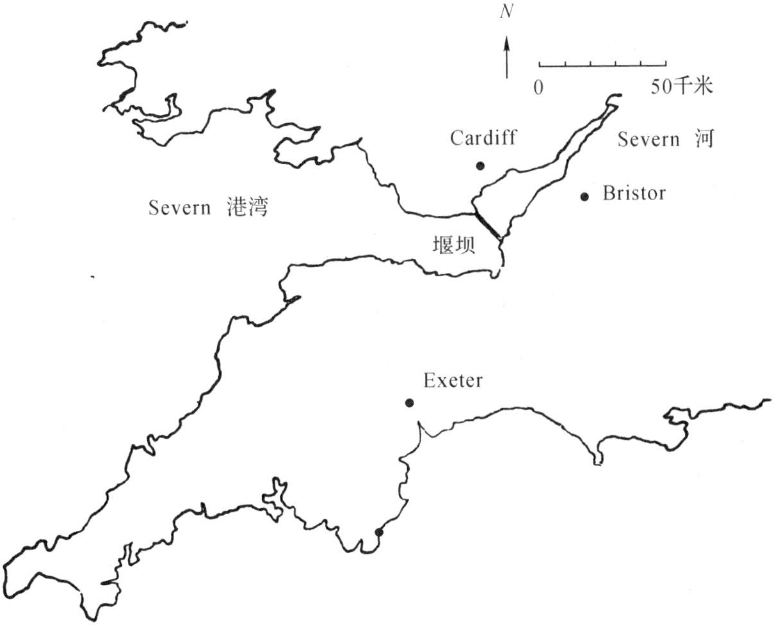

图 9.5

其中 A 为堰坝所围住那部分海湾的表面积。根据Severn堰坝设计方案，A 值大约为500平方千米。

(4) ρ 为海水密度，g 为重力加速度，令 $h = x - x_0$，当水轮机的有效利用率为100%时，功率值为

$$P = \rho g h Q \tag{9.56}$$

建模

在潮汐的一个周期 T 内，水轮机产生的总能量为

$$E = \int_0^T P\mathrm{d}t$$

以(9.56)式代入上式，有

$$E = \int_0^T \rho g h Q \mathrm{d}t = \rho g \int_0^T (x - x_0) Q \mathrm{d}t \tag{9.57}$$

我们考虑如何选取 Q 值，使(9.57)达到最大值，图9.6是 Q 与 x 关系的示意图。

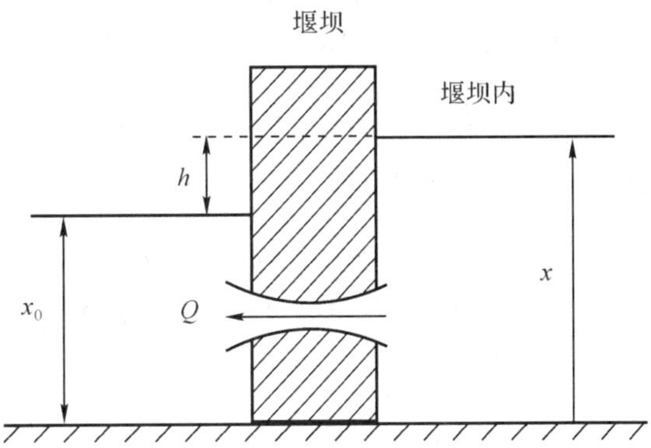

图 9.6

在解(9.57)时，还应考虑约束条件：$|Q| \leqslant Q_m$，Q_m 为常数(根据安装水轮机的数量及操作条件确定)。

综上所述，问题归结为求解最优控制问题，即

$$\max E = \rho g \int_0^T (x - x_0) Q \mathrm{d}t$$

状态方程：$\dot{x} = -\dfrac{Q(t)}{A}$

约束条件：$|Q| \leqslant Q_m$

解　构造哈密顿函数：

$$H = \rho g (x - x_0) Q + \lambda \left(-\frac{Q}{A}\right) = \left[\rho g (x - x_0) - \frac{\lambda}{A}\right] Q$$

分析上式，可以知道，要使 H 取得最大值，应取

$$Q = \begin{cases} Q_m, \rho g (x - x_0) - \dfrac{\lambda}{A} \geqslant 0 \\ -Q_m, \rho g (x - x_0) - \dfrac{\lambda}{A} < 0 \end{cases} \tag{9.58}$$

考虑伴随方程：

$$-\dot{\lambda} = -\frac{\partial H}{\partial x} = -\rho g Q \tag{9.59}$$

将(9.55)式代入(9.59)式，故有

$$\dot{\lambda} = \rho g A \dot{x}(t)$$

两边积分，得

$$\lambda(t) = \rho g A x(t) + \alpha \tag{9.60}$$

α 是积分常数。注意到 $x(t)$ 是周期函数，在潮汐的一个周期内应有

$$\int_0^T Q(t) \mathrm{d}t = 0$$

所以(9.60)式中，$\alpha = 0$ 时，故有

$$\lambda(t) = \rho g A x(t) \tag{9.61}$$

(9.61)式给出协态变量 $\lambda(t)$ 的物理意义：当堰坝内水位为 x 时，λ 是堰坝内储水的势能变化率。将(9.61)式代入(9.58)式，则(9.58)式可简化为

$$Q = \begin{cases} Q_m, \text{当 } x_0 \leqslant 0 \\ -Q_m, \text{当 } x_0 > 0 \end{cases} \tag{9.62}$$

下面求发电产生的最大能量。

将(9.55)式代入(9.57)式，得

$$E = -\rho g A \int_0^T (x - x_0) \dot{x} \mathrm{d}t = \rho g A \left[-\frac{x^2}{2}\Big|_0^T + \int_0^T x_0 \dot{x} \mathrm{d}t \right]$$

注意到 x 是周期函数，故

$$E = -\rho g A \int_0^T x_0(t) Q(t) \mathrm{d}t$$

将(9.54)代入上式，在积分时，注意(9.62)给出的条件，得到一个周期内可获得的最大能量为

$$E = 2\rho g \frac{Q_m R}{\omega}$$

在 Severn 堰坝设计标准中，$Q_m = 10^5$(立方米/秒)，$R = 8$(米)，因此 E 的近似值是

30 千瓦时，整个系统能量的平均输出大约为 20 千瓦时。

图 9.7 给出了限制流量 $Q_m = \frac{1}{4}RA\omega$，在 12.4 小时内（潮水的一个循环周期）堰坝内外的水位曲线图。

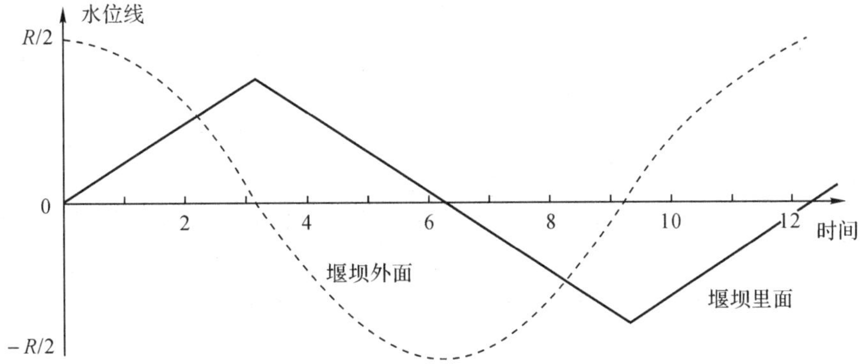

图 9.7

习　题

1. 森林失火了，森林防护队应派多少消防队员去救火？消防队员去得越多，森林损失越小，但救援的开支越大。现希望根据总费用（包括森林损失费和救火开支）最小决定派出人数。

(1) 烧毁单位面积森林的损失费为 C_1，每个消防队员单位时间费用为 C_2，每个队员一次性开支为 C_3，开始失火时间记为 t_1，火被扑灭的时刻记为 t_2，试建立救火总费用的表达式。

(2) 火势从某个中心开始，以均匀速度呈环形向外蔓延，β 为火势蔓延速度。每个队员救火速度为常数 λ，确定应派出的队员数，使总费用最少。

2. 成品及原料库存问题。

(1) 设 K 是在正常情况下成品的生产速度，K 是常数；r 是成品的销售速度，r 是常数。$r < K$，Q 是库存量。假设工厂开始生产时，是边生产边销售，但库存达到最大限度 Q_0 时，只销售不生产，当 Q 减少至零时，又开始边生产边销售，如此循环。画出 t-Q 关系图。

(2) 设 C 是一个周期内投入成产的总成本，s 是单位时间单位成品的储存费。确定生产周期 T，使单位时间的总费用最小。

(3) 设 u 是单位时间单位原料的储存费。假若工厂大批购进原料，可以满足 P 个生产周期的需要，$t = 0$ 时，仓库储存原料 $N = PKt = PrT$。总生产费用包括成本费、成品储存费及原料储存费。确定生产周期，在满足(1)，(2)，(3) 条件下，使总费用达到最小。

3. 观察鱼在水中的运动，发现它不是水平地游动，而是突发性地，锯齿状地向上游动和向下滑行，可以认为长期进化使鱼类选择了消耗能量最小的运动方式。

(1) 设鱼总是以常速 v 运动，鱼在水中的净重是 w，向下滑行的阻力是 w 在运动方向的分力;向上游动时付出的力是 w 在运动方向的分力与游动所受阻力之和,而游动的阻力是滑行阻力的 k 倍。写出这些力。

(2) 证明:当鱼从 A 点运动到 B 点时,沿折线运动消耗的能量与沿水平线 AB 运动消耗能量之比为 $\dfrac{K\sin\alpha + \sin\beta}{K\sin(\alpha + \beta)}$(向下滑行不消耗能量)。

(3) 从经验观察到 $\mathrm{tg}\alpha = 0.2$,试对不同 K 值(1.5,2,3),根据消耗能量最小的原则,估计最佳的 β 值。

4. 捕鱼管理法规定必须保持鱼的一定数量。令 N 为鱼的总数,每条鱼售价为 P,售价与售出数量无关。

(1) 论证每条鱼的捕获成本 $C(N)$ 是 N 的减函数,又如果没有捕鱼法规定,我们可以料到鱼的总数将处于水平 N_f,其中 $P = c(N_f)$。成本包括工资、燃料及其他消耗。

(2) 设一个简单的生殖模型:$N' = g(N)$。证明 g 的合理形状是通过 $N = 0$ 及 $N = N^*$ 的凹弧,其中 N^* 是当禁止捕鱼时,鱼类自身能保持的最大数量。并证明最大的持续捕鱼数量是在 N_m 点取得的,N_m 是 $g'(N_m) = 0$ 的解。这个收获量是多少?

(3) 假设鱼的总数被保持在最有利的水平,这个水平称为 N_p,证明利润可由 $p(N) = g(N)[p - c(N)]$ 给出,而 N_p 是 $P'(N_p) = 0$ 的解。

5. Y 与 Z 两公司正在争夺市场。如果 Y 公司每单位时间所用的广告费为 y,而 Z 公司用的是 z,那么我们可以预料,从长远观点看来,Y 公司分享市场的部分是它所用广告费中所占比例的函数,即 $f\left(\dfrac{y}{y+z}\right)$,其中 f 是某个函数。如果两家公司是类似的,那么 Z 公司分享市场的部分是 $f\left(\dfrac{z}{y+z}\right)$。

(1) 证明:对于 $0 \leqslant x \leqslant 1$,有 $f(x) + f(1-x) = 1$,且 $f'(x) = f'(1-x)$。

(2) 在上述假设下,Y,Z 两公司应该采取怎样的行动才能获取最大利润?

6. 设某工厂到 t 时刻为止的产品数量是 $x(t)$,时刻 t 的生产率为 $x'(t)$。单位时间生产费用与生产率成正比,单位时间产品的储藏量与产量平方成正比,工厂要在 $[0,T]$ 时间内生产产品数量为 Q,制定一个生产计划(它是产量与时间的函数),使生产与储存的总费用最小。

7. 建立一个煤矿开采模型。假设开采对周围环境无破坏,t 时刻已开采的数量为 $y(t)$,生存率为 $y'(t)$,开采单位数量的煤可获得利润 $P = a - by(t) - cy^2(t)$,其中 a,b,c 为正常数。若煤矿资源有限,且不考虑折扣因素,试确定 $y(t)$,使开采获得最大利润。

8. 在上题中,若开采对周围环境造成污染,损失函数 $D(y) = y^2$,构造采矿模型,确定 $y(t)$,使开采获得最大利益。

9. 水库在 t 时刻的水位线高度为 $x(t)$,水库蓄水速度为 $y(t)$,且 $0 \leqslant y(t) \leqslant y$,$y$ 为某个常数。水库排水发电,排水速度为 d(常数),因此水位高度的变化 $x'(t) = y(t) - d$,又知道 $x(0) = x_1$,$x(T) = R$,水库的效益函数为 $U(x,y) = \alpha[y - Y]^2 + b[x - X]^2$,其中 X 为合理水位,Y 为合理的蓄水速度。那么在 $[0,T]$ 时间内,应如何控制 $y(t)$,使水库的效益达到最大?

第十章　随机模型

在本书前面各章的讨论中，很多模型涉及的现象是确定性的，其结果是可以预知的，然而在自然界和社会生活中，也存在着另一种情况。在基本条件保持不变的情况下，时而出现这样的结果，时而出现那样的结果，而且事先无法断言出现哪一种结果，这种现象称为随机现象。对随机现象，我们不能忽略随机性的存在而简单地作为确定性现象来处理，应当承认其中存在着一些不能掌握或未知的因素；另一方面，我们也不能在随机现象面前消极观望，束手无策，而应利用有关知识找出其中的内在规律性，作出尽可能好的决策，这就需要我们建立能够反映随机现象这种规律性的数学模型。

事实上，自然界和日常生活中绝大部分现象都或多或少地蕴含着随机的成分，对有些问题，我们之所以没有用随机模型去研究，主要原则不乏以下两点，一是对某些问题而言，确定性因素的影响远大于随机因素，我们只需考虑矛盾的主要方面。二是若考虑随机因素的影响，模型将变得异常复杂，难于求解，因此采用确定性模型作为其近似。当然对那些随机因素不能忽略的模型；这样做会严重影响模型的效力，这也是我们需要熟悉随机模型的建立途径，掌握其研究方法技巧的原因。

随机数学是研究随机模型的数学工具，一般认为由概率论、数理统计、随机过程、随机运筹等四部分组成。其中概率论是基础，它将随机现象用数学语言来描述，建立起随机现象与数学其他分支的桥梁。数理统计着重从观测数据出发研究随机现象。随机过程用于研究随时间变化的无穷多个随机变量的性质。随机运筹的研究对象是随机模型中的优化问题。在本章中，我们将从一些简单模型出发，展示随机模型在各方面的广泛应用，以及随机模型的建模与求解方法。

10.1　古典概型

员工招聘问题　假设你是某公司人力资源部门的主管，决定在众多的应聘者中选择一名杰出人才，假定应聘者的相对水平各不相同且可以通过面试加以判断。出于应聘者的要求，你必须当场决定是否聘用某位应聘者，一旦决定录用某人，招聘活动即告结束。假设有 $n(n \geqslant 3)$ 人应聘，采取什么样的方法才能使录用到第一名的概率最大呢？一个可行的策略是：

策略 k　选定正整数 $k < n$，对前 $k-1$ 名应聘者概不录用；从第 k 名开始，若当前应聘者较在他之前所有应聘者水平为高，对该名应聘者即予录用，否则转而考虑下一名应聘者；若直至最后一名应聘者仍未有人符合条件，则录用最后一名应聘者。

从直觉来看，k 不宜取得太大或太小，太大可能会错过已面试的第一名而终生遗憾，太小则在第一名出现之前过早决定了人选，使慕名而来的千里马失望而归，那么怎样的 k 才是适宜的呢？

定量的分析需要借助于古典概型。我们用 $i(i=1,2,\cdots,n)$ 表示水平处于第 i 位的应聘者，他们前来应聘的顺序是完全随机的。描述这一随机现象的样本空间由 $(1,2,\cdots,n)$ 的所有置换组成，每个置换代表 n 个人的一种先后到达顺序，这样的置换共有 $n!$ 个，且它们出现的可能性完全相同。用 A^k 表示"采用策略 k 录用到第一名"这一随机事件，为求 $P(A^k)$ 只需求得 A^k 中包含的所有样本点数，即采用策略 k 能录用到第一名的所有置换数。表 10.1 列出了 $n=4$ 时，采用策略 1,2,3,4 能录用到第一名的所有置换，可见策略 2 是最优的。当然这种穷举的方法并不适用于一般的 n。

表 10.1

策略 k	1	2	3	4
采用该策略能录用到第一名的所有置换	(1 2 3 4) (1 2 4 3) (1 3 2 4) (1 3 4 2) (1 4 2 3) (1 4 3 2)	(2 1 3 4)　(3 1 2 4) (2 1 4 3)　(3 1 4 2) (2 3 1 4)　(3 4 1 2) (2 3 4 1)　(4 1 2 3) (2 4 1 3)　(4 1 3 2) (2 4 3 1)	(2 3 1 4)　(3 4 1 2) (2 3 4 1)　(4 2 1 3) (2 4 1 3)　(4 2 3 1) (2 4 3 1)　(4 3 1 2) (3 2 1 4) (3 2 4 1)	(2 3 4 1) (2 4 3 1) (3 2 4 1) (3 4 2 1) (4 2 3 1) (4 3 2 1)
置换总数	6	11	10	6

易知 $P(A^1)=\dfrac{(n-1)!}{n!}=\dfrac{1}{n}$。而 $k\geqslant 2$ 时，直接计算十分复杂，我们对 A^k 作适当分解，用 A_i^k 表示"采用策略 k 录用第 $k+i$ 位应聘者且他是第一名"这一随机事件，$0\leqslant i\leqslant n-k$，则 $A^k=\bigcup\limits_{i=0}^{n-k}A_i^k$。下面来求 A_i^k 包含的样本点数。显然 1 只能出现在置换的第 $k+i$ 位上，并且处于置换前 $k+i-1$ 位的数字中最小的那个数只能出现在前 $k-1$ 位，否则根据策略 k，他将先于 1 被选中，因为他是第 k 个之后具有当前最佳名次的应聘者（参见图 10.1）。综上所述，A_i^k 包含的置换数为

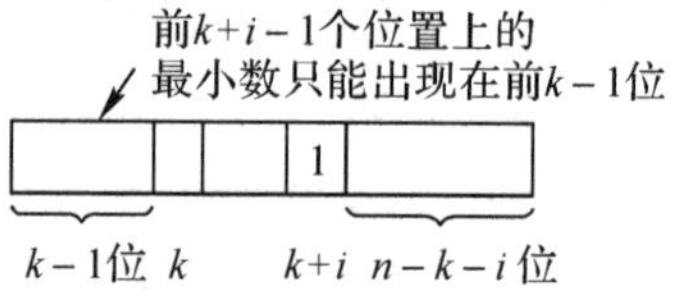

图 10.1

$$\binom{n-1}{k+i-1}\cdot(k-1)\cdot(k+i-2)!\cdot(n-k-i)!$$

↑ 处于前 $k+i-1$ 位的数字可能取法　↑ 最小数的可能位置数　↑ 除最小数外前 $k+i-2$ 个数的可能排法　↑ 1 之后 $n-k-i$ 个数的可能排法

因此

$$P(A_i^k)=\frac{\binom{n-1}{k+i-1}(k-1)(k+i-2)!(n-k-i)!}{n!}=\frac{k-1}{n(k+i-1)}$$

$$P(A^k)=\sum_{i=0}^{n-k}P(A_i^k)=\sum_{i=0}^{n-k}\frac{k-1}{n(k+i-1)}=\frac{k-1}{n}\sum_{i=k}^{n}\frac{1}{i-1},k\geqslant 2$$

记 $p_k=P(A^k)$,下面求 k^* 使 p_k 达到最大。比较 p_k,p_{k-1} 和 p_k,p_{k+1},我们有

$$\begin{aligned}p_k-p_{k-1}&=\frac{k-1}{n}\sum_{j=k}^{n}\frac{1}{j-1}-\frac{k-2}{n}\sum_{j=k-1}^{n}\frac{1}{j-1}\\&=\left(\frac{k-2}{n}\sum_{j=k}^{n}\frac{1}{j-1}+\frac{1}{n}\sum_{j=k}^{n}\frac{1}{j-1}\right)-\left(\frac{k-2}{n}\sum_{j=k}^{n}\frac{1}{j-1}+\frac{k-2}{n}\frac{1}{k-2}\right)\\&=\frac{1}{n}\sum_{j=k}^{n}\frac{1}{j-1}-\frac{1}{n}=\frac{1}{n}\left(\sum_{j=k}^{n}\frac{1}{j-1}-1\right),k>2\end{aligned}$$

$$\begin{aligned}p_k-p_{k+1}&=\frac{k-1}{n}\sum_{j=k}^{n}\frac{1}{j-1}-\frac{k}{n}\sum_{j=k+1}^{n}\frac{1}{j-1}\\&=\left(\frac{k-1}{n}\sum_{j=k+1}^{n}\frac{1}{j-1}+\frac{k-1}{n}\cdot\frac{1}{k-1}\right)-\left(\frac{k-1}{n}\sum_{j=k+1}^{n}\frac{1}{j-1}+\frac{1}{n}\sum_{j=k+1}^{n}\frac{1}{j-1}\right)\\&=\frac{1}{n}-\frac{1}{n}\sum_{j=k+1}^{n}\frac{1}{j-1}=\frac{1}{n}\left(1-\sum_{j=k+1}^{n}\frac{1}{j-1}\right)\end{aligned}$$

取 $k^*=\min\{k\mid\sum_{j=k+1}^{n}\frac{1}{j-1}<1\}$,则有

$$p_k^*>p_{k^*-1}>p_{k^*-2}>\cdots>p_2>p_1,p_{k^*}>p_{k^*+1}>p_{k^*+2}>\cdots>p_n$$

显然 $p_2>p_1$,因此 k^* 即为所求。

表 10.2 列出了 n 取不同值时 k^* 的值及相应的 p_{k^*} 值,不难证明,当 n 充分大时,k^* 非常接近于 $\frac{n}{e}$,p_{k^*} 非常接近于 $\frac{1}{e}$。

表 10.2

n	4	6	10	20	50	100	500
k^*	2	3	4	8	19	38	185
p_{k^*}	0.4583	0.4278	0.3987	0.3842	0.3743	0.3710	0.3688

古典概型是概率论中最悠久、最基本的模型,尽管它起源于对以骰子为工具的赌博活动的研究中,但这并不影响它的理论价值和实际意义。对实际问题建立合适的样本空间,利用组合数学计算满足条件的样本点个数是两个关键步骤,对事件进行适当的分解和转化有时起着重要的作用,在下面我们还将看到这一点。

赠券收集问题　一食品公司为促销商品,在每一袋食品中放入一张赠券,若干张不同图案的赠券为一套,收集齐一套赠券可获重奖。要对这一活动作定量评估,以下两个指标是重要的:

(1) 购买若干袋食品能集齐一套赠券的概率;

(2) 为集齐赠券平均需购买多少袋食品。

这里假设每袋食品中放入任一图案的赠券是等可能的。

若一套赠券共有 N 种不同图案，我们先求购买 k 袋食品能集齐一套的概率。记事件 $B = \{k$ 袋食品中包含整套赠券$\}$，$A_i = \{$已收集到第 i 种赠券$\}$，$i = 1,\cdots,N$，则 $B = \bigcap_{i=1}^{N} A_i$。若利用乘法公式则诸条件概率仍不易求得，因此我们设法用加法公式求解，即有

$$P(\bar{B}) = P(\overline{\bigcap_{i=1}^{N} A_i}) = P(\bigcup_{i=1}^{N} \bar{A}_i)$$

$$= \sum_{i=1}^{N} P(\bar{A}_i) - \sum_{1 \leqslant i < j \leqslant N} P(\bar{A}_i \bar{A}_j) + \cdots + (-1)^{n-1} P(\bar{A}_1 \bar{A}_2 \cdots \bar{A}_N)$$

由于每袋食品中可装 N 种赠券中的任一张，k 袋食品共有 N^k 种不同装法。若在 k 袋食品中不含第 i 种赠券，则这 k 袋食品中只能装其余 $N-1$ 种赠券中的一张，因此

$$P(\bar{A}_i) = \frac{(N-1)^k}{N^k} = \left(1 - \frac{1}{N}\right)^k, i = 1,\cdots,n$$

$$\sum_{i=1}^{N} P(\bar{A}_i) = \binom{N}{1}\left(1 - \frac{1}{N}\right)^k$$

类似地

$$P(\bar{A}_i \bar{A}_j) = \frac{(N-2)^k}{N^k} = \left(1 - \frac{2}{N}\right)^k, i \neq j, i,j = 1,\cdots,n$$

$$\sum_{1 \leqslant i < j \leqslant N} P(\bar{A}_i \bar{A}_j) = \binom{N}{2}\left(1 - \frac{2}{N}\right)^k$$

$$\sum_{1 \leqslant i_1 < \cdots < i_r \leqslant N} P(\bar{A}_{i_1} \bar{A}_{i_2} \cdots \bar{A}_{i_r}) = \binom{N}{r}\left(1 - \frac{r}{N}\right)^k, r = 3,\cdots,n-1$$

$$P(\bigcap_{i=1}^{N} \bar{A}_i) = 0$$

最后一式是由于 $\bigcap_{i=1}^{N} \bar{A}_i$ 表示在 k 袋食品中不含任何一种赠券，这显然是不可能的。这样

$$P(\bar{B}) = \sum_{i=1}^{N} (-1)^{i+1} \binom{N}{i}\left(1 - \frac{i}{N}\right)^k$$

$$P(B) = 1 - P(\bar{B}) = \sum_{i=0}^{N} (-1)^{i} \binom{N}{i}\left(1 - \frac{i}{N}\right)^k$$

即为购买 k 袋食品能集齐整套赠券的概率。

下面考虑第二个问题，记 X 为集齐 N 张赠券所需购买的食品袋数，显然 X 为一随机变量，下求其数学期望 $E(X)$，即为集齐整套赠套所需购买食品的平均袋数。我们并不像通常那样先求出 X 的分布律，而是利用数学期望的性质将其转化为一列随机变量的数学期望之和。

用 Y_j 表示从收集到 $j-1$ 种赠券到收集到第 j 种赠券所购买的食品袋数，则有

$$X = Y_1 + Y_2 + \cdots + Y_n$$

且 $P\{Y_j = i\} = (1-p_j)^{i-1}, i = 1,2,\cdots$，其中 $p_j = \dfrac{N-j+1}{N}$，即对任一 j，Y_j 服从参数为 p_j 的几何分布，通过计算不难得到 $E(Y_j) = \dfrac{1}{p_j} = \dfrac{N}{N-j+1}, j = 1,2,\cdots,N$。由数学期望的线性，得

$$E(X)=E\left(\sum_{j=1}^{N}Y_j\right)=\sum_{j=1}^{N}E(Y_j)=\sum_{j=1}^{N}\frac{N}{N-j+1}$$
$$=N\sum_{j=1}^{N}\frac{1}{j}=N\ln N+O(N)$$

表 10.3 给出了一些数值结果。

表 10.3

赠券种类	N	购买不同数量食品能集齐一套赠券的概率							集齐整套赠券所需购买食品平均袋数
		10	15	20	30	50	100	200	
世界七大奇迹	7	0.1049	0.4339	0.7039	0.9322	0.9969	1	1	18.15
十二生肖	12	/	0.0030	0.0510	0.3591	0.8523	0.9980	1	37.24
新旧西湖十景	20	/	/	0	0.0013	0.1642	0.8865	0.9992	71.95
二十四节气	24	/	/	/	0.0100	0.0263	0.7025	0.9952	90.62

疾病普查中的群试问题　假设欲在一定范围人群中通过血液检验普查某种疾病，若结果为阴性，说明未患病，阳性则需作进一步检查确诊。由于普查人数相对患病人数来说要多得多，逐个检验要花费大量的人力和物力，在实践中人们提出了下述改进方案：把每个人的血样分成两份，将若干人的第一份血样混合后化验，若结果呈阴性说明这些人全都未患病；若结果呈阳性说明这些人中至少有一人的血样呈阳性，此时再逐个化验这些人的第二份血样加以确定。这样的检验方案称为群试(group testing)。据说，群试起源于第二次世界大战期间美国的征兵体检，经过几十年的不断发展和完善，目前群试在医学、计算机科学、生物信息学等领域有着广泛的应用。

假设人群中血液检验结果为阳性的概率为 p，p 可通过抽样调查获得。我们把 n 人血样混合化验的群试方案称为 n- 试($n>1$)，1- 试(或称为单试)即为传统方案。显然方案的选择与 p 值有关。若 p 值较大，则多人混合血样很容易呈阳性，随后逐个化验。即使不考虑血液分组和混合带来的麻烦，化验次数也比传统方案多一次，此时群试不是一个好的选择。自然地，我们把平均每人的化验次数作为衡量方案优劣的指标，希望回答的问题是：

p 值在什么范围内，群试方案优于传统方案。若群试方案较好，进一步地我们还可研究：若 p 的值已知，n 为多大时，n- 试方案是最优的群试方案。

我们首先给出 n- 试方案中平均每人的化验次数。由于每个人试验结果呈阳性的概率为 p，阴性的概率为 $q=1-p$，每个人的结果是相互独立的，因此，n 个人的混合血样呈阴性的概率为 q^n，呈阳性的概率为 $1-q^n$。另一方面，呈阴性时只需一次化验，呈阳性时需 $n+1$ 次化验，所以确定 n 个人血液结果所需化验总次数的数学期望为

$$1\cdot q^n+(n+1)(1-q^n)=1+n-nq^n$$

平均每人化验次数的数学期望为$\frac{1}{n}+1-q^n$。显然当$\frac{1}{n}+1-q^n<1$，即 $q>\frac{1}{\sqrt[n]{n}}$ 对某个 n 成立时，群试方案是有效的；若 $q\leqslant\frac{1}{\sqrt[n]{n}}$ 对一切 n 成立，则传统单试方案优于任一群试方案。

考察函数 $f(x)=\sqrt[x]{x}$，$f'(x)=\sqrt[x]{x}\cdot\dfrac{1-\ln x}{x^2}$，当 $0<x\leqslant e\approx 2.718$ 时，$f(x)$ 单调递增；$x>e$ 时，$f(x)$ 单调递减。比较 $\sqrt{2}\approx 1.414$ 和 $\sqrt[3]{3}\approx 1.442$，可知 $\sqrt[n]{n}$，$n\in N$，当 $n=3$ 时，取得极大值。因此当 $q\leqslant\dfrac{1}{\sqrt[3]{3}}\approx 0.6934$ 或等价地 $p=1-q\geqslant 0.3066$ 时，传统方案优于群试方案，这与我们定性分析的结论是一致的。

第二个问题的回答要复杂一些，最后的结论可归纳成下面两点：

(1) $q\in[q_1^*,q_3^*]$ 时，3— 试是最好的群试方案；

(2) $q\in[q_{n-1}^*,q_n^*]$ 时，n— 试是最好的群试方案，$n\geqslant 4$。

其中 $q_1^*=\dfrac{1}{\sqrt[3]{3}}$，$q_n^*$ 是方程

$$x^n(1-x)=\frac{1}{n(n+1)} \tag{10.1}$$

位于区间 $\left(1-\dfrac{1}{n^2-1},1-\dfrac{1}{n^2}\right)$ 内的根。

方程(10.1)源自相邻两种群试方案的比较，n − 试方案比 $(n+1)$ − 试方案优越，当且仅当

$$\frac{1}{n}+1-q^n<\frac{1}{n+1}+1-q^{n+1}$$

即
$$q^n(1-q)>\frac{1}{n}-\frac{1}{n+1}=\frac{1}{n(n+1)}$$

下面我们证明这部分的主要结论，其中会用到数学分析中的下述命题，其证明可参见有关教材。

命题：数列 $\left\{\left(1+\dfrac{1}{n}\right)^n\right\}$ 单调递增且极限为 e，数列 $\left\{\left(1+\dfrac{1}{n}\right)^{n+1}\right\}$ 单调递减且极限也为 e。

对 $n\geqslant 3$，定义 $f_n(x)=x^n(1-x)$，$x\in[0,1]$，$f_n(x)$ 在 $x=\dfrac{n}{n+1}$ 处取得极大值 $\left(\dfrac{n}{n+1}\right)^n\dfrac{1}{n+1}=\dfrac{1}{\left(1+\dfrac{1}{n}\right)^n}\dfrac{1}{n+1}>\dfrac{1}{e(n+1)}>\dfrac{1}{n(n+1)}$，且当 $x\in\left[0,\dfrac{n}{n+1}\right]$ 时，函数单调递增，$x\in\left[\dfrac{n}{n+1},1\right]$ 时函数单调递减，$f_n(0)=f_n(1)=0<\dfrac{1}{n(n+1)}$。因此，$f_n(x)=\dfrac{1}{n(n+1)}$ 在 $\left[0,\dfrac{n}{n+1}\right]$ 和 $\left[\dfrac{n}{n+1},1\right]$ 内各有一根，分别记为 q_n^- 和 q_n^+。当 $x\in(q_n^-,q_n^+)$ 时，$f_n(x)>\dfrac{1}{n(n+1)}$；而 $x\notin[q_n^-,q_n^+]$ 时，$f_n(x)\leqslant\dfrac{1}{n(n+1)}$，见图 10.2。

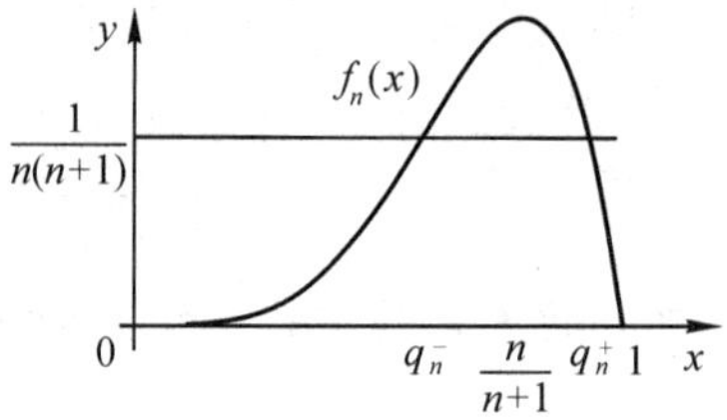

图 10.2

事实上，我们还可证明 $1-\dfrac{1}{n^2-1}<q_n^+<1-\dfrac{1}{n^2}$，从而 $\lim\limits_{n\to\infty}q_n^+=1$。一方面

$$f_n\left(1-\frac{1}{n^2}\right)=\left(1-\frac{1}{n^2}\right)^n\frac{1}{n^2}=\frac{1}{n(n+1)}\left(\frac{n^2-1}{n^2}\right)^n\frac{n+1}{n}$$

$$=\frac{1}{n(n+1)}\frac{\left(1+\frac{1}{n}\right)^{n+1}}{\left(1-\frac{1}{n-1}\right)^n}<\frac{1}{n(n+1)}$$

其中最后一个不等式用到了$\left\{\left(1+\frac{1}{n}\right)^{n+1}\right\}$的递减性。另一方面,由于

$$x-\frac{x^2}{2}<\ln(1+x)<x,x\in(0,1)$$

以及$\frac{n}{n^2-2}<\frac{2n-3}{2(n-1)^2}$当$n\geqslant 5$时成立,我们有

$$n\ln\left(1+\frac{1}{n^2-2}\right)<\frac{n}{n^2-2}<\frac{2n-3}{2(n-1)^2}$$

$$=\frac{1}{n-1}-\frac{1}{2}\frac{1}{(n-1)^2}<\ln\left(1+\frac{1}{n-1}\right)=\ln\frac{n}{n-1}$$

$$f_n\left(1-\frac{1}{n^2-1}\right)=\left(1-\frac{1}{n^2-1}\right)^n\frac{1}{n^2-1}$$

$$=\frac{1}{\left(1+\frac{1}{n^2-2}\right)^n}\frac{1}{n^2-1}>\frac{1}{\frac{n}{n-1}}\frac{1}{n^2-1}=\frac{1}{n(n+1)},n\geqslant 5$$

而当$n=3,4$时,有

$$f_3\left(1-\frac{1}{8}\right)=\left(1-\frac{1}{8}\right)^3\cdot\frac{1}{8}>\frac{1}{12}$$

$$f_4\left(1-\frac{1}{15}\right)=\left(1-\frac{1}{15}\right)^4\cdot\frac{1}{15}>\frac{1}{20}$$

因此　$$f_n\left(1-\frac{1}{n^2-1}\right)>\frac{1}{n(n+1)}$$

综上可知,$q_n^+\in\left(1-\frac{1}{n^2-1},1-\frac{1}{n^2}\right)$,$q_n^+$事实上即为$q_n^*$。

进一步地,我们还可证明$\{q_n^-\}_{n\geqslant 3}$,$\{q_n^+\}_{n\geqslant 3}$都是单调递增数列。不难证明,$k\geqslant 3$时,有

$$\left(1+\frac{2}{k-1}\right)^k\leqslant 2k$$

直接验算可知,上式当$k=4,5$时成立,当$k\geqslant 6$时

$$\frac{2k(k-1)}{k+1}=2k-4+\frac{4}{k+1}>2k-4\geqslant 8>e^2$$

从而

$$\left(1+\frac{2}{k-1}\right)^k=\left(1+\frac{2}{k-1}\right)^{k-1}\left(1+\frac{2}{k-1}\right)<e^2\left(1+\frac{2}{k-1}\right)<2k$$

因此

$$f_k\left(\frac{k-1}{k+1}\right)=\left(\frac{k-1}{k+1}\right)^k\left(1-\frac{k-1}{k+1}\right)=\frac{2}{k+1}\frac{1}{\left(1+\frac{2}{k-1}\right)^k}>\frac{1}{k(k+1)}$$

结合$\frac{k-1}{k+1}<\frac{k}{k+1}$，我们有 $q_k^-<\frac{k-1}{k+1}<\frac{k-1}{k}$。再由

$$f_{k-1}(q_k^-)=(q_k^-)^{k-1}(1-q_k^-)=\frac{1}{q_k^-}(q_k^-)^k(1-q_k^-)$$

$$=\frac{1}{q_k^-}\frac{1}{k(k+1)}>\frac{1}{k(k-1)}$$

可知 $q_{k-1}^-<q_k^-$，从而$\{q_k^-\}_{k\geqslant 3}$是单调递增的。类似地，由 $q_k^+>\frac{k}{k+1}>\frac{k-1}{k+1}$，得

$$f_{k-1}(q_k^+)=(q_k^+)^{k-1}(1-q_k^+)=\frac{1}{q_k^+}(q_k^+)^k(1-q_k^+)=\frac{1}{q_k^+}\frac{1}{k(k+1)}<\frac{1}{k(k-1)}$$

结合 $q_k^+>\frac{k}{k+1}>\frac{k-1}{k}>q_k^->q_{k-1}^-$，我们有 $q_k^+>q_{k-1}^+$，因此$\{q_n^+\}_{n\geqslant 3}$也是单调递增的。

由前面的讨论可知，区间(q_k^-,q_k^+)对比较群试方案的优劣起着关键的作用，若 $q\in(q_k^-,q_k^+)$，则说明 k- 试比$(k+1)$- 试好，若 $q\notin(q_k^-,q_k^+)$，则说明 k- 试不如$(k+1)$- 试。而对任意的 $k\geqslant 4$，相邻的两个区间(q_{k-1}^-,q_{k-1}^+)，(q_k^-,q_k^+)的交非空。这只需证明它们包含一公共点，$\frac{k-1}{k}\in(q_{k-1}^-,q_{k-1}^+)$是显然的，又由$\left(1+\frac{1}{k-1}\right)^{k-1}<\mathrm{e}<3<\frac{k^2-1}{k}$

$$f_k\left(\frac{k-1}{k}\right)=\left(\frac{k-1}{k}\right)^k\frac{1}{k}=\frac{1}{k(k+1)}\frac{k^2-1}{k}\frac{1}{\left(1+\frac{1}{k-1}\right)^{k-1}}>\frac{1}{k(k+1)}$$

即$\frac{k-1}{k}\in(q_k^-,q_k^+)$。再由 $q_3^-<0.6<q_1^*$ 及$\lim\limits_{n\to\infty}q_n^+=1$可知，对任意的 $q\in(q_1^*,1)$，满足 $q_k^-<q<q_k^+$ 的整数k 构成的集合是非空的。由$\{q_n^-\}_{n\geqslant 3}$，$\{q_n^+\}_{n\geqslant 3}$的递增性，这样的 k 必然构成一连续的整数区间$[k_1,k_2]$(图 10.3)。

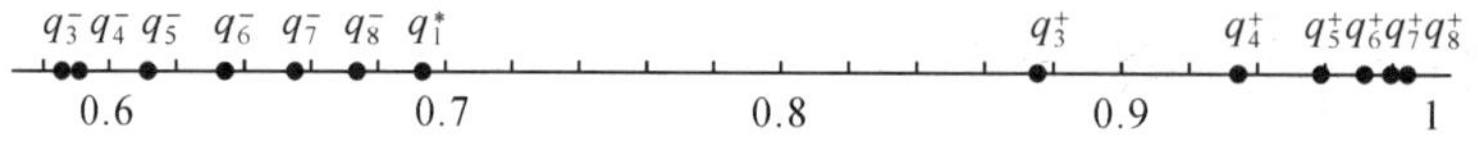

图 10.3

根据(q_k^-,q_k^+)的意义可知，对 $3\leqslant n\leqslant k_1$，由于 $q\notin(q_n^-,q_n^+)$，故 n- 试不如$(n+1)$- 试，$(n+1)$- 试不如$(n+2)$- 试，…，(k_1-1)- 试不如k_1- 试；对 $k\in[k_1,k_2]$，由于 $q\in(q_k^-,q_k^+)$，故 k_1- 试优于(k_1+1)- 试，(k_1+1)- 试优于(k_1+2)- 试，…，k_2- 试优于(k_2+1)- 试；面对 $n>k_2$，由于 $q\notin(q_n^-,q_n^+)$，(k_2+1)- 试不如(k_2+2)- 试，(k_2+2)- 试不如(k_2+3)- 试，…，即 n 越大效果越好。但当 n 大至满足$\sqrt[n]{n}>\frac{1}{q}$时，n- 试又不如单试，因为 $q\in(q_1^*,1)$，故单试不如 3- 试，因而更不如 k_1- 试。综上所述，k_1- 试就是最好的群试方案。由 $q_n^+=q_n^*$，我们已完整地证明了第二个问题的结论。注意到对 $q=q_n^*$，$n\geqslant 3$，n- 试和$(n+1)$- 试都是最好的群试方案。表 10.4 列出了一些 q_n^* 的值。

表 10.4

n	1	3	4	5	6	10	20	50	100
q_n^*	0.6934	0.8761	0.9344	0.9589	0.9717	0.9899	0.9975	0.9996	0.9999

有意思的是，前面的分析和结论都没有提到 2- 试。事实上，2- 试永远不会是最好的群试方案。易知 $f(x)=x^2(1-x)$ 在 $x=\frac{2}{3}$ 时取到$[0,1]$上的最大值$\frac{4}{27}$，因此 $x^2(1-x)<\frac{1}{6}$ 对一切 $x\in[0,1]$ 成立，因此 2- 试的平均化验次数总比 3- 试多，它不可能成为最好群试方案。

10.2　几何概率

在超大规模集成电路(VLSI)设计中，常考虑这样的问题，给定一长和宽分别为 a，$b(a\geqslant b)$ 的矩形，连接其中任意两点 S，T 的线段的平均长度是多少?假设 S，T 两点的坐标分别为(x_1,y_1)，(x_2,y_2)，则 $|ST|=\sqrt{(x_1-x_2)^2+(y_1-y_2)^2}$(见图 10.4)。为求平均长度即数学期望，需对 S，T 两点的任意性作出严格界定。自然的想法是，假设 x_1，x_2 服从$(0,a)$上的均匀分布，y_1，y_2 服从$(0,b)$上的均匀分布，那么

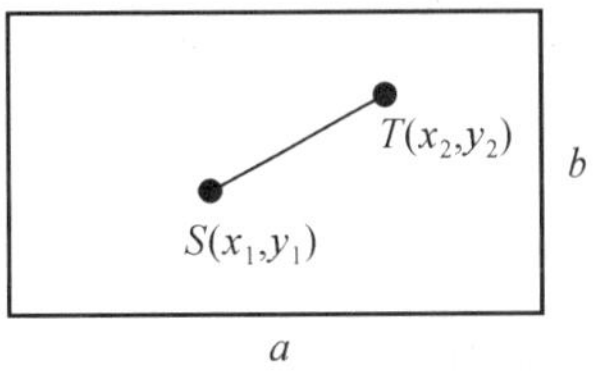

图 10.4

$$E(|ST|)=\frac{1}{a^2b^2}\int_0^a\int_0^a\int_0^b\int_0^b\sqrt{(x_1-x_2)^2+(y_1-y_2)^2}\,\mathrm{d}y_1\mathrm{d}y_2\mathrm{d}x_1\mathrm{d}x_2$$

即使运用能形式计算的数学软件 Mathematica，上述积分的计算也很难脱离人工演算而由计算机独立完成。当然用积分几何的知识可以简化求解过程，仅利用微积分的知识也可以求出最后结果，只是过程较为繁琐。作变量代换，设 $u=x_1-x_2$，$v=y_1-y_2$，得

$$E(|ST|)=\frac{1}{a^2b^2}\int_0^b\mathrm{d}y_2\int_{-y_2}^{b-y_2}\mathrm{d}v\int_0^a\mathrm{d}x_1\int_{-x_2}^{a-x_2}\sqrt{u^2+v^2}\,\mathrm{d}u$$

积分过程中需用到以下六种不同积分，有

$$\int\sqrt{x^2+a^2}\,\mathrm{d}x,\int x\sqrt{x^2+a^2}\,\mathrm{d}x,\int x^2\sqrt{x^2+a^2}\,\mathrm{d}x$$

$$\int x^3\sqrt{x^2+a^2}\,\mathrm{d}x,\int\ln(x+\sqrt{x^2+a^2})\mathrm{d}x,\int x^2\ln(x+\sqrt{x^2+a^2})\mathrm{d}x。$$

逐个计算累次积分，可得

$$E(|ST|)=\frac{a^5+b^5-(a^4-3a^2b^2+b^4)\sqrt{a^2+b^2}}{15a^2b^2}+\frac{a^2}{6b}\ln\left(\frac{b+\sqrt{a^2+b^2}}{a}\right)+\frac{b^2}{6a}\ln\left(\frac{a+\sqrt{a^2+b^2}}{b}\right)$$

特别地，当 $a=b$ 即所讨论的图形是正方形时，有

$$E(|ST|)=\left(\frac{2+\sqrt{2}}{15}+\frac{\ln(1+\sqrt{2})}{3}\right)a\approx0.5214a$$

换句话说，连接正方形区域内任意两点的线段的平均长度约为该正方形边长的一半。

事实上，上述问题的应用远不止于此，在 ATM 通讯网络中，上述平均长度成为衡量 PNNI 协议性能的一个重要参数，因为在信号传输过程中产生的延迟与网络连接长度成

正比，我们希望尽可能减小平均长度，这并非不可能，因为对该应用问题，没有必然要求 x_1,x_2 和 y_1,y_2 分别服从 $[0,a]$ 和 $[0,b]$ 上的均匀分布，而在几何概率中，随机性的不同定义导致不同结果的情况并不鲜见，贝特朗悖论就是一个著名的例子。

贝特朗悖论(Bertrand's Paradox)　在半径为 1 的圆内随机取一条弦，问其长超过该圆内接等边三角形边长 $\sqrt{3}$ 的概率是多少？

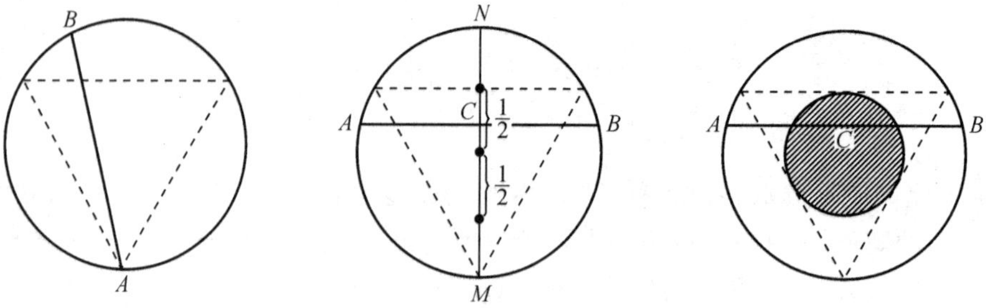

答案1　　答案2　　答案3

图 10.5　贝特朗悖论

答案 1　任何弦交圆周于两点，不失一般性，固定其中一点于圆上，以此点为顶点作内接等边三角形，当且仅当弦有部分落入三角形内其长大于 $\sqrt{3}$，这类弦的另一端跑过的弧长为整个圆周的 $\frac{1}{3}$，故所求概率为 $\frac{1}{3}$。

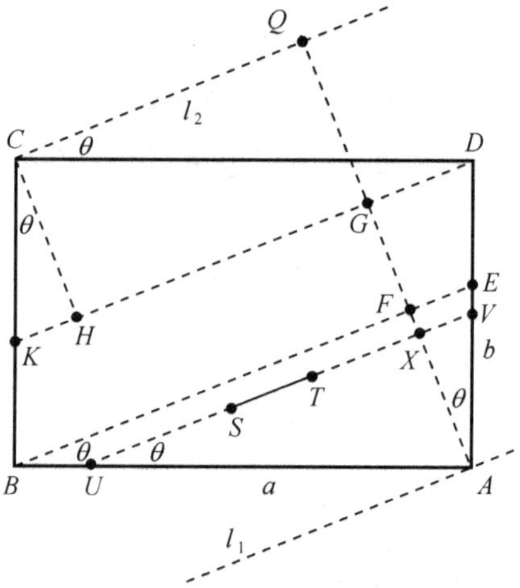

图 10.6　$0\leqslant\theta\leqslant\arctan\frac{b}{a}$

答案 2　弦长与它和圆心的距离有关，当且仅当它与圆心的距离小于 $\frac{1}{2}$ 时，弦长大于 $\sqrt{3}$，由于直径长度为 1，所求概率为 $\frac{1}{2}$。

答案 3　弦被其中点唯一确定，当且仅当中点位于半径为 $\frac{1}{2}$ 的同心圆内时，弦长大于 $\sqrt{3}$，因此所求概率为 $\frac{1}{4}$。

出现三种答案的原因在于取弦时不同的等可能性假定(见图 10.5)。在第一种答案中，假定端点在圆周上均匀分布；第二种答案假定弦的中点在直径上均匀分布；第三种答案假定弦的中点在圆内均匀分布。从某种意义上说，这三种答案都是正确的。

受贝特朗悖论的启发，我们尝试能否通过变更随机性的定义以改进网络的性能参数。以下我们假设线段 ST 的倾角 θ 服从 $\left[0,\frac{\pi}{2}\right]$ 上的均匀分布，以此出发求得平均长度。

设矩形区域为 $ABCD$，任取 $\theta\in\left[0,\frac{\pi}{2}\right]$，过 A 点作直线 l_1，过 C 点作直线 l_2，其倾角均为 θ，作直线 $AQ\perp l_2$ 于 Q，在线段 AQ 上均匀取一点 X，过 X 作 $UV\parallel l_1$ 交矩形两边于 U,V。在线段 UV 上均匀取两点 S,T，ST 即为所求之线段，其长度为随机变量 θ,X,S,T 的函数，记为 $D(\theta,X,S,T)$(参见图 10.6)。

为求 $E(D(\theta,X,S,T))$，分两种情况讨论，记 $\theta^* = \arctan\dfrac{b}{a}$，当 $0\leqslant\theta\leqslant\theta^*$ 时，作 $BE /\!/ l_1$，交 AD 于 E，AQ 于 F，作 $DK /\!/ l_1$，交 BC 于 K，AQ 于 G，则

$$|AQ| = |AG| + |GQ| = |AG| + |CH| = b\cos\theta + a\sin\theta$$

若 $X\in AF$，由 $\dfrac{|UV|}{|BE|} = \dfrac{|AX|}{|AF|}$，知

$$|UV| = \frac{|BE|}{|AF|}|AX| = \frac{\dfrac{a}{\cos\theta}}{a\sin\theta}|AX| = \frac{|AX|}{\sin\theta\cos\theta}$$

若 $X\in FG$，则 $|UV| = \dfrac{a}{\cos\theta}$，若 $X\in GQ$，由对称性知

$$|UV| = \frac{|QX|}{\sin\theta\cos\theta} = \frac{|AQ| - |AX|}{\sin\theta\cos\theta} = \frac{b\cos\theta + a\sin\theta - |AX|}{\sin\theta\cos\theta}$$

另一方面，若 UV 是长为 d 的线段，S、T 是 U、V 上均匀分布的两点，即假设 s,t 服从 $[0,d]$ 上的均匀分布且相互独立，则

$$E(|ST|) = E(|s-t|) = \int_0^d\int_0^d |s-t|\frac{1}{d^2}\mathrm{d}s\mathrm{d}t = \frac{d}{3}$$

综合两方面结果，我们有

$$\begin{aligned}E_{X,S,T}(D(\theta,X,S,T)) &= E_X(E_{S,T}(D(\theta,X,S,T)))\\ &= \frac{1}{b\cos\theta + a\sin\theta}\int_0^{a\sin\theta + b\cos\theta} E_{S,T}(D(\theta,x,S,T))\mathrm{d}x\\ &= \frac{1}{b\cos\theta + a\sin\theta}\Big[\int_0^{a\sin\theta}\frac{x}{3\sin\theta\cos\theta}\mathrm{d}x + \int_{a\sin\theta}^{b\cos\theta}\frac{a}{3\cos\theta}\mathrm{d}x\\ &\quad + \int_{b\cos\theta}^{a\sin\theta + b\cos\theta}\frac{b\cos\theta + a\sin\theta - x}{3\sin\theta\cos\theta}\mathrm{d}x\Big]\\ &= \frac{ab}{3(b\cos\theta + a\sin\theta)}\end{aligned}$$

$\theta^*\leqslant\theta\leqslant\dfrac{\pi}{2}$ 的情形与前类似(参见图 10.7)，同样有

$$E_{X,S,T}(D(\theta,X,S,T)) = \frac{ab}{3(b\cos\theta + a\sin\theta)}$$

因此

$$\begin{aligned}&E_\theta(E_{X,S,T}(D(\theta,X,S,T)))\\ &= \frac{2}{\pi}\int_0^{\frac{\pi}{2}}\frac{ab}{3(b\cos\theta + a\sin\theta)}\mathrm{d}\theta\\ &= \frac{2ab}{3\pi\sqrt{a^2+b^2}}\ln\frac{a+b+\sqrt{a^2+b^2}}{a+b-\sqrt{a^2+b^2}}\end{aligned}$$

即为所求之平均长度。

特别地，当 $a = b$，即讨论的区域为一正方形时，上式值为

$$\frac{2\sqrt{2}}{3\pi}\ln(1+\sqrt{2})a \approx 0.264a$$

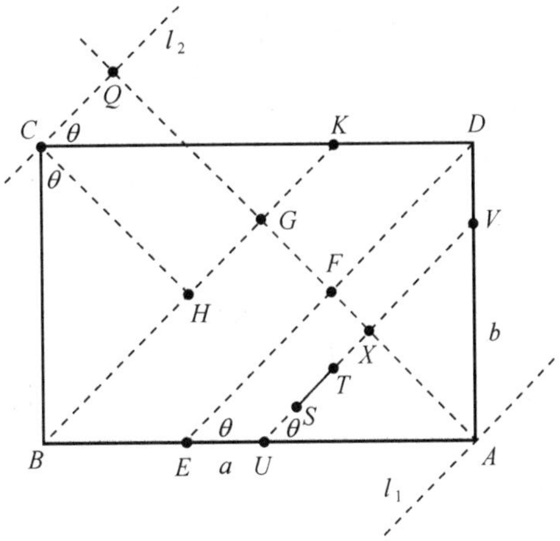

图 10.7

与前面的结论比较可得，变更随机性的定义使平均长度减少了近一半，这是一个重要改进，依此可以尝试设计性能更为优越的网络架构。

10.3 投资组合与期权定价模型

在本节中，我们将介绍资产投资组合模型与期权定价模型，它们是随机数学在数理金融中应用的典范，它们的创立者 H. M. Markowitz 和 M. S. Scholes 分别因此获得 1990 年和 1997 年的诺贝尔经济学奖，这里我们介绍的只是其中最基本的内容。

资产投资组合模型 假设你手上有一笔资金准备在证券市场上投资。由于绝大多数股票存在风险，因而一般不选择单一的证券进行投资，而是选择一适当的投资组合进行分散投资以降低风险，使得在若干资产上投资的损失可以从其他资产上投资的收益中予以补偿。当然，收益尽可能大，风险又尽可能小的最优投资组合是不存在的。只能在投资者所能承受的风险水平下，确定收益高的组合；或者在指定的收益目标下，确定风险水平低的投资组合。为了对此从数学上予以阐述，我们首先给出收益、风险的定义。

假设股票 A 在 t 时段末的价格为 P_{A_t}，股票在该时段的收益率为 r_{A_t}。如果该时段内共有 N 个计息周期，则与银行利率和利息关系相仿，$P_{A_t}, P_{A_{t-1}}, r_{A_t}$ 间应满足的关系为

$$P_{A_t} = P_{A_{t-1}}\left(1 + \frac{r_{A_t}}{N}\right)^N$$

为简单起见，我们只考虑连续复合收益率，即 $N \to \infty$ 的情形，此时有

$$r_{A_t} = \ln \frac{P_{A_t}}{P_{A_{t-1}}}$$

也就是说，收益率为该股票在相邻两个时段价格比的对数。由于股票价格随市场波动，收益率为一随机变量。若在某一时期（T 个时段）内股票 A 的收益率分别为 $r_{A_1}, \cdots, r_{A_T}$，则在该时期股票 A 的期望收益率为

$$E_A = \frac{1}{T}\sum_{t=1}^{T} r_{A_t}$$

股票 A 的风险即可定义为收益率分布的方差，即

$$\sigma_A^2 = \frac{1}{T}\sum_{t=1}^{T}(r_{A_t} - E_A)^2$$

类似地，两种股票 A、B 收益的协方差为

$$\sigma_{A,B} = \frac{1}{T}\sum_{t=1}^{T}(r_{A_t} - E_A)(r_{B_t} - E_B)$$

协方差反映了两种股票收益分布相互影响的程度。

一般地，假设市场上共有 n 种股票，它们的期望收益率向量 E 和收益率协方差矩阵分别为

$$\boldsymbol{E}=\begin{pmatrix}E_1\\E_2\\\vdots\\E_n\end{pmatrix},\boldsymbol{V}=\begin{pmatrix}\sigma_{11}&\sigma_{12}&\cdots&\sigma_{1n}\\\sigma_{21}&\sigma_{22}&\cdots&\sigma_{2n}\\\vdots&\vdots&&\vdots\\\sigma_{n1}&\sigma_{n2}&\cdots&\sigma_{mn}\end{pmatrix}$$

假设 $\mathbf{V}$ 为非退化矩阵,$\boldsymbol{E}\neq k\mathbf{1}$。

向量 $\boldsymbol{x}^{\mathrm{T}}=(x_1,\cdots,x_n)$ 称为一可行投资组合,若 $\sum_{i=1}^{n}x_i=1$,它表示在第 i 种股票上的投资比例为 $x_i,i=1,\cdots,n$。对可行投资组合 x,其收益率和风险分别为

$$E_x=\sum_{i=1}^{n}x_iE_i=\boldsymbol{x}^{\mathrm{T}}\boldsymbol{E}$$

$$\sigma_x^2=\sum_{i,j=1}^{n}\sigma_{ij}x_ix_j=\boldsymbol{x}^{\mathrm{T}}\mathbf{V}\boldsymbol{x}$$

假设在每种股票上的投资都是无限可分的,这样 x_i 可在实数范围内取值。寻求给定收益目标为 μ 的前提下,风险水平最低的投资组合的问题可转化为如下的数学规划:

$$\begin{aligned}&\min\quad \boldsymbol{x}^{\mathrm{T}}\mathbf{V}\boldsymbol{x}\\&\mathrm{S.t}\quad \boldsymbol{x}^{\mathrm{T}}\boldsymbol{E}=\mu\\&\qquad \mathbf{1}'x=1\end{aligned}\tag{10.2}$$

这是一个凸二次规划问题,用 Lagrange 乘子法即可求得最优解。令

$$L(\boldsymbol{x},\lambda_1,\lambda_2)=\boldsymbol{x}^{\mathrm{T}}\mathbf{V}\boldsymbol{x}+\lambda_1(1-\mathbf{1}^{\mathrm{T}}\boldsymbol{x})+\lambda_2(\mu-\boldsymbol{x}^{\mathrm{T}}\boldsymbol{E})$$

最优解应满足的条件为

$$\begin{cases}\dfrac{\partial L}{\partial \boldsymbol{x}}=2\mathbf{V}\boldsymbol{x}-\lambda_1\mathbf{1}-\lambda_2\boldsymbol{E}=0\ \text{或}\dfrac{\partial L}{\partial x_i}=2\sum_{j=1}^{n}\sigma_{ij}x_j-\lambda_1-\lambda_2E_i=0 & (10.3)\\[2ex]\dfrac{\partial L}{\partial \lambda_1}=1-\mathbf{1}^{\mathrm{T}}\boldsymbol{x}=0 & (10.4)\\[2ex]\dfrac{\partial L}{\partial \lambda_2}=\mu-\boldsymbol{x}^{\mathrm{T}}\boldsymbol{E}=0 & (10.5)\end{cases}$$

由(10.3)可得最优解 $\boldsymbol{x}^*$ 应满足

$$\boldsymbol{x}^*=\frac{1}{2}\mathbf{V}^{-1}(\lambda_1\mathbf{1}+\lambda_2\boldsymbol{E})\tag{10.6}$$

将(10.6)分别代入(10.4)和(10.5),可得关于 λ_1,λ_2 的线性方程组

$$\begin{cases}1=\dfrac{1}{2}\lambda_1\mathbf{1}^{\mathrm{T}}\mathbf{V}^{-1}\mathbf{1}+\dfrac{1}{2}\lambda_2\mathbf{1}^{\mathrm{T}}\mathbf{V}^{-1}\boldsymbol{E},\\[2ex]\mu=\dfrac{1}{2}\lambda_1\mathbf{1}^{\mathrm{T}}\mathbf{V}^{-1}\mathbf{1}+\dfrac{1}{2}\lambda_2\boldsymbol{E}^{\mathrm{T}}\mathbf{V}^{-1}\boldsymbol{E}\end{cases}\tag{10.7}$$

令 $a=\mathbf{1}^{\mathrm{T}}\mathbf{V}^{-1}\mathbf{1},b=\mathbf{1}^{\mathrm{T}}\mathbf{V}^{-1}\boldsymbol{E},c=\boldsymbol{E}^{\mathrm{T}}\mathbf{V}^{-1}\boldsymbol{E}$,由 Cauthy-Schwarz 不等式可知 $ac-b^2>0$,解线性方程组(10.7)可得

$$\lambda_1=\frac{2c-2\mu b}{ac-b^2},\lambda_2=\frac{2a\mu-2b}{ac-b^2}$$

从而

$$\boldsymbol{x}^*=\frac{1}{ac-b^2}\mathbf{V}^{-1}((c-\mu b)\mathbf{1}+(a\mu-b)\boldsymbol{E})$$

$$\sigma_{x^*}^2 = \boldsymbol{x}^{*\mathrm{T}}\boldsymbol{V}\boldsymbol{x}^* = \boldsymbol{x}^{*\mathrm{T}}\boldsymbol{V}\left(\frac{1}{2}\boldsymbol{V}^{-1}(\lambda_1\mathbf{1} + \lambda_2\boldsymbol{E})\right)$$
$$= \frac{1}{2}(\lambda_1\boldsymbol{x}^{*\mathrm{T}}\mathbf{1} + \lambda_2\boldsymbol{x}^{*\mathrm{T}}\boldsymbol{E}) = \frac{1}{2}(\lambda_1 + \lambda_2\mu)$$
$$= \frac{a\mu^2 - 2b\mu + c}{ac - b^2} \tag{10.8}$$

在方差 - 均值坐标系下,(10.8) 的图像为一条抛物线,抛物线的边界及内部表示所有可行资产组合。整个边界具有下面的性质,该资产组合对确定的期望收益率水平有最小的方差,我们称其为最小方差资产组合;而边界的上半部分还满足如下性质,对确定的方差水平,该资产组合具有最大的期望收益,我们称其为均值方差有效资产组合。显然均值方差有效资产组合也是最小方差资产组合,但反之不然。我们把抛物线的上半部分称为有效前沿,其上代表的组合随着收益的增加,风险也增加;抛物线的下半部分称为无效前沿,其上代表的组合随着收益的减少,风险反而增加,因而是无意义的。抛物线的顶点 G 称为全局最小方差资产组合。由

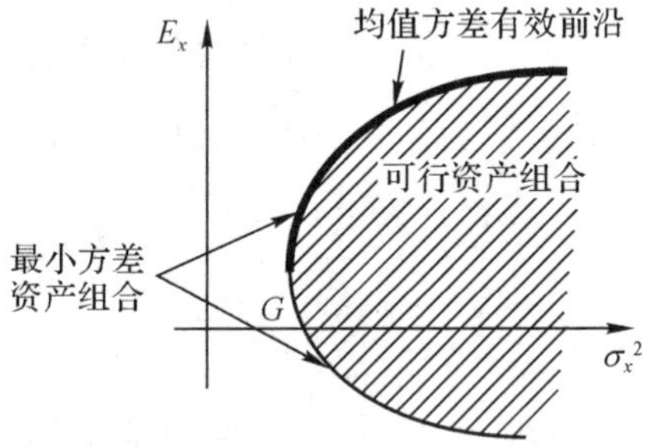

图 10.8

$$\frac{\mathrm{d}\sigma^2}{\mathrm{d}\mu} = \frac{2a\mu - 2b}{ac - b^2} = 0$$

可求得此时 $\mu = \dfrac{b}{a}, \sigma^2 = \dfrac{1}{a}$,进而得到 $\lambda_1 = \dfrac{2}{a}, \lambda_2 = 0$,从而全局最小方差资产组合为

$$\boldsymbol{x}_g^* = \frac{1}{a}\boldsymbol{V}^{-1}\mathbf{1} = \frac{\boldsymbol{V}^{-1}\mathbf{1}}{\mathbf{1}^{\mathrm{T}}\boldsymbol{V}^{-1}\mathbf{1}}$$

更有意思的是,当 $b \neq 0$ 时,定义可分散化资产组合

$$\boldsymbol{x}_d^* = \frac{1}{b}\boldsymbol{V}^{-1}\boldsymbol{E} = \frac{\boldsymbol{V}^{-1}\boldsymbol{E}}{\mathbf{1}^{\mathrm{T}}\boldsymbol{V}^{-1}\boldsymbol{E}}$$

则对任一最小方差资产组合 $\boldsymbol{x}^*$ 都可表示成 $\boldsymbol{x}_g^*$ 和 $\boldsymbol{x}_d^*$ 的组合,即

$$\boldsymbol{x}^* = \frac{ac - \mu ab}{ac - b^2}\left(\frac{1}{a}\boldsymbol{V}^{-1}\mathbf{1}\right) + \frac{\mu ab - b^2}{ac - b^2}\left(\frac{1}{b}\boldsymbol{V}^{-1}\boldsymbol{E}\right)$$
$$= \frac{ac - \mu ab}{ac - b^2}\boldsymbol{x}_g^* + \frac{\mu ab - b^2}{ac - b^2}\boldsymbol{x}_d^*$$

这一性质也称为两基金分离定理,其意义在于说明所有通过均值 — 方差模型选择资产组合的投资者可通过仅购买 x_g^*, x_d^* 两种基金予以实现,因此这两种基金也称为共同基金。

仔细观察模型(10.2) 可以发现,它允许 $x_i < 0$,在金融市场上意味着可以卖空。并不是所有时候证券交易都允许卖空,若不允许卖空,求解最小方差资产组合的模型需修改为

$$\begin{aligned} \min \quad & \boldsymbol{x}^{\mathrm{T}}\boldsymbol{V}\boldsymbol{x} \\ \text{S.t.} \quad & \boldsymbol{x}^{\mathrm{T}}\boldsymbol{E} = \mu \\ & \mathbf{1}'\boldsymbol{x} = 1 \\ & \boldsymbol{x} \geqslant 0 \end{aligned} \tag{10.9}$$

(10.9) 不再存在显式表示的最优解,只能采用迭代方法求解。其最优解的图像为由若干

条二次曲线拼接而成的曲线。

期权定价模型　所谓股票期权(option)指给期权持有者在将来一个具体时间以预先指定的价格买入(或卖出)某种股票的若干股份的权利。股票期权不同于期货合约,后者在到期日必须履约,前者是否履约取决于期权持有人的意愿,具体地说,取决于履约日当天的股票价格以及合约确定的执行价格。根据买入和卖出的不同,期权可分为买入期权和卖出期权,根据具体执行时间的限制,又可将期权分为欧式期权和美式期权,这里我们只讨论欧式买入期权,它只能在到期日执行而不能在约定到期日之前执行。

假设一投资者买入执行价格为100元的买入期权,执行时间为12个月。若12个月后股票价格高于100元,那么该投资者将履行合约购买股票并立即卖出后获利。若股票价格低于100元,则合约不会被履行,那么该投资者是否会赢利呢?这取决于购买期权的价格以及股票的当日价格和执行价格。如股票当日价格为110元,则投资者凭期权以100元的价格买入股票再以110元的价格卖出,每股将获利10元,因此只要期权的价格低于10元,他就会赢利。那么,这样的投资策略是否为好?考虑到期权从购买日到执行日有较长的一段时间,投资者也可将购买期权的资金用于储蓄、债券等无风险资产,同样也会获利。例如,设市场上无风险资产的年收益为11%,而期权价格为9元,投资者通过购买期权获利$10-9=1$元,而用于无风险资产投资将获利$9\times(e^{0.11}-1)=1.045$元。显然,投资者宁愿选择无风险资产投资。因此,期权定价过高会使人们失去购买的兴趣,定价过低则会使市场存在套利机会(通过卖空股票投资无风险资产实现,在此不再详述)。因此需要寻求一合理的定价机制。

现设时刻t某股票买入期权的价格为C_t元,合约指定执行时间为时刻T,执行价格为K。假设在此时期内股票不支付任何红利,股票市场没有交易费用,市场上无风险资产的收益率为r,股票在执行日期T的价格$s(T)$,根据上面的讨论,期权的合理定价为

$$C_t = e^{-r(T-t)}\max\{s(T)-K,0\} \tag{10.10}$$

由于股票价格$S(T)$是一个随机变量,我们将(10.10)式修正为

$$C_t = e^{-r(T-t)}E(\max\{s(T)-K,0\}) \tag{10.11}$$

接下来,我们讨论$s(t)$的分布,在数理金融中,通常假设股票价格遵循几何Brown运动。Black-Scholes欧式期权定价公式的严格推导需要较多的随机过程知识,有兴趣的读者可参阅一些专门书籍。在这里我们假定股票价格$s(t)$满足

$$\ln s(T) \sim N\left(\ln s(t)+\left(r-\frac{\sigma^2}{2}\right)(T-t),\sigma^2(T-t)\right) \tag{10.12}$$

从(10.11)和(10.12)出发导出下面的公式

$$C_t = s(t)\Phi(d_1)-Ke^{-r(T-t)}\Phi(d_2) \tag{10.13}$$

其中$d_1=\dfrac{1}{\sigma\sqrt{T-t}}\left(\ln\dfrac{s(t)}{K}+\left(r+\dfrac{\sigma^2}{2}\right)(T-t)\right)$,$d_2=d_1-\sigma\sqrt{T-t}$,$\sigma$为股价变动的波动率,是公式中唯一一个不能直接观察到的参数值,它可通过历史价格来估计。

由(10.12),我们有

$$s(T)=s(t)\exp\left\{\left(r-\frac{\sigma^2}{2}\right)(T-t)+\sigma\sqrt{T-t}Z\right\}$$

其中 $Z \sim N(0,1)$。

$$C_t = e^{-r(T-t)}E(\max\{s(T)-K,0\})$$
$$= e^{-r(T-t)}E\left(\max\left\{s(t)\exp\left\{\left(r-\frac{\sigma^2}{2}\right)(T-t)+\sigma\sqrt{T-t}z\right\}-K,0\right\}\right)$$
$$= e^{-r(T-t)}\int_{-\infty}^{\infty}\max\left\{s(t)\exp\left\{\left(r-\frac{\sigma^2}{2}\right)(T-t)+\sigma\sqrt{T-t}z\right\}-K,0\right\}\frac{1}{\sqrt{2\pi}}e^{-\frac{z^2}{2}}dz$$

记

$$z^* = \frac{1}{\sigma\sqrt{T-t}}\left(\ln\frac{K}{s(t)}-\left(r-\frac{\sigma^2}{2}\right)(T-t)\right)$$

则当 $z \geqslant z^*$ 时

$$s(t)\exp\left\{\left(r-\frac{\sigma^2}{2}\right)(T-t)+\sigma\sqrt{T-t}z\right\}\geqslant K$$

因此

$$C_t = e^{-r(T-t)}\int_{z^*}^{+\infty}\left(s(t)\exp\left\{\left(r-\frac{\sigma^2}{2}\right)(T-t)+\sigma\sqrt{T-t}z\right\}-K\right)\frac{1}{\sqrt{2\pi}}e^{-\frac{z^2}{2}}dz$$
$$= s(t)\int_{z^*}^{+\infty}\frac{1}{\sqrt{2\pi}}\exp\left\{-\frac{\sigma^2}{2}(T-t)+\sigma\sqrt{T-t}z-\frac{z^2}{2}\right\}dz - Ke^{-r(T-t)}\int_{z^*}^{+\infty}\frac{1}{\sqrt{2\pi}}e^{-\frac{z^2}{2}}dz$$
$$= s(t)\int_{z^*}^{+\infty}\frac{1}{\sqrt{2\pi}}e^{-\frac{1}{2}(z-\sigma\sqrt{T-t})^2}dz - Ke^{-r(T-t)}\int_{z^*}^{+\infty}\frac{1}{\sqrt{2\pi}}e^{-\frac{z^2}{2}}dz$$
$$= s(t)(1-\Phi(z^*-\sigma\sqrt{T-t})) - Ke^{-r(T-t)}(1-\Phi(z^*))$$
$$= s(t)\Phi(\sigma\sqrt{T-t}-z^*) - Ke^{-r(T-t)}\Phi(-z^*)$$
$$= s(t)\Phi\left(\frac{1}{\sigma\sqrt{T-t}}\left(\ln\frac{s(t)}{K}+\left(r+\frac{\sigma^2}{2}\right)(T-t)\right)\right) - Ke^{-r(T-t)}\Phi\left(\frac{1}{\sigma\sqrt{T-t}}\left(\ln\frac{s(t)}{K}+\left(r-\frac{\sigma^2}{2}\right)(T-t)\right)\right)$$
$$= s(t)\Phi(d_1) - Ke^{-r(T-t)}\Phi(d_2)$$

此即(10.13)式,其中用到了 $\Phi(-z)=1-\Phi(z)$。

由(10.13)式,期权的价格可由购买日当天股票价格,执行日期,执行价格,无风险资产的收益以及股价波动率等因素确定,并且当 $S(0)$ 上升时,C_0 趋于 $S(0)-Ke^{-rT}$。

10.4 分枝过程与生灭过程

随机过程是对一连串随机事件间动态关系的定量描述,是研究自然科学、工程技术、社会科学各领域随机现象的有力工具。从本质上说,随机过程就是一族随机变量 $\{X(t), t \in T\}$,其中 t 是参数,T 为指标集。Markov 链是随机过程中非常重要的一类,其特点是给定了当前时刻 t 的值 $X(t)$,未来 $X(s)(s>t)$ 的值不受过去的值 $X(u)(u<t)$ 的影响。根据指标集 T 取值是非负整数值或是连续时间,Markov 链可分为离散时间和连续时间两类。在本节中,我们将介绍两种分属这两类的 Markov 链,并给出它们在生物群体数量研究中的应用。

分枝过程与家族兴亡问题 假设一家族有一个共同祖先(第 0 代),他的子女是该家族的第一代成员,每一个第一代个体又再生子孙,一个家族由此勃兴。但是随着时间的流逝,家族可能兴旺,也可能消亡,这在人类文明史上并不鲜见,那么如果不考虑战争、灾害等外部原因,内在的决定性因素是什么?

记 X_n 为第 n 代后裔的数目,$Z_i^{(n)}$ 为第 n 代中第 i 个个体繁衍的后代数。显然 $Z_i^{(n)}$ 是一个随机变量,它可以取 0,1,2 等非负整数值。假设各代个体繁衍能力是相同的,而且同一代个体的繁衍是相互独立的,也即 $Z_i^{(n)}$ 都是独立同分布的。记 Z 为与 $Z_i^{(n)}$ 同分布的随机变量,分布律为

$$P\{Z = k\} = p_k, k = 0,1,2,\cdots$$

记 $E(Z) = \mu$,$\mathrm{Var}(Z) = \sigma^2$。由模型我们有

$$X_{n+1} = \sum_{i=1}^{X_n} Z_i^{(n)} \tag{10.14}$$

$\{X_n, n \geqslant 0\}$ 即为一分枝过程(branching process)。由于 X_{n+1} 为若干个独立同分布随机变量之和,并且求和项数本身就为一随机变量,为方便地求得 X_{n+1} 的分布律及其数字特征,我们引入母函数(generate function)作为工具。

设离散型随机变量 X 的分布律为$\{p_k \mid k \geqslant 0\}$,定义其母函数为

$$g_X(s) = \sum_{i=0}^{\infty} p_i s^i, s \in [0,1]$$

显然 $g_X(s)$ 在$[0,1]$上单调递增,$g_X(1) = 1$,且母函数与分布律可相互确定。由 $g_X(s)$ 可求得

$$p_k = \frac{g_X^{(k)}(0)}{k!}, k \geqslant 0$$

X 的各数字特征也可直接由母函数得到,例如

$$\begin{aligned} E(X) &= \sum_{k=0}^{\infty} k p_k = \sum_{k=1}^{\infty} k p_k = \sum_{k=1}^{\infty} k p_k s^{k-1}\Big|_{s=1} \\ &= \sum_{k=1}^{\infty} (p_k s^k)'\Big|_{s=1} = \Big(\sum_{k=0}^{\infty} p_k s^k\Big)'\Big|_{s=1} = g'_X(1) \\ E(X^2) &= \sum_{k=0}^{\infty} k^2 p_k = \sum_{k=1}^{\infty} (k(k-1)p_k + k p_k) \\ &= \sum_{k=2}^{\infty} k(k-1) p_k s^{k-2}\Big|_{s=1} + \sum_{k=1}^{\infty} k p_k s^{k-1}\Big|_{s=1} \\ &= \Big(\sum_{k=0}^{\infty} p_k s^k\Big)''\Big|_{s=1} + \Big(\sum_{k=0}^{\infty} p_k s^k\Big)'\Big|_{s=1} = g''_X(1) + g'_X(1) \end{aligned}$$

$$\mathrm{Var}(X) = E(X^2) - (E(X))^2 = g''_X(1) + g'_X(1) - g'^2_X(1)$$

若 X, Y 是两个相互独立的离散型随机变量,其分布律分别为$\{p_k \mid k \geqslant 0\}$ 和$\{q_k \mid k \geqslant 0\}$,则 $X + Y$ 的分布律$\{r_k \mid k \geqslant 0\}$ 为

$$\begin{aligned} r_k &= P\{X + Y = k\} = \sum_{i=0}^{k} P\{X = i, Y = k - i\} \\ &= \sum_{i=0}^{k} P\{X = i\} P\{Y = k - i\} = \sum_{i=0}^{k} p_i q_{k-i}, k \geqslant 0 \end{aligned}$$

母函数为

$$g_{X+Y}(s) = \sum_{k=0}^{\infty} r_k s^k = \sum_{k=0}^{\infty}\left(\sum_{i=0}^{k} p_i q_{k-i}\right)s^k = \sum_{k=0}^{\infty}\sum_{i=0}^{k} p_i s^i q_{k-i} s^{k-i}$$

$$= \sum_{i=0}^{\infty}\sum_{k=i}^{\infty} p_i s^i q_{k-i} s^{k-i} = \left(\sum_{i=0}^{\infty} p_i s^i\right)\left(\sum_{k=0}^{\infty} q_k s^k\right) = g_X(s) g_Y(s)。$$

用数学归纳法不难把上述结论推广到任意有限个相互独立随机变量和的情况。特别地，若 $X_1, X_2, \cdots, X_n$ 独立同分布，母函数为 $g(s)$，则 $X_1 + \cdots + X_n$ 的母函数为$(g(s))^n$。

下求(10.14)式给定的随机变量 X_{n+1} 的母函数。记 $g(s), g_n(s)$ 分别为 Z 和 $X_n(n \geqslant 0)$ 的母函数，则

$$P\{X_{n+1} = k\} = \sum_{i=1}^{\infty} P\{X_n = i, X_{n+1} = k\} = \sum_{i=1}^{\infty} P\{X_n = i, \sum_{j=1}^{i} Z_j^{(n)} = k\}$$

$$= \sum_{i=1}^{\infty} P\{X_n = i\} P\left\{\sum_{j=1}^{i} Z_j^{(n)} = k\right\}$$

$$g_{n+1}(s) = \sum_{k=0}^{\infty} P\{X_{n+1} = k\} s^k = \sum_{k=0}^{\infty}\sum_{i=1}^{\infty} P\{X_n = i\} P\left\{\sum_{j=1}^{i} Z_j^{(n)} = k\right\} s^k$$

$$= \sum_{i=1}^{\infty} P\{X_n = i\} \sum_{k=0}^{\infty} P\left\{\sum_{j=1}^{i} Z_j^{(n)} = k\right\} s^k$$

$$= \sum_{i=1}^{\infty} P\{X_n = i\} (g(s))^i = g_n(g(s)) \tag{10.15}$$

其中(10.15)的倒数第二式是由于 $Z_1^{(n)} + \cdots + Z_i^{(n)}$ 的母函数即为$(g(s))^i$。

由于 $X_0 = 1, g_0(s) = s$，由(10.15)式，得

$$g_1(s) = g_0(g(s)) = g(s), g_2(s) = g_1(g(s)) = g(g(s))$$

归纳可知

$$g_n(s) = g_{n-1}(g(s)) = \cdots = \underbrace{g(g(\cdots g}_{n重}(s))) = g(g_{n-1}(s)) \tag{10.16}$$

下求 X_n 的数字特征。由 $g'(1) = E(Z) = \mu$ 及 $g_n(1) = 1$ 对一切 $n \geqslant 1$ 成立，用复合函数求导法则，得

$$E(X_n) = g'_n(1) = (\underbrace{g(g(\cdots g}_{n重}(s))))'|_{s=1} = \prod_{i=1}^{n} g'(\underbrace{g(\cdots g}_{i-1重}(1)))$$

$$= \prod_{i=1}^{n} g'(g_{i-1}(1)) = \prod_{i=1}^{n} g'(1) = \mu^n \tag{10.17}$$

为求 $\mathrm{Var}(X_n)$，利用

$$g''_n(s) = (g_{n-1}(g(s)))'' = (g'_{n-1}(g(s))g'(s))'$$

$$= g''_{n-1}(g(s))g'^2(s) + g'_{n-1}(g(s))g''(s)$$

及

$$\mathrm{Var}(Z) = \sigma^2 = g''(1) + g'(1) - g'^2(1)$$

可得

$$g''_n(1) = g''_{n-1}(g(1))g'^2(1) + g'_{n-1}(g(1))g''(1)$$

$$= g''_{n-1}(1)g'^2(1) + g'_{n-1}(1)(\sigma^2 - g'(1) - g'^2(1))$$

$$= \mu^2 g''_{n-1}(1) + \mu^{n-1}(\sigma^2 - \mu + \mu^2)$$

递推可知

$$g_n''(1) = \mu^{2n-2}g_1''(1) + (\mu^{n-1} + \cdots + \mu^{2n-3})(\sigma^2 - \mu + \mu^2)$$
$$= (\mu^{n-1} + \cdots + \mu^{2n-2})(\sigma^2 - \mu + \mu^2)$$
$$\mathrm{Var}(X_n) = g''_n(1) + g'_n(1) - g'^2_n(1)$$
$$= (\mu^{n-1} + \cdots + \mu^{2n-2})(\sigma^2 - \mu + \mu^2) + \mu^n - \mu^{2n}$$
$$= \sigma^2(\mu^{n-1} + \cdots + \mu^{2n-2}) = \begin{cases} n\sigma^2 & \mu = 1 \\ \dfrac{\mu^{n-1}(1-\mu^n)}{1-\mu}\sigma^2 & \mu \neq 1 \end{cases} \tag{10.18}$$

由(10.17)(10.18)可以看出，当 $\mu < 1$ 时，$E(X_n) \to 0$，$\mathrm{Var}(X_n) \to 0(n \to \infty)$，因此家族终将消亡；当 $\mu \geqslant 1$ 时，尽管 $E(X_n) \to \infty(n \to \infty)$，但由于 $\mathrm{Var}(X_n) \to \infty(n \to \infty)$，仍然存在着消亡可能，此时消亡概率 $\pi = \lim\limits_{n\to\infty} P\{X_n = 0\}$ 是一个重要的指标。由(10.16)式，有

$$\pi = \lim_{n\to\infty} P\{X_n = 0\} = \lim_{n\to\infty} g_n(0) = \lim_{n\to\infty} g(g_{n-1}(0)) = g(\lim_{n\to\infty} g_{n-1}(0)) = g(\pi)$$

此即消亡概率 π 需满足的方程。不仅如此，还可证明 π 是方程 $s = g(s)$ 的最小正根。事实上，若 X 是方程 $s = g(s)$ 的任一正根，则

$$P\{X_1 = 0\} = g_1(0) = g(0) < g(X) = X$$
$$P\{X_2 = 0\} = g_2(0) = g(g_1(0)) < g(X) = X$$

归纳可知

$$P\{X_n = 0\} = g(g_{n-1}(0)) < g(X) = X$$

从而
$$\pi = \lim_{n\to\infty} P\{X_n = 0\} \leqslant X$$

下面我们对 Z 的分布分情况讨论，以期得出一些与消亡概率有关的充要条件。若 $p_0 = 1$，则家族不会发端，显然 $\pi = 1$。若 $p_0 = 0$，则每个家族成员至少育有一个后代，此时家族人数不会减少，因此 $\pi = 0$。若 $0 < p_0 < 1$ 且 $p_0 + p_1 = 1$，则

$$g(s) = (1 - p_1) + p_1 s$$
$$\mu = E(X) = g'(1) = p_1 = 1 - p_0 < 1$$

由

$$g_1(0) = g(0) = 1 - p_1$$
$$g_2(0) = g(g_1(0)) = g(1 - p_1) = 1 - p_1 + p_1(1 - p_1) = 1 - p_1^2$$

逐步递推，可得

$$g_n(0) = g(g_{n-1}(0)) = g(1 - p_1^{n-1}) = 1 - p_1 + p_1(1 - p_1^{n-1}) = 1 - p_1^n$$

即有
$$\pi = \lim_{n\to\infty} g_n(0) = 1$$

最后我们讨论 $p_0 > 0$ 且 $p_0 + p_1 < 1$ 的情形，此时必有某个 $p_i, i \geqslant 2$ 严格大于0，故 $g(s) > 0, g'(s) > 0, g''(s) > 0$，即 $g(s)$ 在$[0,1]$上为单调增加的凸函数，从而 $y = g(s)$ 与 $y = s$ 在(s, y)平面第一象限内最多只有两个交点，而$(1,1)$显然是其中一个，从而方程 $s = g(s)$ 在$(0,1)$内最多只有一个根。

若 $\mu \leqslant 1$，对任意的 $\tau \in (0,1)$，由 $g'(s)$ 的单调递增性，$g'(\tau) < g'(1) = \mu \leqslant 1$。据微分中值定理，对任意的 $s > 0$，有

$$\frac{1-g(s)}{1-s}=\frac{g(1)-g(s)}{1-s}=g'(\tau)<1, s<\tau<1$$

即 $g(s)>s$。故方程 $s=g(s)$ 在(0,1)中无解,1为其最小正根,即 $\pi=1$。

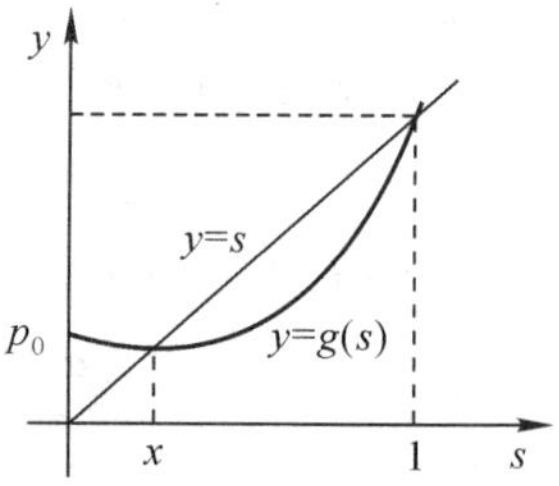

图 10.9

反之,若 $\pi=1$,则必有 $\mu\leqslant 1$。若不然,考察函数 $H(s)=g(s)-s$,易知 $H(s)$ 也为(0,1)上的凸函数,由 $H'(1)=g'(1)-1=\mu-1>0,(1)=g(1)-1=0$, $H(0)=g(0)-0=p_0>0$ 及 $H(s)$ 的连续性可知,$H(s)=0$ 在(0,1)中必有一根,这与 $\pi=1$ 是方程 $s=g(s)$ 最小正根矛盾。

综合上面的讨论可知,家族消亡概率不为零的充要条件是 $p_0>0$,消亡概率为1的充要条件是 $\mu\leqslant 1$。

生灭过程 下面我们转向讨论另一类与群体增长数量有关的Markov过程。称 $X(t)$ 为连续参数齐次Markov链,若对 $0<t_1<t_2<\cdots<t_n<t_{n+1}$,及非负整数 $i_0,i_1,\cdots,i_n$,有

$$P\{X(t_{n+1})=i_{n+1}\mid X(t_1)=i,X(t_2)=i_2,\cdots,X(t_n)=i_n\}$$
$$=P\{X(t_{n+1})=i_{n+1}\mid X(t_n)=i_n\}$$

且对 $s,t\geqslant 0$,非负整数 i,j,有

$$P\{X(s+t)=j\mid X(s)=i\}=P\{X(t)=j\mid X(0)=i\}$$

$p_{ij}(t)=P\{X(s+t)=j\mid X(s)=i\}$ 称为转移概率。

可以证明 $p_{ij}(t)$ 满足下面的Chapman-Kolmogrov方程

$$p_{ij}(t+\tau)=\sum_k p_{ik}(\tau)p_{kj}(t) \tag{10.19}$$

事实上,若过程从状态 i 转移到状态 j 用去了时间 $t+\tau$,则在时刻 τ 过程必处于某个状态 k,因此

$$\begin{aligned}p_{ij}(t+\tau)&=\sum_k P\{X(t+\tau)=j,X(\tau)=k\mid X(0)=i\}\\&=\sum_k P\{X(t+\tau)=j\mid X(\tau)=k,X(0)=i\}P\{X(\tau)=k\mid X(0)=i\}\\&=\sum_k P\{X(t+\tau)=j\mid X(\tau)=k\}P\{X(\tau)=k\mid X(0)=i\}\\&=\sum_k p_{kj}(t)p_{ik}(\tau)\end{aligned}$$

转移概率满足以下(10.20)式的随机过程称为生灭过程(birth and death process)。

$$\begin{cases}p_{i,i+1}(t)=\lambda_i t+o(t),\lambda_i\geqslant 0,i\geqslant 0\\p_{i,i-1}(t)=\mu_i t+o(t),\mu_i\geqslant 0,i\geqslant 1,\mu_0=0\\p_{i,i}(t)=1-(\lambda_i+\mu_i)t+o(t)\\\sum\limits_{|j-i|\geqslant 2}p_{i,j}(t)=o(t)\end{cases} \tag{10.20}$$

(10.20)说明在长度为 t 的一小段时间内,如果忽略 t 的高阶无穷小量后,其状态要么增加1(相当于生了一个个体),要么减少1(相当了死了一个个体),要么保持不变,增加或减少两个或以上的概率为0,这一假设不仅在生物群体增减方面,在信号计数、粒子裂

变等领域也是合理的。

对生灭过程 $X(t)$，其转移概率 $p_{ij}(t)$ 满足 Kolmogrov 向后和向前方程

$$\begin{cases} p'_{ij}(t) = \mu_i p_{i-1,j}(t) - (\lambda_i + \mu_i)p_{i,j}(t) + \lambda_i p_{i+1,j}(t), i \geqslant 1, \\ p'_{0j}(t) = -\lambda_0 p_{0j}(t) + \lambda_0 p_{1j}(t) \end{cases} \tag{10.21}$$

$$\begin{cases} p'_{ij}(t) = \mu_{j+1} p_{i,j+1}(t) - (\lambda_j + \mu_j)p_{i,j}(t) + \lambda_{j-1} p_{i,j-1}(t), j \geqslant 1, \\ p'_{i0}(t) = -\lambda_0 p_{i0}(t) + \mu_1 p_{i1}(t) \end{cases} \tag{10.22}$$

$P_j(t) = P\{X(t) = j\}$ 满足 Folker-Planck 方程

$$\begin{cases} P'_j(t) = -(\lambda_j + \mu_j)P_j(t) + \lambda_{j-1}P_{j-1}(t) + \mu_{j+1}P_{j+1}(t), j \geqslant 1, \\ P'_0(t) = -\lambda_0 P_0(t) + \mu_1 P_1(t) \end{cases} \tag{10.23}$$

事实上，由 Chapman-Kolomogrov 方程，并结合(10.20)式，我们有

$$\begin{aligned} p_{ij}(t+\tau) &= \sum_k p_{ik}(\tau)p_{kj}(t) = p_{i,i-1}(\tau)p_{i-1,j}(t) + p_{ii}(\tau)p_{ij}(t) \\ &\quad + p_{i,i+1}(\tau)p_{i+1,j}(t) + o(\tau) \\ &= \mu_i\tau p_{i-1,j}(t) + (1-(\lambda_i+\mu_i)\tau)p_{ij}(t) + \lambda_i\tau p_{i+1,j}(t) + o(\tau) \end{aligned}$$

$$\frac{p_{ij}(t+\tau) - p_{ij}(t)}{\tau} = \mu_i p_{i-1,j}(t) - (\lambda_i+\mu_i)p_{ij}(t) + \lambda_i p_{i+1,j}(t) + o(1)$$

令 $\tau \to 0$ 即得(10.21)式。类似地，

$$\begin{aligned} p_{ij}(t+\tau) &= \sum_k p_{ik}(t)p_{kj}(\tau) = p_{i,j-1}(t)p_{j-1,j}(\tau) + p_{ij}(t)p_{jj}(\tau) \\ &\quad + p_{i,j+1}(t)p_{j+1,j}(\tau) + o(\tau) \\ &= \lambda_{j-1}\tau p_{i,j-1}(t) + (1-(\lambda_j+\mu_j)\tau)p_{i,j}(t) + \mu_{j+1}\tau p_{i,j+1}(t) + o(\tau) \end{aligned}$$

$$\frac{p_{ij}(t+\tau) - p_{ij}(t)}{\tau} = \lambda_{j-1} p_{i,j-1}(t) - (\lambda_j+\mu_j)p_{ij}(t) + \mu_{j+1} p_{i,j+1}(t) + o(1)$$

令 $\tau \to 0$ 即得(10.22)式。

利用 $P_j(t) = \sum_i P_i(0)p_{ij}(t)$，将(10.22)式两边乘以 $P_i(0)$ 再对 i 求和，即得(10.23)式，即

$$\begin{aligned} P'_j(t) &= \Big(\sum_i p_{ij}(t)P_i(0)\Big)' = \sum_i p'_{ij}(t)P_i(0) \\ &= \mu_{j+1}\sum_i p_{i,j+1}(t)P_i(0) - (\lambda_j+\mu_j)\sum_i p_{ij}(t)P_i(0) + \lambda_{j-1}\sum_i p_{i,j-1}(t)P_i(0) \\ &= \mu_{j+1}P_{j+1}(t) - (\lambda_j+\mu_j)P_j(t) + \lambda_{j-1}P_{j-1}(t) \end{aligned}$$

在生灭过程的定义式(10.20)中，$\lambda_n, \mu_n \geqslant 0$ 是可选参数，针对实际问题的不同情况可给出相应的值，再利用(10.21)—(10.23)式，并结合初始条件，可完全确定 $X(t)$，并在此基础上研究 $X(t)$ 的各种性质，以下我们举两例予以说明。

Yule 纯生过程　考虑一个生物群体在保持良好环境，充足食物，无死亡，无外迁的理想条件下的生长模型，假定 $X(0) = 1$，在长度为 t 的小时间区间内群体中每一个成员都以概率 $\beta t + o(t)$ 产生一个新的个体，成员之间的行为是相互独立的，即有

$$\lambda_n = n\beta, \mu_n = 0, n \geqslant 0 \tag{10.24}$$

传染病学中新病例增加的数目即可用此来模拟。

据(10.24)式及初始条件 $X(0) = 1$，(10.23)式成为

$$\begin{cases} P'_n(t) = -n\beta P_n(t) + (n-1)\beta P_{n-1}(t), n \geqslant 1, \\ P_1(0) = 1, P_n(0) = 0, n \geqslant 2 \end{cases} \tag{10.25}$$

当 $n = 1$ 时,由 $P'_1(t) = -\beta P_1(t), P_1(0) = 1$,可解得 $P_1(t) = e^{-\beta t}$。$n \geqslant 2$ 时,令 $Q_n(t) = e^{n\beta t}P_n(t)$,有

$$Q'_n(t) = e^{n\beta t}P'_n(t) + n\beta e^{n\beta t}P_n(t)$$

代入(10.25)式有

$$Q'_n(t) = (n-1)\beta e^{n\beta t}P_{n-1}(t)$$

两边从 0 到 t 积分,因 $Q_n(0) = P_n(0) = 0$,则

$$Q_n(t) = \int_0^t (n-1)\beta e^{n\beta x}P_{n-1}(x)dx$$

即

$$P_n(t) = e^{-n\beta t}\int_0^t (n-1)\beta e^{n\beta x}P_{n-1}(x)dx, n \geqslant 2 \tag{10.26}$$

易求得

$$P_2(t) = e^{-2\beta t}\int_0^t \beta e^{2\beta x}e^{-\beta x}dx = e^{-2\beta t}(e^{\beta t} - 1)$$

$$P_3(t) = e^{-3\beta t}\int_0^t 2\beta e^{3\beta x}e^{-2\beta x}(e^{\beta x} - 1)dx = e^{-3\beta t}(e^{\beta x} - 1)^2\Big|_0^t = e^{-3\beta t}(e^{\beta t} - 1)^2$$

由此猜测 $P_n(t)$ 的表达式,并归纳证明可得

$$P_n(t) = e^{-n\beta t}(e^{\beta t} - 1)^{n-1}, n \geqslant 1$$

带移民的线性增长和死亡模型 假定群体中个体以出生率 λ 出生,以死亡率 μ 死亡,同时群体数量又因外界移民以系数 a 增加,即有

$$\lambda_n = \lambda_n + a, \mu_n = \mu n, n \geqslant 1 \tag{10.27}$$

对该模型,我们研究时刻 t 的期望人口。设初始条件为 $X(0) = i$,由(10.27)式,(10.22)式成为

$$p'_{ij}(t) = (\lambda(j-1) + a)p_{i,j-1}(t) - ((\lambda + \mu)j + a)p_{ij}(t) + \mu(j+1)p_{i,j+1}(t) \tag{10.28}$$

记 $m(t) = E(X(t)) = \sum_{j=1}^{\infty} jp_{ij}(t)$。将(10.28)式两边乘以 j 并求和,有

$$\begin{aligned} m'(t) &= \sum_{j=1}^{\infty} jp'_{ij}(t) = \sum_{j=1}^{\infty}(\lambda j(j-1)p_{i,j-1}(t) + ajp_{i,j-1}(t) \\ &\quad - (\lambda + \mu)j^2 p_{ij}(t) - ajp_{ij}(t) + \mu j(j+1)p_{i,j+1}(t)) \\ &= \lambda\sum_{j=1}^{\infty}(j-1)^2 p_{i,j-1}(t) + \lambda\sum_{j=1}^{\infty}(j-1)p_{i,j-1}(t) \\ &\quad + a\sum_{j=1}^{\infty}(j-1)p_{i,j-1}(t) + a\sum_{j=1}^{\infty}p_{i,j-1}(t) - (\lambda + \mu)\sum_{j=1}^{\infty}j^2 p_{ij}(t) \\ &\quad - a\sum_{j=1}^{\infty}jp_{ij}(t) + \mu\sum_{j=1}^{\infty}(j+1)^2 p_{i,j+1}(t) - \mu\sum_{j=1}^{\infty}(j+1)p_{i,j+1}(t) \\ &= \lambda E(X^2(t)) + \lambda m(t) + am(t) + a - (\lambda + \mu)E(X^2(t)) - am(t) \end{aligned}$$

$$+ \mu E(X^2(t)) - \mu m(t)$$
$$= a + (\lambda - \mu)m(t)$$

由 $m(0) = i$ 可解得

$$m(t) = \begin{cases} at + \mathrm{i} & \lambda = \mu \\ \dfrac{a}{\lambda - \mu}\{\mathrm{e}^{(\lambda-\mu)t} - 1\} + \mathrm{i}e^{(\lambda-\mu)t} & \lambda \neq \mu \end{cases}$$

当 $\lambda \geqslant \mu$ 时，$m(t) \to \infty (t \to \infty)$，而当 $\lambda < \mu$ 时，$m(t) \to \dfrac{a}{\mu - \lambda}$，说明经过长时间后人口平均数将趋于平衡，这些结论直观上意义是明显的。

10.5　数据分析

统计学是研究如何收集和分析数据的科学，统计学的应用已日益深入到工业、农业、国防、经济、管理、医学、社会等各个领域。在很多情况下，正确地分析数据有助于建立适当的数学模型，或者检验所建立的模型是否正确，从而为制定决策和采取行动提供科学依据。

在日常生活、工农业生产、科学研究中经常会遇到各种数据，它们大致可分为两类，定量数据和定性数据。定量数据又可分为两类，计量数据和计数数据。前者的取值可以是某个区间内的任一实数，如人的身高、体重，气象中的温度、湿度，股票的价格、市盈率等；后者只能取整数值或非负整数值，如职工人数，一批产品中的正品个数等。定性数据反映的事物的属性通常不具有数量意义，只是为了便于表示和分析，我们才用数字来表示。它也可分为两类：有序数据反映的事物属性具有顺序关系，如公民的文化程度由低到高为文盲、小学、初中、高中、大学等，可分别用 0,1,2,3,4 表示；产品的等级一、二、三等品分别用 1,2,3 表示。名义数据反映的事物属性并不具备顺序关系，如人的性别、婚姻状况等，我们也用 1 和 2 表示男或女，已婚或未婚等，但并不表示两者之间有先后顺序关系。类似地也可把变量作相应的分类。根据数据或变量类型的不同，对它们的研究和分析应分别采用回归分析、方差分析、判别分析、聚类分析、列联表分析等方法，其中每一种方法都已发展成一个成熟的分支，因此统计学包含的内容十分庞大。限于本书的性质和篇幅，我们只介绍一些在建模时经常用到的方法。本节主要从三个简单的例子出发，介绍整理分析数据的初步方法，包括分布拟合检验、一元回归、时间序列数据分解等；鉴于回归分析在实践中的重要性，之后两节着重讨论多元线性回归，随后介绍定性数据的列联表分析法。

社区超市零售额的分布　表 10.5 列出了在某社区超市随机抽取的 137 个零售额数据记录，我们希望通过这些数据掌握零售额所服从的分布，进而为经营人员决策提供参考。

在统计学中，简单而又常见的离散型分布有二项分布、泊松分布、几何分布、超几何分布等，连续型分布有均匀分布、指数分布、正态分布等。它们有各自不同的分布律或分布函数，反映了特定随机现象的规律性。对该问题容易认为零售额服从正态分布。在超市中购物有人买得多一点，有人买得少一点，总的来看，两头少，中间多。事实上，服从正态分布的数据在日常生活中是广泛存在的,理论上也可证明由大量彼此独立而作用微小的随机因素作用产生的随机变量服从正态分布。但是数据分析必须用数据说话,切忌想当然。在很多情况下,判断数据服从的分布是统计分析的第一步,其正确与否对后续研究至关重要,因此必须非常慎重。

表 10.5　社区超市的零售额数据

65.02	9.90	29.72	61.10	16.92	14.38	24.13	16.99	29.33	4.39
9.80	85.96	22.50	37.19	32.31	8.40	35.03	41.70	6.08	4.90
6.28	20.40	1.80	7.90	2.50	15.05	29.27	11.10	11.08	26.10
17.50	23.05	23.12	3.00	12.88	13.18	9.00	44.09	4.00	45.45
33.69	21.92	17.00	3.40	16.30	6.60	11.36	42.30	8.00	7.40
14.98	6.05	44.94	40.14	60.05	1.50	29.58	18.30	6.00	31.10
4.80	16.34	3.20	24.53	6.67	7.72	49.40	10.03	16.30	23.60
12.70	5.00	25.35	7.92	64.80	1.39	3.00	13.60	0.90	20.20
27.20	21.93	13.28	0.90	10.09	5.00	27.45	35.60	4.22	2.00
20.90	2.00	11.07	8.97	4.15	8.70	3.50	17.24	60.34	3.30
27.48	32.00	55.48	15.12	5.61	12.40	0.95	11.80	18.60	37.34
2.00	34.07	9.10	11.59	0.70	28.00	13.20	2.00	4.50	3.97
3.66	6.25	3.90	19.60	16.88	2.00	2.80	25.16	2.86	5.70
10.25	4.05	9.00	4.20	3.50	1.90	2.76			

我们首先作这批数据的直方图,这是一种直观显示数据规律性的常用方法。设这批数据总数为 N,先对数据进行分组,一般说来,组数不宜过多也不宜过少,并且数据落在每组中的数目也不宜过少。常用的组数经验公式为 $k = 1 + 3.3\lg N$,当然在实际应用时也可灵活处理。设 k 个组对应的区间为

$$[a_1, a_2), [a_2, a_3), \cdots, [a_k, a_{k+1})$$

这里 a_1 应小于这组随机数据最小值,a_{k+1} 应大于最大值,组距一般取相等值。统计出 N 个数据落在各个组内的频数 N_k,并列在一张表内。以各组的区间为底,该区间上的频数为高画一个长方形,便可作出直方图。

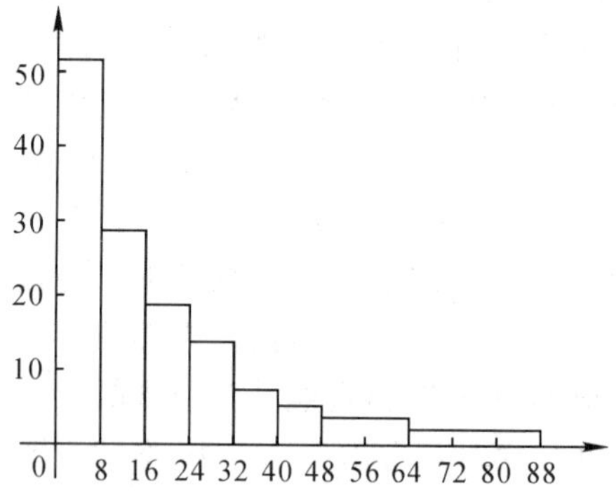

图 10.10

对表 10.5 的数据,我们取 $k = 8$,组间距一般为 8,最后两个区间间距较大是为了避免出现频数过少的情况,统计各组频数 N_k(表 10.6 第二行)并作出直方图(图 10.10)。

表 10.6

区间	[0,8)	[8,16)	[16,24)	[24,32)	[32,40)	[40,48)	[48,64)	[64,88)
N_k	52	29	20	15	7	6	5	3
p_k	0.3722	0.2336	0.1467	0.0921	0.0578	0.0363	0.0371	0.0181
Np_k	50.991	32.014	20.10	12.616	7.920	4.972	5.078	2.485

总体来看，直方图中频数随着零售额的增加而减少，显然这与正态分布有相当大的差别。鉴于直方图显示的大致形状与指数分布相像，考虑将其拟合密度函数为 $f(x)=\begin{cases} be^{-bx} & x>0 \\ 0 & 其他 \end{cases}$ 的指数分布，其中 b 为待估参数。由于

$$E(X)=\int_{-\infty}^{+\infty}xf(x)\mathrm{d}x=\int_{0}^{+\infty}xbe^{-bx}\mathrm{d}x=\frac{1}{b}$$

因此可取 b 的估计值为 $\hat{b}=\frac{1}{\bar{x}}=\frac{n}{\sum\limits_{i=1}^{n}x_i}\approx 0.0825$（事实上可以证明 $\hat{b}$ 为 b 的最大似然估计）。表 10.6 的第四行列出了理论频数 $Np_k=N\int_{a_k}^{a_{k+1}}\hat{b}e^{-\hat{b}x}\mathrm{d}x$ 的值。可以看出 N_k 与 Np_k 相当接近，说明拟合的效果是很好的。

为了从理论上阐明拟合的合理性，需要进行分布拟合优度检验，其中最为简单易用的是 Pearson χ^2- 检验法，很多概率论书上都有介绍。但用它来检验连续型分布的拟合效果，在灵敏度上稍嫌不足，这里我们介绍连续型分布的 Kolmogrov 检验。设原假设为

$$H_0:F(x)=F_0(x)$$

将数据按递增顺序排列为 $x_1^*\leqslant x_2^*\leqslant\cdots\leqslant x_N^*$，定义经验分布函数

$$F_N^*(x)=\begin{cases} 0 & x\leqslant x_1^* \\ \frac{k}{N} & x_k^*<x\leqslant x_{k+1}^* \quad k=1,2,\cdots,N-1 \\ 1 & x>x_N^* \end{cases}$$

显然 $F_N^*(x)$ 是一阶梯形单调递增函数。可以证明，当 H_0 为真时，$P(\lim\limits_{N\to\infty}\sup\limits_{x}|F_N^*(x)-F_0(x)|)=1$。因此，我们采用

$$D_N=\sup_{x}|F_N^*(x)-F_0(x)| \tag{10.29}$$

为检验统计量，D_N 过大时拒绝 H_0。满足 $P(D_N\geqslant d_\alpha)=\alpha$ 的临界值 d_α 需查专门的 Kolmogrov 检验临界值表。而当 $N>100$ 时，临界值可由 $\sqrt{n}D_N$ 的极限分布获得，具体地说 $P\left(D_N\geqslant\frac{\lambda_\alpha}{\sqrt{n}}\right)=\alpha$（$\alpha$ 为给定的显著性水平），其中 $\lambda_{0.005}=1.73$，$\lambda_{0.01}=1.63$，$\lambda_{0.05}=1.36$，$\lambda_{0.1}=1.22$，$\lambda_{0.15}=1.14$，$\lambda_{0.2}=1.07$。

由于 $F_N^*(x)$ 和 $F_0(x)$ 为单调递增函数，并且 $F_N^*(x)$ 在 x_k^*，$1\leqslant k\leqslant N$ 上跃度为 $\frac{1}{N}$，因此不难看出

$$D_N = \max_{k=1,\cdots,N}\left\{\left|F_0(x_k^*) - \frac{k-1}{n}\right|, \left|F_0(x_k^*) - \frac{k}{n}\right|\right\} \tag{10.30}$$

用(10.30)来计算 D_N 比(10.29)式要方便得多。

我们用上面的方法检验零售额数据是否服从指数分布，图 10.11 给出了 $F_N^*(x)$ 和 $F_0(x)$ 的图像，容易算得 $D_N = 0.046$，而在显著性水平 0.05 下，$\frac{\lambda_{0.05}}{\sqrt{137}} \approx 0.116$，因此接受 H_0，认为这批数据确定服从参数为 $\hat{b}$ 的指数分布。上述现象有合理的解释，因为该超市位于社区之间，因此以购买日常用品、副食品等居多，所以消费额低的占多数，很少有人在该超市购买大宗物品。上述分析对经营人员选择供货种类，提高顾客满意度有一定的指导意义。

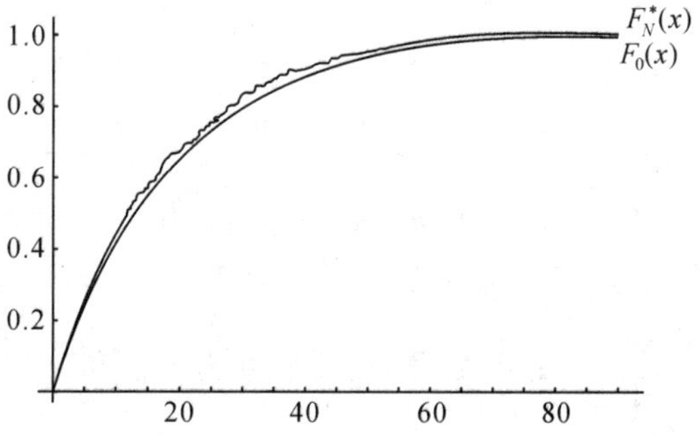

图 10.11

沸点与气压关系的实验分析　在高原地区生活的人们都有经验，那里水的沸点低于通常的 100℃，食物由于沸点降低而不易煮熟，然而真正决定水的沸点的不是海拔高度而是大气压强。如果使用高压锅，水的沸点可升高至 130℃ 左右。早在 19 世纪四五十年代，英国物理学家 James D. Forbes 就试图找到两者之间的定量关系。该项研究的另一动因是为当时的旅游和探险者提供一种测量高度的简易方法，即由水的沸点得到当地的大气压值，进而求得当地海拔高度。Forbes 认为，在一定范围内，沸点和气压值的对数成近似线性关系。为了验证他的理论，他在阿尔卑斯山和苏格兰等地搜集测量数据，其中的 17 组数据如表 10.7 所示。为了保持数据的原样，这些数据沿用了当时英美常用的计量单位。

表 10.7

编号	沸点/℉	气压/英寸汞柱	log/气压	编号	沸点/℉	气压/英寸汞柱	log/气压
1	194.5	20.79	1.3179	10	201.3	24.01	1.3805
2	194.3	20.79	1.3179	11	203.6	25.14	1.4004
3	197.9	22.40	1.3502	12	204.6	26.57	1.4244
4	198.4	22.67	1.3555	13	209.5	28.49	1.4547
5	199.4	23.15	1.3646	14	208.6	27.76	1.4434
6	199.9	23.35	1.3683	15	210.7	29.04	1.4630
7	200.9	23.89	1.3782	16	211.9	29.88	1.4754
8	201.1	23.99	1.3800	17	212.2	30.06	1.4780
9	201.4	24.02	1.3806				

用 $y_i, i = 1,\cdots,17$ 表示气压的对数值，它们已列在表 10.7 的最后一列中，考虑到它们在数值上与沸点相差太大，我们把沸点的数值缩小 100 倍，记为 $x_i, i = 1,\cdots,17$，作 (x_i, y_i) 的散点图，可以看到它们大致分布在一条直线附近，因此 Forbes 想用直线拟合的想法有可取之处。具体地说，希望找到 a, b，使得

$$y_i = a + bx_i, i = 1, \cdots, 17 \tag{10.31}$$

当然，这样的 a, b 一般说来是不存在的。一个自然的想法是转而寻找 a, b，使得偏差平方和

$$Q(a,b) = \sum_{i=1}^{17} (y_i - (a + bx_i))^2$$

尽可能地小。由极值原理，自方程组

$$\begin{cases} \dfrac{\partial Q}{\partial a} = -2\sum_{i=1}^{17}(y_i - (a + bx_i)) = 0 \\ \dfrac{\partial Q}{\partial b} = -2\sum_{i=1}^{17}(y_i - (a + bx_i))x_i = 0 \end{cases}$$

可解得

$$\hat{a} = \frac{\sum_{i=1}^{17} y_i \sum_{i=1}^{17} x_i^2 - \sum_{i=1}^{17} x_i y_i \sum_{i=1}^{17} x_i}{n\sum_{i=1}^{17} x_i^2 - (\sum_{i=1}^{17} x_i)^2}, \hat{b} = \frac{n\sum_{i=1}^{17} x_i y_i - \sum_{i=1}^{17} x_i \sum_{i=1}^{17} y_i}{n\sum_{i=1}^{17} x_i^2 - (\sum_{i=1}^{17} x_i)^2}$$

此时 $Q(a,b)$ 达到极小值，$y = \hat{a} + \hat{b}x$ 称为 y 关于 x 的线性回归方程。

$$R^2 = 1 - \frac{Q(\hat{a}, \hat{b})}{\sum_{i=1}^{17}(y_i - \frac{1}{n}\sum_{i=1}^{17} y_i)^2}$$

称为回归的判定系数，R^2 越接近于 1，说明拟合的效果越好。

用上述方法处理 Forbes 数据，可求得 $\hat{a} = -0.971, \hat{b} = 2.062, R^2 = 0.995$，图 10.12 描绘了数据散点图与回归直线，可以看到拟合程度是相当不错的。除了一个点离直线较远外，其他点都在直线附近。利用 $y = -0.971 + 2.062x$ 就可以方便地由沸点得到气压(事实上为气压的对数)的近似值。

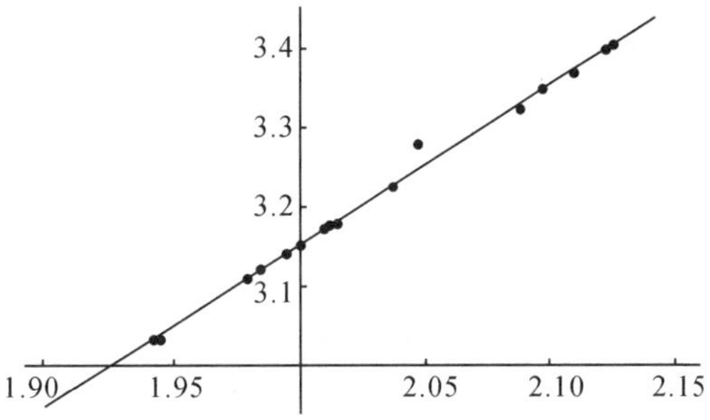

图 10.12

以上就是利用线性回归建立两个变量之间关系的方法，当然这样建立的回归方程是否真正反映了两个变量之间的关系还得接受统计学和实践的检验。建立回归方程时也还有许多值得注意的问题，例如在上例中有一个点离回归直线较远，这也需引起我们的重视。有些情况下，一个数据足以影响整个回归方程，下面构造的例子说明了这一点。

考虑三个数据集上的回归，容易得到它们的回归方程和判定系数完全相同，均为

$$y = 3 + 0.5x, R^2 = 0.667$$

但如果作三个数据集的散点图(图 10.13)，就会发现不同的情况。其中图(a)是我们希望看到的，回归直线较好地反映了数据的特性。图(b)中点(13,12.74)偏离回归直线较远，而一旦我们把该点从数据集中删去，重新计算可得新的回归方程 $y = 4 + 0.364x$，它与删去该点后的数据集拟合得相当好。如果要从两个回归方程中选一个开展后续研究的话，相

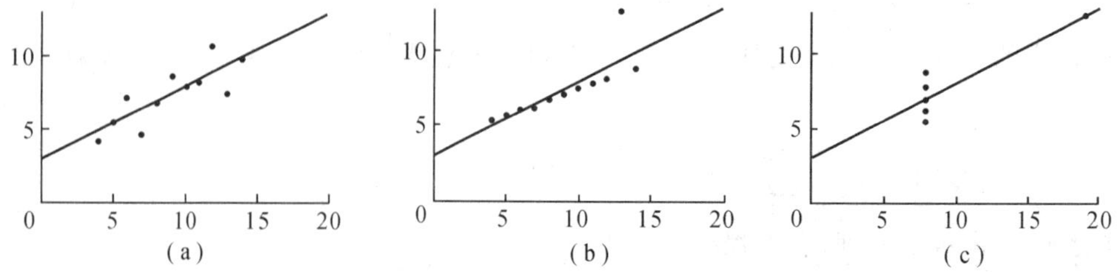

图 10.13

信多数会选择第二个。图(c)更是一个极端的例子,如果我们删去点(19,12.5),那么 y 根本无法用 x 的线性函数来拟合。这种很大程度上仅依赖于一个点的统计分析是不能接受的。

在统计学上,我们把对参数估计有异常大影响的数据称为强影响点。若在实践中发现某个点是强影响点,那么可能有两种原因,一是由于该数据本身的错误,如观测仪器的故障,录入或抄写的错误,等等。那么我们应剔除这个数据,对剩余数据作回归分析。另一种原因是该数据确实反映了客观实际,问题可能出在模型假设上,这时应考虑搜集更多的数据,从几何上看它们应和强影响点比较接近,从而获得稳定的回归方程。

表 10.8

编号	数据集编号					
	Ⅰ		Ⅱ		Ⅲ	
	x	y	x	y	x	y
1	10.0	8.04	10.0	7.46	8.0	6.58
2	8.0	6.95	8.0	6.77	8.0	5.76
3	13.0	7.58	13.0	12.74	8.0	7.71
4	9.0	8.81	9.0	7.11	8.0	8.84
5	11.0	8.33	11.0	7.81	8.0	8.47
6	14.0	9.96	14.0	8.84	8.0	7.04
7	6.0	7.24	6.0	6.08	8.0	5.25
8	4.0	4.26	4.0	5.39	19.0	12.50
9	12.0	10.84	12.0	8.15	8.0	5.56
10	7.0	4.82	7.0	6.42	8.0	7.91
11	5.0	5.68	5.0	5.73	8.0	6.89

判定一个数据是否是强影响点在统计学上需要借助影响分析,在此我们就不再介绍了。对实际问题,也可根据经验或专业知识来判断。例如对 Forbes 数据,由于物理学上很难解释在一个小的范围内物理性质发生突变的情况,因此我们相信该点是由于抄录或读取数据的错误造成的。如果我们把该点删去,重新求回归方程,可得

$$\hat{a} = -0.952, \hat{b} = 2.052, R^2 = 0.9996$$

说明拟合效果更好了。

另外,如果最初数据散点图显示各点在平面上的分布与直线相去甚远,这时就应考虑

采用非线性回归，当然此时函数形式就不易确定了。除了利用专业知识外，也可将散点图与一些常见的非线性函数的图像（见图 10.14）比较，从而确定函数的具体形式。这些函数的另一个特点是它们都可通过变量代换化为线性函数，从而不需用非线性回归的理论与方法。事实上对 Forbes 数据，沸点与气压之间的关系就是非线性的，只是 Forbes 已按照他的理论将其化为线性回归了。如果散点图与多个函数图像相近，则可逐个计算后选取判定系数大的回归方程作为最后的结果。

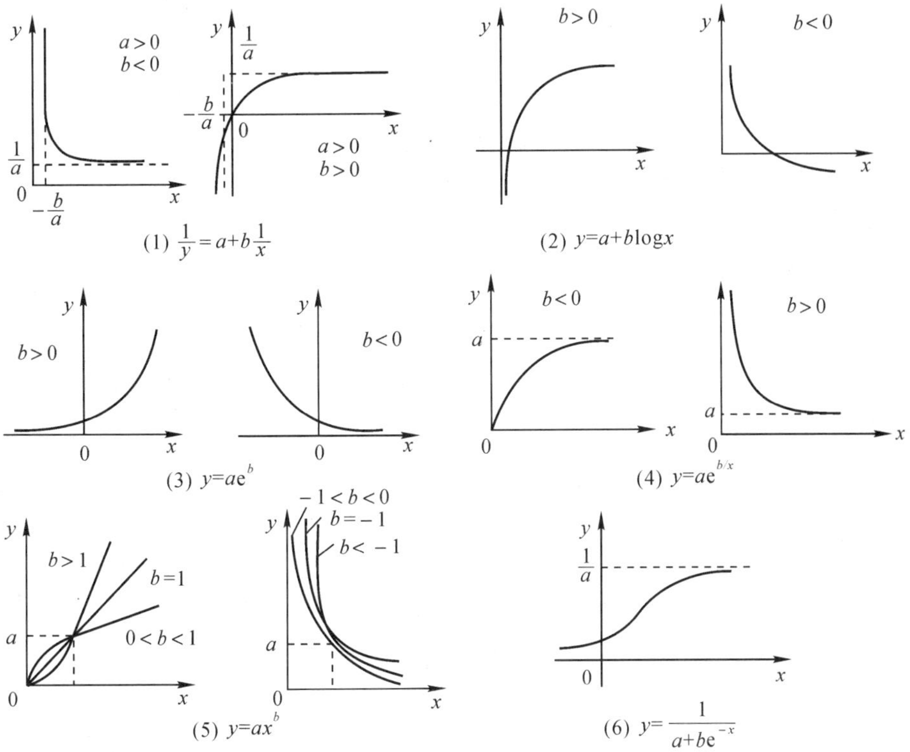

图 10.14

城市居民用煤量预测 表 10.9 给出了某城市 1991—1996 年各季度用煤量的数据，希望利用这些数据给出下一年度各季度用煤量的预测。

表 10.9

年份	1 季度	2 季度	3 季度	4 季度
1991	6878.4	5343.7	4847.9	6421.9
1992	6815.4	5532.6	4745.6	6406.2
1993	6634.4	5658.5	4674.8	6645.5
1994	7130.2	5532.6	4989.6	6642.3
1995	7413.5	5863.1	4997.4	6776.1
1996	7476.5	5965.5	5202.1	6894.1

与前面的例子不同，这批数据是按时间次序排列并有先后顺序关系，这样的数据称为时间序列数据。作表 10.9 数据的散点图（图 10.15），从中可明显地看到两个趋势，一是随

季节变化以年度为周期增减，二是随着年度增加有递增的趋势。这与我们对这批数据的直观认识是一致的。当然数据肯定还包含随机因素的影响，事实上这也是时间序列数据的一般规律。任何一个时间序列数据 x_t，均可分解为三个部分的叠加

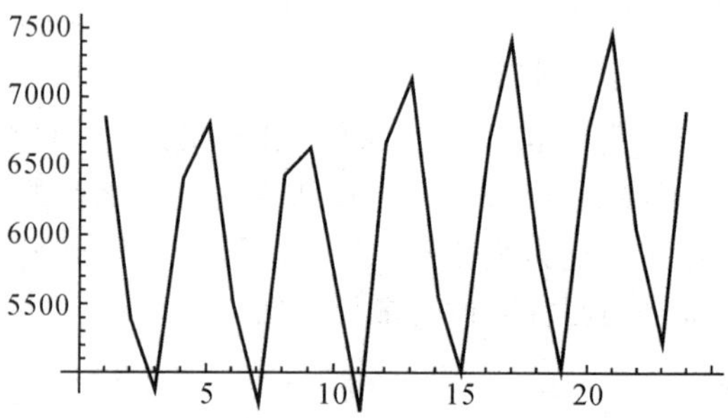

图 10.15

$$x_t = T_t + S_t + R_t,$$

其中 T_t 为趋势项、S_t 为季节项，R_t 为随机项。时间序列分析的首要任务是通过对数据的分析，把趋势项、季节项和随机项分解出来。这里我们结合表 10.9 的数据介绍一种分解方法。

首先用逐步平均法估计趋势项，设季节项只存在一长度为 T 的周期，总数据个数为 n。为简单起见，不妨设 $n = mT$。当 T 为奇数时，令

$$\hat{T}_{i+\frac{T-1}{2}} = \sum_{j=0}^{T-1} x_{i+j}, i = 1,\cdots,n - T + 1$$

即 $\hat{T}_t$ 是以时刻 t 为中心的一个周期长度内数据的平均值。当 T 为偶数时，由于周期的中点不在整数指标位上，我们先令

$$U_{i+\frac{T-1}{2}} = \sum_{j=0}^{T-1} x_{i+j}, i = 1,\cdots,n - T + 1 \tag{10.32}$$

再取

$$\hat{T}_{i+\frac{T}{2}} = \frac{1}{2}\left(U_{i+\frac{T-1}{2}} + U_{i+\frac{T+1}{2}}\right), i = 1,\cdots,n - T \tag{10.33}$$

当然，用这种方法不能得到最初半个周期，最后半个周期的趋势项估计值 $\hat{T}_1,\cdots,\hat{T}_{\lfloor\frac{T}{2}\rfloor}$，$\hat{T}_{n-\lfloor\frac{T}{2}\rfloor+1},\cdots,\hat{T}_n$。

将数据项 x_t 减去趋势项估计值 $\hat{T}_t$ 后得到的数据基本上只含有季节项和随机项，我们用处于各周期相同位置的平均值作为 $S(k), k = 1,\cdots,T$ 的估计。考虑到有趋势项估计值缺失的情况，我们令

$$\hat{S}(k) = \begin{cases} \sum_{i=1}^{m-1}(x_{k+iT} - \hat{T}_{k+iT}) & 1 \leqslant k \leqslant \lfloor \frac{T}{2} \rfloor \\ \sum_{i=0}^{m-1}(x_{k+iT} - \hat{T}_{k+iT}) & \lfloor \frac{T}{2} \rfloor < k \leqslant \lceil \frac{T}{2} \rceil \\ \sum_{i=0}^{m-2}(x_{k+iT} - \hat{T}_{k+iT}) & \lceil \frac{T}{2} \rceil < k \leqslant T \end{cases} \tag{10.34}$$

数据项减去趋势项和季节项的估计就是随机项了。

我们用这种方法来处理表 10.9 的数据，由于 $T = 4$，我们按(10.32)(10.33) 两式求得 $\hat{T}_t, 3 \leqslant t \leqslant 22$。再按(10.34) 式求得 $\hat{S}(1) = 1026.67, \hat{S}(2) = -377.535, \hat{S}(3) = -1161.38, \hat{S}(4) = 535.465$。图 10.16 给出了这组数据的季节项和随机项。

为了求得下一年度用煤量数据的预测值，我们首先作 $\hat{T}_t$ 关于时间 t 的回归方程，用上

一段介绍的方法不难得

$$\hat{T}_t = 5677.13 + 30.04t$$

将 $t = 25,26,27,28$ 分别代入，再加上相应的季节项 $\hat{S}(1),\hat{S}(2),\hat{S}(3),\hat{S}(4)$，可以得到下一年度的预测值

$$\hat{x}_{25} = 7454.88, \hat{x}_{26} = 5980.73$$

$$\hat{x}_{27} = 5326.92, \hat{x}_{28} = 7053.81$$

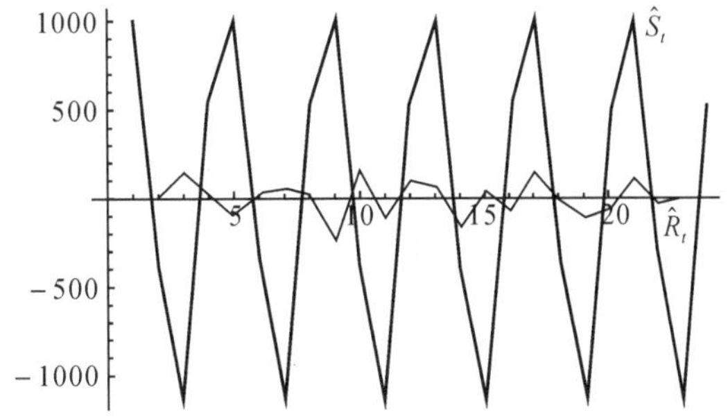

图 10.16

10.6　木材体积的快速估算

在林业工程和林业经济中，研究树干的体积与离地面一定高度的树干直径和树干高度之间的关系具有重要的实用价值。我们可以通过测量上述两个值快速估算树干的体积，进而估计一片森林的木材储量或一批木材的经济价值。表 10.10 是对一批木材进行测量所获得的数据资料。希望根据以上数据得到三者之间的函数关系，使得由树干的直径和高度两个量可以方便而又尽可能准确地得到树干体积的近似值。

表 10.10　木材数据表

序号	树干直径	树干高度	树干体积	序号	树干直径	树干高度	树干体积	序号	树干直径	树干高度	树干体积	序号	树干直径	树干高度	树干体积
1	8.3	70	10.3	9	11.1	80	22.6	17	12.9	85	33.8	25	16.3	77	42.6
2	8.6	65	10.3	10	11.2	75	19.9	18	13.3	86	27.4	26	17.3	81	55.4
3	8.8	63	10.2	11	11.3	79	24.2	19	13.7	71	25.7	27	17.5	82	55.7
4	10.5	72	16.4	12	11.4	76	21.0	20	13.8	64	24.9	28	17.9	80	58.3
5	10.7	81	18.8	13	11.4	76	21.4	21	14.0	78	34.5	29	18.0	80	51.5
6	10.8	83	19.7	14	11.7	69	21.3	22	14.2	80	31.7	30	18.0	80	51.0
7	11.0	66	15.6	15	12.0	75	19.1	23	14.5	74	36.3	31	20.6	87	77.0
8	11.0	75	18.2	16	12.9	74	22.2	24	16.0	72	38.3				

在实际问题数学建模中，经常会遇到与上述问题类似的情况。我们希望了解的某个量不易通过测量或计算直接得到，只能通过与它有依赖关系，并且容易获得的另一个（或几个）量得到它的一个近似值。一般在建模时，我们把前者作为因变量，用 Y 表示；后者称为自变量，用 x（或 $x_1,x_2,\cdots$）表示。希望找到函数 $f(\cdot)$，使得 $f(X)$ 是 Y 的一个良好近似。正如问题所示，树干体积是我们希望得到但又难于便捷得到的量，我们把它作为因变量 Y，树干直径和树干高度两个量显然与前者有密切关系，得到它们的值也无技术上的困难，它们即为模型的两个自变量，分别记为 X_1 和 X_2。如果我们根据资料，通过计算得到了

它们之间的一个函数关系

$$Y = f(X_1, X_2) \tag{10.35}$$

那么要估计某一根木材的体积，只需分别测出该木材的树干直径 x_1 和树干高度 x_2，$f(x_1, x_2)$ 即为所求。当然常识告诉我们，树干的形状不可能像几何体那样规则、划一，它的体积不可能像圆柱体一样完全由两个量决定，也就是说，函数关系(10.35) 存在误差。这一方面是由于我们忽略了决定树干体积的其他因素，如树干形状、树干最大直径等；另一方面，生物的多样性使我们不可能找到一个普遍适用的，哪怕是庞大复杂的计算公式。我们把这一切不能由 X_1 和 X_2 决定的部分，称为误差，记为 e。于是我们得到如下模型

$$Y = f(X_1, X_2) + e$$

我们的任务是给出 $f(\cdot)$ 的具体描述，使得模型尽可能精确地反映客观现实，并且适于使用。

由于线性关系是数学中最基本的关系，针对线性关系的理论较为充分，并且线性模型的应用毋须复杂的运算，最为方便迅捷，我们首选 $f(\cdot)$ 为线性函数的情形。仅在线性函数不能较好反映现实时，才转而考虑非线性函数。事实上，现实世界中，许多量之间的确具有线性或近似线性依赖关系；有些量之间的关系即使是非线性的，也可以通过适当的变换使得新变量具有近似线性关系。因此，我们的模型又可记为

$$Y = \beta_0 + \beta_1 X_1 + \beta_2 X_2 + e \tag{10.36}$$

其中，$\beta_0, \beta_1, \beta_2$ 是待估参数，它们的值需通过对现有观测数据的分析和运算得到。上述模型在统计学上称为线性回归模型，研究回归模型的统计分支称为回归分析。我们首先给出线性回归模型的一般形式及参数估计方法，随后将其应用于(10.36)。

假设 Y 为因变量，$X_1, \cdots, X_{p-1}$ 为对 Y 有影响的 $p-1$ 个自变量，并且它们之间具有线性关系

$$Y = \beta_0 + \beta_1 X_1 + \cdots + \beta_{p-1} X_{p-1} + e \tag{10.37}$$

其中 e 为误差项。假定我们有了 Y 和 $X_1, \cdots, X_{p-1}$ 的 n 组观测数据$(x_{i1}, x_{i2}, \cdots, x_{i,p-1}, y_i)$，即有

$$y_i = \beta_0 + \beta_1 x_{i1} + \cdots + \beta_{p-1} x_{i,p-1} + e_i, i = 1, \cdots, n \tag{10.38}$$

假定误差项 $e_i, i = 1, \cdots, n$ 满足

$$\text{(i)} E(e_i) = 0, \quad \text{(ii)} \operatorname{Var}(e_i) = \sigma^2, \quad \text{(iii)} \operatorname{Cov}(e_i, e_j) = 0, i \neq j \tag{10.39}$$

其中，(i) 说明误差项不包含任何系统的趋势，(ii) 说明每次的观测 Y_i 在其均值附近波动程度是一样的，(iii) 要求每次的观测是不相关的。(i)—(iii) 合称 Gauss-Markov 假设。

我们也可用矩阵形式来研究线性回归模型，记

$$\underset{n\times1}{\boldsymbol{Y}} = \begin{pmatrix} Y_1 \\ Y_2 \\ \vdots \\ Y_n \end{pmatrix}, \underset{n\times p}{\boldsymbol{X}} = \begin{pmatrix} 1 & x_{11} & \cdots & x_{1,p-1} \\ 1 & x_{21} & \cdots & x_{2,p-1} \\ \vdots & \vdots & & \vdots \\ 1 & x_{n1} & \cdots & x_{n,p-1} \end{pmatrix}, \underset{p\times1}{\boldsymbol{\beta}} = \begin{pmatrix} \beta_0 \\ \beta_1 \\ \vdots \\ \beta_{p-1} \end{pmatrix}, \underset{n\times1}{\boldsymbol{e}} = \begin{pmatrix} e_1 \\ e_2 \\ \vdots \\ e_n \end{pmatrix}$$

(10.38) 和(10.39) 可合并写成

$$\begin{cases} \boldsymbol{Y} = \boldsymbol{X\beta} + \boldsymbol{e} \\ E(\boldsymbol{e}) = 0, \operatorname{Cov}(\boldsymbol{e}) = \sigma^2 I_n \end{cases} \tag{10.40}$$

其中 $\boldsymbol{Y}$ 为观测向量，$\boldsymbol{X}$ 称为设计矩阵，$\boldsymbol{\beta}$ 为未知参数向量，$\boldsymbol{e}$ 为随机误差向量。(10.40) 即为最基本、最重要的线性回归模型。

为使我们的模型能够尽可能地和已知 n 组观测数据 $(x_{i1},\cdots,x_{i,p-1},y_i)$，$i=1,\cdots,n$ 相符合，一个自然的想法是选择适当的参数向量 $\boldsymbol{\beta}$，使得偏差向量 $\boldsymbol{Y}-\boldsymbol{X\beta}$ 的模达到最小。最小二乘法是实现这一设想的重要工具。以下我们不加证明地给出(10.40) 的最小二乘估计及其性质。

定理 1　对线性回归模型(10.40)

(1) 使得 $\|\boldsymbol{Y}-\boldsymbol{X\beta}\|^2=(\boldsymbol{Y}-\boldsymbol{X\beta})^{\mathrm{T}}(\boldsymbol{Y}-\boldsymbol{X\beta})$ 达到最小的参数 $\hat{\boldsymbol{\beta}}_{MLE}$ 称为 $\boldsymbol{\beta}$ 的**最小二乘估计**。$\hat{\boldsymbol{\beta}}$ 为正规方程

$$\boldsymbol{X}^{\mathrm{T}}\boldsymbol{X\beta}=\boldsymbol{X}^{\mathrm{T}}\boldsymbol{Y}\tag{10.41}$$

的解。若矩阵 $\boldsymbol{X}$ 的秩为 p，则(10.40) 有唯一解

$$\hat{\boldsymbol{\beta}}=(\boldsymbol{X}^{\mathrm{T}}\boldsymbol{X})^{-1}\boldsymbol{X}^{\mathrm{T}}\boldsymbol{Y};\tag{10.42}$$

(2) $\hat{\boldsymbol{\beta}}$ 是 $\boldsymbol{\beta}$ 的无偏估计，即 $E(\hat{\boldsymbol{\beta}})=\boldsymbol{\beta}$，$\mathrm{Cov}(\hat{\boldsymbol{\beta}})=\sigma^2(\boldsymbol{X}^{\mathrm{T}}\boldsymbol{X})^{-1}$；

(3) 参数 $\boldsymbol{c}^{\mathrm{T}}\boldsymbol{\beta}$ 的最小二乘估计为 $\boldsymbol{c}^{\mathrm{T}}\hat{\boldsymbol{\beta}}$。在 $\boldsymbol{c}^{\mathrm{T}}\boldsymbol{\beta}$ 的一切线性无偏估计中，$\boldsymbol{c}^{\mathrm{T}}\hat{\boldsymbol{\beta}}$ 是唯一具有最小方差的估计，称 $\boldsymbol{c}^{\mathrm{T}}\hat{\boldsymbol{\beta}}$ 为 $\boldsymbol{c}^{\mathrm{T}}\boldsymbol{\beta}$ 的最优线性无偏估计，这里 $\boldsymbol{c}$ 为 p 维常数向量；

(4) $\hat{\sigma}^2=\dfrac{RSS}{n-p}$ 是 σ^2 的一个无偏估计，这里 $RSS=(\boldsymbol{Y}-\boldsymbol{X}\hat{\boldsymbol{\beta}})^{\mathrm{T}}(\boldsymbol{Y}-\boldsymbol{X}\hat{\boldsymbol{\beta}})$ 称为残差平方和。

上述定理中(1) 给出了最小二乘估计的定义和计算公式。若 $\boldsymbol{X}$ 的秩不为 p，则 $\boldsymbol{X}^{\mathrm{T}}\boldsymbol{X}$ 奇异，(10.41) 的解不唯一，需要通过消去多余参数或采用广义逆等方法来处理。我们暂不考虑这些复杂情形。(2) 说明估计 $\hat{\boldsymbol{\beta}}$ 不存在系统偏差。在实际问题中，我们用 $\hat{\boldsymbol{\beta}}$ 估计 $\boldsymbol{\beta}$ 有时可能会偏高，有时可能会偏低，但正负偏差在概率上平均起来等于 0。(3) 给出了最小二乘估计的一条重要性质，因为对无偏估计而言，方差小意味着估计的精度高，因此最小二乘估计在理论上有着不可替代的地位。(4) 给出了误差方差的估计，其中 RSS 反映了实际数据与理论模型的拟合程度，RSS 越小，数据与模型拟合得越好。

由定理 1 不难求得(10.39) 的最小二乘估计 $\hat{\boldsymbol{\beta}}$。记 $\hat{\boldsymbol{\beta}}=(\beta_0,\beta_1,\cdots,\beta_{p-1})^{\mathrm{T}}$，称

$$\hat{Y}=\hat{\beta}_0+\hat{\beta}_1X_1+\cdots+\hat{\beta}_{p-1}X_{p-1}$$

为经验线性回归方程。至于它是否确实反映了 Y 与 $X_1,\cdots,X_{p-1}$ 之间的依赖关系，还需作进一步的统计分析。

下面我们应用定理 1 求模型(10.37) 中参数的最小二乘估计，假设误差项满足 Gauss-Markov 假设。根据表 10.10 给出的 31 组数据，不难写出矩阵 $\boldsymbol{Y}$ 和 $\boldsymbol{X}$。由(10.42)，即得

$$\hat{\boldsymbol{\beta}}=(\boldsymbol{X}^{\mathrm{T}}\boldsymbol{X})^{-1}\boldsymbol{X}^{\mathrm{T}}\boldsymbol{Y}=(-57.99,4.71,0.34)^{\mathrm{T}},\hat{\sigma}^2=15.07$$

经验线性回归方程为

$$\hat{Y}=-57.99+4.71X_1+0.34X_2\tag{10.43}$$

最后我们引入回归方程判定系数

$$R^2=\frac{TSS-RSS}{TSS}$$

其中 $TSS = \sum_{i=1}^{n}(y_i - \bar{y})^2$ 称为总平方和，$\bar{y} = \frac{1}{n}\sum_{i=1}^{n} y_i$，$RSS$ 即为残差平方和，表示除回归自变量外误差对因变量的影响。因此，R^2 的分子部分反映了回归自变量对总平方和的贡献，有时也把它称为回归平方和。R^2 度量了回归自变量对 Y 拟合程度的好坏，R^2 值越大，表明 Y 与诸 X 有较大的相依关系，回归方程与数据拟合得越好。对方程(10.43)，可算得 $TSS = 8106.0, RSS = 421.92, R^2 = 0.948$，拟合程度良好。

对一个实际问题，求出回归系数的最小二乘估计只是建模过程的第一步，因为我们毕竟只是通过观测数据来推断模型。尽管模型的选取主要是根据问题的实际背景，人们长期积累的经验，但是我们也可以从数据分析中得到模型的一些性质，借以判断模型是否可靠，数据是否满足模型的假设条件，等等。如果发现模型假设存在问题，就应该设法纠正，这部分内容在统计学上称为回归诊断。

假设误差项 e 服从多元正态分布 $N_n(0, \sigma^2 I)$，称

$$\begin{cases} \boldsymbol{Y} = \boldsymbol{X\beta} + \boldsymbol{e} \\ \boldsymbol{e} \sim N_n(0, \sigma^2 I) \end{cases} \tag{10.44}$$

为正态线性回归模型，误差的正态性假设有其合理性，因为在实际生活中，正态分布广泛存在。另一方面，依据中心极限定理，很多个独立随机变量之和在一定条件下近似于正态分布，而 $\boldsymbol{e}$ 恰为除 $X_1, \cdots, X_{p-1}$ 外其他所有因素对 Y 的影响的总和。

称 $\hat{\boldsymbol{e}} = \boldsymbol{Y} - \boldsymbol{X}\hat{\boldsymbol{\beta}}$ 为残差向量，可以证明，对正态线性回归模型(10.44)有

$$\hat{\boldsymbol{\beta}} \sim N(\boldsymbol{\beta}, \sigma^2(\boldsymbol{X}^{\mathrm{T}}\boldsymbol{X})^{-1}), \hat{\boldsymbol{e}} \sim N(0, \sigma^2(I - H))$$

这里 $H = \boldsymbol{X}(\boldsymbol{X}^{\mathrm{T}}\boldsymbol{X})^{-1}\boldsymbol{X}^{\mathrm{T}} = (h_{ij})$。记 $\hat{\boldsymbol{e}} = (\hat{e}_1, \hat{e}_2, \cdots, \hat{e}_n)^{\mathrm{T}}$，称

$$r_i = \frac{\hat{e}_i}{\hat{\sigma}\sqrt{1 - h_{ii}}}, i = 1, \cdots, n$$

为第 i 组数据的标准化残差。之所以对残差作这样的处理是因为可以近似地认为诸 r_i 相互独立且服从$N(0,1)$。根据正态分布的性质，若随机变量 $U \sim N(0,1)$，则 $P(-2 < U < 2) = 95.4\%$，因此应有 95.4% 的 r_i 落在区间$[-2,2]$中。又由于可以证明 $\hat{y}$ 与 $r_1, \cdots, r_n$ 独立。如果我们作以 $\hat{y}_i$ 为横轴，r_i 为纵轴，$(\hat{y}_i, r_i)$，$i = 1, \cdots, n$ 的散点图，称为残差图，那么几乎所有的点应落在 $|r_i| \leqslant 2$ 的区域内，并且不呈任何趋势。如图 10.17(1) 那样。这时我们可认为假设 $\mathrm{e} \sim N(0, \sigma^2 I)$ 基本上是合理的。

残差图是回归诊断的一个重要工具，根据残差图的不同形状，可以初步判断出回归模型是否适合，并为改进模型提供有用的信息。例如残差图(2) 显示误差方差随 $\hat{y}_i$ 的增大而增大，(3) 则正好相反。(4) 表示对较大或较小的 $\hat{y}_i$，误差方差偏小，而对中等大小的 $\hat{y}_i$，误差方差偏大。总之(2)(3)(4) 显示诸误差方差相等的假设未必满足，即 $\mathrm{Var}(e_i) \neq \mathrm{Var}(e_j), i \neq j$。残差图(5)(6) 中的点大致成一条二次曲线，通常说明回归函数可能是非线性的，或者误差 e_i 之间有一定相关性，或者漏掉了一个(或多个) 重要的回归自变量。

对残差图显示的问题，应有的放矢地用不同的方法对回归模型作出改进。下面我们将从两个不同的方面对(10.37) 作出改进。当然无论是残差图的效果判断，还是改进方法的选择，都没有普遍适用的法则可寻，需要凭借经验或经过多次尝试，模型改进是否理想更需要统计上的分析或实际使用效果来作检验。

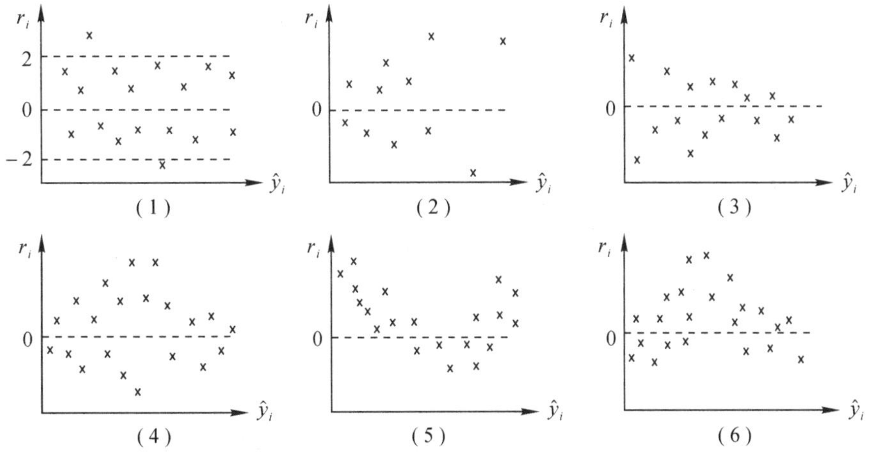

图 10.17

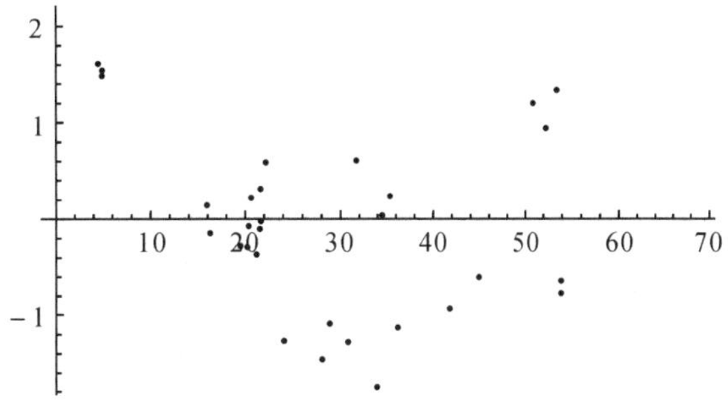

图 10.18

作问题数据的残差图(图 10.18)，从图中可明显看到一条近似于开口向上的抛物线的曲线轨迹，因此我们考虑以下回归关系：

$$Y = \alpha_0 + \alpha_1 X_1^2 + \alpha_2 X_2 + e \tag{10.45}$$

我们这样做的另一个重要原因是树干的形状近似为圆台(或圆柱、圆锥)，因此考虑体积与某一截面面积的关系更为合理。显然只要作自变量的变换 $Z = X_1^2$ 就可用最小二乘估计理论求得(10.45)中未知参数向量 $\boldsymbol{\alpha} = (\alpha_0, \alpha_1, \alpha_2)^{\mathrm{T}}$ 的估计。

令 $z_i = X_{i1}^2$，并用它替代原设计矩阵 $\boldsymbol{X}$ 中元素 $x_{i1}, i = 1, \cdots, n$，得到新的设计矩阵 $\boldsymbol{Z}$，$\boldsymbol{\alpha}$ 的最小二乘估计为

$$\hat{\boldsymbol{\alpha}}' = (\boldsymbol{Z}^{\mathrm{T}}\boldsymbol{Z})^{-1}\boldsymbol{Z}^{\mathrm{T}}\boldsymbol{Y} = (-27.51, 0.17, 0.35)^{\mathrm{T}}$$

经验回归方程为

$$\hat{Y} = -27.51 + 0.17X_1^2 + 0.35X_2 \tag{10.46}$$

作新的残差图(图 10.19)，可发现图中已找不到像图 10.18 那样明显的二次曲线轨迹。但仍有较明显的各点自左向右逐渐展开的趋势，说明误差方差不相等。因此，需要对(10.45)作进一步的改进，下面我们介绍 Box-Cox 变换法。

Box-Cox 变换是一族对回归因变量 Y 的变换的统称。通过对因变量的适当变换，可使原数据满足正态线性回归模型的所有假设条件。令

$$Y^{(\lambda)} = \begin{cases} \dfrac{Y^{\lambda} - 1}{\lambda} & \lambda \neq 0 \\ \ln\lambda & \lambda = 0 \end{cases}$$

其中 λ 为待定参数，可由以下方法确定。

记

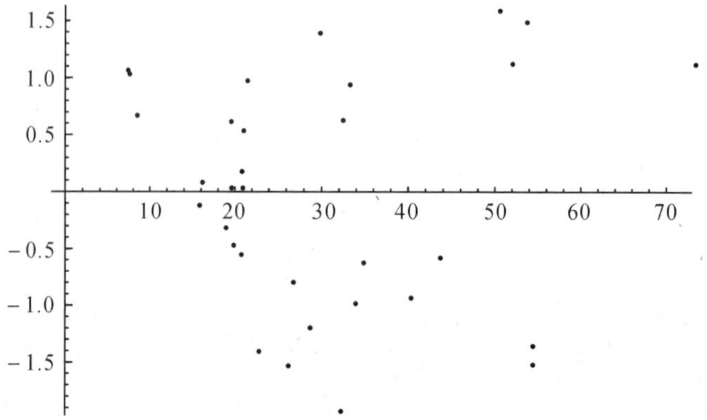

图 10.19

$$RSS(\lambda) = z^{(\lambda)^{\mathrm{T}}}(I - H)z^{(\lambda)}$$

其中 $z^{(\lambda)} = (z_1^{(\lambda)}, \cdots, z_n^{(\lambda)})^{\mathrm{T}}$，

$$z_i^{(\lambda)} = \begin{cases} \dfrac{y_i^{\lambda} - 1}{\lambda}\left(\prod\limits_{i=1}^{n} y_i\right)^{\frac{1-\lambda}{n}} & \lambda \neq 0 \\ (\ln y_i)\left(\prod\limits_{i=1}^{n} y_i\right)^{\frac{1}{n}} & \lambda = 0 \end{cases}$$

使 $RSS(\lambda)$ 达到最小值的 λ 即为所求。相应地参数 $\boldsymbol{\beta}$ 的估计为 $\hat{\boldsymbol{\beta}}^{(\lambda)} = (\boldsymbol{X}^{\mathrm{T}}\boldsymbol{X})^{-1}\boldsymbol{X}^{\mathrm{T}}\boldsymbol{Y}^{(\lambda)}$。

可以看到，Box-Cox 变换包含了对数变换($\lambda = 0$)，平方根变换$\left(\lambda = \dfrac{1}{2}\right)$，倒数变换($\lambda = -1$) 等许多常用的变换作为其特殊情形，并且借助于计算机，可以方便地作出 $RSS(\lambda)$ 的图像乃至得到需求的 λ 的近似值，从而大大提高了分析的效率。

对模型(10.45) 的因变量作 Box-Cox 变换，并作 $RSS(\lambda)$ 的图像(图 10.20)，不难求得 $\lambda = \lambda_0 \approx 0.6622$ 时，$RSS(\lambda)$ 取得极小值 157.37，$\hat{\boldsymbol{\alpha}}^{(\lambda)} = (-19.25, 0.15, 0.38)^{\mathrm{T}}$。经验回归方程为

$$\hat{Y}^{(\lambda)} = -19.25 + 0.15Z_1 + 0.38Z_2 \tag{10.47}$$

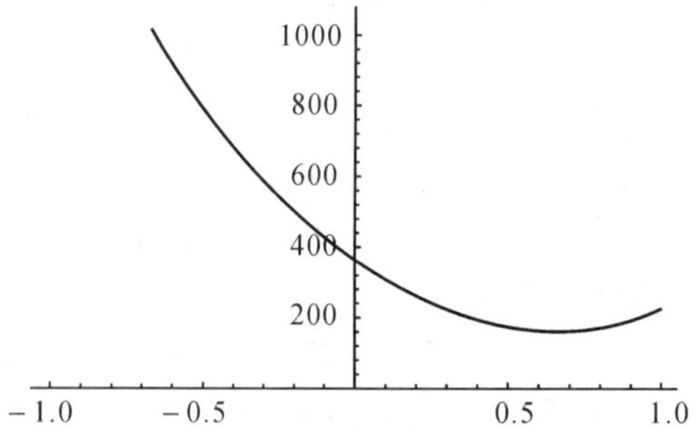

图 10.20

由图 10.21 可以看到，残差图的性状有了进一步的改善。

如果我们把(10.46) 用最初的三个变量表示，可得到树干体积、树干直径和树干高度之间的近似关系

$$Y^{0.66} = -11.74 + 0.10X_1^2 + 0.25X_2 \tag{10.48}$$

可以算得 $\hat{\sigma}^2 = 2.799$，判定系数 $R^2 = 0.973$，都比(10.44) 有了改进。当然，(10.48) 的计算较繁，已离开"快速估算" 的范畴，事实上，在实际使用时，(10.47) 也是一个不错的选择。

前面我们通过用最小二乘法估计回归系数，对模型作回归诊断，对因变量作 Box-Cox

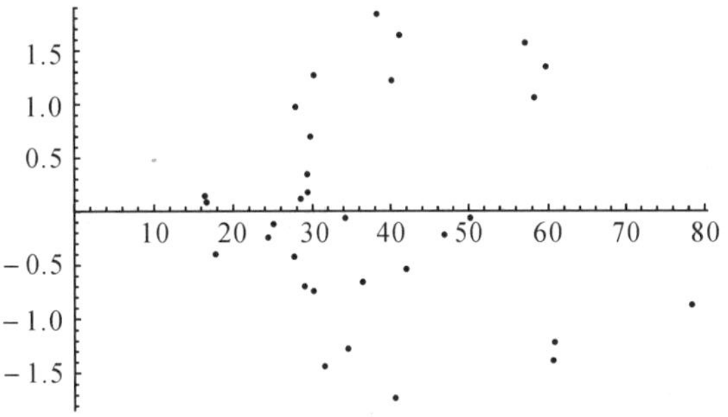

图 10.21

变换等步骤，得到了树干体积、树干直径、树干高度三者之间的回归关系。至于它是否正确地或近似正确地反映了三者之间的关系，可以在实践中加以检验，也可以用统计方法检验。这属于数理统计中除参数估计外的另一个重要分支——假设检验的范畴。对回归方程和系数作显著性检验是回归分析的重要组成部分，因为只要有数据记录，我们完全可以用前面的方法建立树木体积与栽种者身高之间的回归方程，这当然是荒谬的，在实践中也是徒劳乃至有害的。

考虑正态线性回归模型(10.44)的分量形式

$$y_i = \beta_0 + x_{i1},\beta_1 + \cdots + x_{i,p-1}\beta_{p-1} + e_i, e_i \sim N(0,\sigma^2)$$

所谓回归方程的显著性检验，就是检验假设

$$H_0: \beta_1 = \cdots = \beta_{p-1} = 0 \tag{10.49}$$

若检验结论为拒绝原假设 H_0，意味着接受断言，至少有一个 $\beta_i \neq 0$。也就是说，Y 线性依赖于至少某一个自变量 X_i，或者线性依赖于所有自变量 $X_1,\cdots,X_{p-1}$。若检验结论为接受原假设 H_0，这意味着接受断言，所有 $\beta_i = 0$。也就是说，我们认为相对于误差而言，所有自变量对因变量影响是不重要的。

检验假设(10.49)的统计量为

$$F = \frac{(TSS - RSS)/(p-1)}{RSS/(n-p)} \tag{10.50}$$

当原假设成立时，$F \sim F_{p-1,n-p}$。对给定水平 α，当 $F > F_{p-1,n-p}(\alpha)$ 时，拒绝原假设；反之，接受原假设。由前面的讨论可知，F 是把回归平方和与残差平方和作比较。当回归平方和相对较大时，就拒绝原假设。

如果一个回归方程经过检验，接受原假设(10.49)，那么说明和误差相比，自变量 X_1，$\cdots,X_{p-1}$ 对 Y 的影响是不重要的。这包含了两种情况，一是回归自变量对 Y 的影响确实很小，二是误差对 Y 的影响远大于回归自变量。上述情况也包含了遗漏重要自变量或某些自变量与 Y 呈非线性关系等情形，这需要我们从问题的实际背景出发寻找解决方案。而对前述第一种情况，我们不得不放弃建立 Y 对 $X_1,\cdots,X_{p-1}$ 的线性回归。

在经过回归方程的显著性检验，拒绝原假设后，我们知道 Y 线性依赖于自变量 X_1，$\cdots X_{p-1}$，但尚不能肯定 Y 线性依赖于其中每一个自变量，因此我们还需对每个自变量逐一作回归系数的显著性检验，即对固定的 i，$1 \leqslant i \leqslant p-1$，检验假设

$$H_0: \beta_i = 0$$

由于 $\hat{\boldsymbol{\beta}} \sim N(\boldsymbol{\beta}, \sigma^2(\boldsymbol{X}^{\mathrm{T}}\boldsymbol{X})^{-1})$ 构造检验统计量

$$t_i = \frac{\hat{\beta}_i}{\sqrt{c_{ii}}\hat{\sigma}} \tag{10.51}$$

其中 c_{ii} 为矩阵$(\boldsymbol{X}^{\mathrm{T}}\boldsymbol{X})^{-1}$的第 i 个对角元，$\hat{\sigma}^2 = \dfrac{RSS}{n-p}$。当原假设成立时，$t_i \sim t_{n-p}$，对给定

的水平 α,当 $|t_i| > t_{n-p}\left(\frac{\alpha}{2}\right)$时,拒绝原假设,否则,接受原假设。

若经过检验,接受原假设 $\beta_i = 0$,我们认为回归自变量 X_i 对因变量 Y 无显著影响,因而可将其从回归方程中剔除。由于其他变量的回归系数的估计也将随之发生变化,此时应重新建立回归方程,并再作回归系数的显著性检验,直到所有的变量均被认为对 Y 有显著影响为止。

下面我们对(10.47)作显著性检验,注意此时因变量与自变量应采用变换后的数据,由(10.50)和(10.51)可求得

$$F = 590.795, t_1 = 26.864, t_2 = 4.809$$

经查 F 分布表和 t 分布表,对给定水平 0.05,回归方程显著性检验拒绝原假设,说明 $Y^{(\lambda)}$ 对 X_1^2, X_2 有依赖关系,因而 Y 对 X_1, X_2 有依赖关系。对两个回归系数作显著性检验,均拒绝原假设,说明树干直径和树干高度对树干体积都有重要影响。

10.7 儿童心象面积与身体形态关系研究

为研究儿童心象面积与身体形态指标之间的关系,某研究所调查整理了 13 名儿童的数据(见表 10.11),试给出心象面积与性别、年龄、身高、体重、胸围之间的关系。

表 10.11

编号	性别	年龄 /月	身高 /厘米	体重 /千克	胸围 /厘米	心象面积 /平方厘米
1	男	32	95.5	14.0	53.5	49.64
2	男	35	92.0	13.0	52.0	41.46
3	男	33	89.0	12.5	53.5	35.81
4	男	176	168.0	53.5	82.0	100.14
5	男	96	117.0	19.7	56.0	67.20
6	男	96	113.0	18.1	55.0	60.00
7	男	96	122.0	21.6	57.3	58.00
8	女	30	91.0	11.0	48.0	35.39
9	女	33	91.0	11.5	47.0	44.98
10	女	33	91.0	12.5	50.0	29.51
11	女	176	156.0	55.0	83.0	94.66
12	女	178	163.0	54.0	79.0	87.42
13	女	84	130.0	25.0	58.0	62.00

本问题可看作一典型的线性回归问题来求解。回归自变量(Y)为心象面积,性别(X_1),年龄(X_2),身高(X_3),体重(X_4)和胸围(X_5)是五个回归自变量,其中性别是定性变量,它有"男"、"女"两个可能取值。为了能在回归方程中反映性别对心象面积的影响,我们采用所谓的"数量化方法",定义

$$x_{i1} = \begin{cases} 1 & \text{若第 } i \text{ 个儿童为男性} \\ 2 & \text{若第 } i \text{ 个儿童为女性} \end{cases}$$

考虑线性模型

$$\begin{cases} Y = \beta_0 + \beta_1 X_1 + \beta_2 X_2 + \beta_3 X_3 + \beta_4 X_4 + \beta_5 X_5 + e \\ e \sim N(0, \sigma^2 I) \end{cases} \tag{10.52}$$

13 组实验数据见表 10.11。我们用上一节介绍的方法求得参数 $\boldsymbol{\beta} = (\beta_0, \beta_1, \beta_2, \beta_3, \beta_4, \beta_5)^{\mathrm{T}}$ 的最小二乘估计为

$$\hat{\boldsymbol{\beta}} = (54.581, -7.763, 0.1208, 0.2891, 1.121, -0.9413)^{\mathrm{T}}$$

经验回归方程

$$\hat{Y} = 54.581 - 7.763X_1 + 0.1208X_2 + 0.2891X_3 + 1.121X_4 - 0.9413X_5 \tag{10.53}$$

由最小二乘估计理论，我们得到了心象面积与诸回归自变量之间的近似线性关系(10.53)。但是进一步地统计分析表明(10.53)存在一些严重问题。

我们先对回归方程作显著性检验，$H_0: \beta_1 = \beta_2 = \cdots = \beta_5 = 0$。由(10.50)可求得 $F = 28.65$，查表可知对显著性水平 0.05，拒绝原假设，说明 Y 对 $X_1, \cdots, X_5$ 存在线性依赖关系。

然后我们再对五个回归系数作显著性检验：$H_{0i}: \beta_i = 0, i = 1, 2, \cdots, 5$。由(10.53)求得检验统计量 $t_1 = -0.962, t_2 = 0.672, t_3 = 0.693, t_4 = 0.497, t_5 = -0.404$。查表可知对显著性水平 0.05，对每一个回归系数的单独检验，都接受原假设 $\beta_i = 0$，说明所有自变量本身对 Y 都不具有统计意义，这与前述结论相悖。

另外，回归方程(10.53)中 $\hat{\beta}_5 < 0$，说明心象面积与胸围呈负相关，这也与医学常识不符，从而严重影响了(10.53)的应用价值。下面我们将分析产生以上问题的根源和改进办法。

复共线性　我们首先介绍线性回归模型的标准化，记

$$\bar{x}_j = \frac{1}{n}\sum_{i=1}^{n} x_{ij}, s_j^2 = \sum_{i=1}^{n}(x_{ij} - \bar{x}_j)^2, j = 1, \cdots, p-1$$

将 $\boldsymbol{Y} = \boldsymbol{X\beta} + \boldsymbol{e}$ 中每个回归自变量观测值 x_{ij} 减去平均值 $\bar{x}_j$，再除以标准差 s_j，得到

$$\boldsymbol{Y} = \alpha_0 \mathbf{1} + \boldsymbol{Z\alpha} + \boldsymbol{e}$$

其中 $\alpha_0, \boldsymbol{\alpha} = (\alpha_1, \cdots, \alpha_{p-1})^{\mathrm{T}}$ 为待估参数，$\boldsymbol{Z} = (z_{ij})_{n\times(p-1)}, z_{ij} = \dfrac{x_{ij} - \bar{x}_j}{s_j}$。可以求得参数的最小二乘估计为

$$\begin{cases} \hat{\alpha}_0 = \bar{y} \\ \hat{\boldsymbol{\alpha}} = (\boldsymbol{Z}^{\mathrm{T}}\boldsymbol{Z})^{-1}\boldsymbol{Z}^{\mathrm{T}}\boldsymbol{Y} \end{cases} \tag{10.54}$$

经验回归方程为

$$\hat{Y} = \bar{y} + \left(\frac{X_1 - \bar{x}_1}{s_1}\right)\hat{\alpha}_1 + \left(\frac{X_2 - \bar{x}_2}{s_2}\right)\hat{\alpha}_2 + \cdots + \left(\frac{X_{p-1} - \bar{x}_{p-1}}{s_{p-1}}\right)\hat{\alpha}_{p-1}$$

将线性回归模型标准化的好处有三：一是我们把常数项和回归系数的估计分离开了，这是由 $\boldsymbol{Z}$ 的特殊性质 $\mathbf{1}^{\mathrm{T}}\boldsymbol{Z} = 0$ 所决定的。二是若记

$$\boldsymbol{R} = \boldsymbol{Z}^{\mathrm{T}}\boldsymbol{Z} = (r_{ij})$$

则 $r_{ij}=\dfrac{\sum_{k=1}^{n}(x_{ki}-\bar{x}_i)(x_{kj}-\bar{x}_j)}{s_is_j}$，$i,j=1,\cdots,p-1$，即为回归自变量 X_i 与 X_j 的样本相关系数，$\boldsymbol{R}$ 称为回归自变量的相关阵，用它即可分析回归自变量之间的相关关系。三是由于诸回归自变量的量纲与取值范围各不相同，经过标准化可消去单位和取值范围的差异，便于对回归系数估计值的统计分析。在本节以后的讨论中，我们主要考虑标准化线性回归模型

$$\begin{cases}\boldsymbol{Y}=\alpha_0\boldsymbol{1}+\boldsymbol{Z\alpha}+\boldsymbol{e}\\ \boldsymbol{e}\sim N(0,\sigma^2I)\end{cases}\tag{10.55}$$

设 $\boldsymbol{\beta}$ 为 $p\times 1$ 维未知向量，记 $\boldsymbol{\beta}$ 的一个估计 $\tilde{\boldsymbol{\beta}}$ 的**均方误差**为

$$\mathrm{MSE}(\tilde{\boldsymbol{\beta}})=E\|\tilde{\boldsymbol{\beta}}-\boldsymbol{\beta}\|^2=E(\tilde{\boldsymbol{\beta}}-\boldsymbol{\beta})^{\mathrm{T}}(\tilde{\boldsymbol{\beta}}-\boldsymbol{\beta})$$

显然均方误差度量了 $\tilde{\boldsymbol{\beta}}$ 与 $\boldsymbol{\beta}$ 的平均偏离大小，是评价一个估计优劣的重要标准之一，一个好的估计应有小的均方误差。

定理 2 $\mathrm{MSE}(\tilde{\boldsymbol{\beta}})=\mathrm{tr}(\mathrm{Cov}(\tilde{\boldsymbol{\beta}}))+\|E\tilde{\boldsymbol{\beta}}-\boldsymbol{\beta}\|^2$

利用定理 2 可以方便地得到(10.55)的最小二乘估计的均方误差，由于 $E(\hat{\boldsymbol{\alpha}})=\boldsymbol{\alpha}$，$\mathrm{Cov}(\hat{\boldsymbol{\alpha}})=\sigma^2(\boldsymbol{Z}^{\mathrm{T}}\boldsymbol{Z})^{-1}$，因此

$$\mathrm{MSE}(\hat{\boldsymbol{\alpha}})=\sigma^2\mathrm{tr}(\boldsymbol{Z}^{\mathrm{T}}\boldsymbol{Z})^{-1}$$

又由于 $\boldsymbol{Z}^{\mathrm{T}}\boldsymbol{Z}$ 为对称正定阵，根据矩阵理论，存在 $(p-1)\times(p-1)$ 正交阵 $\boldsymbol{\phi}$ 将 $\boldsymbol{Z}^{\mathrm{T}}\boldsymbol{Z}$ 对角化，即有

$$\boldsymbol{Z}^{\mathrm{T}}\boldsymbol{Z}=\boldsymbol{\phi}\begin{pmatrix}\lambda_1 & & \\ & \ddots & \\ & & \lambda_{p-1}\end{pmatrix}\boldsymbol{\phi}^{\mathrm{T}}$$

这里 $\lambda_1\geqslant\lambda_2\geqslant\cdots\geqslant\lambda_{p-1}>0$ 为 $\boldsymbol{Z}^{\mathrm{T}}\boldsymbol{Z}$ 的特征根。进一步地，若记 $\boldsymbol{\phi}=(\varphi_1,\cdots,\varphi_{p-1})$，则 φ_i 为对应于 λ_i 的标准正交化特征向量。显然

$$(\boldsymbol{Z}^{\mathrm{T}}\boldsymbol{Z})^{-1}=\boldsymbol{\phi}\begin{pmatrix}\lambda_1^{-1} & & \\ & \ddots & \\ & & \lambda_{p-1}^{-1}\end{pmatrix}\boldsymbol{\phi}^{\mathrm{T}}$$

$$tr(\boldsymbol{Z}^{\mathrm{T}}\boldsymbol{Z})^{-1}=tr\left(\boldsymbol{\phi}^{\mathrm{T}}\boldsymbol{\phi}\begin{pmatrix}\lambda_1^{-1} & & \\ & \ddots & \\ & & \lambda_{p-1}^{-1}\end{pmatrix}\right)=tr\begin{pmatrix}\lambda_1^{-1} & & \\ & \ddots & \\ & & \lambda_{p-1}^{-1}\end{pmatrix}=\sum_{i=1}^{p-1}\frac{1}{\lambda_i}$$

即有

$$\mathrm{MSE}(\hat{\boldsymbol{\alpha}})=\sigma^2\sum_{i=1}^{p-1}\lambda_i^{-1}\tag{10.56}$$

结合定理 2 和(10.56)，一个估计的均方误差由两部分组成，一部分为估计的各分量方差之和，一部分为估计各分量偏差的平方和。尽管使最小二乘估计的偏差为零，但当 $\boldsymbol{Z}^{\mathrm{T}}\boldsymbol{Z}$ 有一个特征根很小时，对应的分量方差乃至整个估计的均方误差就会非常地大。从另一个角度来看，由于

$$E\|\hat{\boldsymbol{\beta}}\|^2 = \|\boldsymbol{\beta}\|^2 + MSE(\hat{\boldsymbol{\beta}}) = \|\boldsymbol{\beta}\|^2 + \sigma^2\sum_{i=1}^{p-1}\lambda_i^{-1}$$

此时 $\hat{\boldsymbol{\beta}}$ 的长度也远大于 $\boldsymbol{\beta}$ 的实际长度，表现为某个(或某几个)回归系数的绝对值很大。总之，当 $\boldsymbol{Z}^{\mathrm{T}}\boldsymbol{Z}$ 至少有一个特征根很小时，最小二乘估计不再是一个好的估计。这与我们在上一节中指出的最小二乘估计是最优线性无偏估计并不矛盾。即便在此时，它仍是线性无偏估计类中方差最小的估计，只是这个最小的方差值本身就很大，因而导致了很大的均方误差。

下面我们来考察产生上述情况的更深层原因。设 λ 是 $\boldsymbol{Z}^{\mathrm{T}}\boldsymbol{Z}$ 一个接近于0的特征根，φ 是对应于 λ 的特征向量。由于 $\|\boldsymbol{Z}\varphi\|^2 = \varphi^{\mathrm{T}}\boldsymbol{Z}^{\mathrm{T}}\boldsymbol{Z}\varphi = \lambda\varphi^{\mathrm{T}}\varphi = \lambda \approx 0$，因此 $\boldsymbol{Z}\varphi \approx 0$，或等价地 $\sum_{i=1}^{p-1} c_i z_{(i)} \approx 0$，这里 $z_{(i)}$ 为 $\boldsymbol{Z}$ 的第 i 个列向量，$\varphi = (c_1, \cdots, c_{p-1})^{\mathrm{T}}$，上式说明，从现有的 n 组数据看，回归自变量之间有近似线性关系

$$c_1 Z_1 + c_2 Z_2 + \cdots + c_{p-1} Z_{p-1} \approx 0$$

此时也称 Z 或者线性回归模型(10.55)存在复共线性。

度量复共线性的一个指标是矩阵 $\boldsymbol{Z}^{\mathrm{T}}\boldsymbol{Z}$ 的条件数 $k = \dfrac{\lambda_1}{\lambda_{p-1}}$。一般地，若 $k < 100$，则认为复共线性程度很小；若 $100 \leqslant k \leqslant 1000$，则认为存在中等程度或较强的复共线性；若 $k > 1000$，则存在严重的复共线性，对存在严重或较强复共线性的线性回归模型，最小二乘估计往往不够理想。

我们用前面介绍的理论研究线性回归模型(10.52)是否存在复共线性。我们首先将回归模型标准化，得

$$\begin{cases} \boldsymbol{Y} = \alpha_0 \mathbf{1} + \boldsymbol{Z}\boldsymbol{\alpha} + \boldsymbol{e} \\ \boldsymbol{e} \sim N(0, \sigma^2 I) \end{cases} \tag{10.57}$$

其中

$$\boldsymbol{Z} = \begin{pmatrix}
-0.256776 & -0.255934 & -0.209476 & -0.178836 & -0.136041 \\
-0.256776 & -0.241298 & -0.243884 & -0.195513 & -0.169706 \\
-0.256776 & -0.251055 & -0.273377 & -0.203852 & -0.136041 \\
-0.256776 & 0.44657 & 0.503271 & 0.479931 & 0.503595 \\
-0.256776 & 0.0562904 & 0.00189058 & -0.0837731 & -0.0799329 \\
-0.256776 & 0.0562904 & -0.0374334 & -0.110457 & -0.102376 \\
-0.256776 & 0.0562904 & 0.0510456 & -0.0520856 & -0.0507565 \\
0.299572 & -0.265691 & -0.253715 & -0.228869 & -0.25948 \\
0.299572 & -0.251055 & -0.253715 & -0.22053 & -0.281923 \\
0.299572 & -0.251055 & -0.253715 & -0.203852 & -0.214593 \\
0.299572 & 0.44657 & 0.3853 & 0.504948 & 0.526038 \\
0.299572 & 0.456327 & 0.454116 & 0.48827 & 0.436264 \\
0.299572 & -0.00225162 & 0.129694 & 0.00461842 & -0.0350462
\end{pmatrix}$$

回归自变量的相关阵

$$
\boldsymbol{R}=\boldsymbol{Z}^{\mathrm{T}}\boldsymbol{Z}=\begin{pmatrix} 1. & 0.0739083 & 0.1157 & 0.19171 & 0.0952803 \\ 0.0739083 & 1. & 0.980512 & 0.96023 & 0.949358 \\ 0.1157 & 0.980512 & 1. & 0.966353 & 0.949671 \\ 0.19171 & 0.96023 & 0.966353 & 1. & 0.991359 \\ 0.0952803 & 0.949358 & 0.949671 & 0.991359 & 1. \end{pmatrix}
$$

$\boldsymbol{R}$ 的特征根和对应的标准正交化特征向量分别为

$\lambda_1=3.918,\varphi_1=(0.0815,-0.9925)^{\mathrm{T}}$;

$\lambda_2=0.989,\varphi_2=(0.4962,0.0881)^{\mathrm{T}}$;

$\lambda_3=0.073,\varphi_3=(0.4980,0.0451)^{\mathrm{T}}$;

$\lambda_4=0.018,\varphi_4=(0.5023,-0.0330)^{\mathrm{T}}$;

$\lambda_5=0.0014,\varphi_5=(0.4968,0.0629)^{\mathrm{T}}$。

由于$\dfrac{\lambda_1}{\lambda_5}=2798.5$,我们认为模型存在严重的复共线性,因此最小二乘估计性质不好是可以理解的。

注意到 $\lambda_4\approx 0,\lambda_5\approx 0$,我们可以得到回归自变量之间的两组近似线性关系:

$$-0.034Z_1-0.704Z_2+0.706Z_3+0.041Z_4-0.040Z_5\approx 0$$

$$0.074Z_1+0.050Z_2+0.133Z_3+0.785Z_4+0.598Z_5\approx 0$$

略去两式中系数绝对值较小的项,大致有

$$Z_2\approx Z_3,Z_3+5Z_5\approx 6Z_4$$

将它们用原来的变量表示,即有

$$X_3\approx 0.496X_2+74.89$$

$$X_5\approx 0.892X_4-0.088X_3+47.75$$

这是完全符合实际的,儿童的年龄和身高,身高、体重和胸围之间当然存在着密切关系,矩阵 $\boldsymbol{R}$ 中相应元素 $r_{23},r_{34},r_{35},r_{45}$ 非常接近于 1 也印证了这一点。正是回归自变量之间这些近似线性关系的存在降低了最小二乘估计的可用性。

主成分估计 为了克服复共线性给参数估计带来的困难,我们将介绍两类新的估计,尽管它们不是无偏估计,但当模型存在一定程度复共线性时,其均方误差小于最小二乘估计的均方误差。换句话说,以牺牲无偏性换取方差的大幅度减少。首先介绍主成分估计。

记 $\theta=\boldsymbol{\phi}^{\mathrm{T}}\alpha,\boldsymbol{G}=\boldsymbol{Z\phi}$,由于 $\boldsymbol{\phi\phi}^{\mathrm{T}}=I$,线性回归模型(10.55)可化为如下的典则形式:

$$\begin{cases}\boldsymbol{Y}=\alpha_0 1+\boldsymbol{G\theta}+\boldsymbol{e}\\ \boldsymbol{e}\sim N(0,\sigma^2 I)\end{cases}$$

$\boldsymbol{G}$ 的第 i 列 $g_{(i)}$ 是 $\boldsymbol{Z}$ 的 $p-1$ 个列的线性组合,组合系数为 $\boldsymbol{Z}^{\mathrm{T}}\boldsymbol{Z}$ 的第 i 个特征根对应的特征向量 φ_i,将回归自变量 $Z_1,\cdots,Z_{p-1}$ 按同样的系数线性组合得到的 $p-1$ 个新变量称为主成分。具体地说,若 $\boldsymbol{\phi}=(\varphi_{ij})_{(p-1)\times(p-1)}$,则

$$\varphi_{1i}Z_1+\varphi_{2i}Z_2+\cdots+\varphi_{p-1,i}Z_i\triangleq g_i$$

称为第 i 主成分。

由于 $\bar{g}_j = \frac{1}{n}\sum_{j=1}^{n} g_{ij} = 0$,故

$$\sum_{j=1}^{n}(g_{ij}-\bar{g}_j)^2 = g_{(j)}^{\mathrm{T}}g_{(j)} = \varphi_j'\boldsymbol{Z}^{\mathrm{T}}\boldsymbol{Z}\varphi_j = \lambda_j, j = 1,\cdots,p-1$$

上式说明,若某个 $\lambda_i \approx 0$,则相应于第 i 个主成分的取值波动就小,因此它对因变量的影响就可以忽略。一般地,假设 $\lambda_{r+1},\cdots,\lambda_{p-1} \approx 0$,我们将它们从回归模型中剔除,用最小二乘法得到剩下的 r 个主成分的回归,再回到原来的变量,就得到了原参数的主成分估计。

我们把前面的叙述具体化,假设拟取前面 r 个主成分,略去后 $p-r-1$ 个主成分,对

$$\boldsymbol{\Lambda} = \begin{pmatrix} \lambda_1 & & & \\ & \lambda_2 & & \\ & & \ddots & \\ & & & \lambda_{p-1} \end{pmatrix}, \boldsymbol{G}, \boldsymbol{\phi} \text{ 作适当分块}$$

$$\boldsymbol{\Lambda} = \begin{pmatrix} \boldsymbol{\Lambda}_1 & 0 \\ 0 & \boldsymbol{\Lambda}_2 \end{pmatrix}\begin{matrix} r\text{行} \\ p-r-1\text{行} \end{matrix}, \boldsymbol{\theta} = \begin{pmatrix} \boldsymbol{\theta}_1 \\ \boldsymbol{\theta}_2 \end{pmatrix}\begin{matrix} r\text{行} \\ p-r-1\text{行} \end{matrix}$$

$$\boldsymbol{G} = (\underset{n\times r}{\boldsymbol{G}_1} \quad \underset{n\times(p-r-1)}{\boldsymbol{G}_2}), \boldsymbol{\Phi} = (\underset{n\times r}{\boldsymbol{\phi}_1} \quad \underset{n\times(p-r-1)}{\boldsymbol{\phi}_2})$$

剔除后 $p-r$ 个主成分得到的回归模型为

$$\begin{cases} \boldsymbol{Y} = \alpha_0\mathbf{1} + \boldsymbol{G}_1\boldsymbol{\theta}_1 + \boldsymbol{e} \\ \boldsymbol{e} \sim N(0,\sigma^2 I) \end{cases}$$

可求得 α_0 和 $\boldsymbol{\theta}_1$ 的最小二乘估计为

$$\hat{\alpha}_0 = \bar{y}, \hat{\boldsymbol{\theta}}_1 = (\boldsymbol{G}_1^{\mathrm{T}}\boldsymbol{G}_1)^{-1}\boldsymbol{G}_1^{\mathrm{T}}\boldsymbol{Y}$$

由于 $\boldsymbol{G}_1^{\mathrm{T}}\boldsymbol{G}_1 = \boldsymbol{\phi}_1^{\mathrm{T}}\boldsymbol{Z}_1^{\mathrm{T}}\boldsymbol{Z}\boldsymbol{\phi}_1 = \boldsymbol{\Lambda}_1$,取 $\hat{\boldsymbol{\theta}}_2 = \mathbf{0}$,参数 α 的主成分估计即为

$$\tilde{\boldsymbol{\alpha}} = \boldsymbol{\phi}\begin{pmatrix} \hat{\boldsymbol{\theta}}_1 \\ \hat{\boldsymbol{\theta}}_2 \end{pmatrix} = \boldsymbol{\phi}_1\hat{\boldsymbol{\theta}}_1 = \boldsymbol{\phi}_1\boldsymbol{\Lambda}_1^{-1}\boldsymbol{\phi}_1^{\mathrm{T}}\boldsymbol{Z}^{\mathrm{T}}\boldsymbol{Y}$$

定理 3　当设计阵存在一定程度的复共线性时,适当选择保留的主成分个数可使得

$$MSE(\tilde{\boldsymbol{\alpha}}) < MSE(\hat{\boldsymbol{\alpha}}) \tag{10.58}$$

在这里,我们不去探究(10.58)式成立的充要条件。选择主成分个数的经验做法是:选择 r,使得前 r 个主成分的贡献率 $\sum_{i=1}^{r}\lambda_i \Big/ \sum_{i=1}^{p-1}\lambda_i$ 达到预先给定值,如 85%,90% 等。对模型(10.58)前两个主成分的贡献率已达到 98.13%,我们取 $r = 2$,两个主成分分别为

$$g_1 = 0.081Z_1 + 0.496Z_2 + 0.498Z_3 + 0.502Z_4 + 0.497Z_5$$

$$g_2 = -0.993Z_1 + 0.088Z_2 + 0.045Z_3 - 0.033Z_4 + 0.063Z_5$$

主成分估计

$$\tilde{\boldsymbol{\alpha}} = (3.918, -9.250, 20.338, 19.866, 19.057, 20.042)^{\mathrm{T}}$$

$$\hat{Y} = 58.939 - 9.250Z_1 + 20.338Z_2 + 19.866Z_3 + 19.057Z_4 + 20.042Z_5$$

再将它们返回到最初的自变量,得到 Y 对 $X_1,\cdots,X_5$ 的经验回归方程

$$\tilde{Y} = 0.6185 - 5.146X_1 + 0.099X_2 + 0.195X_3 + 0.318X_4 + 0.450X_5 \tag{10.59}$$

在(10.59)中 X_5 前的系数已变为正号,并且统计检验表明主成分回归方程和两个主

成分对因变量都有显著性影响。也就是说，最小二乘估计的缺陷得到了很大程度的改进。

一般来说，主成分作为原来变量的线性组合，不具备明显的含义，但结合专业知识，可以给主成分一些合理的解释。如本例中的两个主成分 Z_1 和 Z_2，大致上分别反映了身体形态指标和性别对心象面积的影响，这是符合实际的。

岭估计 最后我们介绍另一类得到广泛应用的估计 —— 岭估计，它同样以牺牲无偏性换取均方误差的减少。对标准化线性模型

$$\begin{cases} \boldsymbol{Y} = \alpha_0 \boldsymbol{1} + \boldsymbol{Z\alpha} + \boldsymbol{e} \\ \boldsymbol{e} \sim N(0, \sigma^2 I) \end{cases}$$

α 的岭估计 $\hat{\alpha}(k)$ 定义为

$$\hat{\boldsymbol{\alpha}}(k) = (\boldsymbol{Z}^{\mathrm{T}}\boldsymbol{Z} + kI)^{-1}\boldsymbol{Z}^{\mathrm{T}}\boldsymbol{Y}, k \geqslant 0$$

k 为可选参数取不同值时，我们可得到不同的估计。显然 $\hat{\boldsymbol{\alpha}}(0)$ 即为 α 的最小二乘估计 $\hat{\boldsymbol{\alpha}}$，我们有下面的岭估计优良性定理。

定理 4 存在 $k > 0$，使得 $MSE(\hat{\boldsymbol{\alpha}}(k)) < MSE(\hat{\boldsymbol{\alpha}})$。

当然，定理只是说明了使得岭估计的均方误差小于最小二乘估计的参数 k 的存在性，而没有给出它的确定方法。事实上我们更希望找到参数 k^*，使得 $MSE(\hat{\boldsymbol{\alpha}}(k^*))$ 达到最小值。但是由于 $\boldsymbol{\alpha}$ 和 σ^2 是未知的，目前还没有一个方法可以做到这一点，只有一些经验公式可供参考，如 Hoerl-Kemard 公式

$$\hat{k} = \frac{\hat{\sigma}^2}{\max\limits_i \quad \hat{\theta}_i^2}$$

其中，$\hat{\theta}_i$ 为 $\boldsymbol{\phi}^{\mathrm{T}}\hat{\boldsymbol{\alpha}}$ 的 $p-1$ 个分量。在这里，我们重点介绍一种更为直观的方法 —— 岭迹法。

记 $\hat{\boldsymbol{\alpha}}(k) = (\hat{\alpha}_1(k), \hat{\alpha}_2(k), \cdots, \hat{\alpha}_{p-1}(k))$，当 k 在$[0, +\infty)$上变化时，$\hat{\alpha}_i(k)$ 的图形称为岭迹。利用计算机我们可以方便而准确地将 $\alpha_1(k), \cdots, \alpha_{p-1}(k)$ 的岭迹画在一个图上，然后根据岭迹的变化趋势选择 k 值，使得各回归系数的岭估计大体上稳定，在此基础上 k 的值尽可能地小一些，因为 k 的值越大，残差平方和越大。

下面我们用岭迹法求(10.57)的岭估计，图 10.22 为岭迹图。从图中可以看到，当 k 较小时，$\hat{\alpha}_2(k), \hat{\alpha}_3(k), \hat{\alpha}_4(k), \hat{\alpha}_5(k)$ 的岭迹都有较大的波动。这也是最小二乘估计不适用的体现。当 $k > 0.1$ 时，各条岭迹渐趋稳定，我们就取 $k = 0.1$。

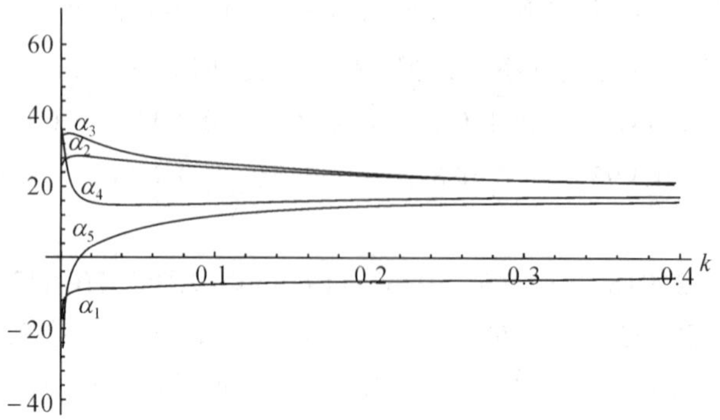

图 10.22

$$\hat{\boldsymbol{\alpha}}(0.1) = (-7.856, 24.683, 25.845, 15.236, 11.401)^T$$

经验回归方程为

$$\hat{Y} = -7.856Z_1 + 24.683Z_2 + 25.845Z_3 + 15.236Z_4 + 11.401Z_5$$

将它们返回最初的变量,得到

$$\hat{Y} = 3.955 - 4.370X_1 + 0.120X_2 + 0.254X_3 + 0.254X_4 + 0.256X_5 \quad (10.60)$$

这样,我们得到了反映 Y 与 X_1, X_2, X_3, X_4, X_5 近似关系的第三个经验回归方程(10.60),比较(10.53),(10.59)和(10.60)的回归系数(见表10.12)。可以发现,岭估计和主成分估计比较接近,而最小二乘估计与它们的差别较大,特别是 X_5 的系数的符号不同。

本节给出的模型具有一定的典型意义,我们在对实际问题建模时,考虑的诸回归自变量之间存在一定程度的近似线性关系是难以避免的,特别是变量较多或变量的实际意义不为人熟悉的时候,本章的讨论告诉我们,盲目使用最小二乘法得到的经验回归方程可能存在严重偏差,这种偏差甚至可能是致命的,这是我们在建模实践中需要引起注意的。

表 10.12

变量	常数项	X_1	X_2	X_3	X_4	X_5
最小二乘估计	54.581	−7.763	0.121	0.289	1.121	−0.941
主成分估计 ($r=2$)	0.618	−5.146	0.099	0.195	0.318	0.450
岭估计 ($k=0.1$)	3.955	−4.370	0.120	0.254	0.254	0.256

最后,我们再介绍一下主成分分析的主要思想。主成分分析是近年来发展起来的统计方法之一,除在本节中用于参数估计外,还可用在判别分析和聚类分析等多个方面。总的说来,主成分分析是将研究对象的多个相关变量化为少数几个不相关的变量的一种统计方法。当然我们要求这些不相关的综合变量能够反映原变量提供的大部分信息。这类似于数学中常用的"降维"思想。

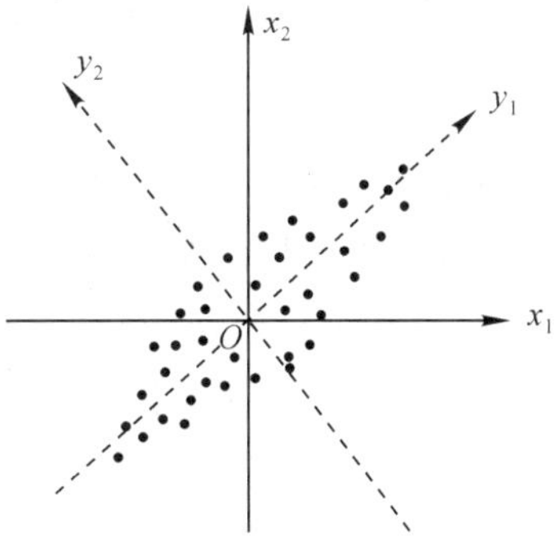

图 10.23

图10.23常被用来说明主成分分析的主要思想。假设一种物品有两个主要指标 X_1, X_2,图10.23是一批物品的散点图。显然物品的差异是由于 X_1 和 X_2 变化引起的,从图上看 X_1 和 X_2 变化范围相差不大。但如果我们将坐标系 X_1OX_2 旋转变换为 Y_1OY_2,毫无疑问物品之间的差异主要在 Y_1 上,Y_2 对样品差异的影响几可忽略。因此多数情况下,我们只需考察一个综合指标 Y_1,它包含了原来两个指标 X_1 和 X_2 的大部分信息。这就是主成分分析的主要思想,读者应注意将它灵活应用于除回归外的其他数据分析中。

10.8　辛普森悖论

20世纪七八十年代,为了研究当时英国在司法上是否存在种族歧视,有学者搜集了

1976—1977 年佛罗里达州 326 件谋杀案的判决情况，整理如表 10.13 所示。

表 10.13

被告种族(V)	被害人种族(M)	判决情况(S)	
		判处死刑(D)	未判处死刑($\bar{D}$)
白人(W)	白人(B)	19	132
	黑人($\bar{B}$)	0	9
黑人($\bar{W}$)	白人(B)	11	52
	黑人($\bar{B}$)	6	97

如果能从这些数据中得出是否判处死刑与被告人的肤色无关的结论，也即这两个事件是相互独立的，似乎可说明司法是公正的。用 D，W 分别表示判处死刑和凶手是白人两个事件，由乘法公式易验证

$$D \text{ 和 } W \text{ 相互独立} \Leftrightarrow P(D \mid W) = P(D \mid \bar{W})$$

由表中数据计算两条件概率值

$$P(D \mid W) = \frac{P(DW)}{P(W)} = \frac{\dfrac{19+0}{326}}{\dfrac{19+132+0+9}{326}} = \frac{19}{160} \approx 0.119$$

$$P(D \mid \bar{W}) = \frac{P(D\bar{W})}{P(\bar{W})} = \frac{\dfrac{11+6}{326}}{\dfrac{11+52+6+97}{326}} = \frac{17}{160} \approx 0.102$$

即有

$$P(D \mid W) > P(D \mid \bar{W}) \tag{10.61}$$

说明白人凶手被判死刑的比例居然大于黑人凶手，那么能否断言美国司法制度异常公正呢？

表 10.13 中还有一项为被害人的肤色，刚才的讨论没有把这一因素考虑进去，现在我们分别比较被害人是白人或黑人时，白人凶手被判死刑的比例和黑人凶手被判死刑的比例。记 B 为被害人是白人这一事件。

$$P(D \mid BW) = \frac{P(DBW)}{P(BW)} = \frac{\dfrac{19}{326}}{\dfrac{19+132}{326}} = \frac{19}{151} \approx 0.126$$

$$P(D \mid B\bar{W}) = \frac{P(DB\bar{W})}{P(B\bar{W})} = \frac{\dfrac{11}{326}}{\dfrac{11+52}{326}} = \frac{11}{63} \approx 0.175$$

$$P(D \mid \bar{B}W) = \frac{P(D\bar{B}W)}{P(\bar{B}W)} = \frac{\dfrac{0}{326}}{\dfrac{0+9}{326}} = 0$$

$$P(D \mid \bar{B}\bar{W}) = \frac{P(D\bar{B}\bar{W})}{P(\bar{B}\bar{W})} = \frac{\frac{6}{326}}{\frac{6+97}{326}} = \frac{6}{103} \approx 0.058$$

即有

$$P(D \mid BW) < P(D \mid B\bar{W}), P(D \mid \bar{B}W) < P(D \mid \bar{B}\bar{W}) \tag{10.62}$$

也就是说，不论被害人是白人或是黑人，白人凶手被判死刑的比例都小于黑人凶手被判死刑的比例，尤其是被害人是黑人时，白人凶手没有被判死刑的。另外，由 $P(D \mid BW) > P(D \mid \bar{B}W)$，$P(D \mid B\bar{W}) > P(D \mid \bar{B}\bar{W})$，可知当被害人是白人时，不论凶手是白人还是黑人，都判得严；而当被害人是黑人时，都判得较宽。以上这些都说明法院判决是有倾向性的。

(10.61)(10.62) 两式合称“辛普森悖论”，这说明当存在三个（或以上）属性时，忽略其中某一属性可能会导致错误的结论，因此在搜集整理数据时，找到隐蔽的混杂因素十分重要，当然有时这需要依靠专业知识才能做到。

上述问题在统计学上称为定性数据的统计分析。对定性属性的观测，往往是对它们不同水平组合上的数据记录。以三个属性 A、B、C 的情形为例，$A_i, i = 1,\cdots,r$，$B_j, j = 1,\cdots,s$，$C_k, k = 1,\cdots,t$ 为各属性的不同水平。设共有 n 组数据，出现 (A_i, B_j, C_k) 组合的频数为 n_{ijk}，显然 $\sum_{i=1}^{r}\sum_{j=1}^{s}\sum_{k=1}^{t} n_{ijk} = n$。这些数据的情况可体现在一张表上，称为三维 $r \times s \times t$ 列联表。表 10.13 即为三维 $2 \times 2 \times 2$ 列联表。

表 10.14

被告种族	判决情况	
	判处死刑	未判处死刑
白人	19	141
黑人	17	149

表 10.15

	B_1	B_2	$\cdots$	B_s	
A_1	p_{11}	p_{12}	$\cdots$	p_{1s}	$p_{1\cdot}$
A_2	p_{21}	p_{22}	$\cdots$	p_{2s}	$p_{2\cdot}$
$\vdots$	$\vdots$	$\vdots$		$\vdots$	$\vdots$
A_r	p_{r1}	p_{r2}	$\cdots$	p_{rs}	$p_{r\cdot}$
	$p_{\cdot 1}$	$p_{\cdot 2}$	$\cdots$	$p_{\cdot s}$	1

若只涉及 A，B 两个属性，$A_i, i = 1,\cdots,r$，$B_j, j = 1,\cdots,s$ 为两属性的不同水平，定性数据可用常见的二维 $r \times s$ 列联表描述。与三维的情形类似，我们用 n_{ij} 表示出现 (A_i, B_j) 组合的频数，$\sum_{i=1}^{r}\sum_{j=1}^{s} n_{ij} = n$，表 10.14 即为二维 2×2 列联表的例子。二维列联表的主要检验问题是两个属性是否相互独立。记 p_{ij} 为属性 A 取水平 A_i，且属性 B 取水平 B_j 的概率，$p_{i\cdot} = \sum_{j=1}^{s} p_{ij}$ 和 $p_{\cdot j} = \sum_{i=1}^{r} p_{ij}$ 分别表示属性 A 取水平 A_i，属性 B 取水平 B_j 的概率，这些概率都可列在一张表中，如表 10.15 所示。可以证明，当属性 A 和 B 相互独立时，

$$\hat{p}_{i\cdot} = \frac{n_{i\cdot}}{n} = \frac{1}{n}\sum_{j=1}^{s} n_{ij}, \hat{p}_{\cdot j} = \frac{n_{\cdot j}}{n} = \frac{1}{n}\sum_{i=1}^{r} n_{ij}$$

分别为 $p_{i\cdot}$ 和 $p_{\cdot j}$ 的最大似然估计

$$Q^2 = \sum_{i=1}^{r}\sum_{j=1}^{s} \frac{(n_{ij} - n\hat{p}_{i\cdot}\hat{p}_{\cdot j})^2}{n\hat{p}_{i\cdot}\hat{p}_{\cdot j}} = \sum_{i=1}^{r}\sum_{j=1}^{s} \frac{(nn_{ij} - n_{i\cdot}n_{\cdot j})^2}{nn_{i\cdot}n_{\cdot j}}$$

服从自由度为$(r-1)$的χ^2-分布。给定显著性水平α，当$p = P\{\chi^2((r-1)(s-1)) \geqslant Q^2\} > \alpha$时，可认为属性$A$和$B$是相互独立的，否则则不能这样认为。上述检验方法称为Pearson-χ^2检验法。

我们对表10.14给出的数据用Pearson-χ^2检验法，检验死刑判决与被告种族两属性是否独立。可以看到表10.14是由表10.13压缩而成的。易算得$Q_0^2 = 0.22105$，χ^2-分布自由度为1，$p = P\{\chi^2(1) \geqslant 0.22105\} = 0.6$，因此结论为死刑判决与被告种族无关，前面已经指出，这是一个错误的结论，这说明对三维列联表不能简单地压缩成二维来处理。

对数线性模型分析法 为了能正确地揭示三维列联表所蕴含的统计结论，我们引入对数线性模型分析法，这是一个功能十分强大的定性数据分析方法。在这里我们只介绍方法本身，而略去复杂的推导和证明。

记$p_{ijk} = P\{A = A_i, B = B_j, C = C_k\}$，$i = 1,\cdots,r$，$j = 1,\cdots,s$，$k = 1,\cdots,t$，$m_{ijk} = np_{ijk}$为事件$\{A = A_i, B = B_j, C = C_k\}$发生的理论频数。记

$$p_{ij\cdot} = \sum_{k=1}^{t} p_{ijk},\ p_{i\cdot\cdot} = \sum_{j=1}^{s} p_{ij\cdot} = \sum_{j=1}^{s}\sum_{k=1}^{t} p_{ijk}$$

$p_{i\cdot k}, p_{\cdot jk}, p_{\cdot j\cdot}, p_{\cdot\cdot k}$及$m_{ij\cdot}, m_{i\cdot k}, m_{\cdot jk}, m_{i\cdot\cdot}, m_{\cdot j\cdot}, m_{\cdot\cdot k}$等都可类似定义。根据三个属性之间相互关系的不同，可列出如下九个模型，它们分属五个不同的复杂度。我们需要由观测数据选择其中最适合的一个，从中发现各属性之间的关系。

表 10.16

复杂度	记号	属性特征	p_{ijk}的形式	m_{ijk}的估计	自由度
1	(A,B,C)	A,B,C相互独立	$p_{ijk} = p_{i\cdot\cdot}p_{\cdot j\cdot}p_{\cdot\cdot k}$	$\hat{m}_{ijk} = \frac{n_{i\cdot\cdot}n_{\cdot j\cdot}n_{\cdot\cdot k}}{n^2}$	$rst - r - s - t + 2$
2	(AB,C) (AC,B) (BC,A)	A,B联合独立于C A,C联合独立于B B,C联合独立于A	$p_{ijk} = p_{ij\cdot}p_{\cdot\cdot k}$ $p_{ijk} = p_{i\cdot k}p_{\cdot j\cdot}$ $p_{ijk} = p_{\cdot jk}p_{i\cdot\cdot}$	$\hat{m}_{ijk} = \frac{n_{ij\cdot}n_{\cdot\cdot k}}{n}$ $\hat{m}_{ijk} = \frac{n_{i\cdot k}n_{\cdot j\cdot}}{n}$ $\hat{m}_{ijk} = \frac{n_{\cdot jk}n_{i\cdot\cdot}}{n}$	$(t-1)(rs-1)$ $(s-1)(rt-1)$ $(r-1)(st-1)$
3	(AC,BC) (AB,AC) (AB,BC)	给定C，A和B条件独立 给定A，B和C条件独立 给定B，A和C条件独立	$p_{ijk} = \frac{p_{i\cdot k}p_{\cdot jk}}{p_{\cdot\cdot k}}$ $p_{ijk} = \frac{p_{ij\cdot}p_{i\cdot k}}{p_{i\cdot\cdot}}$ $p_{ijk} = \frac{p_{ij\cdot}p_{\cdot jk}}{p_{\cdot j\cdot}}$	$\hat{m}_{ijk} = \frac{n_{i\cdot k}n_{\cdot jk}}{n_{\cdot\cdot k}}$ $\hat{m}_{ijk} = \frac{n_{ij\cdot}n_{i\cdot k}}{n_{i\cdot\cdot}}$ $\hat{m}_{ijk} = \frac{n_{ij\cdot}n_{\cdot jk}}{n_{\cdot j\cdot}}$	$s(r-1)(t-1)$ $t(r-1)(s-1)$ $r(s-1)(t-1)$
4	(AB,BC,AC)	无三属性交互作用		迭代法	$(r-1)(s-1)(t-1)$
5	(ABC)	一般情况		$\hat{m}_{ijk} = n_{ijk}$	0

我们对表10.16略作说明。不同的模型反映了属性之间的相互关系。例如(AB,C)表示A、B联合独立于C，即

$$P\{A = A_i, B = B_j, C = C_k\} = P\{A = A_i, B = B_j\} \cdot P\{C = C_k\},\ \forall i,j,k$$

(AC,BC)表示给定C时，A、B是条件独立的，即

$$P\{A = A_i, B = B_j \mid C = C_k\} = P\{A = A_i \mid C = C_k\} \cdot P\{B = B_j \mid C = C_k\},\ \forall i,j,k$$

由条件概率的定义即得$\frac{p_{ijk}}{p_{\cdot\cdot k}} = \frac{p_{i\cdot k}}{p_{\cdot\cdot k}} \cdot \frac{p_{\cdot jk}}{p_{\cdot\cdot k}}$，整理后即得第四列所示的概率。$(AB,BC,AC)$

模型较为复杂，它表明任何两个属性的相关性程度在第三个属性的各水平上均相同。除该模型外，其余模型理论频数的最大似然估计值都有解析表达式，即表中第五列。而该模型的理论频数的估计只能用迭代法得到，具体做法是：

$$\begin{cases} \hat{m}_{ijk}^{(0)} = 1, \forall i,j,k \\ \hat{m}_{ijk}^{(3l+1)} = \hat{m}_{ijk}^{(3l)} \dfrac{n_{ij.}}{\hat{m}_{ij.}^{(3l)}}, \hat{m}_{ijk}^{(3l+2)} = \hat{m}_{ijk}^{(3l+1)} \dfrac{n_{i.k}}{\hat{m}_{i.k}^{(3l+1)}}, \hat{m}_{ijk}^{(3l+3)} = m_{ijk}^{(3l+2)} \dfrac{n_{.jk}}{\hat{m}_{.jk}^{(3l+2)}} \\ l \geqslant 1, \forall i,j,k \end{cases}$$

可以证明，该迭代过程最终收敛于理论频数的最大似然估计。

表中最后一列为该模型的自由度，计算方式为

$$rst - \text{模型中独立变化的参数个数} - 1$$

例如对(A, B, C)，因为有

$$\sum_{i=1}^{r} p_{i..} = 1, \sum_{j=1}^{s} p_{.j.} = 1, \sum_{k=1}^{t} p_{..k} = 1, p_{ijk} = p_{i..}p_{.j.}p_{..k}, \forall i,j,k,$$

$p_{i..}, i = 1,\cdots,r-1, p_{.j.}, j = 1,\cdots,s-1, p_{..k}, k = 1,\cdots,t-1$ 为全部独立变化的参数，故自由度为 $rst-(r-1)-(s-1)-(t-1)-1 = rst-r-s-t+2$。其他模型的自由度也可类似得到。模型复杂度越大，自由度越小。

称

$$G^2 = 2\sum_{i=1}^{r}\sum_{j=1}^{s}\sum_{k=1}^{t} n_{ijk}\ln\left(\frac{n_{ijk}}{\hat{m}_{ijk}}\right)$$

为似然比统计量，可以证明，当某一模型为真时，G^2 服从相应自由度的 χ^2-分布。记 G_0^2 为由数据算得的观测值，$p = P\{G^2 \geqslant G_0^2\}$ 为该模型为真的条件下，G^2 不小于其观测值的概率。p 的值越大，拟合程度越好。对所有九个模型，计算相应的 p 值，从中选出 $p > \alpha$ 的模型，这里 α 为给定的显著性水平。其中同一复杂度的模型，我们只选出 p 值最大的。对不同复杂度的模型，我们进一步检验是否有必要采用较复杂的模型。

设 G_1^2, G_2^2 分别为两个不同复杂度模型的似然比统计量观测值，其中 G_1^2 较简单，f_1，f_2 为相应的自由度，则有 $f_1 > f_2$。令 $G_d^2 = G_1^2 - G_2^2$，若 $G_d^2 \geqslant \chi_\alpha^2(f_1 - f_2)$，则认为两个模型在拟合上差异显著，此时应选较复杂的那个模型，否则较简单的那个模型即为所需。

我们用上面的方法研究辛普森悖论。取显著性水平 $\alpha = 0.05$，表 10.17 给出了不同模型的理论频数的估计值，其中表 10.18 为(SV, SM, VM)模型的迭代过程。可以看到，经过七轮循环($l = 7$)后，迭代值已相当稳定。表 10.19 列出了各模型的 G^2 值，自由度与 p 值。从中可看到，首选的模型是(SM, VM)和(SV, SM, VM)。进一步地由

$$G_d^2 = G_1^2 - G_2^2 = 1.18 \leqslant \chi_{0.05}^2(2-1) = 3.84$$

可知两个模型的差异并不显著。因此，我们认定较为简单的(SM, VM)恰当地揭示了各属性之间的相互关系。模型说明被害者种族与死刑判决有关，也与被告种族有关，前者反映了法院判决的倾向性，后者反映了种族之间的矛盾。在给定被害人种族条件下，死刑判决与否和被告种族是无关的。反之，从表 10.19 中可看出，(S, V, M)，(SM, V)，(SM, VS)，(VS, M)这些模型的拟合效果很差，其共同点在于它们忽略了被告种族和被害人种族之间的密切关系。

表 10.17

模型	$\hat{m}_{WBD}$	$\hat{m}_{WB\bar{D}}$	$\hat{m}_{W\bar{B}D}$	$\hat{m}_{W\bar{B}\bar{D}}$	$\hat{m}_{\bar{W}BD}$	$\hat{m}_{\bar{W}B\bar{D}}$	$\hat{m}_{\bar{W}\bar{B}D}$	$\hat{m}_{\bar{W}\bar{B}\bar{D}}$
(V,M,S)	11.60	93.43	6.07	48.90	12.03	96.94	6.30	50.73
(VM,S)	16.67	134.32	0.99	8.01	6.96	56.04	11.37	91.63
(VS,M)	12.47	92.56	6.53	48.44	11.16	97.81	5.84	51.19
(SM,V)	14.72	90.30	2.94	52.02	15.28	93.69	3.06	53.98
(VS,SM)	15.83	89.46	3.17	51.54	14.17	94.54	2.83	54.46
(VM,SM)	17.93	133.07	1.07	7.93	6.45	56.55	10.55	92.45
(VM,VS)	21.17	129.83	0.48	8.52	8.83	54.17	5.52	97.48
(SV,SM,VM)	18.67	132.33	0.33	8.67	11.32	51.68	5.67	97.33
(SVM)	19	132	0	9	11	52	6	97

表 10.18

迭代步 l	$\hat{m}_{WBD}^{(l)}$	$\hat{m}_{WB\bar{D}}^{(l)}$	$\hat{m}_{W\bar{B}D}^{(l)}$	$\hat{m}_{W\bar{B}\bar{D}}^{(l)}$	$\hat{m}_{\bar{W}BD}^{(l)}$	$\hat{m}_{\bar{W}B\bar{D}}^{(l)}$	$\hat{m}_{\bar{W}\bar{B}D}^{(l)}$	$\hat{m}_{\bar{W}\bar{B}\bar{D}}^{(l)}$
0	1	1	1	1	1	1	1	1
1	75.5	75.5	4.5	4.5	31.5	31.5	51.5	51.5
2	17.93	133.07	1.07	7.93	6.45	56.55	10.55	92.45
3	22.06	129.13	0.55	8.38	7.94	54.87	5.45	97.63
4	22.03	128.97	0.56	8.44	7.96	55.04	5.44	97.56
5	18.53	132.34	0.47	8.66	10.10	53.74	6.90	95.26
6	19.42	130.86	0.38	8.84	10.58	53.14	5.62	97.16
7	19.51	131.49	0.37	8.63	10.46	52.54	5.63	97.37
8	18.64	132.33	0.36	8.68	11.05	52.22	5.95	96.78
9	18.84	131.93	0.34	8.73	11.16	52.07	5.66	97.27
10	18.86	132.14	0.34	8.66	11.12	51.88	5.67	97.33
11	18.67	132.32	0.33	8.68	11.26	51.80	5.74	97.20
12	18.71	132.23	0.33	8.69	11.29	51.77	5.67	97.31
13	18.72	132.28	0.33	8.67	11.28	51.72	5.67	97.32
14	18.67	132.33	0.33	8.67	11.31	51.70	5.69	97.30
15	18.68	132.30	0.33	8.68	11.32	51.70	5.67	97.32
16	18.68	132.33	0.33	8.67	11.32	51.69	5.67	97.33
17	18.67	132.33	0.33	8.67	11.32	51.68	5.68	97.32
18	18.68	132.32	0.33	8.68	11.32	51.68	5.67	97.32
19	18.68	132.32	0.33	8.67	11.32	51.68	5.67	97.32
20	18.67	132.33	0.33	8.67	11.32	51.68	5.68	97.32
21	18.67	132.33	0.33	8.67	11.33	51.68	5.67	97.33

表 10.19

复杂度	模型	G^2	自由度	p 值
1	(V,M,S)	137.93	4	0.000
2	(VM,S)	8.13	3	0.043
	(VS,M)	137.71	3	0.000
	(SM,V)	131.68	3	0.000
3	(VS,SM)	131.46	2	0.000
	(VM,SM)	1.88	2	0.390
	(VM,VS)	7.91	2	0.019
4	(SV,SM,VM)	0.70	1	0.402
5	(SVM)	0	0	–

10.9　蒙特卡洛方法

蒙特卡洛(Monte Carlo)方法是一种随机模拟方法。其起源可上溯至18世纪下半叶的蒲丰投针试验，目前借助于计算机其应用范围和效力有了质的飞跃。蒙特卡洛方法可用于两类问题，一是模拟随机现象或随机系统，如排队系统，随机游动等；二是通过人为引入随机因素，计算求解一些确定性问题，如定积分、微分方程数值解等。其基本思路为：

(1) 针对实际问题建立一个简单且便于实现的随机模型，使所求的解恰好是所建模型的概率分布或其某个数字特征。

(2) 对模型中的随机变量建立抽样方法，在计算机上进行模拟试验，抽取足够多的随机数，并对有关事件进行统计。

(3) 对模拟试验结果加以分析，给出所求解的估计及其精度的估计。

(4) 必要时，应改进模型以降低估计方差和减少试验费用，提高模拟计算的效率。

已有的研究表明，对很多复杂问题，如高维积分，蒙特卡洛方法比现有数值计算方法更为有效。近年来，在蒙特卡洛技术的基础上产生了一批专门性的方法，如求解优化问题的模拟退火方法(simulated annealing)，统计物理学和计算机声像处理中常用的 Markov 链蒙特卡洛方法(MCMC) 等。它们都在各自的领域发挥了巨大的作用。

运用蒙特卡洛方法需要解决三个课题：如何产生随机数(随机向量、随机图等)，如何估计计算的精度，如何使方法更为有效，即用较少的试验次数得到精度较高的结果，在本节中我们主要结合例子予以介绍。

产生服从某一分布 $F(x)$ 的随机数的过程一般分为两个步骤，首先产生服从均匀分布 $U(0,1)$ 的随机数，然后通过变换得到分布为 $F(x)$ 的随机数。由于在很多软件中都有产生 $U(0,1)$ 随机数的函数，我们着重介绍后一步的方法，其中最常用的是逆变换法，它是基于下面的性质：

若随机变量 $U \sim U(0,1)$，则随机变量 $X = F^{-1}(U)$ 的分布函数即为 $F(x)$。这是因为

$$P\{x \leqslant x\} = P\{F^{-1}(U) \leqslant x\} = P\{U \leqslant F(x)\} = F(x)$$

其中最后一式是由于

$$F_U(u) = \begin{cases} 0 & x \leqslant 0 \\ x & 0 < x < 1 \\ 1 & x \geqslant 1 \end{cases}$$

因此要产生分布为 $F(x)$ 的随机数，只要先由 $U(0,1)$ 中抽取 u，计算 $x = F^{-1}(u)$ 即可。

逆变换法简单易行，但很多情况下 F^{-1} 不易求得，此时或者采用数值计算形式得到 $F^{-1}(u)$ 的近似值，或者采用下面的插值法。

任取足够多的点 $z_0, z_1, \cdots, z_k$ 使得 $F(z_0) = 0, F(z_k) = 1$，且 $F(z_i)$ 与 $F(z_{i+1})$ 较接近。为求 $F^{-1}(u)$，先用二分法求得 i 满足 $F(z_i) \leqslant U < F(z_{i+1})$，则

$$z_i + (z_{i+1} - z_i)\frac{U - F(z_i)}{F(z_{i+1}) - F(z_i)}$$

即为所求之 x。

对某些分布，可利用其特点，构造一些特定的方法，我们举两例说明。为生成服从参数为 p 的几何分布，即 $P\{x = k\} = pq^{k-1}, k \geqslant 1$，的随机数，利用指数分布与几何分布的关系，首先产生服从参数为 $-\ln(1-p)$ 的指数分布的随机数。由于该指数分布的分布函数为

$$F_Y(y) = \begin{cases} 0 & y < 0 \\ 1 - e^{y\ln(1-p)} & y > 0 \end{cases}$$

由逆变换法，它可由 $y = \dfrac{\ln(1-u)}{\ln(1-p)}$ 得到，其中 u 来自 $U(0,1)$，取 $\lceil y \rceil$ 即为来自参数为 p 的几何分布的随机数。事实上

$$\begin{aligned} P\{\lceil y \rceil = k\} &= F_Y(k) - F_Y(k-1) = e^{(k-1)\ln(1-p)} - e^{k\ln(1-p)} \\ &= e^{(k-1)\ln(1-p)}(1 - e^{\ln(1-p)}) = (1-p)^{k-1}p, k \geqslant 1 \end{aligned}$$

生成标准正态分布 $N(0,1)$ 的随机数的 Box-Muller 方法更为巧妙。设 X_1, X_2 为相互独立的标准正态分布，则

$$f(x_1, x_2) = f_{X_1}(x_1) f_{X_2}(x_2) = \frac{1}{2\pi} e^{-\frac{x_1^2 + x_2^2}{2}}$$

作随机向量的极坐标变换 $\begin{cases} R = \sqrt{X_1^2 + X_2^2} \\ \Theta = \arctan \dfrac{X_2}{X_1} \end{cases}$，即 $\begin{cases} X_1 = R\cos\Theta \\ X_2 = R\sin\Theta \end{cases}$，易求得变换的 Jocabi 行列式为 R，从而 (R, Θ) 的联合密度函数为

$$g(r, \theta) = \frac{1}{2\pi} e^{-\frac{r^2}{2}} r, 0 \leqslant \theta \leqslant 2\pi, r \geqslant 0$$

边缘概率密度函数为

$$g_R(r) = \begin{cases} \displaystyle\int_0^{2\pi} \frac{1}{2\pi} r e^{-\frac{r^2}{2}} d\theta = r e^{-\frac{r^2}{2}}, & r \geqslant 0 \\ 0 & r < 0 \end{cases}$$

$$g_\Theta(\theta) = \int_0^{+\infty} \frac{1}{2\pi} r \mathrm{e}^{-\frac{r^2}{2}} \mathrm{d}r = \frac{1}{2\pi}$$

且 R 与 Θ 相互独立。进一步地还可求得 R^2 的密度函数为 $\begin{cases} \frac{1}{2}\mathrm{e}^{-\frac{x}{2}} & x \geqslant 0 \\ 0 & x < 0 \end{cases}$，也即 R^2 服从参数为 $\frac{1}{2}$ 的指数分布，Θ 服从 $[0,2\pi]$ 上的均匀分布。因此，若 U_1, U_2 是相互独立的服从 $U(0,1)$ 的随机变量，$-2\ln U_1$ 和 $2\pi U_2$ 分别与 R^2 和 Θ 有相同的分布且相互独立，则

$$\begin{cases} X_1 = \sqrt{-2\ln U_1}\cos 2\pi U_2 \\ X_2 = \sqrt{-2\ln U_2}\sin 2\pi U_2 \end{cases}$$

是相互独立的标准正态分布。由上述方法可方便地得到一对相互独立的来自标准正态分布的随机数。

下面我们以定积分 $\theta = \int_0^1 f(x)\mathrm{d}x$ 的计算为例介绍精度估计和提高有效性的方法。最简单的想法如图 10.24。设 $0 \leqslant f(x) \leqslant M$，令 $\Omega = \{(x,y) \mid 0 \leqslant x \leqslant 1, 0 \leqslant y \leqslant M\}$。$(X,Y)$ 是 Ω 上均匀分布的随机变量，θ 是 Ω 中曲线 $y = f(x)$ 下方的面积。向 Ω 中随点投点，落在 $y = f(x)$ 下方，即 $y < f(x)$ 称为中的，否则称为不中。由几何概率，中的的概率为 $p = \frac{\theta}{M}$。若我们进行了 n 次试验，其中 n_0 次中的，则 θ 的一个估计为 $\hat{\theta}_0 = M \cdot \frac{n_0}{n}$。该方法简单易行，缺点是要求 $f(x)$ 有界且精度不高。

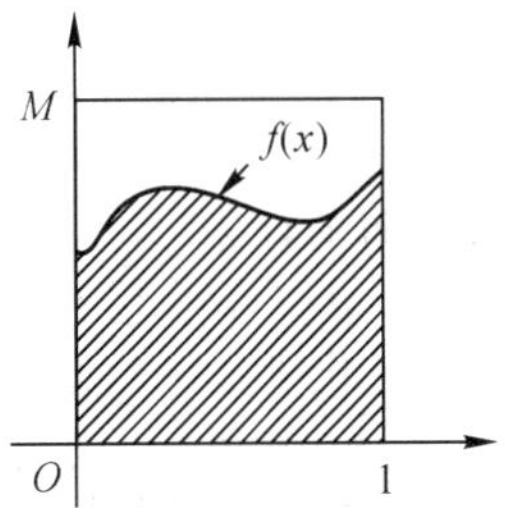

图 10.24

设 $g(x)$ 是 $(0,1)$ 上任一密度函数，由数学期望性质

$$\theta = \int_0^1 f(x)\mathrm{d}x = \int_0^1 \frac{f(x)}{g(x)} g(x)\mathrm{d}x = E\left(\frac{f(X)}{g(X)}\right)$$

因此取 n 个来自 $g(x)$ 的随机数 $x_1, x_2, \cdots, x_n$，则 θ 的一个估计为 $\hat{\theta} = \frac{1}{n}\sum_{i=1}^{n}\frac{f(x_i)}{g(x_i)}$。显然

$$E(\hat{\theta}) = E\left(\frac{1}{n}\sum_{i=1}^{n}\frac{f(x_i)}{g(x_i)}\right) = E\left(\frac{f(X)}{g(X)}\right) = \theta$$

$$\mathrm{Var}(\hat{\theta}) = \mathrm{Var}\left(\frac{1}{n}\sum_{i=1}^{n}\frac{f(x_i)}{g(x_i)}\right) = \frac{1}{n}\mathrm{Var}\left(\frac{f(X)}{g(X)}\right) = \frac{1}{n}\left(E\left(\frac{f(X)}{g(X)}\right)^2 - \theta^2\right)$$

也就是说，$\hat{\theta}$ 是 θ 的无偏估计，我们只要选择 $g(x)$ 使得 $\mathrm{Var}(\hat{\theta})$ 尽可能地小。一个直观的想法是使 $g(x)$ 与 $f(x)$ 的形状较为接近。

例如，考虑 $\theta = \int_0^1 \mathrm{e}^x \mathrm{d}x$，若取最简单的 $g_1(x) = \begin{cases} 1 & x \in (0,1) \\ 0 & \text{其他} \end{cases}$，则

$$\mathrm{Var}(\hat{\theta}_1) = \frac{1}{n}(E(f^2(x)) - \theta^2) = \frac{1}{n}\left(\int_0^1 \mathrm{e}^{2x}\mathrm{d}x - \left(\int_0^1 \mathrm{e}^x \mathrm{d}x\right)^2\right) \approx \frac{0.242}{n}$$

考虑到 $\mathrm{e}^x = 1 + x + \frac{x^2}{2} + o(x)$，取其线性近似 $g_2(x) = \frac{2}{3}(1+x)$，则

$$\mathrm{Var}(\hat{\theta}_2) = \frac{1}{n}\left(\int_0^1 \frac{f^2(x)}{g^2(x)} \cdot g(x)\mathrm{d}x - \left(\int_0^1 \mathrm{e}^x \mathrm{d}x\right)^2\right)$$
$$= \frac{1}{n}\left[\int_0^1 \frac{3}{2}\frac{\mathrm{e}^{2x}}{1+x}\mathrm{d}x - (\mathrm{e}-1)^2\right] \approx \frac{0.0269}{n}$$

$\hat{\theta}_2$ 明显优于 $\hat{\theta}_1$。

上述抽取随机数的方法称为重要抽样(important sample) 方法,其直观意义是明显的。由于诸 x_i 对积分值的贡献率大小是不同的,我们希望贡献率大的随机数出现的概率大,贡献率小的随机数出现的概率小。另一种可降低估计方差的方法为分层抽样法。将[0,1] 分成 m 个小区间,端点为 $0 = a_0 < a_1 < \cdots a_m = 1$,则

$$\theta = \int_0^1 f(x)\mathrm{d}x = \sum_{i=1}^m \int_{a_{i-1}}^{a_i} f(x)\mathrm{d}x = \sum_{i=1}^m I_i$$

其中 $I_i = \int_{a_{i-1}}^{a_i} f(x)\mathrm{d}x$,记 $l_i = a_i - a_{i-1}$ 为第 i 个子区间的长度,$x_{i1},\cdots,x_{in_i}$ 为来自 $U(a_{i-1},a_i)$ 的随机数,$\sum_{i=1}^m n_i = n$。n_i 可根据$f(x)$的不同选择,我们这里取最简单的 $n_i = nl_i$,则 θ 的估计为

$$\hat{\theta}_3 = \sum_{i=1}^m \frac{l_i}{n_i}\sum_{j=1}^{n_i} f(x_{ij}) = \frac{1}{n}\sum_{i=1}^m \sum_{j=1}^{n_i} f(x_{ij})$$

易见 $\hat{\theta}_3$ 仍是 θ 的无偏估计,下面证明 $\mathrm{Var}(\hat{\theta}_3) \leqslant \mathrm{Var}(\hat{\theta}_1)$。事实上

$$\mathrm{Var}(\hat{\theta}_3) = \frac{1}{n}\sum_{i=1}^m \sum_{j=1}^{n_i} \mathrm{Var}(f(x_{ij})) = \frac{1}{n}\sum_{i=1}^m n_i \mathrm{Var}(f(X_i))$$
$$= \sum_{i=1}^m l_i \left[\int_{a_{i-1}}^{a_i} f^2(x)\frac{1}{l_i}\mathrm{d}x - \left(\int_{a_{i-1}}^{a_i} f(x)\cdot\frac{1}{l_i}\mathrm{d}x\right)^2\right]$$
$$= \int_0^1 f^2(x)\mathrm{d}x - \sum_{i=1}^m \frac{I_i^2}{l_i}$$

这里 $X_i \sim U(a_{i-1},a_i), i = 1,\cdots,m$。由 Cauthy-Schwarz 不等式,得

$$\theta^2 = \left(\sum_{i=1}^m I_i\right)^2 = \left[\sum_{i=1}^m \frac{I_i}{\sqrt{l_i}}\cdot\sqrt{l_i}\right]^2 \leqslant \left(\sum_{i=1}^m \frac{I_i^2}{l_i}\right)\left(\sum_{i=1}^m l_i\right) = \sum_{i=1}^m \frac{I_i^2}{l_i}$$

从而

$$\mathrm{Var}(\hat{\theta}_3) = \int_0^1 f^2(x)\mathrm{d}x - \sum_{i=1}^m \frac{I_i^2}{l_i} \leqslant \int_0^1 f^2(x)\mathrm{d}x - \theta^2 = \mathrm{Var}(\hat{\theta}_1)$$

最后我们给出一个用蒙特卡洛方法估计网络可靠性的例子。给定如图 10.25 的网络,其中每条边正常的概率为 p,失效的概率为 q,q 一般为一较小的数,如0.01左右。各边是否正常是相互独立的。给定网络中两点 s,t,我们要求 s 和 t 通过正常的边连通的概率为 P。

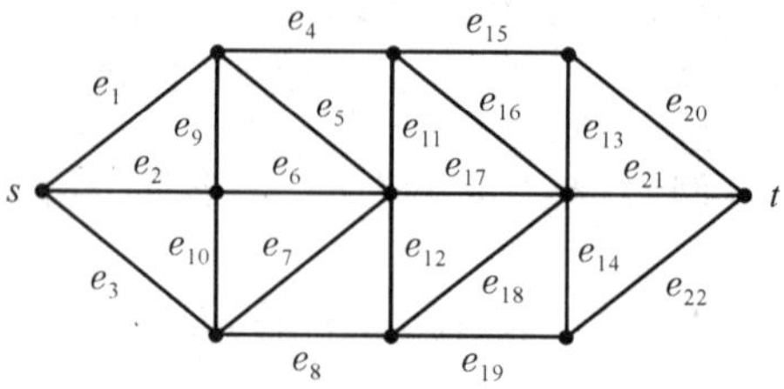

图 10.25

记 $E = \{e_1,\cdots,e_{22}\}$ 为所有的边集,X 为失效的边组成的集合,显然,对任意的 $B \subseteq E$,有

$$P\{x = B\} = q^{|B|}(1-q)^{|E|-|B|}$$

定义函数 $k(B)$ 为

$$k(B)=\begin{cases}1 & 若\ B\ 中边失效,s\ 与\ t\ 不再连通,\\ 0 & 若\ B\ 中边失效,s\ 与\ t\ 仍保持连通\end{cases}$$

对任意 $B\subseteq E$,$k(B)$ 的值是确定的,例如 $k(\{e_1,e_2,e_3\})=1$,但 $k(\{e_4,e_6,e_{18}\})=0$。由网络性质还可看到,若 $|B|\leqslant 2$,则 $k(B)$ 必为 0。我们有

$$P=\sum_{k(B)=1}P\{X=B\}=\sum_{B}k(B)P\{X=B\}=E(k(x))$$

因此,估计 P 的一种方法是,产生 n 个随机向量 $X_1,\cdots,X_n$,其中每一个 X_i 包含 22 个相互独立的服从参数为 $1-q$ 的两点分布的随机分量,则

$$\hat{P}_1=\frac{1}{n}\sum_{i=1}^{n}k(x_i)$$

$$\mathrm{Var}(\hat{P}_1)=\frac{1}{n}\mathrm{Var}(k(x))=\frac{P(1-P)}{n}$$

我们分析上述估计的精度。由中心极限定理,P 的置信水平为 0.95 的置信区间为$(\hat{P}_1-1.96\sqrt{\mathrm{Var}(\hat{P}_1)},\hat{P}_1+1.96\sqrt{\mathrm{Var}(\hat{P}_1)})$,即置信区间长度约为 $4\sqrt{\mathrm{Var}(\hat{P}_1)}=4\sqrt{\frac{P(1-P)}{n}}$。注意到 $k(B)=0$,$|B|\geqslant 2$ 时,因此

$$P\leqslant P\{|x|\geqslant 3\}=1-\sum_{j=0}^{2}\binom{22}{j}q^j(1-q)^{22-j}\approx 0.00136$$

即 P 是一个很小的数,$\frac{P(1-P)}{n}\approx\frac{P}{n}$。为使置信区间有意义,不至出现 0.0001 ± 0.0001 的情形,要求 $2\sqrt{\frac{P}{n}}<\frac{P}{2}$,即 $n>\frac{16}{P}$。因此若 P 的值很小,需要试验的次数是很多的。

下面我们用重要抽样的思想提高有效性,取 n 个随机向量 $Y_1,\cdots,Y_n$,其中每一个 Y_i 包含 22 个相互独立服从参数为 $1-q'$ 的两点分布,其中 q' 取$\frac{3}{22}$。取 P 的新估计为

$$\hat{P}_2=\frac{1}{n}\sum_{i=1}^{n}\frac{k(Y_i)p(Y_i)}{\varphi(Y_i)}$$

其中 $p(B)=q^{|B|}(1-q)^{22-|B|}$,$\varphi(B)=\varphi^{|B|}(1-\varphi)^{22-|B|}$。
$\hat{P}_2$ 同样是 P 的无偏估计,但

$$\mathrm{Var}(\hat{P}_2)=\frac{1}{n}\left(\sum_{B}\frac{k^2(B)P^2(B)}{\varphi^2(B)}\cdot\varphi(B)-P^2\right)=\frac{1}{n}\left(\sum_{k(B)=1}\frac{p^2(B)}{\varphi(B)}-P^2\right)$$

由于

$$\frac{p(B)}{\varphi(B)}=\frac{q^{|B|}(1-q)^{22-|B|}}{\varphi^{|B|}(1-\varphi)^{22-|B|}}=\left(\frac{1-q}{1-\theta}\right)^{22}\left(\frac{q(1-\theta)}{\theta(1-q)}\right)^{|B|}=20.2\times(0.064)^{|B|}$$

且对 $k(B)=1$ 的 $B\subseteq E$,均有 $|B|\geqslant 3$,即有$\frac{p(B)}{\varphi(B)}\leqslant 20.2\times(0.064)^3=0.0053$

从而

$$\mathrm{Var}(\hat{p}_2)\leqslant\frac{1}{n}\left(\sum_{k(B)=1}\frac{p(B)}{\varphi(B)}\cdot p(B)\right)\leqslant\frac{1}{n}\sum_{k(B)=1}0.0053p(B)\leqslant\frac{0.0053P}{n}$$

与 $\hat{P}_1$ 相比,$\hat{P}_2$ 的误差缩小了近 200 倍,可大大缩短模拟的时间。

习 题

1.(匹配问题)某班 n 个战士各有一支归个人保管使用的枪,这些枪外形完全一样,在一次夜间紧急集合中,每个战士随机取了一支枪,求恰好有 k 个人拿到自己的枪的概率 p_k。

2. 有奖竞猜对每一名参加者提供两道试题,答对了分别获得奖金 V_1 和 V_2 元,你有权选择先回答哪一道试题,但只有你正确地回答了你选定的先答的试题,你才有回答另一道试题的权力。如果你能答对这两道试题的概率分别是 p_1 和 p_2,你应该选择哪一道试题先答才能使你获得的平均奖金达到最大?

3.《红楼梦》里描写贾宝玉过生日出场人物不下百人,求在出场的 n 人中没有两人生日相同的概率(忽略2月29日出生的人,即每年都按365天计算),为要这个概率小于0.5,n 最大是多少?把"2 人生日相同"改成"3 人生日相同","4 人生日相同"讨论相同的问题。事实上按照《红楼梦》里的描写,包括贾宝玉在内,有4人同一天过生日,这是正常的呢,还是个小概率事件?

4.(均衡负载问题)考虑如下来自并行计算中的问题。有 n 台并行服务器和 m 个需求。每个需求独立,随机地被安排在其中一台服务器上完成,试对所有服务器中承担最多需求的服务器处理需求的数目作出估计。

5. 概率群试方法中有一点欠妥之处,那就是在群试结果阳性之后,对组内个体进行单试时,如果前 $n-1$ 名都已验明合格,最后一名不必化验便知其为带菌者,因此人均化验次数应为 $\frac{1}{n}[q^n+(1-q^n)(nq^{n-1}+(n+1)(1-q^{n-1}))]=\frac{1}{n}[n+1-nq^n-q^{n-1}(1-q^n)]$。经过这一修正,"双试永远不会是最佳群试"的结论就不再成立,那么 p 在什么范围内双试比单试好呢?

6. 进一步改进概率群试效果的一种考虑是"多级概率群试",一个 m- 群试是这样一个试验方案:把个体的血样分成 $m+1$ 份,一份单独保存,其余的分别装入不同级别的混合血样瓶子中,一级瓶子装入 n_1 个个体的血样,$(i+1)$- 级瓶子装入血样的个体数是i- 级瓶子装入血样的个体数的 n_{i+1} 倍(把适当的 n_{i+1} 个 i- 级瓶子所含个体的血样再混合在一起),$1\leqslant i\leqslant m-1$;先试 m- 级瓶子,若阴性,则有关的 $N_m=\prod_{i=1}^{m} n_i$ 名个体合格;若阳性,则分别化验其所含 n_m 个$(m-1)$- 级瓶子中的混合血样。这一规则反向归纳地进行到底直至查清每一个个体的合格性。一个方案由$(n_1,n_2,\cdots,n_m;m)$这个 $m+1$ 维正整数向量唯一决定,用 $\tau(n_1,n_2,\cdots,n_m;m)$ 表示这一方案的人均化验次数,证明 $\tau(n_1,n_2,\cdots,n_m;m)=1+\sum_{i=1}^{m}\left(1-\frac{q^{N_i}}{N_i}\right)$,其中 $N_i=\prod_{j=1}^{t} n_j$。

7.(组合群试)对血液群试问题,如果确切知道人中带菌者的数目,那么可以用更有效的组合群试方法。例如若一万份血样中恰有一份带菌,则采用"二分法"只需 14 次就可查明,远少于概率群试所需检验次数。试给出一般情形,即有 n 份血样,而带菌者不超过 m 份时的组合群试方案。

8. 1777 年法国科学家蒲丰提出了下面的问题，这是几何概率的一个早期例子。

(1) 平面上画着一些平行线，它们之间的距离都等于 a，向此平面任投一长度为 $l(l < a)$ 的针，试求此针与任一平行线相交的概率。

(2) 利用“投针问题”给出估计 π 的值的一种方法。

(3) 利用计算机编程实现你的方案。

9. 表 1 给出了六种资产过去 10 个月的月收益率。

表 1

t	r_{1t}	r_{2t}	r_{3t}	r_{4t}	r_{5t}	r_{6t}
1	0.6578	0.1025	0.4017	0.2527	0.0325	0.4005
2	−0.3456	−0.0918	−0.4258	−0.1986	−0.0078	0.2632
3	−0.2136	−0.4518	−0.0509	−0.0976	0.0824	−0.2736
4	0.6455	0.4650	0.2880	0.6135	0.1528	0.0881
5	0.2615	−0.0556	−0.0686	0.2638	0.1675	−0.1052
6	−0.1585	0.0168	0.1010	0.0869	0.0285	0.2345
7	0.0156	0.4865	−0.0876	−0.1859	0.2305	0.3876
8	−0.1092	−0.2236	−0.0285	−0.6856	0.0816	0.0567
9	0.9645	−0.1525	0.7080	−0.2635	0.2625	0.0721
10	0.2021	0.4078	0.3210	1.7539	0.3028	0.3067

(1) 试给出允许卖空时的最小方差资产组合。

(2) 试给出不允许卖空时的最小方差资产组合的近似解，并将该解在方差 — 均值坐标系下表示出来。

10. 与欧式买入期权对应的还有欧式卖出期权，它给期权持有人于履约日当天以合约确定的价格卖出股票的权利，试推导欧式卖出期权的 Black-Scholes 公式。

11. 设一个群体中的成虫依母函数为 $f(x)$ 的规律繁殖下一代，每一个幼虫以概率 p 成长为成虫。假设本代有 k 个幼虫，求下代幼虫数的母函数；假设本代有 k 个成虫，求下一代成虫数的母函数。证明这两个分布有相同的均值，但方差可能不同。

12. 分别考虑以下两种控制群体数目的规则。

(1) 自约束群体。每个个体在时刻 t 的出生率和死亡率分别由 $\lambda = \alpha[N_2 - x(t)]$，$\mu = \beta[x(t) - N_1]$ 给出，群体的各个体生死存亡互相独立，即有 $\lambda_n = \alpha n(N_2 - n)$，$\mu_n = \beta_n(n - N_1)$。

(2) 根据资源的限制规定群体总数不得超过 K，一旦群体数目达到 K，则不容许再生育，即有 $\lambda_n = \begin{cases} n\lambda & n < k \\ 0 & n \geqslant k \end{cases}$，$\mu_n = n\mu$。

对(1) 说明群体大小始终在 $[N_1, N_2]$ 之间，对(2) 计算种群从一个个体开始，至灭种所需的平均时间。

13. 考虑有 m 个个体的群体，在时刻 0 由一个已感染的个体与 $m - 1$ 个未受到感染但能被感染的个体组成。个体一旦受到感染将永远地处于此状态。假设在任意长为 h 的时间区间内任意一个已感染的人将以概率 $\alpha h + o(h)$ 引起任一指定的未被感染者成为已感染者。以 $x(t)$ 记时刻 t 群体中已受感染的个体数。求整个群体被感染的时间。

14. 随机过程 $B(t)$ 称为 Wiener 过程,若对任意的一串实数 $t_1 < t_2 < \cdots < t_n (n > 2)$,令

$$\zeta_1 = B(t_2) - B(t_1), \zeta_2 = B(t_3) - B(t_2), \cdots, \zeta_{n-1} = B(t_n) - B(t_{n-1})$$

则

(1) $\zeta_k, k = 1, \cdots, n-1$ 相互独立。

(2) 对任意的 $t, s \in R, B(t) - B(s) \sim N(0, \sigma^2 \mid t - s \mid)$。

悬浮在液体或气体中的微小粒子受介质中分子的碰撞做不规则的运动所形成的过程也遵从这一规律。因此,Wiener 过程也称为布朗运动。

有不少学者认为股票价格的起伏涨落也遵从这一规律。表 2,3 分别是两个时期深圳股价指数。试分别检验数据差分 $x(k+1) - x(k)$ 是否服从正态分布。

表 2 SZ13.ind.1990.12.31—1991.3.16 股价指数记录

序号	1	2	3	4	5	6	7
数值	110.36	110.52	110.16	111.28	112.89	112.09	112.13
序号	8	9	10	11	12	13	14
数值	113.08	111.97	110.33	109.21	107.08	108.36	109.74
序号	15	16	17	18	19	20	21
数值	108.60	108.30	109.07	110.15	109.32	109.81	110.98
序号	22	23	24	25	26	27	28
数值	112.67	114.70	115.18	116.36	114.46	114.49	115.18
序号	29	30	31	32	33	34	35
数值	115.38	114.65	112.83	112.09	112.23	113.85	113.52
序号	36	37	38	39	40	41	42
数值	111.29	110.64	109.22	112.06	113.29	115.51	114.38
序号	43	44	45	46	47	48	49
数值	113.69	114.51	113.95	113.30	113.28	113.59	114.07
序号	50	51					
数值	114.14	115.62					

表 3 SZ58.ind.1991.5.28—1991.8.6 股价指数记录

序号	1	2	3	4	5	6	7
数值	307.0	304.7	306.3	300.4	277.2	281.2	282.6
序号	8	9	10	11	12	13	14
数值	278.3	260.1	266.3	261.5	264.7	252.6	233.7
序号	15	16	17	18	19	20	21
数值	257.1	250.5	250.8	239.3	243.9	240.9	243.4
序号	22	23	24	25	26	27	28
数值	253.8	275.9	286.8	274.4	271.7	276.3	271.6
序号	29	30	31	32	33	34	35
数值	272.9	273.5	269.4	267.7	273.3	274.6	272.8

序号	36	37	38	39	40	41	42
数值	277.1	282.8	294.1	290.8	291.0	296.8	299.2
序号	43	44	45	46	47	48	49
数值	308.6	302.0	302.5	304.3	301.8	287.8	295.1
序号	50	51					
数值	296.4	293.8					

15. 表4,5分别是北京地区1985—2000年的月平均气温和月降水量数据,其中表4缺少1989年的数据,表5还缺少1995年1月的数据。试完成以下两项:

(1) 对上述时间序列数据分解出趋势项,季节项和随机项。

(2) 用你认为合理的方法补齐1989年的数据和表5中1995年1月的数据。

表4　1985至2000年北京月平均气温(单位:℃)(1989年数据缺失)

1985	-4.7	-1.9	3.4	14.8	19.5	24.2	25.5	25.0	18.6	13.8	3.8	-3.6
1986	-3.7	-1.8	6.9	15.0	21.3	25.3	25.1	24.5	19.8	11.4	3.4	-1.7
1987	-3.6	0.1	4.1	13.5	19.9	23.3	26.6	24.8	21.0	13.7	3.9	-0.3
1988	-2.9	-1.4	4.4	15.0	20.1	24.9	25.8	24.4	21.2	14.1	6.9	-0.2
1990	-4.9	-0.6	7.6	13.7	19.6	24.8	25.6	25.4	20.2	15.3	6.4	-0.8
1991	-2.3	0.1	4.4	13.9	19.9	24.1	25.9	27.1	20.4	13.8	4.6	-1.8
1992	-1.1	1.8	6.7	15.5	20.5	23.5	26.8	24.6	20.5	12.2	3.4	-0.3
1993	-3.7	1.6	8.1	14.0	21.5	25.4	25.2	25.2	21.3	13.9	3.7	-0.8
1994	-1.6	0.8	5.6	17.3	21.0	26.8	27.7	26.5	21.1	14.1	6.4	-1.4
1995	-0.7	2.1	7.7	14.7	19.8	24.3	25.9	25.4	19.0	14.5	7.7	-0.4
1996	-2.2	-0.4	6.2	14.3	21.6	25.4	25.5	23.9	20.7	12.8	4.2	0.9
1997	-3.8	1.3	8.7	14.5	20.0	24.6	28.2	26.6	18.6	14.0	5.4	-1.5
1998	-3.9	2.4	7.6	15.0	19.9	23.6	26.5	25.1	22.2	14.8	4.0	0.1
1999	-1.6	2.1	4.7	14.4	19.3	25.3	28.0	25.5	20.9	12.9	5.9	-0.7
2000	-6.4	-1.5	8.0	14.6	20.4	26.7	29.6	25.7	21.8	12.6	3.0	-0.6

表5　1985至2000年北京月降水量(单位:mm)(1989年数据缺失)

1985	1.5	7.5	7.8	13.6	24.5	32.0	289.5	297.7	38.4	3.8	4.6	0.1
1986	0.0	6.0	17.0	1.0	5.0	203.0	163.0	143.0	114.0	4.0	6.0	4.0
1987	4.3	2.4	13.0	41.8	64.6	91.2	130.9	246.5	46.2	4.1	35.4	3.5
1988	0.9	1.3	8.9	8.2	37.4	61.8	278.7	204.0	48.8	22.8	0.0	0.5
1990	4.7	21.6	40.5	59.7	119.6	4.0	223.0	157.0	63.1	0.3	3.6	0.2
1991	0.3	0.8	25.1	17.1	214.6	236.3	198.0	124.7	72.0	12.2	1.0	4.7
1992	0.7	0.0	3.4	10.5	52.8	69.4	153.9	141.4	54.5	38.1	16.7	0.1
1993	3.7	1.5	0.3	16.9	8.6	39.2	206.4	158.5	18.3	9.9	43.4	0.0
1994	0.0	5.0	0.0	1.9	66.0	23.6	459.2	214.2	15.2	10.3	12.7	5.1
1995	—	1.7	6.6	5.3	45.6	68.9	195.6	119.9	116.3	9.6	0.2	2.8
1996	0.2	0.0	11.0	6.2	1.8	55.1	307.4	250.0	32.9	30.8	2.6	2.9
1997	4.9	0.0	10.6	17.4	41.5	35.5	139.8	83.2	44.1	43.0	2.1	8.8

1998	1.3	26.3	4.3	54.7	61.5	142.9	247.9	114.4	4.7	61.8	11.3	0.6
1999	0.0	0.0	5.2	33.6	32.4	23.8	62.7	63.5	44.5	3.9	9.5	0.7
2000	11.9	0.0	8.8	18.3	37.7	19.0	61.5	150.5	18.4	35.2	9.7	0.1

16. 表 6 给出了 62 种哺乳动物平均脑重与体重。

(1) 考虑如何用回归的方法建立脑重与体重的函数关系。

(2) 探讨采用自变量成因变量变换的必要性。

(3) 判断是否有理由表明人类的数据为异常值。

表 6

	体重 /kg	脑重 /g		体重 /kg	脑重 /g
1. 北极狐	3.385	44.500	32. 人类	62.000	1320.000
2. 枭猴	0.480	15.500	33. 非洲象	6654.000	5712.000
3. 山狸	1.350	8.100	34. 水鼩	3.500	3.900
4. 母牛	465.000	423.000	35. 罗猴	6.800	179.000
5. 灰狼	36.330	119.500	36. 大袋鼠	35.000	56.000
6. 山羊	27.660	115.000	37. 黄腹土拨鼠	4.050	17.000
7. 牝黇鹿	14.830	98.200	38. 金仓鼠	0.120	1.000
8. 天竺鼠	1.040	5.500	39. 老鼠	0.023	0.400
9. 长尾灰颚猴	4.190	58.000	40. 小棕鼠	0.010	0.250
10. 栗鼠	0.425	6.400	41. 蜂猴	1.400	12.500
11. 松鼠	0.101	4.000	42. 霍加披	250.000	490.000
12. 北极松鼠	0.920	5.700	43. 兔子	2.500	12.100
13. 非洲巨袋鼠	1.000	6.600	44. 绵羊	55.500	175.000
14. 短尾	0.005	0.140	45. 美洲豹	100.000	157.000
15. 星鼻鼹鼠	0.060	1.000	46. 黑猩猩	52.160	440.000
16. 犰狳	3.500	10.800	47. 狒狒	10.550	179.500
17. 树蹄兔	2.000	12.300	48. 沙漠豪猪	0.550	2.400
18. 美洲负鼠	1.700	6.300	49. 巨犰狳	60.000	81.000
19. 亚洲象	2547.000	4603.000	50. 岩蹄兔	3.600	21.000
20. 大踪蝙蝠	0.023	0.300	51. 浣熊	4.288	39.200
21. 驴	187.100	419.000	52. 田鼠	0.280	1.900
22. 马	521.000	655.000	53. 东部美洲鼹鼠	0.075	1.200
23. 豪猪	0.785	3.500	54. 鼹鼠	0.122	3.000
24. 帕特斯猴	10.000	115.000	55. 麝鼩鼱	0.048	0.330
25. 猫	3.300	25.600	56. 猪	192.000	180.000
26. 狌	0.200	5.000	57. 针鼹	3.000	25.000
27. 香猫	1.410	17.500	58. 巴西豹	160.000	169.000
28. 长颈鹿	529.000	680.000	59. 无尾猬	0.900	2.600
29. 大猩猩	207.000	406.000	60. 袋貂科动物	1.620	11.400
30. 灰海豹	85.000	325.000	61. 树鼩鼱	0.104	2.500
31. 灰蹄兔	0.750	12.300	62. 红狐狸	4.235	50.400

17. 表 7 列出了 11 个年度国内总产值、存储量、总消费量和进口总额。

(1) 试建立进口总额对其余三个变量的线性回归关系,并研究是否存在复共线性。

(2) 若是,则分别用主成分估计和岭估计改进(1) 的结果。

表 7

序号	国内总产值 (x_1)	存储量 (x_2)	总消费量 (x_3)	进口总额 (Y)
1	149.3	4.2	108.1	15.9
2	161.2	4.1	114.8	16.4
3	171.5	3.1	123.2	19.0
4	175.5	3.1	126.9	19.1
5	180.8	1.1	132.1	18.8
6	190.7	2.2	137.7	20.4
7	202.1	2.1	146.0	22.7
8	212.4	5.6	154.1	26.5
9	226.1	5.0	162.3	28.1
10	231.9	5.1	164.3	27.6
11	239.0	0.7	167.6	26.3

18.(J 效应分析) 国际金融与宏观经济学中有一理论,即:在一个国家中当本币对外币进行大幅度贬值时固然有利于出口,但这并不是能够马上见效的;相反,贸易收支首先会恶化,如果相应的措施和政策是正确的,则在经过一段时间之后,收支才可能转亏为盈,因而在时间轨迹上,收支先下降而后才上升,呈现为英文的"J"字,称为 J 效应。比较好地研究和讨论这一现象的可见美联储的 1988 年公报。以下是反映 20 世纪八九十年代墨西哥发生金融危机期间,比索对美元大幅度贬值,其贸易收支状况如表 8(季度数据,单位:千美元) 所示。我们的问题是:以墨西哥这次金融危机而言,所谓 J 效应是确有其现象吗?如果确实存在,其恢复期有多长(指收支由开始出现赤字到转为盈余所需的时间)?

表 8　墨西哥 1989.1 ～ 1995.9 的贸易收支状况

序号	1	2	3	4	5	6
盈亏数	135185	66803	21463	− 88434	180610	− 296320
序号	7	8	9	10	11	12
盈亏数	− 109872	− 68525	− 320655	− 506104	− 710566	− 889019
序号	13	14	15	16	17	18
盈亏数	− 1125404	− 1328368	− 1361143	− 1496326	− 1205117	− 1123332
序号	19	20	21	22	23	24
盈亏数	− 1136996	− 1028080	− 1432393	− 1516765	− 1598112	− 1607289
序号	25	26	27			
盈亏数	198914	866282	738186			

19. 为研究产前护理量多少对婴儿死亡率的影响,收集了甲乙两个诊所的资料,列在表 9 中。试用列联表分析法分析这组数据。

表 9 孕妇在两个诊所接受产前护理量与婴儿的存活情况

接受护理地点	产前护理量	婴儿存活例数		死亡率 /%
		死	活	
诊所甲	少	3	176	1.676
	多	4	293	1.347
诊所乙	少	17	197	7.944
	多	2	23	8.000

20. 设 $x_1, \cdots, x_n$ 独立同分布于某个 $F(x)$，$Y = \max\{X_1, \cdots, X_n\}$。试给出 Y 的抽样方法。

21. 试分别用来自以下分布的随机数计算积分 $\int_0^1 4\sqrt{1 - x^2}\,dx$，并比较精度。

(1) $g(x) = 1, x \in (0,1)$

(2) $g(x) = 2x, x \in (0,1)$

(3) $g(x) = \dfrac{4 - 2x}{3}, x \in (0,1)$

附　　录

2003年浙江大学数学建模竞赛题目
（A题、B题）

A题：大型运动会团体参赛成绩评价体系

2001年我国在广东成功举办了第九届全国运动会，来自全国31个省（自治区、直辖市），香港特别行政区、澳门特别行政区和新疆生产建设兵团、解放军以及火车头等26个行业体协的万名运动员参加了新世纪首次体育盛会。在30个大项345个小项中共决出411.5块金牌、398块银牌、405块铜牌，共有24人35次超7项世界纪录，极大地推动了我国体育运动的蓬勃发展。

但是这次全运会前后也出现了一些问题，成为各方议论的焦点，问题之一在于全运会的排名规则。根据国际惯例，大会组委会和新闻媒体按照金、银、铜奖牌数和总分数公布各参赛单位的排名。个别省份为了在奖牌榜上位居前列，脱离本省实际与一些基础较好的省份竞争，甚至不惜采取一些有违体育道德的行为。一些单位由于地域、投入等客观原因长期在奖牌榜上位居末尾，难以有大的作为，严重挫伤了它们发展体育事业的积极性。因此，有必要对单纯以奖牌数或总分数来衡量各单位体育事业成就的评价体系作出改进。现请你设计一方案，使之能充分考虑各单位的经济、社会因素，对参赛队取得的成绩作出公正合理的评价，并以九运会的成绩为例给出你的结论。同时，评价你的方案与现行办法的优缺点。

2005年第十届全运会将在江苏省举行，请你撰写一篇短文向国家体育总局领导推荐你的方案，使得全运会能更好地发挥提高体育运动水平，培养优秀运动人才，推动体育事业发展的作用。

B题：内部网信息组织规划问题

一个企业的内部网（*Intranet* 网），在互联网（*Internet*）上有两种功能。对外，它主动发布信息，介绍其最新产品和技术，为客户提供服务，在公众面前为企业作宣传等；对内，它自身也是外部互联网用户，要访问内部网以外的各种信息以了解市场，在商业竞争中保持有利地位。在企业发布信息时，将相应的信息主题分成块结构，称之为内部信息块，分布在企业内部不同的服务器上。另外，企业对外访问是有针对性的，对某些外部信息块的频繁访问会造成通信费用的增长。为了有效降低通信费用,可以将那些被频繁访问的外部互联网信息块下载至内部网的服务器上,使之成为内部信息块,一旦成为内部信息,即可省下通信费用,而且访问速度大大提高。由于服务器本身内存的限制,企业要有选择地下载外部信息块,并放入适当的服务器或在适当的时候购买新的服务器以满足需要。

在此问题中,每个内部信息块必须放在某个服务器上,当然需要占用此服务器的内存。对每个可能有用的外部信息块,企业可以下载也可以不下载。如果不将其从外部网上下载下来,则访问该信息将产生一定的通信费用;如果将其放在内部网上,将占用服务器的内存。当然如何决定将信息放在不同服务器上也是重要的。现假设共有 n 个内、外部信息,每个信息的容量已知,而且每个外部信息的访问费用也已知。每个服务器允许的信息总容量为 C,且购买新服务器的费用为 F。问如何对信息进行组织规划使总费用尽可能地小?

现企业的决策者希望对此问题进行研究,你的解答应至少回答:

(1) 就上述问题建立数学模型。并就下例求解:假设 $C = 512$MB, $F = 1$万元,内部信息块的容量分别为 171MB,195MB,149MB,可能有用的外部信息块的容量和相应的通讯费用如下表所示。

编号	1	2	3	4	5	6	7	8
容量(单位:MB)	218	53	361	264	104	121	460	114
通讯费用(单位:万元)	0.35	0.15	0.85	0.7	0.2	0.15	0.9	0.6
编号	9	10	11	12	13	14	15	16
容量(单位:MB)	175	233	163	157	257	77	147	110
通讯费用(单位:万元)	0.35	0.4	0.4	0.3	0.9	0.1	0.4	0.15

(2) 你的模型能否推广到有多种新型号的服务器的问题,例如有两种不同服务器,它们的容量和价格不相同。

(3) 考虑下面的所谓"在线"信息进行规划问题:对每个信息块(内部,外部)是逐个决策的,而且仅当对上一个信息块做出是否下载、如何放置的决定后,下一个信息块的参数才告诉决策者。对此问题能否设计一个算法求解,并对提出的算法的效果给以评价。

2004 年浙江大学数学建模竞赛题目
（A 题、B 题）

A 题：DNA 限制性图谱的绘制

绘制 DNA 限制性图谱（restriction mapping）是遗传生物学中的重要问题。由于 DNA 分子很长，目前的实验技术无法对其进行直接测量，所以生物学家需要把 DNA 分子切开，一段一段地来测量。在切开的过程中，DNA 片段在原先 DNA 分子上的排列顺序丢失了，如何找回这些片段的排列顺序是一个关键问题。

为了构造一张限制性图谱，生物学家用不同的生化技术获得关于图谱的间接信息，然后采用组合方法用这些数据重构图谱。一种方法是用限制性酶（restriction enzyme）来消化 DNA 分子。这些酶在限制性位点（restriction sites）把 DNA 链切开，每种酶对应的限制性位点不一样。对于每一种酶，每个 DNA 分子可能有多个限制性位点，此时可以按照需要选择切开某几个位点（不一定连续）。DNA 分子被切开后，得到的每个片段的长度就是重构这些片段的原始顺序的基本信息。在多种获取这种信息的实验方法中，有一种广泛采用的方法：部分消化（the partial digest，PDP）方法。

在 PDP 中，采用一种酶，通过实验得到任意两个限制性位点之间片段的长度。假设与使用的酶对应的限制性位点有 n 个，通过大量实验，可得到 $n+2$ 个点（n 个位点加上两个端点）中任意两点之间的距离，共 C_{n+2}^2 个值。然后用这 C_{n+2}^2 个距离来重构 n 个限制性位点的位置（解不一定唯一，两个端点对应于最长的距离）。若 Δx 是线段上的点集 x 中所有点之间距离的集合，PDP 就是给定 Δx 求 x。下图给出了一个例子。

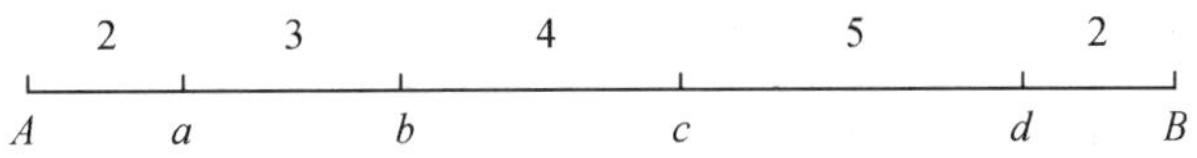

图 1

A，B 是 DNA 分子的两个端点。a，b，c 和 d 是限制性位点。通过实验可以得到 $\Delta x = \{2,3,4,5,2,5,9,14,16,7,12,14,9,11,7\}$。再通过 ΔX 来求 X，对应于上图的 $x = \{0,2,5,9,14,16\}$ 是一种解。

上述方法要把 DNA 分子在任意的两个限制性位点处切开，这对于当前的实验技术来说有相当难度，而且，还要对实验数据进行处理，也很复杂。最近研究人员提出了一种新的方法，称为简化的部分消化方法（SPDP）。这个方法与 PDP 的不同就在于它避免了在任意两个位点切开 DNA 分子的难题和处理重复数据的困难。仍假设与使用的酶对应的限制性位点有 n 个。首先 DNA 分子被复制成 $n+1$ 份，前 n 个复制品中的每一个在一个限制性位点处被切开，最后一个复制品在所有的限制性位点处被切开。这样我们分别得到 $2n$ 个片段长度（称为第一组数据）和 $n+1$ 个片段长度（称为第二组数据）。在没有误差的前提下，第一组数据中 $2n$ 个长度可以分成 n 对，每对的和都等于 DNA 分子的总长度；第二组数据中 $n+1$ 个长度的和也等于 DNA 分子的总长度。SPDP 问题是如何利用这两组数据重构出这 $n+1$ 个片段在 DNA 分子上的排列，使得这个排列在 n 个位点切开后得到的 $2n$ 个片段长度与实验得到的 $2n$ 个长度相等。下图给出了一个例子。

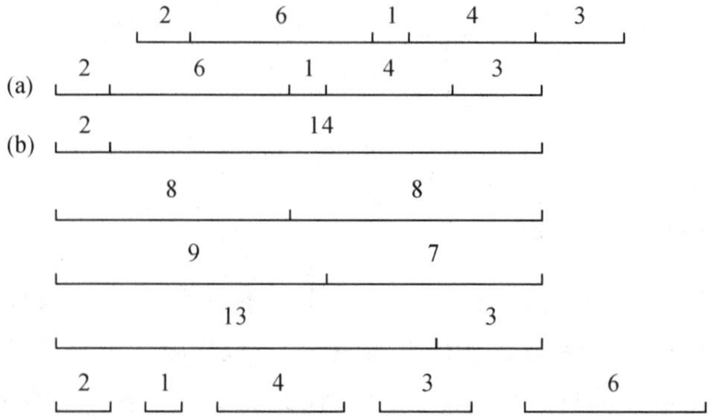

图 2

这个例子对应的位点有 4 个。(a) 就是我们希望重构的顺序。(b) 中的前 4 对为第一组数据，它通过切开一个位点得到，每对长度的和都是 16；剩下的为第二组数据，含 5 个片段长度，它通过切开所有位点得到，它们的长度总和也是 16，但实验结果只告知每段的长度，不知道它们在 DNA 分子上的排列顺序。

现对上述 SPDP 问题，建立数学模型，并研究以下问题：

(1) 设计求解该问题的算法，并评估该算法的效率和效果。对下述 2 个实例给出答案：

实例 1：第一组数据：2，14，8，8，9，7，13，3

第二组数据：2，1，4，3，6

实例 2：第一组数据：1，14，12，3，7，8，9，6，11，4，12，3，13，2，5，10

第二组数据：1，1，2，1，2，2，1，2，3

(2) 讨论在实验中测量片段长度时的误差，将在多大程度上影响算法的效果，当误差到多大程度时，限制性图谱的重构将无法进行。

B 题：通讯卫星上的开关设置

考虑下述卫星通信中的优化设计问题。地面上有 n 个接收站与 n 个发送站，通讯卫星上则设置了若干种开关模式。每个开关模式可用矩阵 $\boldsymbol{P}=(p_{ij})$ 来表示，若卫星可接收发送站 i 发出的信息并将信息传送回接收站 j 时，矩阵中的元素 $p_{ij}=1$，否则 $p_{ij}=0$。通讯卫星上的接收发送任务也可以用一个矩阵 $\boldsymbol{T}=(t_{ij})$ 来表示，元素 t_{ij} 为信息由发送站 i 到接收站 j 的传送时间长度。由于技术上的原因，当发送站 i 向接收站 j 传递信息时，它不能同时发送信息给别的接收站；同样，当接收站 j 在接收发送站 i 的信息时，也不能同时接收其他发送站发送的信息。你的任务是：

(1) 设计一组开关模式 $P_k, k=1,\cdots,r$，r 应当尽可能小，使得对任意给定的任务矩阵 T，卫星开关设置 $\{P_k\}$ 均能完成要求的发送接收任务。

(2) 设计一个算法，在发送接收任务 T 给出后，可根据你设计的开关模式 $P_k(k=1,\cdots,r)$ 求出 P_k 的使用时间 λ_k，使得在完成预定任务前提下各开关模式使用的总时间最短。

(3) 由于技术上的原因,开关模式的总数 r 有一个上限(注:卫星上不能安装太多的开关模式)。请你想一些办法来解决这一困难,当然,为了减少开关模式的数量,你可能要付出一定的代价,例如增加传送时间等。

2005年浙江大学数学建模竞赛题目
(A题、B题)

A题：最低生活保障问题

温家宝总理在十届人大三次会议所作的《政府工作报告》中指出，要贯彻落实科学发展观，着力解决与人民群众切身利益相关的突出问题，高度重视解决城乡困难群众基本生活问题，维护社会稳定，努力构建社会主义和谐社会。

1999年国务院颁布《城市居民最低生活保障条例》，规定对持有非农业户口的城市居民，凡共同生活的家庭成员人均收入低于当地城市居民最低生活标准的，均可从当地政府获得基本生活物质帮助。据民政部统计，截至2004年12月底，全国城市低保对象总人数为2200.8万人，各级财政累计支出低保金172.9亿元，其中中央财政支出102亿元。低保对象月人均领取低保金65元。城市居民低保制度的实施，对于巩固社会稳定，促进社会进步和经济发展起到了极其重大的作用。

但是低保制度在实施过程中，也存在着一些具体问题。突出表现在以下两点：一是保障标准的确定问题。既要能维持保障对象的基本生活需求，又要避免标准设置过高降低工作的积极性；既要随着经济发展逐步地提高，又要考虑财政承受力；既要和当地经济社会发展水平相适应，又要防止各地在标准的高低上互相攀比。二是保障对象的资格问题。如何实现动态管理下的"应保尽保"，如何合理平衡收入因素和资产、教育、住房、赡养问题等非收入因素，如何制定更为合理有效的"分类施保"政策，避免出现贫困家庭保障不足，相对富裕家庭领取低保的现象。对这些问题，定性分析较多，定量研究尚不多。

(1) 分析、确定制定保障标准的主要依据。

(2) 试就以上一个或两个问题，运用数学工具，建立数学模型，并给出相应的结论。

(3) 对模型作实证分析，并与当前的有关政策和规定进行比较。

(4) 撰写一篇短文，说明模型的主要特点和你的方法与结论的合理性、科学性，以利于有关职能部门采纳你的方案。

B题：多商品配送问题

考虑供货商的多种商品配送问题。假设该供货商在某地区有多个仓储的货栈，它们位于该地区的不同地点。供货商的目标是按照不同零售商的需求将商品及时发送给零售商，使总成本尽可能小。这里的总成本主要由以下几部分组成。(1) 运输成本，它与运输的时间和运输的商品相关。(2) 由于货栈可以以不同价格将同一种商品供给不同的零售商，且同一种商品在不同货栈的售价也可以不同，这样零售商会按照价格优先的原则选择发货的货栈。另一方面，每一时段每个商品在货栈中的存储量有一个上限。当一个货栈被指派为一个特定的零售商提供规定数量的商品的时候，可能会出现零售商的需求和货栈储量不平衡的情况。当某时段容量不足的时候，货栈通过提前或推迟供货给零售商的方式来补偿需求。如果提前供应,将会导致零售商的商品持有成本上升，因此零售商会向供货商索要赔偿;若推迟，则会降低货栈的信誉,且零售商也会向供货商索要赔偿。所以,提前和推迟所带来的赔偿都是供应成本的一部分,而赔偿费用与商品的价格和提前、推迟的时间有关。

现假设在一个周期(例如一年) 开始时,每个零售商对所有商品在不同时间(时段) 的需求已知,以及商品的价格已知,问题是供货商如何安排不同时间(时段) 的供货,才能使得一个周期的总成本尽可能小。

(1) 对此问题,并针对你所理解的实际中的多商品配送问题,建立数学模型,讨论求解算法的设计。

(2) 分析当运输成本和运输的时间是什么关系，提前、推迟惩罚与商品的价格以及提前、推迟的时间是什么关系时,或在其他你认为合理的假设下,该问题可以有快速算法求解。这里,你对这些关系的假设应与实际背景较吻合。

(3) 举一个或几个实际算例来说明你的算法或模型。

参考文献

[1] [美] W F Lucas. Models in Applied Mathematics, Vol 1－4. New York:Springer-Verlag, 1983(注:中译本,沙基昌等译.国防科技大学出版社)

[2][美]E.A.本德.数学模型引论.北京:科学普及出版社,1982

[3][美]M.R.加里, D.S.约翰逊.计算机和难解性.北京:科学出版社,1987

[4][英]伊萨克·牛顿.自然哲学之数学原理.武汉:武汉出版社,1992

[5][日]近藤次郎.数学模型.北京:机械工业出版社,1985

[6][苏]A.B.克鲁舍夫斯基.经济数学模型与方法手册.北京:清华大学出版社,1986

[7] [美] C H Papadimitriou. Combinatorial Optimization, Algorithms and Complexity. Prentic-Hall,Inc, 1982(注:中译本,刘振宏、蔡茂诚译.组合最优化算法和复杂性.北京:清华大学出版社,1988)

[8][英]劳斯·鲍尔,[加]考克斯特.数学游戏与欣赏.上海:上海教育出版社,2001

[9][瑞士]汉斯 U.盖伯.人寿保险数学.北京:世界图书出版社,1996

[10] 李大潜主编.中国大学生数学建模竞赛.北京:高等教育出版社,1998

[11] 叶其孝主编.数学建模教育与国际数学建模竞赛.工科数学杂志社,1995

[12] 叶其孝主编.大学生数学建模竞赛辅导教材(1—4).长沙:湖南教育出版社,1993

[13] 姜启源,谢金星,叶俊.数学模型(第三版).北京:高等教育出版社,2003

[14] 谭永基,蔡志杰,俞文鮆.数学模型.上海:复旦大学出版社,2005

[15] 李尚志等.数学建模竞赛教程.南京:江苏教育出版社,1996

[16] 雷功炎.数学模型讲义.北京:北京大学出版社,1999

[17] 杨启帆,边馥萍.数学模型.杭州:浙江大学出版社,1990

[18] 杨启帆,方道元.数学建模.杭州:浙江大学出版社,1999

[19] 杨义先,林须端.编码密码学.北京:人民邮电出版社,1992

[20] 宋健等.人口发展过程的预测.中国科学,1980,9

[21] 王树禾.数学聊斋.科学出版社,2002

[22] 蔡燧林.常微分方程.杭州:浙江大学出版社,1988

[23] 胡运权等编.运筹学教程(第二版).北京:清华大学出版社,2003

[24] 张莹编著.运筹学基础.北京:清华大学出版社,1994

[25] 胡运权主编.运筹学习题集.北京:清华大学出版社,1985

[26] 蔡海涛等著.运筹学典型例题与解法.长沙:国防科技大学出版社,2003

[27] 徐克学.生物数学.北京:科学出版社,1999

[28] 越民义.组合优化导论.杭州:浙江科技出版社,2001

[29] [美]D.G.鲁恩伯杰.线性与非线性规划引论.北京:科学出版社,1980
[30] 姚恩瑜等.组合优化.杭州:浙江大学出版社,2002
[31] 赵焕臣等.层次分析法.北京:科学出版社,1980
[32] 徐前方,危启才.对策论.杭州:浙江大学出版社,2001
[33] 魏宗舒等编.概率论与数理统计教程.北京:高等教育出版社,1983
[34] 茆诗松等.高等数理统计.北京:高等教育出版社;德国:施普林格出版社,1998
[35] 叶其孝主编.中学数学建模.长沙:湖南教育出版社,1998
[36][英]鲍尔,[加拿大]考克斯特著,杨应辰、蒋正新译.数学游戏与欣赏.上海:上海教育出版社, 2001
[37] 吴振奎,吴旻著.数学中的美.上海:上海教育出版社,2002
[38] 蒋声等编.趣味几何.上海:上海教育出版社,2001
[39] J G Andrews. Mathematical Modeling. England: Chapel River Press, 1976.
[40] W E Boyce. Case Studies in Mathematical Modeling, Pitiman Press, 1981.
[41] C Rorres. The Application of Linear Algebra, 3rd. New York ,1984.
[42] Y S Venltsel. Elements of Game Theory, Trans. From the Russian by V. Shokuro, Moscow, Mir Pub, 1980.
[43][意] M. Falcone, Acta Applicadae Mathematicae 4, 225 - 258,1985.
[44] A Okubo. Diffusion and Ecological Problems, Mathematical Models, Biomathematics, Vol 10,1980.
[45] [加] C. W.克拉克.数学生物经济学.北京:农业科学出版社,1984.
[46] D N Burghes. Modeling with Differential Equation. New York: J Wiley &sons, 1984.
[47] T L Sasty. Thinking with Models: Mathematical Models in the Physics Pr, 1981.
[48] R E Miller. Dynamic Optimization and Economic Applications. New York: MeGraw-Hill,1979.
[49] 教育部高等教育四组编.数学文化.北京:高等教育出版社,2000
[50] 杨启帆主编.数学建模.北京:高等教育出版社,2005
[51] 杨启帆等.数学建模竞赛——浙江大学学生获奖论文点评.杭州:浙江大学出版社, 2005
[52] 陈希孺.机会的数学.清华大学出版社,暨南大学出版社,2000
[53] 陈培德.随机数学引论.北京:科学出版社,2001
[54] 徐成贤等.优化金融学.北京:科学出版社,2003
[55] 方兆本等.随机过程(第二版).北京:科学出版社,2004
[56] 叶中行等.数理金融——资产定价与金融决策理论.北京:科学出版社,2000
[57] 谢衷洁.普通统计学.北京:北京大学出版社,2004
[58] 何书元.应用时间分析.北京:北京大学出版社,2003
[59] 梅长林等.实用统计方法.北京:科学出版社,2002
[60] 钱敏平等.随机数学.北京:高等教育出版社,2000

[61] 王松桂等.线性统计模型——线性回归与方差分析.北京:高等教育出版社,2000
[62] S Weisbery 著,王静龙等译.应用线性回归.北京:中国统计出版社,1998
[63] 茆诗松主编.统计手册.北京:科学出版社,2003
[64] Eric Rosenbery. The expected length of a randon line segment in a rectangle. Oprational Research Letters, 32, 99-102, 2004
[65] Neal Madras. Lectures on Monte Carlo Mathematical Society, 2002